Flash CS6 动画制作从新手到高手

九天科技 编著

中国铁道出版社
CHINA RAILWAY PUBLISHING HOUSE

内 容 简 介

本书采用由浅入深、循序渐进，由理论到实践的方式，引领读者体验 Flash CS6 的强大功能。通过讲解 Flash CS6 的工作界面、文件管理等基础知识，为读者学习 Flash 奠定了坚实的基础。然后延伸到图形绘制、对象操作、文本使用、应用元件实例与库资源等常规功能的讲解，并全面介绍了时间轴的应用和动画创作入门，补间动画、传统补间与补间形状动画的创建与编辑，反向运动和 3D 动画的制作，以及多媒体和脚本的应用等知识。

本书不仅适合作为动画设计与制作初、中级读者的学习用书，同时也适合大中专院校相关专业的学生和各类培训班的学员参考阅读。

图书在版编目（CIP）数据

Flash CS6 动画制作从新手到高手/九天科技编著.
北京：中国铁道出版社，2013.7
ISBN 978-7-113-16209-2

Ⅰ.①F… Ⅱ.②九… Ⅲ.①动画制作软件 Ⅳ.
①TP391.41

中国版本图书馆 CIP 数据核字（2013）第 073189 号

书　　名：Flash CS6 动画制作从新手到高手
作　　者：九天科技　编著

策　　划：苏　茜　吴媛媛　　　　读者热线电话：010-63560056
责任编辑：张　丹　　　　　　　　特邀编辑：赵树刚
责任印制：赵星辰　　　　　　　　封面设计：多宝格

出版发行：中国铁道出版社（北京市西城区右安门西街 8 号　　邮政编码：100054）
印　　刷：北京鑫正大印刷有限公司
版　　次：2013 年 7 月第 1 版　　2013 年 7 月第 1 次印刷
开　　本：787mm×1 092mm　1/16　印张：22　字数：515 千
书　　号：ISBN 978-7-113-16209-2
定　　价：49.00 元（附赠光盘）

致读者朋友

你是否已厌倦了千篇一律的Flash图书？想阅读一看就懂的Flash图书而无处找寻？希望自己能够轻松、快乐地学会Flash操作，成为动画制作高手？本书能够细致、准确地抓住您的需求点，提高您的Flash动画制作水平，成为您不可或缺的好帮手！

本书综述

本书以“基本操作＋应用技巧＋实战案例”的教学方式，从初学者的实际需求出发，以通俗易懂的语言、精挑细选的应用技巧、翔实生动的操作案例，全面介绍了Flash CS6动画制作的基本方法、疑难问题与操作技巧。本书提供了一整套权威、专业的学习解决方案，使读者的学习过程更加轻松、高效，真正做到即学即用、融会贯通，迅速完成从入门新手到行家里手的根本转变。

内容导读

01 与Flash CS6亲密接触
02 使用Flash绘制图形
03 Flash对象的操作
04 Flash文本的使用
05 元件、实例和库的应用
06 Flash基本动画制作
07 Flash高级动画制作
08 反向运动和3D动画制作
09 导入声音和视频
10 ActionScript应用基础
11 Flash动画的发布与导出
12 Flash多媒体动画制作实践
13 网站片头动画制作

特色展示

特色1

☑ 从零开始，循序渐进——无论读者是否从事电脑相关行业的工作，都能从本书中找到最佳的学习起点，循序渐进地完成学习过程。

特色2

☑ 紧贴实际，案例教学——本书内容均紧密结合实际需求，以典型案例为主线，在此基础上适当扩展知识点，真正实现学以致用。

特色3

☑ **精美排版，图文并茂**——排版美观、大方，所有实例的每步操作均配有插图和注释，能直观、清晰地查看实际操作过程和操作效果。

☑ **单双混排，超大容量**——采用单、双栏混排的形式，大大扩充了信息容量，在有限的篇幅中为读者介绍了更多的知识和实战案例。

特色4

特色5

☑ **独家秘技，扩展学习**——通过“高手点拨”、“多学点”和“小提示”等板块形式为读者指点迷津，拓展知识面，多方位完全掌握。

☑ **书盘结合，互动教学**——在多媒体光盘中，通过教学视频帮助读者体验实际应用环境，使读者全面掌握操作技能，提升实际运用能力。

特色6

光盘说明

图 1 光盘主界面

① 运行光盘。将光盘放入光驱中，光盘会自动运行。光盘运行后先播放一段片头动画然后进入光盘主界面。

单击此按钮，即可查看光盘超值赠送文件

光盘主功能区，单击相应按钮即可

背景音乐控制区，可选择背景音乐，调节音量

② 进入二级视频界面。根据自己的学习需要，双击其中的视频文件，即可播放多媒体教学视频。

光盘章节内容选择区

多媒体教学视频列表选择区

单击此按钮，返回上一级界面

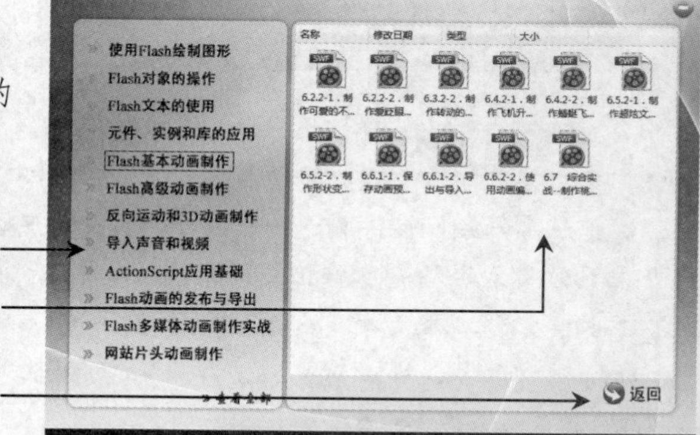

图 2 视频界面

如何阅读本书

由于本书采用了最新颖、最细致的讲解方法，因此特别针对如何阅读本书进行简要说明。首先建议您按照目录顺序进行学习，书中要点导航是您重点学习的主线；其次，建议您在学习中尽可能多地观看光盘中的教学视频，可以起到事半功倍的效果；最后您可以根据学习情况阅读“高手点拨”、“多学一点”等特色栏目，让学习变得更加轻松！

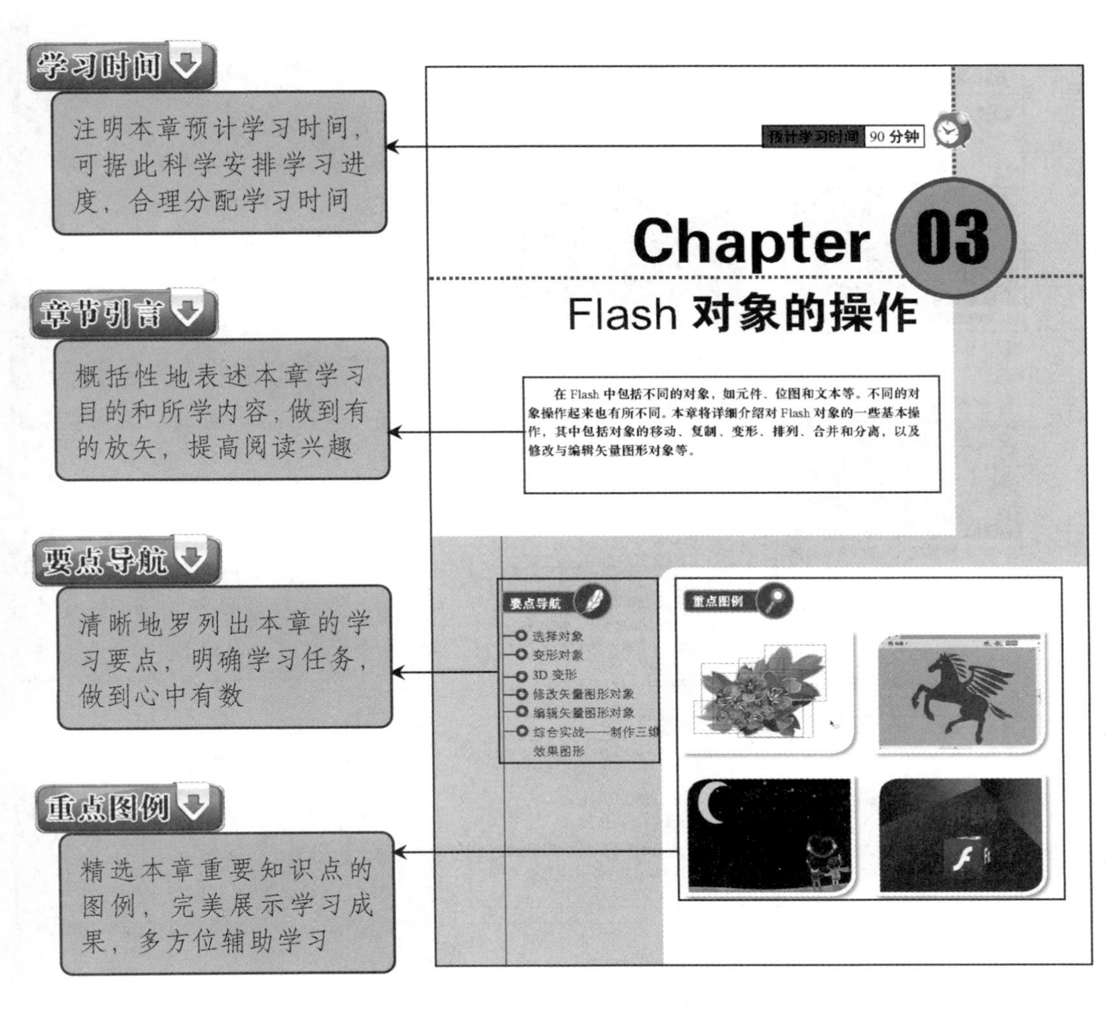

精品图书+多媒体演示+超值赠品=您的最佳选择

入门→提高→精通→实战，让您从新手变成高手！

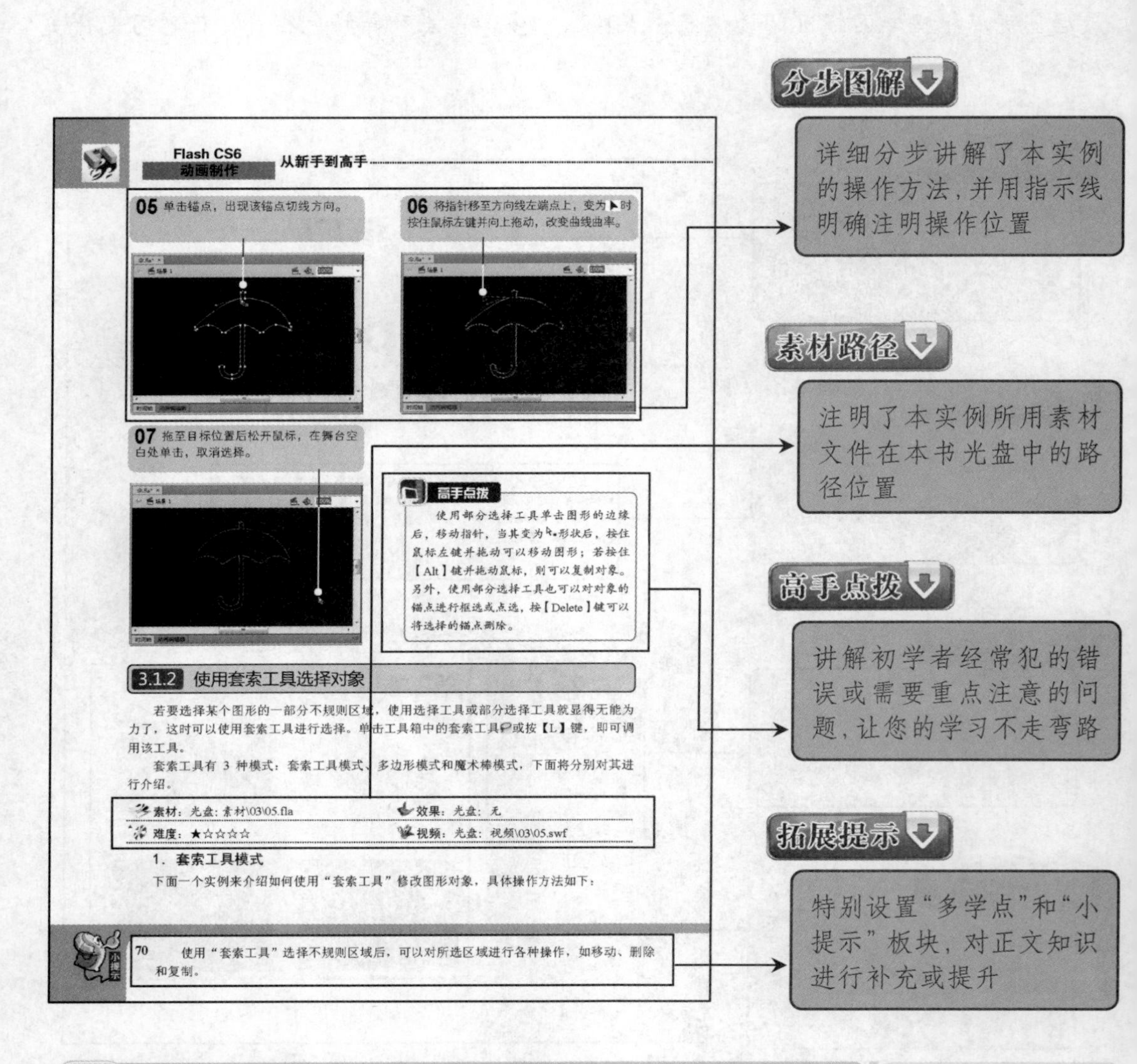

Flash CS6 动画制作 从新手到高手

05 单击锚点，出现该锚点切线方向。

06 将指针移至方向线左端点上，变为▶时按住鼠标左键并向上拖动，改变曲线曲率。

07 拖至目标位置后松开鼠标，在舞台空白处单击，取消选择。

高手点拨

使用部分选择工具单击图形的边缘后，移动指针，当其变为形状后，按住鼠标左键并拖动可以移动图形；若按住【Alt】键并拖动鼠标，则可以复制对象。另外，使用部分选择工具也可以对对象的锚点进行框选或点选，按【Delete】键可以将选择的锚点删除。

3.1.2 使用套索工具选择对象

若要选择某个图形的一部分不规则区域，使用选择工具或部分选择工具就显得无能为力了，这时可以使用套索工具进行选择。单击工具箱中的套索工具或按【L】键，即可调用该工具。

套索工具有 3 种模式：套索工具模式、多边形模式和魔术棒模式，下面将分别对其进行介绍。

素材：光盘：素材\03\05.fla 效果：光盘：无

难度：★☆☆☆☆ 视频：光盘：视频\03\05.swf

1．套索工具模式

下面一个实例来介绍如何使用“套索工具”修改图形对象，具体操作方法如下：

70 使用“套索工具”选择不规则区域后，可以对所选区域进行各种操作，如移动、删除和复制。

网上解疑

如果读者在使用本书的过程中遇到问题或者有好的意见和建议，可以通过 QQ 或邮箱联系我们，我们将竭诚为您提供服务！

QQ:843688388

jtbooks@126.com

第 1 章　与 Flash CS6 亲密接触

Flash 是一款交互式矢量图形编辑与动画制作软件，是目前使用最为广泛的动画制作软件之一。由于 Flash 生成的动画文件容量小，并采用了跨媒体技术，同时具有很强的交互功能，所以使用 Flash 制作的动画文件在各种媒体环境中被广泛应用。

1.1　走近 Flash 动画……2
1.1.1　Flash 软件的发展史……2
1.1.2　Flash 动画技术与特点……3
1.2　Flash CS6 界面介绍……3
1.2.1　Flash CS6 初始界面……3
1.2.2　Flash CS6 工作界面……4
1.2.3　Flash CS6 菜单栏……6
1.2.4　Flash CS6 常用面板……6
1.3　Flash CS6 新增功能……8
1.4　Flash 动画的应用领域……10
1.5　Flash CS6 基本操作……13
1.5.1　启动与退出 Flash CS6……13
1.5.2　Flash CS6 文件管理……15
1.5.3　Flash 面板操作……17
1.5.4　工作区操作……20
1.5.5　舞台设置……22

第 2 章　使用 Flash 绘制图形

Flash 动画能够在网络领域和广告领域被广泛应用，其中一个重要原因是其自身具有绘图功能。在 Flash CS6 中能够绘制出精美的矢量图，这是制作动画的基础。因此，绘制图形是学好 Flash 应用很重要的一个环节。

2.1　Flash 绘图基础……25
2.1.1　位图与矢量图……25
2.1.2　导入外部图像……28
2.1.3　认识图层……29
2.1.4　创建与删除图层……29
2.2　认识工具箱……31
2.3　绘制图形工具……31
2.3.1　使用线条工具绘图……31
2.3.2　使用铅笔工具绘图……32
2.3.3　使用矩形工具与基本矩形工具绘图……33
2.3.4　使用椭圆工具与基本椭圆工具绘图……35

2.3.5 使用多角星形工具绘图 ······ 37
2.3.6 使用刷子工具绘图 ······ 37
2.3.7 使用喷涂刷工具绘图 ······ 39
2.4 绘制路径工具 ······ 40
2.4.1 设置钢笔工具 ······ 40
2.4.2 使用钢笔工具 ······ 41
2.4.3 调整锚点 ······ 41
2.4.4 钢笔工具组的交互使用 ······ 43
2.4.5 实战练习——绘制心形 ······ 44
2.5 颜色填充工具 ······ 46
2.5.1 使用颜料桶工具与墨水瓶工具 ······ 46
2.5.2 使用滴管工具 ······ 49
2.5.3 使用橡皮擦工具 ······ 51
2.5.4 使用渐变变形工具 ······ 52
2.6 Deco 工具 ······ 55
2.7 辅助绘图工具 ······ 58
2.7.1 使用手形工具 ······ 58
2.7.2 使用缩放工具 ······ 58
2.7.3 设置笔触颜色和填充颜色 ······ 59
2.8 综合实战——绘制“海上扬帆”图画 ······ 60

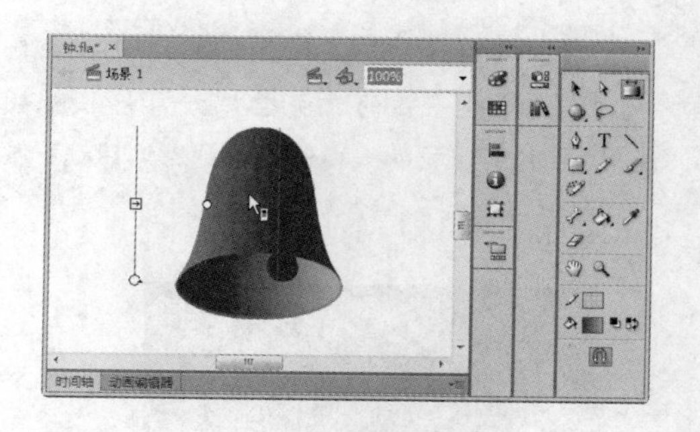

第 3 章 Flash 对象的操作

在 Flash 中包括不同的对象，如元件、位图和文本等。不同的对象操作起来也有所不同。本章将详细介绍 Flash 对象的一些基本操作，其中包括对象的移动、复制、变形、排列、合并和分离，以及修改与编辑矢量图形对象等。

3.1 选择对象 ······ 63
3.1.1 使用选择工具选择对象 ······ 63
3.1.2 使用套索工具选择对象 ······ 70
3.2 变形对象 ······ 73
3.2.1 使用任意变形工具变形对象 ······ 73
3.2.2 使用“变形”面板精确变形对象 ······ 77
3.3 3D 变形 ······ 78
3.3.1 Flash 中的 3D 图形 ······ 78
3.3.2 3D 平移工具 ······ 79
3.3.3 3D 旋转工具 ······ 80
3.4 修改矢量图形对象 ······ 81
3.4.1 Flash CS6 中的图形对象 ······ 81

3.4.2 形状与绘制对象互相转换 ………… 84

3.4.3 扩展填充图形对象 ………… 86

3.4.4 柔化填充边缘 ………… 86

3.4.5 合并图形对象 ………… 88

3.5 编辑矢量图形对象 ………… 89

3.5.1 分离图形对象 ………… 89

3.5.2 组合图形对象 ………… 92

3.5.3 对齐图形对象 ………… 93

3.6 综合实战——制作三维效果图形 ·96

第 4 章 Flash 文本的使用

文本是制作动画时必不可少的元素，它可以使制作的动画主题更为突出。在使用文本时，通过 Flash 中的文本工具可以创建静态文本、动态文本和输入文本，尤其是 TLF 文本的添加，使处理文本的功能更为强大。

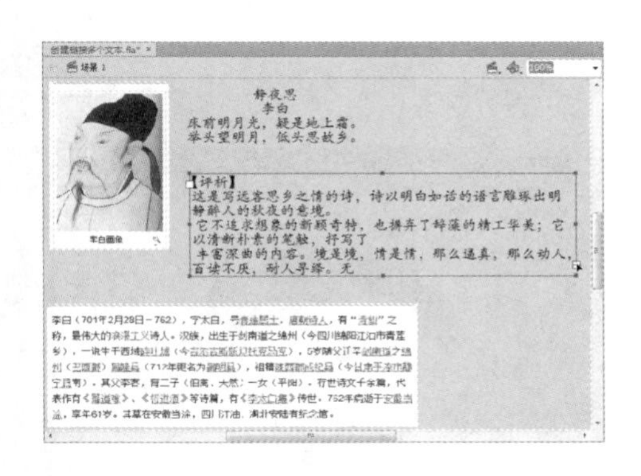

4.1 Flash 文本概述 ………… 100

4.2 Flash 文本类型 ………… 100

4.2.1 传统文本 ………… 100

4.2.2 TLF 文本 ………… 101

4.2.3 TLF 文本与传统文本 ………… 101

4.3 Flash 文本的方向 ………… 102

4.3.1 传统文本方向 ………… 102

4.3.2 TLF 文本方向 ………… 102

4.4 Flash 文本的创建 ………… 103

4.5 Flash 文本的编辑 ………… 103

第 5 章 元件、实例和库的应用

元件和实例是构成一部影片的基本元素，动画设计者通过综合使用不同的元件可以制作出丰富多彩的动画效果。在“库”面板中可以对文档中的图像、声音与视频等资源进行统一管理，以方便在制作动画的过程中使用。

5.1 时间轴和帧 ………… 111

5.1.1 认识“时间轴”面板 ………… 111

5.1.2 认识帧 ………… 112

5.1.3 设置帧频 ………… 113

5.1.4 编辑帧 ………… 113

5.2 认识元件、实例和库 ………… 116

5.2.1 认识元件与实例……116
5.2.2 认识库……117
5.3 元件的创建与编辑……118
5.3.1 创建元件……118
5.3.2 编辑元件……124
5.4 实例的创建与编辑……125
5.4.1 创建实例……125
5.4.2 编辑实例……126
5.5 “库”面板……129
5.6 综合实战——制作春夏秋冬动画……131

第 6 章 Flash 基本动画制作

本章将详细介绍 Flash 基本动画的制作方法与技巧，其中包括制作逐帧动画和各种补间动画等。虽然这些动画制作起来比较简单，但应用十分广泛，若能发挥出独特的创作灵感，就可以轻而易举地创作出非同凡响的动画作品。

6.1 Flash 动画制作流程与设计要素……136
6.1.1 Flash 动画的制作流程……136
6.1.2 Flash 动画的设计要素……136
6.2 制作逐帧动画……137
6.2.1 认识逐帧动画……137
6.2.2 创建逐帧动画……138
6.3 制作传统补间动画……142
6.3.1 认识传统补间动画……142
6.3.2 创建传统补间动画……142
6.4 制作补间动画……146
6.4.1 认识补间动画……146
6.4.2 创建补间动画……147
6.5 制作形状补间动画……149
6.5.1 认识形状补间动画……149
6.5.2 创建形状补间动画……150
6.6 使用动画预设……154
6.6.1 预览动画预设……154
6.6.2 使用动画编辑器……158
6.7 综合实战——制作“桃花朵朵开”动画……163

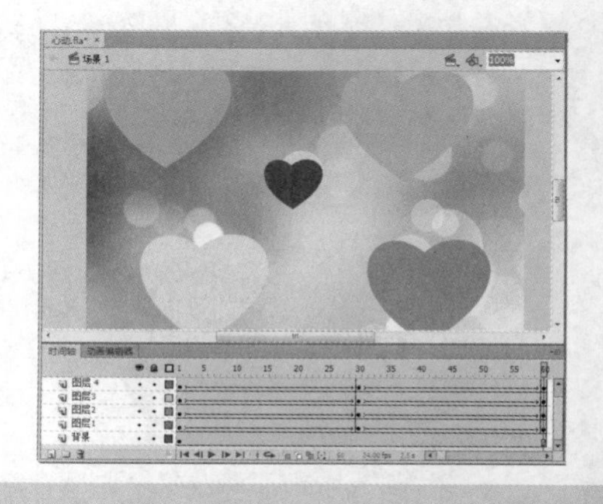

第 7 章 Flash 高级动画制作

本章主要针对 Flash 中两种高级动画的制作进行讲解，即遮罩动画和引导层动画。这两种动画在网站 Flash 动画设计中占据着非常重要的地位，一个 Flash 动画的创意层次主要体现在其制作过程中。可以对文档中的图像、声音与视频等资源进行统一管理，以方便在制作动画的过程中。

7.1 引导层动画……166
7.1.1 认识引导层动画……166
7.1.2 创建引导层动画……166
7.1.3 引导层动画实例制作……169
7.2 遮罩动画……175
7.2.1 认识遮罩动画……175
7.2.2 创建遮罩动画……176
7.2.3 遮罩动画实例制作……178
7.3 综合实战——制作“闪闪红星”动画……183

第 8 章 反向运动和 3D 动画制作

在 Flash CS6 中，对骨骼工具和 3D 工具进行了改进，使用户操作起来更加方便。本章将详细介绍使用骨骼工具制作 IK 反向运动动画，以及如何使用 3D 工具制作具有立体空间感的动画。

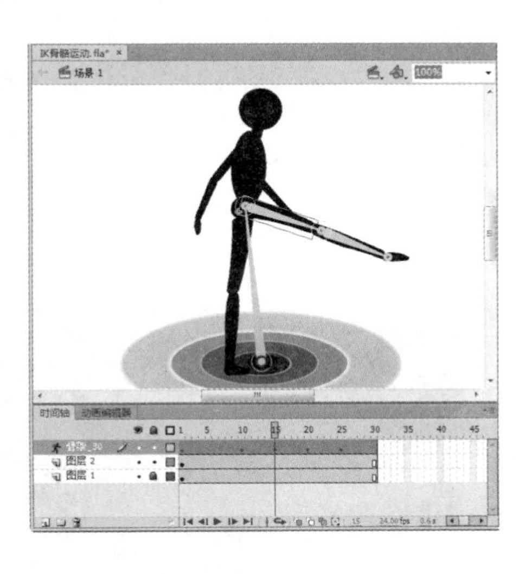

8.1 认识反向运动动画……188
8.2 添加与编辑骨骼……189
8.2.1 向元件实例添加骨骼……189
8.2.2 编辑 IK 骨架和对象……190
8.2.3 编辑 IK 动画属性……193
8.3 制作基于骨架的反向运动动画……198
8.3.1 制作 IK 形状动画……198
8.3.2 制作 IK 皮影动画……202
8.4 制作 3D 动画……204
8.4.1 制作 3D 旋转动画……204
8.4.2 制作 3D 透视动画……206
8.5 综合实战——制作“动感超人”动画……211

第 9 章 导入声音和视频

在 Flash 动画中，通过添加声音和视频文件等可以丰富动画的内容，增强动画效果，帮助渲染动画，使其更加生动、有趣。本章将详细介绍如何在 Flash 动画中添加和编辑声音与视频。

9.1 声音与声道 ······ 217
9.1.1 声音与 Flash ······ 217
9.1.2 声道 ······ 217
9.2 为影片添加声音 ······ 217
9.2.1 声音类型 ······ 217
9.2.2 导入声音文件 ······ 218
9.2.3 添加声音 ······ 218
9.3 音频的编辑 ······ 220
9.3.1 使用“属性”面板编辑声音 ······ 220
9.3.2 使用“库”面板编辑声音 ······ 222
9.4 声音的压缩与导出 ······ 223
9.4.1 声音的压缩 ······ 223
9.4.2 导出 Flash 文档中的声音 ······ 224
9.5 视频的导入与编辑 ······ 224
9.5.1 导入视频文件 ······ 224
9.5.2 编辑导入的视频文件 ······ 226
9.6 综合实战——导入世界杯视频 ······ 228

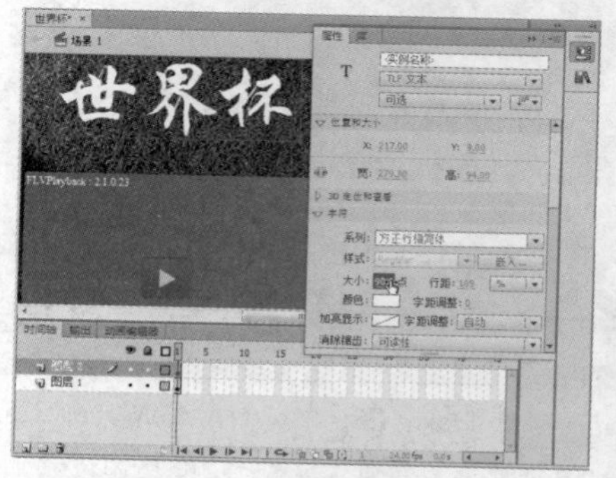

第 10 章 ActionScript 应用基础

ActionScript 是 Flash 中的脚本撰写语言，使用它可以让应用程序以非线性方式播放，并添加无法在时间轴表示的有趣或复杂的功能。本章将介绍 ActionScript 语言的基础知识，主要包括如何使用“动作”面板、ActionScript 语法、面向对象编程等。

10.1 ActionScript 简介 ······ 231
10.1.1 ActionScript 3.0 概述 ······ 231
10.1.2 “动作”面板 ······ 231
10.1.3 “脚本”窗口 ······ 234
10.1.4 “编译器错误”面板 ······ 235
10.1.5 “代码片断”面板 ······ 236
10.2 ActionScript 快速入门 ······ 238
10.2.1 计算机程序的用途 ······ 238
10.2.2 变量 ······ 239
10.2.3 数据类型 ······ 242

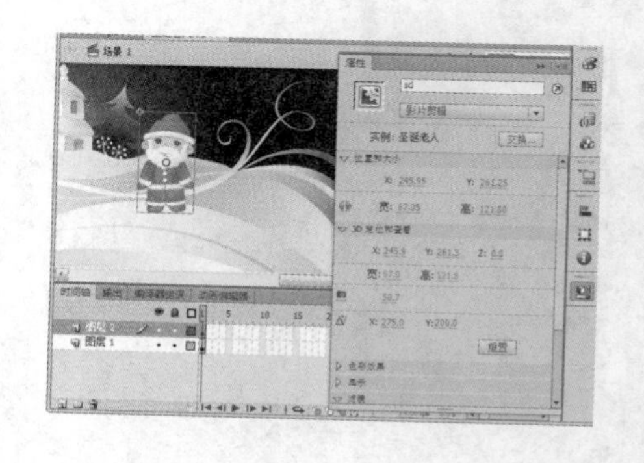

10.3 ActionScript 语言及其语法……244

10.3.1 ActionScript 语法……244

10.3.2 运算符……247

10.3.3 条件语句……253

10.3.4 循环语句……254

10.3.5 函数……257

10.3.6 类和对象……261

10.3.7 包和命名空间……263

10.4 面向对象编程……267

10.4.1 了解面向对象的编程……267

10.4.2 处理对象……267

10.4.3 制作简单交互动画……271

10.5 综合实战——应用 ActionScript 3.0……275

第 11 章 Flash 动画的发布与导出

在 Flash 动画制作完成后，需要使用测试动画或测试场景功能查看动画播放时的效果。如果动画播放不是很顺畅，还可以对其进行优化操作。如果需要在其他软件上使用 Flash 文件，则可以使用发布功能将 Flash 文件发布成其他模式。

11.1 测试 Flash 动画……279

11.1.1 测试影片……279

11.1.2 测试场景……279

11.2 优化 Flash 影片……280

11.3 发布 Flash 动画……281

11.3.1 发布概述……281

11.3.2 发布设置……282

11.3.3 文件预览与发布……287

11.4 导出动画作品……288

11.4.1 导出图像文件……288

11.4.2 导出影片文件……289

11.5 综合实战——发布“海上扬帆”动画……290

第 12 章 Flash 多媒体动画制作实战

Flash 的功能越来越强大，它在各个领域的应用也更加广泛与深入。本章将通过交互动画、电子贺卡、动画短片和导航相册等几个典型的多媒体动画制作综合实例，使读者进行实战演练，熟练掌握 Flash 动画制作的技术精髓。

12.1 制作交互动画 …………………… 294
12.1.1 设计要求 …………………… 294
12.1.2 制作过程 …………………… 294
12.2 制作电子贺卡 …………………… 301
12.2.1 设计要求 …………………… 301
12.2.2 制作过程 …………………… 301
12.3 制作动画短片 …………………… 307
12.3.1 设计要求 …………………… 307
12.3.2 制作过程 …………………… 307
12.4 制作导航相册 …………………… 323
12.4.1 设计要求 …………………… 323
12.4.2 制作过程 …………………… 324

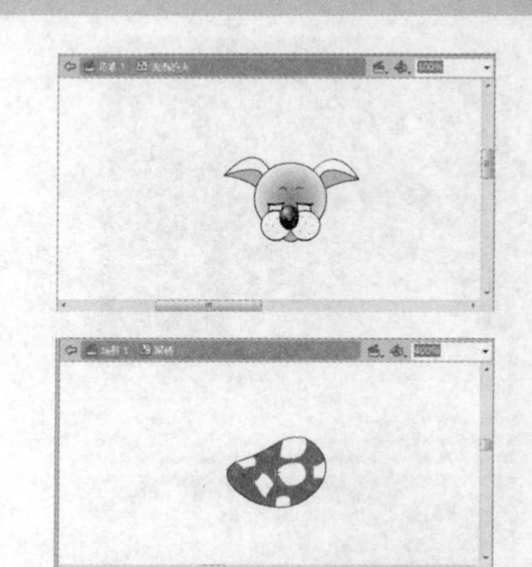

第13章 网站片头动画制作

网站片头动画是当前网站中一种流行的时尚要素，它不仅可以起到美化、丰富网站的作用，还可以使网站更具有时代气息。本章将引领读者一起来制作一个房产网站的片头动画。

13.1 网站片头动画特征与设计 …… 329
13.1.1 网站片头动画特征 …………………… 329
13.1.2 网站片头动画设计 …………………… 329
13.2 网站片头动画制作 …………………… 329
13.2.1 新建 Flash 动画文档 …………………… 329
13.2.2 制作动画场景与元件 …………………… 330
13.2.3 制作房产网站片头 …………………… 336

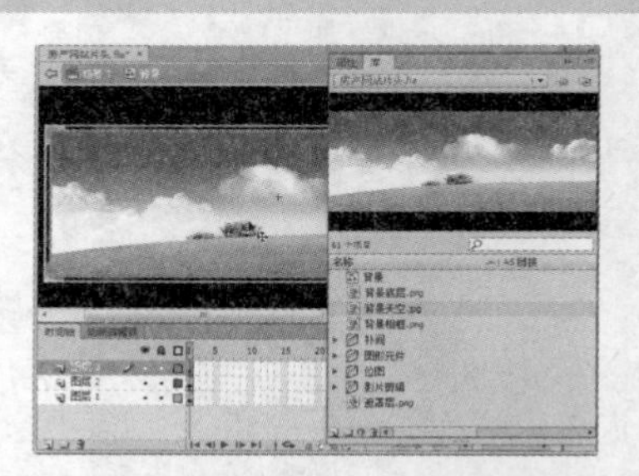

预计学习时间 50 分钟

Chapter 01

与 Flash CS6 亲密接触

Flash 是一款交互式矢量图形编辑与动画制作软件，是目前使用最为广泛的动画制作软件之一。由于 Flash 生成的动画文件体积小，并采用了跨媒体技术，同时具有很强的交互功能，所以使用 Flash 制作的动画文件在各种媒体环境中被广泛应用。

要点导航

- 走近 Flash 动画
- Flash CS6 界面介绍
- Flash CS6 新增功能
- Flash 动画的应用领域
- Flash CS6 基本操作

重点图例

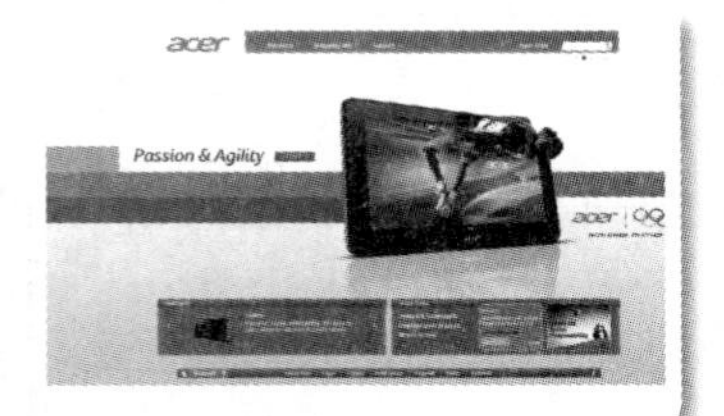

1.1 走近 Flash 动画

Flash 软件以简单易学、功能强大、适用范围广泛等特点，逐步奠定了其在多媒体互动软件中的重要地位。下面就一起走近 Flash 动画，了解 Flash 软件的发展史和 Flash 动画技术与特点。

1.1.1 Flash 软件的发展史

Flash 是一款具有传奇历史背景的动画软件，其产生到发展距今已有十几年的历史。经过软件功能与版本的不断更新，逐渐发展到如今的 Flash CS6 版本。在 Flash 软件发展历程中经历了两次软件收购事件、多次重大功能的更新，经过多年的锤炼，使 Flash 发展成为网络动画制作方面的重要软件。

Flash 最早期的版本称为 Future Splash Animator，1996 年 11 月被 Macromedia 收购，同时改名为 Flash 1.0。Macromedia 公司在 1997 年 6 月推出了 Flash 2.0，引入“库”的概念。1998 年 5 月 31 日推出了 Flash 3.0，支持影片剪辑、JavaScript 插件、透明度和独立播放器。但这些早期版本的 Flash 所使用的都是 Shockwave 播放器。

1999 年推出 Flash 4.0，支持变量、文本输入框、增强的 ActionScript 和媒体 MP3。Flash 4.0 开始有了自己专用的播放器，称为 Flash Player。2000 年，Macromedia 公司推出了具有里程碑意义的 Flash 5.0，首次引入了完整的脚本语言——ActionScript 1.0，这是 Flash 迈向面向对象开发环境领域的第一步。

2006 年，Macromedia 公司被 Adobe 公司收购，Flash 8 也成为 Macromedia 公司推出的最后一个 Flash 版本。Adobe 公司在 2007 年推出了新的版本 Flash CS3，它以最新的 ActionScript 3.0 编程语言替换原来的 ActionScript 2.0。Flash CS3 的功能逐渐增强，下图（左）所示为其启动界面。其后，又陆续推出了 Flash CS4 和 Flash CS5 版本，功能更加强大。

2012 年，Adobe 公司推出了全新版本 Flash CS6，该版本新增了生成 Sprite 表单、HTML5 的新支持和 3D 转换等功能，使其应用更加广泛。下图（右）所示为其启动界面。

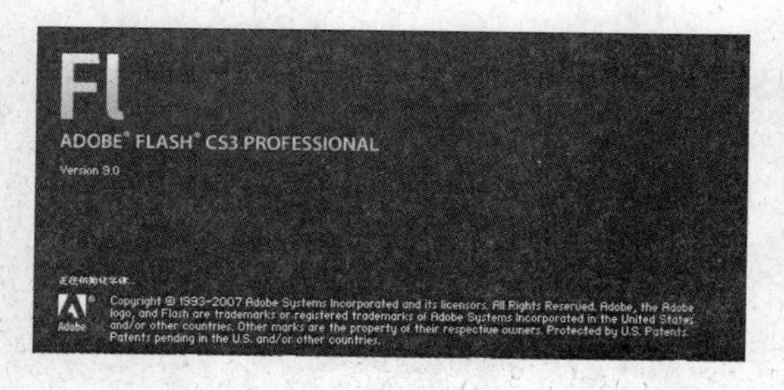

小提示

Flash CS6 是 Adobe 公司最新推出的动画制作软件，其功能更加强大，应用更加广泛，具有无限的可能性。

1.1.2 Flash 动画技术与特点

Flash 作为最优秀的二维动画制作软件之一，和它自身的鲜明特点息息相关。Flash 既吸收了传统动画制作上的技巧和精髓，又利用了计算机强大的计算能力，对动画制作流程进行了简化，从而提高了工作效率，在短短几年就风靡全球。

Flash 动画主要具有以下特点：

文件数据量小

Flash 动画主要使用的是矢量图，数据量只有位图的几千分之一，从而使得其文件较小，但图像清晰。

融合音乐等多媒体元素

Flash 可以将音乐、动画和声音融合在一起，创作出许多令人叹为观止的动画效果。

图像画面品质高

Flash 动画使用矢量图，矢量图可以无限放大，但不会影响画面质量。一般的位图一旦被放大，就会出现锯齿状的色块。

适于网络传播

Flash 动画可以上传到网络，供浏览者欣赏和下载，其具有体积小、上传和下载速度快的特点，非常适合在网络使用。

交互性强

这是 Flash 风靡全球最主要的原因之一。通过交互功能，欣赏者不仅能够欣赏动画，还能置身其中，借助鼠标触发交互功能实现人机交互。

制作流程简单

Flash 动画采用“流式技术”的播放形式，制作流程像流水线一样清晰简单、一目了然。

功能强大

Flash 动画拥有自己的脚本语言，通过使用 ActionScript 语言能够简易地创建高度复杂的应用程序，并在应用程序中包含大型的数据集和面向对象的可重用代码集。

应用领域广泛

Flash 动画不仅可以在网络上进行传播，同时也可以在电视、电影、手机上播放，大大扩展了它的应用领域。

1.2 Flash CS6 界面介绍

要想熟练地使用 Flash CS6 软件，首先必须熟悉其工作界面，然后深入学习其软件功能和创作技巧。下面将介绍 Flash CS6 的初始界面、工作界面的组成，以及主菜单和常用面板的功能等。

1.2.1 Flash CS6 初始界面

第一次启动 Flash CS6 时，默认显示如下图所示的初始界面。初始界面中各个组成部分及其功能如下：

Adobe 公司最新推出的 Flash CS6 简单易学，操作方便、快捷，是现阶段制作二维动画应用最广的软件之一。

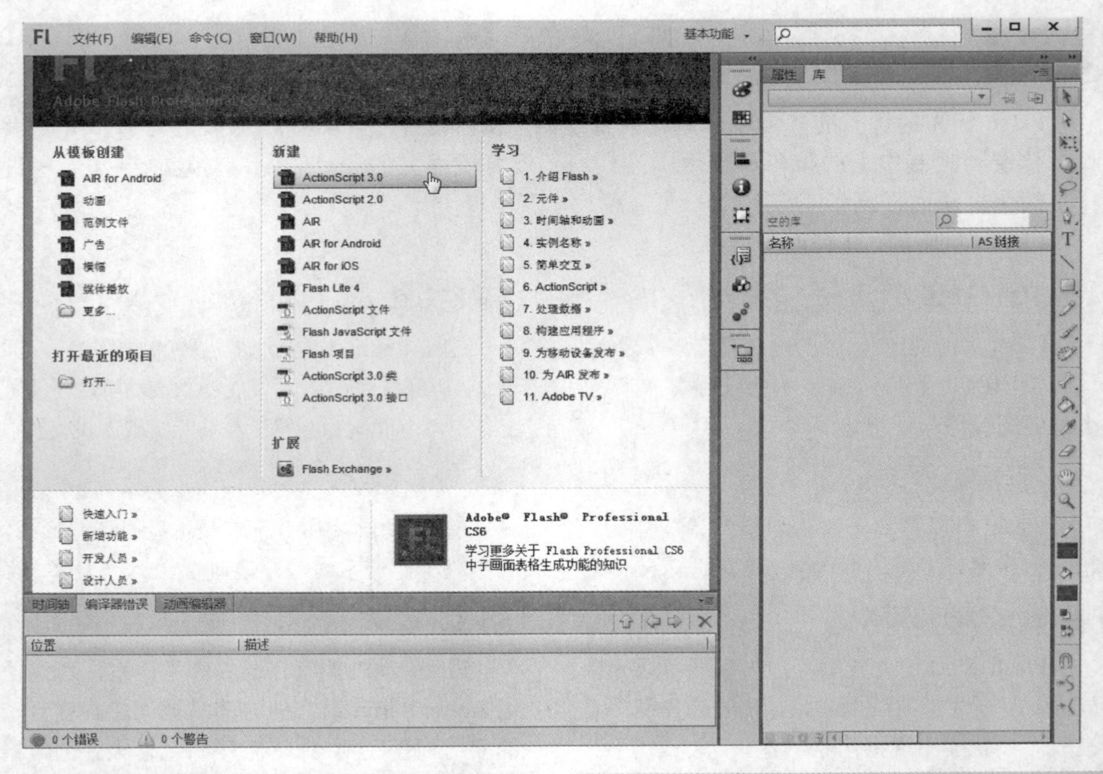

从模板创建

在该区域中是已保存的动画文档，可以选择某一个文档作为模板进行编辑和发布，从而提高工作效率。

打开最近的项目

在该区域中显示最近打开过的文档，以方便用户快速打开。

新建

在该区域中可以根据需要快速新建不同类型的 Flash 文档。

扩展

单击该选项，将在浏览器中打开 Flash Exchange 页面，该页面提供下载 Adobe 公司的扩展程序、动作文件、脚本和模板，以及其他可扩展 Adobe 应用程序功能的项目。

学习

在该区域中单击相关条目，可以在浏览器中查看由 Adobe 公司提供的 Flash 学习课程。

相关链接

在该区域中提供了“快速入门”、“新增功能”、“开发人员”和“设计人员”的网页超链接，用户可以使用这些资源进一步了解 Flash 软件。

1.2.2 Flash CS6 工作界面

Flash CS6 的工作界面与 Flash CS5 的工作界面相近。各区域的名称及其功能如下：

小提示

启动 Flash CS6 软件，在初始界面“学习”区域中学习 Adobe 公司提供的 Flash 教学课程。

应用程序栏

单击应用程序栏右侧的“基本功能”下拉按钮，弹出如下图（左）所示的下拉列表，其中提供了多种默认的工作区预设，选择不同的选项，即可在需要的工作区进行预设。

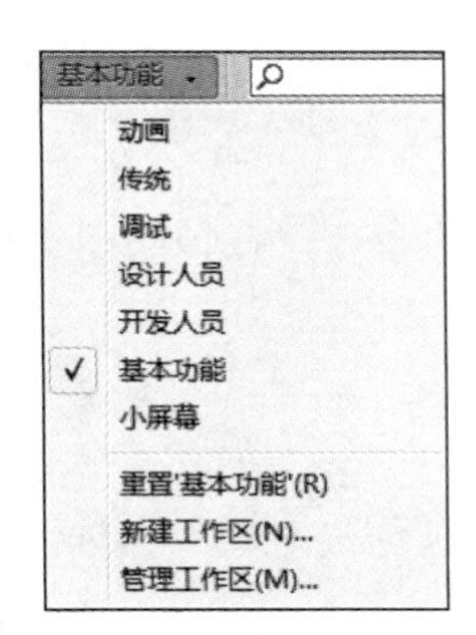

在该列表最后提供了“重置‘基本功能’”、“新建工作区”和“管理工作区”3个选项。其中“重置‘基本功能’”恢复工作区默认状态，“新建工作区”可以根据个人喜好对工作区进行配置，“管理工作区”用于管理个人创建的工作区配置，可以进行重命名和删除等操作，如下图（右）所示。

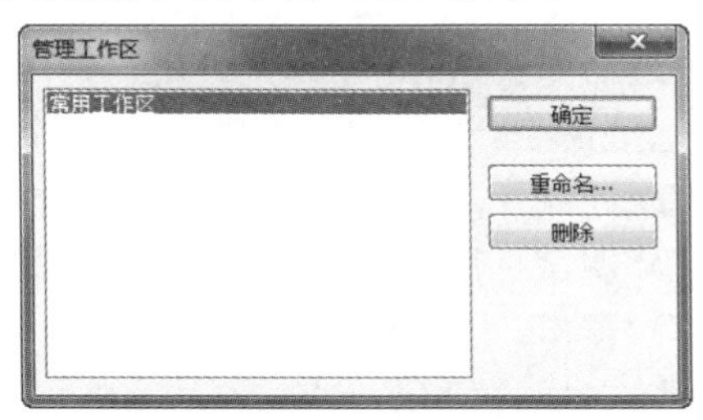

菜单栏

菜单栏提供了Flash的命令集合，几乎所有的可单击命令都可以在菜单栏中直接或间接找到相应的操作选项。

窗口选项卡

窗口选项卡显示文档名称，提示有无保存文档。用户修改文档但没有保存则显示“*”。如果不需要保存，则可以关闭文档。

编辑栏

在编辑栏左侧显示当前场景或元件，单击右侧的“编辑场景”按钮，可以选择需要编辑的场景；单击“编辑元件”按钮，可以选择需要切换编辑的元件。单击右侧的 100% 下拉按钮，可以选择所需要的舞台大小。

舞台工作区

舞台是放置、显示动画内容的区域，内容包括矢量插图、文本框、按钮、导入的位图图形或视频剪辑等，用于修改和编辑动画。

时间轴面板

时间轴面板用于组织和控制文档内容在一定时间内播放的图层数和帧数。

在管理工作区中可以设置自己的工作模式。设定好工作区，单击应用程序栏右侧的“基本功能”下拉按钮，从弹出的下拉列表中选择“新建工作区”选项，打开“新建工作区”对话框，即可保存自定义的工作区模式。

面板

面板用于配合场景、元件的编辑和 Flash 的功能设置。

工具箱

在工具箱中选择各种工具，即可进行相应的操作。

1.2.3 Flash CS6 菜单栏

和其他软件一样，Flash 菜单栏中集合了软件的绝大多数命令。Flash CS6 的主菜单栏中包括“文件”、“编辑”、“视图”、“插入”、“修改”、“文本”、“命令”、“控制”、“调试”、“窗口”和“帮助”菜单项，如下图所示。

文件(F) 编辑(E) 视图(V) 插入(I) 修改(M) 文本(T) 命令(C) 控制(O) 调试(D) 窗口(W) 帮助(H)

◎ 文件：包含最常用的命令之一，如“新建”、“打开”、“关闭”、“保存文档”、“导入”、“导出选项”、“发布相关”和“退出”等。

◎ 编辑：用于对帧的复制与粘贴、编辑时的参数设置，以及自定义工具面板、字体映射等。

◎ 视图：用于快速设置屏幕上显示的内容，如浮动面板、时间轴和网格标尺等。

◎ 插入：该菜单中的命令利用率非常高，如转换元件和新建元件等。

◎ 修改：用于修改文档的属性和对象的形状等。

◎ 文本：用于设置文本属性。

◎ 命令：Flash CS6 允许用户使用 JSFL 文件创建自己的命令，在该菜单中可以运行、管理这些命令或使用 Flash 默认提供的命令。

◎ 控制：用于测试影片，以符合自己的想法等。

◎ 调试：用于导出 SWF 格式来播放动画影片。

◎ 窗口：用于控制各个面板的打开与关闭。Flash 的面板有助于使用舞台中的对象、整个文档、时间轴和动作等。

◎ 帮助：该菜单中含有 Flash 官方帮助文档，用户在遇到困难时可以按【F1】键来获得帮助。

1.2.4 Flash CS6 常用面板

在 Flash CS6 中提供了各类面板，用于观察、组织和修改 Flash 动画中的各种对象元素，如形状、颜色、文字、实例和帧等。在默认情况下，面板组停靠在工作界面的右侧。下面将详细介绍以下几个常用的面板。

1.“颜色/样本”面板组

在默认情况下，“颜色”面板和“样本”面板合为一个面板组。“颜色”面板用于设置笔触颜色、填充颜色及透明度等，如下图（左）所示。“样本”面板中存放了 Flash 中所有的颜色，单击面板右侧的▾☰按钮，在弹出的下拉菜单中可以对其进行管理，如下图（右）所示。

小提示

Flash CS6 提供了强大的帮助系统，用户只需在打开的 Flash CS6 窗口中按【F1】键，即可打开帮助系统，浏览 Flash CS6 的所有功能。

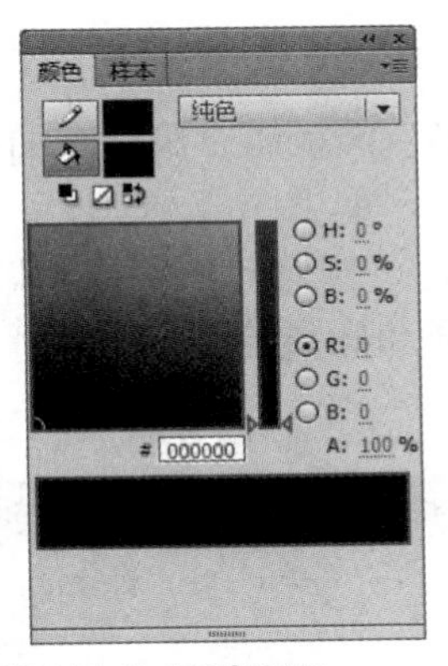

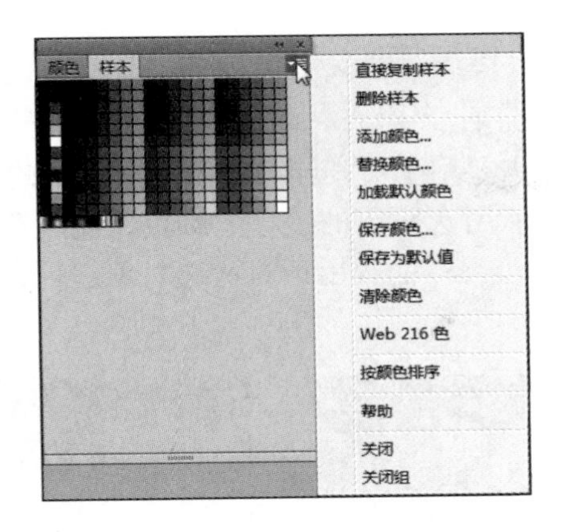

2.“库/属性”面板组

默认情况下，“库”面板和“属性”面板合为一个面板组。“库”面板用于存储和组织在 Flash 中创建的各种元件，以及导入的文件，包括位图图形、声音文件和视频剪辑等，如下图（左）所示。

“属性”面板用于显示和修改所选对象的参数。当不选择任何对象时，“属性”面板中显示的是文档的属性，如下图（右）所示。

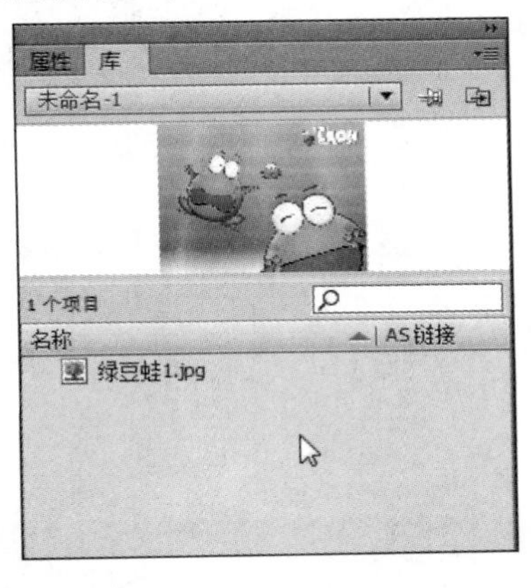

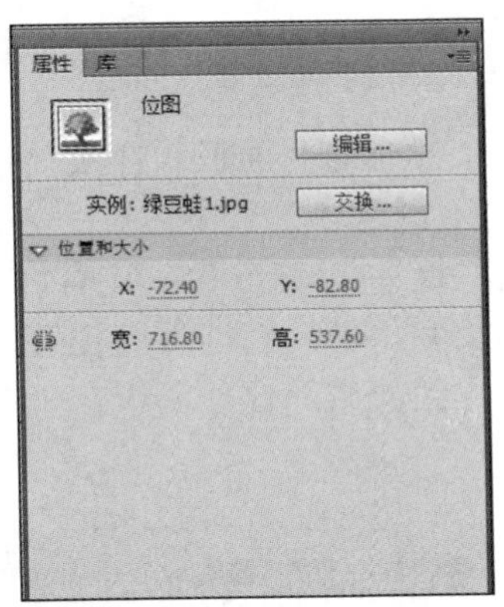

3.“动作”面板

“动作”面板用于编辑脚本，它由 3 个窗格构成：动作工具箱、脚本导航器和脚本窗格。

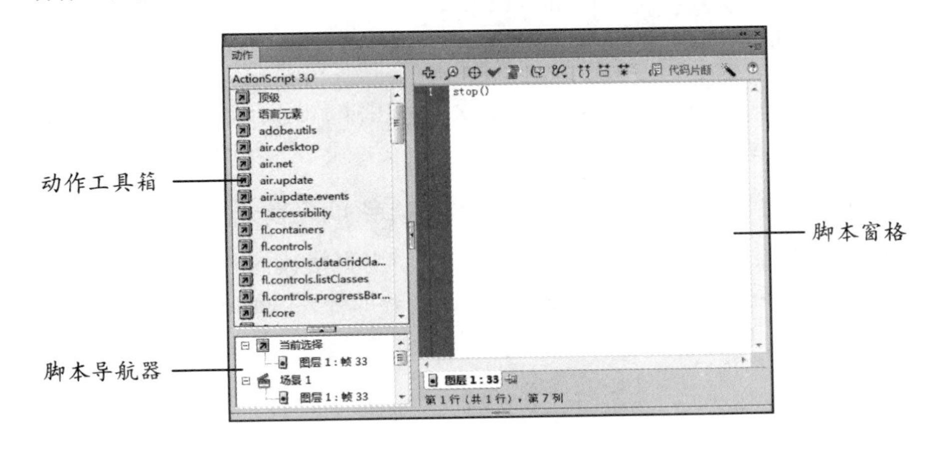

在 Flash CS6 中提供了各类面板，使得动画制作更加方便、快捷。在不同的工作模式下会显示相应的操作面板。

多学点

4. "对齐/信息/变形"面板组

在默认情况下，"对齐"面板、"信息"面板和"变形"面板组合为一个面板组。其中，"对齐"面板主要用于对齐同一个场景中选中的多个对象，如下图（左）所示；"信息"面板主要用于查看所选对象的坐标、颜色、宽度和高度，还可以对其参数进行调整，如下图（中）所示；"变形"面板用于对所选对象进行大小、旋转和倾斜等变形处理，如下图（右）所示。

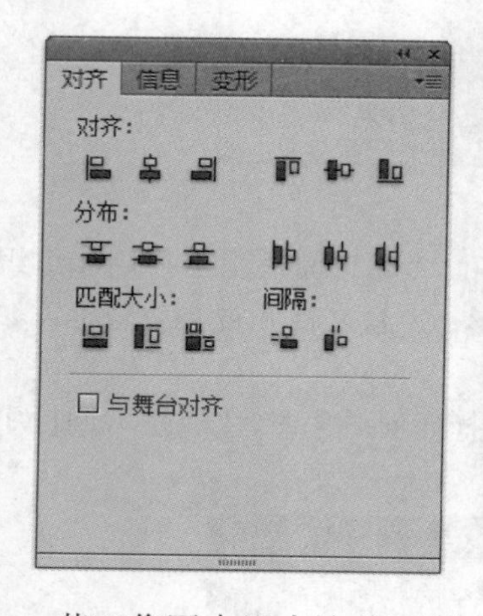

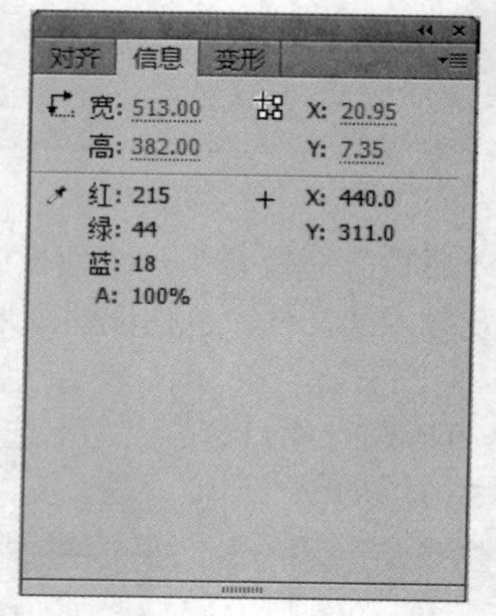

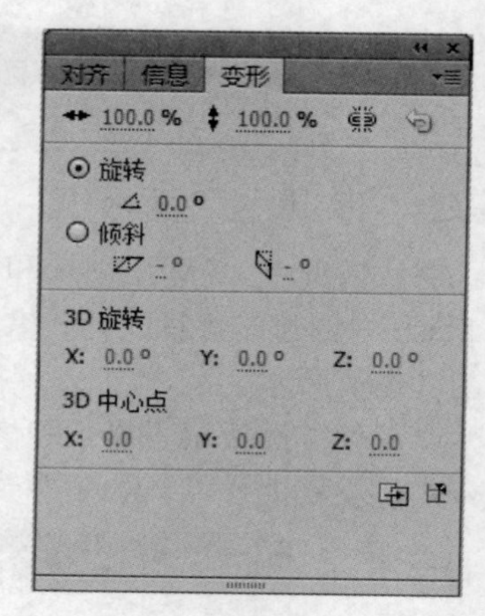

若工作区中没有这些面板，在菜单栏的"窗口"菜单下都可以找到，单击其中的命令即可显示相应的面板。

除了上述面板外，Flash CS6 还有许多其他面板，如"滤镜"面板、"参数"面板、"调试控制台"面板和"辅助功能"面板等，其功能和特点在此不再一一介绍，后面的章节中将会对其进行详细介绍。这些面板在"窗口"菜单中都可以找到，单击相应的命令即可将其打开。

1.3 Flash CS6 新增功能

Flash CS6 在原有版本的基础上不断优化，并增加了许多新功能，使其功能更加强大，更具有实用性。

Flash CS6 是 Adobe 公司推出的 Flash 最新版本，相对于以前的版本，它拥有更为强大的功能，可以将其归纳为以下几个方面：

生成 Sprite 表单

导出元件和动画序列，以快速生成 Sprite 表单，协助改善游戏体验、工作流程和性能。

锁定 3D 场景

使用直接模式作用于针对硬件加速的 3D 内容的开源 Starling Framework，从而增强渲染效果。

小提示：使用快捷键可以打开或关闭面板，如按【F9】键可以打开或关闭"动作-帧"面板。

对 HTML5 的新支持

以 Flash Professional 的核心动画和绘图功能为基础，利用新的扩展功能（单独提供）创建交互式 HTML 内容，导出 JavaScript 来针对 CreateJS 开源架构进行开发。

行业领先的动画工具

使用时间轴和动画编辑器创建及编辑补间动画，使用反向运动为人物动画创建自然的动画。

滤镜和混合效果

为文本、按钮和影片剪辑添加有趣的视觉效果，创建出具有表现力的内容。

装饰绘图画笔

借助装饰工具的一整套画笔添加高级动画效果，制作颗粒现象的移动（如云彩或雨水），并且绘出特殊样式的线条或多种对象图案。

高级文本引擎

通过“文本版面框架”获得全球双向语言支持和先进的印刷质量排版规则 API。从其他 Adobe 应用程序中导入内容时仍可保持较高的保真度。

专业视频工具

借助随附的 Adobe Media Encoder 应用程序，将视频轻松加入项目中并高效转换视频剪辑。

3D 转换

借助激动人心的 3D 转换和旋转工具，让 2D 对象在 3D 空间中转换为动画，让对象沿 X、Y 和 Z 轴进行运动，将本地或全局转换应用于任何对象。

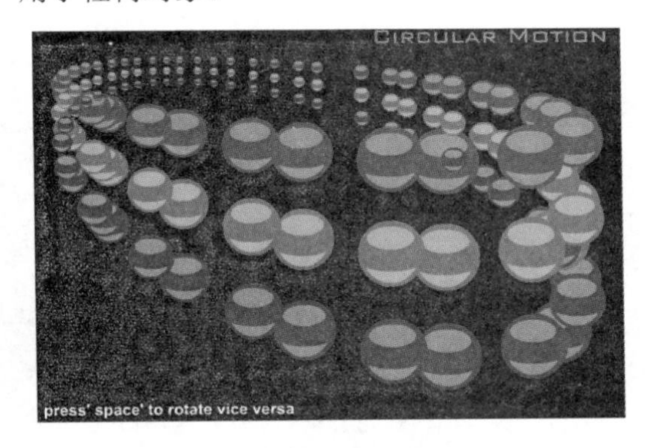

Flash 项目在存储时可以基于 XML，这对于管理项目以及沟通非常方便。

Creative Suite 集成

使用 Adobe Photoshop® CS6 软件对位图图像进行往返编辑，然后与 Adobe Flash Builder® 4.6 软件紧密集成。

Adobe AIR 移动设备模拟

模拟屏幕方向、触控手势和加速计等常用的移动设备应用互动来加速测试流程。

广泛的平台和设备支持

锁定最新的 Adobe Flash Player 和 AIR 运行时，使用户能针对 Android™和 iOS 平台进行设计。

1.4 Flash 动画的应用领域

可以使用 Flash 制作网页动画、故事短片、Flash 站点以及在手机中应用的 Flash 动画、屏保和游戏等，可以说到处都有 Flash 动画的踪影。

1. 搭建 Flash 动态网站

由于 Flash 具有强大的交互功能，所以一些公司都用其在网上展示商品。浏览者可以选择性地观看所需商品，再详细观看产品的功能、外观等。交互的展示比传统的展示更胜一筹，大大促进了商品的销售。下图所示为某国外公司在网上展示其电子产品。

Flash 应用于导航按钮，通过鼠标的各种动作实现动画、声音等多媒体效果。下图所示为网站 Flash 导航。

小提示 Flash CS6 新增了很多人性化的功能，与其他的 CS6 套件很好地整合协作，如与 Photoshop、Illustrator、InDesign 等软件的沟通更加顺畅。

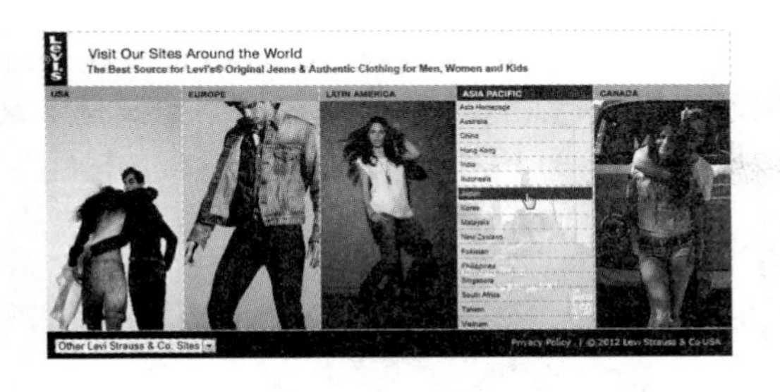

2. 制作 Flash 短片

乐短片当下最火爆，也是广大 Flash 爱好者（闪客）最热衷应用的一个领域。其中，最典型的代表作有《小熊维尼》、《绿豆蛙》等。下图所示为 Flash 动画在娱乐短片领域的应用。

3. 网络广告

随着经济的不断发展，人们的物质生活提高后，对娱乐服务的需求也在持续增长。在广告上，由于 Flash 动画引发的对动画娱乐产品的需求也将迅速膨胀，越来越多的企业均通过 Flash 动画广告获得很好的宣传效果。下图所示为 Flash 动画在广告领域的应用。

4. 制作 MTV

Flash MTV 是一种为唱片既保证质量又降低成本的有效途径，并且成功地推广到网上。在一些 Flash 制作的网站中，如“闪客帝国”、“闪吧”等，几乎每天都有新的 MTV 作品产生。下图所示为 Flash 动画在 MTV 领域的应用。

网上学习 Flash 的站点很多，如“闪吧”、“闪客帝国”、“闪盟在线”等。Flash 这个单词有“闪光”的意思，因此使用 Flash 的人又称为“闪客”。

5．Flash 电子贺卡

随着网络的不断发展，也为电子贺卡带来了商机，越来越多的人通过网络把具有丰富效果的 Flash 动画发送给亲朋好友来表达感情。下图所示为 Flash 动画在贺卡领域的应用。

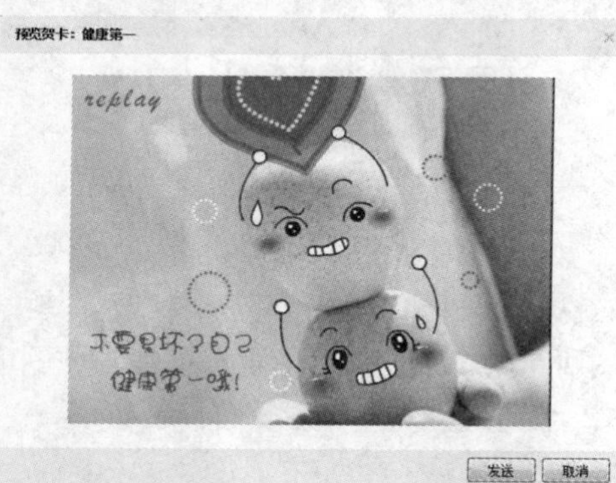

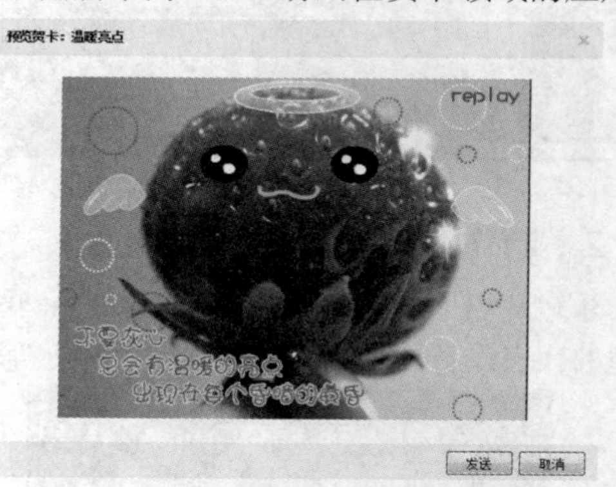

6．手机应用

现在手机的智能技术发展越来越快，这为 Flash 的传播提供了有力的保证，而 Flash 动画本身的亲和力也为其传播提供了保障，这为 Flash 动画带来巨大的商业空间。下图所示为 Flash 动画在手机领域的应用。

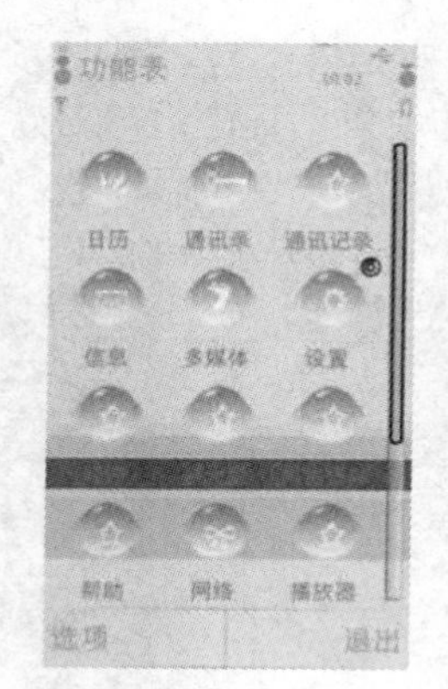

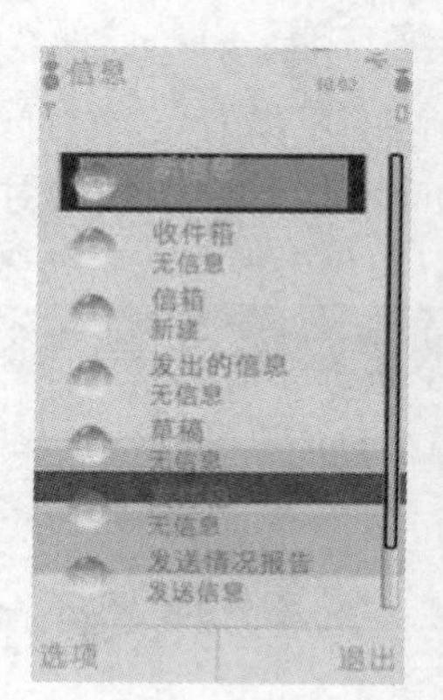

7．制作互动游戏

Flash 强大的交互功能搭配优良的动画效果，使它在游戏领域也占有一席之地。由于 Flash 能减少游戏软件中的存储容量，所以更容易被用户下载和安装。一些知名公司把游戏和广告结合起来，让人们参与其中，增强了广告效果。下图所示为 Flash 动画在游戏领域的应用。

小提示

Flash 在网络广播、手机应用、互动游戏、教学课件及多媒体光盘等领域发挥着强大的作用。

8．制作教学用课件

Flash 在网络广播、教学课件及多媒体光盘等方面也发挥着强大的作用。下图所示为 Flash 动画在教学领域的应用。

1.5 Flash CS6 基本操作

下面将详细介绍 Flash CS6 的基本操作，其中包括启动与退出 Flash CS6 软件、Flash 文件管理、Flash 面板操作、工作区操作以及舞台设置等。

1.5.1 启动与退出 Flash CS6

下面将简要介绍启动与退出 Flash CS6 的各种方法。

1．启动 Flash CS6

在成功安装了 Flash CS6 后，便可以启动 Flash CS6，具体操作方法如下：

单击“开始”|“所有程序”|Adobe | Adobe Flash Professional CS6 命令，如下图（左）所示。此时，即可进入 Flash CS6 的初始界面，如下图（右）所示。

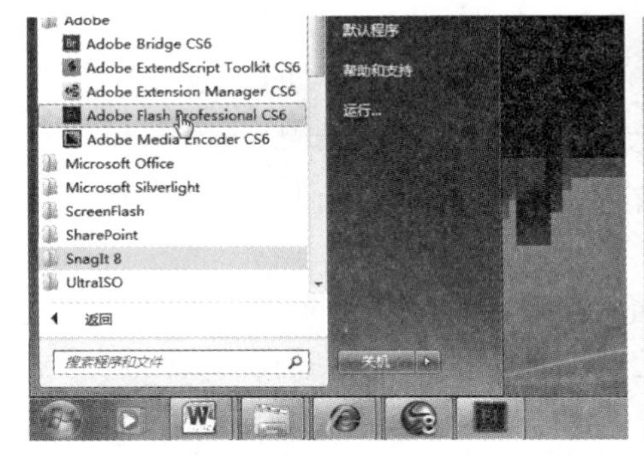

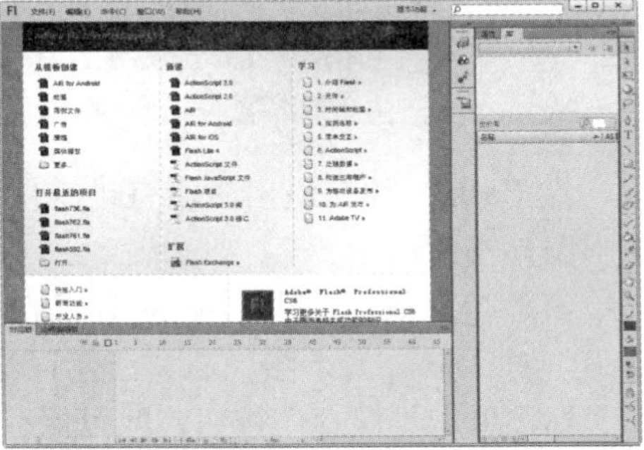

在初始界面中，用户可以在“从模板创建”、“新建”和“打开最近的项目”3 个区域中

双击 Flash CS6 图标，或者单击“开始”按钮，选择 Adobe Flash Professional CS6 命令，都可启动 Flash CS6。

进行所需的操作。例如，选择“新建”区域中的 ActionScript 3.0 选项，便可以进入其编辑界面。

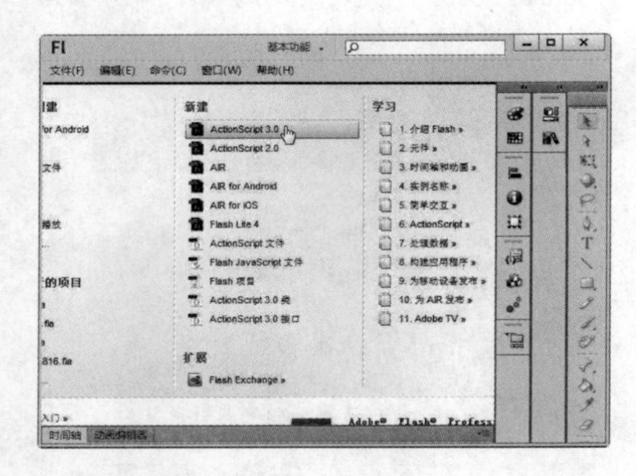

2. 退出 Flash CS6

如果需要退出 Flash CS6 程序，可以通过以下几种方法进行操作。

方法一：使用菜单命令退出

单击“文件”|“退出”命令，如下图（左）所示，即可退出 Flash CS6 程序。

方法二：单击“关闭”按钮退出

直接单击应用程序窗口中的“关闭”按钮 × ，也可退出 Flash CS6 程序。

方法三：通过 Flash 图标退出

单击应用程序窗口左上角的 Flash 图标 Fl ，在弹出的下拉菜单中选择“关闭”命令，如下图（右）所示，或直接双击 Flash 图标 Fl ，也可退出 Flash CS6 程序。

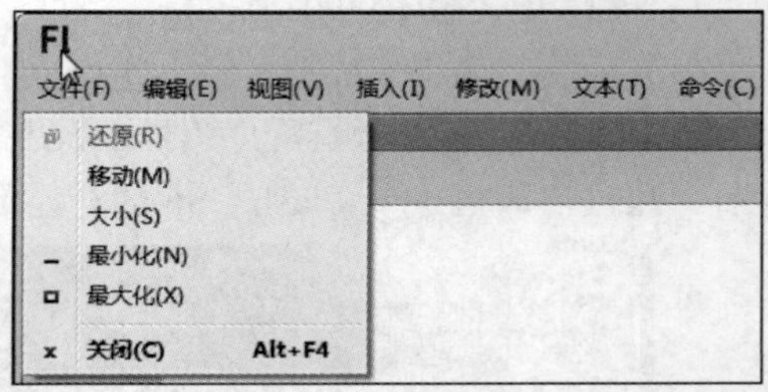

注意，若 Flash 文件在退出时没有进行保存，系统会弹出提示信息框，询问是否要保存文档，如下图（左）所示。

如果单击“否”按钮，表示不进行保存而直接退出程序；如果单击“是”按钮，则弹出“另存为”对话框，如下图（右）所示。选择要保存的位置，并在“文件名”文本框中输入文件名称，单击“保存”按钮，即可保存 Flash 文档。如果单击“取消”按钮或对话框右上角的“关闭”按钮，则表示取消保存操作。

小提示

在关闭软件或文件时要注意保存文件。如果未保存文件，系统则会弹出是否保存提示框，提示用户保存。

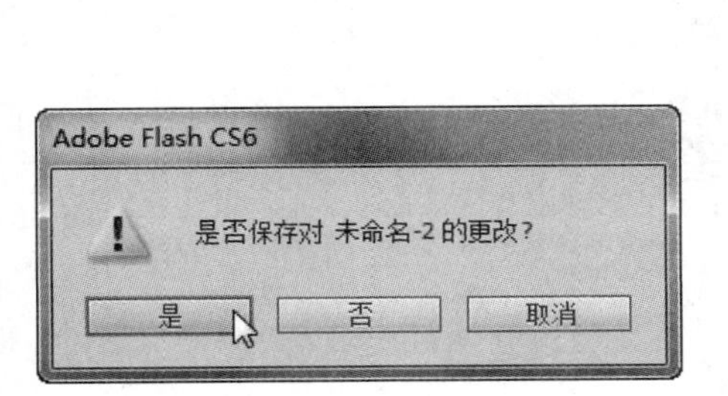

1.5.2 Flash CS6 文件管理

下面将详细介绍如何对 Flash CS6 文件进行管理，如新建文件、保存文件、打开文件，以及关闭文件等。

1. 新建文件

新建 Flash 文件的操作方法如下：

单击“文件”|“新建”命令或按【Ctrl+N】组合键，弹出“新建文档”对话框。在“常规”选项卡中可以创建各种常规文件，还可以对选中的文件进行宽度、高度、背景颜色等设置。在“描述”列表框中显示了对该文件类型的简单介绍。单击“确定”按钮，即可创建相应类型的文档。

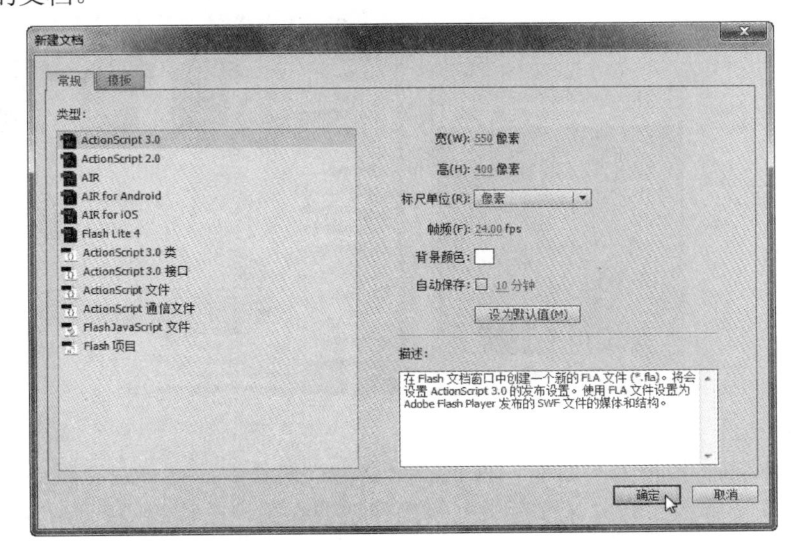

使用模板创建新文档的具体操作方法如下：

在“新建文档”对话框中选择“模板”选项卡，然后在“类别”列表中选择一种类别，在其右侧会显示出与其对应的模板、预览效果及相关描述信息，如下图（左）所示。单击

Flash CS6 提供了多种内置的 Flash 模板供用户选择，单击其中的选项，打开“从模板新建”对话框，通过模板创建文件。

“确定”按钮，即可创建一个模板文件，如下图（右）所示。

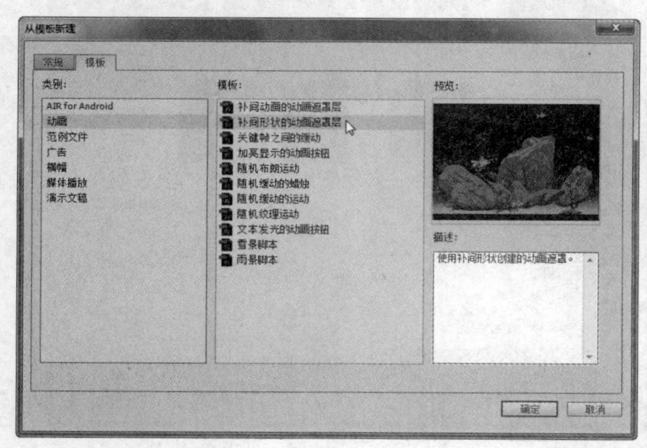

当启动 Flash CS6 后会显示其初始界面，也可以从初始界面的“新建”和“从模板创建”区域中根据需要来创建新的 Flash 文件。

2. 保存文件

当动画制作完成后，需要对文件进行保存。通常有 4 种保存文件的方法，分别为保存文件、另存文件、另存为模板文件和全部保存文件。

（1）保存文件

如果是第一次保存文件，则单击“文件”|“保存”命令，如下图（左）所示。在弹出的“另存为”对话框中有 6 种保存类型，如下图（右）所示。如果文件原来已经保存过，则直接选择“保存”命令或按【Ctrl+S】组合键进行保存。

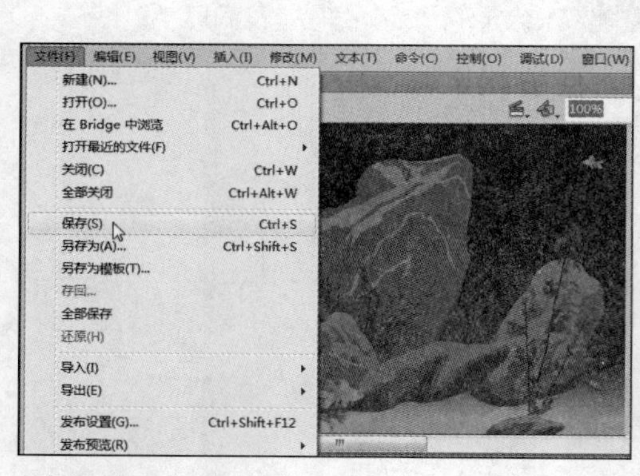

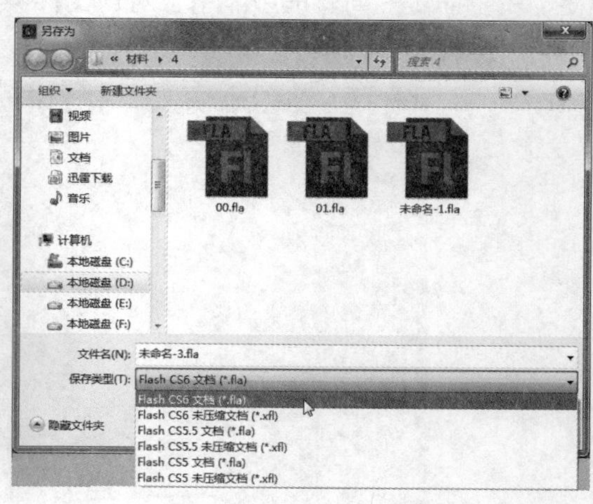

（2）另存文件

单击“文件”|“另存为”命令，弹出“另存为”对话框，在该对话框中可以对已经保存的文件进行重新命名、修改其保存类型等操作，或在另一个位置进行保存。

（3）另存为模板

单击“文件”|“另存为模板”命令或按【Ctrl+Shift+S】组合键，可以将文件保存为模板，这样就可以将该文件中的格式直接应用到其他文件中，从而形成统一的文件格式。在

如果打开多个动画文档，可以在菜单栏中单击“文件”|“全部保存”命令，保存打开的所有文档。

弹出的“另存为模板”对话框中可以填写模板姓名，选择其类别，对模板进行描述，如右图所示。

（4）全部保存文件

“全部保存”命令用于同时保存多个文档。若这些文档曾经保存过，单击该命令后系统会对所有打开的文档再次进行保存；若没有保存过，则系统会弹出“另存为”对话框，用户可逐个对其进行保存。

3. 打开文件

单击“文件”|“打开”命令或按【Ctrl+O】组合键，弹出“打开”对话框。选择要打开文件的路径，选中要打开的文件，单击“打开”按钮即可。

4. 关闭文件

单击“文件”|“关闭”命令或按【Ctrl+W】组合键，即可关闭文档；单击“文件”|“全部关闭”命令或按【Ctrl+Alt+W】组合键，可以一次关闭所有文档，如下图（左）所示。

另外，在打开文档的标题栏上单击“关闭”按钮×，也可以关闭文件，如下图（右）所示。在关闭文件时，若文件未被修改或已保存，则可以直接关闭当前文件；若文件经过修改后尚未保存，系统则会弹出询问是否保存的提示信息框。

1.5.3 Flash 面板操作

下面将详细介绍 Flash CS6 的面板操作，其中包括展开与折叠面板、打开与关闭面板、

文件都是以一定格式保存在磁盘中的，通常 Flash 文档只能用 Flash 软件打开，并且只能用高版本的 Flash 软件打开低版本的 Flash 文档。

折叠为图标与展开面板、将面板拖动为浮动状态，以及放大与缩小面板等。

1．展开与折叠面板

双击要折叠面板的标签，可以将面板从展开状态更改为折叠状态，如下图（左）所示。再次双击面板标签，即可将面板从折叠状态更改为展开状态。

在面板标签上右击，在弹出的快捷菜单中选择“最小化组”命令，如下图（右）所示，可以将面板从展开状态转换为折叠状态；若选择“恢复组”命令，则可以将面板从折叠状态转换为展开状态。

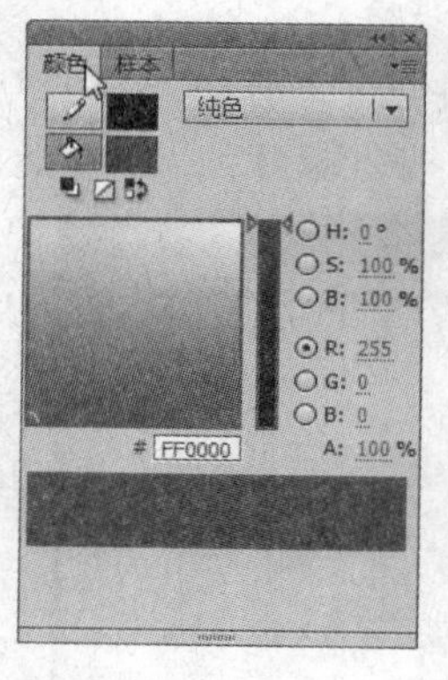

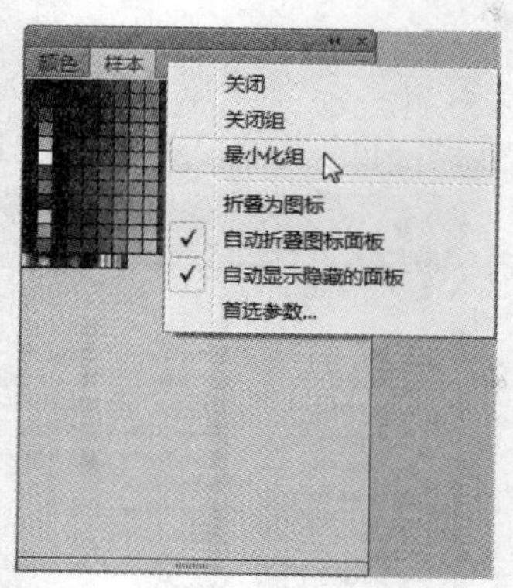

2．打开与关闭面板

单击“窗口”菜单项，在弹出的下拉菜单中显示面板命令，在每个面板命令后都跟有快捷键，按此快捷键也可以打开相应的面板，如下图（左）所示。例如，按【Alt+Shift+F9】组合键，即可打开“颜色”面板。

当打开某个面板后，在“窗口”菜单中相应的命令上会出现“√”标记，表示当前工作区中该面板处于打开状态，再次单击该命令即可将其关闭。在打开的面板中单击其右上角的“关闭”按钮，或在其标签栏或面板标签上右击，在弹出的快捷菜单中选择“关闭”或“关闭组”命令，也可以关闭面板，如下图（右）所示。

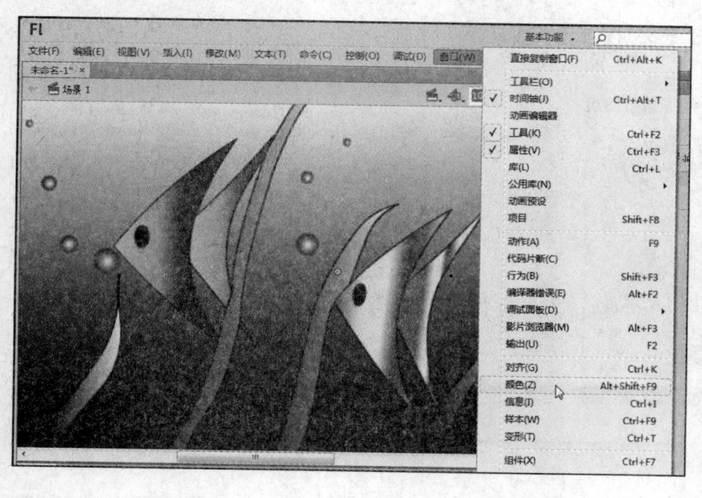

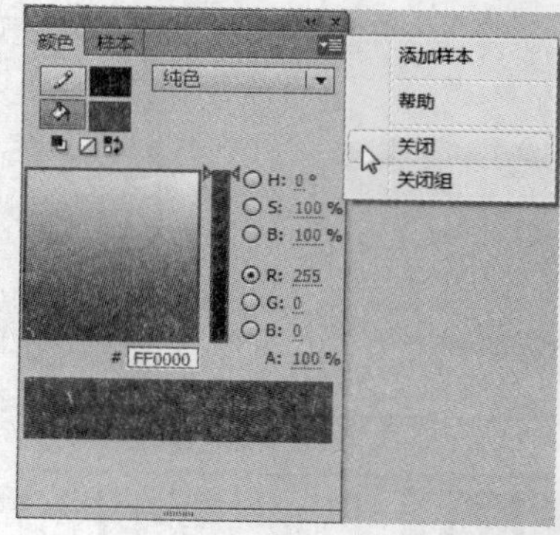

小提示

Flash CS6 支持对面板的统一隐藏和显示。如要隐藏或显示所有面板，可以按【F4】键快速切换。

3. 折叠为图标与展开面板

双击面板顶部区域，即可将此面板折叠为图标或展开面板，如下图（左）所示。

单击面板组右侧的“折叠为图标”按钮或“展开面板”按钮，即可将相应的面板折叠为图标或展开面板，如下图（中）所示。

在某个面板上右击，在弹出的快捷菜单中选择“折叠为图标”或“展开面板”命令，即可将面板折叠为图标或展开面板，如下图（右）所示。

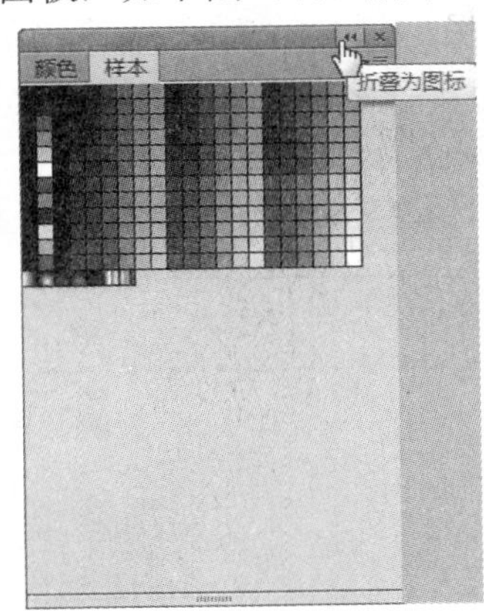

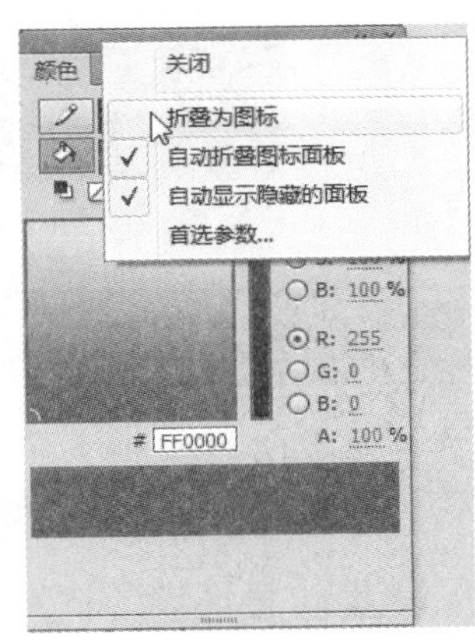

4. 将面板拖动为浮动状态

将鼠标指针指向面板顶部区域或面板标签上，然后单击并拖动鼠标，在合适的位置松开鼠标，即可将面板拖动为浮动状态，如下图（左）所示。用户可以将面板拖动到工作界面的任意位置，也可以拖至其他面板上，使其成为一个面板组，如下图（右）所示。

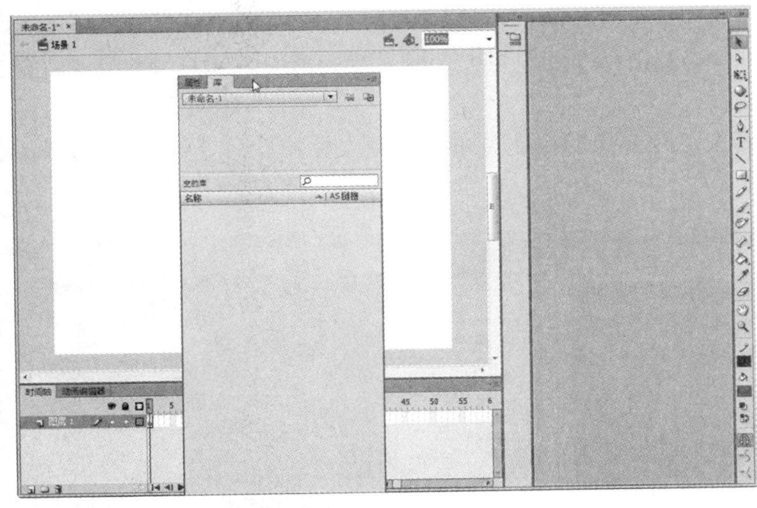

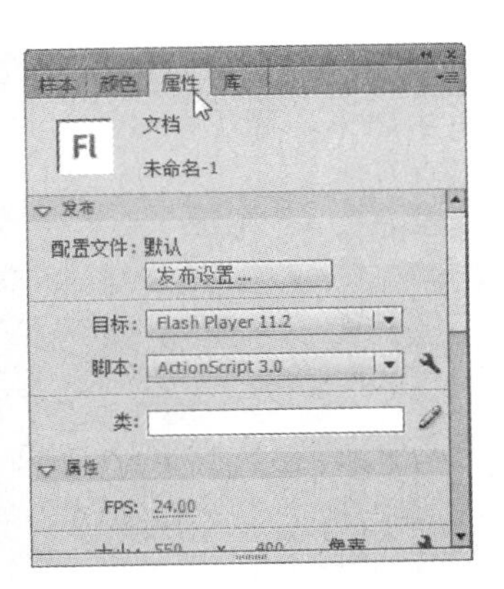

5. 放大与缩小面板

当面板显示不够大或过大时，可以对其进行放大或缩小操作。将鼠标指针指向面板边缘处，当指针变为双向箭头时拖动鼠标，即可放大或缩小面板。

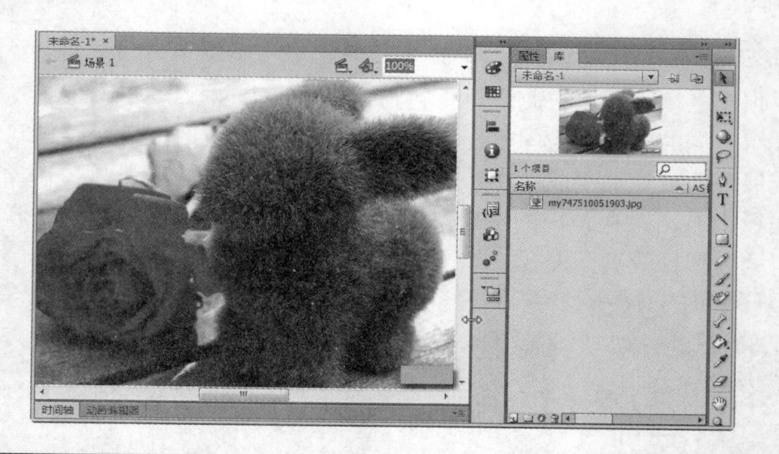

1.5.4 工作区操作

工作区是进行 Flash 影片创作的场所，其中包括菜单、场景和面板。用户可以根据需要来显示工作面板和辅助功能，创建工作区。

1．设置动画环境

右击当前活动场景，在弹出的快捷菜单中选择“文档属性”命令，在弹出的对话框中设置文档属性。或打开“属性”面板，设置舞台的尺寸、背景颜色以及动画的帧频等。

文档设置
尺寸(I): 550 像素 (宽度) x 400 像素 (高度)
调整 3D 透视角度以保留当前舞台投影(A)
以舞台大小缩放内容(W)
标尺单位(R): 像素 匹配: 默认(E) 内容(C) 打印机(P)
背景颜色:
帧频(F): 24.00
自动保存: 10 分钟
设为默认值(M)
确定
取消

2．使用标尺

在 Flash CS6 中，若要显示标尺，可以单击“视图”|“标尺”命令或按【Ctrl+Alt+Shift+R】组合键，此时在舞台的上方和左侧将显示标尺，如下图（左）所示。

另外，在舞台的空白处右击，在弹出的快捷菜单中选择“标尺”命令，也可以将标尺显示出来，如下图（右）所示。

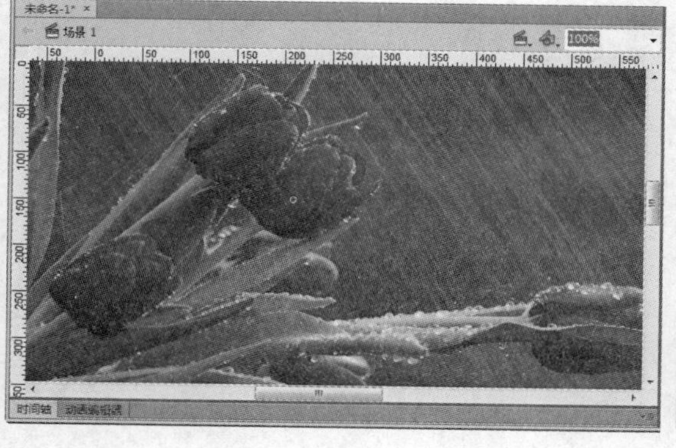

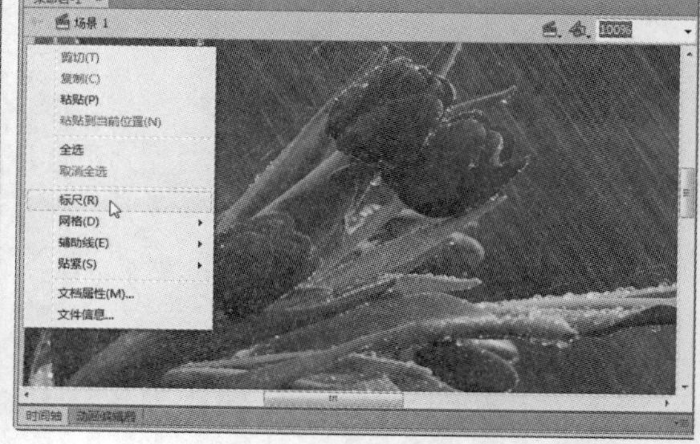

小提示 标尺有助于将对象准确定位。在移动对象时，标尺会显示出对象的 4 个顶点位置。

在默认情况下，标尺的度量单位为“像素”，用户可以对其进行更改，具体操作方法如下：

单击“修改”|“文档”命令或按【Ctrl+J】组合键，弹出“文档设置”对话框，在“标尺单位”下拉列表框中选择一种单位，单击“确定”按钮即可。

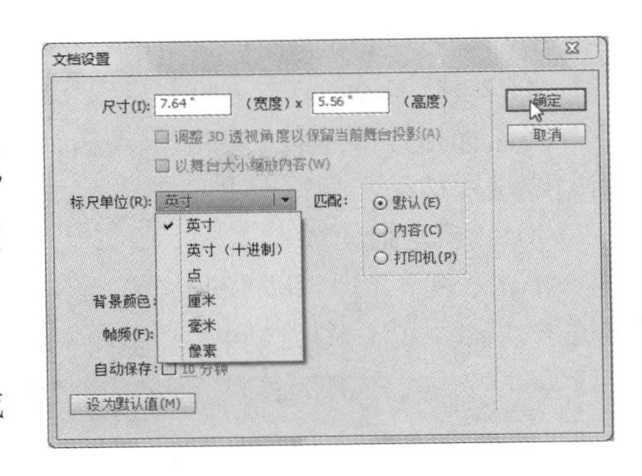

3. 使用网格线

单击“视图”|“网格”|“显示网格”命令或按【Ctrl+′】组合键，舞台中将会显示出网格线，如下图（左）所示。

另外，根据需要对网格线的颜色和大小进行修改，还可以设置“贴紧至网格”及“贴紧精确度”。单击“视图”|“网格”|“编辑网格”命令，在弹出的“网格”对话框中进行相应的设置，单击“确定”按钮即可，如下图（右）所示。

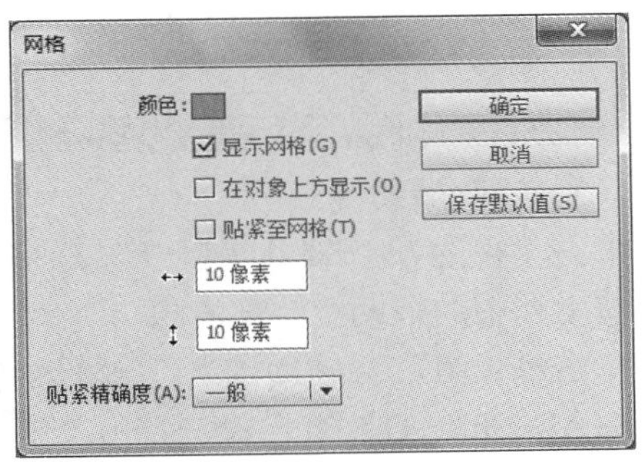

4. 使用辅助线

在显示标尺的情况下，将鼠标指针移至水平或垂直标尺上，然后单击，当指针下方出现一个小三角时按住鼠标左键并向下或向右拖动，移至合适的位置后松开鼠标，即可绘制出一条辅助线。

在默认情况下，辅助线是呈显示状态的。若辅助线没有显示出来，可以通过单击“视图”|“辅助线”|“显示辅助线”命令或按【Ctrl+;】组合键使其显示出来。

要在水平和垂直方向显示多条辅助线，只需多次拖动即可。拖动辅助线可以移动辅助线的位置。将辅助线向标尺外拖动可以清除辅助线。

用户还可以移动、锁定和清除辅助线，具体操作方法如下：

（1）移动辅助线

将鼠标指针移至辅助线上，当指针下方出现小三角时，按住鼠标左键并拖动，即可对辅助线进行移动，如下图（左）所示。若将辅助线拖到场景以外，则可以删除辅助线。

（2）锁定辅助线

单击“视图”|“辅助线”|“锁定辅助线”命令或在舞台空白区域右击，在弹出的快捷菜单中选择“辅助线”|“锁定辅助线”命令，如下图（右）所示，可将当前文档中的所有辅助线锁定。

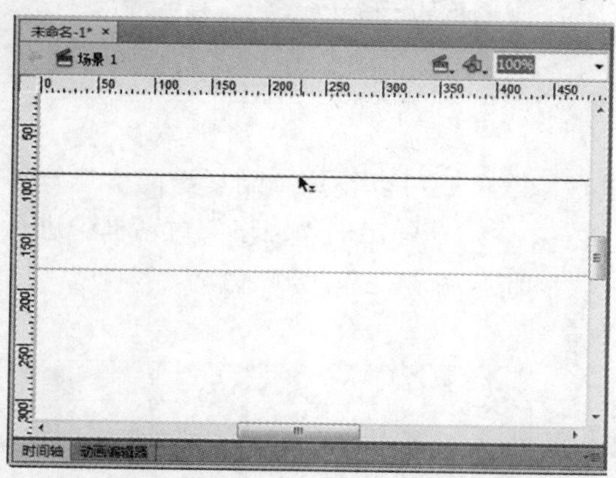

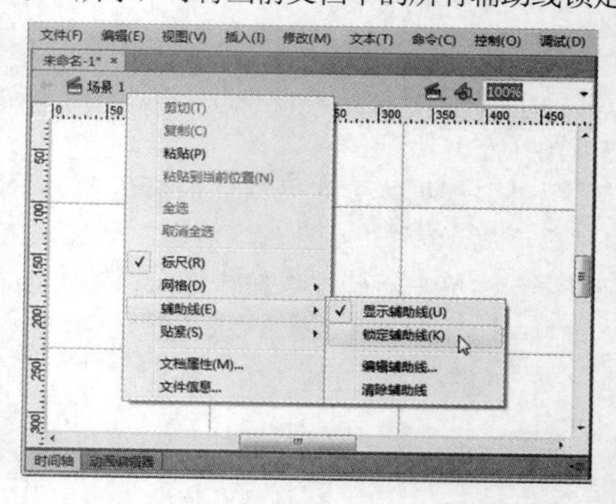

（3）清除辅助线

单击“视图”|“辅助线”|“清除辅助线”命令，可将当前文档中的辅助线全部清除。

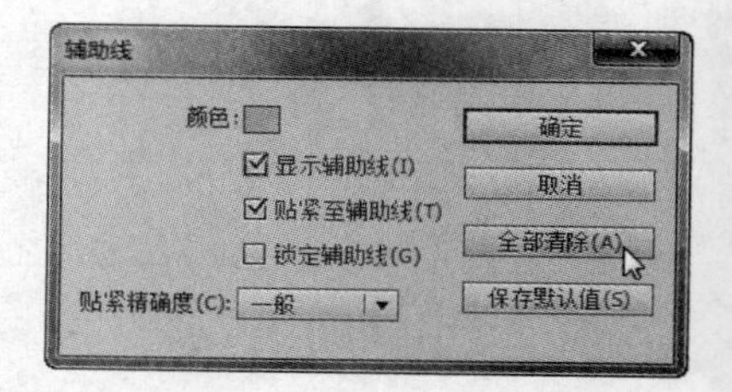

单击“视图”|“辅助线”|“编辑辅助线”命令或按【Ctrl+Alt+Shift+G】组合键，弹出“辅助线”对话框。选中“锁定辅助线”复选框或单击“全部清除”按钮后单击“确定”按钮，即可将辅助线锁定或全部清除。在该对话框中，还可以根据需要对辅助线的颜色等进行设置。

1.5.5 舞台设置

在 Flash CS6 窗口中，可以对舞台进行缩放和平移操作，下面将分别对其进行介绍。

1. 缩放舞台

当舞台中的对象过大或过小时，很难对这些对象进行精确编辑，这时可以对舞台进行缩放，以便于编辑这些对象。

在 Flash CS6 中，缩放舞台的方法主要有以下两种。

方法一：使用工具箱中的缩放工具

使用工具箱中的缩放工具可以对舞台进行缩放操作，其使用方法将在使用过程中进行详细介绍。

方法二：设置显示比例

在舞台上方的“显示比例”下拉列表框中输入数值或选择相应的选项，即可缩放舞台。

小提示 舞台的显示比例也可以使用工具箱中的缩放工具进行放大或缩小。

2. 平移舞台

有时舞台中的图形对象过大而无法完全显示，但由于要进行精确编辑，又不希望将图像缩小，这时可以通过平移舞台来将图形原来看不到的区域显示出来再进行编辑。

平移舞台的方法主要有以下 3 种。

方法一： 直接用鼠标拖动舞台两侧的水平和垂直滚动条进行移动。

方法二： 使用工具箱中的手形工具进行平移，其使用方法将在后面的章节中进行详细介绍。

方法三： 使用鼠标上的滑轮对舞台进行上下移动。

虽然通常也把场景作为舞台，但是场景的大小和背景颜色不能改变，而舞台可以根据需要进行设置。

预计学习时间 90分钟

Chapter 02

使用 Flash 绘制图形

Flash 动画能够在网络领域和广告领域被广泛应用，其中一个重要原因是其自身具有绘图功能。在 Flash CS6 中能够绘制出精美的矢量图，这是制作动画的基础。因此，绘制图形是学好 Flash 应用很重要的一个环节。

要点导航

- Flash 绘图基础
- 认识工具箱
- 绘制图形工具
- 绘制路径工具
- 颜色填充工具
- Deco 工具
- 辅助绘图工具
- 综合实战——绘制“海上扬帆”图画

重点图例

2.1 Flash 绘图基础

在绘制 Flash 图形之前，首先介绍在 Flash CS6 中进行绘图的基础知识，如位图和矢量图的区别，如何导入外部图像、认识图层，以及如何创建与删除图层等。

2.1.1 位图与矢量图

计算机中显示的图形一般分为两大类——位图和矢量图，这两种图形都被广泛应用到出版、印刷、互联网等各个方面。它们在不同的场合有着各自的优缺点，下面分别对其进行介绍。

1. 矢量图

矢量图是通过数学函数来实现的，它并不像位图那样记录画面上每一像素的颜色信息，而是记录了图像的形状及颜色的算法。当把一个矢量图形进行数倍放大以后，其显示效果仍然和原来相同而不会出现失真的情况。

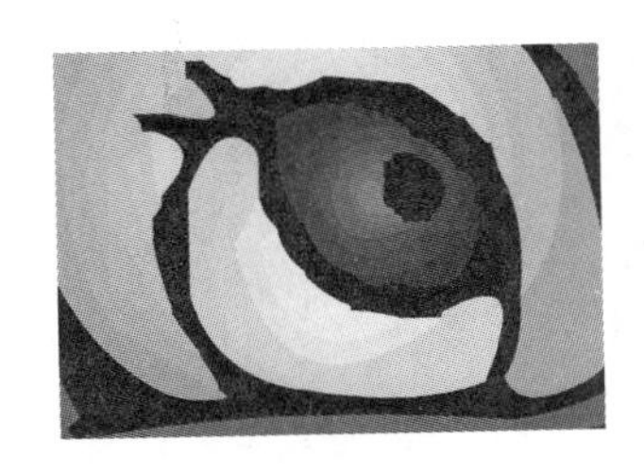

因为无论显示画面是大还是小，画面上的对象对应的算法是不变的。使用 Flash 绘图工具绘制出的图形都是矢量图形，它的优点一是图像质量不受缩放比例的影响，二是文件的尺寸较小；但不适合创建连续的色调、照片或艺术绘画等，而且高度复杂的矢量图也会使文件尺寸变得很大。

2. 位图

位图也称为像素图，它是由像素阵列的排列来表现图像的，每个像素都有着自己的颜色信息。它可以很好地表现图像的细节，多用于照片和艺术绘画等，这是矢量图所无法表现的，但是它的缩放性不好，当放大位图的尺寸时会影响图像的显示效果，导致图像模糊，甚至出现马赛克现象。

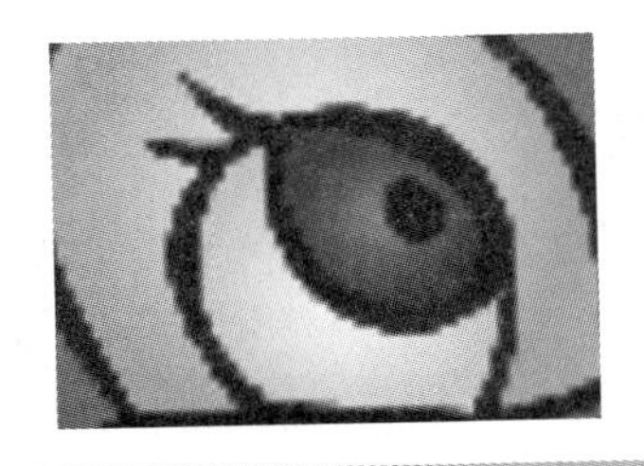

Flash CS6 软件可以很方便地对矢量图进行编辑，也可以很方便地对位图进行编辑。

3. 位图和矢量图之间的转换

在 Flash 中可以很轻松地实现位图与矢量图之间的转换，下面将进行详细介绍。

（1）将矢量图转换为位图

若要将矢量图转换为位图，具体操作方法如下：

素材：光盘：素材\02\01.fla　　效果：光盘：无

难度：★☆☆☆☆　　视频：光盘：视频\02\位图和矢量图之间的转换.swf

01 打开素材文件。

02 选择缩放工具，将素件放大。

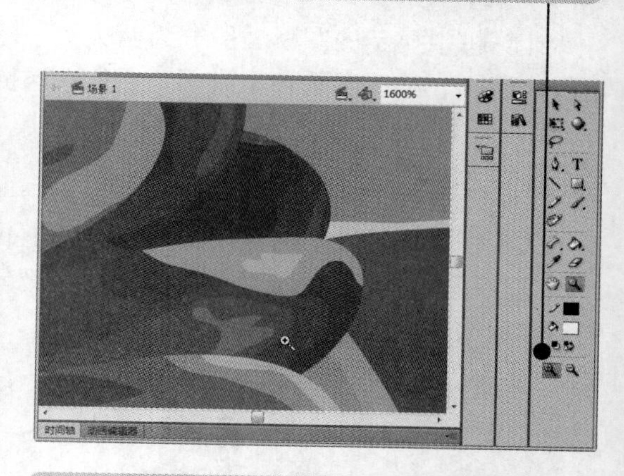

03 单击“编辑”|“剪切”命令。

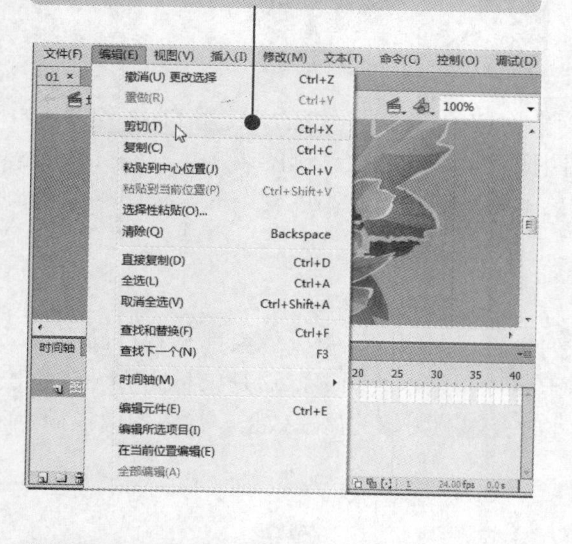

04 单击“编辑”|“选择性粘贴”命令。

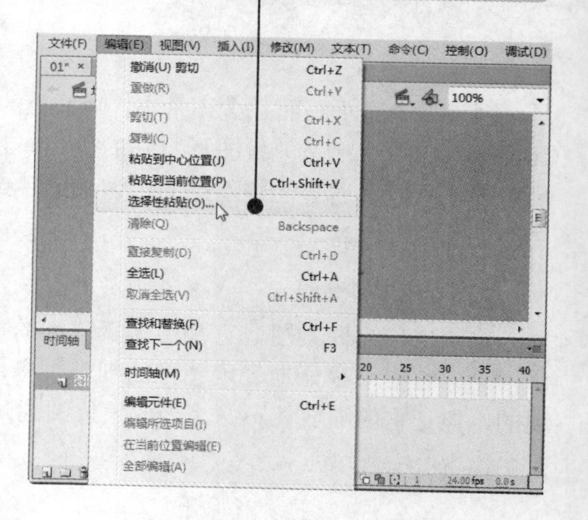

知识点拨

使用放大工具把矢量图形放大以后，其显示效果仍然和原来相同，而不会出现失真的情况。但如果是位图，放大之后就会很模糊，成像素点形式。

小提示：将矢量图转换为位图，它将具有位图的一切属性。

05 选择“设备独立位图”选项。

06 单击“确定”按钮。

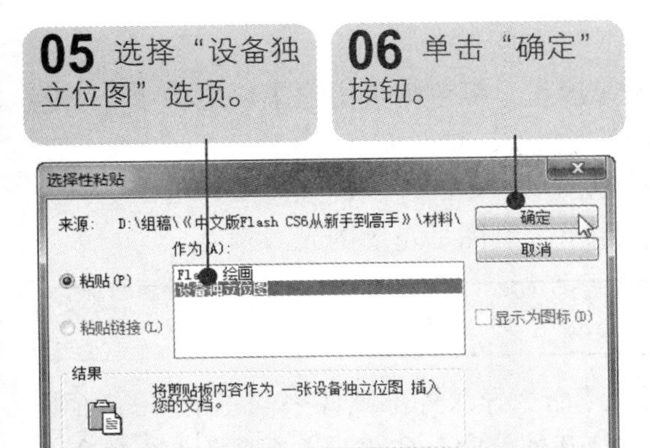

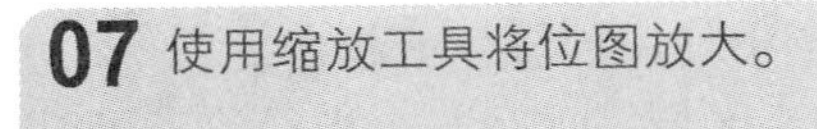

07 使用缩放工具将位图放大。

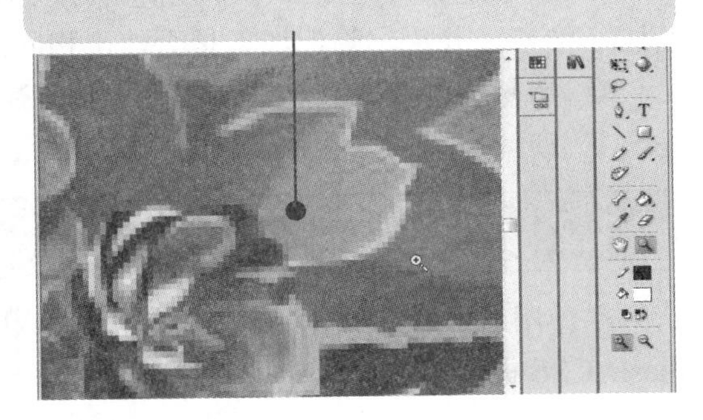

（2）位图转换为矢量图

若要将位图转换为矢量图，具体操作方法如下：

01 使用选择工具选择位图。

02 单击“修改”|“位图”|“转换位图为矢量图”命令。

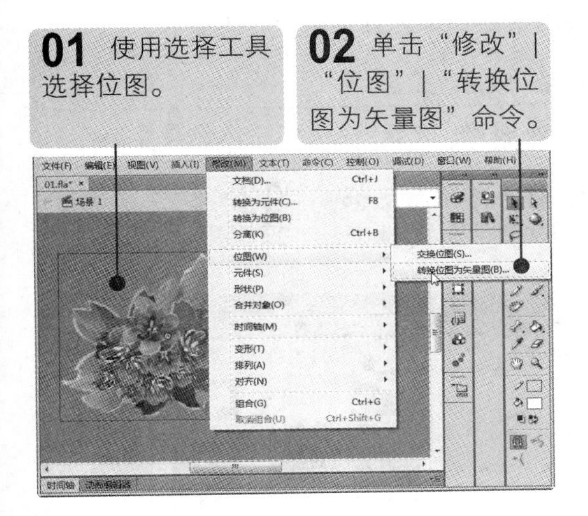

03 设置转换参数。

04 单击“确定”按钮。

转换位图为矢量图

颜色阈值(T):	20
最小区域(M):	10 像素
角阈值(N):	一般
曲线拟合(C):	一般

确定　取消　预览

05 在舞台空白处单击取消选择，使用缩放工具将舞台放大。

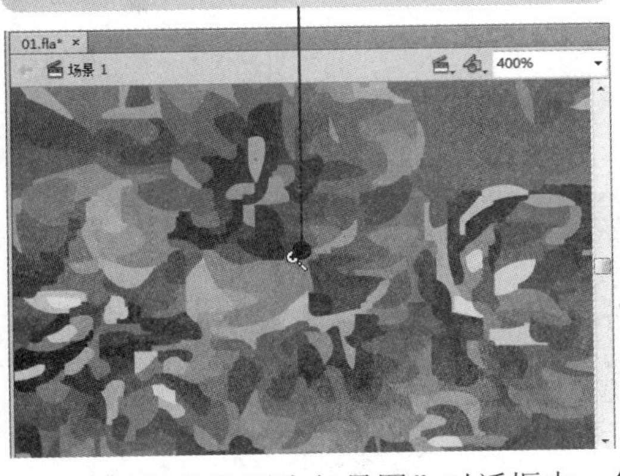

06 打开“属性”面板，查看图形属性。

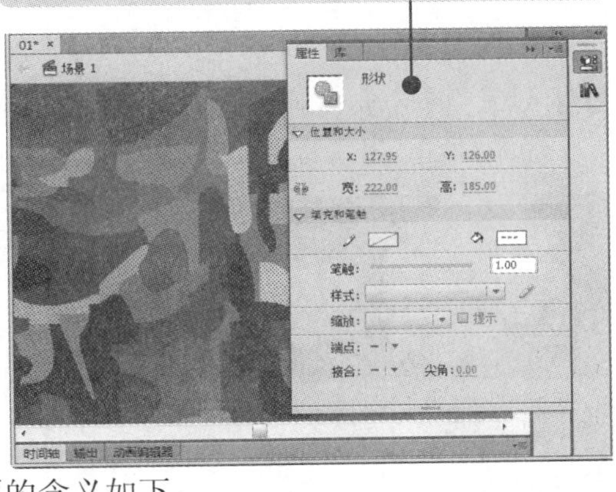

在“转换位图为矢量图”对话框中，各选项的含义如下。

◎ 颜色阈值：数值越低，转换后的矢量图形中使用的颜色就越多；数值越高，转换后

将位图进行分离后，实际上并未将其转换为矢量图，而是一个由位图填充的无边框图形。

多学点

的矢量图形中使用的颜色就越少。

◎ 最小区域：这是一个半径值，可以用像素来度量。颜色阈值用它来决定将哪个颜色给中心像素，并决定临近像素是否使用相同的颜色。

◎ 角阈值：该选项和曲线拟合相似，用于控制图形中角的多少。

◎ 曲线拟合：该下拉列表框包含 6 个选项，用于控制图形轮廓的光滑程度。

2.1.2 导入外部图像

在使用 Flash CS6 制作动画时，可以使用“导入”命令导入外部图像来创建不同的动画。Flash CS6 提供了“导入到库”、“导入到舞台”、“打开外部库”和“导入视频”4 个命令，下面将介绍如何使用这些命令导入外部图像。

1. 导入到舞台

使用“导入到舞台”命令可以直接将素材导入到舞台中，具体操作方法如下：

素材：光盘: 无　　效果：光盘: 无

难度：★☆☆☆☆　　视频：光盘: 视频\02\导入到舞台.swf

01 新建文档，单击“文件”｜“导入”｜“导入到舞台”命令。

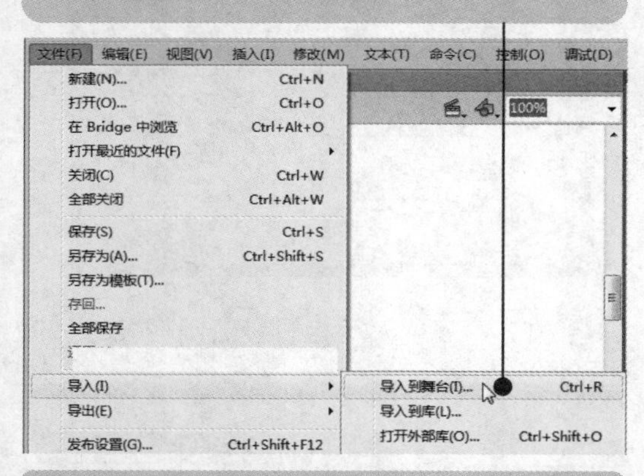

02 选择要导入的素材文件。

03 单击“打开”按钮。

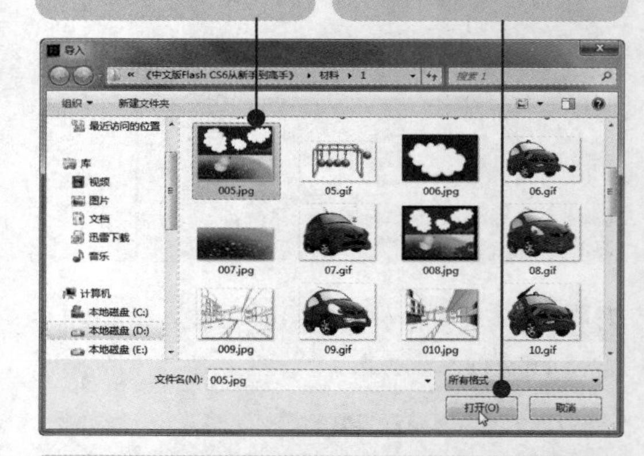

04 将素材导入到舞台中。

05 移动舞台导航条，查看导入的素材。

小提示　制作 Flash 中使用的图形元素可以使用其他软件绘制完成，再导入到 Flash 文档中。

2．导入到库

单击“导入到库”命令，Flash CS6 不会把素材直接导入到舞台中，而是将导入的素材放到“库”中供用户调用。打开“库”面板，将所需要的素材直接拖至舞台中即可进行相关操作，在此不再赘述。

3．打开外部库

单击“打开外部库”命令，打开“光盘：素材文件\第 2 章\花.fla”文件，在工作区中只出现了“花.fla”文件的“外部库”面板，而不会弹出文档窗口。

2.1.3 认识图层

在创建和编辑 Flash 文件时，使用图层可以方便地对舞台中的各个对象进行管理。通常将不同类型的对象放在不同的图层上，还可以对图层进行管理，以便于创作出具有特殊效果的动画。

与其他图像处理或绘图软件类似，Flash CS6 也具有图层功能。不同图层中的对象互不干扰，使用图层可以很方便地管理舞台中的内容。在 Flash CS6 中新建一个文档时，工作界面中只有一个图层，随着内容愈加复杂，就需要更多的图层来组织和管理动画。图层位于“时间轴”面板的左侧。

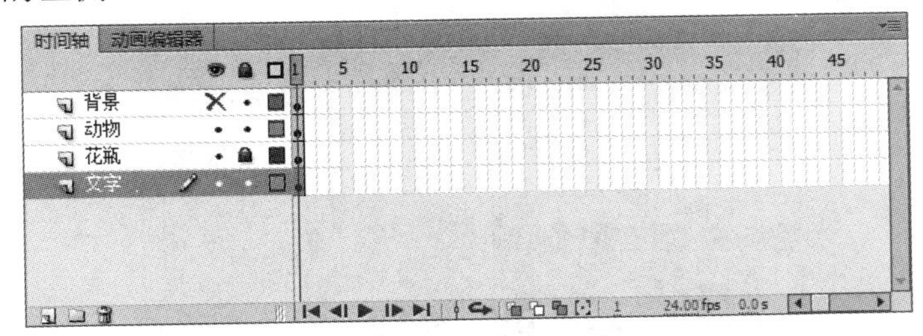

在绘制图形时，必须明确要绘制的图形在哪个图层上。当前图层上会有一个标志。

高手点拨

图层分为 3 种类型：普通层、引导层和遮罩层。其中，引导层和遮罩层用于创作特殊的动画效果，将在后面的章节中详细介绍。

2.1.4 创建与删除图层

在时间轴的图层区域下方有 3 个按钮，分别用于新建图层、新建图层文件夹和删除图层。

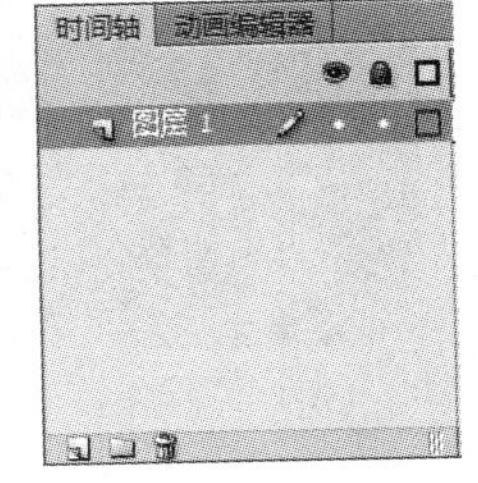

单击时间轴中的“插入图层”按钮或单击“插入”|“时间轴”|“图层”命令，即可插入一个新的图层，默认名称为“图层 2”。新建的图层自动处于当前编辑状态，且显示为蓝色，如下图（左）所示。

单击“图层 1”将其选中，然后单击“插入图层”按钮，将在“图

图层就像堆叠在一起的多张幻灯胶片，每个图层都包含一个显示在舞台中的不同图像。

层 1”和“图层 2”之间插入一个名为“图层 3”的新图层，如下图（右）所示。

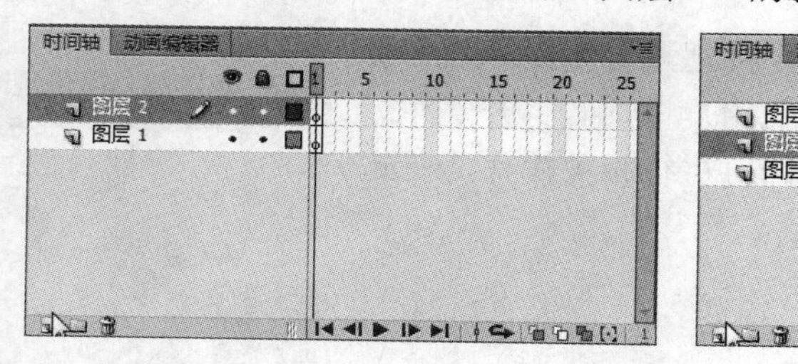

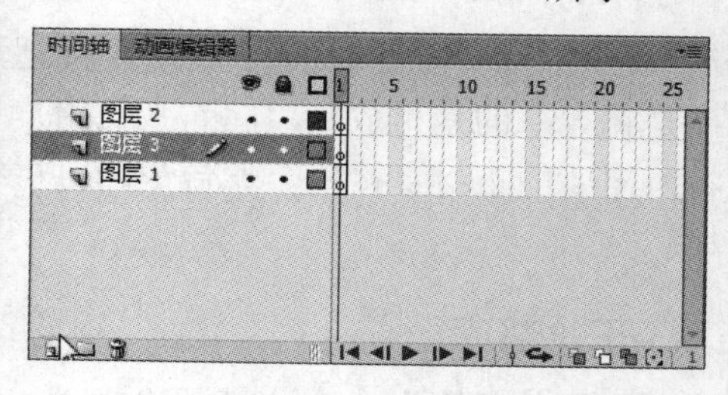

单击“插入图层文件夹”按钮或单击“插入”|“时间轴”|“图层文件夹”命令，可以在当前选择的图层上面插入一个图层文件夹，如下图（左）所示。

选择“图层 2”，然后单击“删除图层”按钮，即可将其删除，如下图（右）所示。

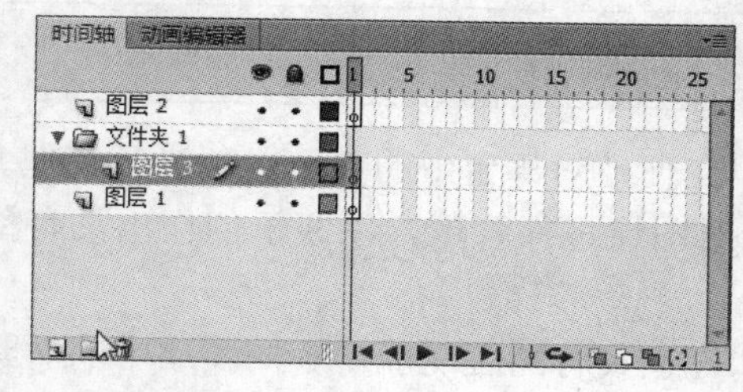

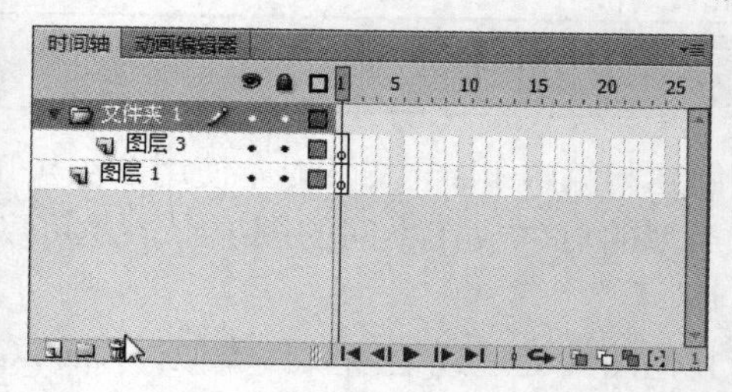

在对图层进行各种操作之前，首先要选择图层。可以选择一个图层，也可以同时选择多个图层。若要选择一个图层，可以直接单击该图层，也可以通过选择该图层中的某一帧或该图层在舞台中所对应的任何对象来选择该图层。

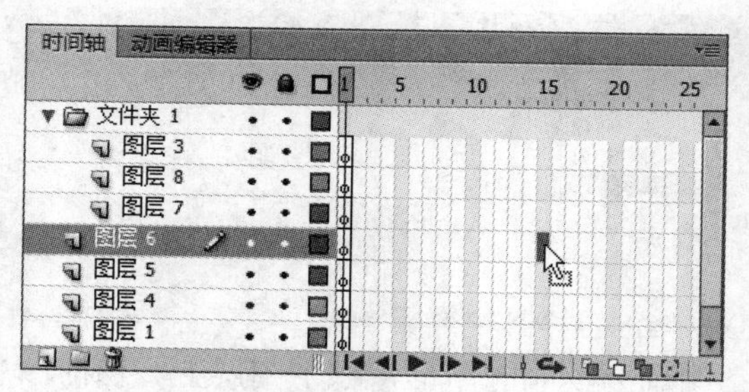

若要选择多个连续的图层，可以先单击第一个图层，然后在按住【Shift】键的同时单击最后一个图层，在这两个图层间的所有图层都将被选中，如下图（左）所示。

若要选择多个不连续的图层，可以在按住【Ctrl】键的同时逐个单击要选择的图层，如下图（右）所示。

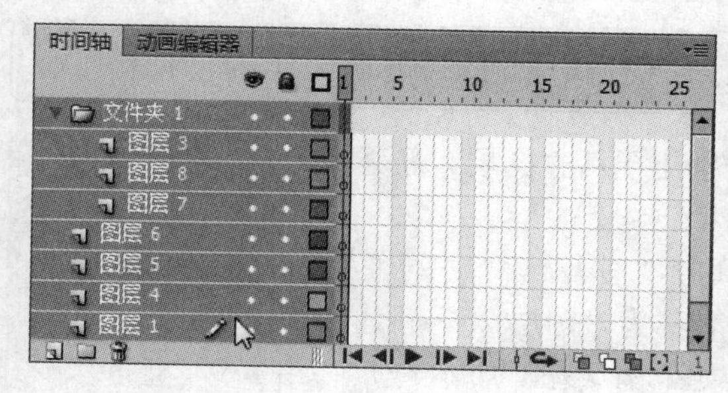

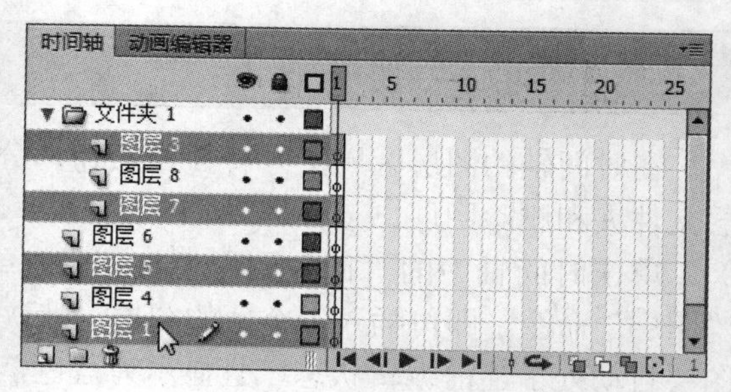

小提示

文件夹中可以包含图层，也可以包含其他文件夹，用户可以像在计算机中管理文件一样来管理图层。

2.2 认识工具箱

Flash CS6 的工具箱中包含很多工具，每个工具都具有不同的功能，熟悉各个工具的应用是学习 Flash 软件的重点之一。下面将引领读者认识 Flash CS6 的工具箱。

在 Flash CS6 的工具箱中划分了 4 个区域，分别放置各种类型的工具。

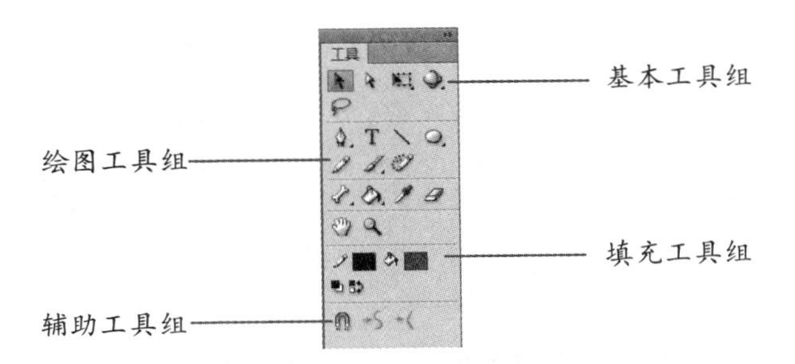

基本工具组

基本工具组包括选择工具、部分选择工具、任意变形工具、3D 旋转工具和套索工具，利用这些工具可以对舞台中的对象进行选择、变换等操作。

绘图工具组

绘图工具组包括钢笔工具组、文本工具、线条工具、矩形工具组、铅笔工具、刷子工具组和 Deco 工具，这些工具的组合使用能让设计者更方便地绘制出更加复杂的图形。

填充工具组

填充工具组包括骨骼工具组、颜料桶工具组、滴管工具和橡皮擦工具，使用这些工具可以对所绘制的图形、元件的颜色等进行调整。

辅助工具组

辅助工具组包括手形工具和缩放工具。

2.3 绘制图形工具

Flash CS6 提供了不同的绘图工具，每个工具都有不同的选项供用户选择，使用不同的选项设置，可以绘制出不同效果的图形。

2.3.1 使用线条工具绘图

线条工具用于绘制直线。单击工具箱中的线条工具╲或按【N】键，即可调用该工具。调用线条工具后，鼠标指针变为十形状，单击并拖动鼠标即可绘制出一条直线，如下图（左）所示。

选择某个工具后，鼠标指针会变成选中工具的形状。

此时绘制的直线“笔触颜色”和“笔触高度”为系统默认值，通过“属性“面板可以对线条工具的相应属性进行设置，如下图（右）所示。

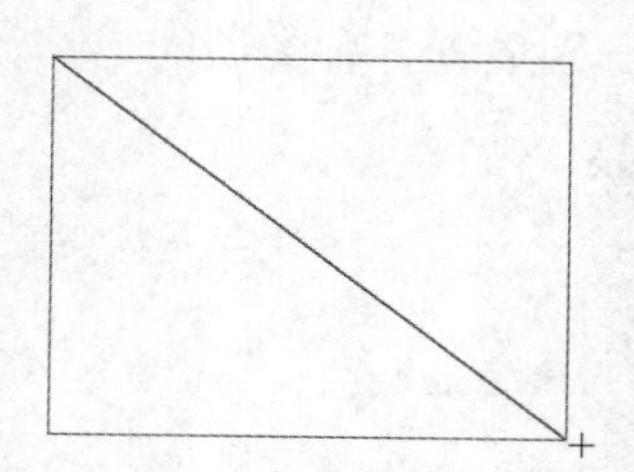

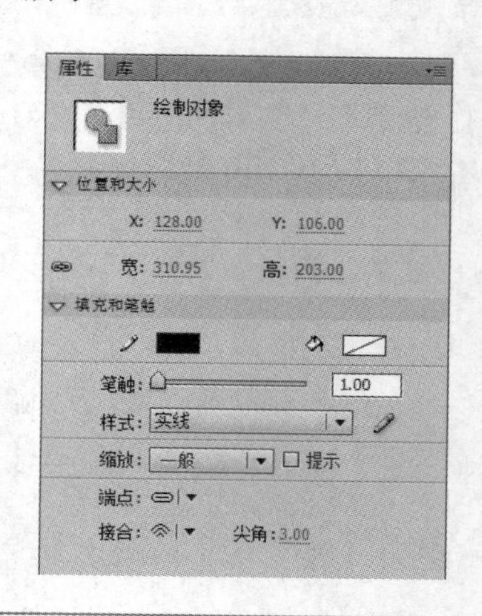

工具选项区是动态区域，其会随着用户选择工具的不同来显示不同的选项。

2.3.2 使用铅笔工具绘图

单击工具箱中的铅笔工具或按【Y】键，即可调用该工具，这时将鼠标指针移至舞台，待其变为形状时即可绘制线条。它所对应的“属性”面板和线条工具是相同的，其参数设置不再赘述，如下图（左）所示。

铅笔工具有 3 种模式，选择铅笔工具后，在其选项区中单击“铅笔模式”按钮，将弹出下拉工具列表，如下图（右）所示。

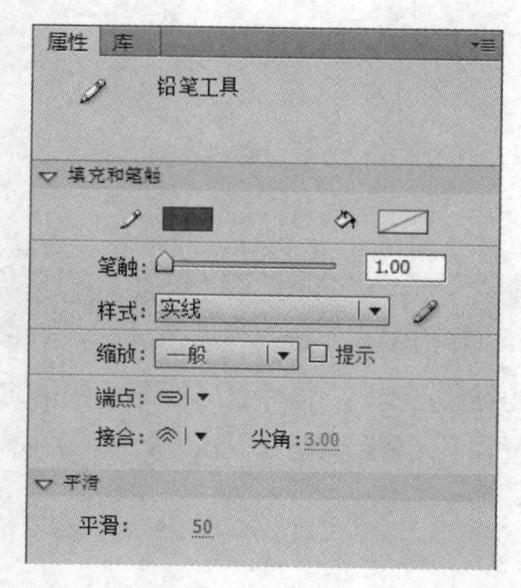

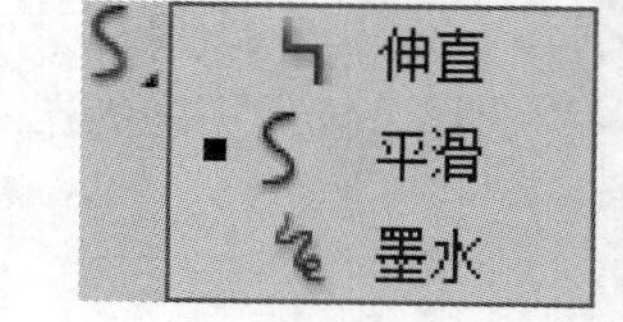

下面对这 3 种模式分别进行介绍。

选择线条工具，按住【Shift】键的同时向左或向右拖动鼠标，可以绘制水平线段；向上或向下拖动鼠标，可以绘制垂直线段。

"伸直"模式

选择该模式，绘制出的线条将转化为直线，即降低线条的平滑度。选择铅笔工具后，在舞台中单击并拖动鼠标绘制图形，放开鼠标后曲线部分将转化为一段直线。

"平滑"模式

选择该模式可以将绘制的线条自动平滑，即增加平滑度。

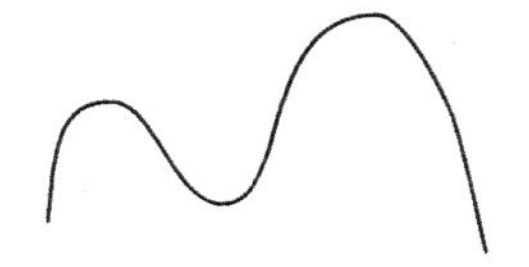

"墨水"模式

选择该模式绘制出的线条基本上不做任何处理，即不会有任何变化。

2.3.3 使用矩形工具与基本矩形工具绘图

矩形工具与基本矩形工具用于绘制矩形。矩形工具不但可以设置笔触大小和样式，还可以通过设置边角半径来修改矩形的形状。

1. 矩形工具

在工具箱中选择矩形工具或按【R】键，即可调用该工具。在调用矩形工具后，将鼠标指针置于舞台中，变为十字形状，单击并拖动鼠标即可以单击处为一个角点绘制一个矩形，如下图（左）所示。

按住【Shift】键的同时拖动鼠标可以绘制出正方形，按住【Alt】键的同时拖动鼠标可以单击处为中心进行绘制。按住【Shift+Alt】组合键的同时拖动鼠标，则可以单击处为中心绘制正方形，如下图（右）所示。

选择铅笔工具，将鼠标指针移到舞台中，按住【Shift】键的同时拖动鼠标可以绘制出直线线段。

在绘制矩形前，可以对矩形工具的参数进行设置，以绘制出自己需要的图形。下面将通过实例来介绍如何设置矩形工具的属性，具体操作方法如下：

素材：光盘：无　　效果：光盘：无

难度：★☆☆☆☆　　视频：光盘：视频\02\04.swf

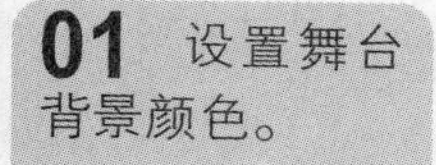

01 设置舞台背景颜色。

02 选择矩形工具，打开“属性”面板。

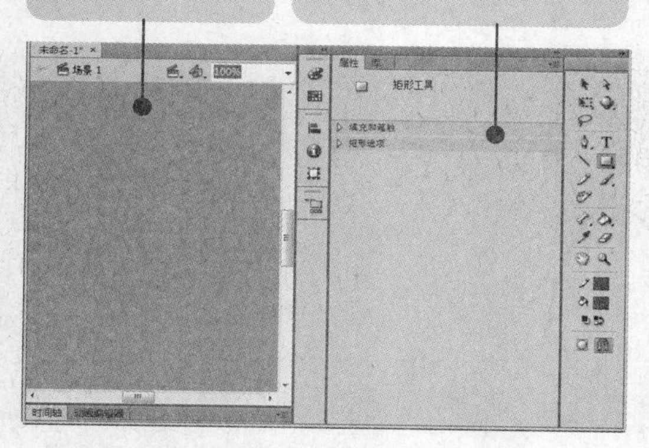

03 设置笔触颜色、填充颜色、笔触高度和样式。

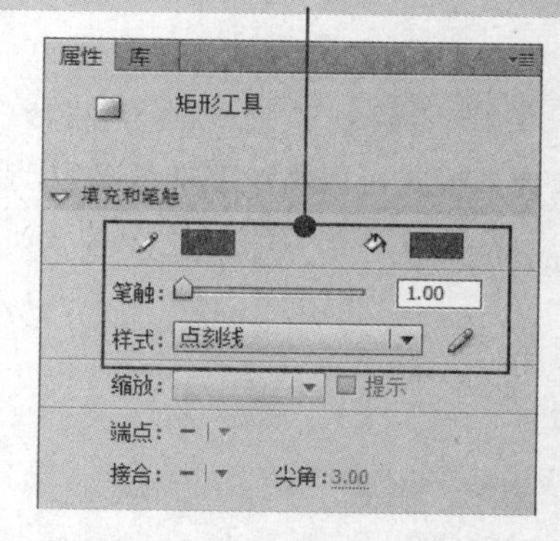

04 单击解锁按钮。

05 设置矩形边角半径。

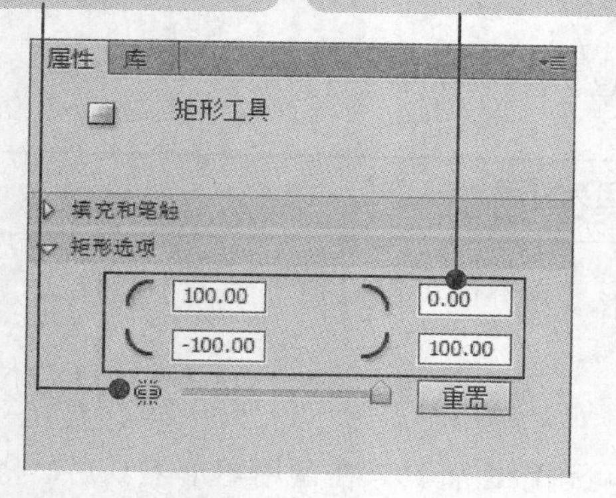

06 将指针移至舞台，变为十字时按住【Shift】键单击并拖动，绘制形状。

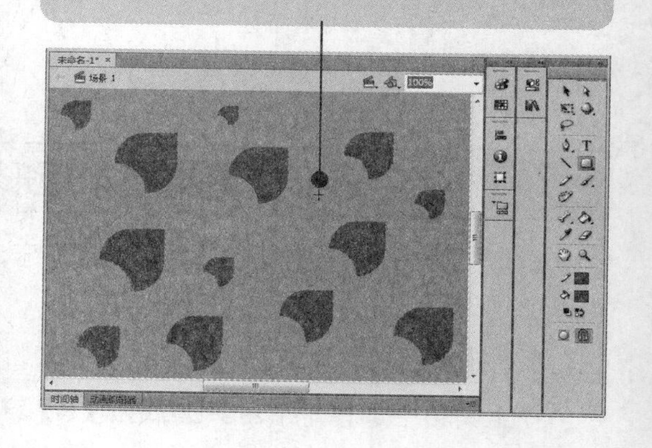

2. 基本矩形工具

在矩形工具组的工具列表中选择基本矩形工具，即可调用该工具。多次按【R】键，可以在矩形工具和基本矩形工具之间进行切换。

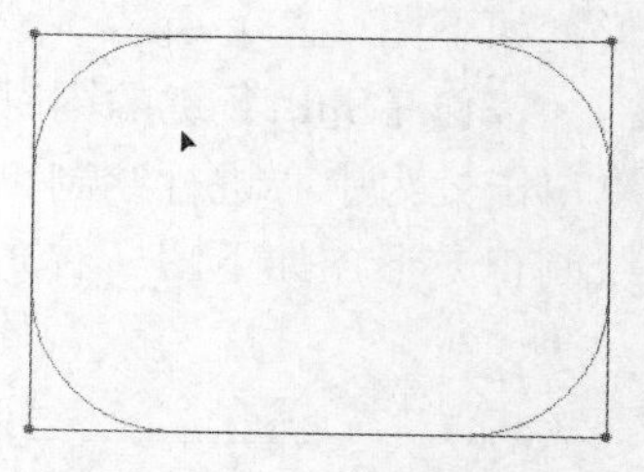

使用基本矩形工具绘制矩形的方法和矩形工具相同，只是在绘制完毕后矩形的4个角上会出现4个圆形的控制点。使用选择工具拖动控制点可以调整矩形的圆角半径。

当绘制完一个基本矩形后，可以通过其“属性”面板对基本矩形的圆角半径进行调整，具体操作方法如下：

素材：光盘：无　　效果：光盘：无

难度：★☆☆☆☆　　视频：光盘：视频\02\使用矩形工具与基本矩形工具绘图.swf

小提示　在绘制完矩形以后，是不能在绘制好的图形的“属性”面板中重新设置的。若要改变属性，需要重新绘制一个矩形。

01 选择基本矩形工具。

02 在舞台中拖动鼠标，绘制基本矩形。

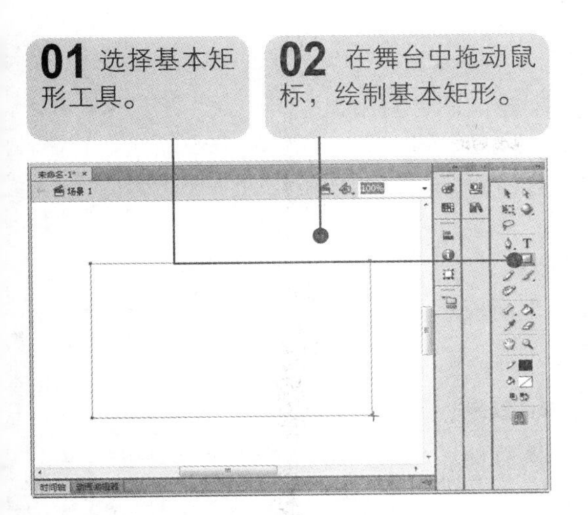

03 选择绘制的基本矩形。

04 打开“属性”面板进行参数设置。

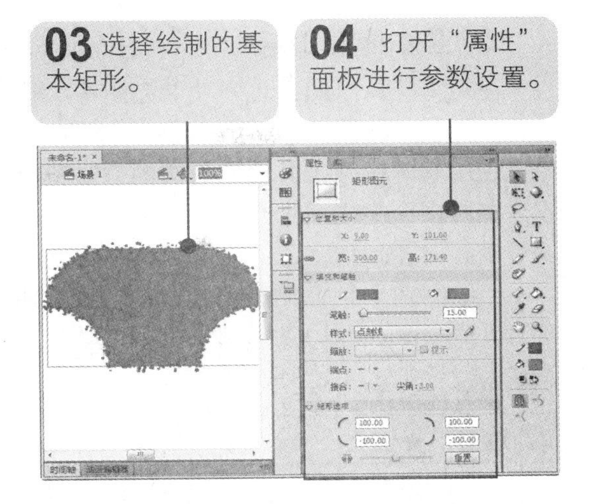

2.3.4 使用椭圆工具与基本椭圆工具绘图

椭圆工具和基本椭圆工具用于绘制椭圆或圆形。它与矩形工具类似，不同之处在于椭圆工具的选项包括“角度”和“内径”。

1. 椭圆工具

在矩形工具组的工具列表中选择椭圆工具或按【O】键，即可调用该工具。绘制椭圆的方法和绘制矩形类似。选择椭圆工具后，将鼠标指针移至舞台，单击并拖动鼠标即可绘制出椭圆。若在绘制时按住【Shift】键，还可以绘制出一个正圆；若在绘制时按住【Alt】键，则可以单击处为圆心进行绘制；若在绘制时按住【Alt+Shift】组合键，则可以单击处为圆心绘制正圆，如下图（左）所示。

椭圆工具对应的“属性”面板和矩形工具的类似。选择椭圆工具后可在“属性”面板中进行相关设置，包括开始角度、结束角度、内径及闭合路径等参数，如下图（右）所示。

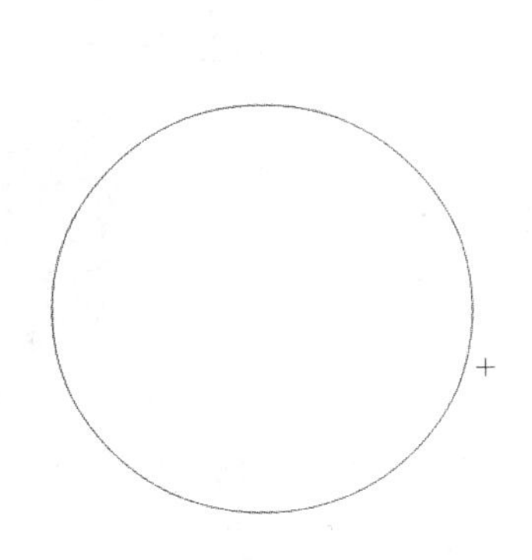

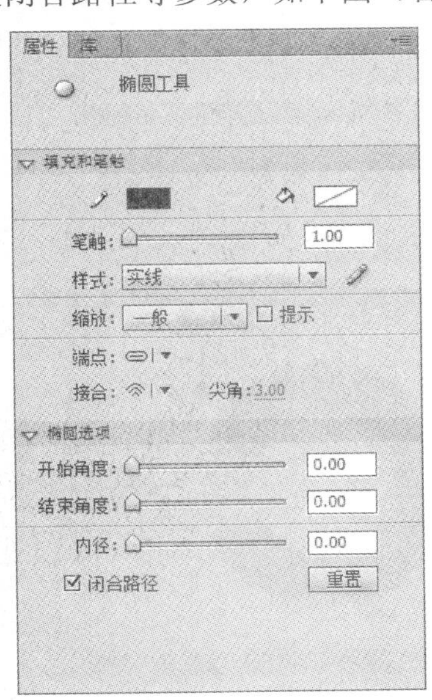

除了直接使用“选择工具”拖动更改圆角半径以外，还可以通过在“属性”面板中拖动“矩形选项”区域下的滑块进行调整。

2. 基本椭圆工具

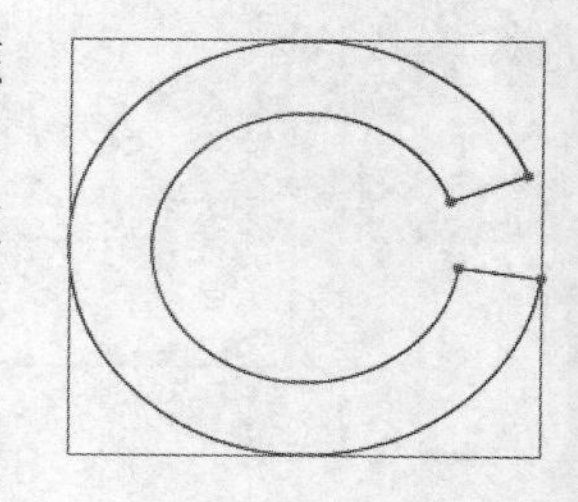

在矩形工具组的工具列表中选择基本椭圆工具，即可调用该工具。多次按【O】键，即可在椭圆工具和基本椭圆工具间进行切换。

使用基本椭圆工具绘制椭圆的方法和椭圆工具相同，在绘制完成后椭圆上会多出几个圆形的控制点。使用选择工具拖动控制点可以对椭圆的开始角度、结束角度和内径分别进行调整。

当绘制完一个基本椭圆后，可以通过其“属性”面板对其进行细致的调整，具体操作方法如下：

素材：光盘：无　　效果：光盘：无

难度：★☆☆☆☆　　视频：光盘：视频\02\基本椭圆工具.swf

01 选择基本椭圆工具。

02 按住鼠标左键并拖动，绘制基本椭圆。

03 选择基本椭圆，打开“属性”面板，设置参数。

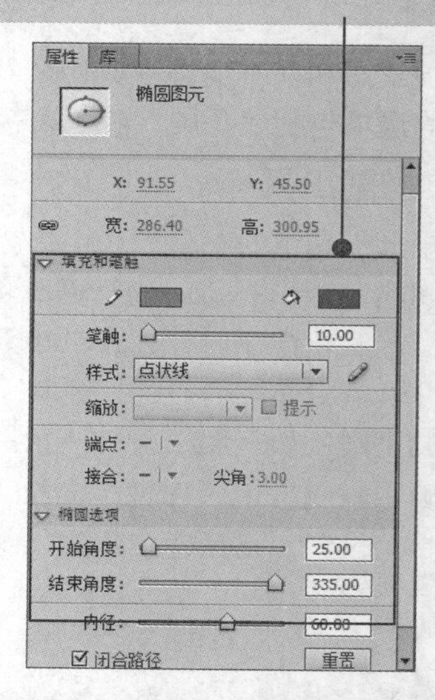

04 在舞台空白处单击取消选择，查看图形效果。

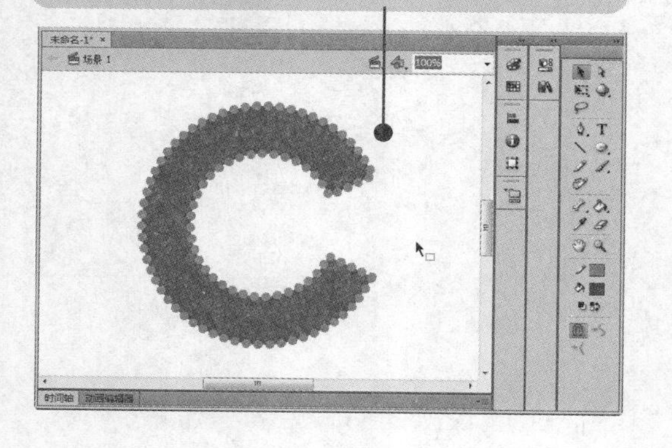

05 单击笔触颜色图标，修改笔触颜色。

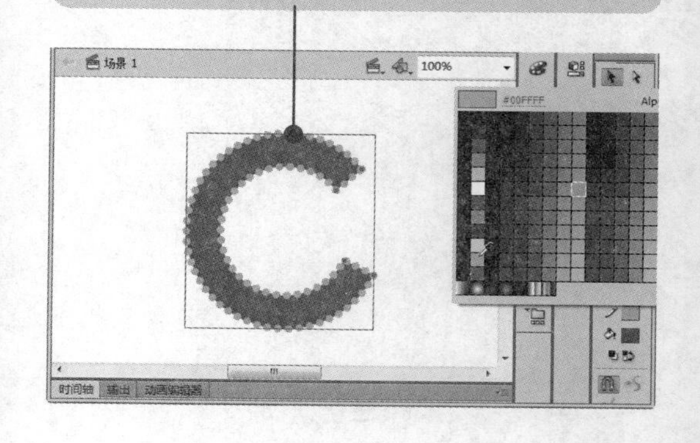

小提示：当使用基本椭圆工具绘制图形时，可以设置内径绘制出空心的椭圆，空心的尺寸与设置的内径值相关。

2.3.5 使用多角星形工具绘图

多角星形工具用于绘制规则的多边形和星形。在使用该工具前需要对其属性进行相关设置，以绘制出自己需要的形状。在矩形工具组的工具列表中选择多角星形工具⬡，即可调用该工具。

1. 绘制多边形

在工具箱中选择多角星形工具⬡，在舞台中单击并拖动鼠标，松开鼠标后即可绘制出一个多角星形，如下图（左）所示。

打开“属性”面板，可以对相应的属性直接进行修改，如下图（中）所示。

按住【Alt】键的同时单击并拖动鼠标，可以中心方式进行绘制；按住【Shift】键的同时向下或向上拖动鼠标，可将多边形的边处于水平或垂直方向上，如下图（右）所示。

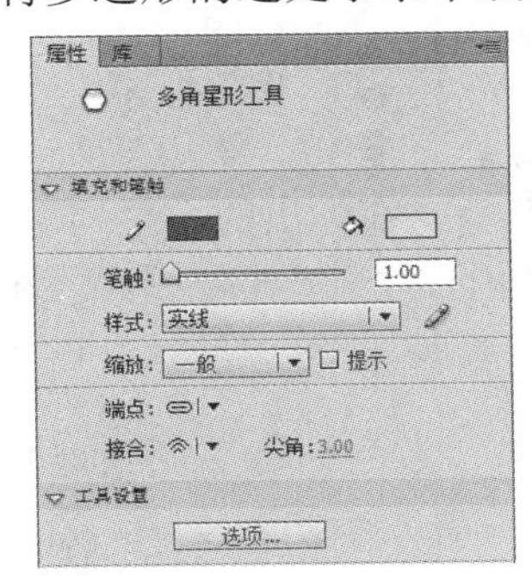

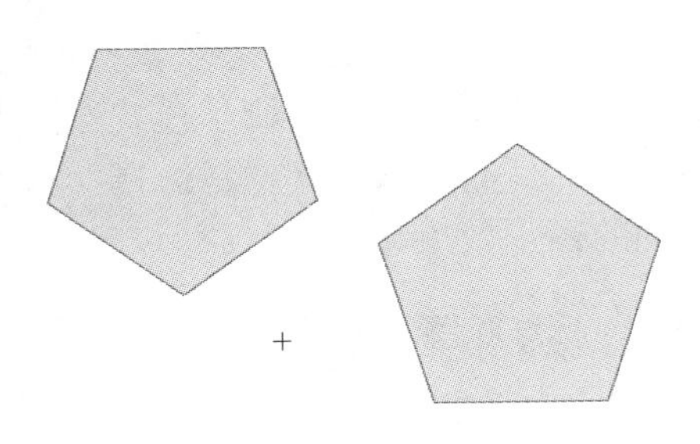

2. 绘制星形

选择多角星形工具，打开“属性”面板，单击“选项”按钮，弹出“工具设置”对话框，在“样式”下拉列表框中选择“星形”选项，如下图（左）所示。将鼠标指针移至舞台中，单击并拖动鼠标即可绘制一个五角星，如下图（中）所示。

在“工具设置”对话框中，“星形顶点大小”的取值范围为 0～1，数值越大，顶点的角度就越大。当输入的数值超过其取值范围时，系统自动会以 0 或 1 来取代超出的数值，效果如下图（右）所示。

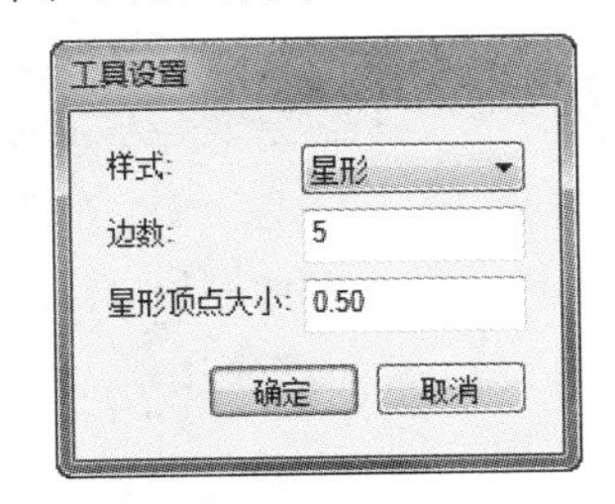

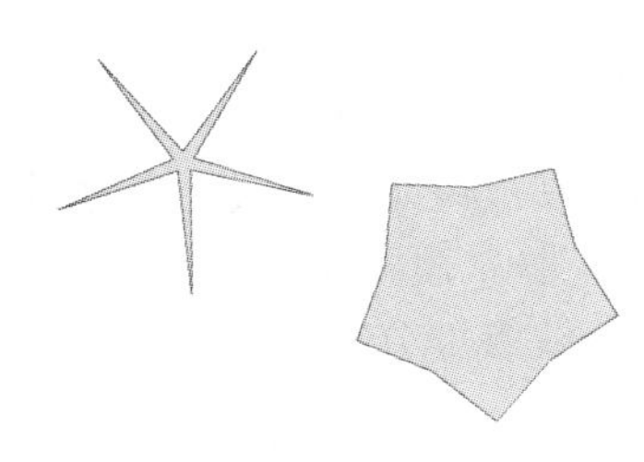

2.3.6 使用刷子工具绘图

刷子工具组包含两种工具，分别是刷子工具和喷涂刷工具。

使用基本矩形工具或基本椭圆工具创建矩形或椭圆时，与使用对象绘制模式创建的形状不同，Flash CS6 会将形状绘制为独立的对象。

多学点

使用刷子工具绘制的图形是被填充的，利用这一特性可以绘制出具有书法效果的图形。选择工具箱中的刷子工具，即可调用该工具。在使用刷子工具之前，需要对其属性进行设置。打开“属性”面板，可以调整其“平滑度”、“填充和笔触”，如下图（左）所示。

在刷子工具的选项区中，可以设置刷子的模式、大小和形状。单击“刷子模式”按钮、“刷子大小”按钮或“刷子形状”按钮，即可弹出其下拉列表，如下图（中）所示。

在 Flash CS6 中，有 9 种刷子大小和 10 种刷子形状，通过刷子大小和刷子形状的巧妙组合就可以得到各种各样的刷子效果，如下图（右）所示。

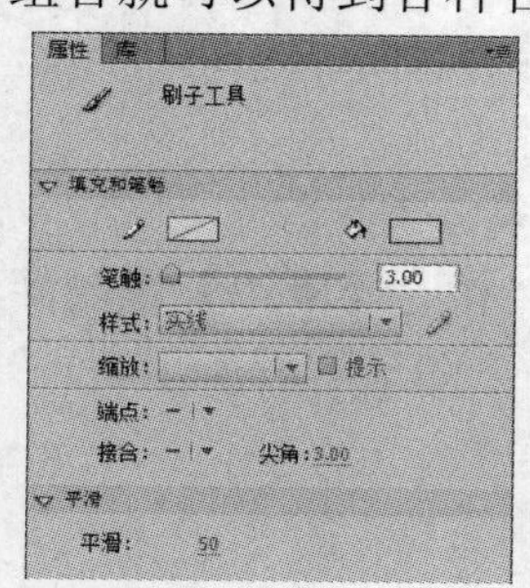

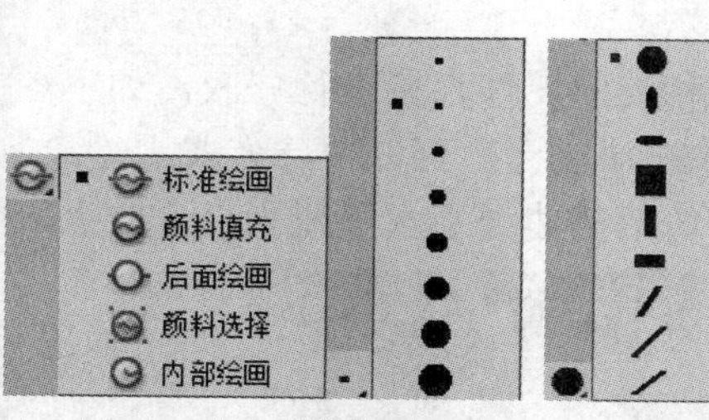

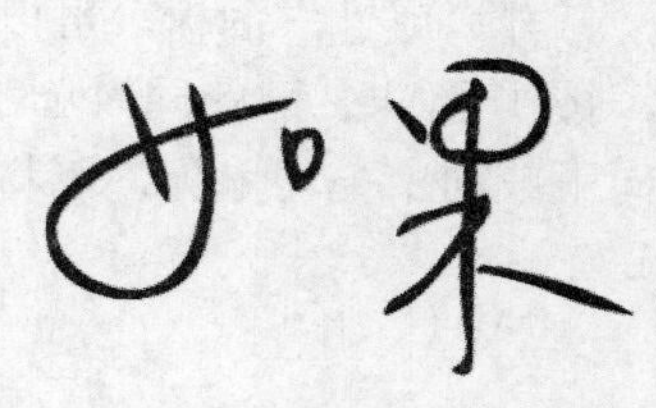

单击选项区中的“刷子模式”按钮，在弹出的下拉列表中包含 “标准绘画”、“颜料填充”、“后面绘画”、“颜料选择”和“内部绘画”5 种模式。选择不同的模式，可以绘制出不同的图形效果。

“标准绘画”模式

选择“标准绘画”模式，使用刷子工具绘制出的图形将完全覆盖矢量图形的线条和填充。

“后面绘画”模式

选择“后面绘画”模式，使用刷子工具绘制出的图形将从矢量图形的后面穿过，而不会对原矢量图形造成任何影响。

“颜料填充”模式

选择“颜料填充”模式，使用刷子工具绘制出的图形只覆盖矢量图形的填充部分而不会覆盖线条部分。

“颜料选择”模式

选择“颜料选择”模式，只有在选择了矢量图形的填充区域后才能使用刷子工具。如果没有选择任何区域，将无法使用刷子工具在矢量图形上进行绘画。

小提示：在“颜料选择”模式下，首先用选择工具选择需要绘制的颜色块区域，再用刷子工具绘制色块，否则不能绘制出色块。

“内部绘画”模式

选择“内部绘画”模式后，使用刷子工具只能在封闭的区域内绘画。

2.3.7 使用喷涂刷工具绘图

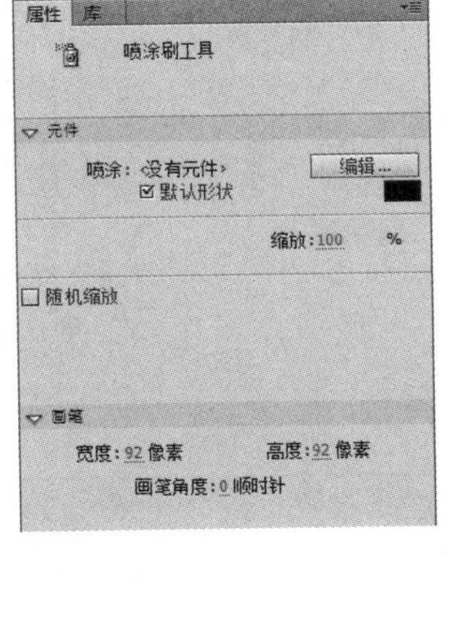

喷涂刷工具用于创建喷涂效果，可以使用库中已有影片剪辑元件来作为喷枪的图案。右图所示为喷涂刷工具的“属性”面板。

◎ 颜色选取器：位于编辑按钮下方的颜色块用于“喷涂刷”喷涂粒子的填充色设置。当使用库中元件图案喷涂时，将禁用颜色选取器。

◎ 缩放宽度：表示喷涂笔触（一次单击舞台时的笔触形状）的宽度值。例如，设置为 10%，表示按默认笔触宽度的 10%喷涂；设置为 200%，表示按默认笔触宽度的 200%喷涂。

◎ 随机缩放：将基于元件或默认形态的喷涂粒子喷在画面中，其笔触颗粒大小呈随机大小出现。简单来说，就是有大有小不规则地出现。

◎ 画笔角度：用于调整旋转画笔的角度。

下面将通过实例来介绍如何使用喷涂刷工具，具体操作方法如下：

素材：光盘:素材\02\星空.jpg　　效果：光盘:无

难度：★☆☆☆☆　　视频：光盘:视频\02\使用喷涂刷工具绘图.swf

01 新建文档，导入“星空”素材。

02 选择喷涂刷工具并设置属性，颜色为白色，随机缩放。

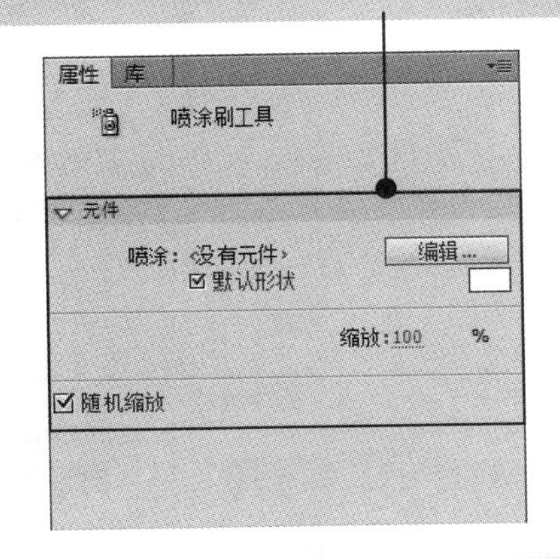

刷子工具的颜色是指它的填充颜色，使用“刷子工具”绘制出的图形是没有笔触颜色的。

多学点

03 在舞台上单击创建喷涂形状。

04 使用喷涂刷工具在水面上喷涂星星倒影。

2.4 绘制路径工具

钢笔工具是 Flash CS6 中绘制路径的重要工具，它可以用于精确地绘制直线和平滑的曲线。通过使用钢笔工具可以在 Flash 中绘制出很多不规则的图形。

2.4.1 设置钢笔工具

单击“编辑”｜“首选参数”命令，弹出“首选参数”对话框，在“类别”列表中选择“绘画”选项，这时在右侧显示有关钢笔工具的 3 个参数设置。

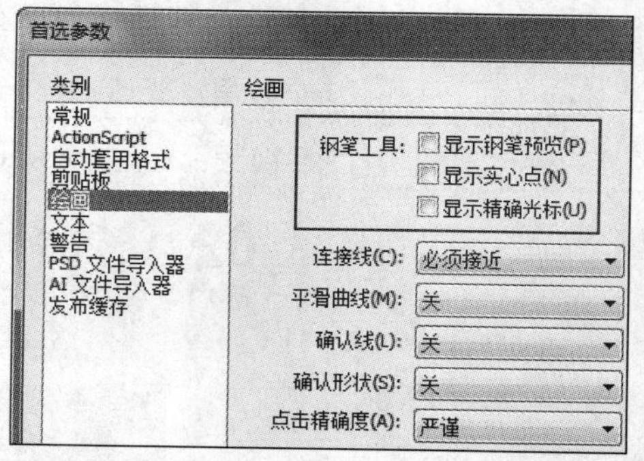

◎ 显示钢笔预览：选中该复选框，在未确定下一个锚点位置时，随着鼠标指针的移动可以直接预览线段，如下图（左）所示。

◎ 显示实心点：选中该复选框，未选择的锚点显示为实心点，选择的锚点显示为空心点，如下图（中）所示。

◎ 显示精确光标：选中该复选框，鼠标指针变为×形状，这样可以提高线条的精确性；取消选择该复选框，鼠标指针变为钢笔形状。按【CapsLock】键，可以在这两种鼠标指针形状之间进行切换，如下图（右）所示。

小提示 钢笔工具是以贝塞尔曲线的方式绘制和编辑图形轮廓的，主要用于绘制精确的路径。

2.4.2 使用钢笔工具

选择工具箱中的钢笔工具或按【P】键，即可调用该工具。下面对钢笔工具的使用方法进行详细介绍。

1. 使用钢笔工具绘制直线

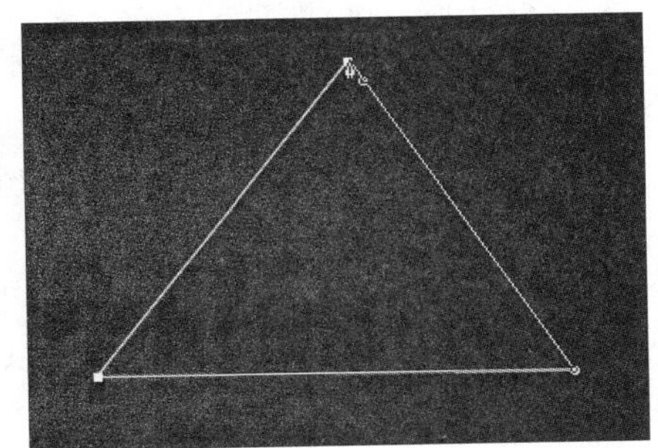

选择钢笔工具，在直线线段的起始点单击定义第一个锚点，在想要结束的位置再次单击，即可绘制一条直线。继续绘制直线，若需要闭合路径，则将鼠标指针移至第一个锚点的位置，指针右侧会出现小圆圈，单击即可闭合路径。

2. 使用钢笔工具绘制曲线

使用钢笔工具绘制曲线的方法和绘制直线类似，唯一不同的是在确定锚点时需要按住鼠标左键并拖动，而不是单击，如下图（左）所示。

若在绘制曲线的过程中想绘制直线，则将鼠标指针移至最近的一个锚点处，当指针变为形状时单击并拖动鼠标，在舞台的其他位置单击即可，如下图（右）所示。

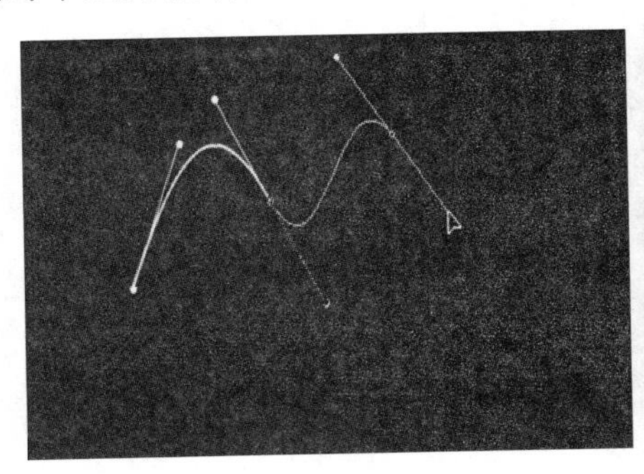
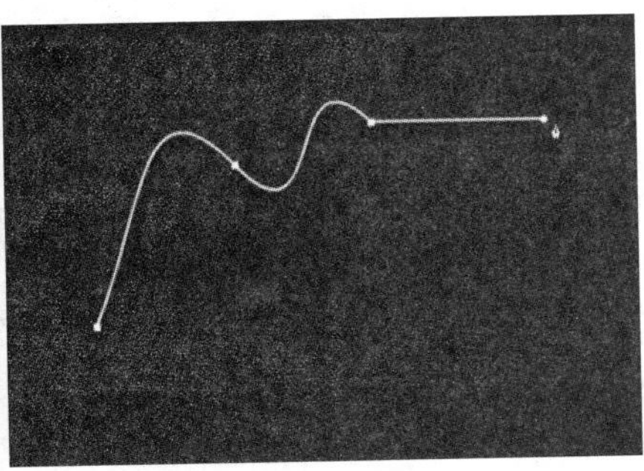

2.4.3 调整锚点

使用钢笔工具绘制曲线，可以创建很多曲线点，这在 Flash 中称为锚点。在绘制直线段或连接到曲线段时会创建转角点。一般情况下，被选定的曲线点会显示为空心圆，被选定的转角点会显示为空心正方形。

用钢笔工具绘制出曲线后，在空白位置单击或按【Esc】键即可呈现绘制的线条。

1. 添加和删除锚点

在钢笔工具上按住鼠标左键不放，在弹出的工具列表中选择添加锚点工具或按【=】键，即可调用该工具。将鼠标指针移至舞台上，待其右侧出现“+”时单击，即可添加一个锚点，如下图（左）所示。

在钢笔工具的工具列表中选择删除锚点工具或按【-】键，即可调用该工具。将鼠标指针移至已有的锚点上，待其右侧出现“-”时单击，即可删除一个锚点，如下图（右）所示。

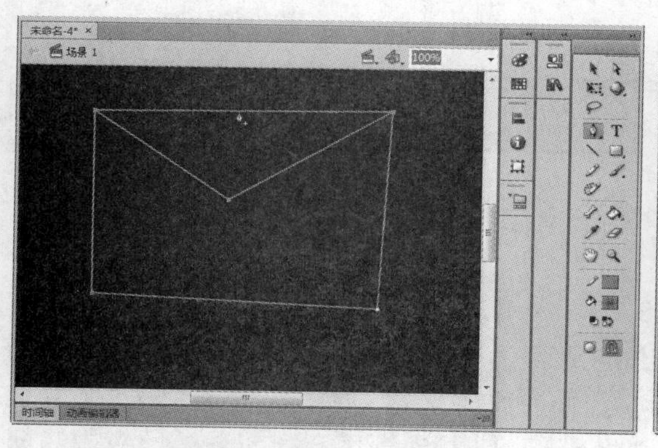

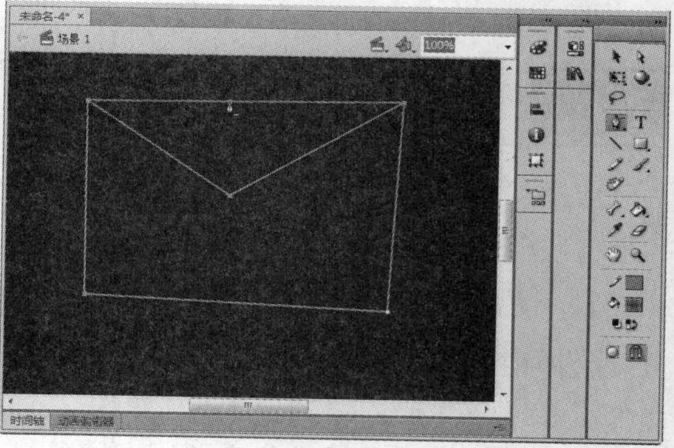

2. 使用转换锚点工具

在Flash中有3种类型的锚点：无曲率调杆的锚点（角点）、两侧曲率一同调节的锚点（平滑点）和两侧曲率分别调节的锚点（平滑点）。锚点之间的线段称为片段。

在钢笔工具的工具列表中选择转换锚点工具或按【C】键，即可调用该工具。使用转换锚点工具可以在3种锚点之间进行相互转换。

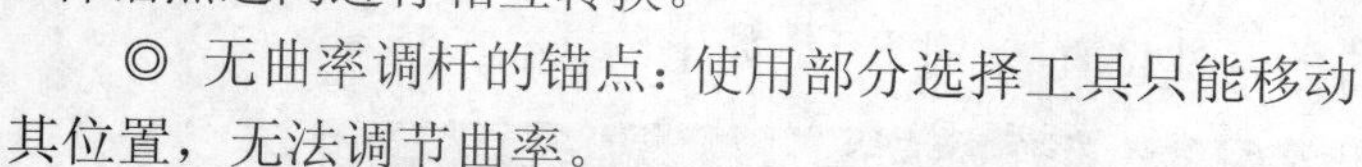

◎ 无曲率调杆的锚点：使用部分选择工具只能移动其位置，无法调节曲率。

◎ 两侧曲率一同调节的锚点：使用部分选择工具拖动其控制杆上的一个控制点时，另一个控制点也会随之移动，可以调节曲线的曲率。

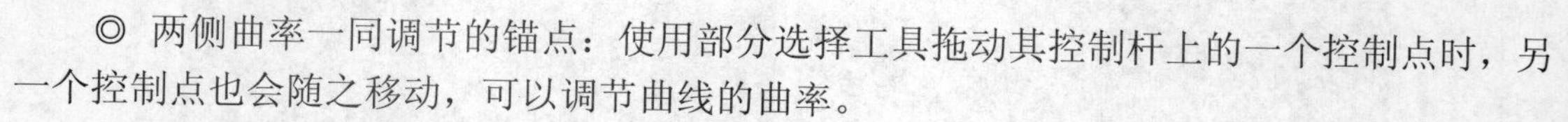

◎ 两侧曲率分别调节的锚点：这种锚点两侧的控制杆可以分别进行调整，可以灵活地控制曲线的曲率。

（1）将平滑点转换为角点

选择转换锚点工具，单击两侧曲率一同调节或两侧曲率分别调节方式的锚点，使其转换为无曲率的锚点。

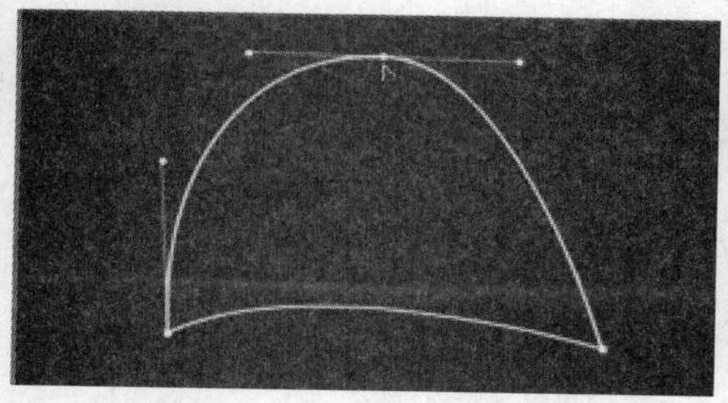

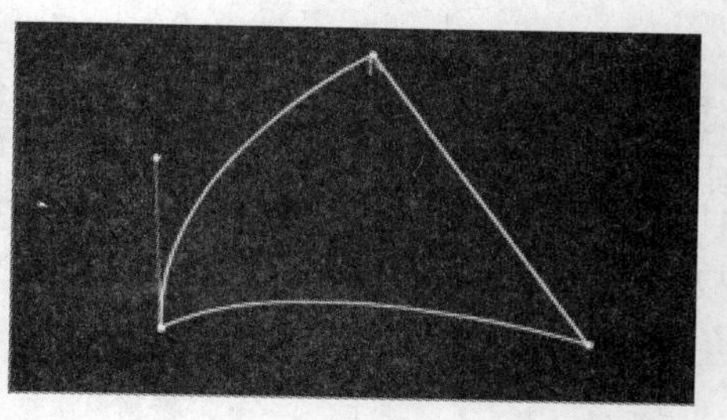

小提示

不要用【Delete】、【Backspace】和【Clear】键删除锚点，这些键会删除点以及与之相连的线段。

（2）将角点转化为平滑点

单击无曲率的锚点，按住鼠标左键并拖动，将其转换为两侧曲率一同调节的锚点，角点转换为两侧曲率同一调节的平滑点。

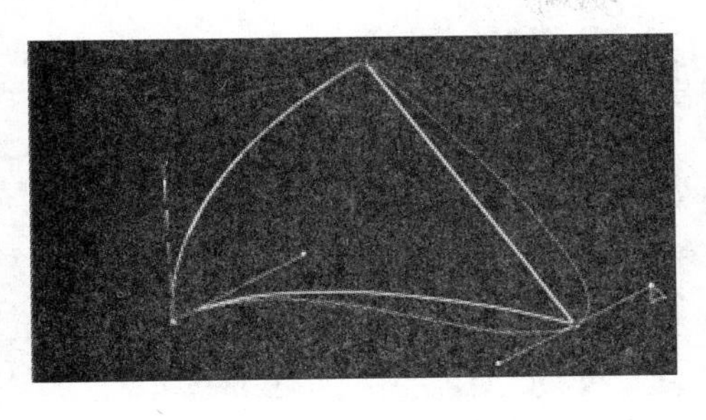
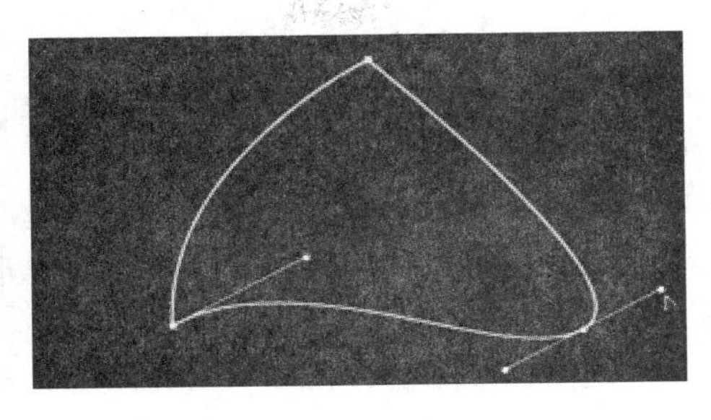

（3）平滑点的转换

使用转换锚点工具拖动两侧曲率一同调节的锚点的控制杆，将其转换为两侧曲率分别调节的锚点，两侧曲率一同调节的平滑点转换为两侧曲率分别调节的平滑点。

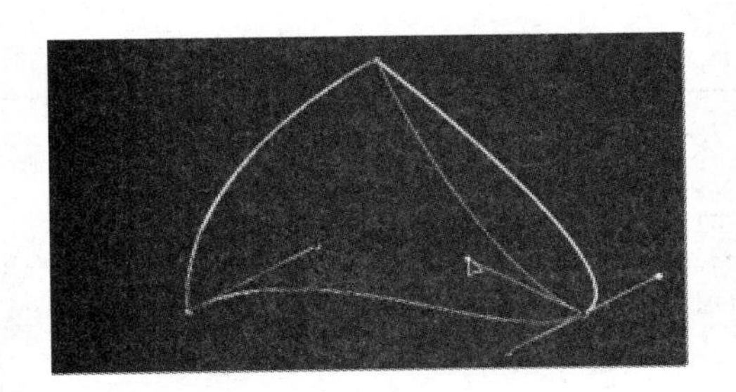
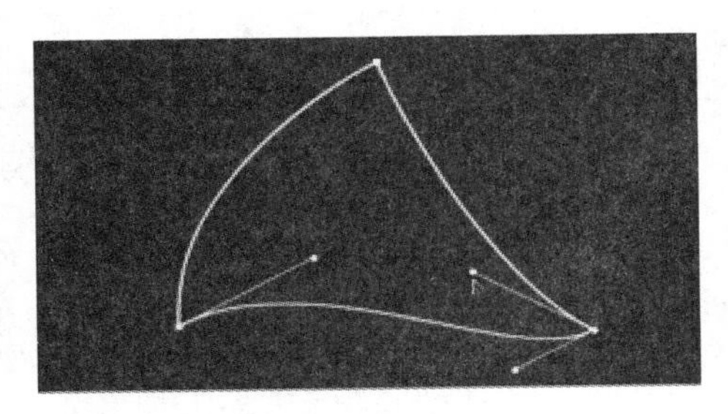

2.4.4 钢笔工具组的交互使用

在使用钢笔工具组进行绘图的过程中，可以交互使用工具，以提高绘图效率，其中：

◎ 按住【Alt】键，可以将其转换为转换锚点工具，以调整曲率和转换锚点，如下图（左）所示。

◎ 按住【Ctrl】键，可以将其转换为部分选择工具，以调整锚点的位置和曲线的曲率，如下图（中）所示。

◎ 按住【Ctrl+Alt】组合键，可以进行添加和删除锚点的操作，如下图（右）所示。

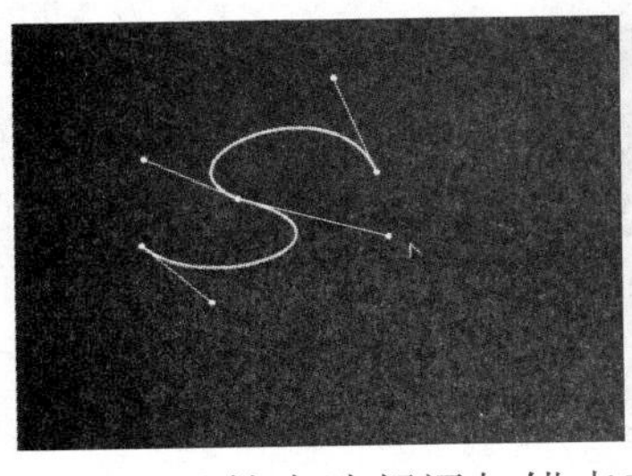
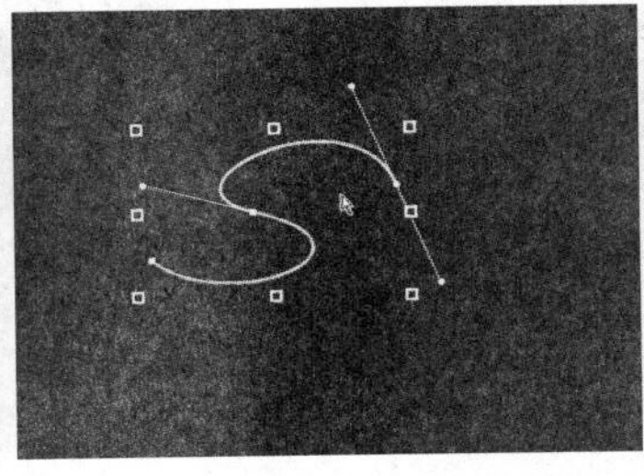

在工具箱中选择添加锚点工具后，也可以对其进行交互使用，其中：

◎ 按住【Alt】键，添加锚点的操作变为删除锚点。

◎ 按住【Ctrl】键，可以将其转换为部分选择工具，以调整锚点的位置和曲线的曲率。

单击路径时，Flash 将显示锚点，使用部分选择工具调整线段会给路径添加一些点。用该方法可以在直线段上添加锚点以调整线段形状。

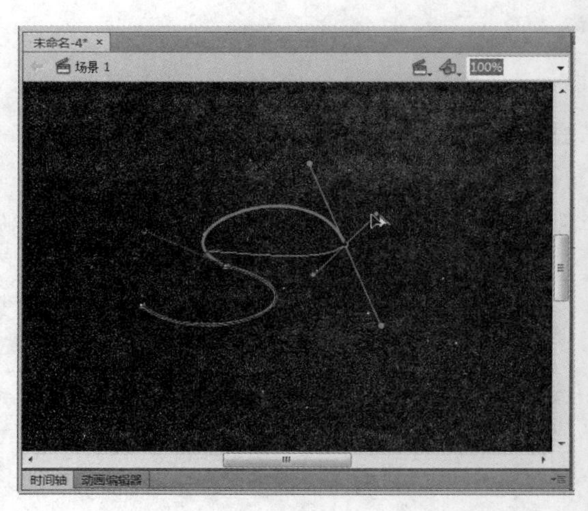

◎ 按住【Ctrl+Alt】组合键，可以进行添加或删除锚点的操作。

删除锚点工具的交互和添加锚点工具类似，只是在按住【Alt】键时删除锚点的操作变为添加锚点。

在工具箱中选择转换锚点工具后，也可以对其进行交互使用，其中：

◎ 按住【Alt】键，可以对锚点进行复制操作。

◎ 按住【Ctrl】键，可以将其转换为部分选择工具，以调整锚点的位置和曲线的曲率。

◎ 按【Ctrl+Alt】组合键，可以进行添加或删除锚点的操作。

2.4.5 实战练习——绘制心形

下面运用前面所学的知识，使用钢笔工具来绘制一个心形，具体操作方法如下：

素材：光盘：无　　效果：光盘：无

难度：★☆☆☆☆　　视频：光盘：视频\02\实战练习——绘制心形.swf

01 选择钢笔工具。

02 单击并向左上方拖动，确定第一个锚点。

03 在舞台合适位置单击并向右下方拖动。

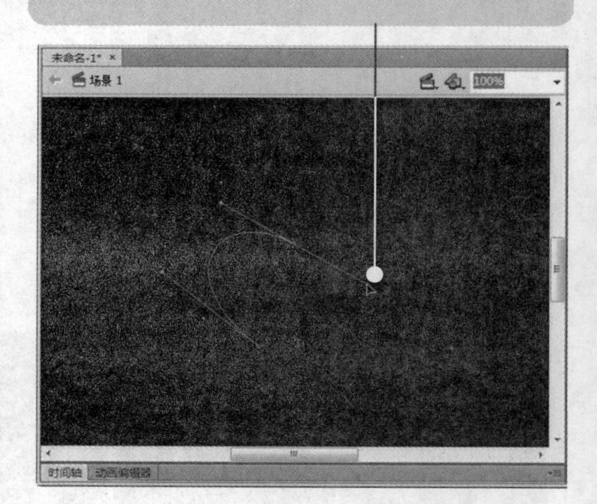

知识点拨

绘制“心形”图形有很多种方法，在 Flash CS6 中最常使用的是钢笔工具，其使用起来很方便，容易绘制直线，也比较容易绘制曲线，并且在绘制时直线和曲线转换灵活。

小提示　适当删除曲线路径上的锚点，可以优化曲线并减小 Flash 文件的大小。

04 按住【Alt】键向右上方拖动。

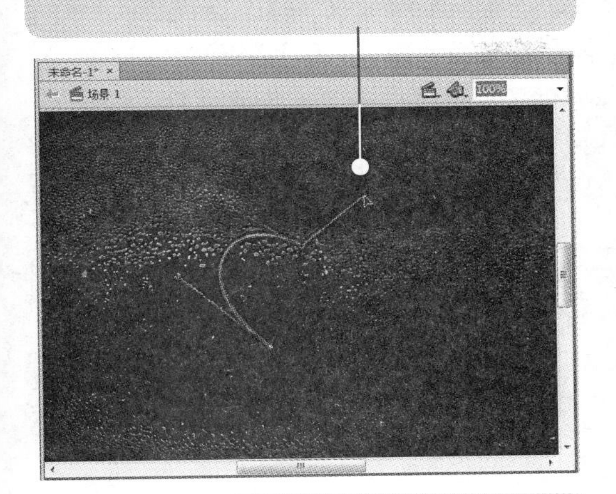

05 将指针指向起始点，待其下方出现小圆圈时单击并向左下方拖动。

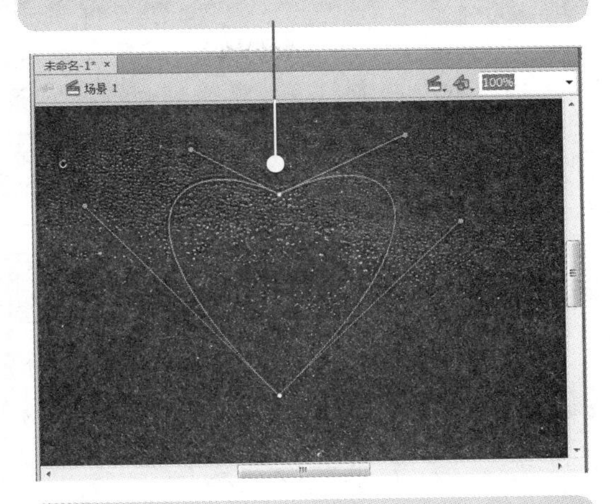

06 按住【Ctrl】键，调节下方节点的位置。

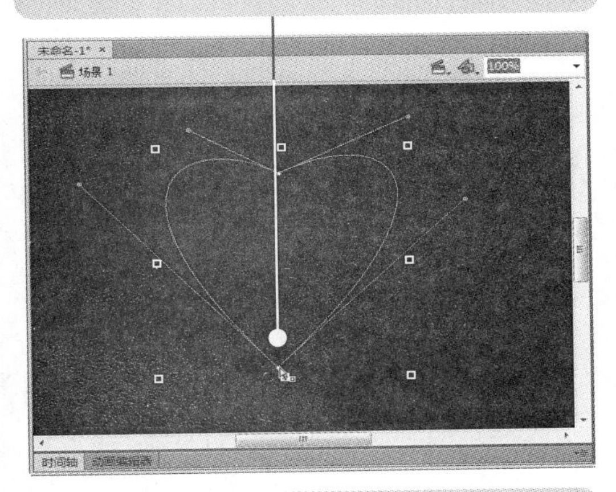

07 按住【Alt】键，调节每个锚点的控制杆，改变曲线的曲率。

08 调用选择工具并在空白处单击，取消选择。

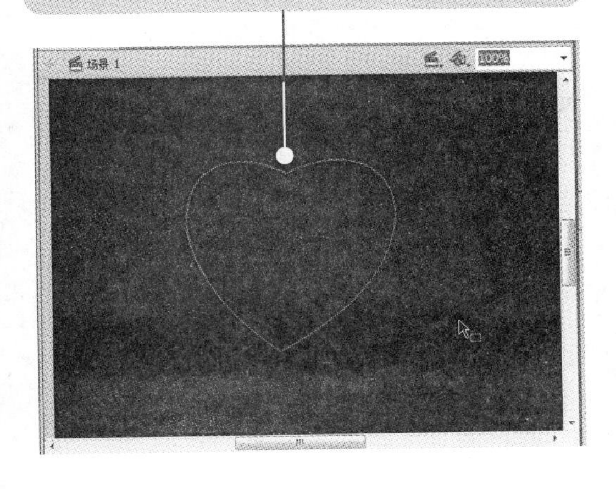

09 选择颜料桶工具，为心形填充颜色。

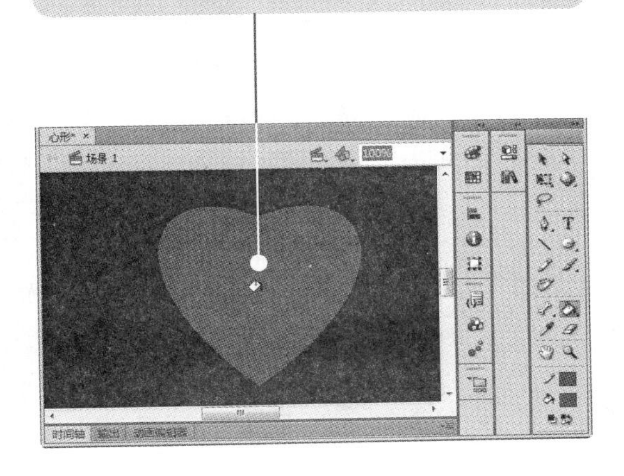

在执行锚点的交互操作时，必须按住键盘上相应的快捷键不放。

多学点

2.5 颜色填充工具

在 Flash CS6 中可以为绘制的图形填充颜色，使其更加生动、美观。下面将详细介绍如何使用墨水瓶工具、颜料桶工具、滴管工具、橡皮擦工具，以及渐变变形工具等。

2.5.1 使用颜料桶工具与墨水瓶工具

在工具箱中有两种颜色填充工具，分别是颜料桶工具和墨水瓶工具。下面将详细介绍这两种颜色填充工具的使用方法。

颜料桶工具(K)
墨水瓶工具(S)

素材：光盘：素材\02 鲸鱼. fla　　效果：光盘：效果\02\鲸鱼. fla

难度：★☆☆☆☆　　视频：光盘：视频\02\使用颜料桶工具与墨水瓶工具.swf

1. 颜料桶工具

使用颜料桶工具可以对封闭的区域填充颜色，也可以对已有的填充区域进行修改。单击工具箱中的颜料桶工具或按【K】键，即可调用该工具。打开其“属性”面板，只有填充颜色可以修改，如下图（左）所示。

选择颜料桶工具，单击其选项区中的“空隙大小”下拉按钮，选择不同的选项，可以设置对封闭区域或带有缝隙的区域进行填充，如下图（右）所示。

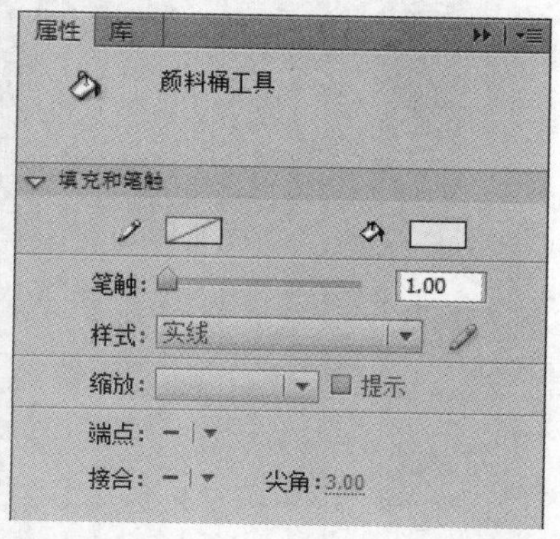

不封闭空隙
封闭小空隙
封闭中等空隙
封闭大空隙

◎ 不封闭空隙：系统默认选项，只能对完全封闭的区域填充颜色。

◎ 封闭小空隙：选择该选项，可对有极小空隙的未封闭区域填充颜色。

◎ 封闭中等空隙：选择该选项，可对有比上一种模式略大空隙的未封闭区域填充颜色。

◎ 封闭大空隙：选择该选项，可对有较大空隙的未封闭区域填充颜色。

使用颜料桶工具进行纯色填充的具体操作方法如下：

小提示

使用选择工具，按住【Alt】键或【Ctrl】键，将鼠标指针放到线条、图形的边缘上，按住鼠标左键并拖动，可以在线条或填充图形的边缘增加一个新的锚点。

01 打开素材文件。

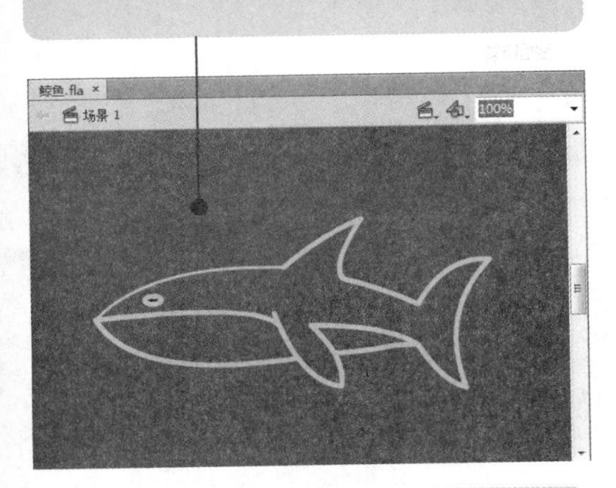

02 选择颜料桶工具，单击“填充颜色”按钮。

03 选择一种颜色。

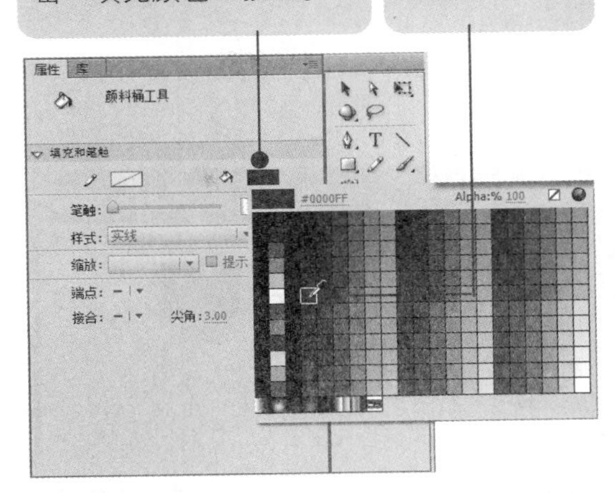

04 将指针移至舞台，变为形状时在图形内部单击，填充纯色。

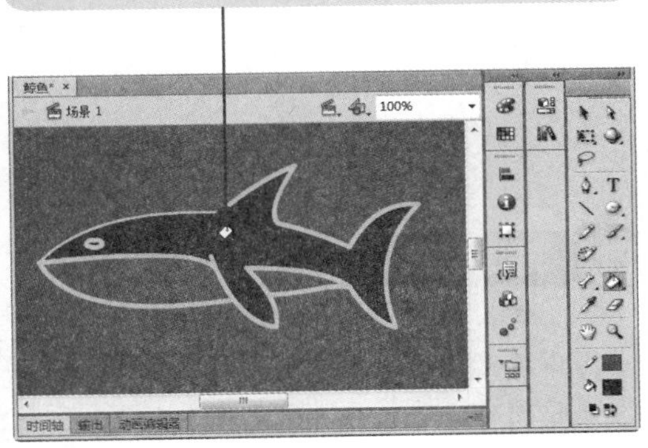

05 使用颜料桶工具填充其他纯色。

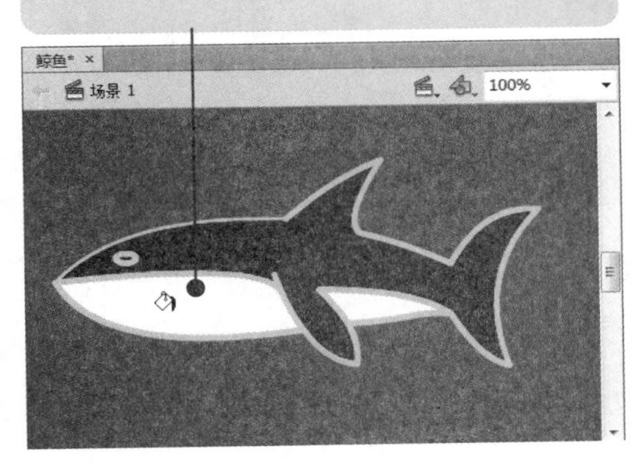

使用颜料桶工具进行位图填充的具体操作方法如下：

素材：光盘：素材\02 花瓶. fla　　效果：光盘：效果\02 花瓶. fla

难度：★☆☆☆☆

01 打开素材文件。

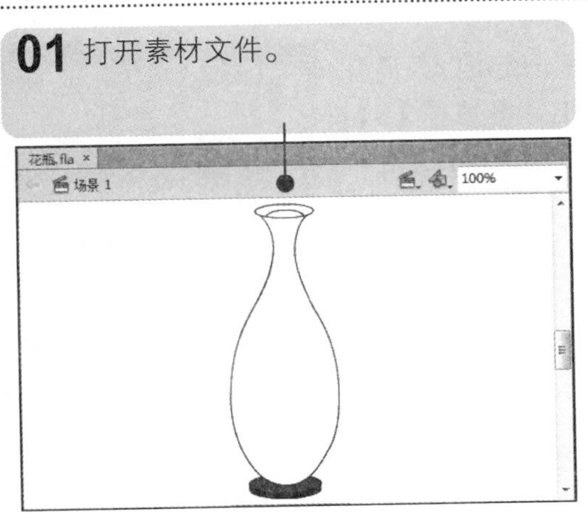

02 打开“颜色”面板，选择“位图填充”选项。

03 单击“导入”按钮。

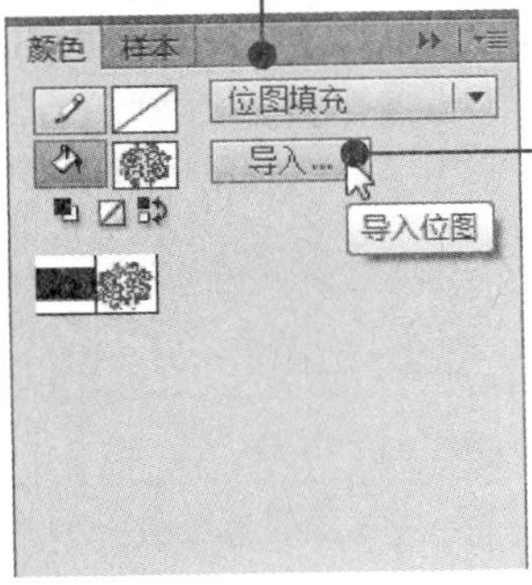

多学点

颜料桶工具的 4 个空隙选项主要针对由矢量线包围的未填充颜色的区域，如果矢量线内部填充了矢量色块，则设置该选项是没有意义的。

04 选择素材文件。

05 单击“打开”按钮。

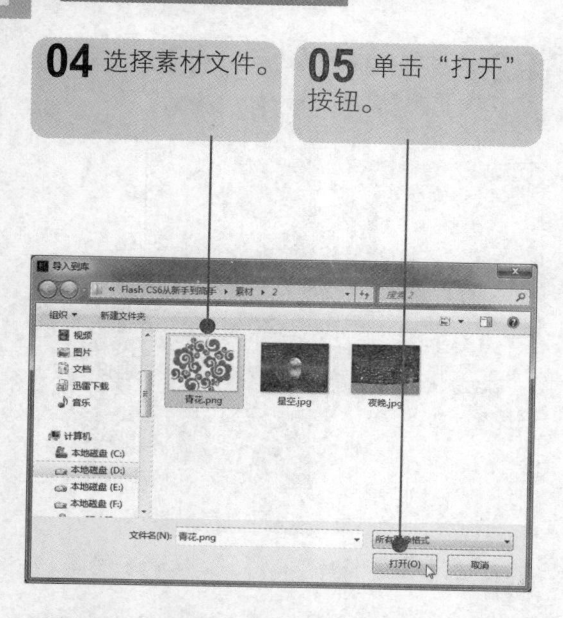

06 选择颜料桶工具，在“颜色”面板中单击要使用的位图。

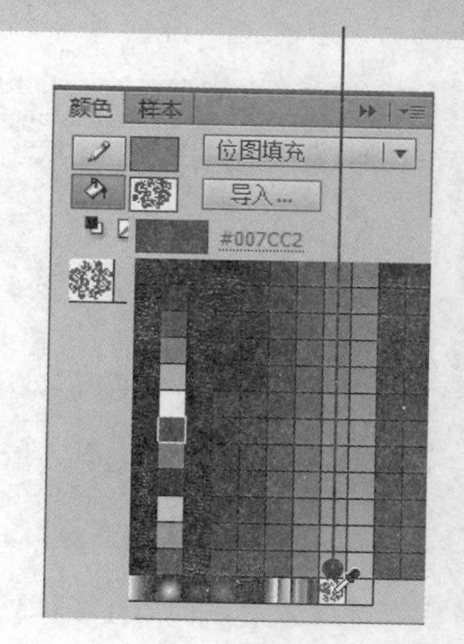

07 将指针移至舞台上要填充的区域单击，查看填充效果。

知识点拨

使用颜料桶工具为图形填充颜色，可以填充纯色、渐变颜色以及位图。填充位图时，首先导入需要填充的素材，其次选择素材，最后使用颜料桶工具填充图形。

2. 墨水瓶工具

墨水瓶工具可以用于改变线条颜色、宽度和类型，还可以为只有填充的图形添加边缘线条。单击工具箱中的墨水瓶工具或按【S】键，即可调用该工具。在其“属性”面板中可以进行相关设置。

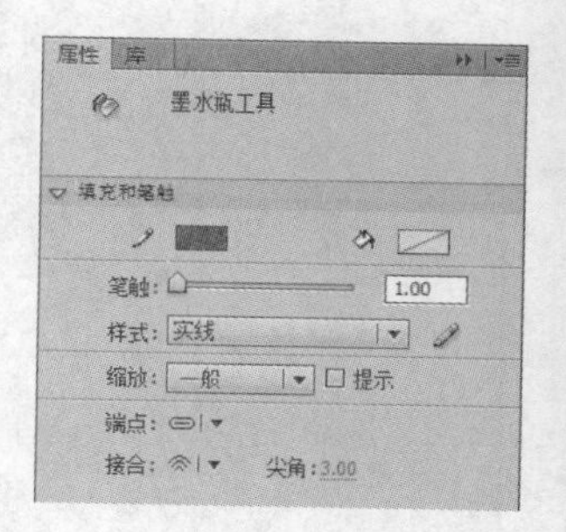

使用墨水瓶工具进行颜色填充的具体操作方法如下：

素材：光盘：无　　效果：光盘：无

难度：★☆☆☆☆

小提示　绘制完矢量图形后需要填充位图，要将位图先导入到“库”面板中，才能进行选择填充。

01 选择多角星形工具，设置工具属性。

02 单击“选项”按钮。

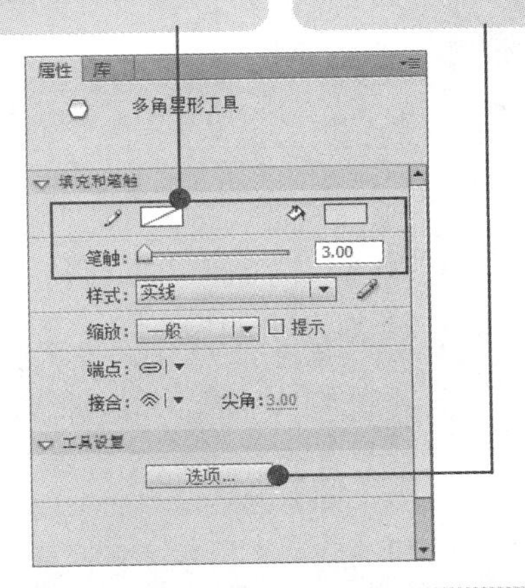

03 设置工具参数。

04 单击“确定”按钮。

05 在舞台中单击并拖动鼠标，绘制星形形状。

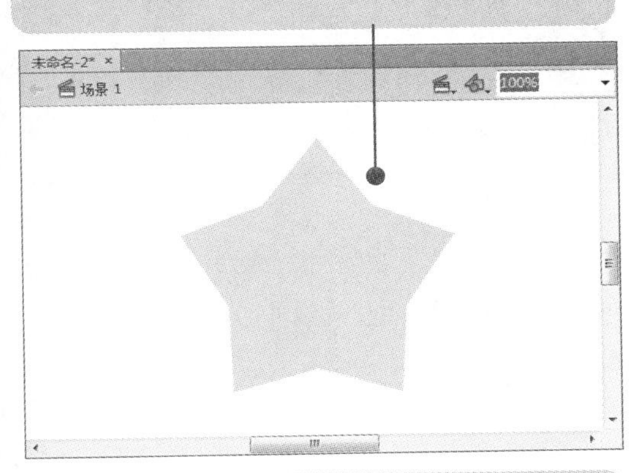

06 选择墨水瓶工具，在“属性”面板中设置相关参数。

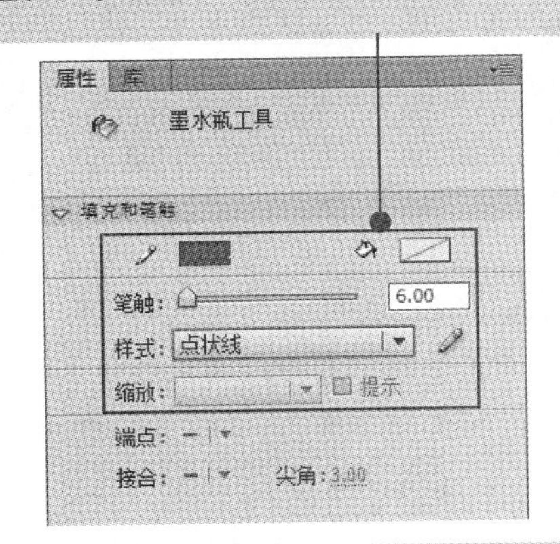

07 将指针移至舞台，在所绘制图形的边缘处单击，为其添加线条。

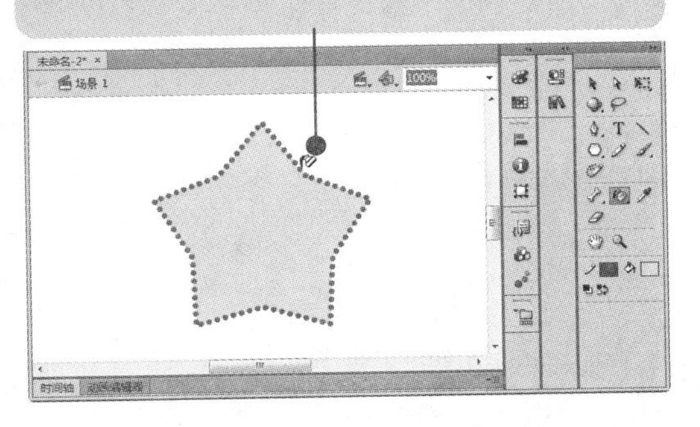

08 单击笔触颜色图标，打开“颜色面板”修改图形笔触颜色。

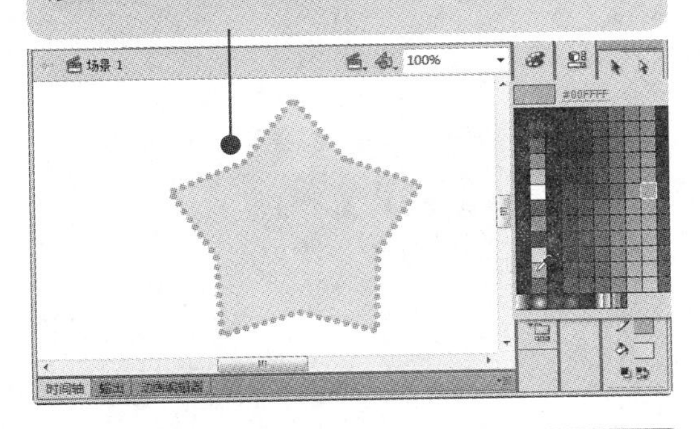

2.5.2 使用滴管工具

使用滴管工具可以吸取线条的笔触颜色、笔触高度以及笔触样式等基本属性，并可以将其应用于其他图形的笔触。同样，它也可以吸取填充的颜色或位图等信息，并将其应用

填充位图也可以使用滴管工具在转化为矢量图形的位图上吸取位图颜色。

于其他图形的填充。该工具没有与其对应的“属性”面板和功能选项区。单击工具箱中的滴管工具或按【I】键，即可调用该工具。

素材：光盘：素材\02 使用滴管工具.fla　　效果：光盘：效果\02 使用滴管工具.fla

难度：★☆☆☆☆　　视频：光盘：视频\02\使用滴管工具.swf

1. 吸取笔触属性

使用滴管工具吸取笔触属性的具体操作方法如下：

01 打开素材文件。选择滴管工具，将指针移至星形边缘，变为形状时单击。

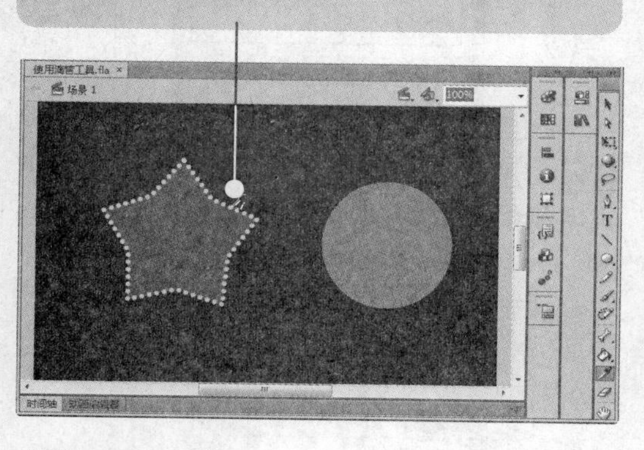

02 指针变成墨水瓶形状，移至圆形边缘单击，将笔触样式应用到圆形上。

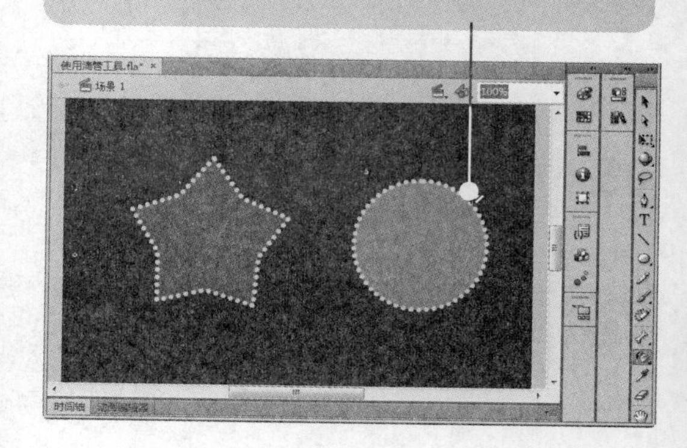

高手点拨

用户可以在图形的填充部分单击，为其添加线条。滴管工具可以吸取形状、位图、绘制对象等的笔触和填充属性，但不可以吸取实例的笔触和填充属性。

2. 吸取填充属性

使用滴管工具吸取填充属性的具体操作方法如下：

01 选择滴管工具，将指针移至星形填充区域，变为形状时单击。

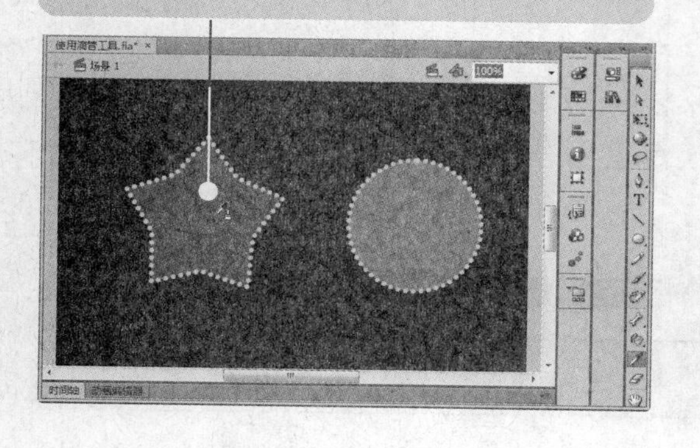

02 指针变为形状，将其移至要填充的区域单击，将填充样式应用到圆形中。

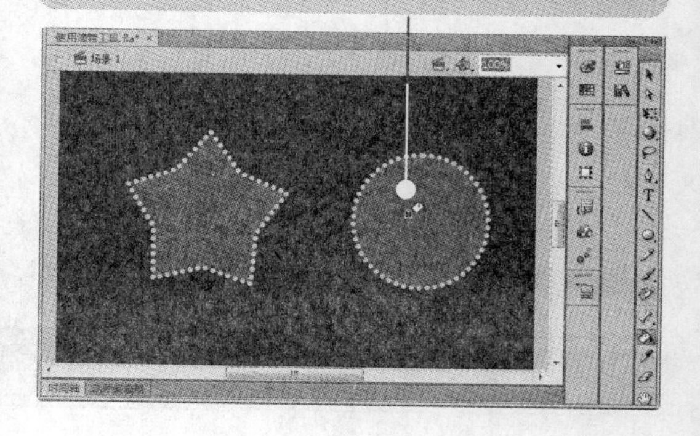

小提示　“滴管工具”没有与之相对应的“属性”面板，用户可以将其理解成现实生活中的滴管。

2.5.3 使用橡皮擦工具

橡皮擦工具就像现实中的橡皮擦一样，用于擦除舞台中的矢量图形。单击工具箱中的橡皮擦工具或按【E】键，即可调用该工具。

1. 修改橡皮擦形状

在橡皮擦的功能选项区中单击“橡皮擦形状”按钮，可以修改橡皮擦工具的大小和形状。系统预设了圆形和正方形两种形状，且每种形状都有从小到大 5 种尺寸，用户可以根据需要随时进行更改。

2. 使用水龙头功能

在橡皮擦的功能选项区中单击“水龙头”按钮，将鼠标指针移至舞台上，待其变为形状时在图形的线条或填充上单击，即可将整个线条或填充删除。

使用橡皮擦工具的水龙头功能删除线条或填充的具体操作方法如下：

素材：光盘：素材\02\鲸鱼.fla　　效果：光盘：无

难度：★☆☆☆☆　　视频：光盘：视频\02\使用水龙头功能.swf

01 打开素材文件。

02 选择橡皮擦工具，单击“水龙头”按钮。

03 将指针移至图形边缘处单击，即可将边缘删除。

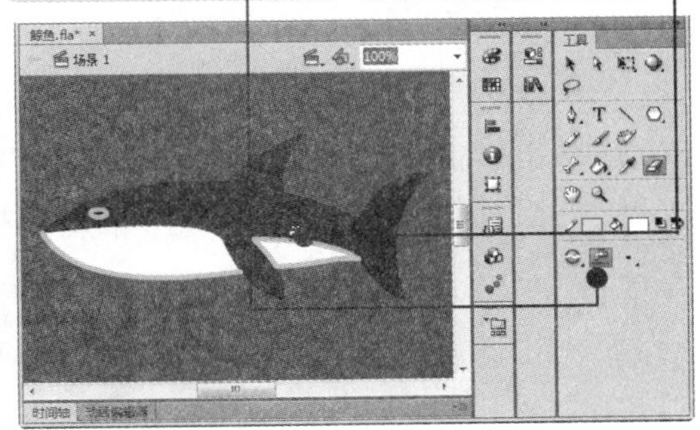

04 将指针移至图形填充区域单击，即可将填充部分删除。

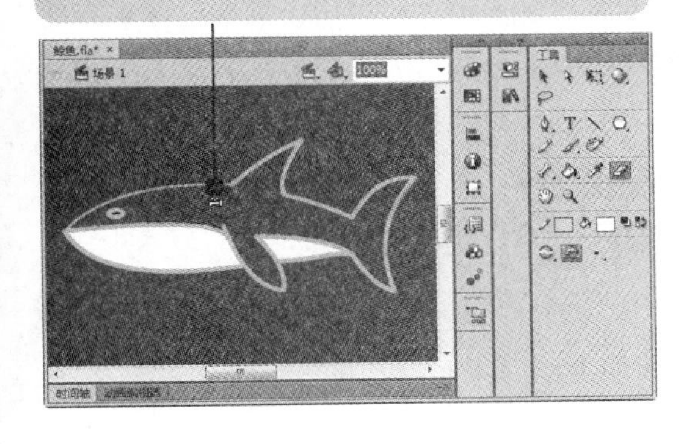

高手点拨

如果先选择要删除的线条和填充，然后再使用“水龙头”工具单击，也可以将所选的对象删除。

在工具箱中双击橡皮擦工具，可以擦除当前帧的所有对象。

3．橡皮擦模式

单击橡皮擦工具选项区中的“橡皮擦模式”按钮，在弹出的下拉列表中包含了5种橡皮擦模式，分别为“标准擦除”、“擦除填色”、“擦除线条”、“擦除所选填充”和“内部擦除”。

标准擦除
擦除填色
擦除线条
擦除所选填充
内部擦除

选择不同的模式擦除图形，就会得到不同的效果。

标准擦除

“标准擦除”模式为默认的模式，选择该模式后，可以擦除橡皮擦经过的所有矢量图形。

擦除填色

选择“擦除填色”模式后，只擦除图形中的填充部分而保留线条。

擦除线条

“擦除线条”模式和“擦除填色”模式的效果相反，保留填充而擦除线条。

擦除所选填充

选择“擦除所选填充”模式后，只擦除选区内的填充部分。

内部擦除

选择“内部擦除”模式后，只擦除橡皮擦落点所在的填充部分。

2.5.4 使用渐变变形工具

渐变变形工具主要用于调整渐变色的范围、方向和位置等，还可用于调整位图填充的大小和方向。单击工具箱中的任意变形工具，在弹出的工具列表中选择渐变变形工具或按【F】键，即可调用该工具。

素材：光盘：无　　效果：光盘：无

难度：★☆☆☆☆　　视频：光盘：视频\02\使用渐变变形工具.swf

1．调整线性渐变

下面将介绍如何调整线性渐变，具体操作方法如下：

小提示　当鼠标指针变为水龙头形状后，其中心位置在水龙头的水滴处。

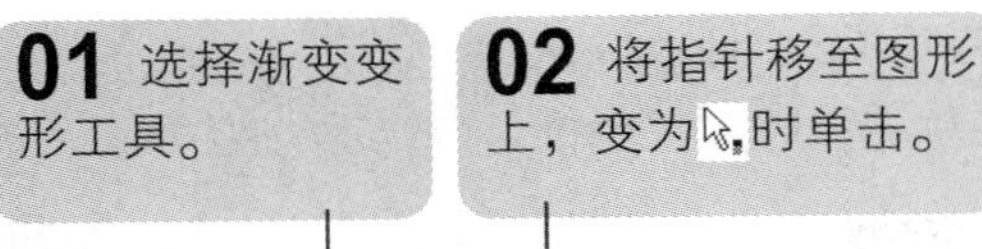

01 选择渐变变形工具。

02 将指针移至图形上，变为 时单击。

03 将指针移至中心点 ○ 上，按住鼠标左键并向右拖动改变渐变位置。

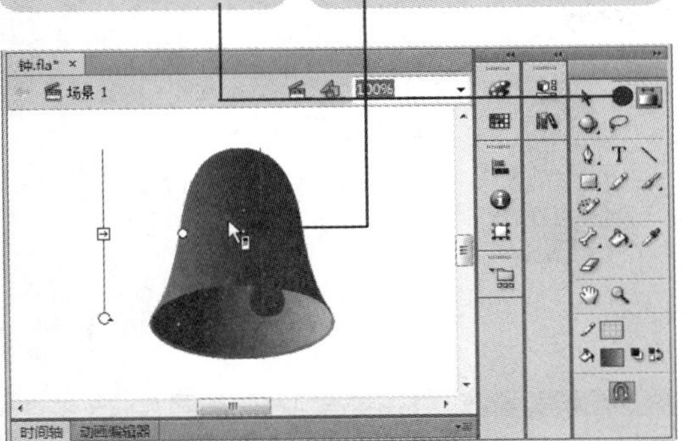

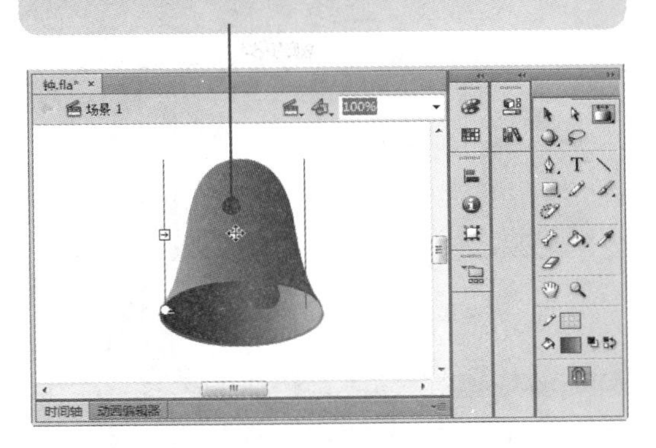

04 将指针移至控制柄 上，按住鼠标左键并向右顺时针旋转 180°，改变渐变方向。

05 将指针移至控制柄 上，按住鼠标左键并向内拖动，改变渐变填充范围。

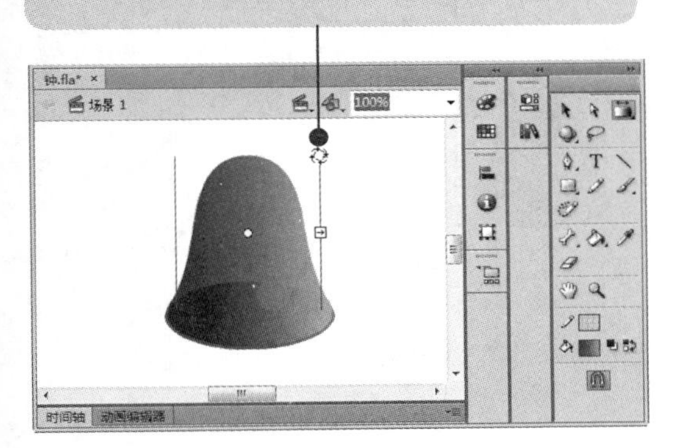

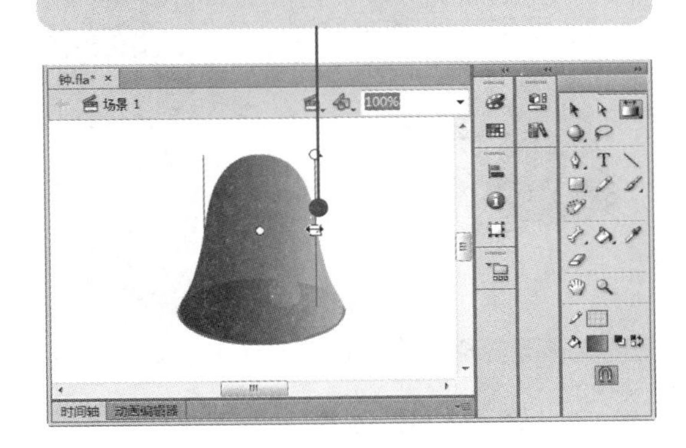

2. 调整放射状渐变

下面将介绍如何调整放射状渐变，具体操作方法如下：

01 选择渐变变形工具。

02 在图形下方单击，出现放射状渐变控制柄。

03 将指针移至控制柄 上，按住鼠标左键并向内拖动，缩小渐变填充范围。

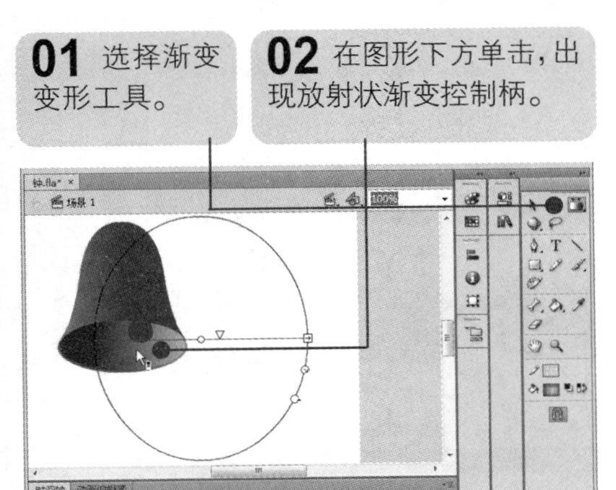

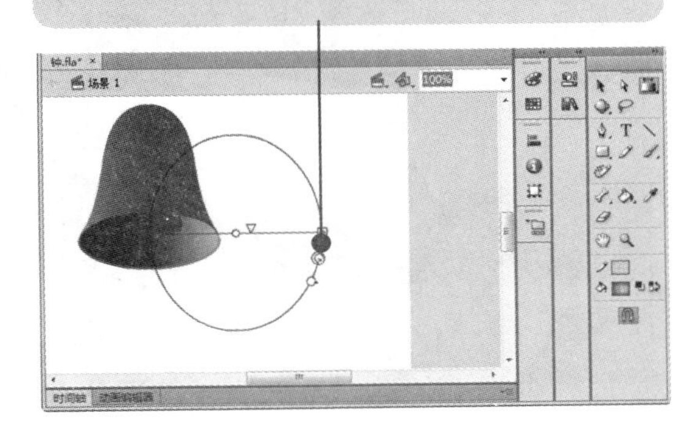

渐变变形工具可以调整线性填充、放射状填充和位图填充。

多学点

04 将指针移至放射点▽上，按住鼠标左键并向左拖动，调整渐变放射点位置。

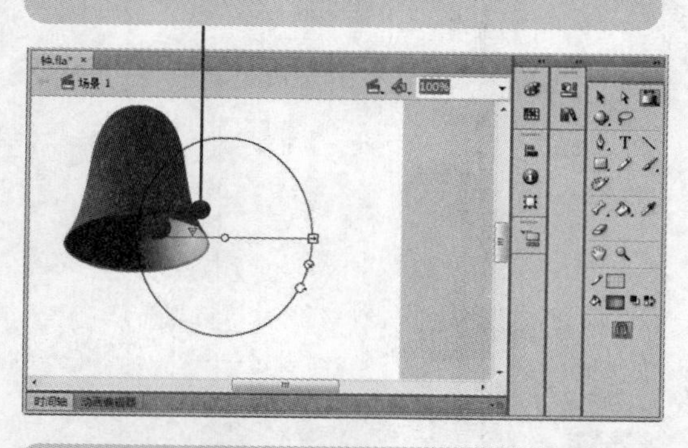

05 将指针移至控制柄上，按住鼠标左键并逆时针旋转 90°，改变渐变方向。

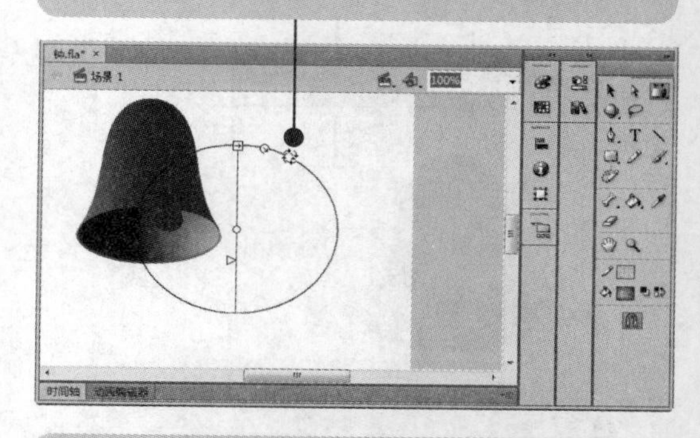

06 将指针移至控制柄上，按住鼠标左键并向下拖动，减小渐变宽度。

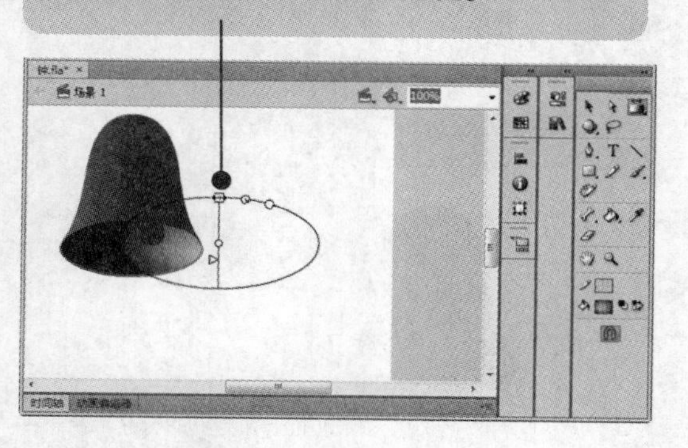

07 将指针移至中心点○上，按住鼠标左键并向下拖动，改变渐变填充位置。

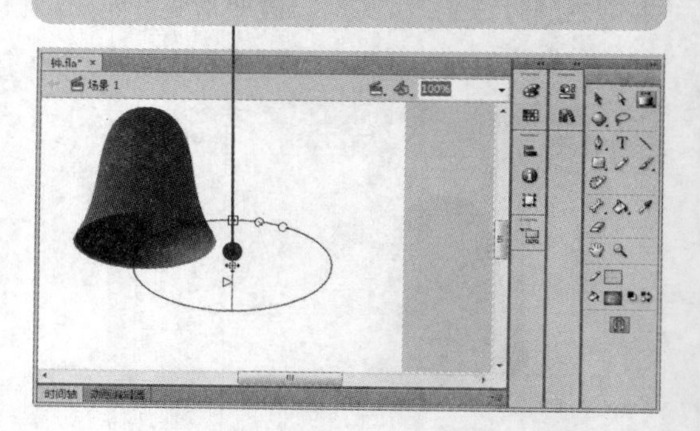

3. 调整位图填充

下面将介绍如何调整位图填充，具体操作方法如下：

01 打开素材文件。

02 选择渐变变形工具。

03 在图形上单击，出现控制柄。

小提示

用户也可以先选择要修改的渐变图形，然后打开“颜色”面板，通过调节其中的渐变滑块来修改渐变色。

04 用鼠标拖动中心圆圈，可移动位图填充位置。

05 将左侧控制柄向右拖动并超出右边缘，可对位图进行水平翻转。

06 拖动控制柄，可以对位图进行等比例缩放。

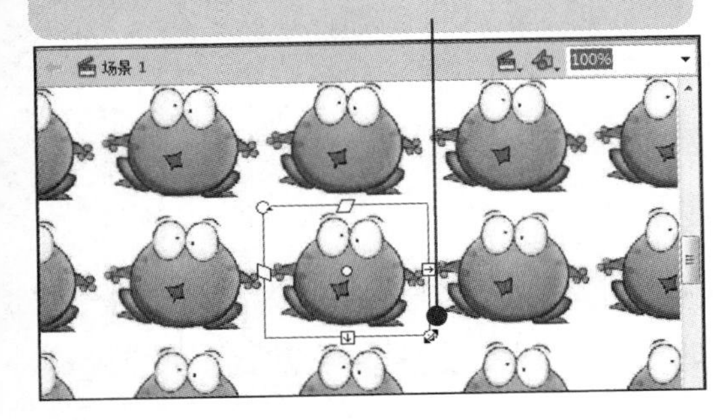

07 拖动控制柄，可对位图进行旋转。

2.6 Deco 工具

Deco 工具是一种类似“喷涂刷”的填充工具，该工具可以快速完成大量相同元素的绘制。将其与图形元件和影片剪辑元件配合使用，可以制作出非常丰富的动画效果。

单击工具箱中的 Deco 工具或按【U】键，即可调用该工具。打开“属性”面板，高级选项随选择的不同绘制效果改变而改变。下面将详细介绍如何设置 Deco 工具的属性。

1. 绘制效果

在“绘制效果”选项卡中可以选择绘制效果选项，并且编辑相应的颜色。在 Flash CS6 中提供了 13 种绘制效果，其中包括藤蔓式填充、网格填充、对称刷子、3D 刷子、建筑物刷子、装饰性刷子、火焰动画、火焰刷子、花刷子、闪电刷子、粒子系统、烟动画和树刷子等，如下图（左）所示。

2. 高级选项

“高级选项”选项卡根据用户选择不同的绘制效果而发生相应的改变，通过设置高级选项可以实现不同的绘制效果。下图（右）所示为选择“藤蔓式填充”绘制效果时的“高级选项”选项卡。

通过“渐变变形工具”修改渐变，可以制作出很好的立体效果。

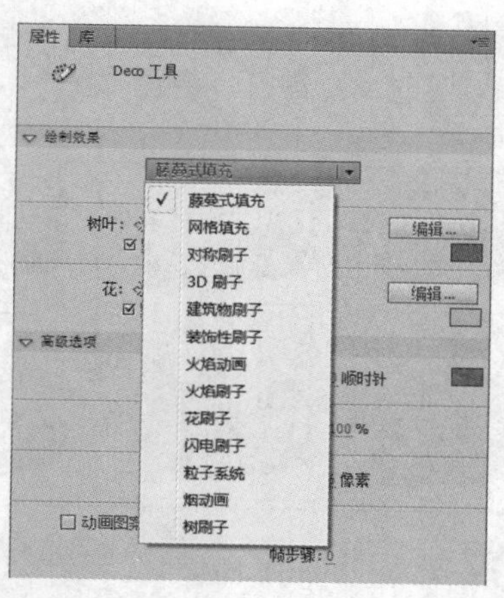

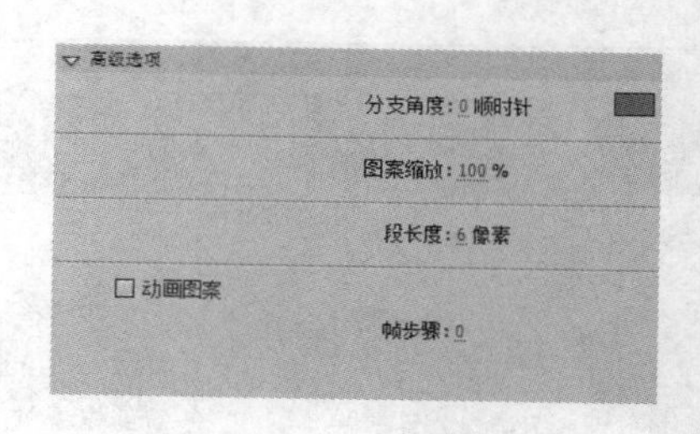

使用 Deco 工具绘制图形的具体操作方法如下：

素材：光盘：无　　效果：光盘：无

难度：★☆☆☆☆　　视频：光盘：视频\02\Deco 工具.swf

01 新建文档，单击“文件”|“保存”命令。

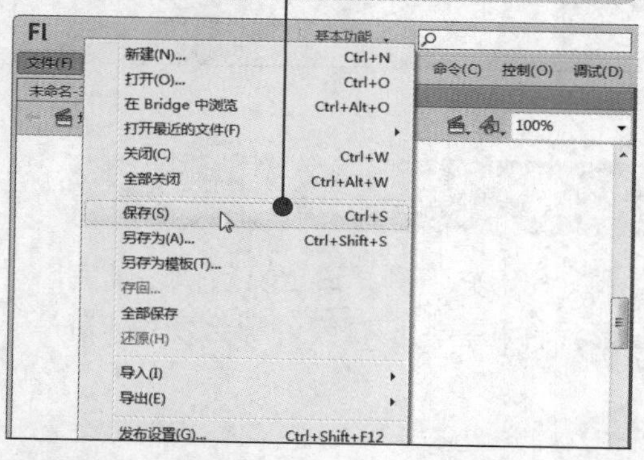

02 修改文件名称。

03 单击“保存”按钮。

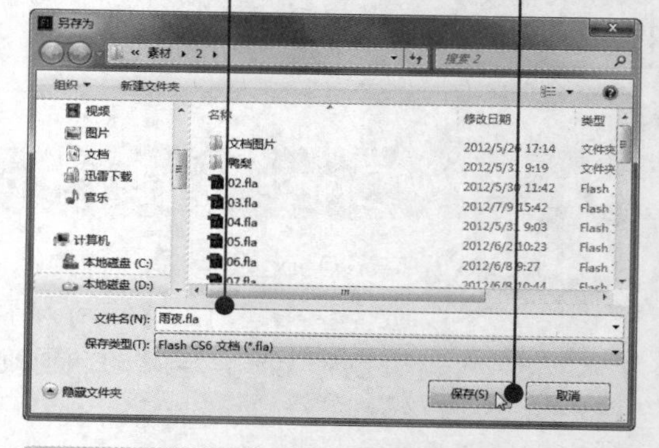

04 打开“属性”面板，将舞台颜色改为蓝色。

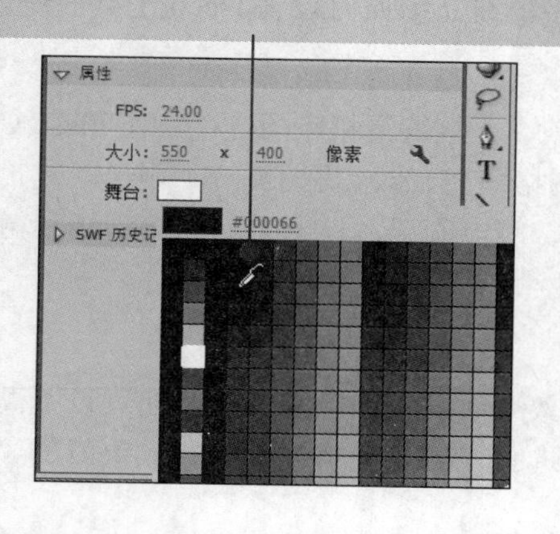

05 选择 Deco 工具，在绘制效果列表中选择“建筑物刷子”。

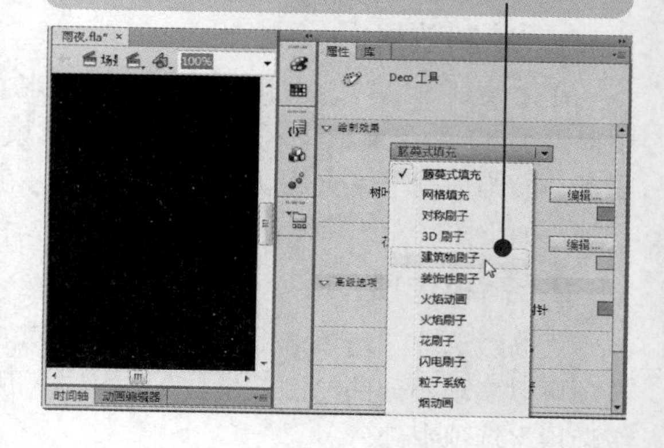

小提示　选择 Deco 工具后，在“属性”面板的“绘制效果”下拉列表框中选择不同的填充效果，其下方可设置的具体选项会有所不同。

06 将指针移至舞台中，变为时拖动鼠标绘制建筑物。

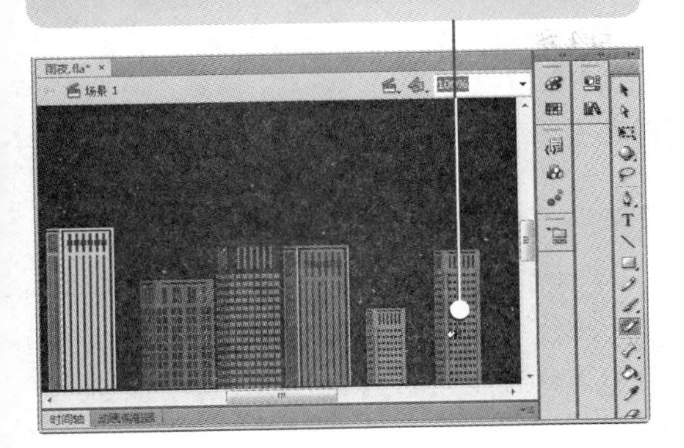

07 在绘制效果列表中选择“树刷子”。

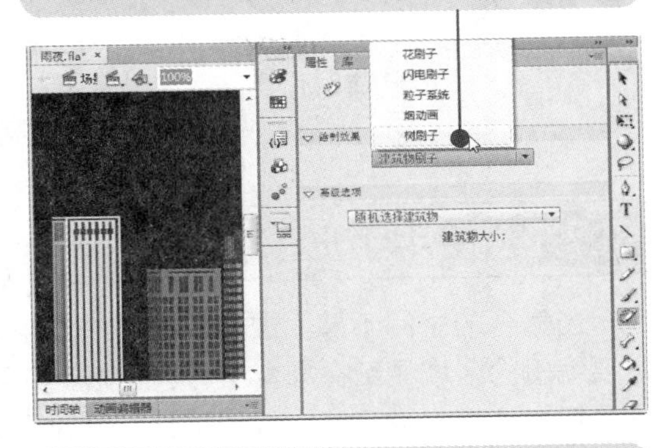

08 将指针移到舞台中，变为时拖动鼠标绘制树。

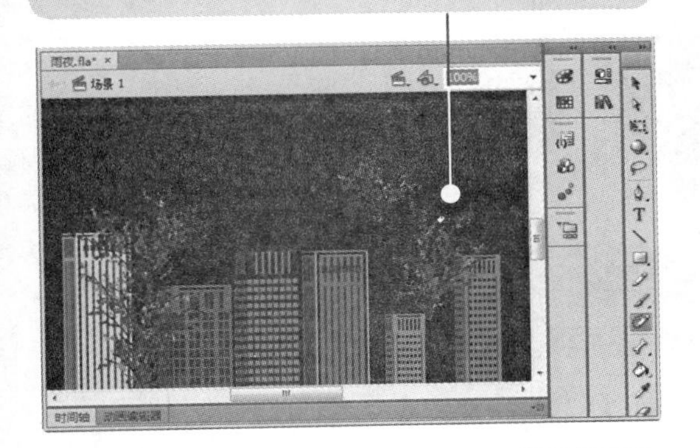

09 使用椭圆工具绘制弯弯的月亮。

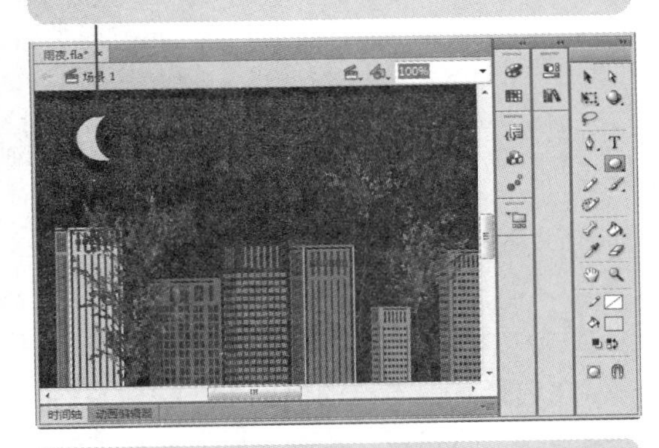

10 使用喷涂刷工具在夜空中绘制星星。

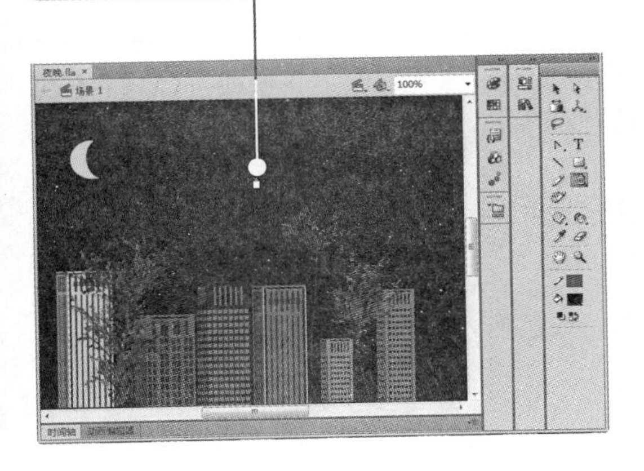

11 查看所绘制的夜晚效果图。

知识点拨

刷子工具的颜色是指它的填充颜色，使用“刷子工具”绘制出的图形是没有笔触颜色的。

使用建筑物刷子时，建筑物的外观取决于建筑物属性选择的值。

2.7 辅助绘图工具

辅助工具也是 Flash 绘图中比较常用的工具，它在绘图过程中主要起辅助作用。

2.7.1 使用手形工具

当舞台的空间不够大或所要编辑的图形对象过大时，可以使用手形工具移动舞台，将需要编辑的区域显示在舞台中。单击工具箱中的手形工具或按【H】键，即可调用该工具。待鼠标指针变为形状，按住鼠标左键并拖动即可移动舞台。

在选择其他工具的情况下，按住空格键可以临时切换到手形工具，当松开空格键后将还原到原来的状态。双击手形工具后，舞台将以合适的窗口大小显示。

2.7.2 使用缩放工具

缩放工具用于对舞台进行放大或缩小控制。单击工具箱中的缩放工具或按【M】和【Z】键，即可调用该工具。选择缩放工具后，在其选项区中有“放大”和“缩小”两个功能按钮，分别用于放大和缩小舞台。

缩放工具有 3 种模式，分别为“放大”、“缩小”和“局部放大”。

1. 放大舞台

选择缩放工具后，在其选项区中单击“放大”按钮，在舞台上单击可将舞台放大两倍，如下图（左）所示。

2. 缩小舞台

选择缩放工具后，在其选项区中单击“缩小”按钮，在舞台上单击可将舞台缩小两倍，如下图（右）所示。

小提示

构成 Flash 矢量图的对象主要有三种：从文件库调用已有文件；从外部导入图像；利用 Flash 自带的绘图工具绘制。

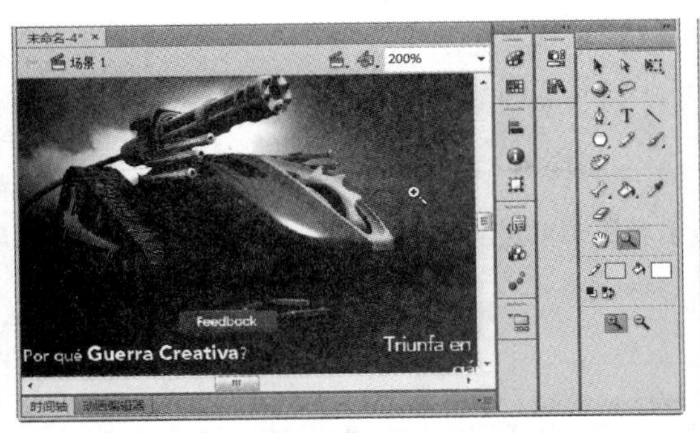

3．局部放大舞台

选择缩放工具后，无论是在放大模式还是在缩小模式下，将鼠标指针移至舞台上，按住鼠标左键并拖动出一个方框，松开鼠标后即可将方框中的对象进行放大。

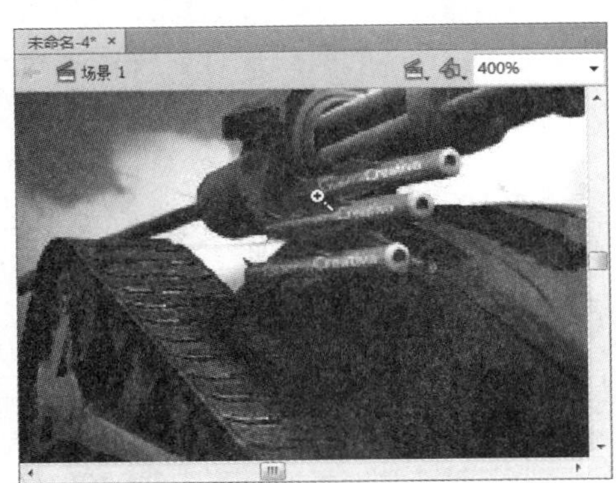

高手点拨

双击缩放工具，可以将舞台以 100%显示。在对舞台进行缩放操作时，按住【Alt】键可以在放大模式和缩小模式间临时进行切换。按【Ctrl++】组合键，可以将舞台放大为原来的两倍；按【Ctrl+−】组合键，可以将舞台缩小两倍。

2.7.3 设置笔触颜色和填充颜色

“笔触颜色”按钮和“填充颜色”按钮主要用于设置图形的笔触和填充颜色，单击即可打开调色板，从中可以选择要使用的颜色，还可以调整颜色的透明度，如下图（左）所示。

若调色板中没有需要的颜色，可以单击其右上角的“颜色拾取”按钮，弹出“颜色”对话框，从中拾取所需的颜色，如下图（右）所示。

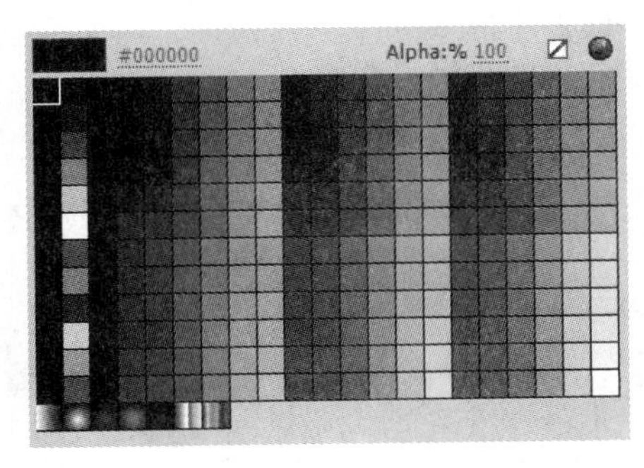

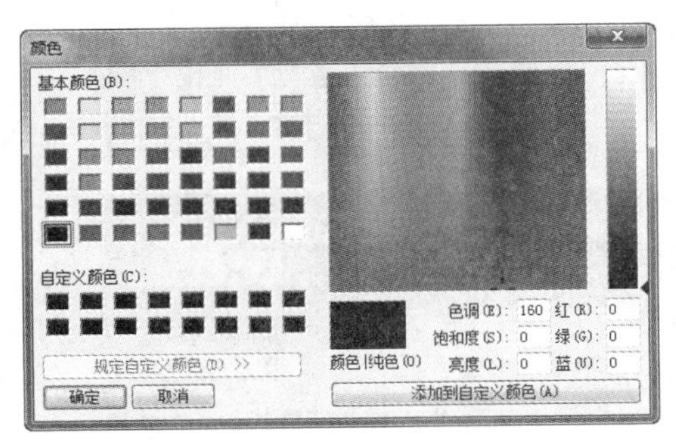

在填充颜色下方有 3 个功能按钮，分别为“黑白”、“交换颜色”和“没有颜色”。

◎“黑白”按钮：单击该按钮，可以使笔触颜色和填充颜色恢复为默认，即笔触颜色为黑色，填充颜色为白色。

用户也可以使用舞台两侧的滚动条来移动舞台中的可视区域。

◎"交换颜色"按钮 ：单击该按钮，可以将笔触颜色和填充颜色进行互换。

◎"没有颜色"按钮 ：单击该按钮，可以去掉笔触颜色或填充颜色。

高手点拨

"笔触颜色"和"填充颜色"按钮还常用于对图形的笔触和填充颜色进行修改。首先选择要修改的笔触或填充，然后单击"笔触颜色"或"填充颜色"按钮，在弹出的调色板中选择一种颜色即可。

2.8 综合实战——绘制"海上扬帆"图画

下面将综合运用各种工具绘制一幅"海上扬帆"图画。通过本实例的实战操作，使读者进一步巩固 Flash 绘图工具的使用方法与技巧。

素材：光盘：无　　效果：光盘：无

难度：★☆☆☆☆　　视频：光盘：视频\02\综合实战——绘制海上扬帆图画.swf

01 使用矩形工具绘制矩形。

02 打开"颜色"面板，设置渐变填充颜色。

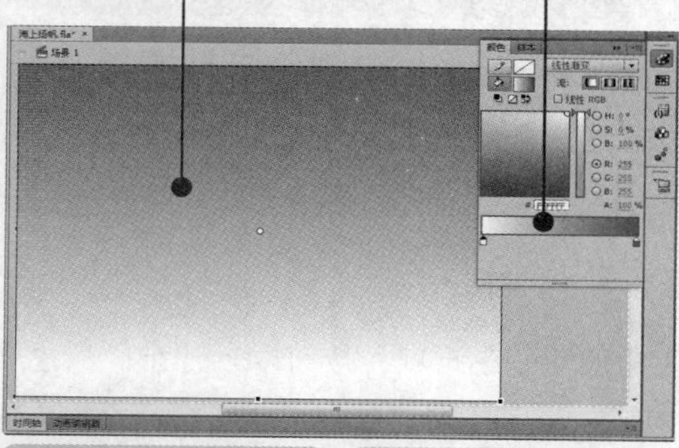

03 使用椭圆工具绘制椭圆。

04 打开"颜色"面板，设置渐变填充颜色。

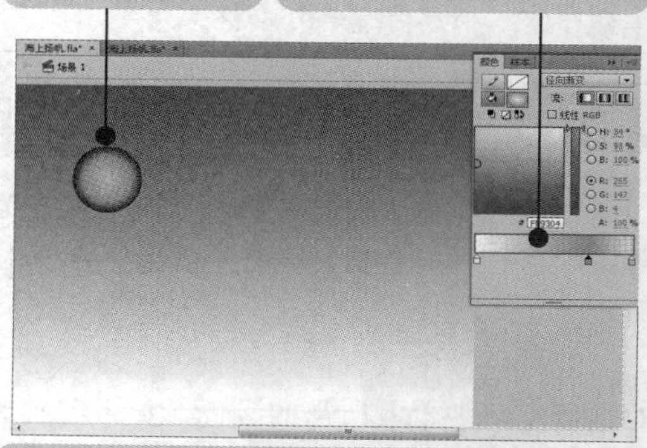

05 使用钢笔工具绘制形状，填充渐变颜色。

06 双击图形边缘，按【Delete】键将其删除。

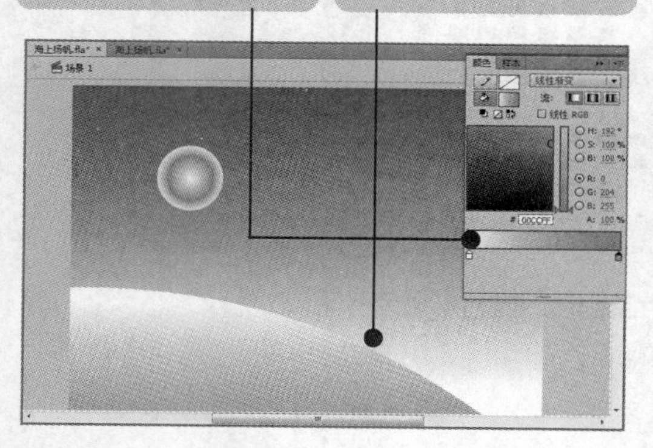

07 同样绘制下一个图形，填充相同的颜色，并将边缘删除。

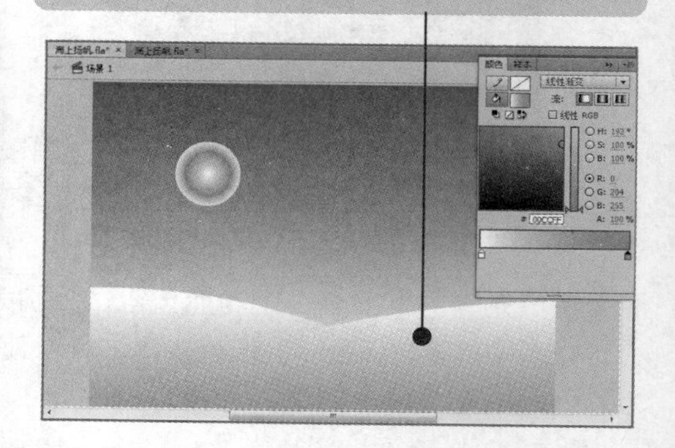

小提示

用户也可以通过"笔触颜色"和"填充颜色"按钮分别设置所选图形的笔触和填充颜色。

08 打开“库”面板，将影片剪辑“船”拖至舞台合适位置。

09 用椭圆工具绘制多个无笔触填充色为白色的椭圆，组成云形状。

10 选择云形状，按住【Ctrl】键拖动鼠标，将其复制后，粘贴到合适位置。

11 单击“文件”|“保存”命令保存文件。

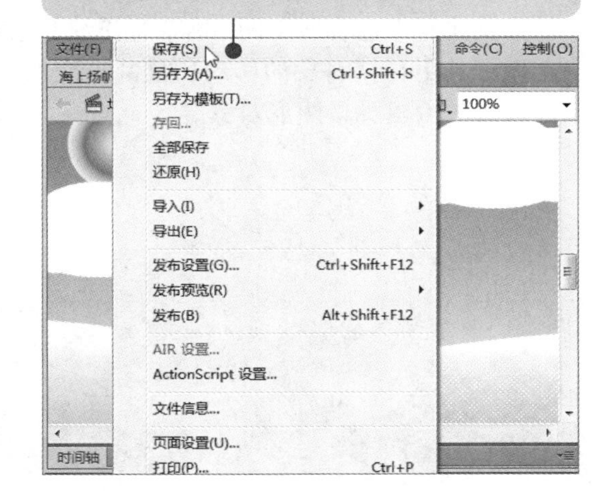

高手点拨

用户通过前面章节的学习，基本掌握了 Flash 绘制和编辑图形的操作技巧，但是在编辑曲线形状时用选择工具进行调整比较烦琐。在使用选择工具选择图形后，在“选项”区域中将出现相应的调整按钮，这些按钮主要用于对选中图形的外观进行细微调整，具体功能和含义如下。

◎ 选中图形，单击“贴紧至对象”按钮，使选中的图形具有自动吸附到其他图形对象上的功能。该功能可以使图形自动搜索线条的端点和图形边框，并吸附到该图形上。

◎ 选中图形，单击“平滑”按钮，可使选中的图形形状趋于平滑。

◎ 选中图形，单击“伸直”按钮，可使选中的图形形状趋于直线化。

“笔触颜色”和“填充颜色”按钮常与“墨水瓶工具”和“颜料桶工具”配合使用。

预计学习时间 90 分钟

Chapter 03

Flash 对象的操作

在 Flash 中包括不同的对象，如元件、位图和文本等。不同的对象操作起来也有所不同。本章将详细介绍对 Flash 对象的一些基本操作，其中包括对象的移动、复制、变形、排列、合并和分离，以及修改与编辑矢量图形对象等。

要点导航 

- 选择对象
- 变形对象
- 3D 变形
- 修改矢量图形对象
- 编辑矢量图形对象
- 综合实战——制作三维效果图形

重点图例 

3.1 选择对象

在对对象进行操作前，必须选中要修改的对象。在 Flash CS6 中提供了多种选择对象的工具，其中包括选择工具、部分选择工具和套索工具。

3.1.1 使用选择工具选择对象

选择工具是 Flash 中使用频率最高的工具，用于选中舞台中的一个或多个对象，也可以移动对象和修改未选择的线条及填充图形。

单击工具箱中的选择工具或按【V】键，即可调用该工具。选择工具有多种用法，下面将逐一进行介绍。

素材：光盘：素材\03\01. fla　　效果：光盘：无

难度：★☆☆☆☆　　视频：光盘：视频\03\使用选择工具选择对象.swf

1. 选择单个对象

在 Flash CS6 中绘制一个图形后，若要选择该图形，可以进行如下操作：

01 打开素材文件。

02 调用选择工具。

03 在图形边缘线条上单击，选择部分线条。

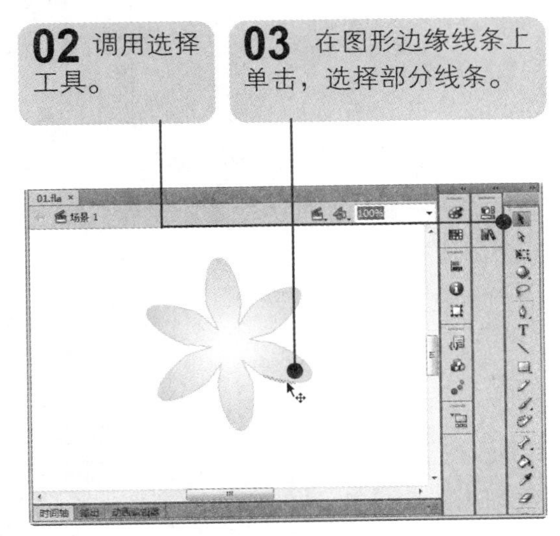

高手点拨

选择“选择工具”，在空白区域拖动鼠标即可选中图形区域。选中图形后，将鼠标指针移动到舞台空白位置，单击即可，取消图形选中状态。

选择工具是 Flash 动画制作最常用的工具，它除了对图形进行操作外，还用于对元件、声音和视频等对象进行操作。

04 在边缘线条上双击，选择与其相邻及颜色相同的所有线条。

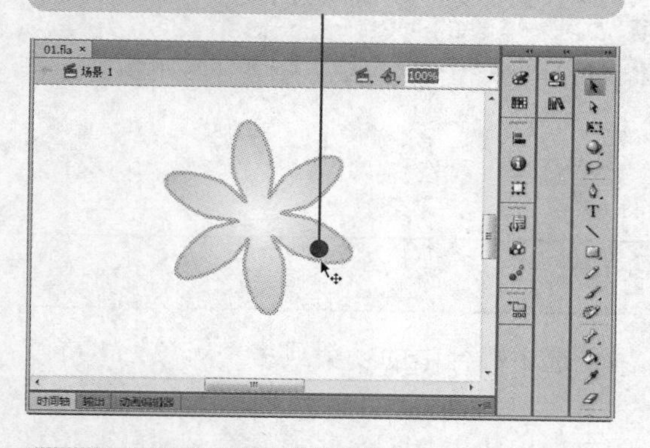

05 单击图像填充处，选择图像的填充部分。

06 双击图形填充处，同时选择图形填充和线条。

高手点拨

细心的读者会发现，在选择上述类型的对象时，其四周都会出现一个外边框，通过这些外边框可以很轻松地了解所选对象的类型。

若所选择的对象为文本、元件、群组或位图等，使用选择工具直接单击该对象即可将其全部选中。

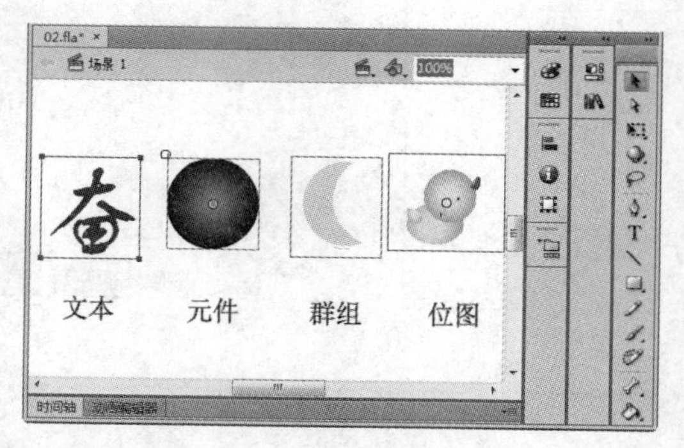

另外，被选对象四周的方框颜色是可以更改的。例如，下面将选择群组对象时的外边框颜色改为蓝色，具体操作方法如下：

素材：光盘：素材\03\02.fla　　效果：光盘：无

难度：★☆☆☆☆

小提示　如果图形的线条部分是连续的曲线，单击即可将其全部选中。

01 打开素材文件。

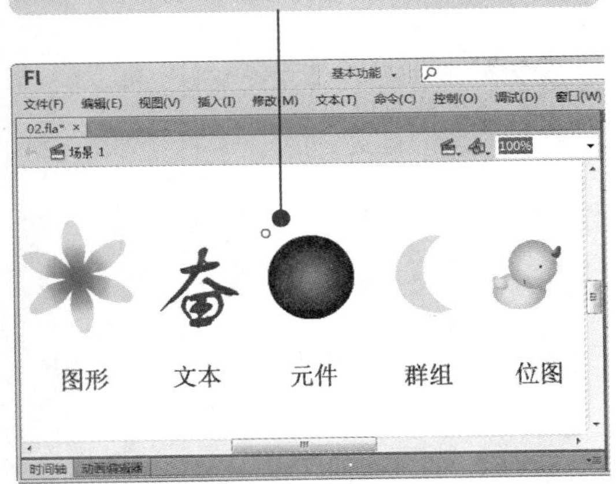

02 单击“编辑”|“首选参数”命令。

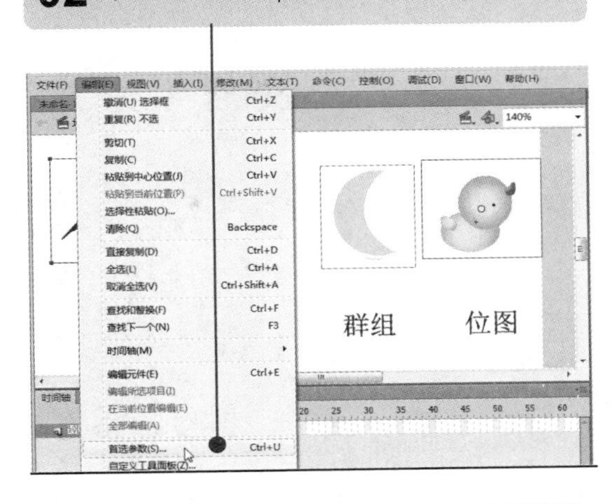

03 单击“组”左侧的颜色块，选择蓝色。单击“确定”按钮。

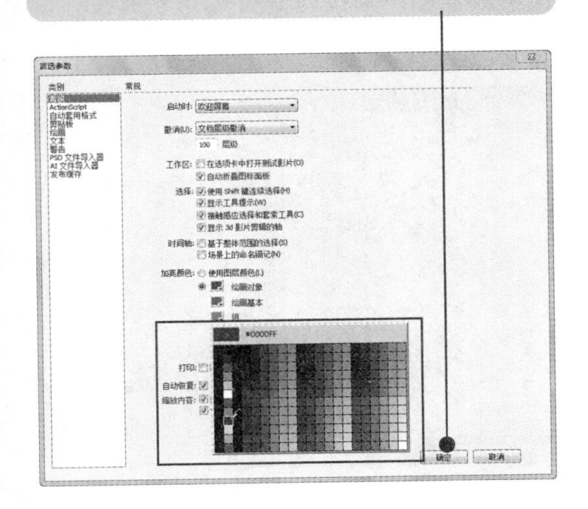

04 返回舞台，在群组对象上单击，其边框线颜色变为蓝色。

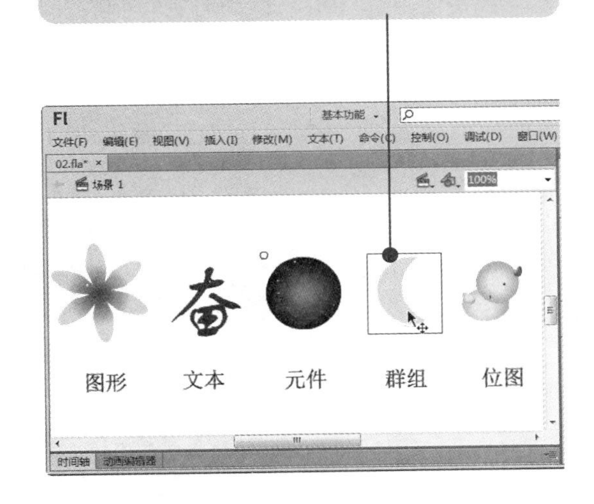

2．选择多个对象

若要选择舞台中的全部对象，可以单击“编辑”|“全选”命令或按【Ctrl+A】组合键。若要选择舞台中的部分对象，可以通过点选和框选的方法来进行操作。

高手点拨

若选择的对象为图形，则只有其在选框内的部分被选中；若选择的对象为群组、元件、位图或文本，则只要其中的一部分在选框内即可整个被选中。

多学点：取消选择对象只需在舞台或场景的空白处单击即可。

具体操作方法如下：

01 调用选择工具，按住【Shift】键逐个单击对象，即可选中。

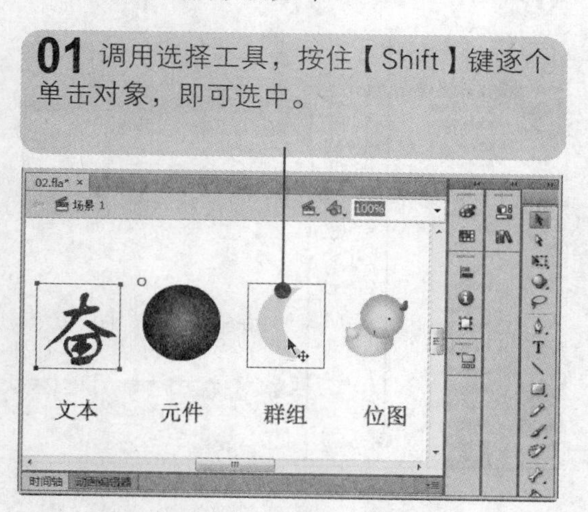

02 调用选择工具，移至舞台。当鼠标指针变为↖□时按住鼠标左键拖出选框，选框中的对象全部被选中。

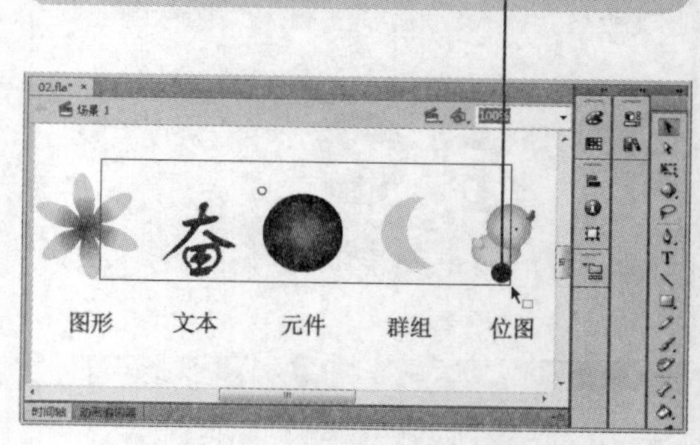

3. 移动对象

若要使用选择工具移动对象，则将鼠标指针移至对象上，当指针变为↖✥形状时按住鼠标左键并拖动，拖至目标位置后松开鼠标即可。

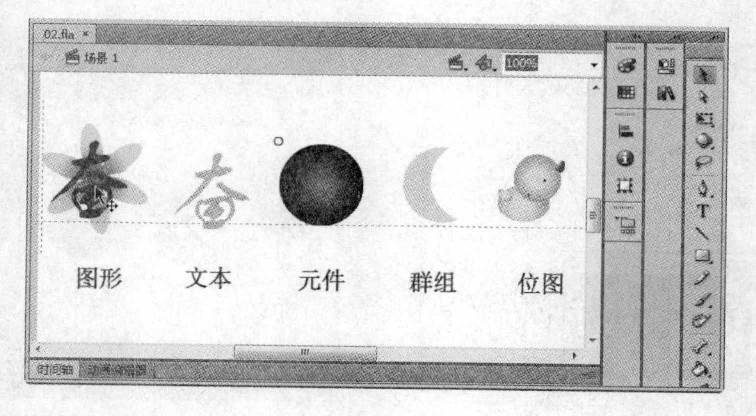

按住【Shift】键的同时拖动鼠标，可以将对象沿着水平、垂直或与水平（垂直）方向呈45°进行移动。

若要一次性移动多个对象，可以先使用选择工具选择多个对象，然后再进行移动操作。若要微微移动某个对象，可以先选择该对象，然后按键盘上的方向键即可（按住【Shift】键的同时按方向键可以一次移动10个像素）。

4. 复制对象

若使用选择工具复制对象，则按住【Ctrl】键的同时单击并拖动对象，指针下方出现“+”号，拖至目标位置后松开鼠标，然后松开【Ctrl】键，即可复制对象。

下面将通过实例来介绍如何使用选择工具复制对象，具体操作方法如下：

素材：光盘：素材\03\03.fla　　效果：光盘：无

难度：★☆☆☆☆

小提示　按住【Alt】键的同时选择并拖动对象，也可以对其进行复制操作。若要一次复制多个对象，可将其全部选中，然后再使用选择工具进行复制。

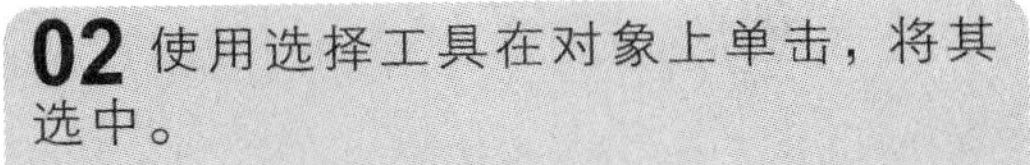

01 打开素材文件。

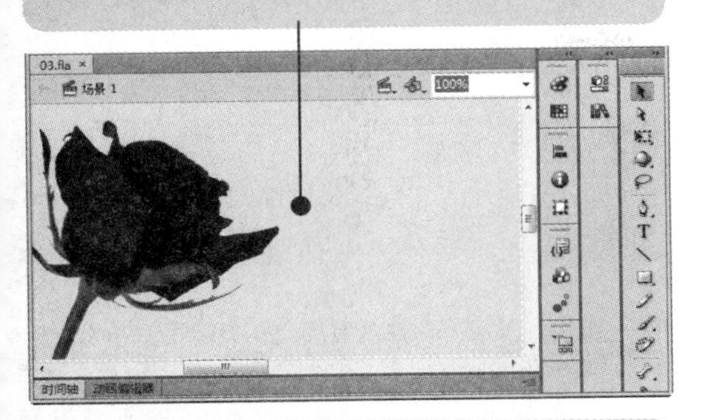

02 使用选择工具在对象上单击，将其选中。

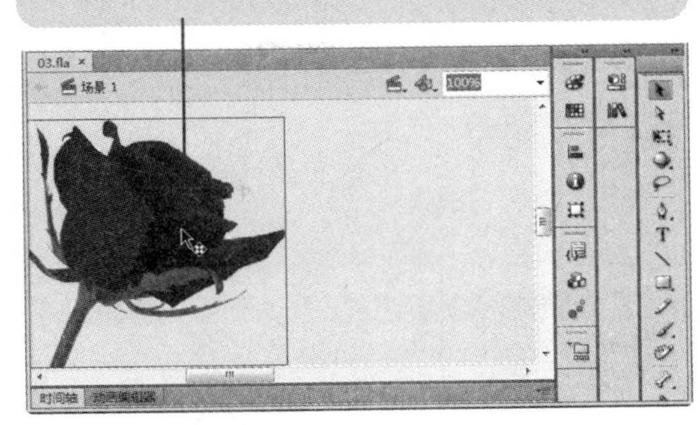

03 按住【Ctrl】键拖动对象，拖至目标位置后松开鼠标和【Ctrl】键。

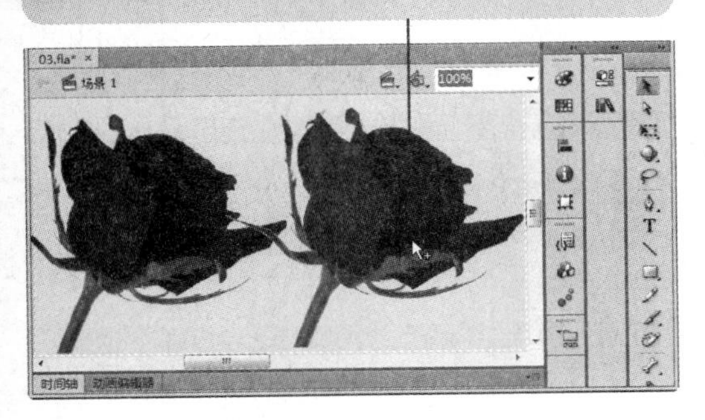

高手点拨

一定要先松开鼠标后再松开【Ctrl】键，两者顺序不可颠倒，否则只是单纯地移动对象。按住【Alt】键的同时选择并拖动对象，也可以对其进行复制。

5. 修改对象

使用选择工具也可以修改图形的边框及填充：选择工具箱中的选择工具，在没有选择图形的情况下将鼠标指针移至图形的边缘，当指针变为↖或↖形状时拖动鼠标，拖至目标位置后松开鼠标即可。

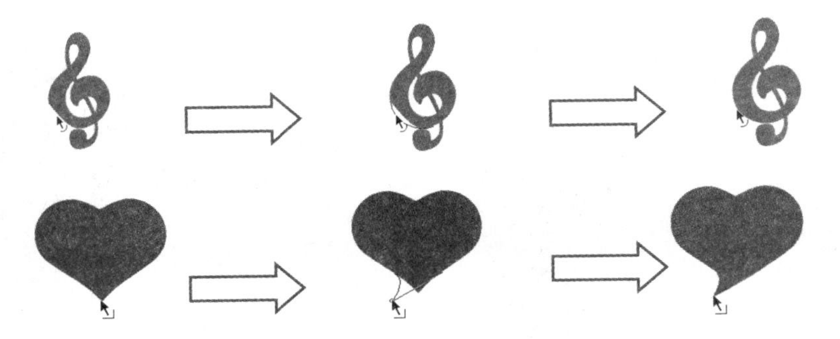

6. 选择工具功能按钮

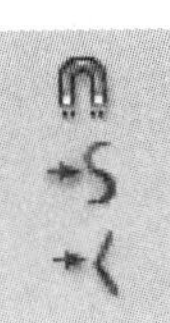

在选择工具中有 3 个功能按钮，分别为“贴紧至对象”、“平滑”和“伸直”。下面将分别介绍它们的使用方法。

（1）“贴紧至对象”按钮

单击“贴紧至对象”按钮，使其呈按下状态，在移动或修改对象时可以进行自动捕捉，起到辅助的作用。

用选择工具拖动线条或色块时，按住【Ctrl】键可以创建新的转角点。

下面将通过实例来介绍如何使用“贴紧至对象”按钮，具体操作方法如下：

素材：光盘：素材\03\04.fla　　效果：光盘：效果\03\04.fla

难度：★☆☆☆☆

01 打开素材文件。

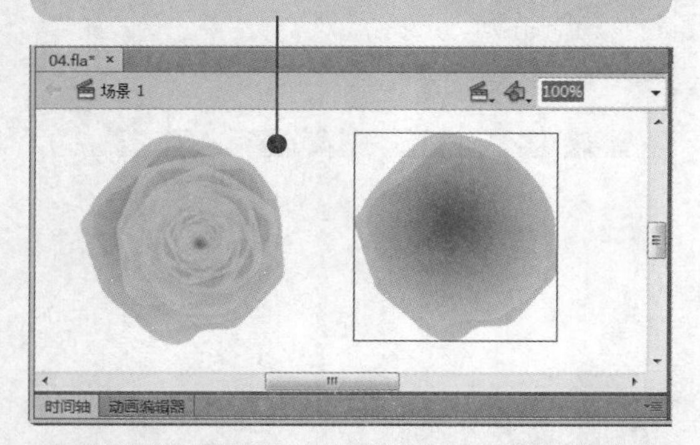

02 调用选择工具，单击“贴紧至对象”按钮，呈按下状态。将鼠标指针移至右侧花瓣的中心点。

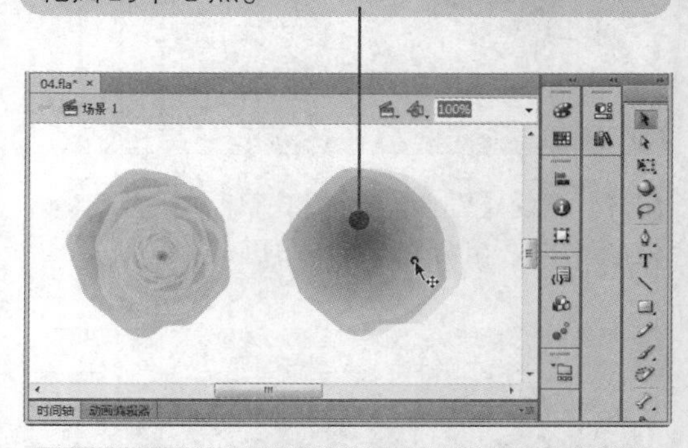

03 当指针变为 时按住鼠标左键并拖动，中心点出现小圆圈。

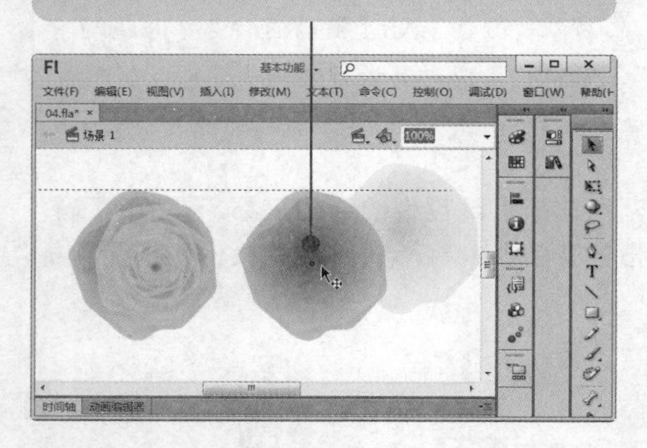

04 当捕捉到花蕾的边时小圆圈会变粗、变大。

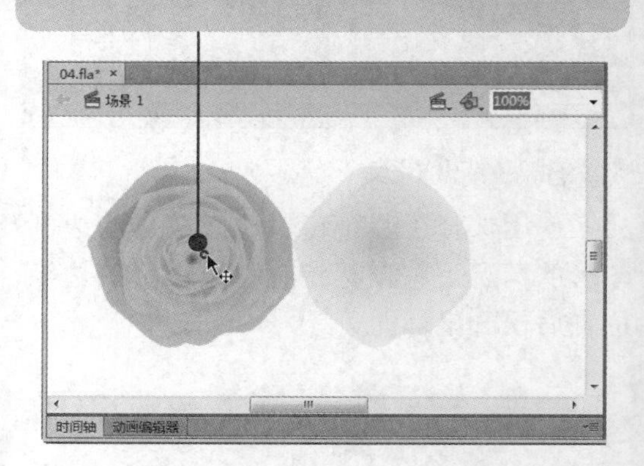

05 拖至目标位置后松开鼠标，在舞台空白处单击，取消选择。

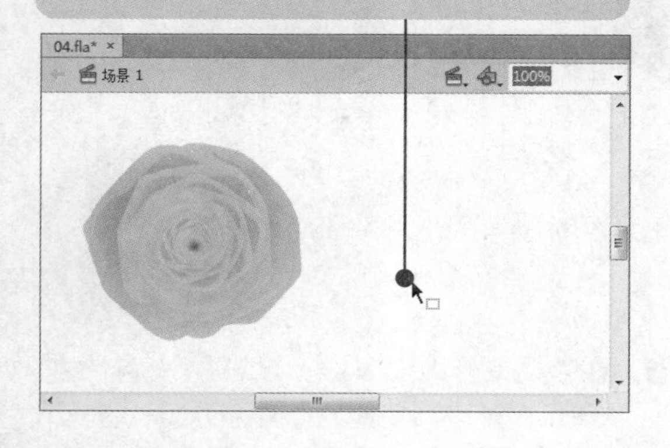

06 按【Ctrl+A】组合键全部选中舞台对象，移动到合适位置。

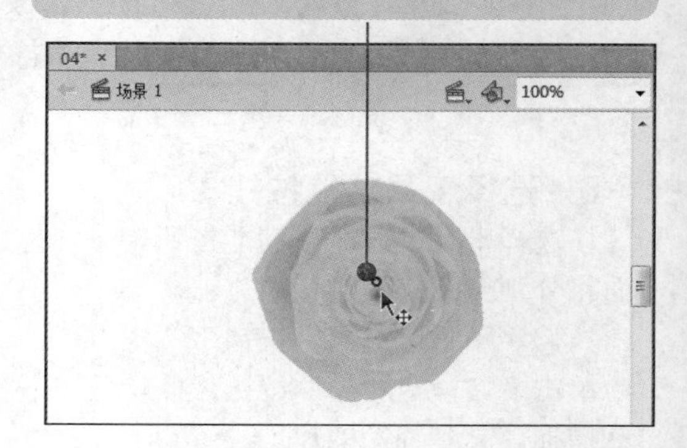

小提示 “贴紧至对象”只能捕捉其对象的边和端点。

（2）“平滑”按钮

“平滑”按钮可以使线条和填充图形的边缘接近于弧线。使用选择工具选择图形后，多次单击“平滑”按钮，可以使图形更接近于圆形，如下图（左）所示。

（3）“伸直”按钮

“伸直”按钮可以使线条或填充的边缘接近于折线。使用选择工具选择图形后，多次单击“伸直”按钮，可以使弧线变成折线，如下图（右）所示。

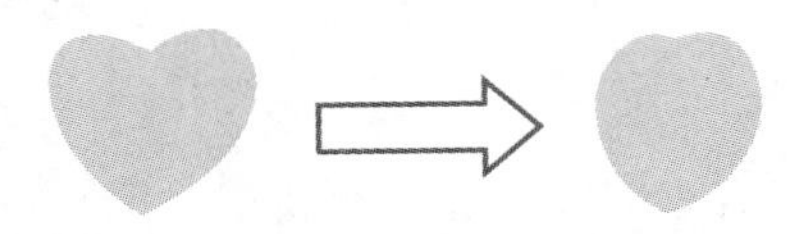

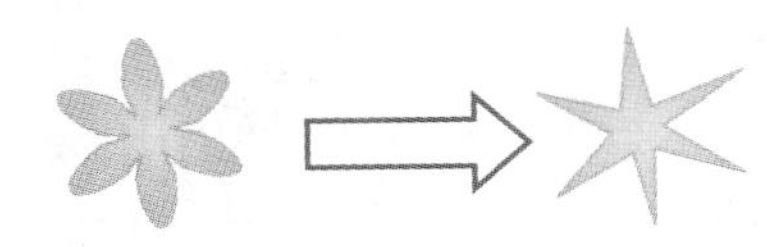

7. 使用部分选择工具选择对象

部分选择工具主要用于修改和调整对象的路径，它可以使对象以锚点的形式显示，然后通过移动锚点或方向线来修改图形的形状。单击工具箱中的部分选择工具或按【A】键，即可调用该工具。

下面通过实例来介绍如何使用部分选择工具，具体操作方法如下：

素材：光盘：素材\03\伞.fla　　效果：光盘：无

难度：★☆☆☆☆

01 打开素材文件。

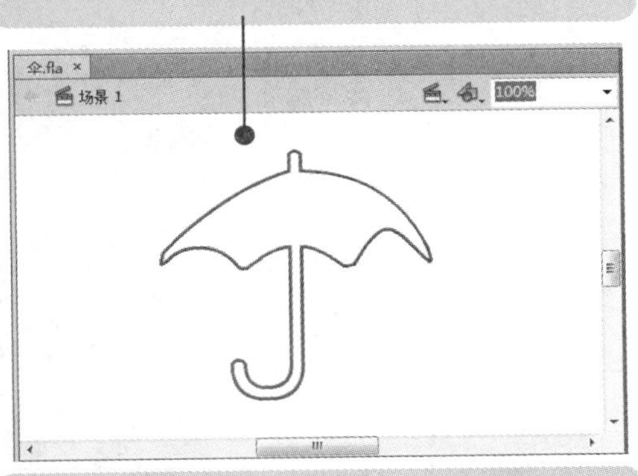

02 为了便于观察，改变舞台颜色为黑色。

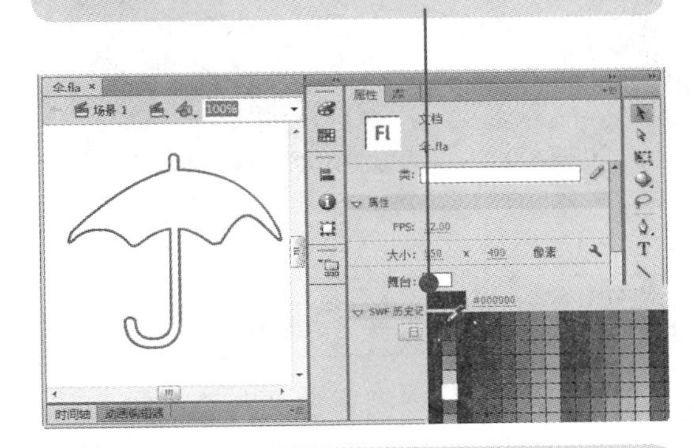

03 选择部分选择工具，将指针移至图形边缘，变为时单击，周围出现一系列锚点。

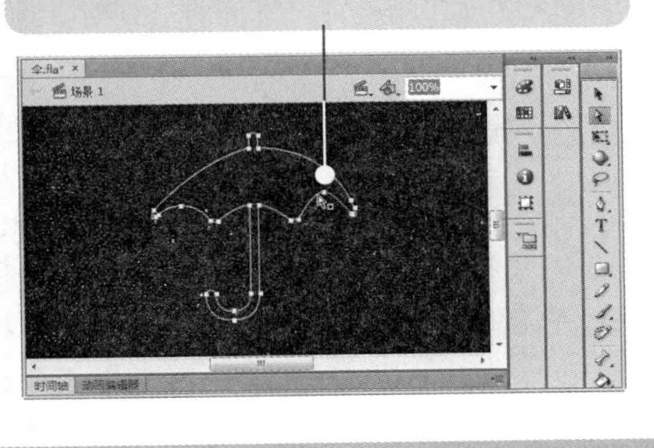

04 将指针移至要修改的锚点上，变为时按住鼠标左键并向下拖动，移动锚点位置。

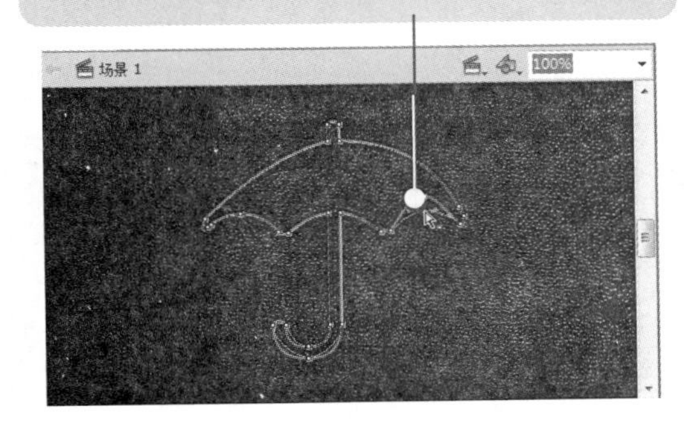

“平滑”和“伸直”按钮只有在选择图形对象之后才能使用。使用“部分选择工具”可以调整任何矢量图形。

05 单击锚点，出现该锚点的切线方向。

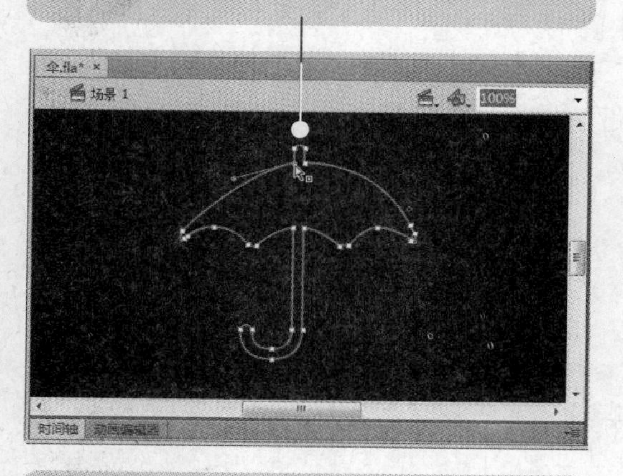

06 将指针移至方向线左端点上，变为▶时按住鼠标左键并向上拖动，改变曲线曲率。

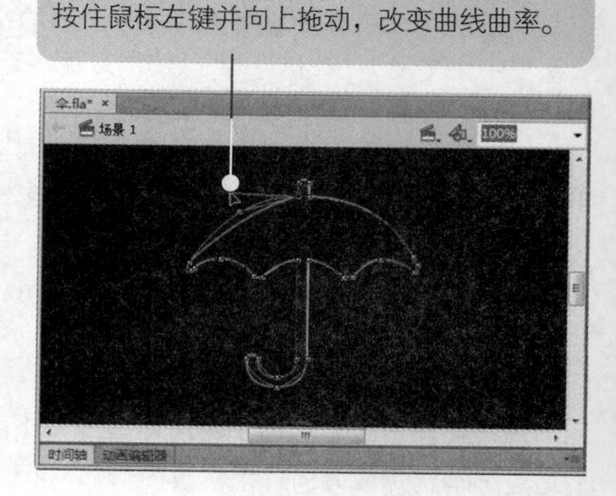

07 拖至目标位置后松开鼠标，在舞台空白处单击，取消选择。

高手点拨

使用部分选择工具单击图形的边缘后，移动指针，当其变为↖▪形状后，按住鼠标左键并拖动可以移动图形；若按住【Alt】键并拖动鼠标，则可以复制对象。另外，使用部分选择工具也可以对对象的锚点进行框选或点选，按【Delete】键可以将选择的锚点删除。

3.1.2 使用套索工具选择对象

若要选择某个图形的一部分不规则区域，使用选择工具或部分选择工具就显得无能为力了，这时可以使用套索工具进行选择。单击工具箱中的套索工具或按【L】键，即可调用该工具。

套索工具有 3 种模式：套索工具模式、多边形模式和魔术棒模式，下面将分别对其进行介绍。

素材：光盘：素材\03\05.fla　　效果：光盘：效果\03\05.fla

难度：★☆☆☆☆　　视频：光盘：视频\03\使用套索工具选择对象.swf

1. 套索工具模式

下面一个实例来介绍如何使用“套索工具”修改图形对象，具体操作方法如下：

小提示　使用“套索工具”选择不规则区域后，可以对所选区域进行各种操作，如移动、删除和复制。

01 打开素材文件。

02 选择套索工具。

03 指针变成，按住鼠标左键并拖动，绘制选区。

04 松开鼠标，查看选择结果。

高手点拨

对于群组、实例、位图或文字，只要有部分在该区域内即可将其选中。如果使用套索工具绘制的不是封闭区域，Flash 将自动使用直线连接起点和终点，从而形成封闭区域。

2. 多边形模式

选择套索工具后，在其选项区中单击“多边形模式”按钮，使其呈按下状态，即可切换到多边形模式。

01 选择套索工具，单击“多边形模式”按钮。在舞台中通过单击绘制选区。

02 绘制完成后双击闭合选区，该区域内的对象全部被选中。

选择“套索工具”，在绘制过程中按下【Alt】键并释放鼠标，此时便可以通过单击的方式绘制直线。

3. 魔术棒模式

魔术棒模式一般用于选择位图中相邻及相近的像素颜色，并可对魔术棒进行参数设置，具体操作方法如下：

素材：光盘：素材\03\马.fla　　效果：光盘：效果\03\马.fla

难度：★☆☆☆☆

01 打开素材文件。

02 选择套索工具，单击"魔术棒模式"按钮。

03 设置"阈值"为 20，"平滑"为"一般"。

04 单击"确定"按钮。

05 单击"魔术棒模式"按钮。

06 单击选中颜色相同或相似的区域。

07 继续单击直至全部选中，按【Delete】键删除选中区域。

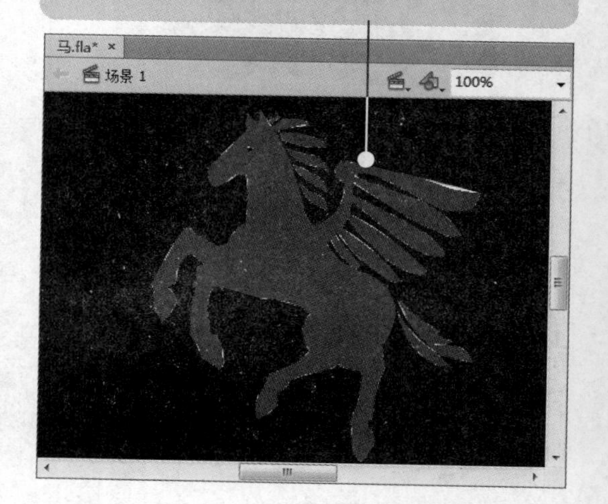

高手点拨

如果继续在其他区域单击，则可以增加选区的范围；要取消全部的选区范围，在任意选区上单击即可；此外，还可以对选区进行移动或删除等操作，如按下【Delete】键后选区将被删除。

小提示　在使用魔术棒工具前，必须将位图进行分离。选中图形对象，按【Ctrl+B】组合键分离对象。

08 在舞台空白处右击。

09 选择“文档属性”命令。

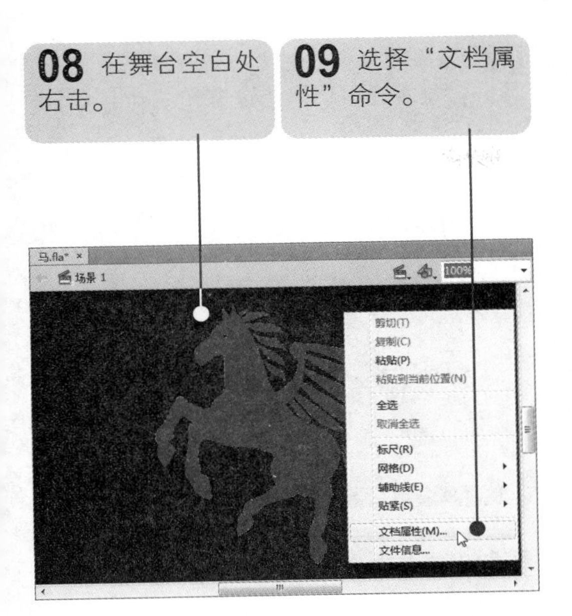

10 修改背景颜色，查看效果。

在“魔术棒设置”对话框中，各个选项的含义如下。

◎ 阈值：输入数值，可以定义选择范围内相邻或相近像素颜色值的相近程度。数值越大，选择的范围就越大。

◎ 平滑：用于设置选择区域的边缘平滑程度。

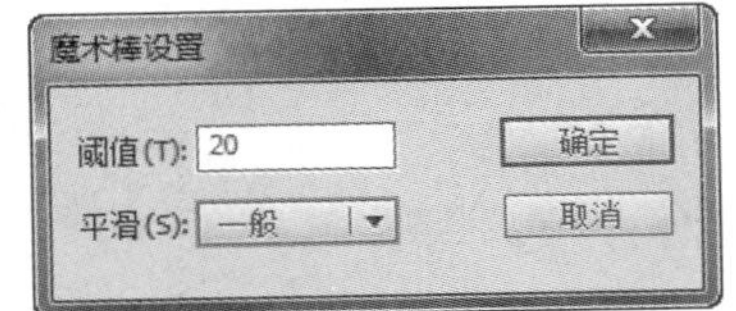

3.2 变形对象

在 Flash CS6 中，可以根据所选的元素类型对其进行旋转、扭曲、缩放，可以通过多种方式实现对象的变形。

3.2.1 使用任意变形工具变形对象

使用任意变形工具可以对选择的一个或多个对象进行各种变形操作，如旋转、缩放、倾斜、扭曲和封套等。单击工具箱中的任意变形工具或按【Q】键，即可调用该工具。

素材：光盘：素材\03\06.fla　　效果：光盘：无

难度：★☆☆☆☆

视频：光盘：视频\03\使用任意变形工具变形对象.swf

1. 旋转对象

使用任意变形工具旋转对象的具体操作方法如下：

使用任意变形工具框选图形对象，即可激活选项区域，对选项区域进行各种操作。

01 打开素材文件。

02 选择舞台中的对象，选择任意变形工具，对象四周出现黑色边框和控制点。

03 将指针移至对象四周控制点上，变为↻时拖动进行旋转。

04 拖至目标位置时松开鼠标，在舞台空白处单击取消选择。

对象进行的各种变形操作都是以对象的中心点为基点进行的。使用鼠标可以移动中心点的位置，当改变中心点位置后，对象的变形操作将依据新中心点进行。

高手点拨

在使用“任意变形工具”时有两种选择模式：一是先选择对象，然后再选择工具箱中的“任意变形工具”变形；另一种是先选取工具箱中的任意变形工具变形，然后再选择对象。用户可以根据实际需要进行选择。

下面将介绍变换中心点后进行旋转，具体操作方法如下：

素材：光盘：素材\03\06.fla　　效果：光盘：无

难度：★☆☆☆☆

小提示

可以随意移动位于选框中心位置的中心点。旋转对象或按【Alt】键调整对象大小时，都是以中心点作为基点进行操作的。

01 打开素材文件，将指针移至对象中心点上，当指针变为 时按住鼠标左键并向下拖动，将中心点移至右下方。

02 进行旋转操作，对象绕着新中心点旋转。

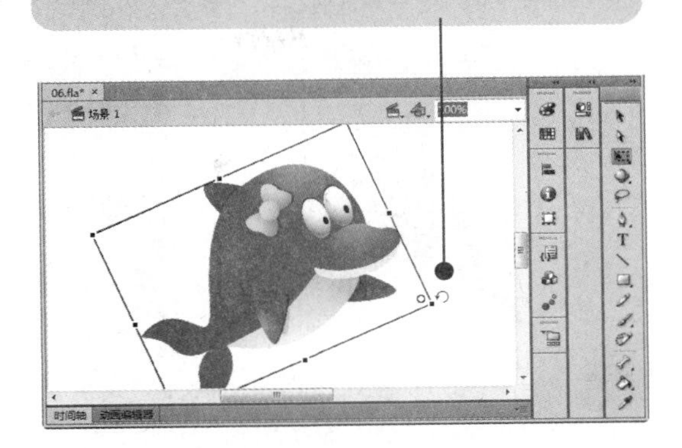

按【Ctrl+Shift+9】组合键，可以将所选对象顺时针旋转 90°；按【Ctrl+Shift+7】组合键，可以将所选对象逆时针旋转 90°。

2. 缩放对象

当使用任意变形工具选择对象后，将鼠标指针移至其四周 8 个控制点上，当指针变为双向箭头时，按住鼠标左键并拖动即可缩放对象。下面将通过实例进行介绍，具体操作方法如下：

素材：光盘：素材\03\06.fla　　效果：光盘：无

难度：★☆☆☆☆

01 打开素材文件，拖动边缘控制点，在水平和垂直方向上缩放对象。把对象右侧控制点向左拖动，使对象变窄。

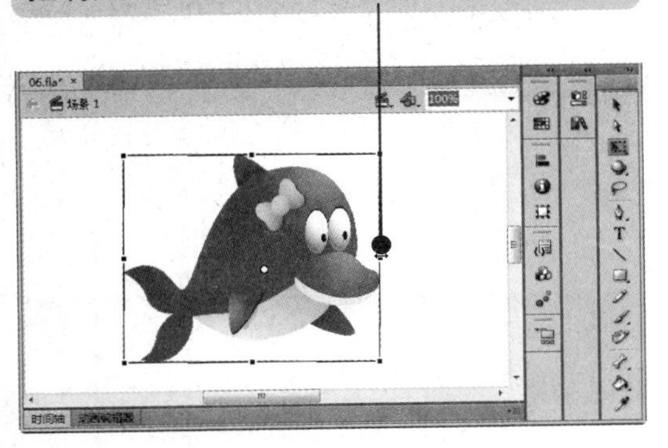

02 将右侧控制点拖至超过左侧控制点时，对象即可水平翻转。

高手点拨

使用任意变形工具选中舞台图形，图形四周将出现控制点，可以随意拖动控制点改变图形。

通过缩放操作也可以将对象进行垂直翻转或水平翻转。

03 按住【Shift】键进行缩放，可以使对象以中心点为基点进行缩放。拖动左右或上下控制点，将对象缩放。

04 拖动四角控制点，可对整个对象进行缩放。按住【Shift】键拖动四角控制点，即可等比例缩放。

05 按住【Alt】键拖动四角控制点，将以对角控制点为基点进行缩放。

高手点拨

在同时增加很多项目的大小时，边框边缘附近的项目可能移动到舞台外面，可以单击“视图”|“剪贴板”命令，查看超出舞台边缘的元素。

3. 扭曲对象

使用任意变形工具扭曲对象可以达到很好的透视效果，但只适用于矢量图形，具体操作方法如下：

素材：光盘：素材\03\07.fla　　效果：光盘：无

难度：★☆☆☆☆

01 打开素材文件。

02 选择任意变形工具，按【Ctrl+B】组合键分离对象。单击“扭曲”按钮，使其呈按下状态。

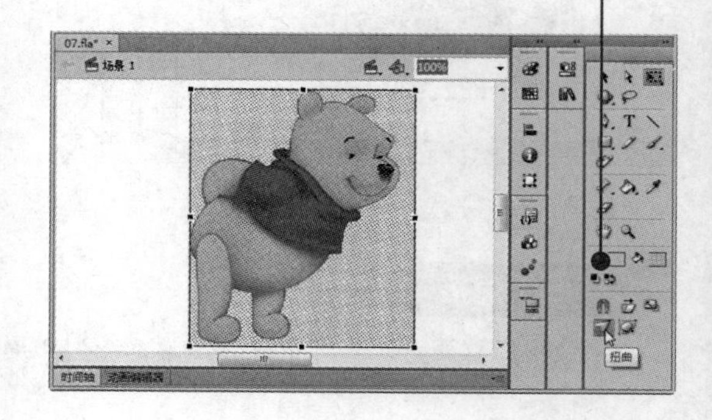

小提示

在没有选择“扭曲”选项的情况下，按住【Ctrl】键单击并拖动对象的控制点，也可以进行扭曲操作。

03 拖动任意一个控制点，以一边为基准扭曲对象。

04 按住【Shift】键扭曲对象，可以等比例扭曲。

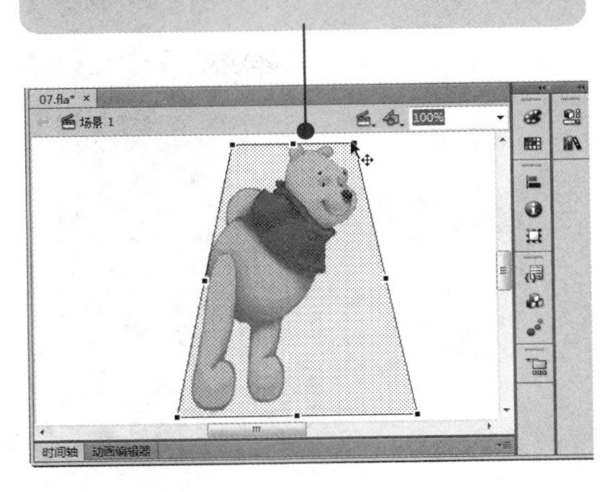

05 按住【Ctrl】键的同时拖动一个控制点，扭曲对象。

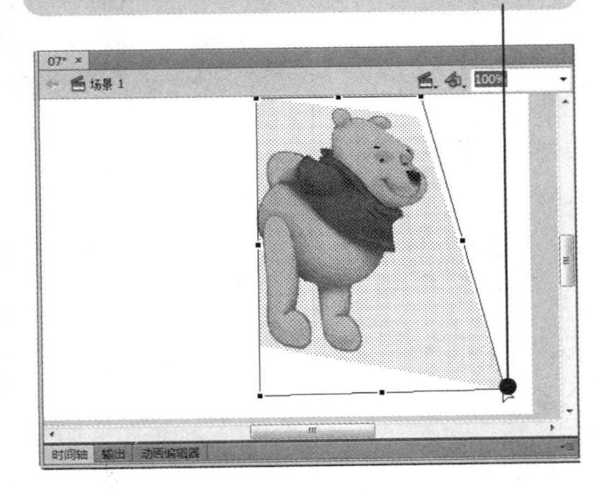

06 拖动上、下或左、右控制点，进行扭曲操作。

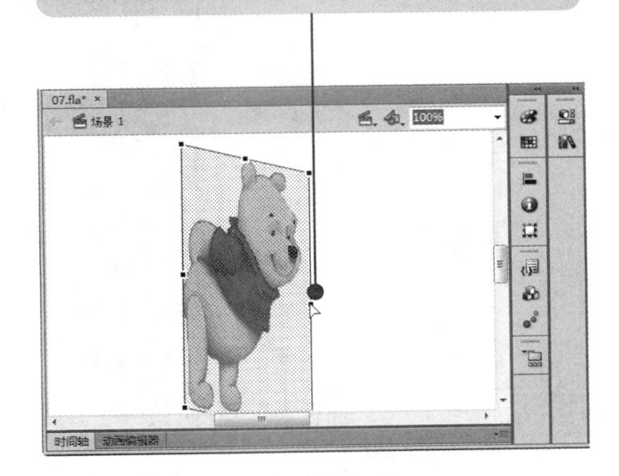

3.2.2 使用“变形”面板精确变形对象

使用选择工具选中舞台对象，单击“窗口”｜“变形”命令或按【Ctrl+T】组合键，调出“变形”面板。在此面板中可以精确地将对象进行缩放，也可以将其旋转不同的角度。

素材：光盘：素材\03\08.fla　　效果：光盘：无

难度：★☆☆☆☆

视频：光盘：视频\03\使用变形面板精确变形对象.swf

下面通过实例来介绍如何使用“变形”面板精确变形对象，具体操作方法如下：

在“变形”面板中，在所需修改的位置直接修改相应的参数，即可改变图形对象形状或旋转角度。

多学点

01 打开素材文件。

02 按【Ctrl+T】组合键，调出“变形”面板。

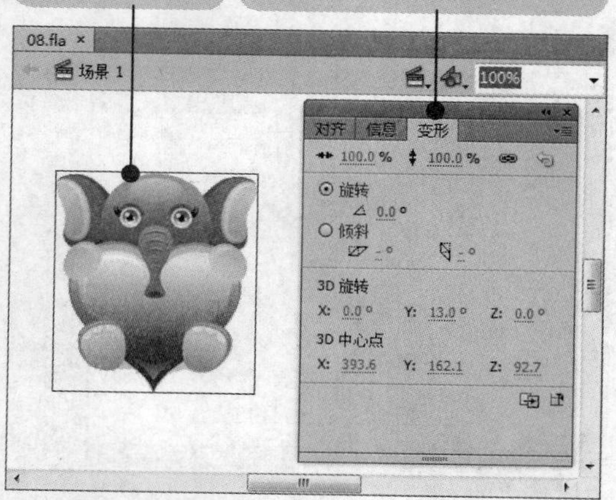

03 断开宽度和高度链接按钮。

04 设置缩放宽度为 80%。

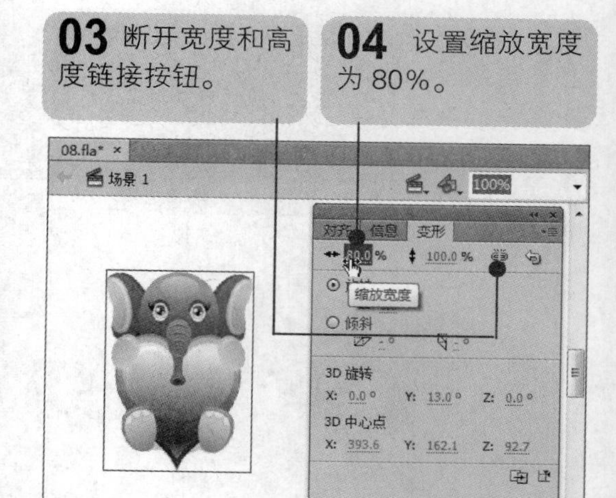

05 设置缩放高度为 80%。

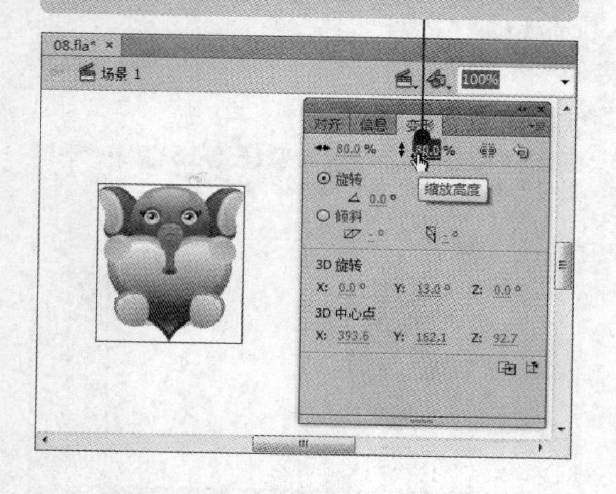

06 设置旋转角度为 15° 。

3.3 3D 变形

在 Flash CS6 中，使用 3D 平移工具和旋转工具可以制作出具有空间感的 3D 效果。下面将详细介绍如何使用这些工具对图形进行 3D 变形。

3.3.1 Flash 中的 3D 图形

Flash CS6 没有 3ds Max 等 3D 软件强大的建模工具，但它提供了一个 Z 轴的概念，在 Flash 这个开发环境下就从原来的二维环境拓展到一个有限的三维环境中。

在 Flash CS6 中，可以使用 3D 工具在舞台的 3D 空间中移动和旋转影片剪辑来创建 3D

小提示 通过 Flash CS6 软件中的 3D 工具创建 3D 效果图形，只能针对影片剪辑元件进行操作。

效果。Flash 通过每个影片剪辑实例属性中的 Z 轴来表示 3D 空间，使用 3D 平移工具和 3D 旋转工具使其沿 X 轴或 Y 轴移动和旋转。

3D 平移和 3D 旋转工具都允许在全局 3D 空间或局部 3D 空间操作对象。

1. 全局 3D 空间

全局 3D 空间就是舞台空间，变形和平移与舞台有关。3D 平移和旋转工具的默认模式是全局 3D 空间，如下图（左）所示。

2. 局部 3D 空间

局部 3D 空间就是影片剪辑空间，局部变形和平移与影片剪辑空间有关。单击“全局转换”按钮，即可切换为局部模式，如下图（右）所示。

高手点拨

影片剪辑是 Flash 中的一种重要元件类型，其可以制作动画，使 Flash 动画制作更加简单、方便。只有影片剪辑元件和文本可以使用 3D 旋转和 3D 平移。

3.3.2 3D 平移工具

在 3D 空间中移动对象称为平移对象。使用平移工具选中影片剪辑后，影片剪辑 X、Y、Z 3 个轴将显示在舞台对象的顶部，X 轴为红色，Y 轴为绿色，Z 轴为蓝色，如下图（左）所示。在使用 3D 平移工具时，默认模式是全局模式。

1. 在 X 轴方向平移

选择 3D 平移工具，将鼠标指针移至红色控件上，当指针变成▸ₓ形状时在 X 轴方向平移影片剪辑元件，如下图（右）所示。

2. 在 Y 轴方向平移

选择 3D 平移工具，将鼠标指针移至绿色控件上，当指针变成▸ᵧ形状时在 Y 轴方向平移影片剪辑元件，如下图（左）所示。

在使用 3D 工具进行拖动的同时，按【D】键可以临时从全局模式切换到局部模式。

3. 在Z轴方向平移

选择3D平移工具，将鼠标指针移至蓝色控件上，当指针变成▶z形状时在Z轴方向平移影片剪辑元件，如下图（右）所示。

3.3.3 3D旋转工具

在工具栏中调用3D旋转工具，单击其按钮，其默认模式是全局模式。3D旋转控件出现在舞台中选定对象之上。X轴控件为红色，Y轴控件为绿色，Z轴控件为蓝色，如下图（左）所示。使用橙色的自由旋转控件可以同时绕X、Y和Z轴旋转。

1. 绕X轴旋转

选择3D旋转工具，将鼠标指针移至红色控件上，当指针变成▶x形状时以X轴为对称轴旋转影片剪辑元件，如下图（右）所示。

2. 绕Y轴旋转

选择3D旋转工具，将鼠标指针移至绿色控件上，当指针变成▶y形状时以Y轴为对称轴旋转影片剪辑元件，如下图（左）所示。

3. 绕Z轴旋转

选择3D旋转工具，将鼠标指针移至蓝色控件上，当指针变成▶z形状时以Z轴为对称轴旋转影片剪辑元件，如下图（右）所示。

小提示

可以使用“变形”面板中的3D旋转精确地旋转影片剪辑对象，也可以在全局3D空间或局部3D空间中进行操作。

4. 自由旋转

选择 3D 旋转工具，将鼠标指针移至最外圈的橙色控件上，当指针变成▸ₓ形状时依次旋转 X、Y 和 Z 轴，如下图（左）所示。

5. 使用“变形”面板

调用选择工具，打开“变形”面板，可以设置“3D 旋转”栏中的 X、Y 和 Z 值，如下图（右）所示。

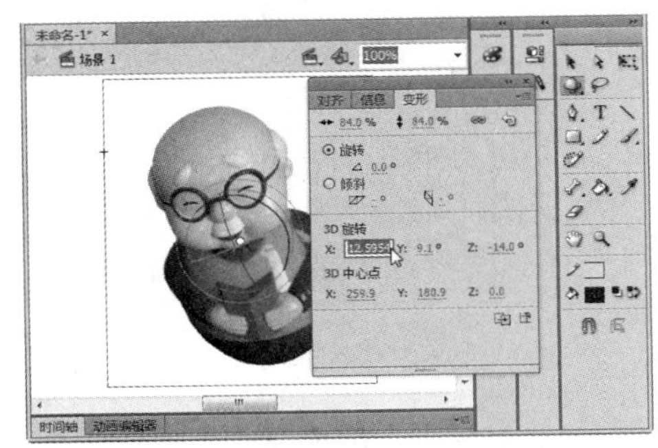

3.4 修改矢量图形对象

在 Flash CS6 中做动画需要绘制图形，但不一定理想，那么就需要对其进行修改，本节将介绍如何修改矢量图形对象。

3.4.1 Flash CS6 中的图形对象

在 Flash CS6 中，共有 3 种图形对象：形状、绘制对象和原始对象，下面将逐一对其进行介绍。

素材：光盘：素材\03\绘制月牙.fla　　效果：光盘：无

难度：★☆☆☆☆　　视频：光盘：视频\03\ Flash CS6 中的图形对象.swf

1. 形状

在使用绘图工具绘制图形时，取消选择其选项区中的“对象绘制”按钮，则绘制出来的图形就是形状。通过“属性”面板便可以获知所选对象的类型。将所绘制的图形选中，打开“属性”面板，就会发现其类型为形状。

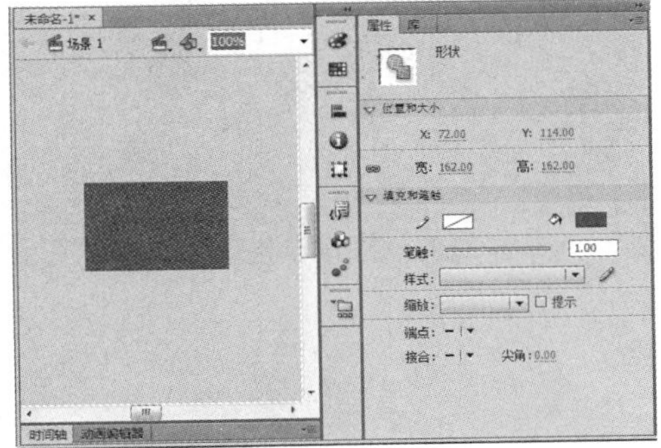

当在同一图层中绘制互相叠加的形状时，最顶层的形状会截去在其下面与其重叠的形状。例如，使用椭圆工具绘制一个椭圆，然后使用线条工具绘制一条穿过椭圆的直线，如下图（左）所示。使用选择工具依次拖动直线和椭圆，就会发现椭圆和直

选择绘制的形状，打开“属性”面板，可以修改其填充颜色和笔触颜色。

多学点

线被分割成了几部分，如下图（右）所示。因此，形状是一种破坏性的绘制模式，该模式又称为合并绘制模式。

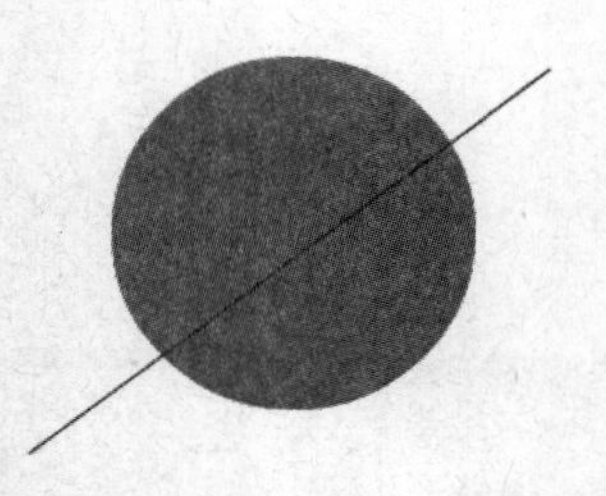

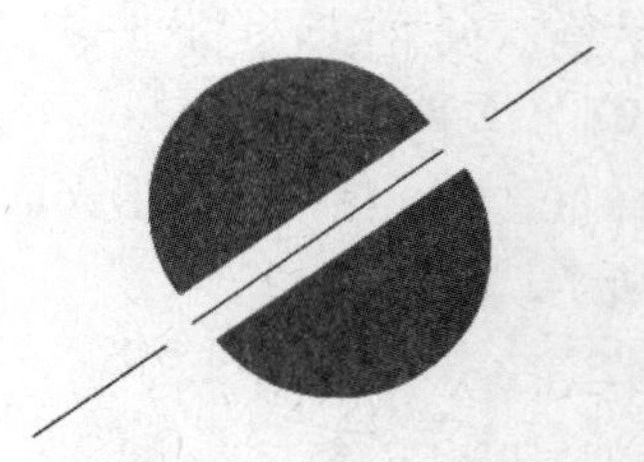

当形状之间进行叠加时，不同颜色的部分将被覆盖掉，而相同的颜色将会融合在一起，组成一个新的图形。例如，使用刷子工具在草莓图形上绘制一个图形，如下图（左）所示。使用选择工具将绘制的图形移开，草莓图形中被覆盖的部分将会丢失，如下图（右）所示。

利用图形之间的覆盖关系可以得到丰富的图形效果，这项功能在绘制矢量图形时十分有用。

下面利用这项功能绘制一个月牙图形，具体操作方法如下：

01 打开素材文件。

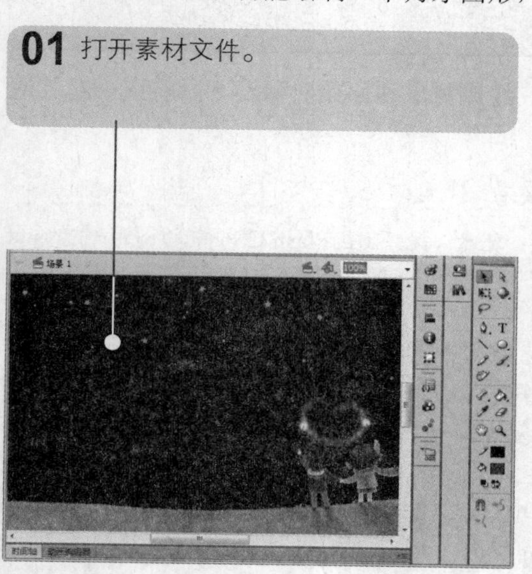

02 选择椭圆工具，设置笔触颜色为无，填充颜色为黄色。

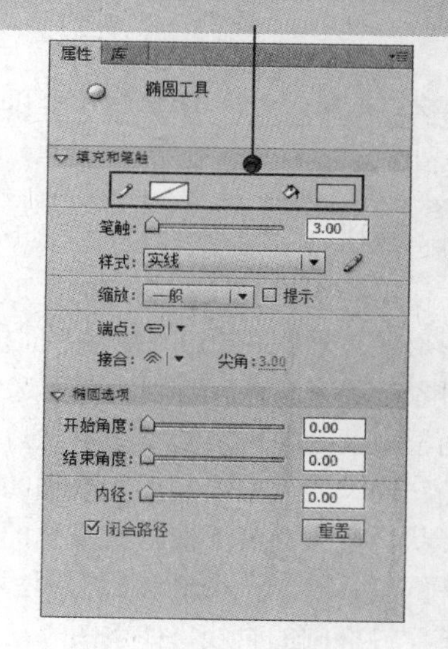

小提示 将颜色相同的填充形状相互叠加后，会进行自动合并操作。

03 保持“绘制对象”按钮呈按起状态。按住【Shift】键，在舞台中绘制两个大小不一的圆。

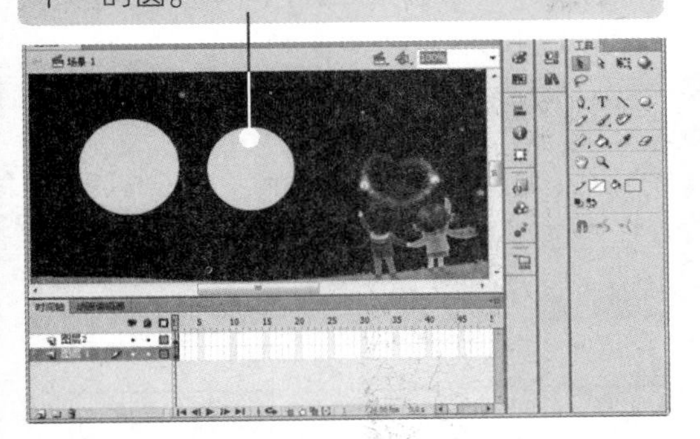

04 选择较小圆，改为红色，并移动位置，使其与较大圆产生叠加。

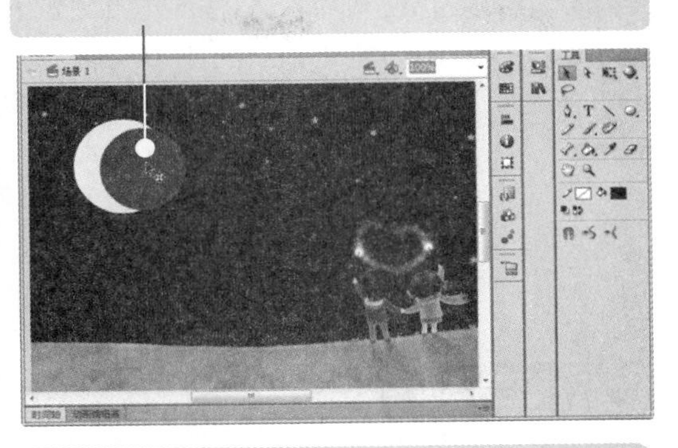

05 选择并拖动较小圆，使其远离较大圆，出现月牙形状。

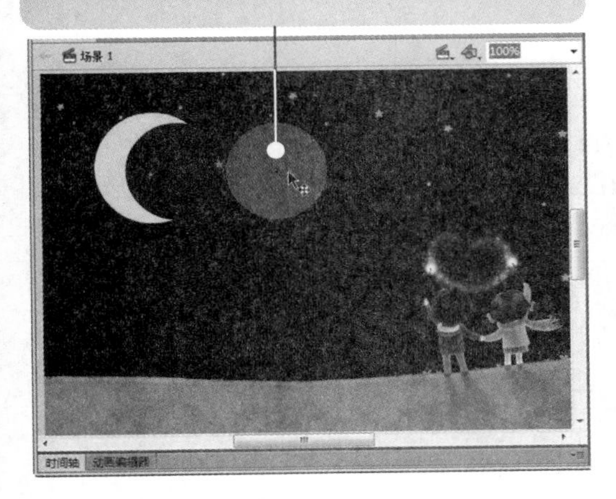

06 按【Delete】键删除较小圆，使用选择工具调整月牙位置。

2. 绘制对象

在使用工具箱中的绘图工具进行绘制时，单击其选项区中的“对象绘制”按钮或按【J】键，使其呈按下状态，绘制出来的图形就是绘制对象。

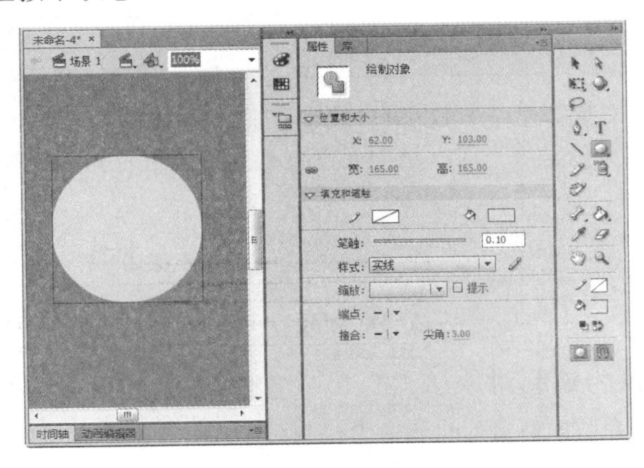

当形状之间进行叠加时，不同的颜色会被覆盖掉，而相同的颜色将会融合在一起，组成一个新的图形。

每个绘制对象都是一个独立的对象，当在同一图层中相互叠加时，绘制对象之间不会产生分割的现象。例如，使用椭圆工具绘制两个大小不一、颜色不同的圆，然后使用选择工具拖动较小的圆，使其与较大的圆叠加，如下图（左）所示。使用选择工具拖动较小的圆使其分离，发现它们仍然是独立的图形，而不会产生分割和重组的现象，如下图（右）所示。

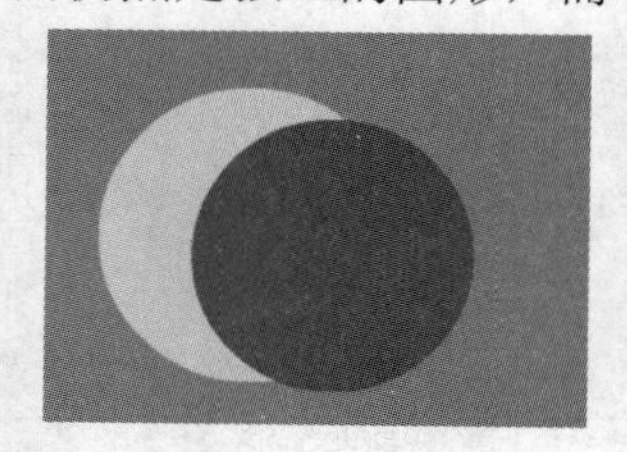
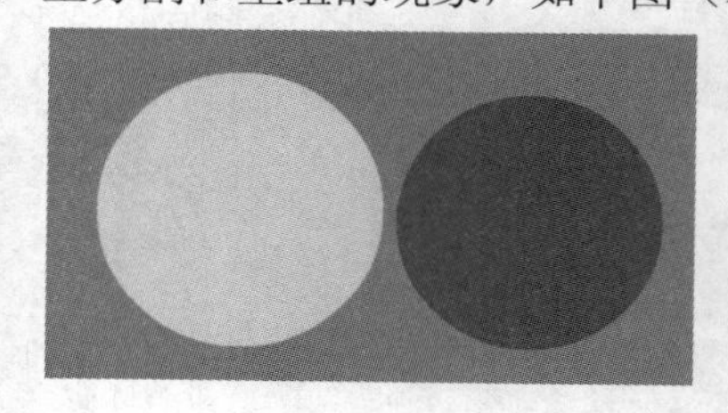

高手点拨

双击其中的一个绘制对象，可以进入“绘制对象”编辑模式，对其进行独立编辑操作，舞台中的其他对象呈不可编辑状态。在舞台的空白处再次双击，或单击舞台上方的“场景”标签，即可再次回到场景中。

3．原始对象

原始对象是指可以通过“属性”面板调整其特征的图形形状，这样在创建形状之后，可以精确地控制形状的大小、边角半径以及其他属性，而无须重新绘制。

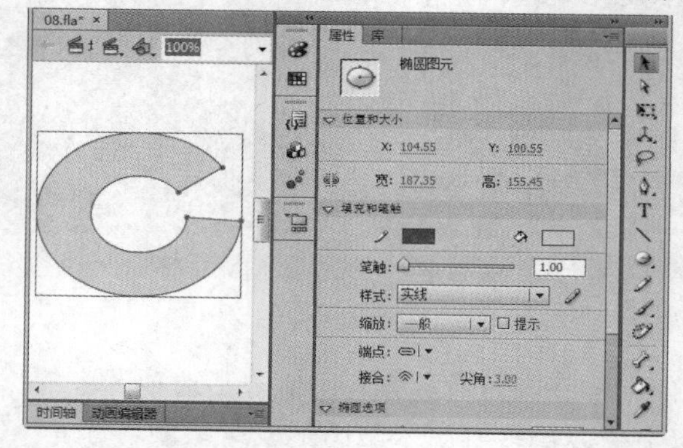

3.4.2 形状与绘制对象互相转换

绘制对象和原始对象都是一个独立的对象，它们的笔触和填充都不是一个单独的元素，而当形状既包含笔触又包含填充时，这些元素被视为可以进行独立选择和移动的单独的图形元素。

素材：光盘：无　　效果：光盘：效果\03\形状与绘制对象互相转换.fla

难度：★☆☆☆☆　　视频：视频\03\形状与绘制对象互相转换.swf

1．将形状转换为绘制对象

下面通过实例来介绍如何将形状转换为绘制对象，具体操作方法如下：

小提示

绘制对象和原始对象都是一个独立的对象，笔触和填充都不是一个单独的元素；当形状既包含笔触又包含填充时，被视为可以进行独立选择和移动的单独的图形元素。

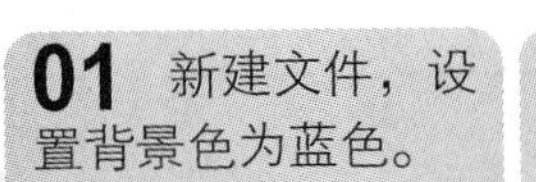

01 新建文件，设置背景色为蓝色。

02 选择椭圆工具，保持◎按钮弹起。

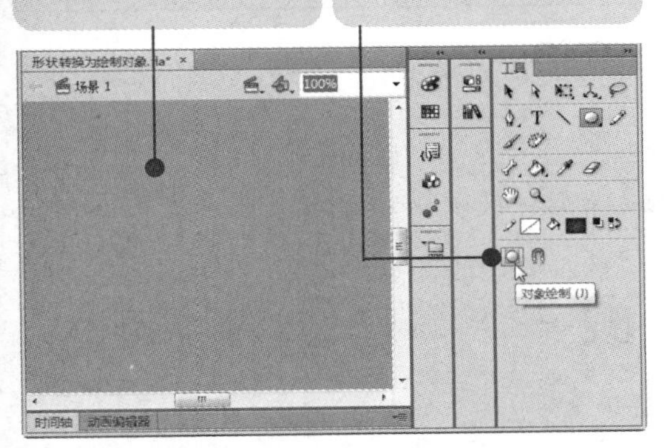

03 在舞台中绘制一个无笔触、填充颜色为径向渐变的圆。

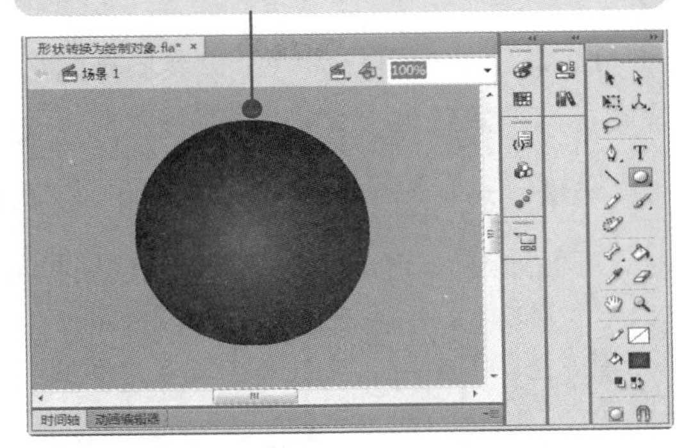

04 单击“修改”|“合并对象”|“联合”命令。

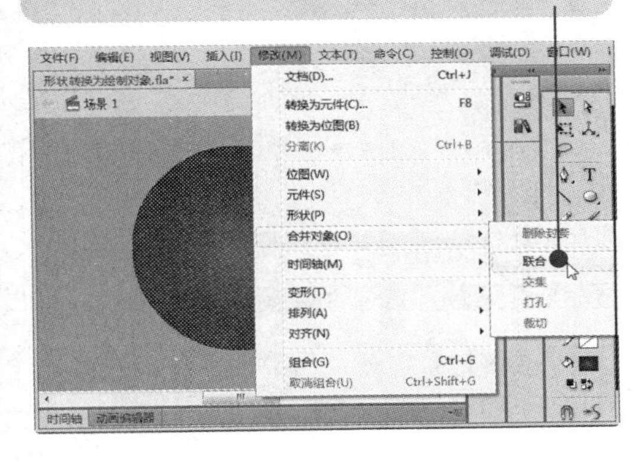

05 打开“属性”面板，查看绘制对象。

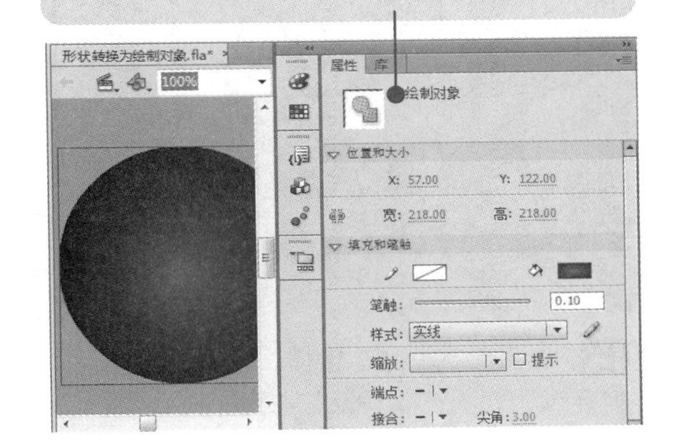

2. 将绘制对象转换为形状

下面来介绍如何将绘制对象转换为形状，具体操作方法如下：

01 选择转换的绘制对象。

02 单击“修改”|“分离”命令。

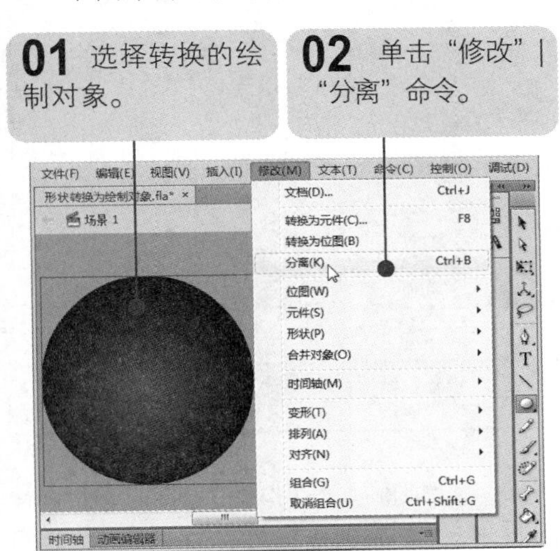

03 打开“属性”面板，查看将绘制对象转换为形状。

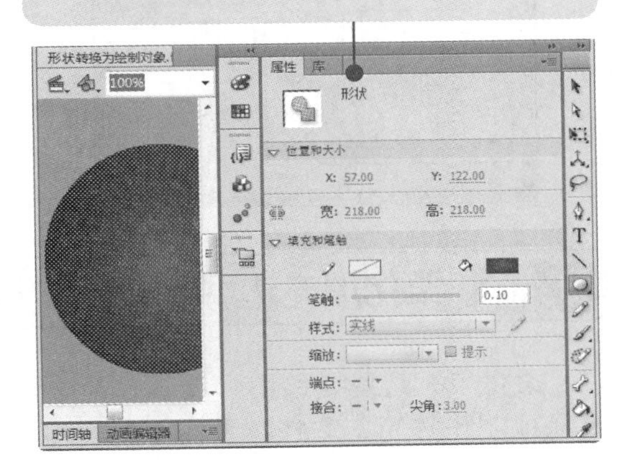

用户也可以不进入绘制对象的编辑模式而对其直接进行编辑。通过其“属性”面板可以查看所选对象的类型。

3.4.3 扩展填充图形对象

Flash CS6 为用户提供了扩展填充图形对象功能，可以对填充色进行扩展填充。

素材：光盘：无　　效果：光盘：无

难度：★☆☆☆☆　　视频：光盘：视频\03\扩展填充图形对象.swf

下面通过一个实例来介绍如何使用扩展填充图形对象功能，具体操作方法如下：

01 使用多边形工具在舞台中绘制一个无笔触图形。使用选择工具选择多边形的填充部分。

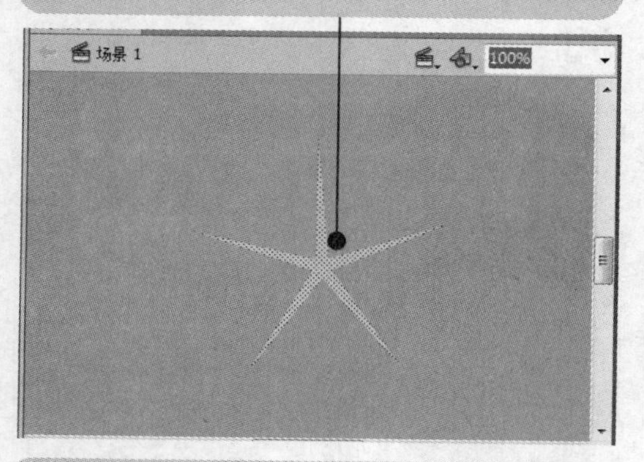

02 单击“修改”|“形状”|“扩展填充”命令。

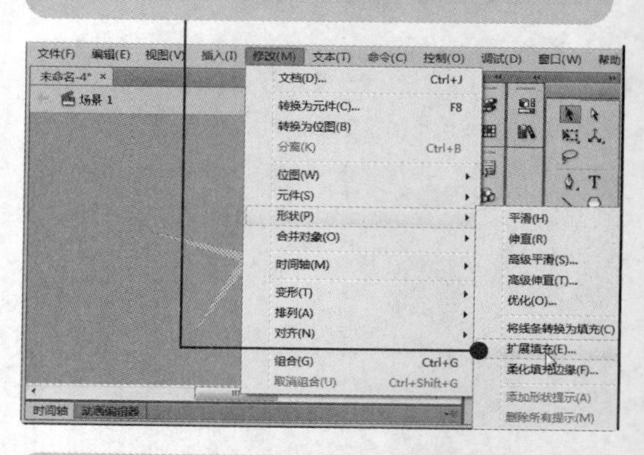

03 设置距离为 50 像素，选中“扩展”单选按钮，单击“确定”按钮。

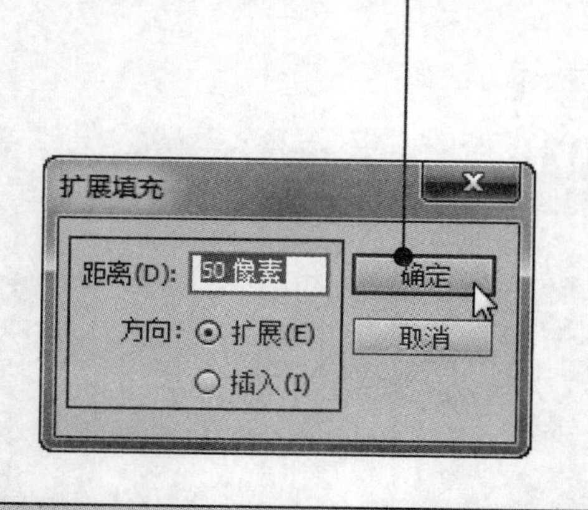

04 在舞台空白处单击取消选择，查看扩展填充图形。

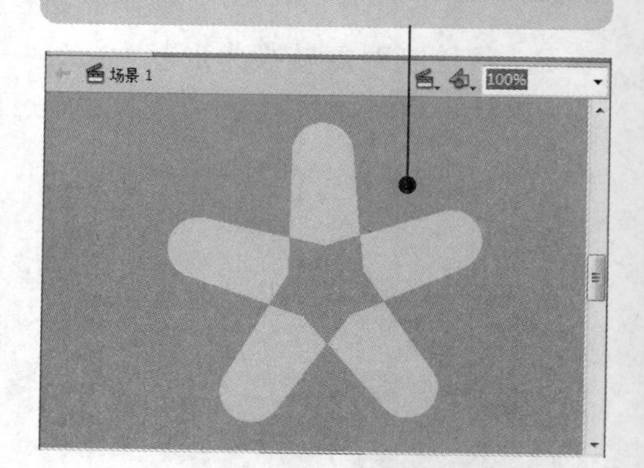

3.4.4 柔化填充边缘

柔化填充边缘是绘图和动画设计中经常用到的一个功能。利用这一功能，可以很容易地制作辉光、霓虹、雪花、光线在晶体中的折射、核爆炸或星球爆炸时的光冲击波效果。

小提示　“扩展填充”命令只对图形的填充部分起作用。当对一个图形的填充进行扩展后，其填充部分会将原来的线条部分覆盖掉，并且原图形的角度也会发生改变。

素材：光盘：无　　效果：光盘：无

难度：★☆☆☆☆　　视频：光盘：视频\03\柔化填充边缘.swf

下面通过一个实例来介绍如何使用“柔化填充边缘”功能，具体操作方法如下：

01 使用椭圆工具绘制多个无笔触、填充颜色为白色的椭圆。

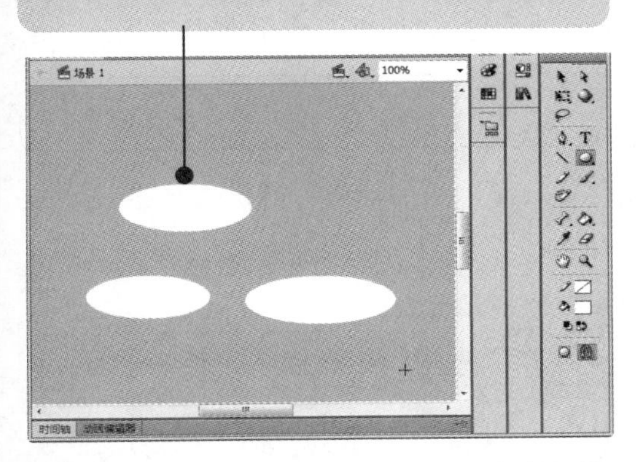

02 将椭圆互相叠加组成云朵，使用选择工具将其选中。

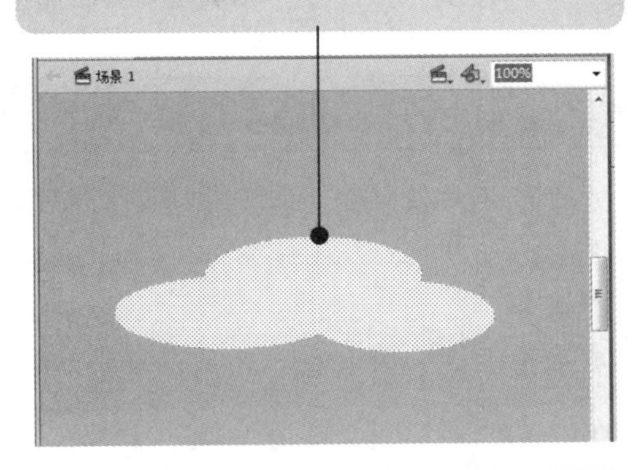

03 单击“修改”|“形状”|“柔化填充边缘”命令。

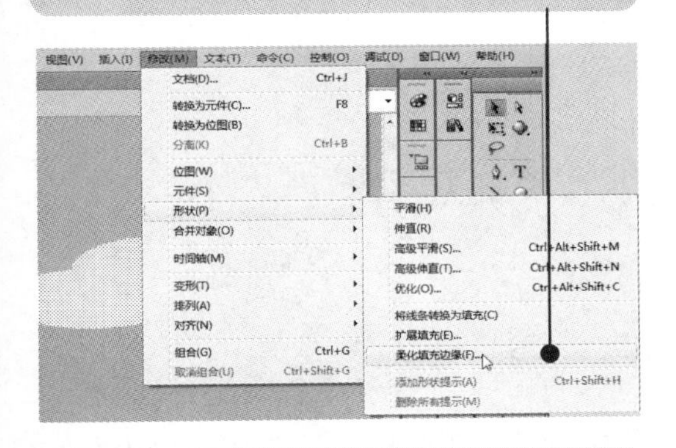

04 设置各项参数。

05 单击“确定”按钮。

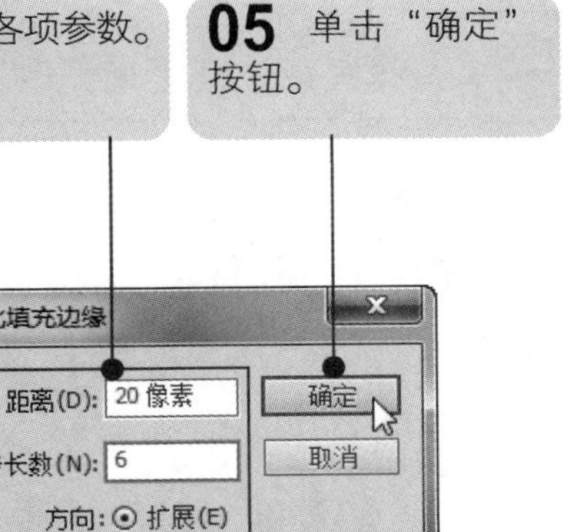

06 在舞台空白处单击取消选择，图形边缘得到柔化。

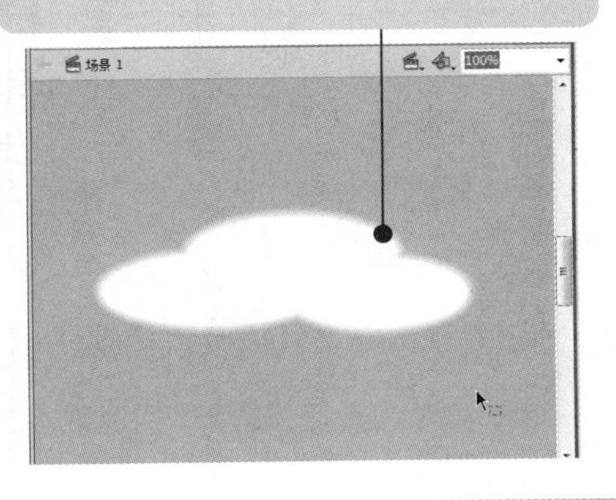

07 使用缩放工具将柔化后的边缘放大，查看柔化边缘距离和步长。

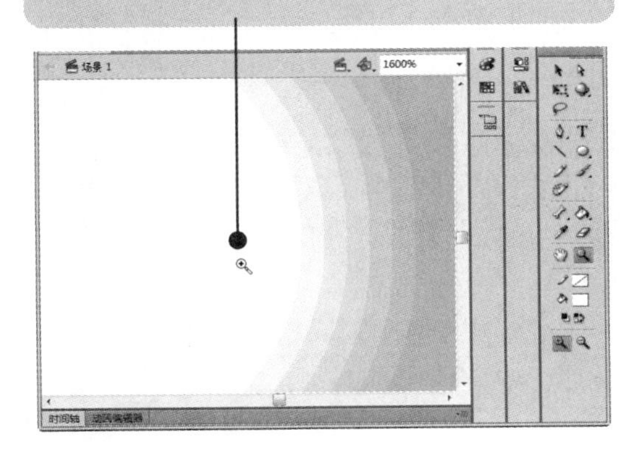

“柔化填充边缘”命令在没有笔触的单一填充形状上使用效果最好。

多学点

柔化边缘可以将生硬的边缘变得朦胧，从而产生一定的艺术效果。在只有填充的情况下效果最好，但要注意角度的变化，这一点和扩展填充是相同的。当选中“扩展”单选按钮时，会使图形的角度变得圆润；当选中“插入”单选按钮时，会使图形的角度变得尖锐。

在“柔化填充边缘”对话框中，各选项的含义如下。

◎ 距离：用于以“像素”为单位设置边缘的宽度。

◎ 步长数：用于设置步幅值，即柔化部分由几步构成。

◎ 方向：用于设置柔化的方向，“扩展”表示向外柔化，“插入”表示向内柔化。

3.4.5 合并图形对象

利用“合并对象”功能可以对绘制对象进行合并操作，从而形成特殊的图形效果，具体操作方法如下：

素材：光盘：无　　效果：光盘：无

难度：★☆☆☆☆　　视频：光盘：视频\03\合并图形对象.swf

01 选择椭圆工具，按下“绘制对象”按钮。按住【Shift】键，绘制几个大小与颜色均不同的正圆。

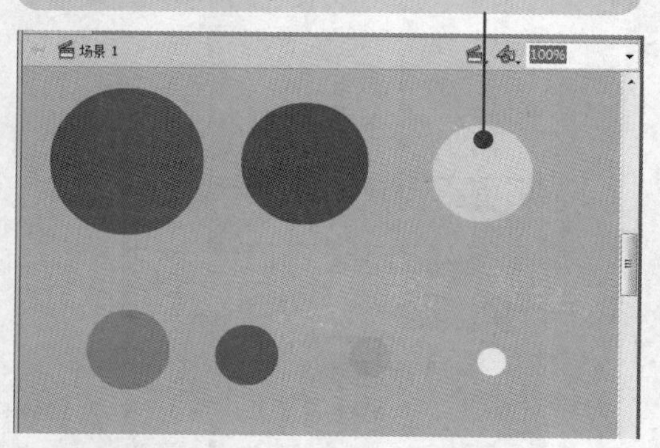

02 将对象按从大到小的顺序叠加在一起。按【Ctrl+A】组合键，同时选择舞台中的所有对象。

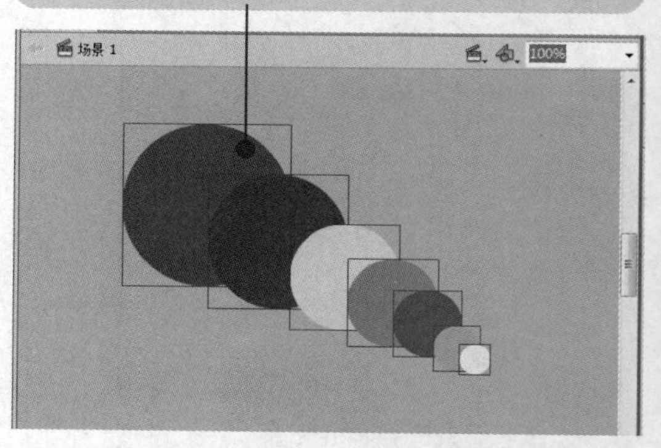

03 单击“修改”|“合并对象”|“联合”命令。

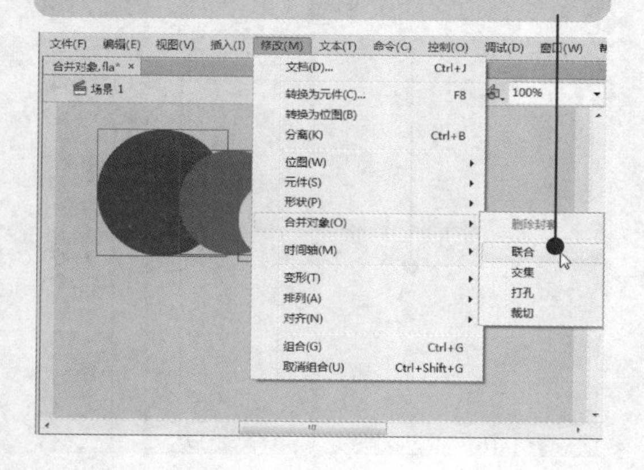

04 多个绘制对象合并为一个绘制对象。

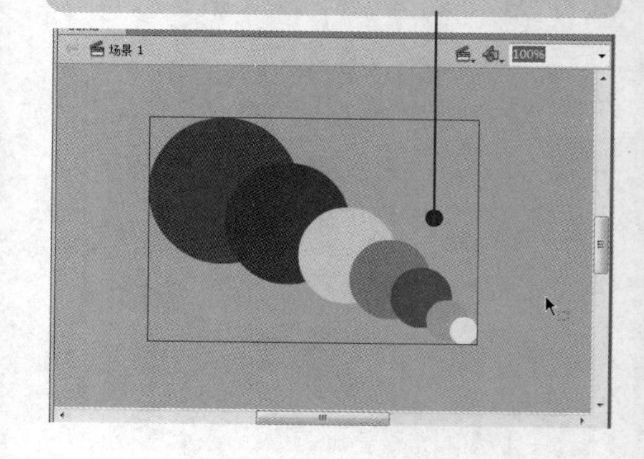

合并对象只针对绘制对象进行操作，是通过合并命令将多个图形对象进行合并。

在“合并对象”子菜单中，“交集”、“打孔”和“裁切”等命令的含义如下。

交集效果

若单击“交集”命令，只保留两个或多个绘制对象相交的部分，并将其合并为单个绘制对象。

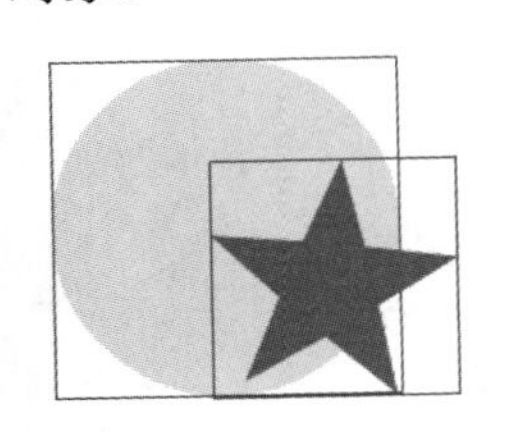

打孔效果

若单击“打孔”命令，将使用位于上层的绘制对象来删除下层绘制对象中的相应部分，并将其合并为单个绘制对象。

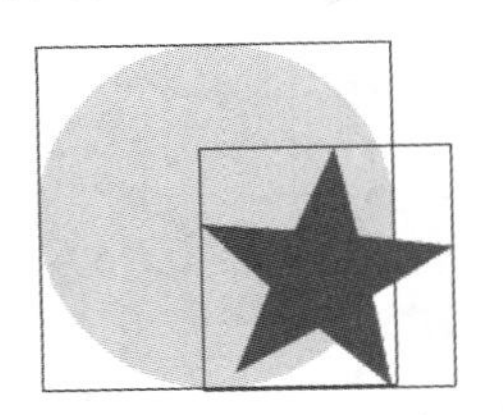

裁切效果

若单击“裁切”命令，将使用它们的重叠部分，只保留下层绘制对象的相应部分，并将其合并为单个绘制对象。

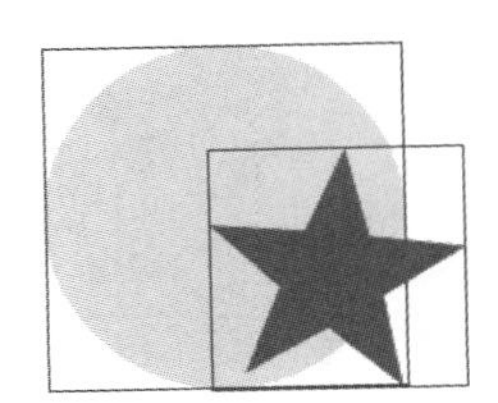

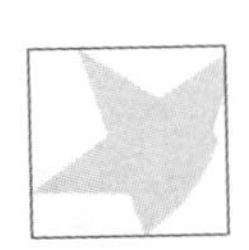

3.5 编辑矢量图形对象

在 Flash CS6 中绘制完成矢量图形，可以对其进行各种编辑，如分离对象、组合对象和合并对象等，方便用户制作各种形式的动画。

3.5.1 分离图形对象

使用“分离”命令可以将位图转换为在 Flash 中可编辑的图形。下面将分别介绍如何分离位图、分离组，以及分离文本等。

素材：光盘：素材\03\分离图形对象.fla　　效果：光盘：效果\03\分离图形对象.fla

难度：★☆☆☆☆　　视频：光盘：视频\03\分离图形对象.swf

1. 分离位图

下面将通过实例来介绍如何使用“分离”命令分离位图，具体操作方法如下：

用户可以发挥想象，利用“合并对象”子菜单制作出更多精彩的效果。

多学点

01 打开素材文件。

02 选择舞台中的位图。

03 单击“修改”|“分离”命令，将位图分离。

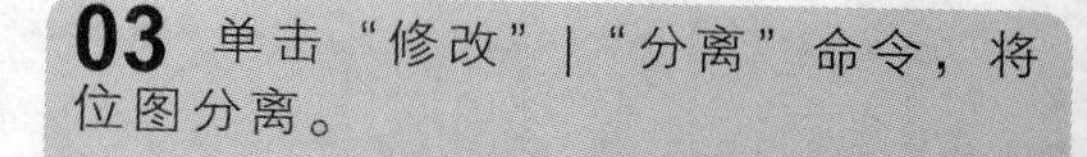

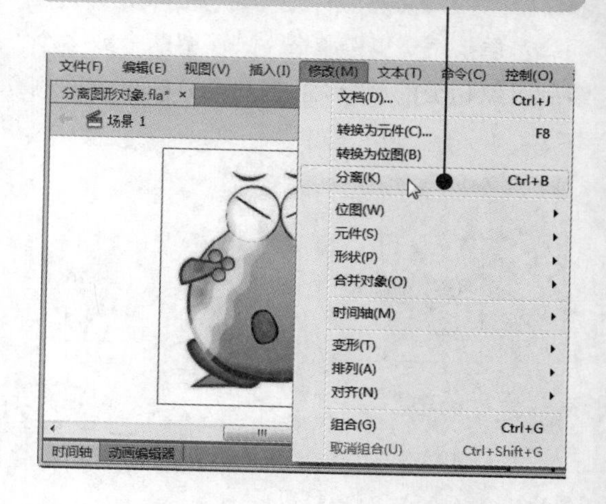

04 打开“属性”面板，此时位图属性变为形状。

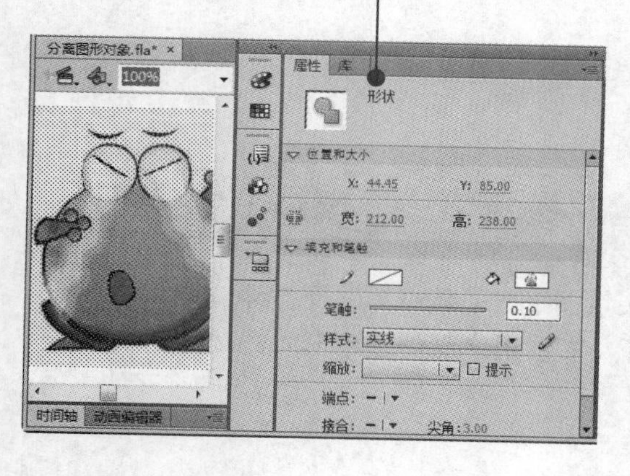

高手点拨

在 Flash 中，不管是什么类型的图形对象，通过“分离”命令都可以将其分离为形状。

2．分离组

下面将通过实例来介绍如何使用“分离”命令分离组，具体操作方法如下：

高手点拨

尽管在分离组之后立即单击“编辑”|“撤销”命令，但分离操作不是完全可逆的，会对对象产生影响：切断元件实例到主元件的链接；放弃动画元件中除当前帧之外的所有帧；将位图转换为填充。

小提示 分离后的位图实际上是一个只有位图填充的无笔触图形。

01 打开素材文件。

02 选择舞台中的组对象。

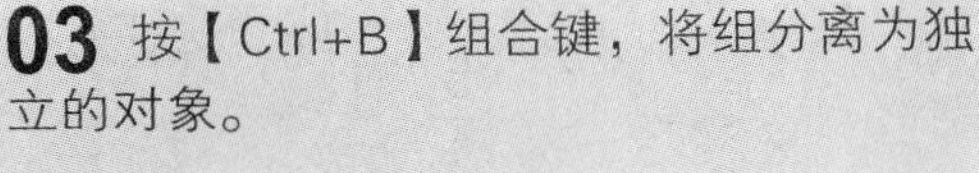

03 按【Ctrl+B】组合键，将组分离为独立的对象。

04 再次按【Ctrl+B】组合键，可将独立的对象分离为形状。

高手点拨

在使用“分离”命令分离对象时，实际上是将其进行一层一层的分离，并不是一下子就能够将其分离为形状的。

3. 分离文本

下面将通过实例来介绍如何使用“分离”命令分离文本，具体操作方法如下：

01 选择文本工具，在舞台中输入文本并将其选中。

02 按【Ctrl+B】组合键，将文本分离为单个文本。

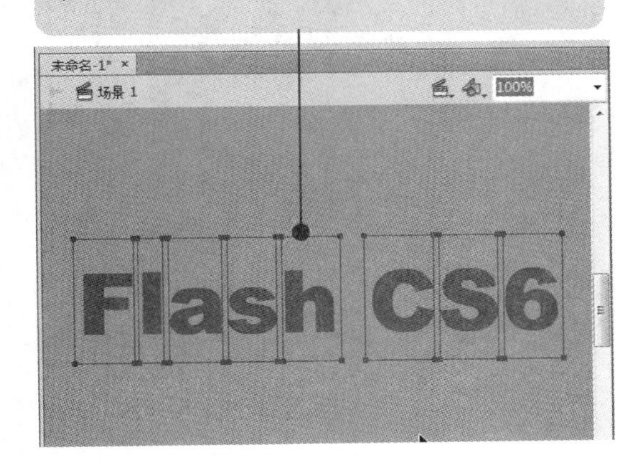

“分离”命令在 Flash 动画制作中是经常用到的，可以使用快捷键【Ctrl+B】。分离组需要按多次快捷键。

03 再次按【Ctrl+B】组合键，将文本分离为形状。

高手点拨

将文本对象分离为形状后，便拥有了形状的一切属性，这时就可以很方便地对其进行各种修改操作，以创建各种特殊的形状。

3.5.2 组合图形对象

在编辑图形的过程中，若要将组成图形的多个部分或多个图形作为一个整体进行移动、变形或缩放等编辑操作，可以将其组合起来形成一个图形，然后对其进行相应的操作，从而提高编辑效率。具体操作方法如下：

素材：光盘：素材\03\组合对象.fla　　效果：光盘：无

难度：★☆☆☆☆　　视频：光盘：视频\03\组合图形对象.swf

01 打开素材文件。

02 将分散的图形按顺序叠放，按【Ctrl+A】组合键全选。

小提示　“分离”命令的最终结果就是将选择的图形分离为形状。该命令应用广泛，可以抠图、创建元件、创建补间形状动画。

03 单击“修改”|“组合”命令。

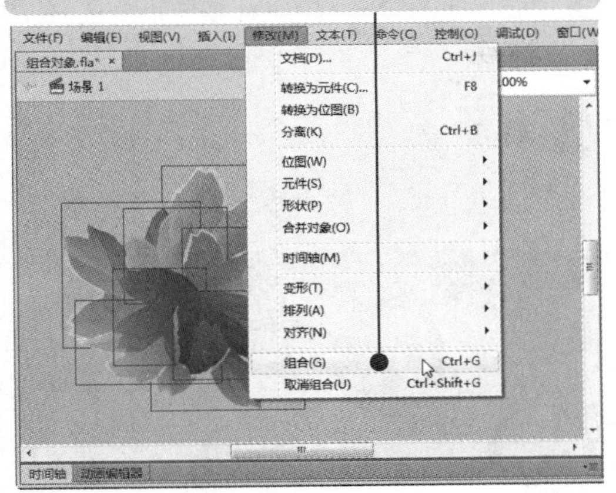

04 将所选的图形进行组合。

若要取消对图形的组合，可以先选择该组合图形，然后单击“修改”|“取消组合”命令或按【Ctrl+Shift+G】组合键。另外，单击“修改”|“分离”命令或按【Ctrl+B】组合键，也可以取消对图形的组合。

若要对组合图形进行编辑，可以先选择要编辑的组，然后单击“编辑”|“编辑所选项目”命令，如下图（左）所示。或在选择的组上双击，即可进入“组”编辑模式，同时舞台的其他区域变为灰色，表示不可编辑。

编辑完毕后，在舞台的空白处双击，或单击舞台上方的“场景”按钮，如下图（右）所示，即可再次回到场景编辑状态。

3.5.3 对齐图形对象

使用“对齐”面板可以将对象与对象对齐，也可以将对象相对于舞台对齐。单击“窗口”|“对齐”命令或按【Ctrl+K】组合键，打开“对齐”面板，如下图所示。

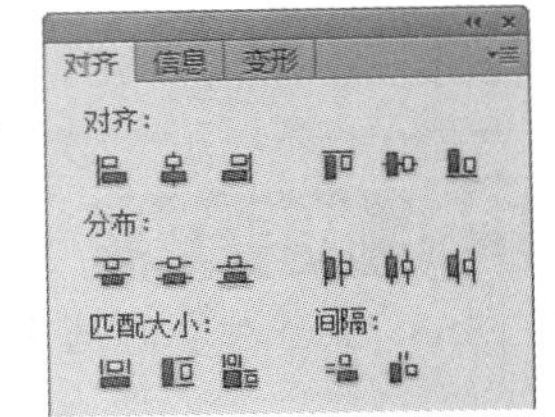

在 Flash CS6 中除了使用图层分开对象的层次外，也可以在同一图层中编辑对象的叠放层次，对于图形应该将其组合为对象。

素材：光盘：素材\03\对齐对象.fla　　效果：光盘：无

难度：★☆☆☆☆　　视频：光盘：视频\03\对齐图形对象.swf

1．对象与对象对齐

01 打开素材文件，按【Ctrl+A】组合键全选 3 个位图对象。

02 打开“对齐”面板，取消选择“与舞台对齐”复选框。

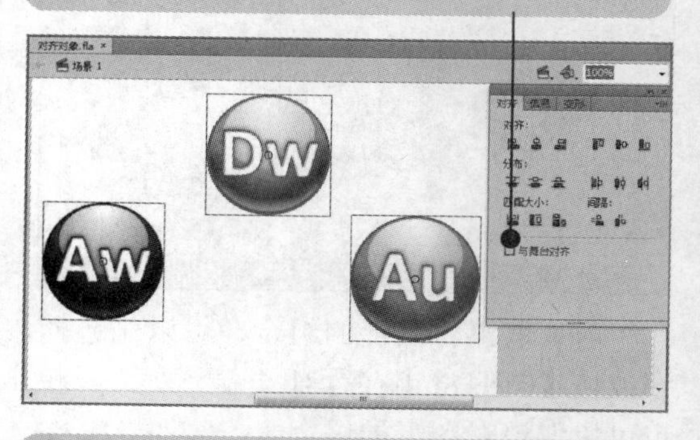

03 单击“垂直中齐”按钮，将所选对象以水平中心点为基准对齐。

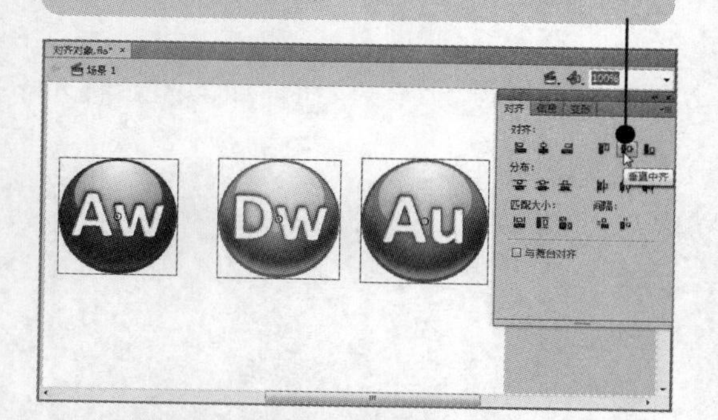

04 单击“水平平均间隔”按钮，将所选对象在水平方向等距分布。

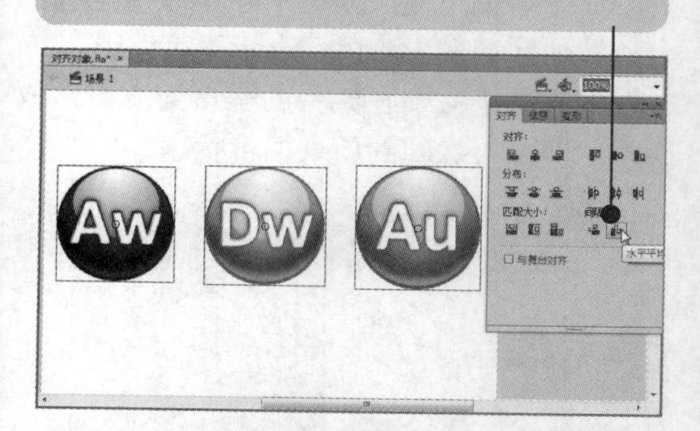

05 单击“左侧分布”按钮，以所选对象的左侧为基准等距分布。

06 单击“匹配宽和高”按钮，使所选对象的宽度和高度相同。

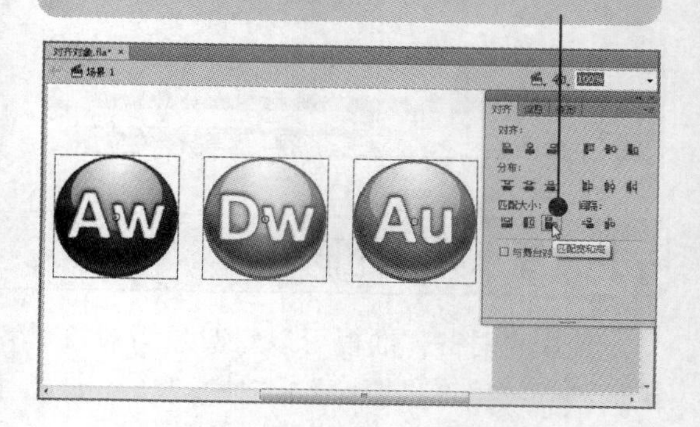

高手点拨

组合对象时选中的对象必须在一个图层中，否则将不能把多个对象组合到一起。

小提示　组合后的对象可以对其中的单个对象进行编辑。此编辑对创建复杂图形后不想再次重新组合时非常有用。

2. 相对于舞台对齐

01 调整舞台对象的位置，按【Ctrl+A】组合键全选。

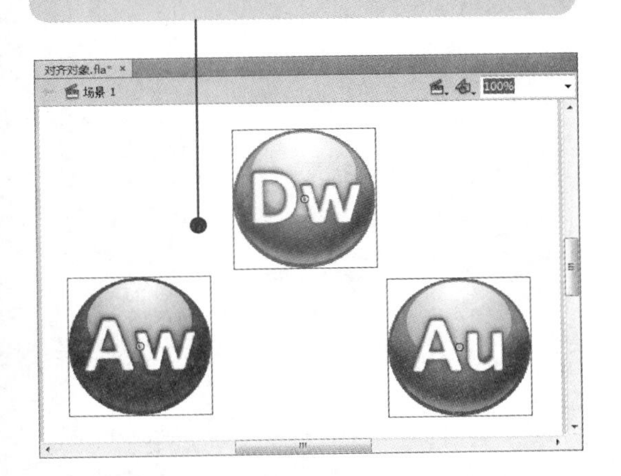

02 打开“对齐”面板，选中“与舞台对齐”复选框。

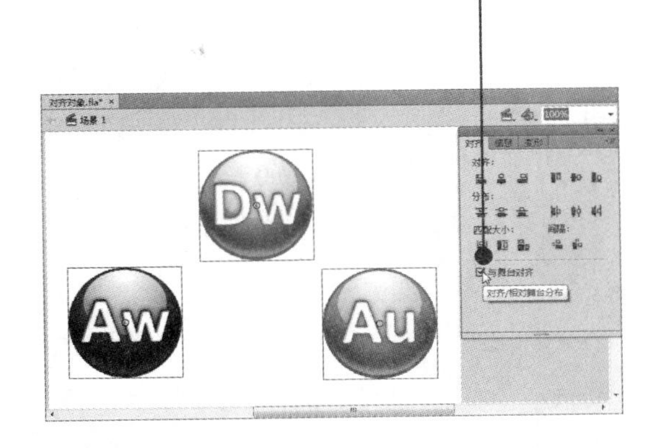

03 单击“底对齐”按钮，将所选对象相对于舞台底部对齐。

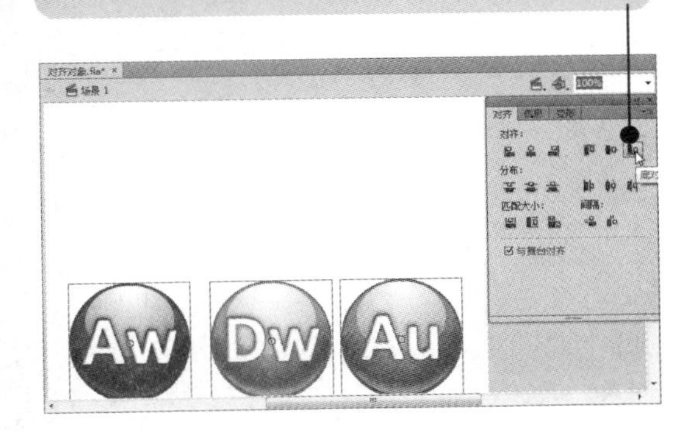

04 单击“水平居中分布”按钮，将所选对象相对于舞台水平居中分布。

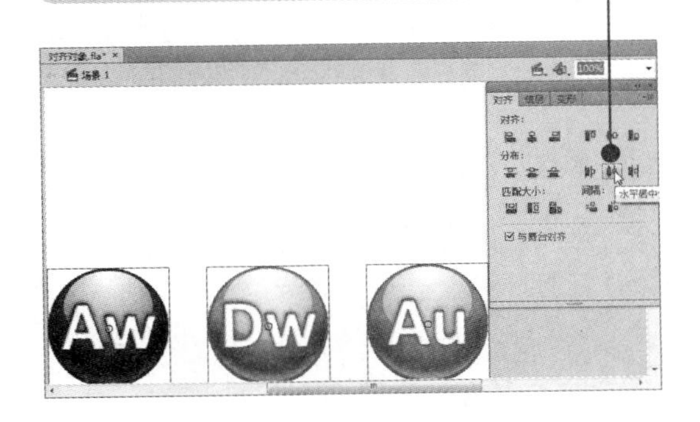

05 单击“垂直平均间隔”按钮，使所选对象在垂直方向间隔距离相同。

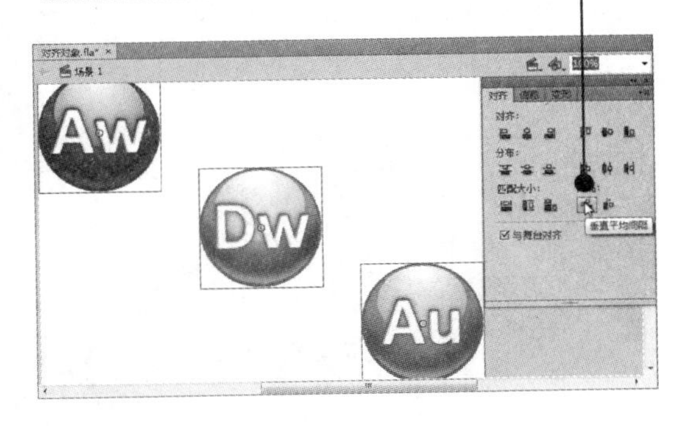

06 单击“垂直中齐”按钮，将所选对象在垂直方向居中对齐。

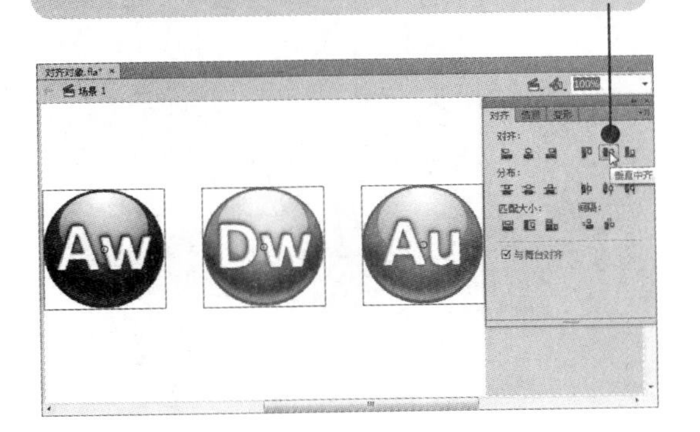

选中“与舞台对齐”复选框，可将对齐、分布、匹配大小等选项相对于舞台进行操作。

07 单击“匹配高度”按钮，使所选对象的高度与舞台高度相同。

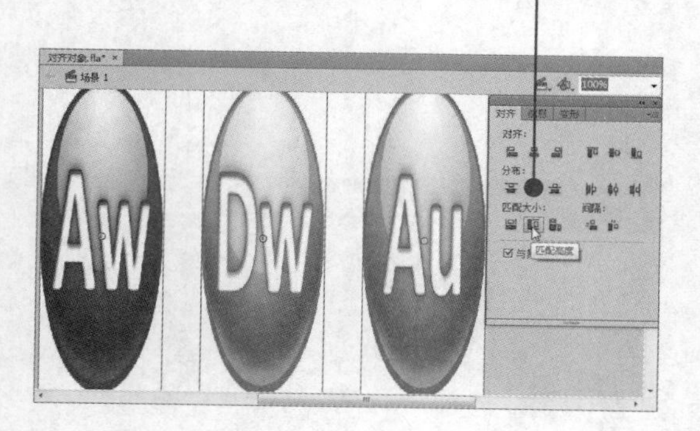

08 查看对齐后的图像。

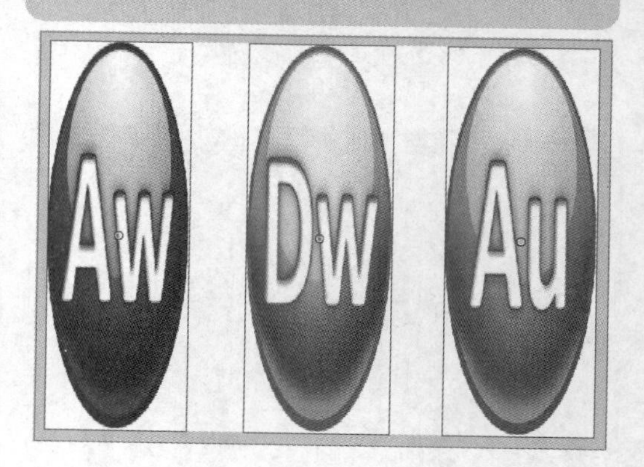

3.6 综合实战——制作三维效果图形

Flash 虽然是专业制作二维动画的软件，但自从增加了 3D 功能后，就可以运用 3D 工具来表现动画的 3D 效果了。下面使用 3D 旋转工具和 3D 平移工具绘制具有三维效果的图形。

素材：光盘：素材\03\3D 空间.fla　　效果：光盘：效果\03\3D 空间.fla

难度：★★★★☆

视频：光盘：视频\03\综合实战——制作三维效果图形.swf

01 打开素材文件，将舞台上影片剪辑对象拖至舞台外。

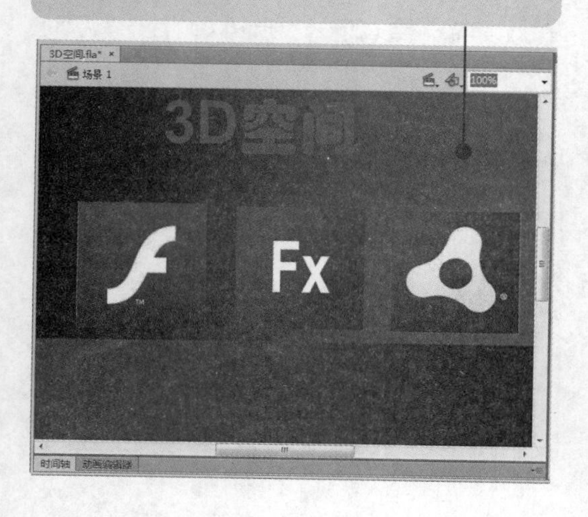

02 将影片剪辑对象“底”拖至舞台中，打开“变形”面板，改为 45°。

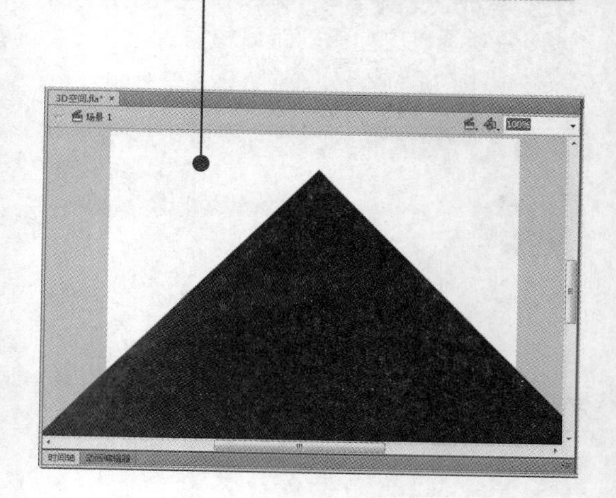

小提示　除了用“对齐”面板来排列所选对象外，也可以通过网格来排列对象。

03 使用 3D 旋转工具选择影片剪辑对象，拖动 *X* 控件，使“底”呈平铺效果。

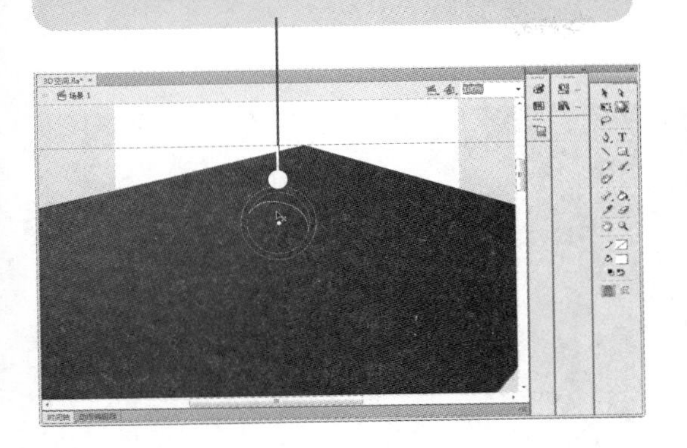

04 将“背景”影片剪辑对象拖至舞台中。使用 3D 旋转工具选择对象，旋转与“底”几乎呈垂直效果。

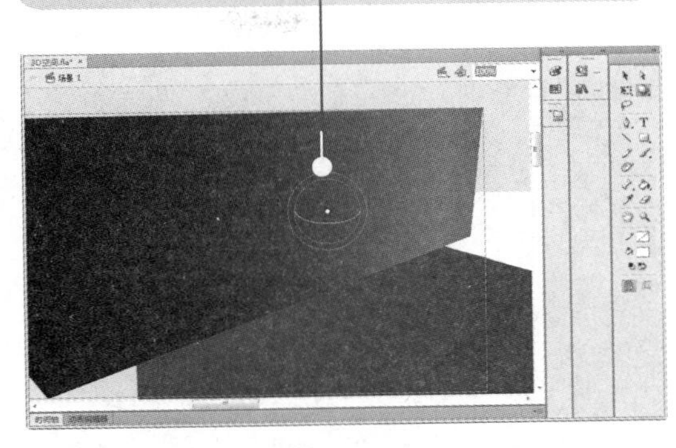

05 使用 3D 平移工具平移“背景”影片剪辑对象至合适位置。

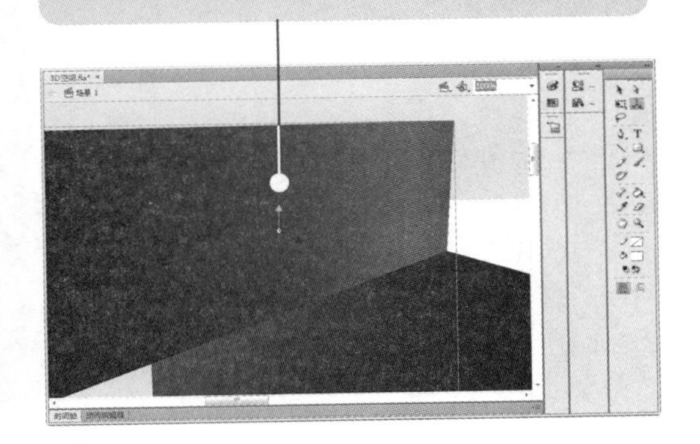

06 复制“背景”影片剪辑对象，并进行 3D 旋转和平移操作。

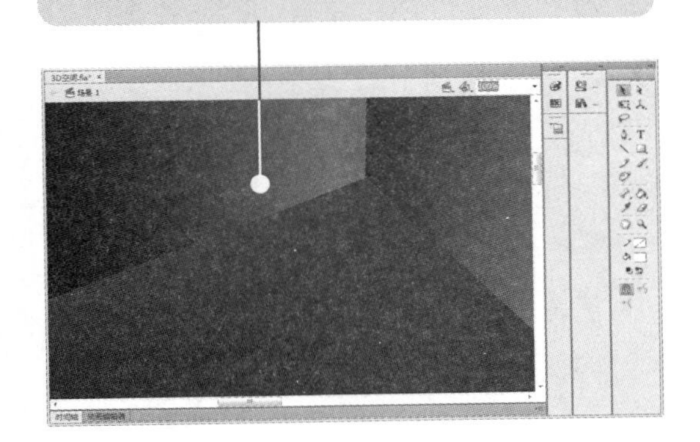

07 将“正面”影片剪辑对象拖至舞台中，选择任意变形工具调整为方形形状。

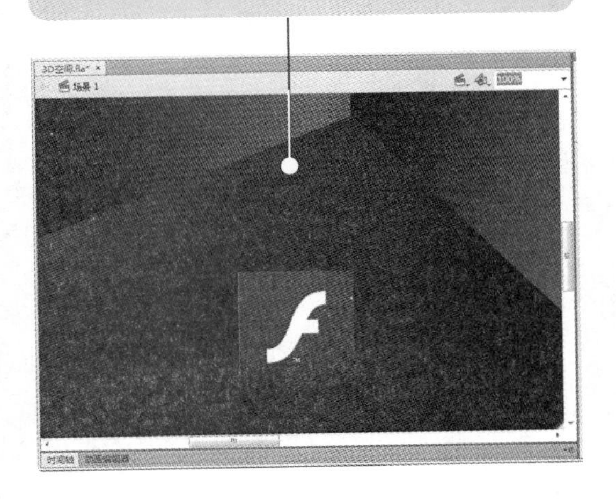

08 将“侧面”影片剪辑对象拖至舞台中，调整大小，并进行 3D 旋转和平移操作。

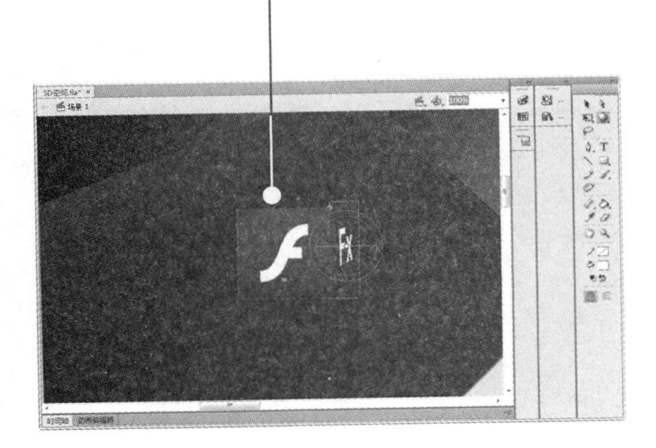

使用选择工具或者任意变形工具移动对象，只是在二维平面上对对象进行操作，不会产生空间立体效果。

多学点

09 将“顶面”影片剪辑对象拖至舞台中，调整大小，并进行 3D 旋转和平移操作。

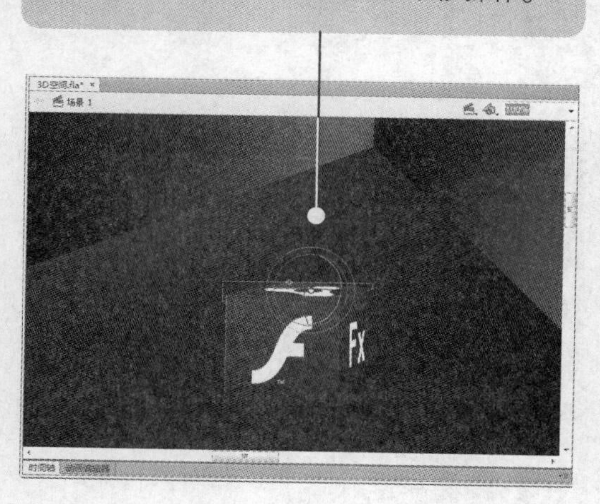

10 将“文字”影片剪辑对象拖至舞台中，并进行 3D 旋转和平移操作。

小提示

使用 3D 平移工具或 3D 旋转工具移动对象，是使对象在虚拟三维空间进行移动或旋转，从而产生具有空间感的画面。

预计学习时间 40 分钟

Chapter 04

Flash 文本的使用

文本是制作动画时必不可少的元素，它可以使制作的动画主题更为突出。在使用文本时，通过 Flash 中的文本工具可以创建静态文本、动态文本和输入文本，尤其是 TLF 文本的添加，使处理文本的功能更为强大。

要点导航

- ◎ Flash 文本概述
- ◎ Flash 文本类型
- ◎ Flash 文本的方向
- ◎ Flash 文本的创建
- ◎ Flash 文本的编辑

重点图例

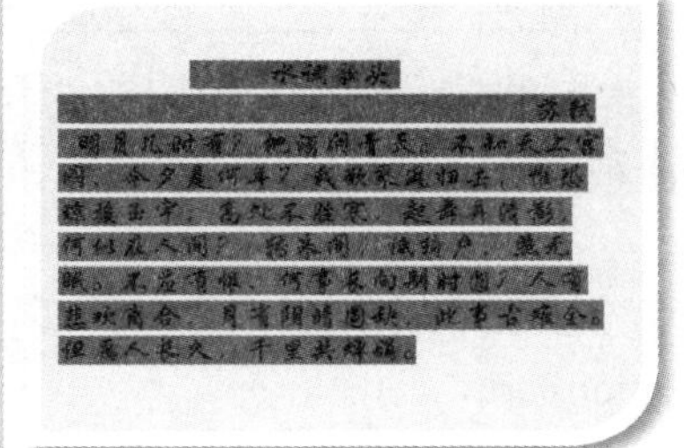

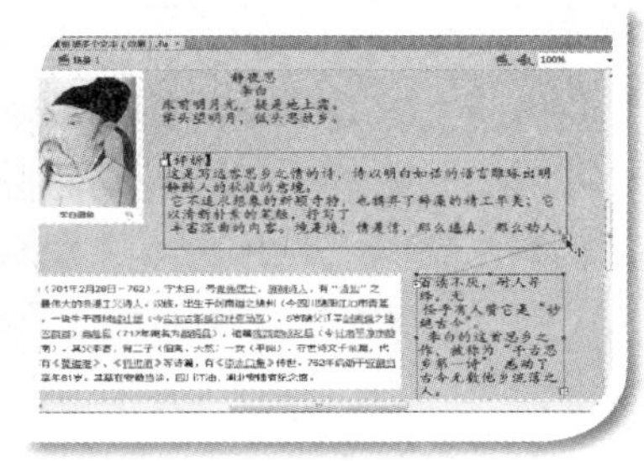

4.1 Flash 文本概述

在 Flash CS6 中，可以设置传统文本和 TLF 文本。传统文本是 Flash 中早期文本引擎的名称，但它已逐渐被新更新的 TLF 文本引擎替代。

在 Flash CS6 中，使用文本工具可以制作出特定的文字动画效果。单击工具箱中的文本工具按钮T或按【T】键，即可调用该工具。在“属性”面板中单击文本引擎下拉按钮可以选择所需要的文本类型，也可以通过文本属性对文本进行相应的设置。

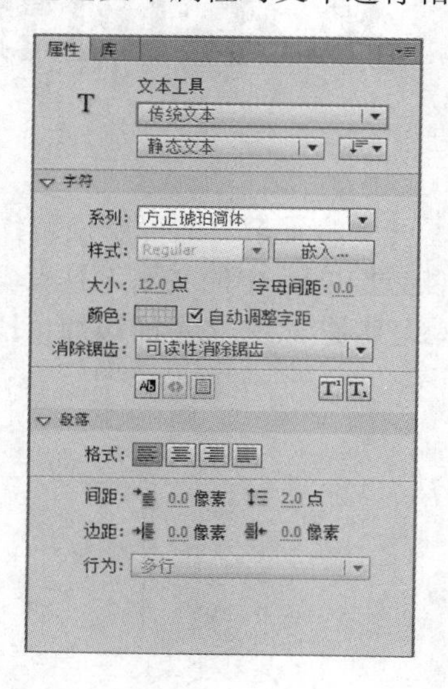

4.2 Flash 文本类型

在 Flash 中包括两种文本引擎，传统文本和 TLF 文本。其中，传统文本有 3 种文本类型：静态文本、动态文本和输入文本；TLF 文本也包含 3 种类型：只读文本、可选文本和可编辑文本。

4.2.1 传统文本

传统文本是 Flash 中早期的文本引擎，在 Flash CS6 中仍然可用，但随着用户的需要，将会被 TLF 文本引擎替代。传统文本包含以下几种文本类型。

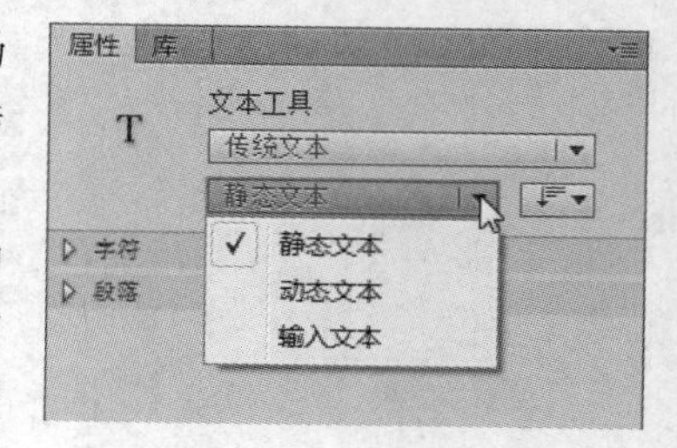

◎ 静态文本：只能通过 Flash 创作工具来创建，在某种意义上是一幅图片。无法使用 ActionScript 创建静态文本实例，不具备对象的基本特征，没有自己的属性和方法，也无

小提示
传统文本类型可以随时互相转换，方法是：选择该文本后，在其“属性”面板顶部下拉菜单中选择一个新的文本类型即可。

法对其命名，所以也无法通过编程制作动画。

◎ 动态文本：包含外部源（如文本文件、XML 文件及远程 Web 服务）加载的内容。动态文本足够强大，但并不完美，只允许动态显示，不允许动态输入。

◎ 输入文本：指用户输入的任何文本或可以编辑的动态文本。

下图所示即为传统文本。

Merry Christmas

4.2.2 TLF 文本

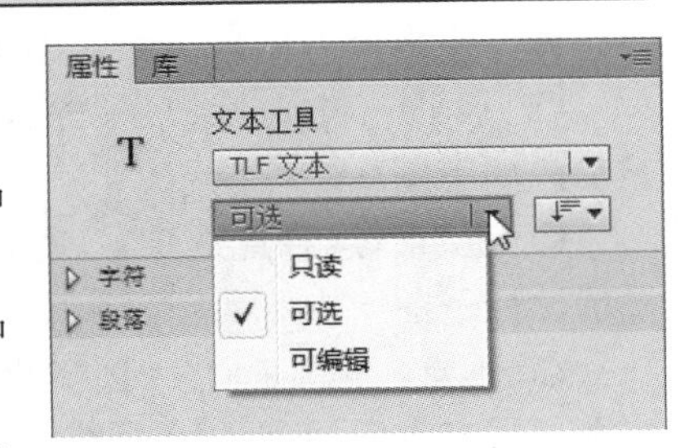

TLF 文本引擎具有比传统文本引擎更为强大的功能，包含以下几种文本类型。

◎ 只读：当作为 SWF 文件发布时，此文本无法选中或编辑。

◎ 可选：当作为 SWF 文件发布时，此文本可以选中并复制到剪贴板中，但不可以编辑。

◎ 可编辑：当作为 SWF 文件发布时，此文本可以选中并编辑。

TLF 文本支持更多丰富的文本布局功能和对文本属性的精细控制，加强了对文本的控制。下图所示即为 TLF 文本。

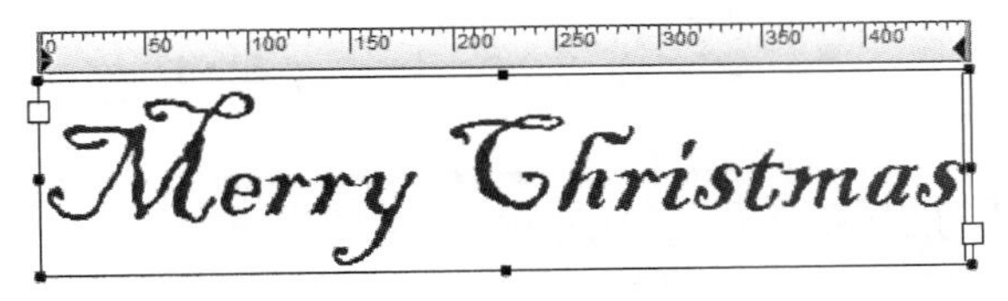

4.2.3 TLF 文本与传统文本

TLF 文本支持更多丰富的文本布局功能和对属性的精细控制，与传统文本相比，其增强了下列功能。

◎ 更多字符样式：包括行距、连字、加亮颜色、下画线、删除线、大小写和数字格式等。

◎ 更多段落样式：包括通过栏间距支持多列、末行对齐选项、边距、缩进、段落间距和容器填充值等。

◎ 控制更多亚洲字体属性：包括直排内横排、标点挤压、避头尾法则类型和行距模型等。

◎ 应用多种其他属性：可以为 TLF 文本应用 3D 旋转、色彩效果以及混合模式等属性，而无须将 TLF 文本放置在影片剪辑元件中。

◎ 文本可按顺序排列在多个文本容器中：这些容器称为串接文本容器或链接文本容器，创建后文本可以在容器中进行流动。

在文本“属性”面板的“文本引擎”下拉列表框中选择文本引擎。TLF 文本类型包括只读、可选和可编辑 3 种，类似传统文本的 3 种类型。

◎ 支持双向文本：其中从右到左的文本可以包含从左到右文本的元素。当遇到在阿拉伯语或希伯来语文本中嵌入英语单词或阿拉伯数字等情况时，此功能必不可少。

4.3 Flash 文本的方向

根据用户不同的需要，所要输入的文本方向也是不一样的。TLF 文本和传统文本的方向选项是大同小异的，下面将分别进行介绍。

4.3.1 传统文本方向

传统文本的方向选项如右图所示。

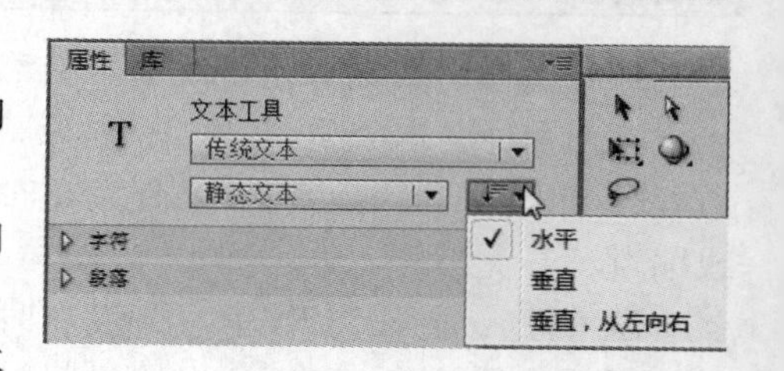

◎ 水平：选择此选项，输入的文本按水平方向显示，如下图（左）所示。

◎ 垂直：选择此选项，输入的文本按垂直方向显示，如下图（中）所示。

◎ 垂直，从左向右：选择此选项，输入的文本按垂直居左方向显示，如下图（右）所示。

Happy New Year!

4.3.2 TLF 文本方向

TLF 文本的方向选项如右图所示。

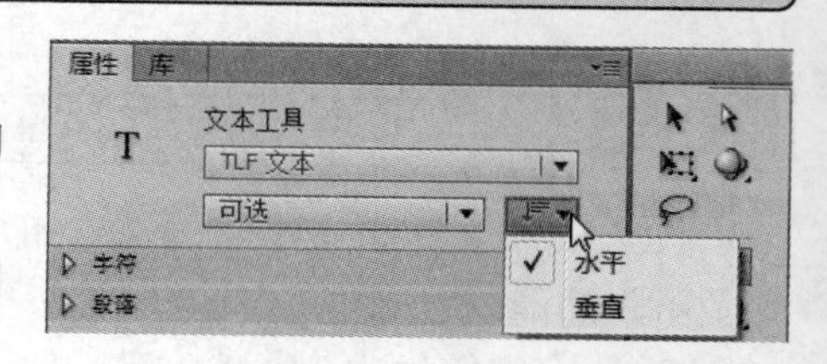

◎ 水平：选择此选项，输入的文本按水平方向显示，如下图（左）所示。

◎ 垂直：选择此选项，输入的文本按垂直方向显示，如下图（右）所示。

Believe in yourself,
I can do it.

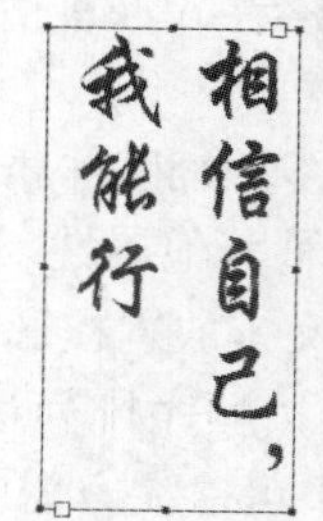

小提示

用户的需要不同，所需输入的文本方向也不一样，传统文本和 TLF 文本的方向选项大同小异。

Flash 文本的创建

在制作 Flash 文档时需要先创建文本，然后才能对其进行各种编辑操作。下面将详细介绍如何创建 Flash 文本。

创建 Flash 文本分为两种，一种是创建可扩展的文本，另一种是创建限制范围的文本。

创建扩展文本

选择文本工具，当鼠标指针变为 ⸆ 形状时在舞台上单击，将在该位置出现一个右上角带有圆圈的文本输入框，直接输入文本即可。使用鼠标拖动右上角的圆圈可以调整文本字段的宽度，此时圆圈变为方框。

创建限制范围文本

选择文本工具，在舞台上单击并拖动鼠标，出现一个右上角带有方框的文本输入框，直接输入文本即可。输入的文本在文本框设定的范围内，并且会自动换行。拖动右上角的方框，即可调整文本字段的宽度。

4.5 Flash 文本的编辑

Flash 文本的编辑其实很简单，可以使用常用的文字处理方法来编辑 Flash 文本，如执行“剪切”、“复制”和“粘贴”命令等。

双击文本对象，文本对象上出现一个实线黑框，如下图（左）所示。此时文本被选中，可以对文本进行添加和删除操作。

编辑完成后，单击舞台空白部分，即可退出文本内容编辑模式，文本外黑色实线框消失，如下图（右）所示。

I 'm Chinese.　　I 'm Chinese.

大多数情况下使用的是 TLF 文本，因此本书主要针对 TLF 文本进行介绍。

多学点

1．设置字符样式

字符样式是应用于单个字符或字符组（而不是整个段落或文本容器）的属性。若要设置字符样式，可以使用文本属性检查器的“字符”和“高级字符”选项。TLF 文本提供了更多字符样式，包括行距、连字、加亮颜色、下画线、删除线、大小写和数字格式等。

在“属性”面板的“字符”选项卡中可以对文本字体、大小和颜色等属性进行设置，具体操作方法如下：

素材：光盘：无　　效果：光盘：效果\04\设置字符样式.fla

难度：★★★☆☆　　视频：光盘：视频\04\设置字符样式.swf

01 新建“设置字符属性”文档。打开“属性”面板，设置背景颜色为黄色。

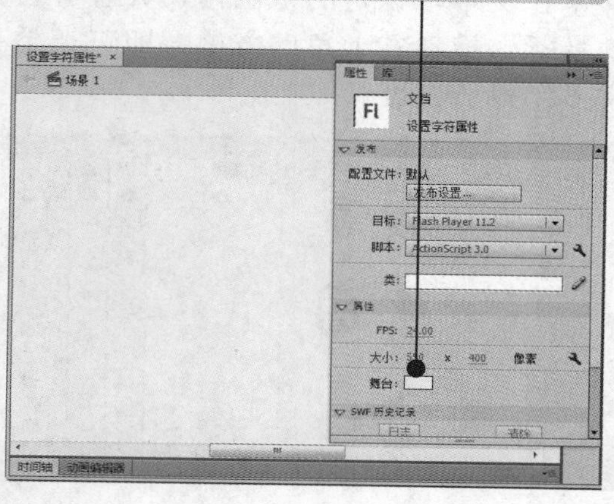

02 选择文本工具，设置为“TLF文本”。

03 在舞台创建文本容器，输入文本。

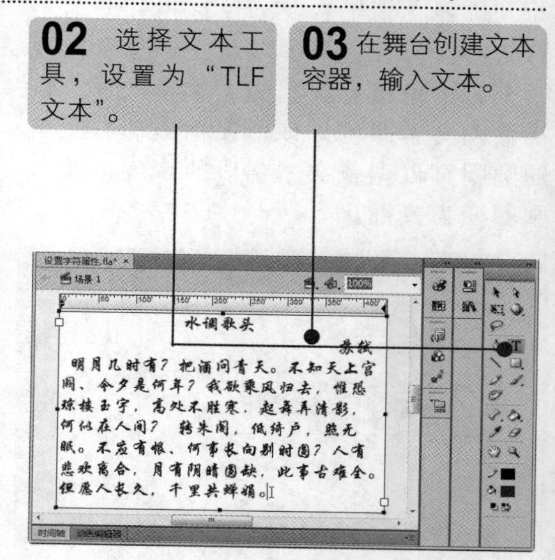

04 选择文本，展开“字符”选项。

05 设置文本“字符”属性。

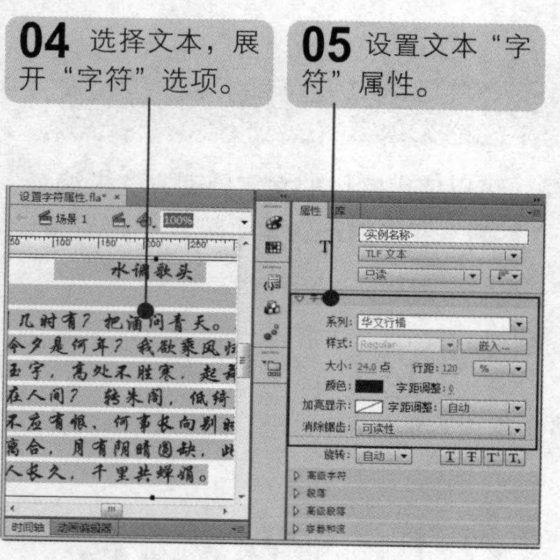

06 选中文本，单击“加亮显示”图标。

07 选择颜色，为文本添加底纹。

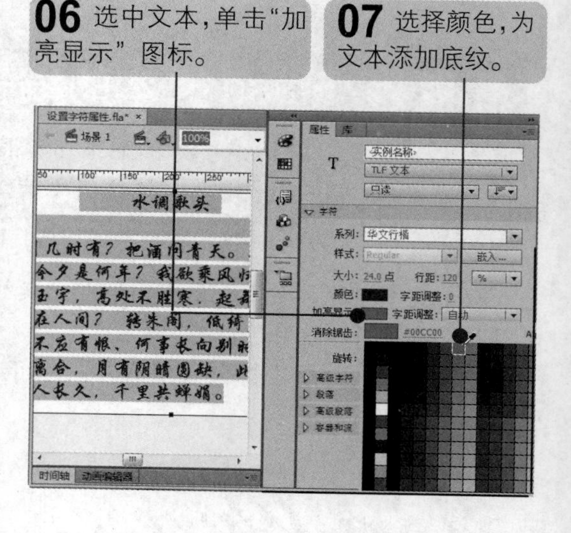

小提示　在 TLF 文本引擎中，当双击文本时，其他非文本的属性选项会消失，这使得用户在设置文本属性时思路更加清晰。

08 在文本外的位置单击，取消文本选择。

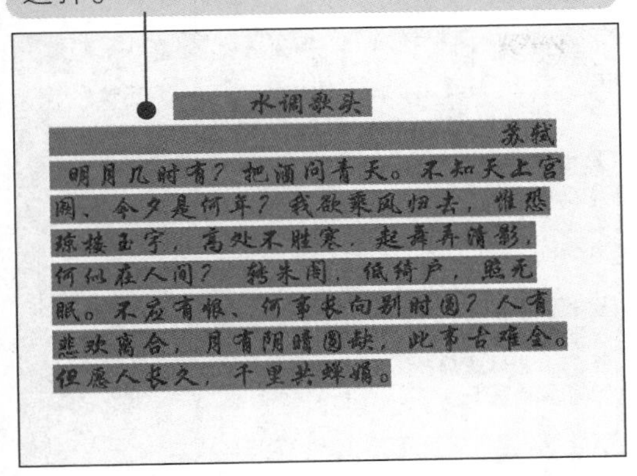

高手点拨

设置字符样式主要是针对文本自身。也可以对文本设置高级字符，包括添加链接、目标等。

2. 设置段落样式

在 TLF 文本中，使用文本“属性”面板中的“段落”和“高级段落”选项卡可以对段落样式进行设置。

（1）设置段落属性

TLF 文本的段落属性与传统文本相似，包括对齐、边距、缩进和间距等。

◎ 对齐：用于设置段落文本水平对齐或垂直对齐。

◎ 边距：用于指定左边距和右边距的宽度，默认值为 0。

◎ 缩进：用于设置段落文本的缩进值。

◎ 间距：用于设置段落文本的前后间距。

下面将通过实例来介绍如何设置文本的段落属性，具体操作方法如下：

素材：光盘：无　　效果：光盘：效果\04\设置段落样式.fla

难度：★★★☆☆　　视频：光盘：视频\04\设置段落样式.swf

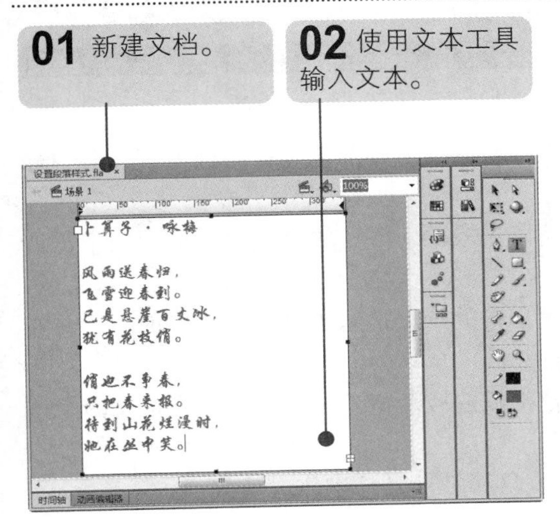

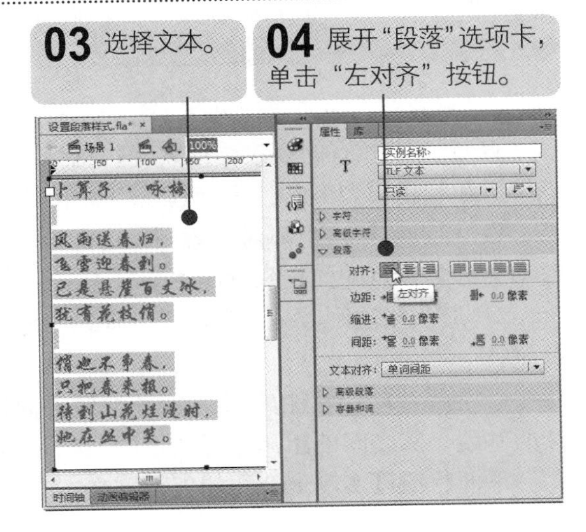

在设置段落对齐时，可以在“文本对齐”下拉列表框中选择“字母”或“单词间距”两种方式，它对英文段落的效果很明显。

05 修改边距值。

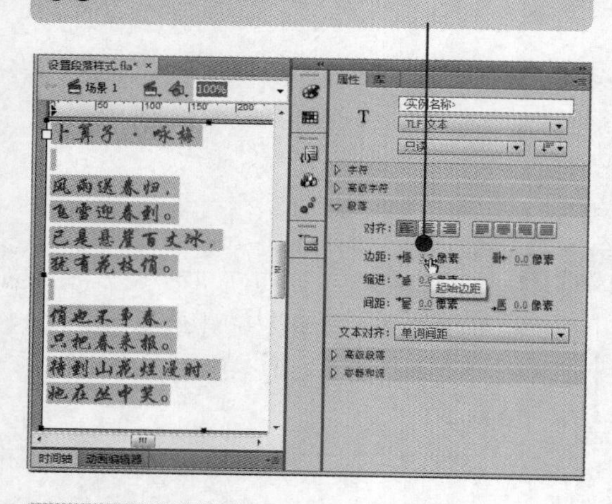

06 设置首行缩进值。

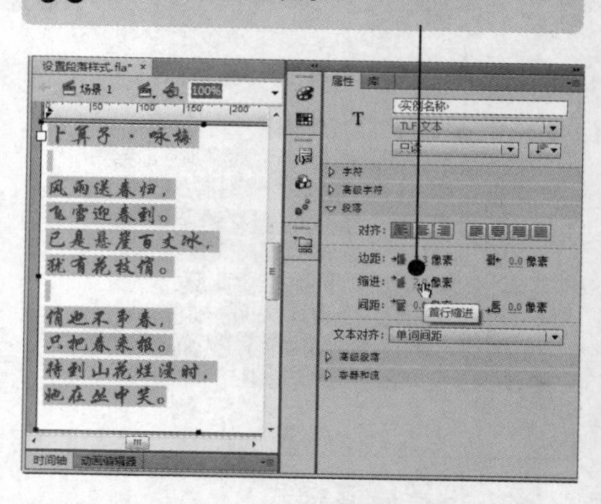

07 设置段落间距。

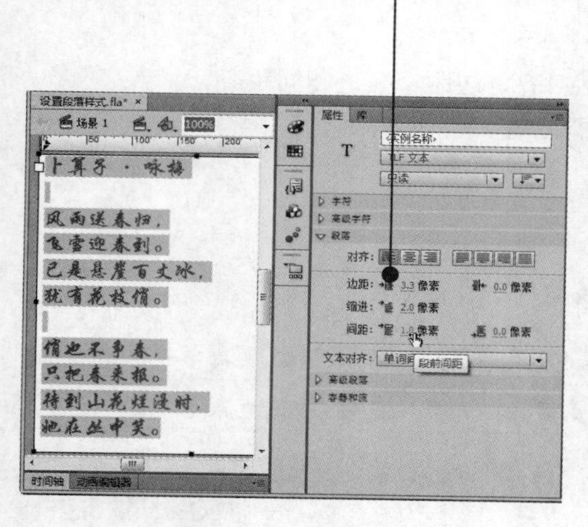

08 查看设置段落样式后的文本。

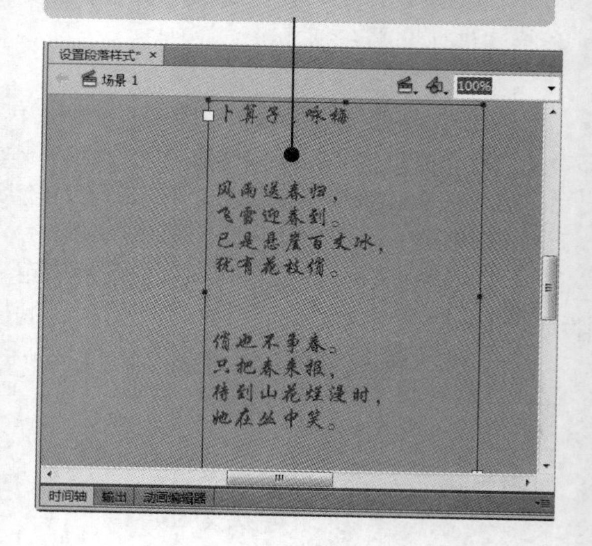

（2）设置高级段落属性

TLF 文本独有的高级段落属性包括标点挤压、避头尾法则类型和行距模型等，其中标点挤压和行距模型经常使用，其作用如下。

◎ 标点挤压：也称对齐规则，用于确定如何应用段落对齐。根据此设置应用的字符调整器会影响标点的间距和行距。

◎ 避头尾法则类型：是用于处理日语避头尾字符的选项，此类字符不能出现在行首或行尾。

◎ 行距模型：是由行距基准和行距方向组合构成的段落格式，行距准线确定了两个连续的基线，其之间的距离是行高设置的相互距离。

下面将通过实例来介绍如何设置文本的高级段落属性，具体操作方法如下：

小提示 TLF（Text Layout Framework，文本布局框架），我们可以使用 TLF 来增强文本布局，并实现一些 TLF 出现之前不能实现的效果。

01 选择“标点挤压”为“间隔”。

02 设置“行距模型”为“上缘下缘（上一行）”。

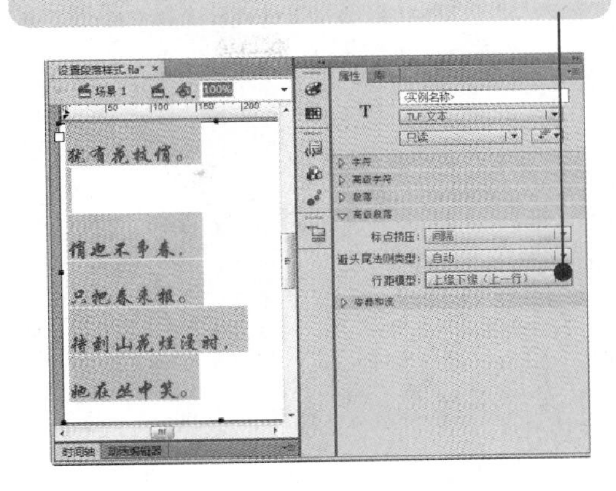

3．设置容器和流属性

TLF 文本独有的“容器和流”属性包括行为、最大字符数、对齐方式、列和填充等，这些属性经常使用，其作用如下。

◎ 行为：此选项控制容器如何随文本量的增加而扩展。

◎ 最大字符数：此选项可设置文本容器中允许的最多字符数。

◎ 对齐方式：可设置文本容器内文本的对齐方式，包括顶对齐、居中对齐、底对齐和两端对齐。

◎ 列：此选项仅适用于文本容器，可以设置容器内文本的列数和列间距，默认值为 1，最大值为 50。

◎ 填充：可以设置文本和选定容器之间的边距宽度，4 个边距都可以设置“填充”。

下面将通过实例来介绍如何设置文本容器和流属性，具体操作方法如下：

素材：光盘：无　　效果：光盘：无

难度：★★★☆☆　　视频：光盘：视频\04\设置容器和流属性.swf

01 设置“行为”为“多行”。

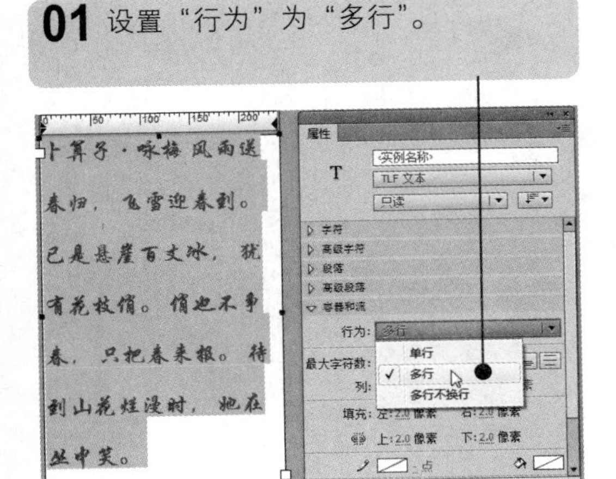

02 选择容器。

03 单击“将文本与容器顶部对齐”按钮。

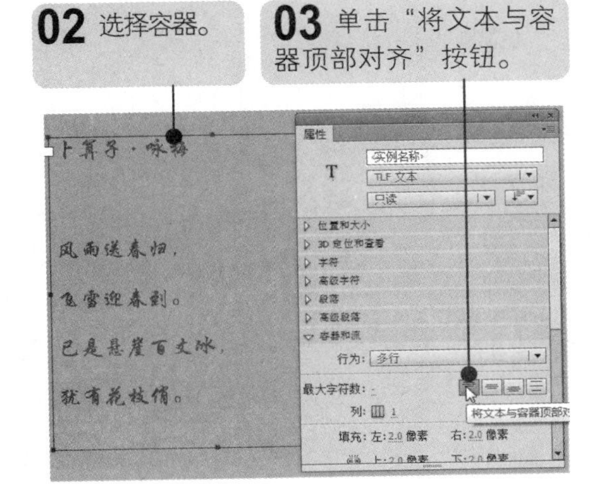

最大字符数和行为中的密码，仅当文本类型为“可编辑”时有效，它们不适用于“只读”和“可选”文本类型。

04 修改容器内文本的列数值。

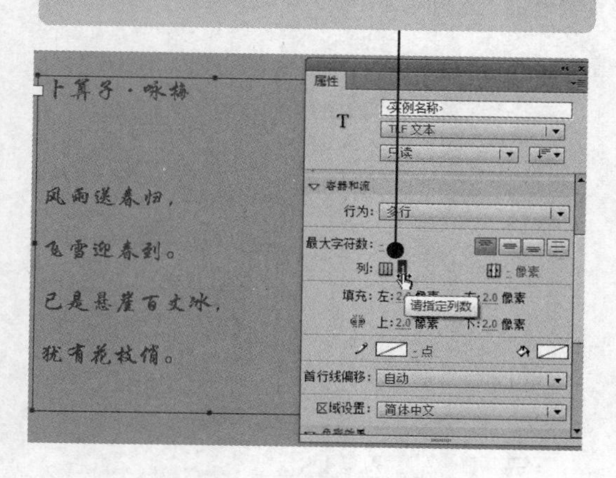

05 设置文本和选定容器间的边距宽度值。

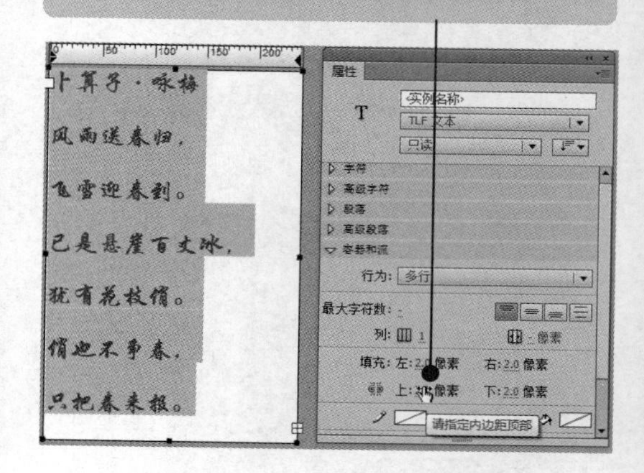

4．跨多个容器的流动文本

文本也可以在多个容器之间进行串接或链接，其仅对于TLF（文本布局框架）文本可用，不适用于传统文本。文本容器可以在各个帧之间和元件内串接，但所有串接容器要位于同一时间轴内。右图所示为输入文本的文本容器。

（1）创建链接

下面将通过实例来介绍如何链接两个或更多文本容器，具体操作方法如下：

素材：光盘：素材\04\创建链接多个文本.fla　效果：光盘：效果\04\创建链接多个文本.fla

难度：★★★☆☆

视频：光盘：视频\04\跨多个容器的流动文本.swf

01 打开素材文档。

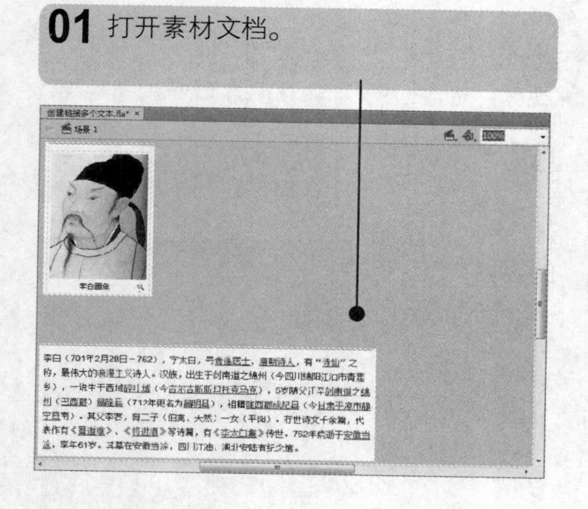

02 选择 TLF 文本，在舞台中拖出一个空白容器，输入文字。

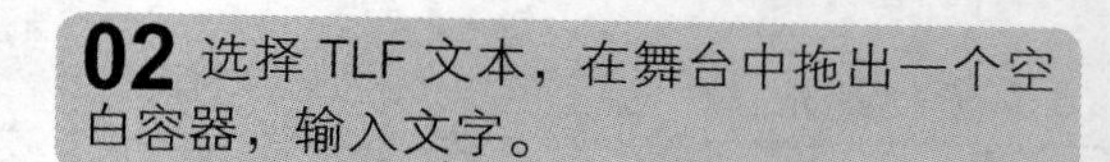

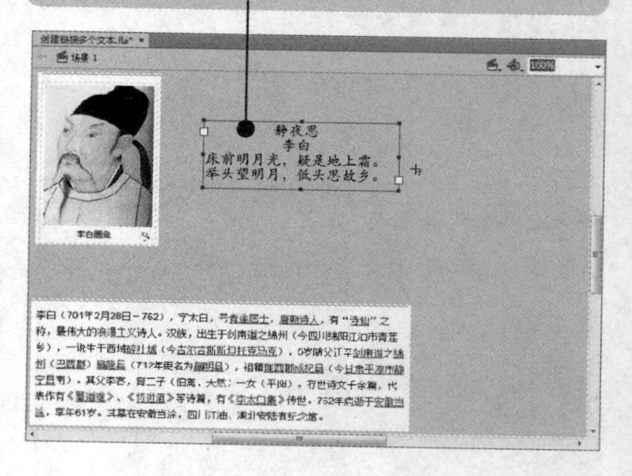

小提示　在创建链接后，第二个文本容器获得第一个容器的流动方向和区域设置。取消链接后，设置仍然保留在第二个容器中，而不回到链接前的设置。

03 使用文本工具绘制一个容器，输入文本。调用选择工具，单击“溢出”图标。

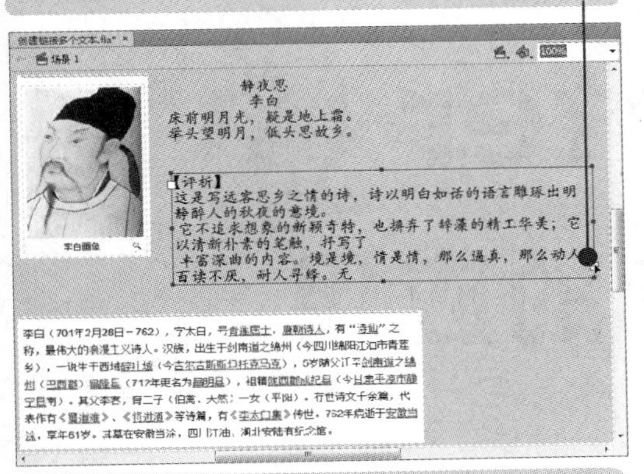

04 指针变成时，将其移至要添加容器的位置。拖动添加新容器，溢出文本自动流入容器中。

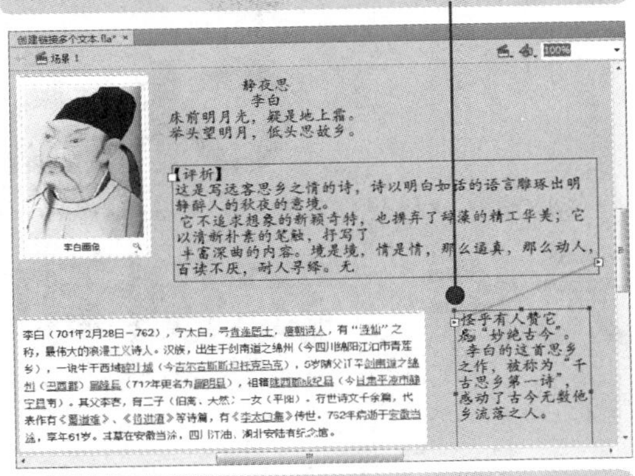

05 按【Ctrl+Z】组合键，取消本次链接。选择文本工具，添加一个空白容器。

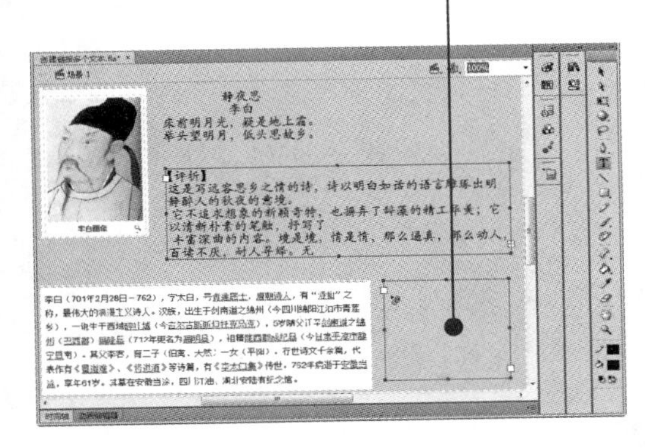

06 单击“溢出”图标。将指针移至空白容器中，变成时单击新建容器。

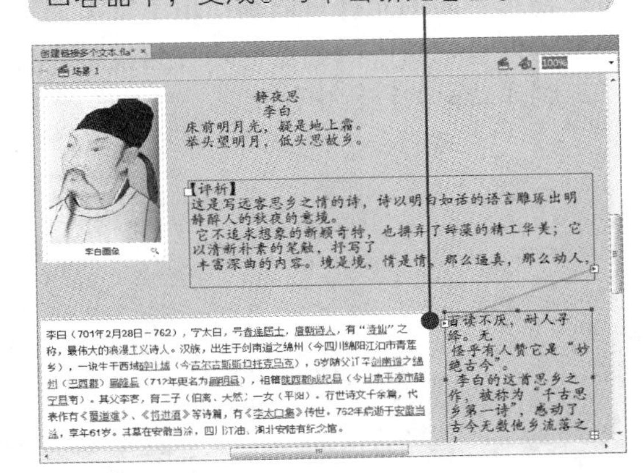

（2）取消链接

要取消两个文本容器之间的链接，有以下两种方法。

方法一：双击端口

将容器置于编辑模式，然后双击要取消链接的进端口和出端口，文本将流回第一个容器。

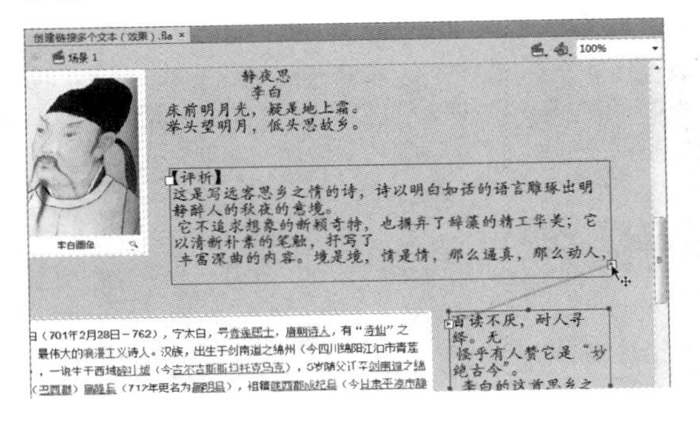

方法二：删除容器

选中其中一个链接文本容器，按【Delete】键删除，文本将自动流入未删除的容器。

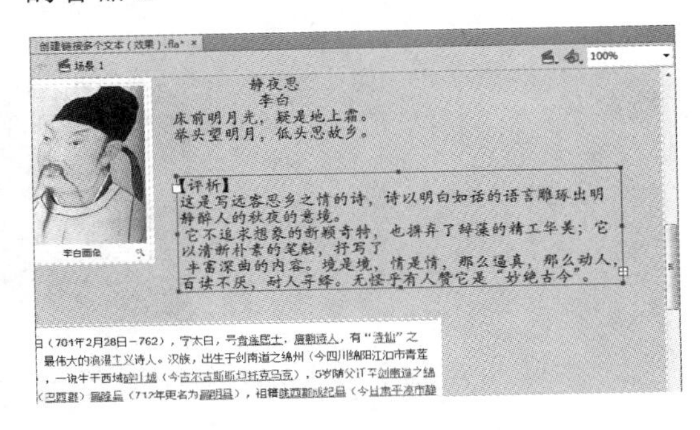

预计学习时间 70 分钟

Chapter 05

元件、实例和库的应用

元件和实例是构成一部影片的基本元素，动画设计者通过综合使用不同的元件可以制作出丰富多彩的动画效果。在“库”面板中可以对文档中的图像、声音与视频等资源进行统一管理，以方便在制作动画的过程中使用。

要点导航

- 时间轴和帧
- 认识元件、实例和库
- 元件的创建与编辑
- 实例的创建与编辑
- “库”面板
- 综合实战——制作春夏秋冬动画

重点图例

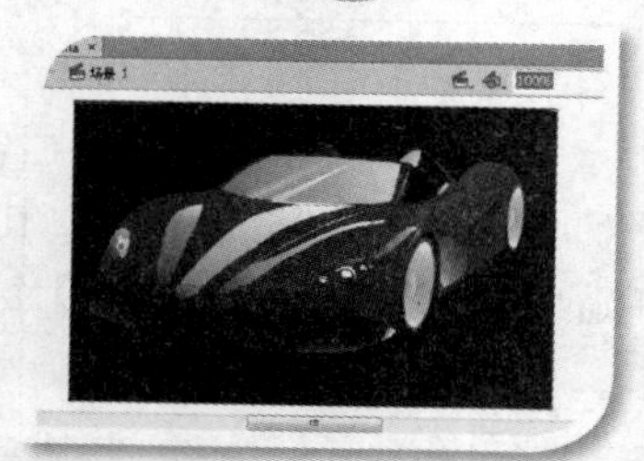

时间轴和帧

在 Flash 中，动画的内容都是通过“时间轴”面板来组织的。“时间轴”面板将动画在横向上划分为帧，在纵向上划分为图层。下面将详细介绍时间轴和帧的相关知识。

5.1.1 认识“时间轴”面板

“时间轴”面板用于组织空间和一定时间内的图层及帧中的内容，它的主要组件是图层、帧和播放头。

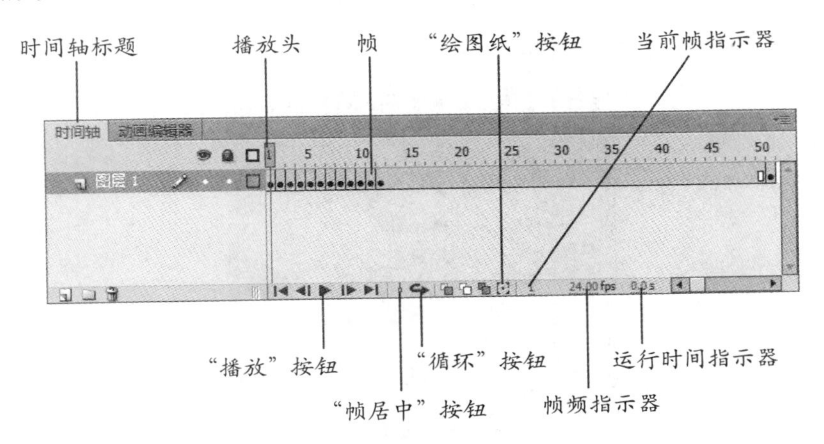

1．操作播放头

“时间轴”面板中的播放头用于控制舞台上显示的内容。舞台上只能显示播放头所在帧中的内容。下图（左）所示显示了动画第 10 帧中的内容。下图（右）所示显示了动画第 15 帧中的内容。

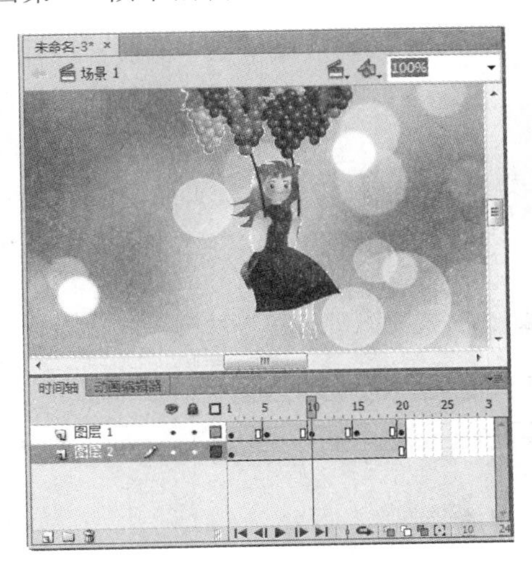

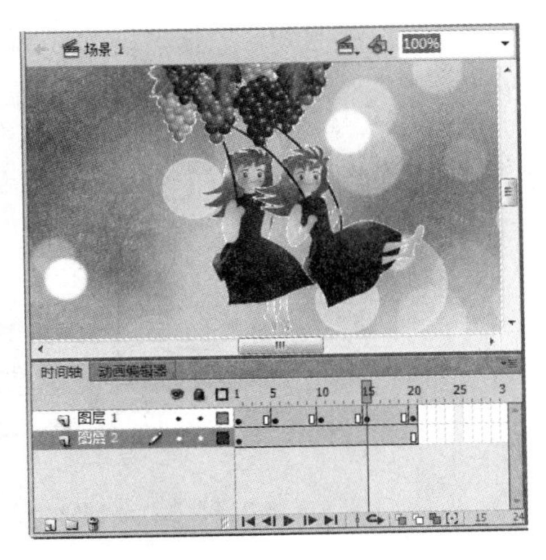

多学点：Flash CS6 是通过关键帧创作动画的，其他帧上的图片可以由 Flash 自动生成。

2．移动播放头

在播放动画时，播放头在时间轴上移动，只是当前显示在舞台中的帧。使用鼠标直接拖动播放头到所需的位置，即可从该位置播放，如下图（左）所示。

3．更改时间轴中的帧显示

单击时间轴右上角的“帧视图”按钮，在弹出的列表中选择显示方式，如下图（右）所示。

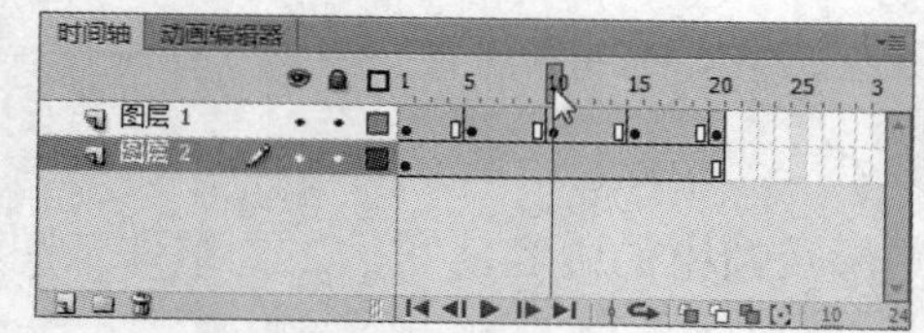

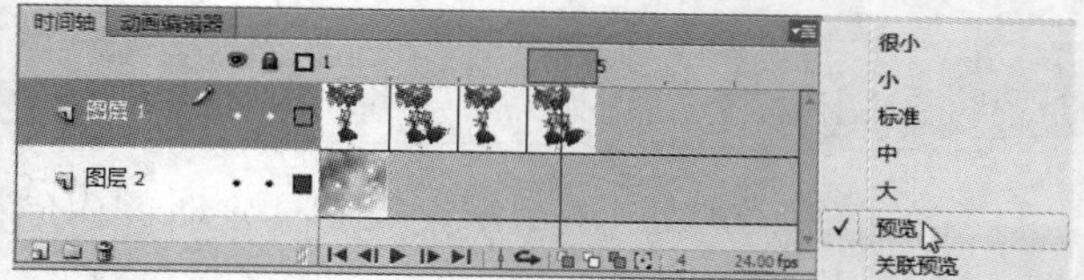

4．设置图层属性

双击时间轴中的图层图标，在弹出的“图层属性”对话框中可以设置图层属性。

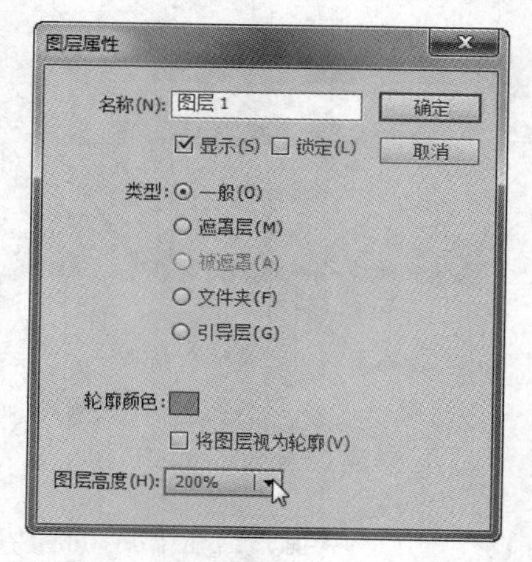

5.1.2 认识帧

电影是通过一张张胶片连续播放而形成的，Flash 中的帧就像电影中的胶片一样，通过连续播放来实现动画效果。帧是 Flash 中的基本单位。在时间轴中使用帧来组织和控制文档内容。

在“时间轴”面板中的每一个小方格就代表一个帧，一个帧包含了动画某一时刻的画面。下图列出了几种帧的常见形式。

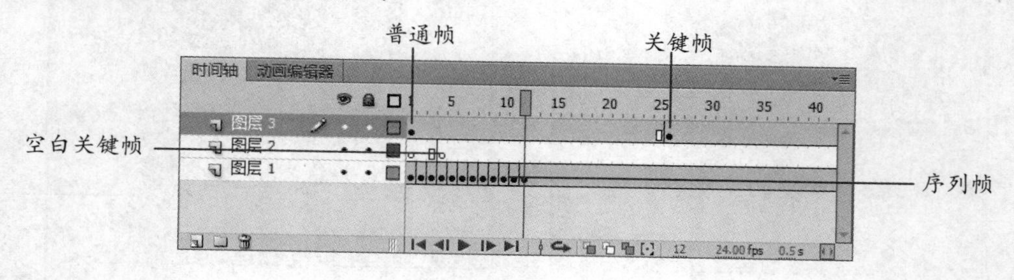

小提示

 选择图层并右击，在弹出的快捷菜单中选择“属性”命令，可以打开“图层属性”对话框。

关键帧

关键帧是时间轴中内容发生变化的一帧。默认情况下，每个图层的第一帧是关键帧。关键帧可以是空的。添加关键帧可以在时间轴上右击，选择“插入关键帧”命令，或直接按【F6】键。

普通帧

普通帧是依赖于关键帧的，在没有设置动画的前提下，普通帧与上一个关键帧中的内容相同。在一个动画中增加一些普通帧可以延长动画的播放时间。若要添加帧，可以在时间轴上右击，选择“插入帧”命令，或直接按【F5】键。

空白关键帧

当新建一个图层时，图层的第 1 帧默认为空白关键帧，即一个黑色轮廓的圆圈。当向该图层添加内容后，这个空心圆圈将变为一个实心圆圈，该帧即为关键帧。若要添加空白关键帧，可以在时间轴上右击，选择“插入空白关键帧”命令，或直接按【F7】键。

序列帧

序列帧就是一连串的关键帧，每一帧在舞台中都有相应的内容。一般序列帧多出现在逐帧动画中。

5.1.3 设置帧频

在设计制作 Flash 动画时，特别需要考虑帧频的问题，因为帧频会影响最终的动画效果。将帧频设置得过高，就会导致处理器问题。

帧频就是动画播放的速度，以每秒所播放的帧数为度量。如果动画的帧频太慢，就会使该动画看起来没有连续感；如果帧频太快，就会使该动画的细节变得模糊，看不清楚。

通常将在网络上传播的动画帧频设置为每秒 12 帧，但标准的运动图像速率为每秒 24 帧。在 Flash 中默认的帧频为 24fps。

若需要修改 Flash 文档的帧频，可以在新建 Flash 文档后，在“属性”面板的“帧频”文本框中进行设置，如下图（左）所示。也可以在舞台中右击，选择“文档属性”命令，在弹出的“文档设置”对话框中进行设置，如下图（右）所示。

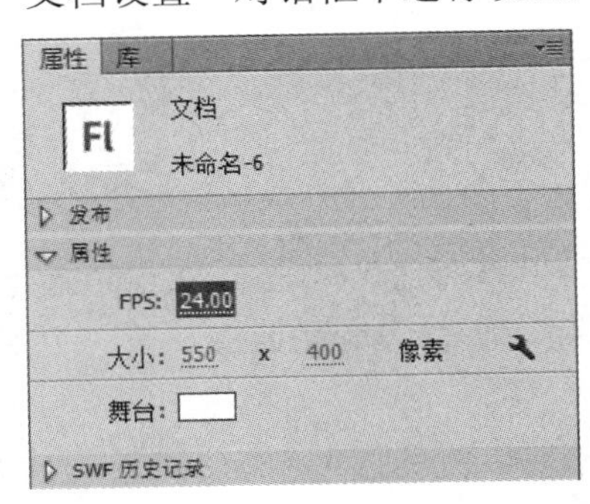

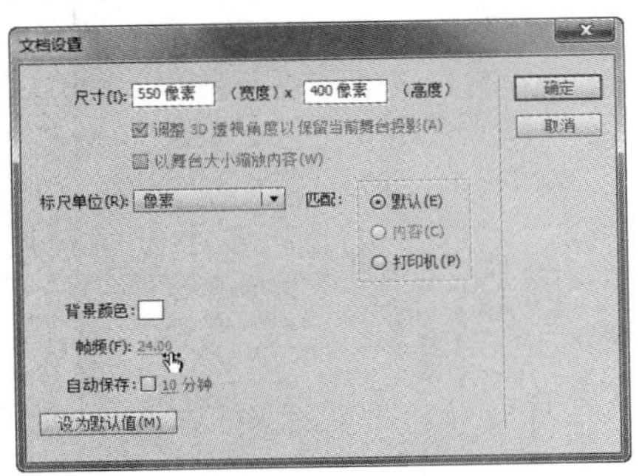

5.1.4 编辑帧

在制作动画的过程中，经常需要对帧进行各种编辑操作。虽然帧的类型比较复杂，在动画中起到的作用也各不相同，但对帧的各种编辑操作都是一样的。

在时间轴中选择图层，然后单击“修改”|“时间轴”|“图层属性”命令，也可以打开“图层属性”对话框。

复制帧

选择要复制的帧并右击，在弹出的快捷菜单中选择“复制帧”命令；选择目标帧并右击，在弹出的快捷菜单中选择“粘贴帧”命令将其粘贴。

删除帧

选择要删除的帧并右击，在弹出的快捷菜单中选择“删除帧”命令即可。或直接按【Shift+F5】组合键，即可删除帧。

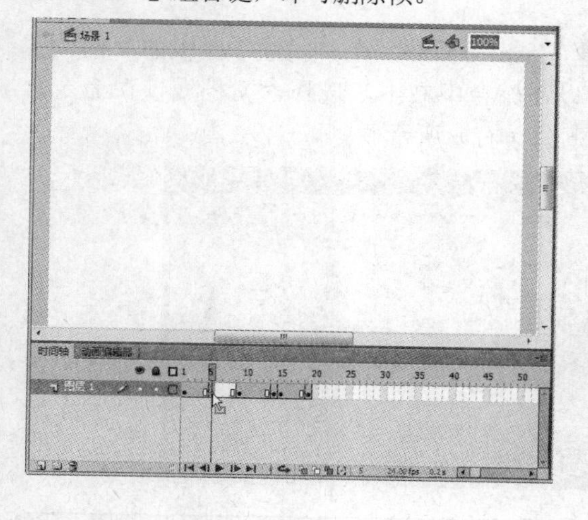

选择帧

若要选择一个帧，则直接单击该帧；若要选择多个连续的帧，可按住【Shift】键并单击其他帧；若要选择多个不连续的帧，可按住【Ctrl】键单击其他帧；若要选择时间轴中的所有帧，可单击“编辑”｜“时间轴”｜“选择所有帧”命令。

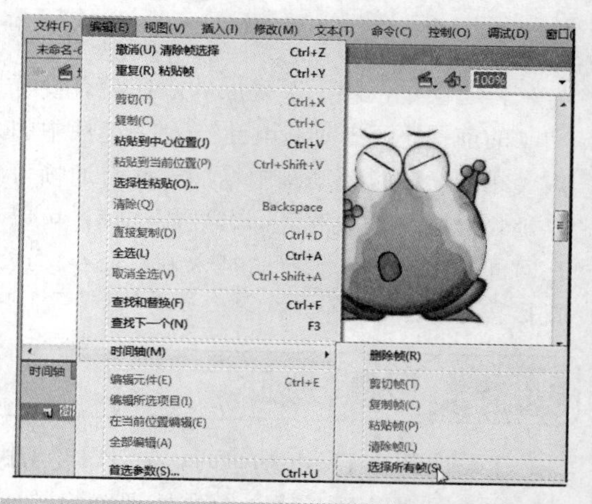

清除帧

在选择的帧上右击，在弹出的快捷菜单中选择“清除帧”命令，即可将帧或关键帧转换为空白关键帧。

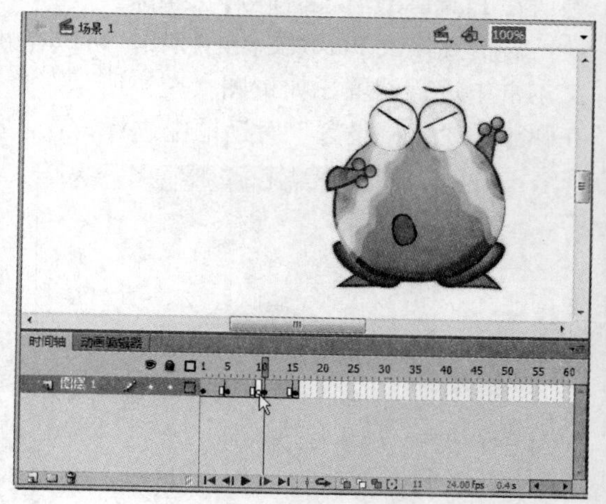

 按住【Alt】键再选择帧，并将关键帧拖到需要的位置即可复制帧。

移动帧

若要移动关键帧序列及其内容，只需将该关键帧或序列拖至所需要的位置即可。

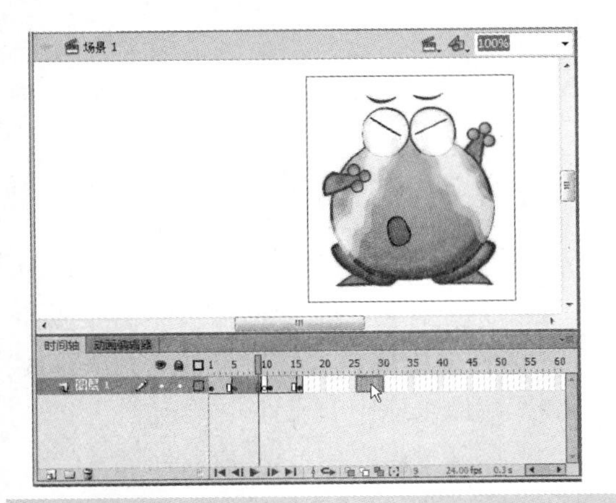

更改静态帧序列的长度

在时间轴选择帧序列，按住【Ctrl】键的同时向左或向右拖动，可以选择开始或结束帧。

翻转帧

选择序列帧并右击，在弹出的快捷菜单中选择“翻转帧”命令，可以将该序列进行颠倒。

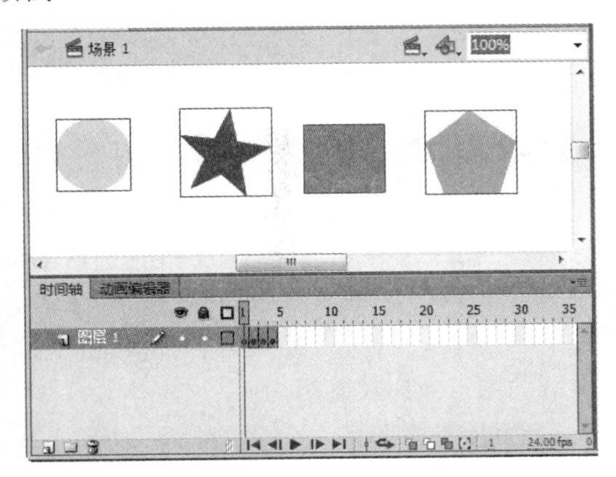

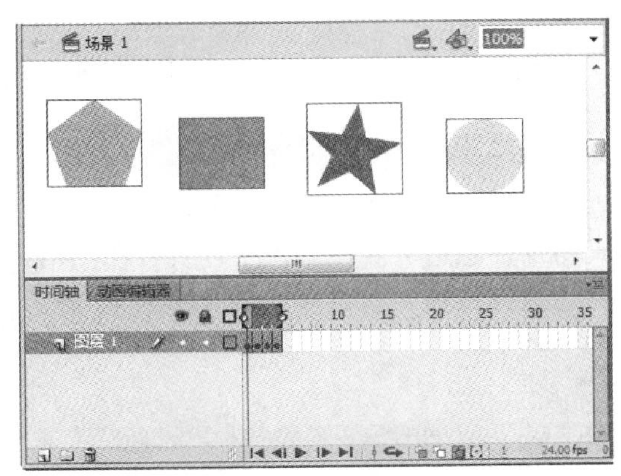

高手点拨

插入帧时，会继承插入帧处前一帧的内容。如果前一帧为关键帧或帧，则舞台上的实例也创建插入的帧或关键帧；如果前一帧为空，则插入的帧也为空。删除帧是删除帧和舞台上的实例，帧数会减少；删除帧也可以删除空白帧或空白关键帧，并且该图层处的帧数会减少。清除帧是清除该帧处舞台上的实例，并将该帧转换为空白关键帧，该图层的帧数不会减少。

在时间轴的下拉菜单中提供了可以更改时间轴位置和大小的命令，通过这些命令可以方便用户对时间轴进行操作。

5.2 认识元件、实例和库

在 Flash 动画中，元件、实例和库的应用非常广泛，是 Flash 动画中不可缺少的重要角色。下面将引领读者认识 Flash 动画中的元件、实例和库。

5.2.1 认识元件与实例

在 Flash 中，元件是存放在当前文件库、公用库、外部库中可以反复使用的图像、按钮和音频等。实例是指各种元件在舞台工作区的应用，是把元件从当前文件库、公用库或外部库拖放到场景中的舞台上的对象。一个元件可以产生许多实例，当修改元件后它所生成的实例也会跟着更新，而修改某一个实例却丝毫不会影响原来库中的元件。

1. 元件

元件是 Flash 动画中的基本构成要素之一，除了便于大量制作之外，它还是制作某些特殊动画所不可或缺的对象。元件创建后便会保存在“库”面板中，它可以反复使用而不会增大文件的体积。每个元件都有自己的时间轴、舞台和图层，可以独立进行编辑。

在 Flash 中共包含了 3 种类型的元件：图形元件、按钮元件和影片剪辑元件。

图形元件

图形元件用于创建可以重复使用的图形或动画，它无法被控制，而且所有在图形中的动画都将被主舞台中的时间轴所控制。

按钮元件

按钮元件用于创建动画中的各类按钮，对应鼠标的滑过、单击等操作。该元件的时间轴中包含“弹起”、“指针经过”和“按下”和“点击”4 个帧，分别用于定义与各种按钮状态相关联的图形或影片剪辑。

影片剪辑元件

影片剪辑元件用于创建动画片段，等同于一个独立的 Flash 文件，其时间轴不受主舞台中时间轴的限制。而且，它可以包含 ActionScript 脚本代码，可以呈现出更为丰富

小提示 若要向文档添加元件，可以在创作或运行时使用共享库资源。

的动画效果。影片剪辑是 Flash 中最重要的元件。

2. 实例

将元件移至舞台中，其就成为一个实例。实例就是元件的"复制品"，一个元件可以产生无数个实例，这些实例可以是相同的，也可以通过编辑得到其他丰富多彩的对象。下图所示为将库中的元件拖至舞台中，成为一个实例。

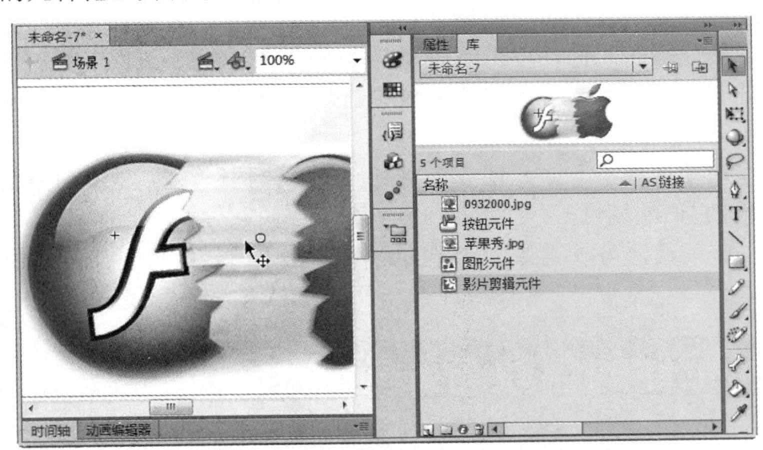

5.2.2 认识库

单击"窗口"|"库"命令或直接按【Ctrl+L】组合键，即可打开"库"面板，如下图（左）所示。"库"面板的上方是标题栏，其下侧是滚动条，拖动滚动条可以查看库中内容的详细信息，如使用次数、修改日期和类型等。选择库中的某个对象，还可以对其进行预览。

下面将对"库"面板中各个按钮的功能进行详细介绍。

◎ ▾≡：单击该功能按钮后将弹出菜单选项，这些菜单命令可用于对库进行各种操作，如下图（右）所示。

"库"面板是存储和组织在 Flash 中创建的各种元件的地方，其还用于存储和组织导入的文件，包括位图图形、声音文件和视频剪辑。

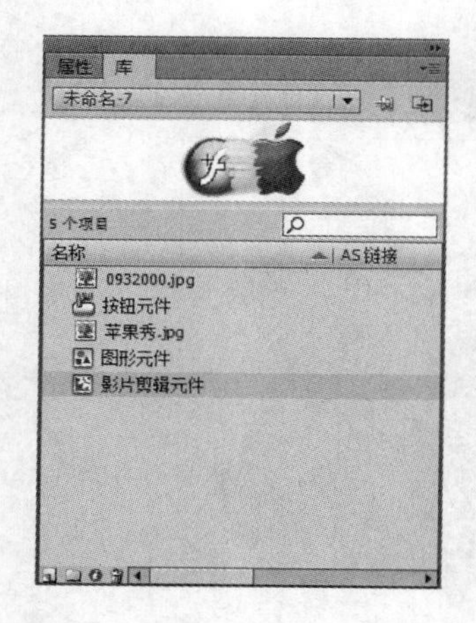

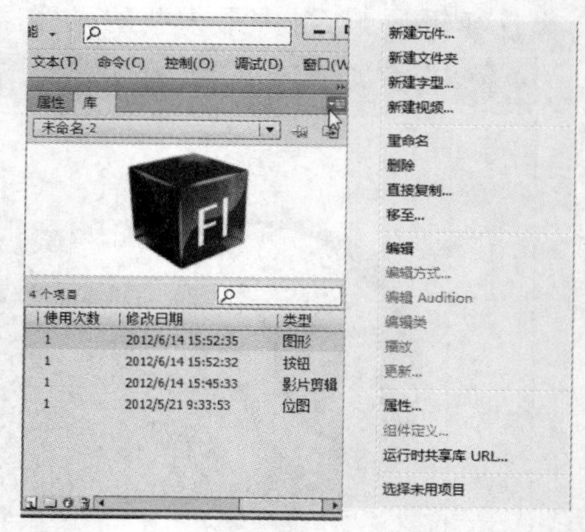

◎ ：单击该按钮，将新建一个“库”面板，其内容与当前文档库中的内容相同。

◎ ：单击该按钮后变为形状，此时切换到别的文件，“库”面板不会发生变化。

◎ 4个项目：显示库中包含对象的数量。

◎ ：单击该按钮，可以颠倒“库”面板中元件和素材的排列顺序。

◎ 未命名-2：当同时打开多个文件时，在该下拉列表框中可以选择要使用的库。

◎ ：用于创建新的元件，单击该按钮，将弹出“创建新元件”对话框。

◎ ：单击该按钮，可以在“库”面板中新建一个文件夹，用于对库中的元件和素材进行管理。

◎ ：当在库中选择了一个元件或素材时，单击该按钮，将弹出对应的属性对话框，从中可以重新设置它们的属性。

◎ ：单击该按钮，可以删除所选择的元件、素材或文件夹。

5.3 元件的创建与编辑

在 Flash CS6 中，可以通过新建元件或转换为元件的方法创建元件。已创建的元件也可以进行编辑与重置，使其成为新元件。下面将详细介绍元件的创建与编辑方法。

5.3.1 创建元件

在 Flash CS6 中，元件分为 3 种类型，即图形元件、影片剪辑元件和按钮元件。可以通过转换为元件或直接新建元件的方法创建元件。下面将详细介绍如何创建元件。

素材：光盘：素材\05\01.fla　　效果：光盘：效果\05\01.fla

难度：★☆☆☆☆　　视频：光盘：视频\05\创建元件.swf

小提示 可以将库资源作为 SWF 文件导出，从而在运行 Flash 动画时共享该库中的资源。

1. 创建图形元件的方法

无论是哪种类型的元件，其创建方法都是相同的。在 Flash CS6 中，通常有 3 种常用的创建元件的方法，下面将以创建图形元件为例分别进行介绍。

（1）将舞台上的图形转换为元件

将舞台上的图形转换为元件的具体操作方法如下：

01 打开素材文件。

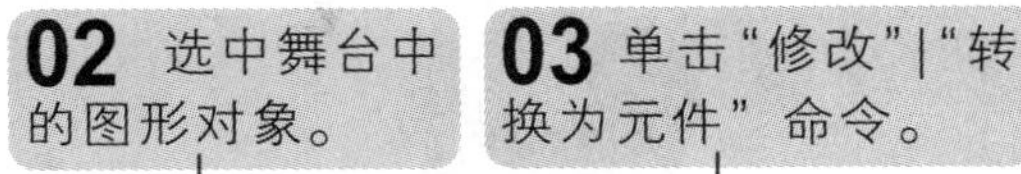

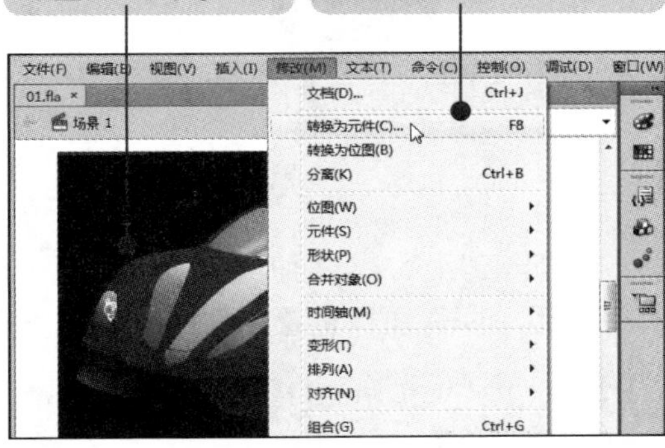

04 输入元件名称。

05 单击“确定”按钮。

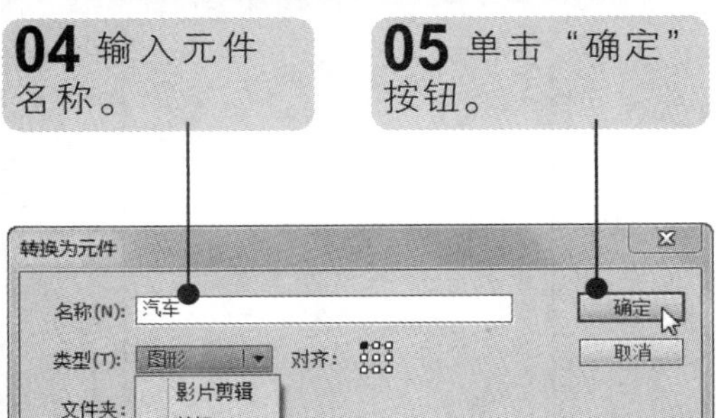

06 展开“库”面板，查看增加的图形元件。

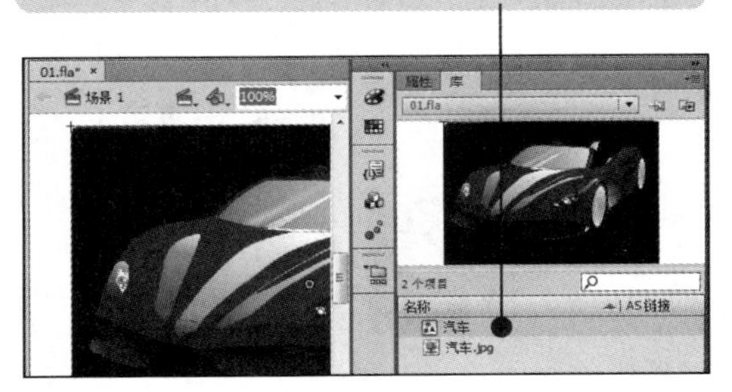

（2）创建空的元件并添加内容

创建空的元件并添加内容的具体操作方法如下：

素材：光盘：素材\05\02.fla　　效果：光盘：效果\05\02.fla

难度：★☆☆☆☆

01 单击“插入”|“新建元件”命令。

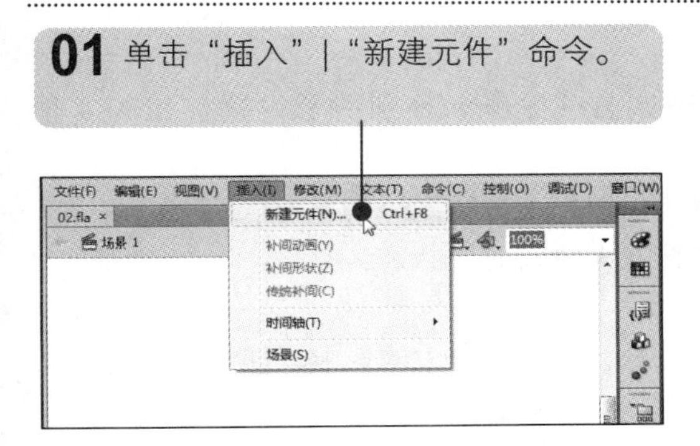

02 输入元件名称，选择“图形”类型。

03 单击“确定”按钮。

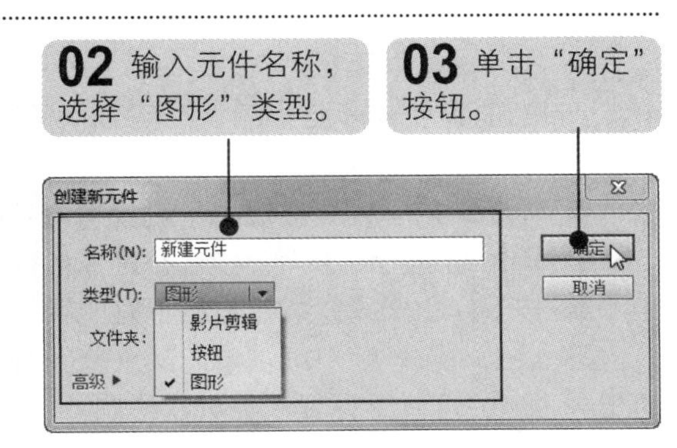

按【Ctrl+F8】组合键，即可打开“创建新元件”对话框。

多学点

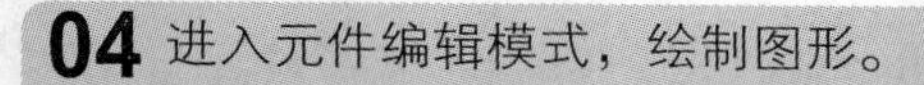

04 进入元件编辑模式，绘制图形。

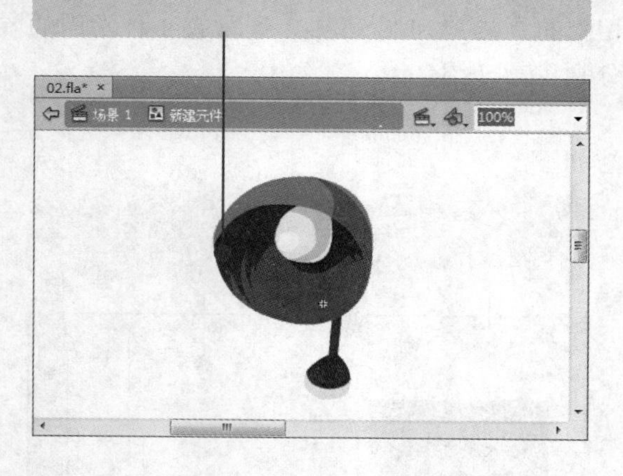

05 单击“场景 1”标签。

06 在“库”面板中查看新建元件。

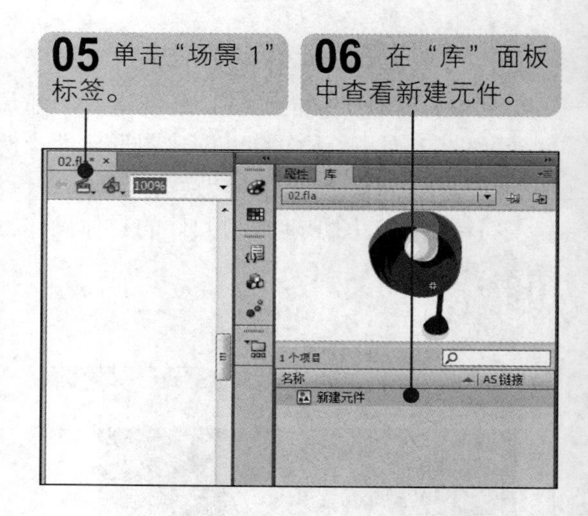

（3）使用“库”面板重置元件

使用“库”面板重置元件的具体操作方法如下：

01 在“库”面板中选择元件并右击。

02 选择“直接复制”命令。

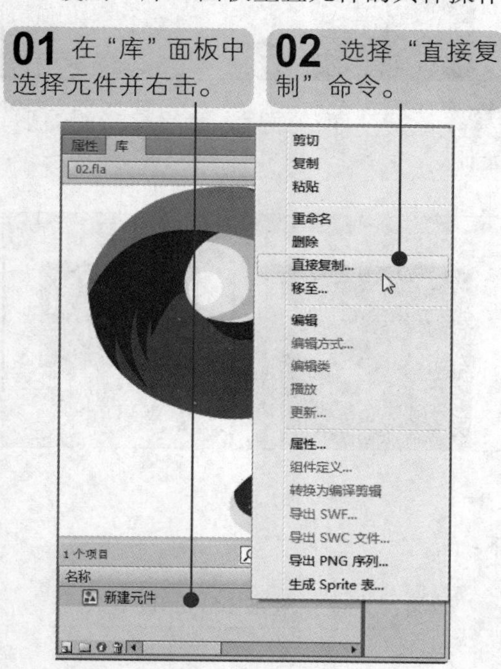

03 修改元件名称和类型。

04 单击“确定”按钮。

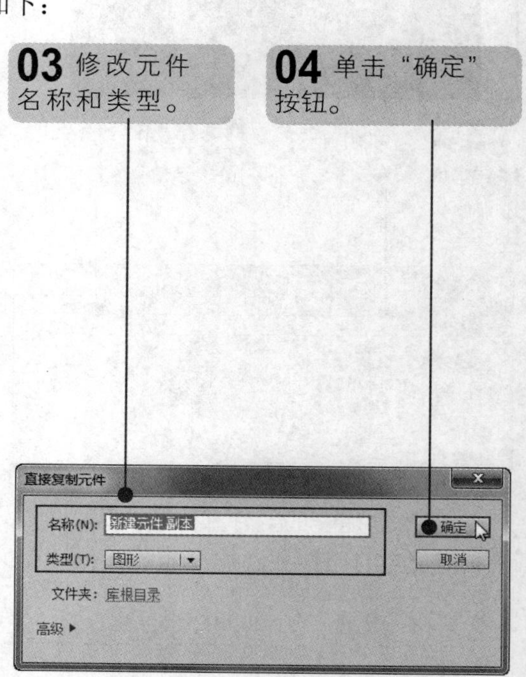

2. 创建按钮元件

在按钮元件编辑模式的“时间轴”面板中共有 4 个帧，分别用于设置按钮的 4 种状态。

◎ 弹起：用于设置按钮的一般状态，即鼠标指针位于按钮之外的状态。

◎ 指针经过：用于设置按钮在鼠标指针从按钮上滑过时的状态。

◎ 按下：用于设置按钮被按下时的状态。

◎ 点击：在该帧中可以指定某个范围内单击时会对按钮产生的影响，即用于设置按钮的相应区域。可以不设置，也可以绘制一个图形来表示范围。

小提示

重置元件相当于将元件中的元素复制到新建的元件中在编辑一个元件时，不会影响另一个元件。

若要创建按钮元件，具体操作方法如下：

素材：光盘：无　　效果：光盘：无

难度：★☆☆☆☆　　视频：光盘：视频\05\创建按钮元件.swf

01 创建新元件，设置名称和类型。

02 单击“确定”按钮。

03 进入按钮元件编辑模式，显示“弹起”、“指针经过”、“按下”和“点击”4 个帧。

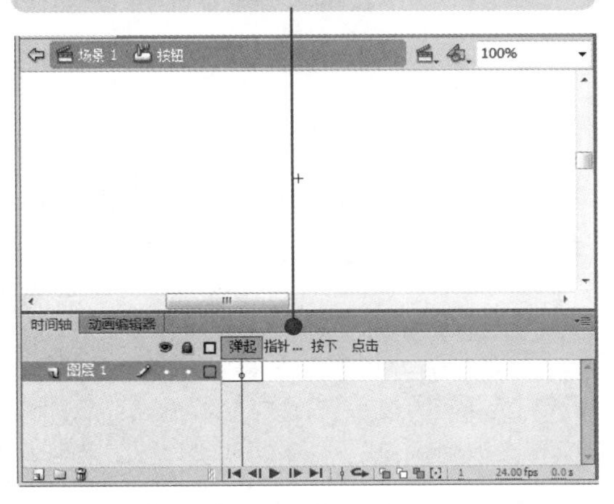

04 选择“弹起”帧，绘制红色椭圆。

05 输入白色文本“弹起”。

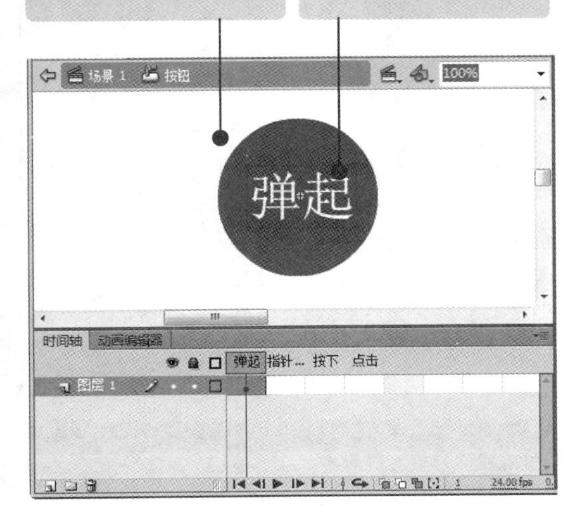

06 选择“指针经过”帧，插入关键帧。修改椭圆颜色为蓝色，文字为红色“经过”。

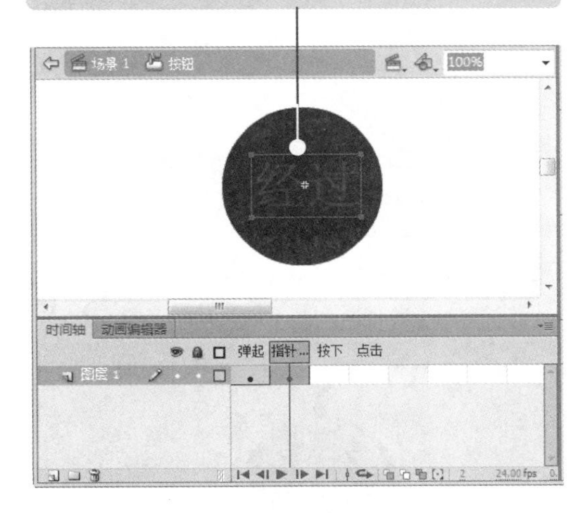

高手点拨

制作按钮元件时，包括“弹起”、“指针经过”、“按下”和“点击”4 个帧，每帧都可以添加不同的图形。

07 选择“按下”帧，插入关键帧。修改椭圆颜色为绿色，修改文字为黄色“按下”。

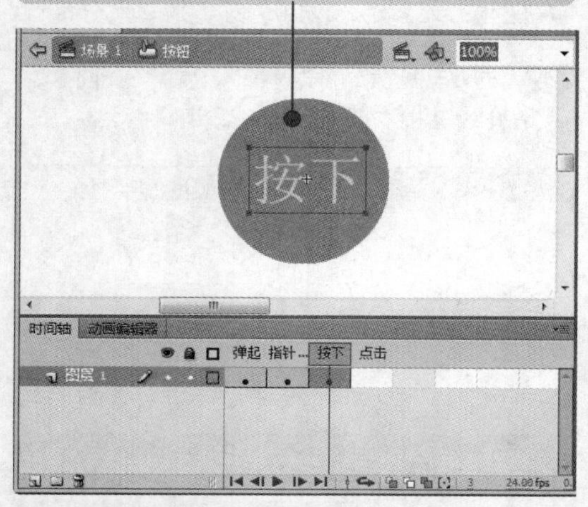

08 选择“点击”帧，插入空白关键帧。单击“时间轴”面板“绘图纸外观”按钮，绘制黄色椭圆。

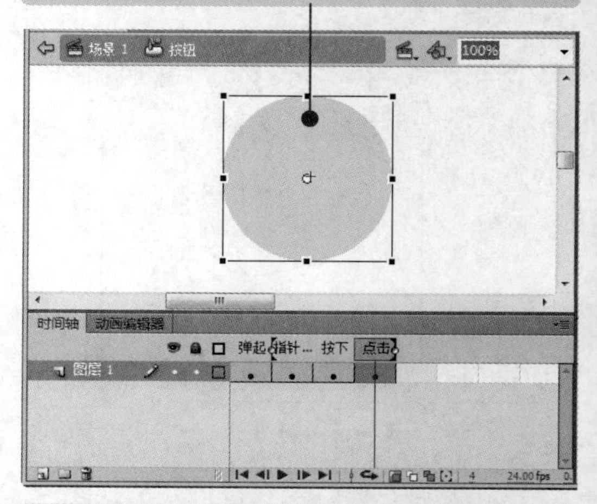

09 单击“场景 1”标签，返回场景。

10 在“库”面板中查看创建的按钮元件。

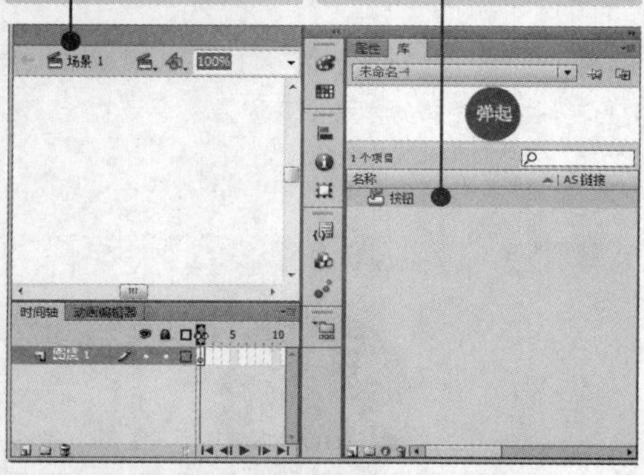

11 将“库”面板中的按钮元件拖至舞台中，单击“控制”|“启用简单按钮”命令。

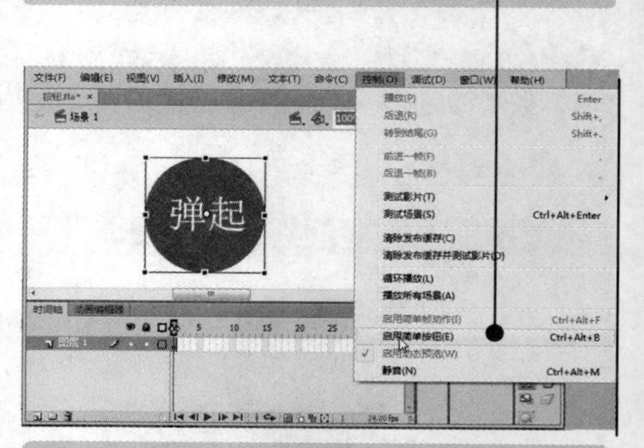

12 使用鼠标测试按钮效果。

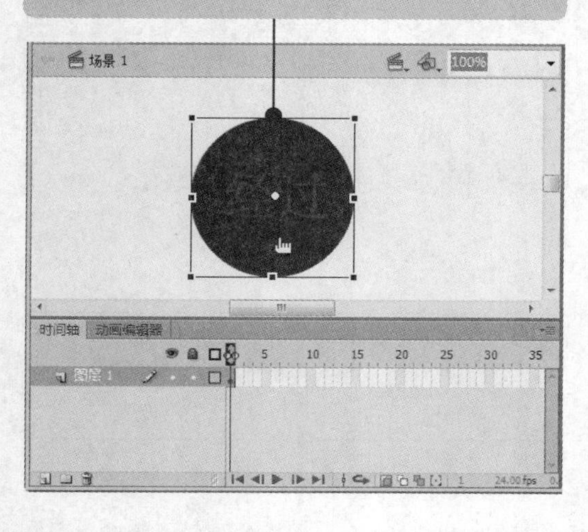

13 按【Ctrl+Enter】组合键测试效果。

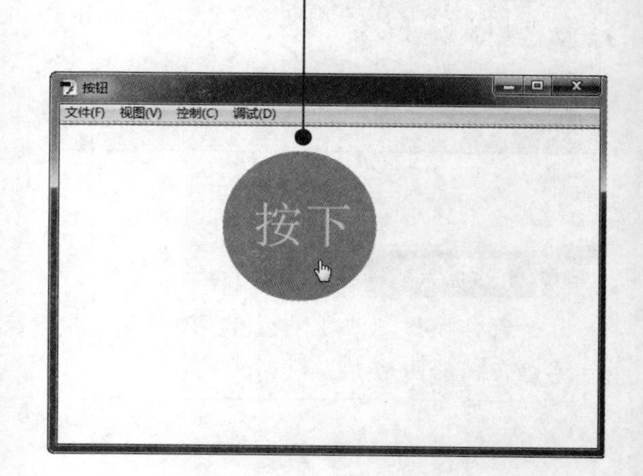

小提示

如果编辑一个元件或将一个实例重新链接到不同的元件，则已经更改的实例属性仍将应用于该实例。

3. 创建影片剪辑元件

下面将通过实例来介绍如何创建影片剪辑元件，具体操作方法如下：

素材：光盘：素材\05\03.fla　　效果：光盘：效果\05\03.fla

难度：★☆☆☆☆　　视频：光盘：视频\05\创建影片剪辑元件.swf

01 打开素材文件，新建“戏曲”影片剪辑元件。

02 单击“确定”按钮。

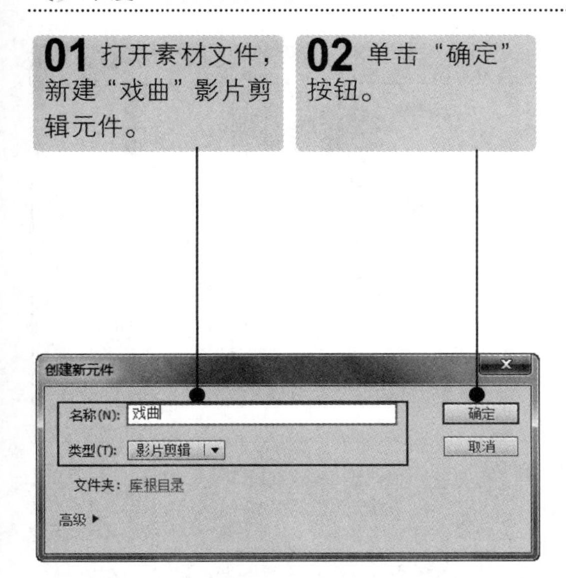

03 进入影片剪辑元件编辑模式。

04 打开“库”面板，选择“位图2”。

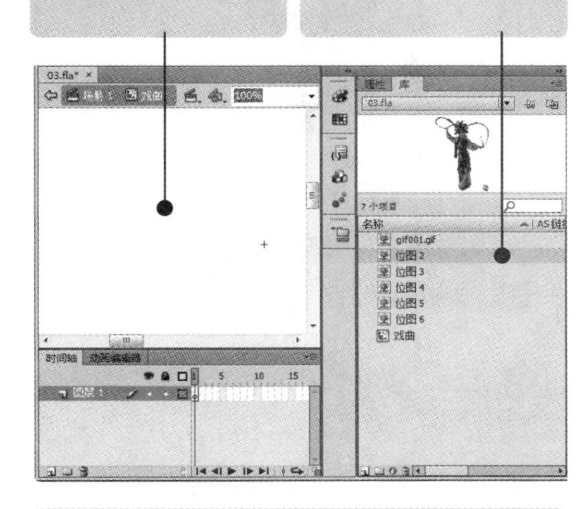

05 将“位图2”移至影片剪辑元件编辑窗口中。

06 打开“对齐”面板，将对象设置为舞台居中。打开“变形”面板，将对象缩放到60%。

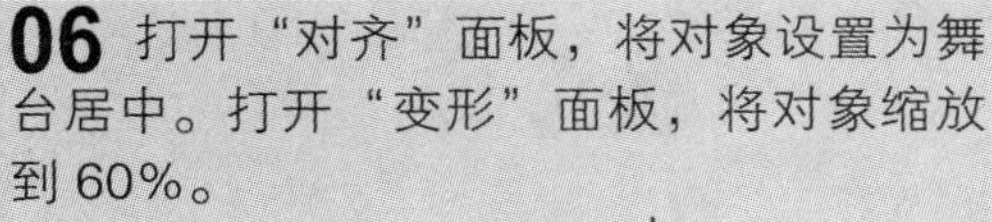

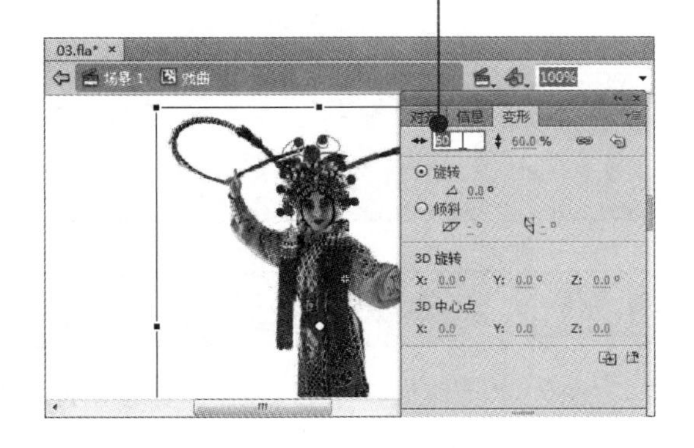

高手点拨

将图形拖动至舞台中，打开“变形”面板，直接修改参数，或拖动修改参数都可。

影片剪辑可以是一个多帧、多图层的动画，但它的实例在主时间轴中只占一帧。

07 在第 20 帧处插入关键帧。将舞台对象水平翻转，复制第 1 帧，粘贴到第 40 帧。

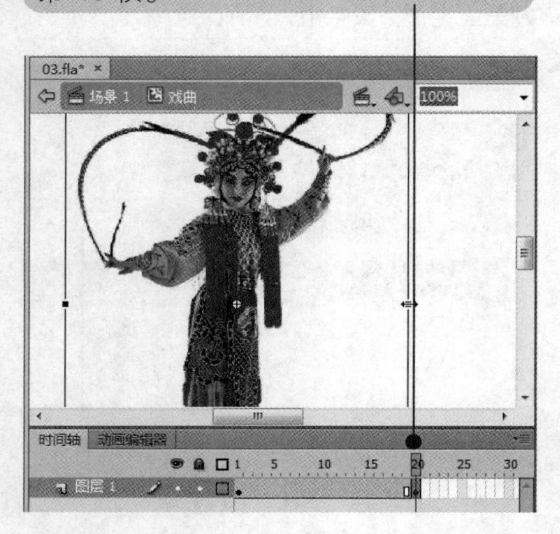

08 返回场景，在“库”面板中查看创建的影片剪辑元件，并移至舞台上。

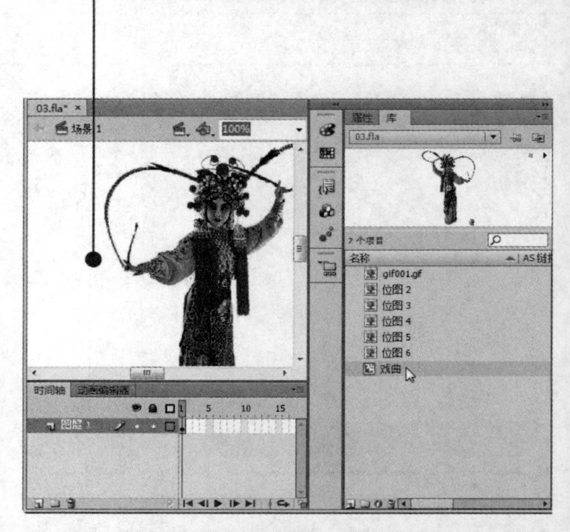

09 单击“控制”|“测试影片”|“测试”命令，测试影片。

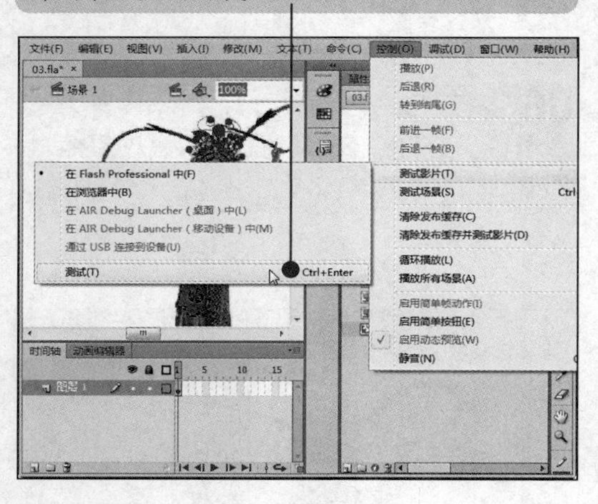

10 查看测试影片效果。

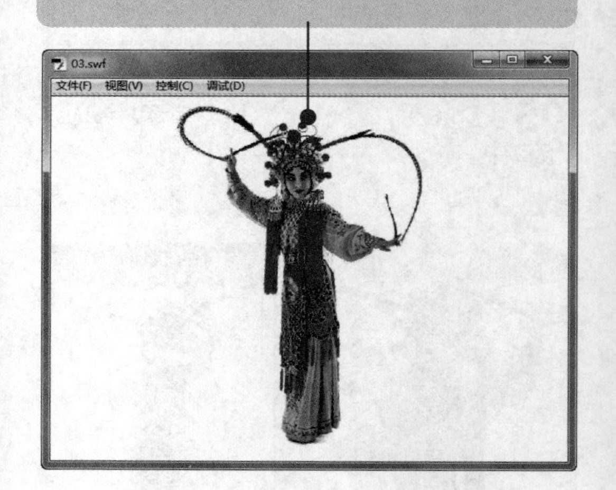

5.3.2 编辑元件

在创建元件后，可以根据需要对元件进行编辑。在“库”面板中双击要编辑的元件，即可进入元件的编辑模式进行编辑操作，如下图（左）所示。

在舞台中选中要编辑的元件，单击“编辑”|“编辑元件”命令，也可以进入其编辑模式，如下图（右）所示。

 编辑元件时，可以使用绘画工具导入媒体或创建其他元件的实例。

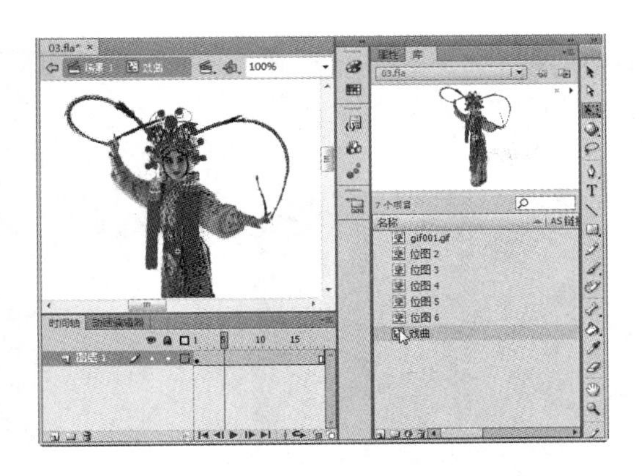

5.4 实例的创建与编辑

在创建元件后，可以在文档中的任何地方创建该元件的实例。当修改元件时，Flash 将会自动更新所有的实例。下面将详细介绍实例的创建与编辑方法。

5.4.1 创建实例

元件仅存在于“库”面板中，当将库中的元件拖入舞台后，它便成为一个实例。拖动一次便产生一个实例，拖动两次则可以产生两个实例。

在 Flash CS6 中创建实例的具体操作方法如下：

素材：光盘：素材\05\04.fla 效果：光盘：效果\05\04.fla

难度：★☆☆☆☆ 视频：光盘：视频\05\创建实例.swf

01 打开素材文件。

02 将“心形”图形元件从“库”面板拖至场景中。

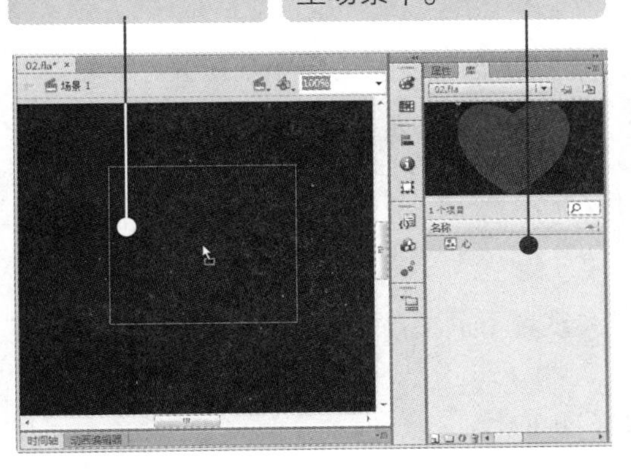

03 松开鼠标，“心形”元件第一个实例就出现在场景中。

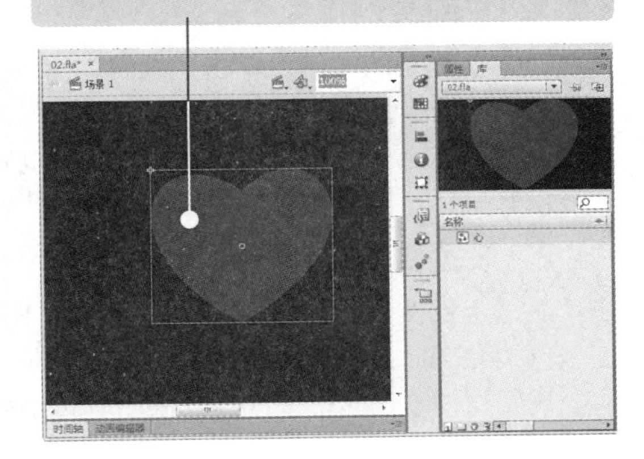

实例必须放置在关键帧中。如果创建实例时没有选择关键帧，那么 Flash 会将实例添加到当前帧左侧的第一个关键帧上。

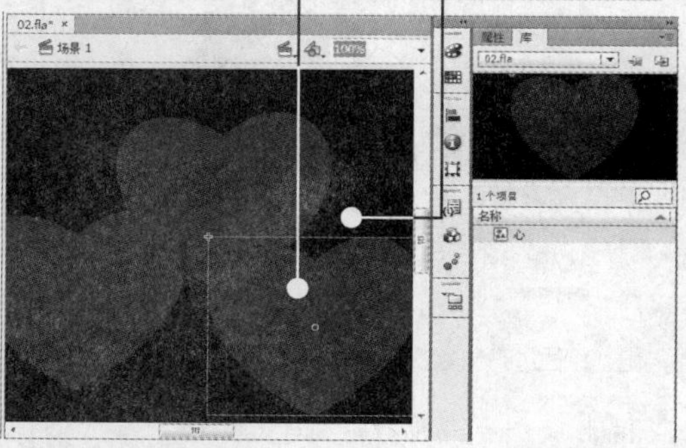

06 使用任意变形工具调整各个实例形状，元件不受影响。

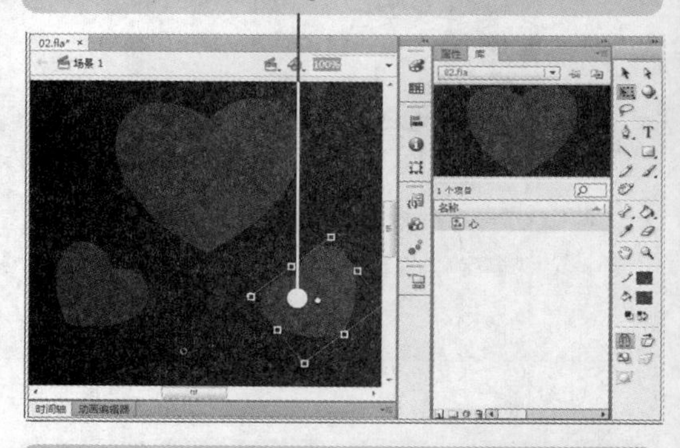

07 双击"心形"元件。

08 进入其编辑模式，更改填充颜色。

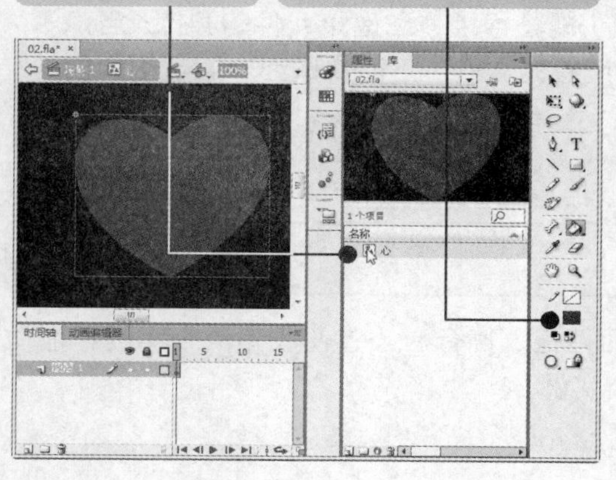

09 返回主场景，由该元件生成的实例的填充颜色都发生了相应变化。

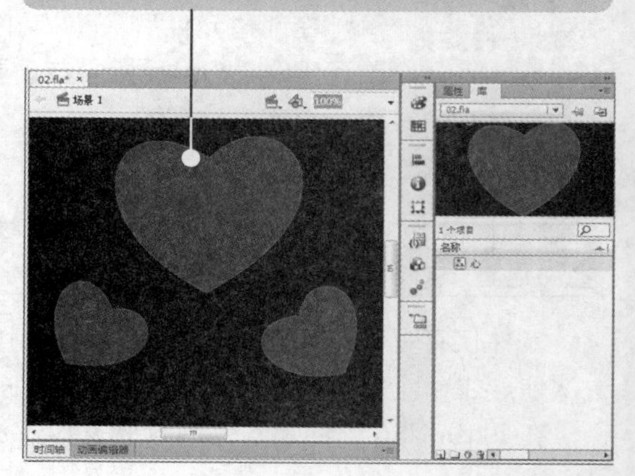

5.4.2 编辑实例

下面将详细介绍如何对实例进行编辑操作，其中包括复制实例、设置实例颜色样式、改变实例类型、分离与交换实例等。

1. 复制实例

选中要复制的实例，单击"编辑"|"复制"命令，或直接按【Ctrl+C】组合键复制一个实例；单击"编辑"|"粘贴到当前位置"命令，即可在原始实例基础上复制出一个实例。

也可以先选中一个实例，然后在按住【Alt】键的同时使用选择工具将其拖至一个新位置后松开鼠标，即可在新位置复制出一个实例副本。

2. 设置实例颜色样式

通过"属性"面板可以为一个元件的不同实例设置不同的颜色样式，其中包括设置亮度、色调和 Alpha 值等。

设置元件不同实例的颜色样式的具体操作方法如下：

小提示

创建和编辑元件的目的就是为了在动画中使用元件的实例。一个元件可以产生多个实例，而一个实例只能从属于一个元件。

素材：光盘：素材\05\05.fla　　　　效果：光盘：效果\05\05.fla

难度：★☆☆☆☆　　　　视频：光盘：视频\05\编辑实例.swf

01 打开素材文件。

02 将“气球”元件从“库”面板拖至舞台中。

03 打开“属性”面板。

04 选择“亮度”样式，设置亮度值。

05 将元件从“库”面板中拖至舞台。

06 选择“色调”样式，设置色调值。

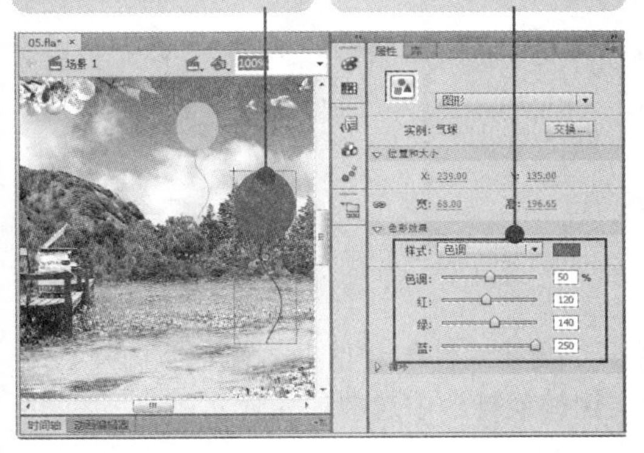

07 将元件从“库”面板中拖至舞台。

08 选择“高级”样式，设置高级选项。

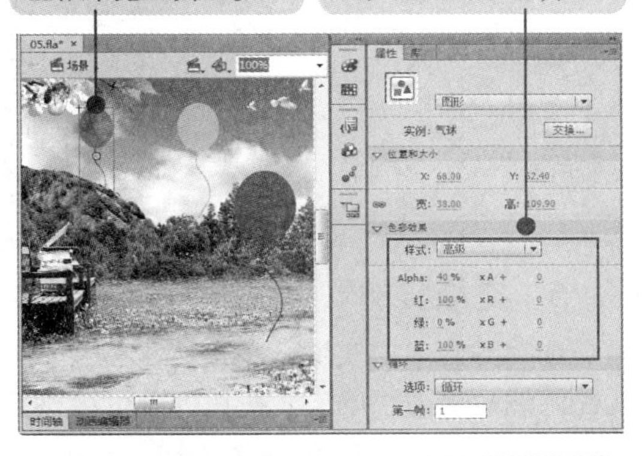

09 将元件从“库”面板中拖至舞台。

10 选择 Alpha 样式，设置 Alpha 值。

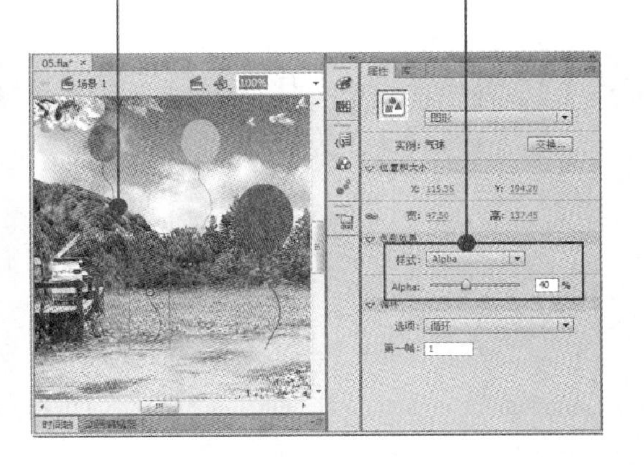

11 继续添加实例，调整样式，查看效果。

多学点：修改实例类型还可以通过在“库”面板中右击，单击“属性”命令，在弹出的“元件属性”对话框中修改其属性。

3. 改变实例类型

修改实例类型，可以对实例进行不同的编辑操作，例如，要将原为“图形”的元件实例编辑为动画，则必须先将其类型更改为“影片剪辑”。打开“属性”面板，在“元件类型”下拉列表框中可以选择相应的元件类型，如下图（左）所示。

4. 分离实例

分离实例能使实例与元件分离，在与元件发生更改后，实例并不随之改变。在舞台中选择一个实例，单击“修改”|“分离”命令，对比效果如下图（右）所示。

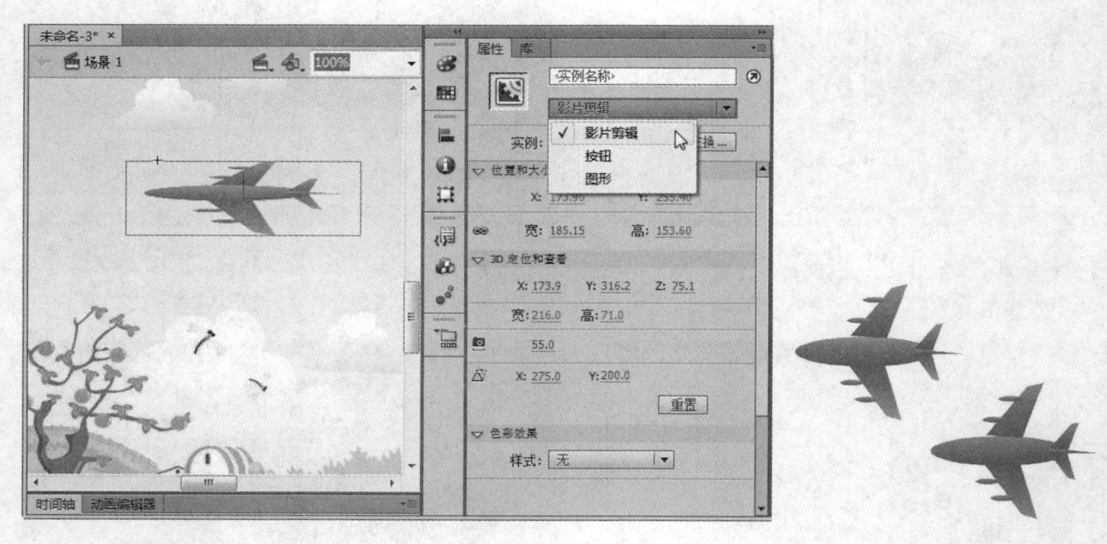

5. 交换实例

选择舞台中的实例，单击“交换”按钮，弹出“交换元件”对话框。在其中选择某个元件，然后单击“确定”按钮，即可用该元件的实例替换舞台中选择的元件实例。

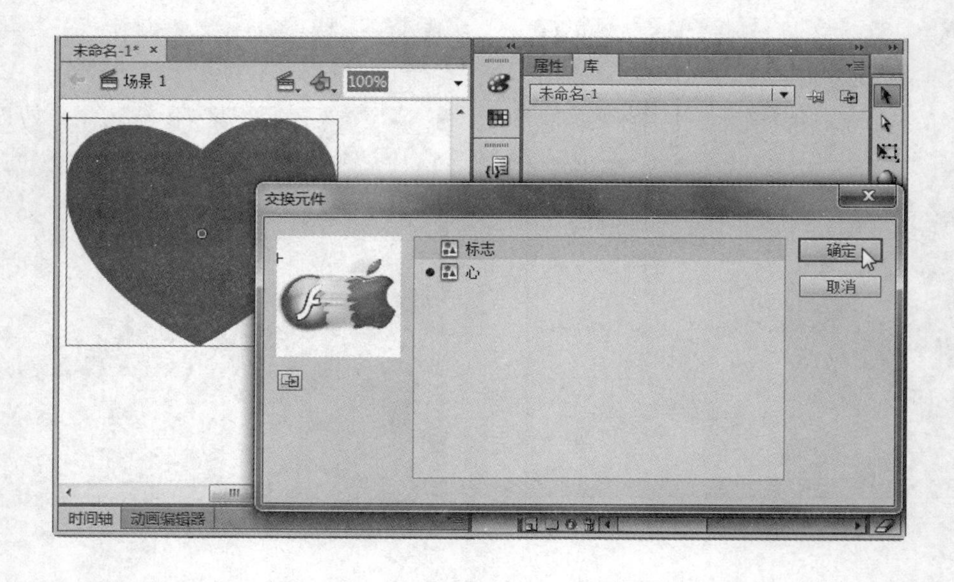

小提示
要使其他库中的实例替换当前实例，必须保证两个实例元件同名，否则无法实现。

5.5 “库”面板

库是 Flash 所有可重复使用对象的存储“仓库”，所有的元件一经创建就保存在库中，导入的外部资源，如位图、视频、声音文件等也都保存在“库”面板中。

通过“库”面板可以对其中的各种资源进行操作，为动画的编辑带来了很大的方便。在“库”面板中可以对资源进行编组、项目排序、重命名等管理。

1. 项目编组

利用文件夹可以对库中的项目进行编组。

新建文件夹

单击“库”面板底部的“新建文件夹”按钮，即可新建一个文件夹。输入文件夹名称后按【Enter】键即可。

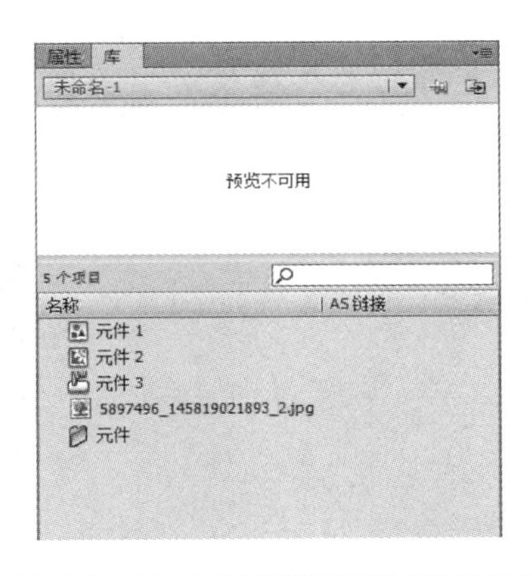

删除文件夹

选中要删除的文件夹，按【Delete】键，即可删除文件夹。也可以在面板菜单中选择“删除”命令，或单击面板下方的“删除”按钮。

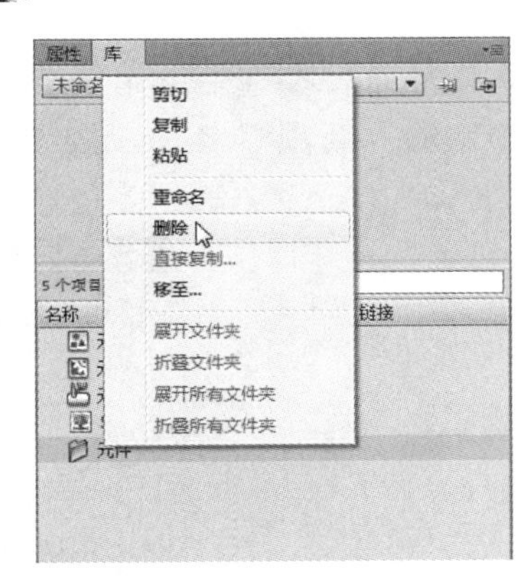

重命名文件夹

双击文件夹名称，输入新文件夹名，按【Enter】键，即可完成对文件夹的重命名操作。

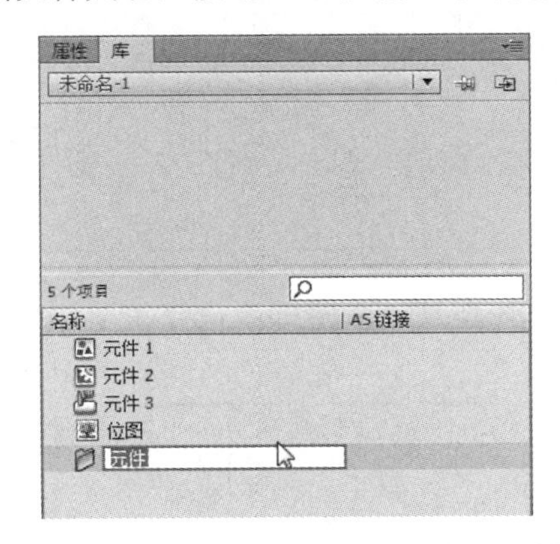

在“库”面板中，通过查看各个对象的图标可知对象的类型。

2. 项目排序

若要对“库”面板中的项目进行排序，有以下两种方式。

按修改日期排序

单击任意一列的标题，就会按照该列的属性进行排序。例如，单击“修改日期”标题，就会按照上一次修改时间的先后顺序进行排序。

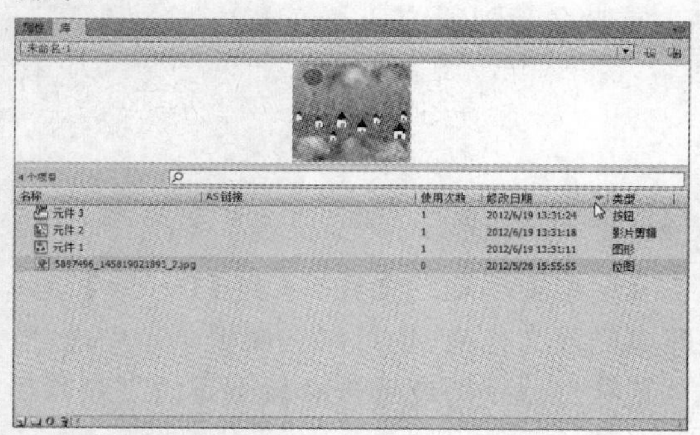

按类型排序

单击“类型”标题，就会将库中相同类型的对象排在一起。

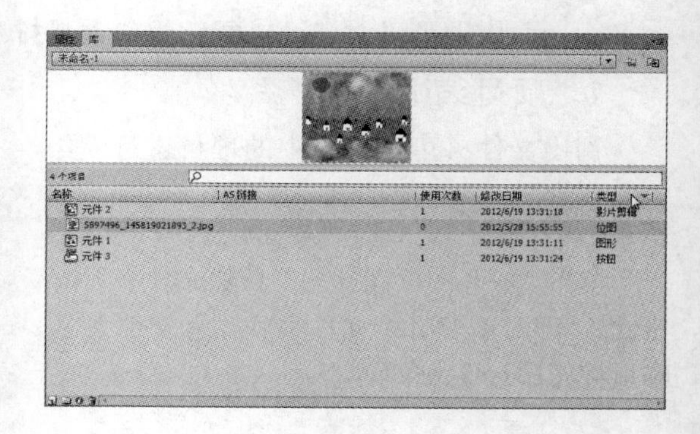

3. 重命名

在资源库列表中选中一个项目，右击图形名称，在弹出的快捷菜单中选择“重命名”命令，输入新项目名称，按【Enter】键即可。或直接双击项目名称，也可以对其重命名。

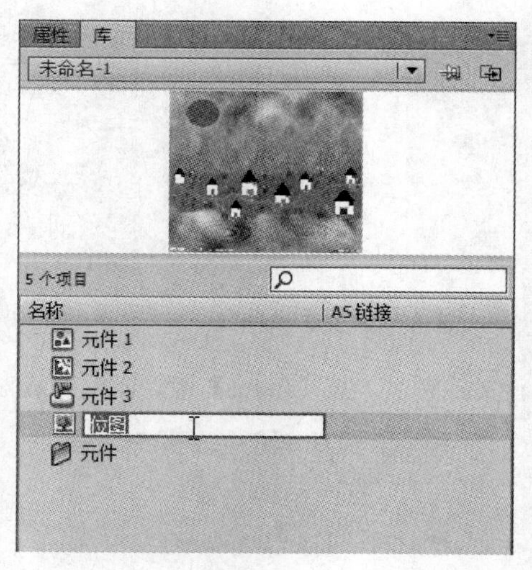

高手点拨

在“库”面板的预览区中右击，从弹出的快捷菜单中选择相应的命令，可以设置预览背景。

小提示 “库”面板的功能菜单包含了其所有可执行的操作。

5.6 综合实战——制作春夏秋冬动画

下面通过运用本章学习的元件、实例和库等知识来制作一个简单的季节变换动画，包括创建各种类型的元件、使用“动作”面板，以及输入动作脚本等。

本实例会涉及简单的动作脚本语言，读者可以根据步骤图片进行制作，在此不加详解，后面章节中将会详细介绍动作脚本方面的知识。

制作春夏秋冬动画的具体操作方法如下：

素材：光盘：素材\05\春夏秋冬.fla　　**效果**：光盘：效果\05\春夏秋冬.fla

难度：★☆☆☆☆

视频：光盘：视频\05\综合实战——制作春夏秋冬动画.swf

01 打开素材文件。

02 打开“库”面板，查看素材。

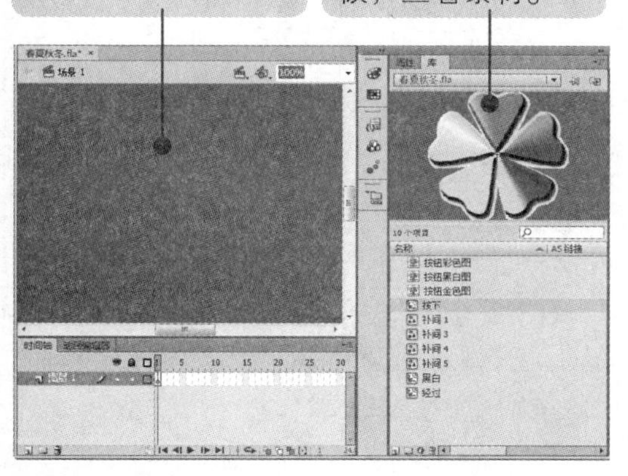

03 按【Ctrl+F8】组合键，创建“春天”按钮元件。

04 单击“确定”按钮。

05 打开“库”面板。

06 将“黑白”影片剪辑拖至舞台，并与舞台中心重合。

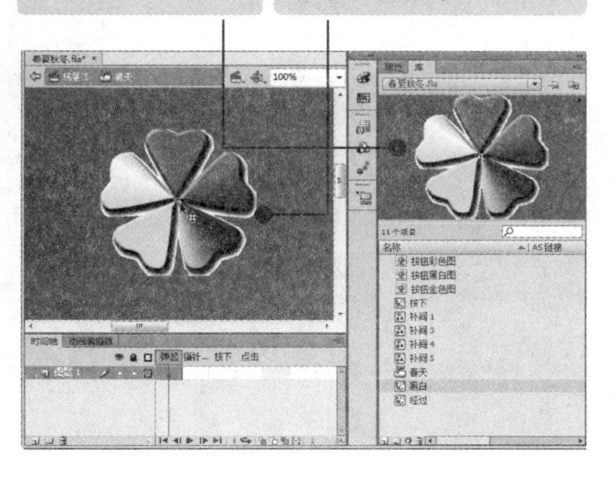

07 在“指针经过”帧添加空白关键帧。将“经过”影片剪辑拖至舞台，与舞台中心重合。

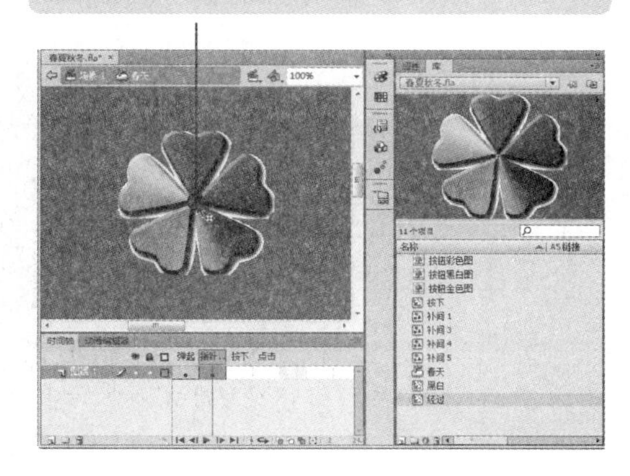

制作“春天”按钮，主要是制作鼠标弹起、经过和按下 3 帧的动画。

08 在“按下”帧添加空白关键帧。将“按下”影片剪辑拖至舞台，与舞台中心重合。

09 在“点击”帧添加空白关键帧。绘制无笔触的椭圆，与舞台中心重合。

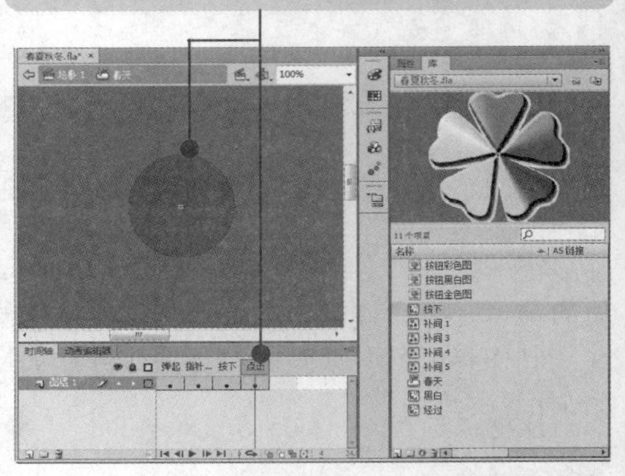

10 新建“图层 2”。

11 输入文本“春天”，设置为绿色。

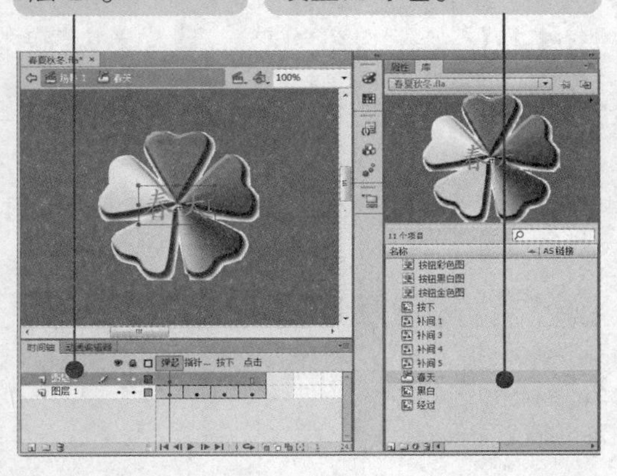

12 右击“春天”按钮元件。

13 选择“直接复制”命令。

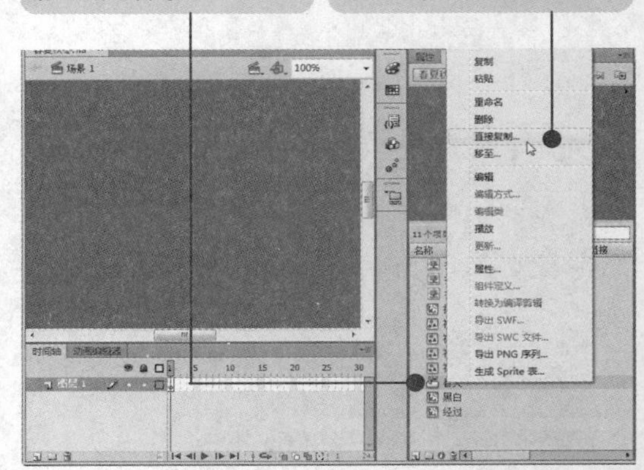

14 修改元件名称为“夏天”。

15 单击“确定”按钮。

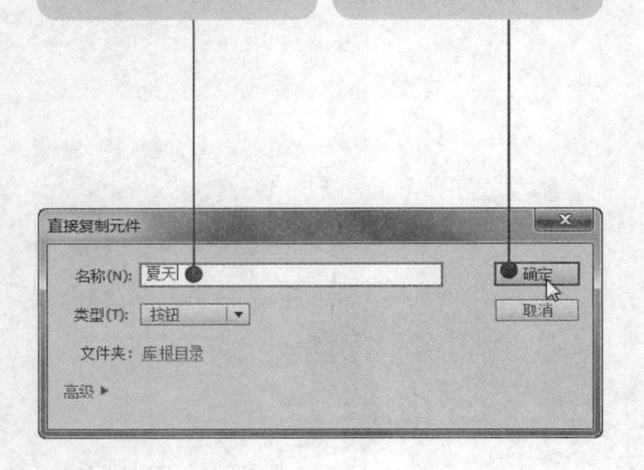

16 修改“春天”按钮为“夏天”按钮。按照同样的方法制作“秋天”和“冬天”按钮。

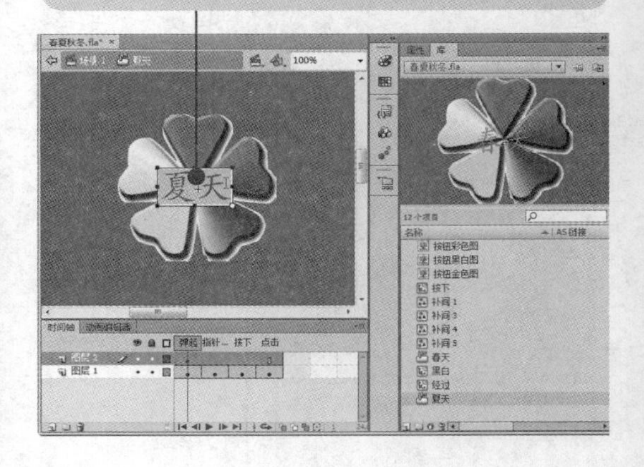

小提示

复制“春天”按钮，按照制作“春天”按钮的方法制作其他按钮。

17 返回场景，将 4 个按钮元件拖至舞台，移至合适位置。

18 新建“图层 2”，在第 5、10、15、20、25 帧处插入空白关键帧。在“属性”面板添加帧标签，依次修改名称。

19 单击“导入到库”命令，选择素材文件。

20 单击“打开”按钮。

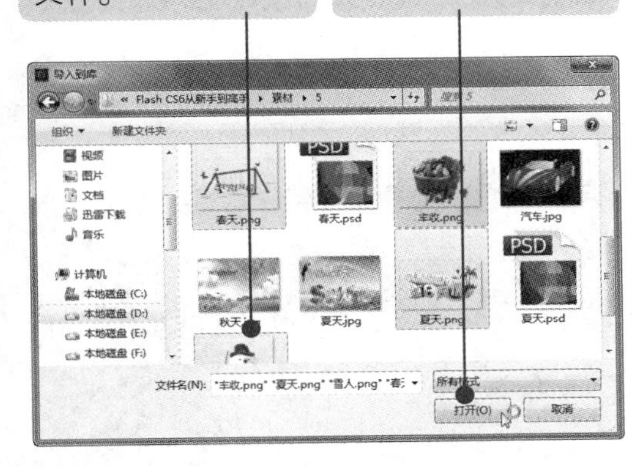

21 选择“图层 2”中的第 5 帧，将“春天”素材拖至舞台。使用任意变形工具调整其大小。

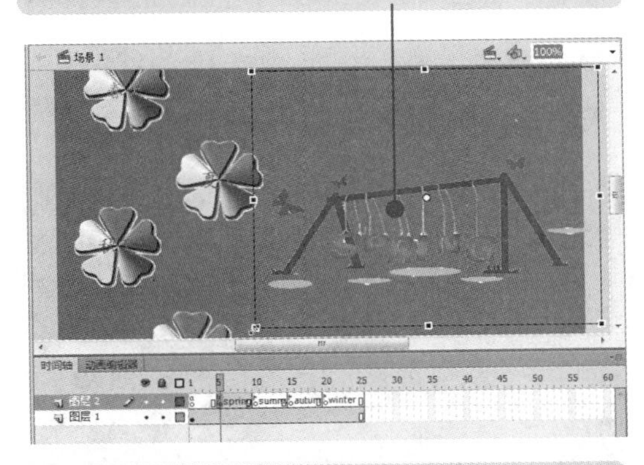

22 同样，分别在第 10、15、20 帧处依次添加“夏天”、“丰收”、“雪人”素材。

23 选择“图层 2”中的第 1 帧，打开“动作”面板，双击 stop 命令。

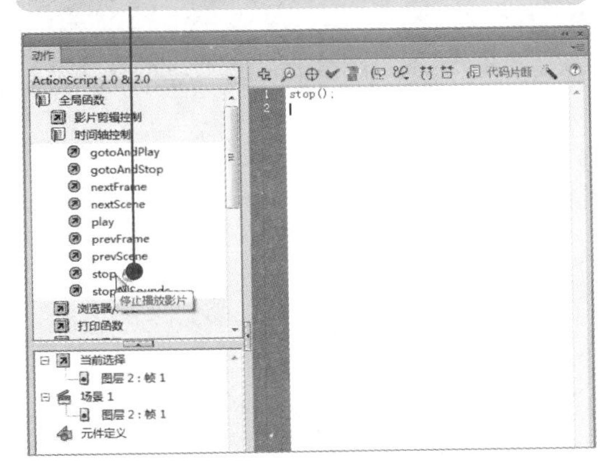

多学点

添加简单的动作脚本“stop();”，起到停止动画的作用。

24 选中“春天”按钮实例，按【F9】键，添加动作命令。

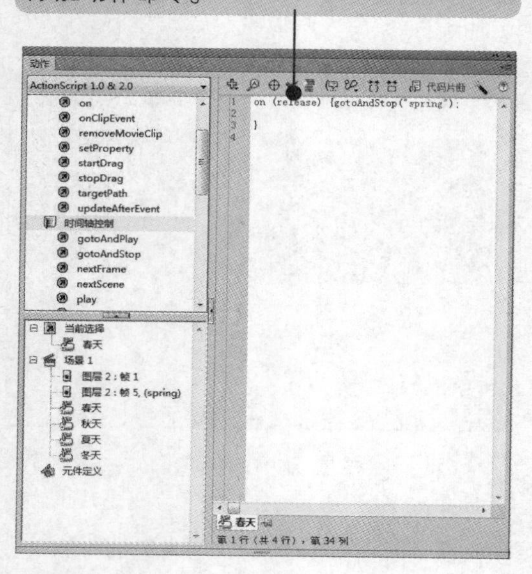

25 同样分别为“夏天”、“秋天”、“冬天”按钮添加动作命令。

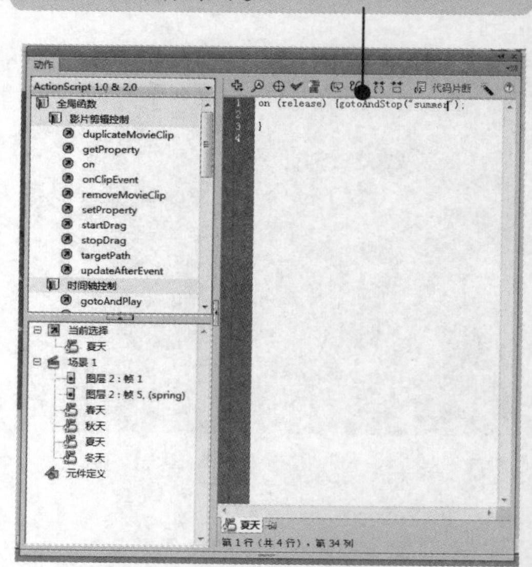

26 关闭“动作”面板，按【Ctrl+Enter】组合键测试动画。

27 单击不同的按钮，测试动画。

小提示 经过、按下、弹起按钮都会有不同的动画效果，右侧会出现对应的季节图片。

预计学习时间 90 分钟

Chapter 06

Flash 基本动画制作

本章将详细介绍 Flash 基本动画的制作方法与技巧，其中包括制作逐帧动画和各种补间动画等。虽然这些动画制作起来比较简单，但应用十分广泛，若能发挥出独特的创作灵感，就可以轻而易举地创作出非同凡响的动画作品。

要点导航

- Flash 动画制作流程与设计要素
- 制作逐帧动画
- 制作传统补间动画
- 制作补间动画
- 制作形状补间动画
- 使用动画预设
- 综合实践——制作“桃花朵朵开”动画

重点图例

6.1 Flash 动画制作流程与设计要素

下面将简要介绍 Flash 动画的制作流程与设计要素，使读者对其有一个大致的了解。

6.1.1 Flash 动画的制作流程

Flash 动画的制作如同拍摄电影一样，无论是何种规模和类型，都可以分为 4 个步骤：前期策划、创作动画、后期测试和发布动画。

1. 前期策划

前期策划主要是进行一些准备工作，关系到一部动画的成败。首先要给动画设计“脚本”，其次就是收集素材，如图像、视频、音频和文字等。另外，还要考虑到一些画面的效果，如镜头转换、色调变化、光影效果、音效及时间设定等。

2. 创作动画

当前期的准备工作完成后，就可以开始动手创作动画了。首先要创建一个新文档，然后对其属性进行必要的设置。其次，要将在前期策划中准备的素材导入到舞台中，然后对动画的各个元素进行造型设计。最后，可以为动画添加一些效果，使其变得更加生动，如图形滤镜、混合和其他特殊效果等。

3. 后期测试

后期测试可以说是动画的再创作，它影响着动画的最终效果，需要设计人员细心、严格地进行把关。当一部动画创作完成后，应该多次对其进行测试，以验证动画是否按预期设想进行工作，查找并解决所遇到的问题和错误。在整个创作过程中，需要不断地进行测试。若动画需要在网络上发布，还要对其进行优化，减小动画文件的体积，以缩短动画在网上的加载时间。

4. 发布动画

动画制作的最后一个阶段即为发布动画，当完成 Flash 动画的创作和编辑工作之后，需要将其进行发布，以便在网络或其他媒体中使用。通过进行发布设置，可以将动画导出为 Flash、HTML、GIF、JPEG、PNG、EXE、Macintosh 和 QuickTime 等格式。

6.1.2 Flash 动画的设计要素

Flash 动画的设计要素是 Flash 动画的重要组成部分，下面将简要介绍在设计 Flash 动画过程中的主要要素。

 做什么事都是有步骤的，在制作 Flash 动画时，最好按流程一步一步制作，以避免出错。

1. 预载动画（Loading 动画）

一个完美的 Loading 动画会给 Flash 动画增色不少，好的开始是一个动画的关键。如果网友在欣赏动画时由于网速比较慢使得动画经常间断，就需要为动画添加一个 Loading 动画，使其在播放过程中更加流畅。

2. 图形

图形贯穿于整个 Flash 动画，只要制作 Flash 动画就必然会用到图形，且导入元件最好是矢量图形。在帧与元素的运用上尽量少用关键帧，尽可能重复使用已有的各项元素，这样会使 Flash 动画导出后文件小一些，从而缩短网络下载时间。

3. 按钮

在 Flash 动画的开头和结尾各加一个按钮，可以使 Flash 动画的播放具有完整性和规律性，使观众有选择的余地。按钮只是一个辅助工具，不能滥用。在 Flash 动画播放过程中也不是不可以添加按钮，这就要看整个动画是怎么规范的。总之要素是个规范，而不是约束，灵活运用就能达到意想不到的效果。

4. ActionScript 脚本语言

在设计动画前就应该规划好在什么地方添加脚本语言，希望达到什么样的效果，再添加什么语言。特别要注意的是，ActionScript 只是一个辅助工具，在需要时才去运用，只要 Flash 基本操作能够实现的效果就尽量用 Flash 来实现，不要随便使用脚本语言。在编写完 ActionScript 语言后，需要检查其正确性。

5. 音乐、音效

Flash 动画中的视觉效果再配上音乐，能够增强动画的感染力，使 Flash 动画更加生动、有趣，更能吸引观众。但添加音乐、音效要恰如其分，否则会画蛇添足。

6.2 制作逐帧动画

逐帧动画是 Flash 中相对比较简单的基本动画，其通常由多个连续的帧组成，通过连续表现关键帧中的对象，从而产生动画效果。下面将详细介绍逐帧动画的制作方法与技巧。

6.2.1 认识逐帧动画

逐帧动画与传统的动画片类似，每一帧中的图形都是通过手工绘制出来的。在逐帧动画中的每一帧都是关键帧，在每个关键帧中创建不同的内容，当连续播放关键帧中的图形时即可形成动画。逐帧动画制作起来比较麻烦，但它可以制作出所需要的任何动画。逐帧动画适合于制作每一帧中的图像内容都发生变化的复杂动画。

将一个 GIF 图片导入到 Flash 中，将会自动形成逐帧动画。

6.2.2 创建逐帧动画

逐帧动画通常由多个连续的关键帧组成，通过连续表现关键帧中的对象，从而产生动画效果。下面将通过两个实例来详细介绍如何创建逐帧动画。

1. 制作“可爱的不倒翁”动画

通过导入外部有序的图片可以制作逐帧动画，具体操作方法如下：

素材：光盘:素材\06\不倒翁\01.jpg～15.jpg  效果：光盘:无

难度：★☆☆☆☆

视频：光盘:视频\06\制作可爱的不倒翁动画.swf

01 新建文件，单击“另存为”命令，输入名称。

02 单击“保存”按钮。

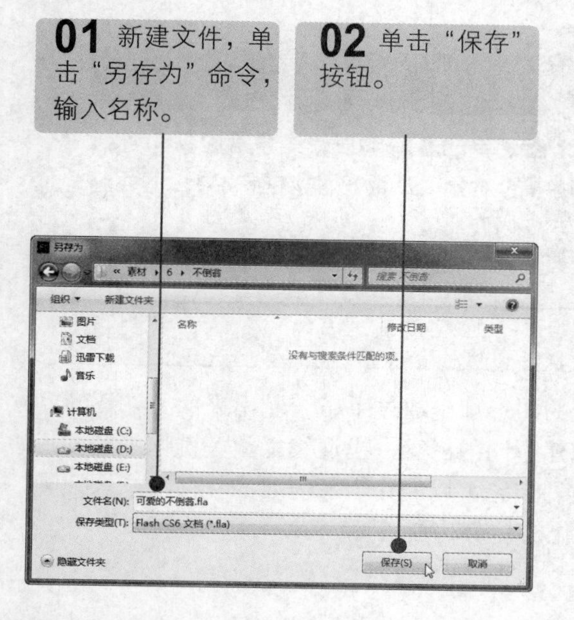

03 单击“文件”|“导入”|“导入到库”命令。

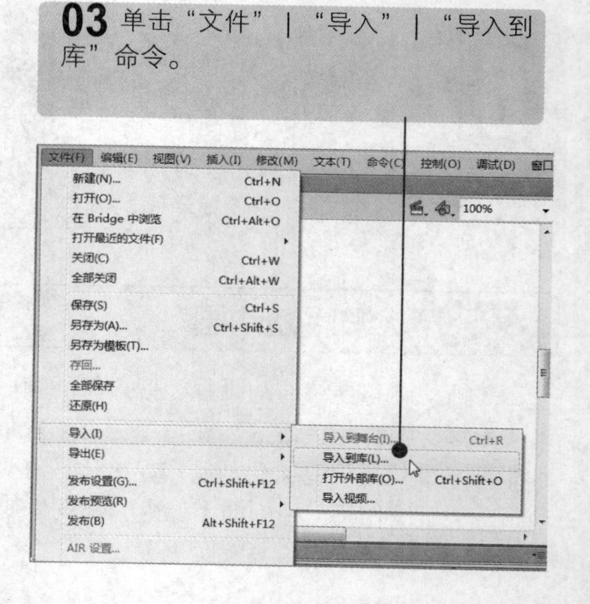

小提示

当把图片序列导入到Flash CS6中以后，这20张图片不会重叠在第1个关键帧中，系统将创建20个关键帧，并把图片顺次放在这些关键帧中。

04 按住【Shift】键选择所有素材。

05 单击“打开”按钮。

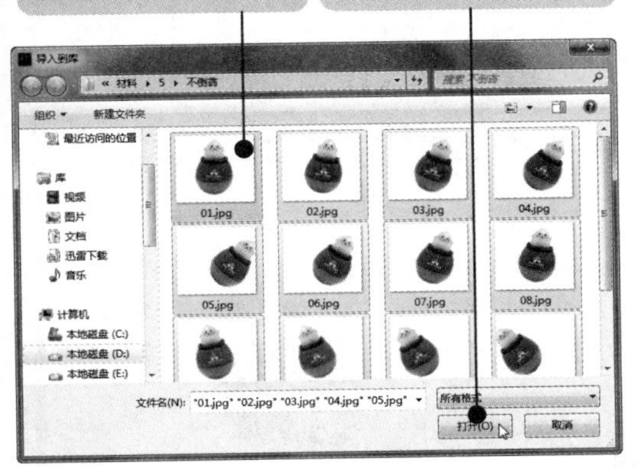

06 打开“库”面板。

07 将所需要的位图01.jpg拖至舞台。

08 在第 2 帧处添加关键帧。

09 将所需要的位图 02.jpg 拖至舞台。

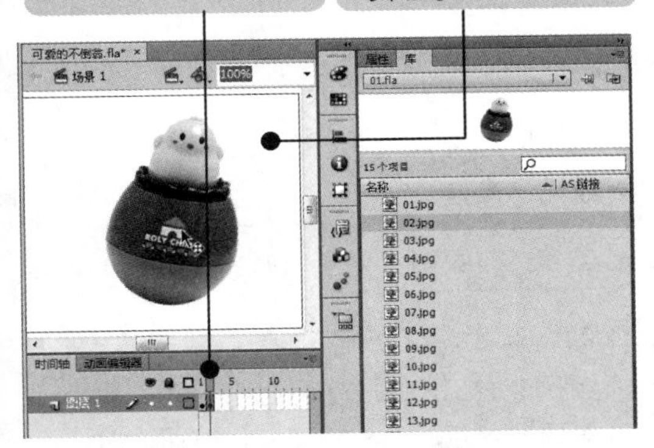

10 依次在时间轴上添加关键帧，将位图拖至舞台。

11 在前面几个关键帧后面分别插入几个普通帧。

12 单击“编辑多个帧”按钮，拖动“绘图纸外观轮廓”起始点和结束点位置，使其包括全部关键帧。

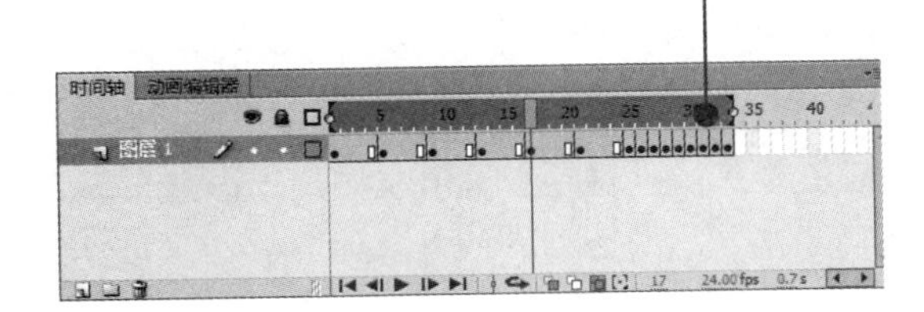

在导入图片序列后，将会自动按顺序保存在“库”面板中。

13 选择所有舞台对象，打开“对齐”面板，选中“与舞台对齐”复选框，分别单击“水平中齐”和“垂直中齐”按钮。

14 按【Ctrl+Enter】组合键，测试影片效果。

2．制作“爱眨眼睛的女孩”动画

下面将直接创建“爱眨眼睛的女孩”逐帧动画，具体操作方法如下：

素材：光盘：素材\06\爱眨眼睛的女孩.fla　　效果：光盘：无

难度：★☆☆☆☆　　视频：光盘：视频\06\制作爱眨眼睛的女孩动画.swf

01 打开素材文件。

02 将“惊讶”元件从“库”面板中拖至舞台。

03 打开“对齐”面板，选中“与舞台对齐”复选框。

04 分别单击“水平居中”和“垂直居中”按钮。

小提示　在制作逐帧动画时，各帧中图形的位置十分重要，如果产生错位，则会使动画有跳跃的感觉，从而影响动画的流畅性。

05 按【F7】键，在第 2 帧处插入空白关键帧。

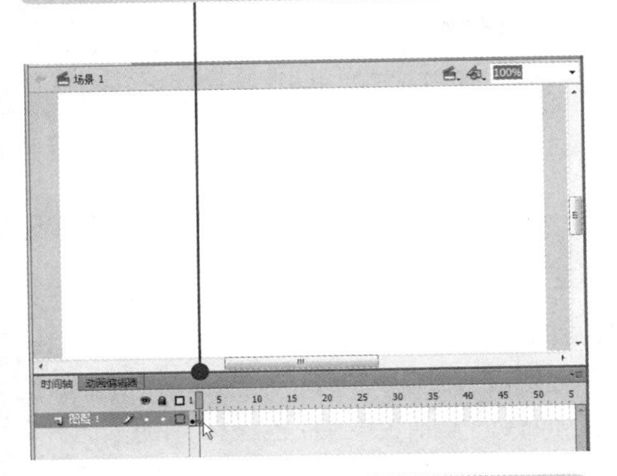

06 将“微笑”元件从“库”面板中拖至舞台。

07 打开“对齐”面板，选中“与舞台对齐”复选框。

08 分别单击“水平居中”和“垂直居中”按钮。

09 同样添加空白关键帧，添加元件。

10 在前面的关键帧后面分别按【F5】键，插入 4 个普通帧。

11 按【Ctrl+Enter】组合键，测试影片效果。

在关键帧之间插入几个普通帧，以保障动画播放流畅。

6.3 制作传统补间动画

传统补间动画的创建过程较为复杂，但是它所具有的某种类型的动画控制功能是其他补间动画所不具备的。下面首先来认识传统补间动画，然后制作传统补间动画。

6.3.1 认识传统补间动画

传统补间动画是指在 Flash 的“时间帧”面板上的一个关键帧上放置一个元件，然后在另一个关键帧改变这个元件的大小、颜色、位置和透明度等，Flash 将自动根据两者之间帧的值创建的动画。动作补间动画创建后，“时间帧”面板的背景色变为淡紫色，在起始帧和结束帧之间有一个长长的箭头。

构成动作补间动画的元素是元件，包括影片剪辑、图形元件、按钮、文字、位图和组合等，但不能是形状，只有把形状转换成元件后才可以制作动作补间动画。

6.3.2 创建传统补间动画

传统补间动画是利用动画对象起始帧和结束帧建立补间，创建动画的过程是先定起始帧和结束帧位置，然后创建动画。在这个过程中，Flash 将自动完成起始帧与结束帧之间的过渡动画。下面将通过两个实例来详细介绍如何创建传统补间动画。

1．制作“心动”动画

下面将制作“心动.fla”传统补间动画，具体操作方法如下：

素材：光盘：素材\06\心动.fla　　效果：光盘：效果\06\心动.fla

难度：★★★☆☆　　视频：光盘：视频\06\制作心动动画.swf

小提示　传统补间动画使用关键帧，关键帧是其中显示对象的帧。传统补间动画提供了用户可能希望使用的某些特定功能。

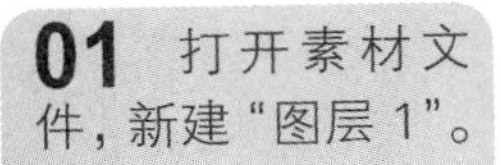

01 打开素材文件，新建“图层1”。

02 将“红心”元件从“库”面板中拖至舞台。

03 新建4个图层，将“红心”元件分别拖至各个图层。

04 调整“图层1”中实例的大小和色调值。

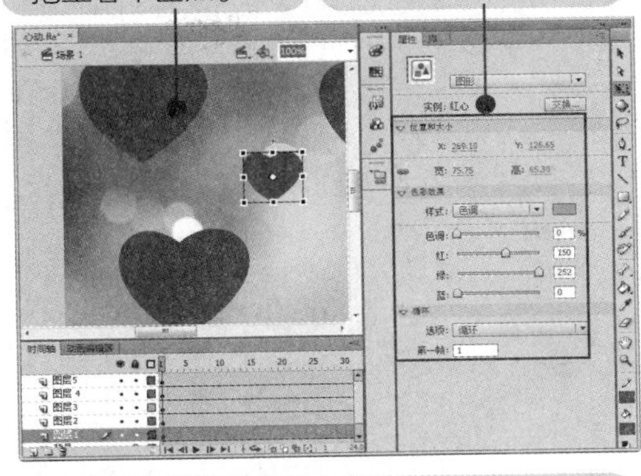

05 分别设置其他图层中实例的色调值和大小。

06 在“图层1~图层5”的第60帧处插入关键帧。

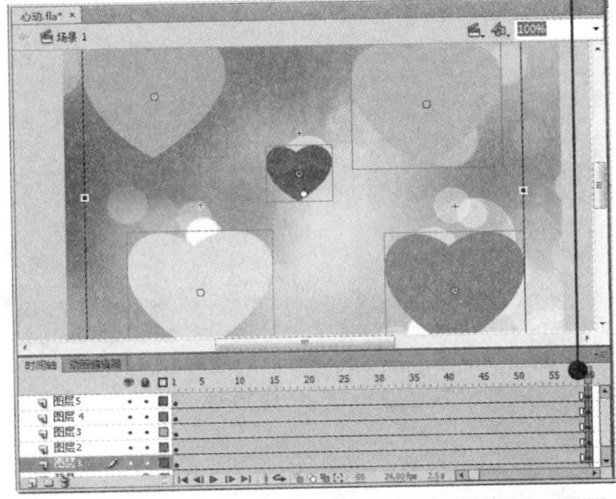

07 在“图层1”第30帧处插入关键帧。

08 调整第30帧中实例大小，设置Alpha值为0。

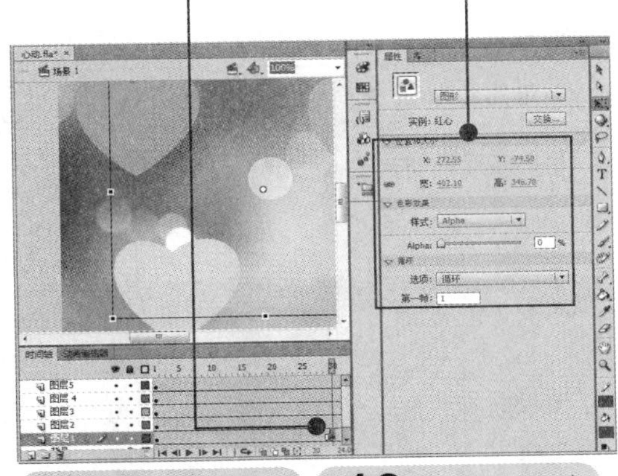

09 选择“图层2~图层5”的第30帧，插入关键帧。

10 分别调整实例大小和色调。

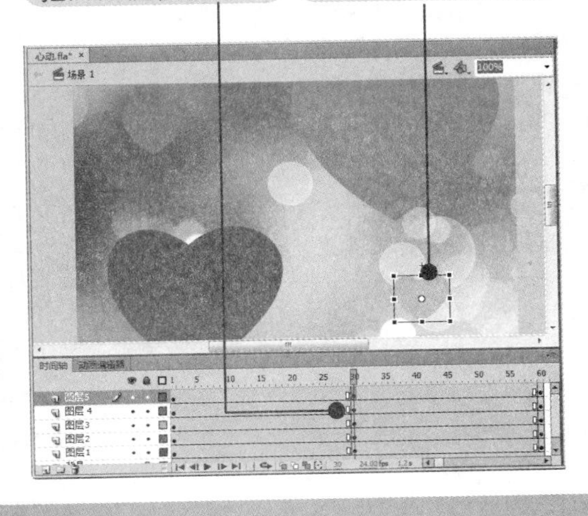

11 右击“图层1”第1~30帧中任意一帧。

12 选择“创建传统补间”命令。

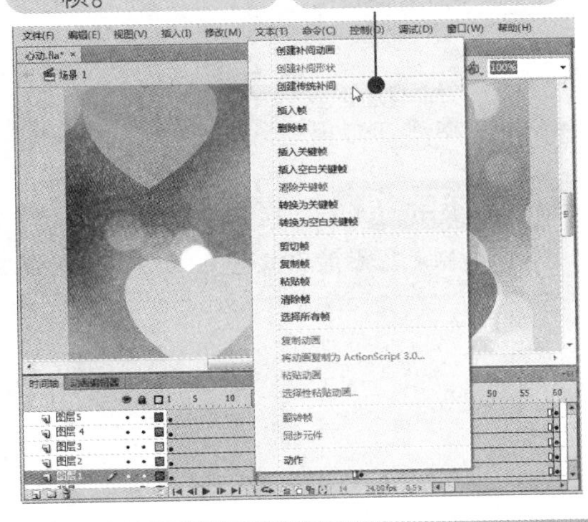

将元件拖动到多个舞台中，打开“属性”面板，分别设置实例的“样式”属性来改变颜色。

13 在其他关键帧之间创建传统补间动画。

14 按【Ctrl+Enter】组合键，测试影片效果。

2．制作“转动的飞刀”动画

下面将制作“转动的飞刀”传统补间动画，具体操作方法如下：

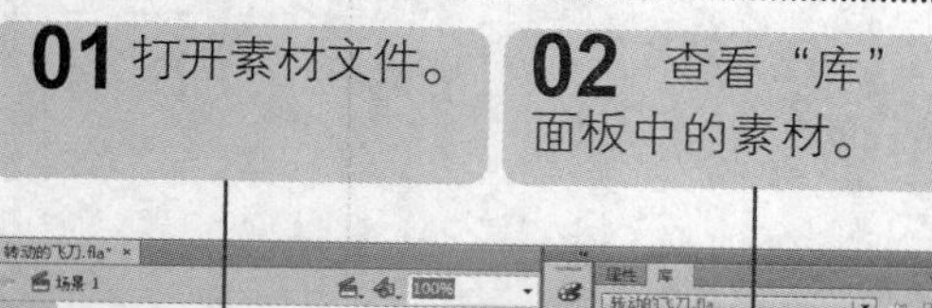

素材：光盘：素材\06\转动的飞刀.fla

难度：★★★☆☆

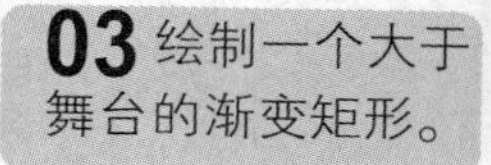

效果：光盘：效果\06\转动的飞刀.fla

视频：光盘：视频\06\制作转动的飞刀动画.swf

01 打开素材文件。

02 查看“库”面板中的素材。

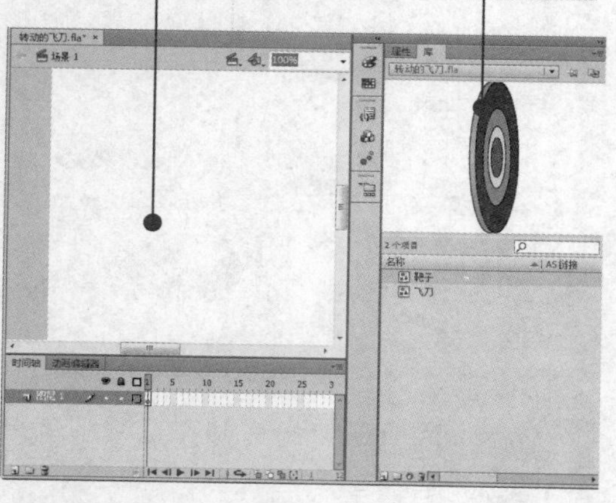

03 绘制一个大于舞台的渐变矩形。

04 在第15帧按【F5】键添加帧。

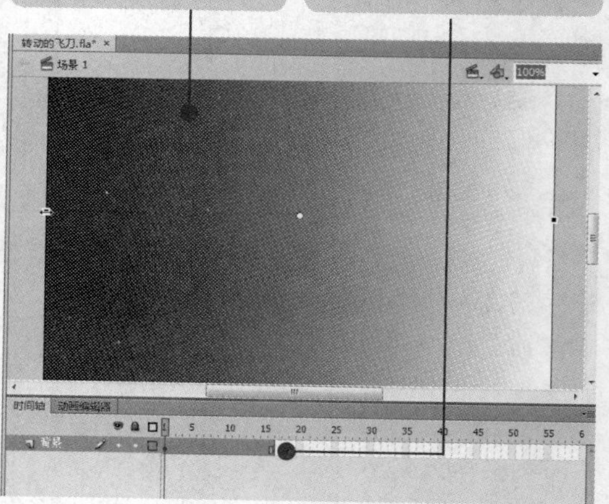

高手点拨

绘制无笔触的渐变填充矩形，使用渐变变形工具，调整渐变填充。

小提示

 传统动画是针对某一个实例来说的，其关键帧与关键帧之间的变化就产生了动画。

05 新建“图层 1”。

06 将“靶子”元件从“库”面板中拖至舞台。

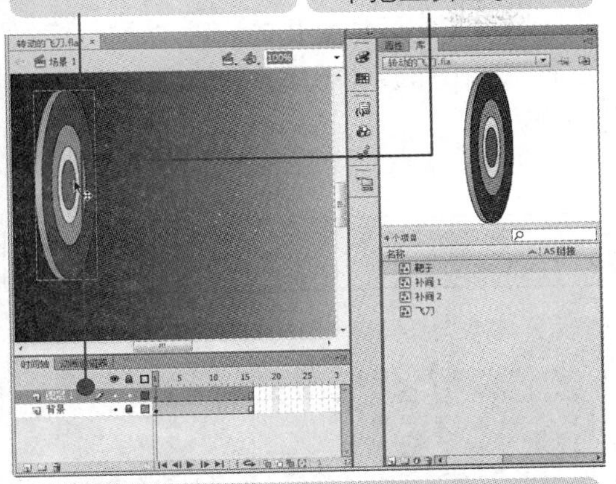

07 新建“图层 2”。

08 将“飞刀”元件从“库”面板中拖至舞台。

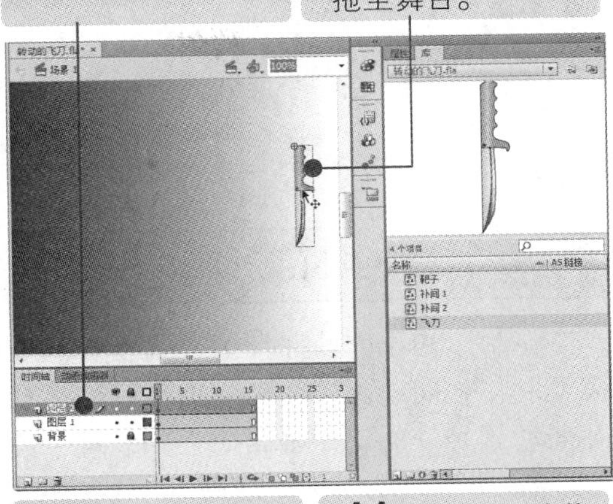

09 在“图层 2”第 5 帧、第 10 帧按【F6】键，插入关键帧。移动“飞刀”实例到合适位置，并旋转 90°。

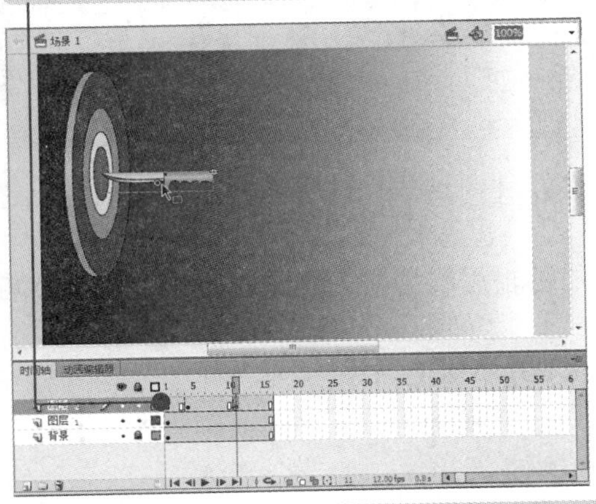

10 右击第 5~10 帧之间任意一帧。

11 选择“创建传统补间”命令。

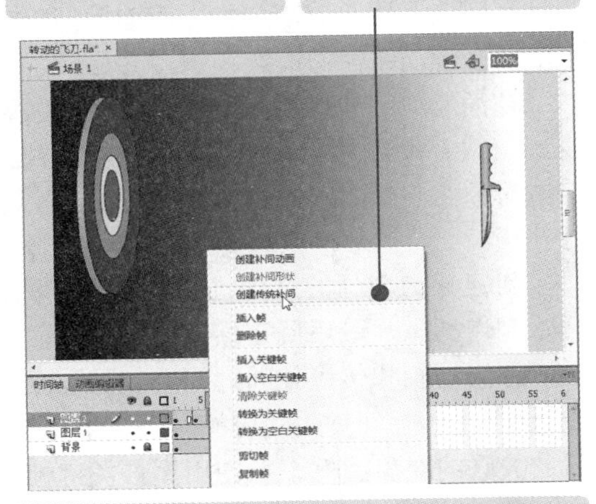

12 选择传统补间动画任意一帧。

13 打开“属性”面板，选择“逆时针”选项。

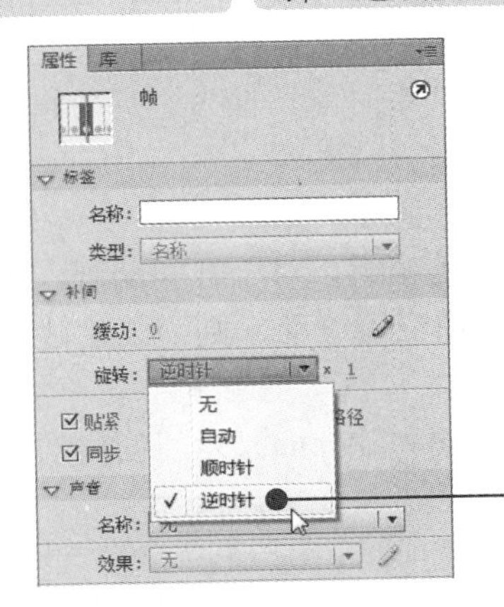

14 按【Ctrl+Enter】组合键，测试影片效果。

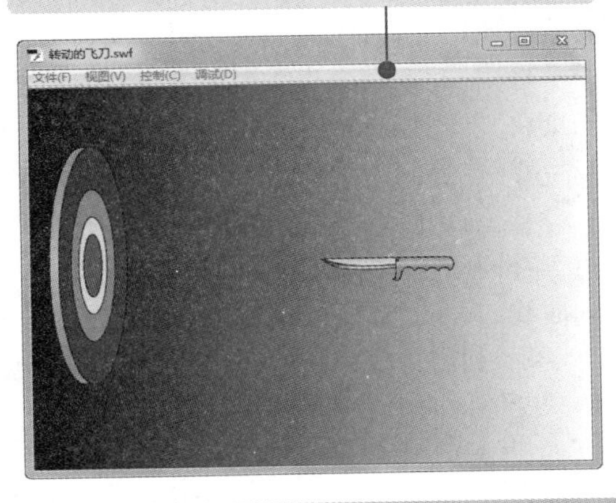

这里主要设置的是飞刀动画，为“飞刀”实例添加关键帧，修改关键帧处的“飞刀”实例。

6.4 制作补间动画

补间动画只能应用于实例，其是表示实例属性变化的一种动画。如在一个关键帧中定义一个实例的位置、大小和旋转等属性，然后在另一个关键帧中更改这些属性并创建动画。

6.4.1 认识补间动画

在制作 Flash 动画时，在两个关键帧中间需要制作补间动画，才能实现图画的运动。补间动画是 Flash 中非常重要的表现手段之一，如右图所示。补间是通过为一个帧中的对象属性指定一个值，并为另一个帧中的相同属性指定另一个值创建的动画。Flash 计算这两个帧之间该属性的值，还提供了可以更详细地调节动画运动路径的锚点。

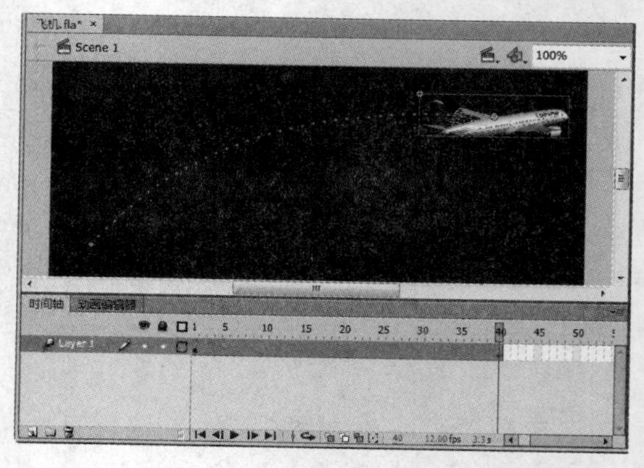

补间动画只能应用于元件实例和文本字段。在将补间应用于所有其他对象类型时，这些对象将包装在元件中。元件实例可以包含嵌套元件，这些元件可在自己的时间轴上进行补间。

创建补间动画的过程比较人性化，符合人们的逻辑思维：首先确定起始帧位置，然后开始制作动画，最后确定结束帧的位置。

补间动画和传统补间之间的差异主要体现在以下几个方面：

◎ 传统补间使用关键帧。关键帧是其中显现对象新实例的帧。补间动画只能具有一个与之关联的对象实例，并使用属性关键帧而不是关键帧。

◎ 补间动画在整个补间范围上由一个目标对象组成。

◎ 补间动画和传统补间都只允许对特定类型的对象进行补间。若应用补间动画，在创建补间时会将一切不允许的对象类型转换为影片剪辑，而应用传统补间会将这些对象类型转换为图形元件。

◎ 补间动画会将文本视为可补间的类型，而不会将文本对象转换为影片剪辑。传统补间会将文本对象转换为图形元件。

◎ 在补间动画范围上不允许帧脚本，传统补间允许帧脚本。

◎ 对于传统补间，缓动可应用于补间内关键帧之间的帧组。对于补间动画，缓动可应用于补间动画范围的整个长度。若仅对补间动画的特定帧应用缓动，则需要创建自定义缓动曲线。

◎ 利用传统补间能够在两种不同的色彩效果（如色调和 Alpha）之间创建动画，补间动画能够对每个补间应用一种色彩效果。

小提示

补间动画只能具有一个与之关联的对象实例，并使用属性关键帧而不是关键帧。补间动画在整个补间范围内由一个目标对象组成。

◎ 只有补间动画才能保存为动画预设。在补间动画范围中，必须按住【Ctrl】键单击选择帧。

◎ 对于补间动画，无法交换元件或设置属性关键帧中显现的图形元件的帧数。应用了这些技术的动画要求使用传统补间。

◎ 只能使用补间动画为 3D 对象创建动画效果，无法使用传统补间为 3D 对象创建动画效果。

6.4.2 创建补间动画

下面将通过两个典型的实例详细介绍如何创建补间动画。

1. 制作“飞机升空”动画

下面制作“飞机升空”补间动画，具体操作方法如下：

素材：光盘：素材\06\飞机升空.fla　　效果：光盘：无

难度：★☆☆☆☆　　视频：光盘：视频\06\制作飞机升空动画.swf

01 打开素材文件。

02 选择舞台中的对象并右击。

03 选择“创建补间动画”命令。

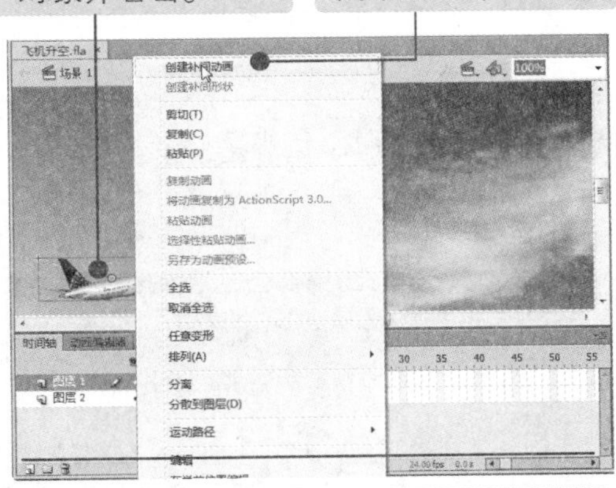

04 选择在补间范围内的帧，将舞台中的对象拖至新的位置。

05 选择路径，移动鼠标，将路径拖至合适位置。

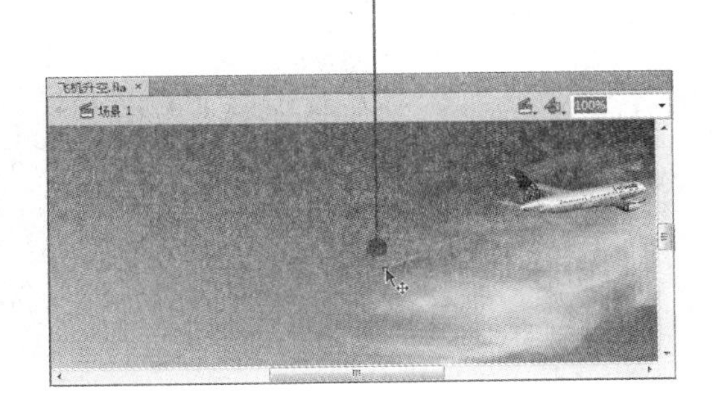

06 选择路径，当指针变为 时按住并拖动鼠标，更改路径形状。

07 在时间轴中移动播放头，查看补间动画效果。

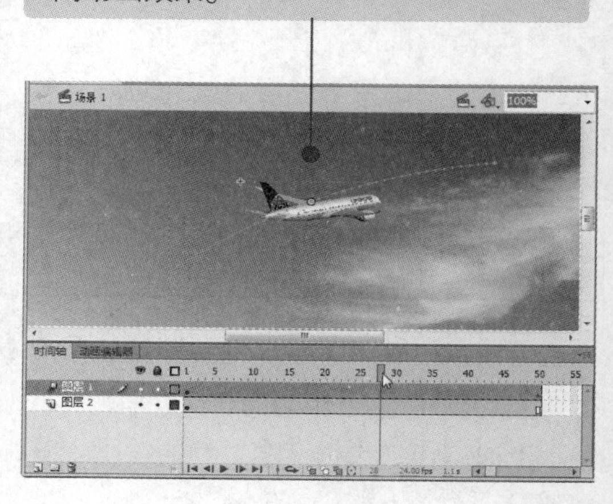

2. 制作“蜻蜓飞舞”动画

下面将制作“蜻蜓飞舞”补间动画，具体操作方法如下：

素材：光盘：素材\06\蜻蜓飞舞.fla　　效果：光盘：无

难度：★☆☆☆☆　　视频：光盘：视频\06\制作蜻蜓飞舞动画.swf

01 打开素材文件，新建“图层 2”。

02 将“蜻蜓”元件从“库”面板中拖至舞台。

03 右击舞台对象。

04 选择“创建补间动画”命令。

高手点拨

补间动画和以前的传统补间动画有很大区别。创建补间动画很简单，只要选中图形创建补间动画，然后拖动图形实例到合适位置即可。

小提示　选中舞台对象并右击，在弹出的快捷菜单中选择“创建补间动画”命令，拖动舞台对象到合适位置即可创建补间动画。

05 拖动时间轴中的帧，延长至第 50 帧。

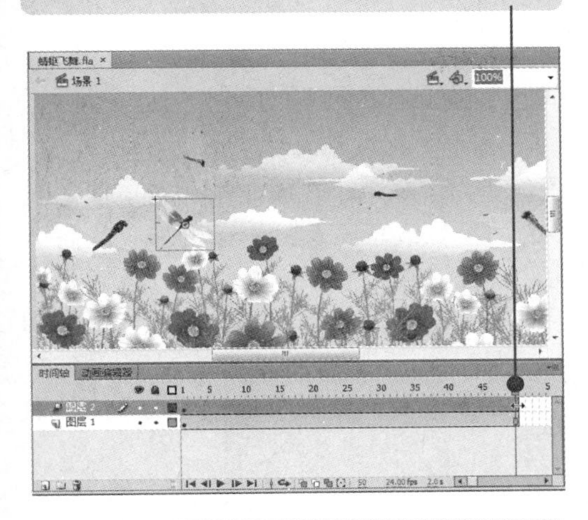

06 选中舞台对象，将其拖至合适位置。

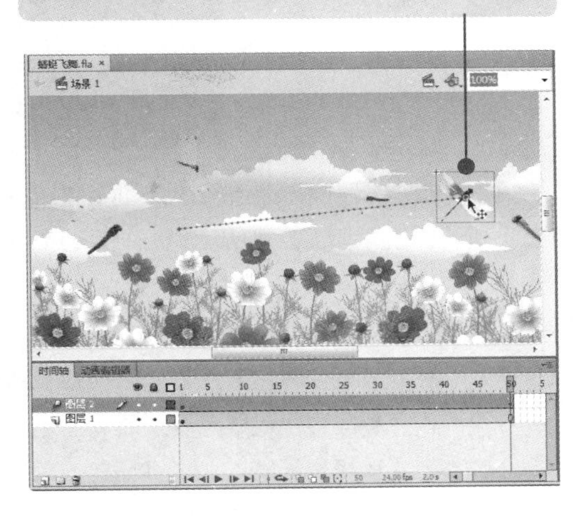

07 当指针变为 时按住并拖动鼠标，更改路径形状。

08 选中路径，将其移至合适位置。

09 移动播放头，查看运动效果。

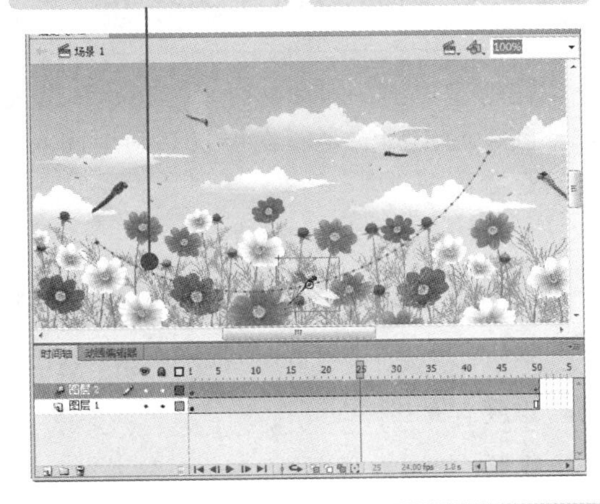

6.5 制作形状补间动画

形状补间动画是一种类似电影中动物身躯自然变成人形的变形效果，可以用来改变形状不同的两个对象，它是 Flash 动画中非常重要的表现手段之一。

6.5.1 认识形状补间动画

形状补间动画是“时间帧”面板上一个关键帧中绘制一个形状，然后在另一个关键帧中更改该形状或绘制另一个形状等，Flash 会自动根据两者之间帧的值或形状来创建动画，从而实现两个图形之间颜色、形状、大小和位置的相互变化。

选择选择工具，将鼠标指针移动到补间动画路径处，即可修改或者移动补间动画路径。

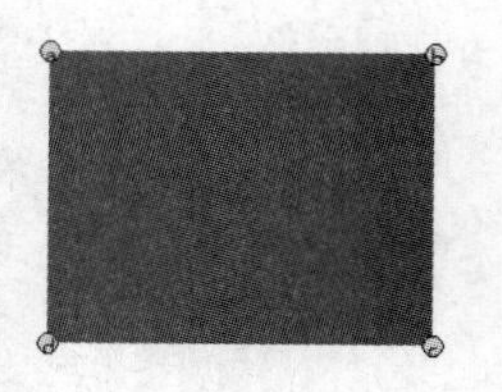
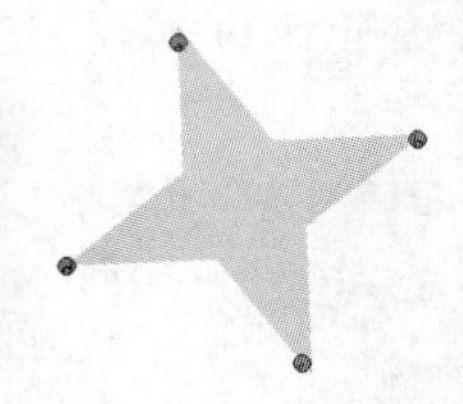

在创建形状补间动画后，“时间轴”面板的背景色变为淡绿色，在起始帧和结束帧之间也有一个长长的箭头。构成形状补间动画的元素多为用鼠标或压感笔绘制出的形状，而不能是图形元件、按钮和文字等。如果要使用图形元件、按钮和文字，则必须先打散后才可以制作形状补间动画。

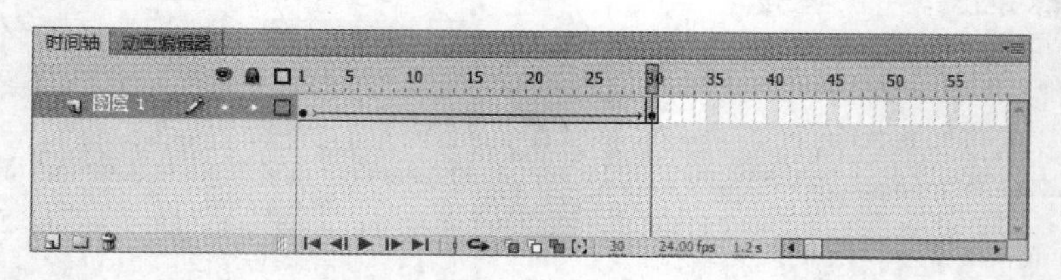

6.5.2 创建形状补间动画

在创建形状补间动画时，在起始和结束位置插入不同的对象，即可自动创建中间过程。与补间动画不同的是，在形状补间中插入到起始位置和结束位置的对象可以不一样，但必须具有分离属性。

1．制作超炫文字动画

下面将制作一个超炫文字形状补间动画，具体操作方法如下：

素材：光盘：素材\06\形状补间动画 01.fla　　**效果**：光盘：效果\06\形状补间动画 01.fla

难度：★☆☆☆☆

视频：光盘：视频\06\制作超炫文字动画.swf

01 打开素材文件。

02 新建“图层 2”。

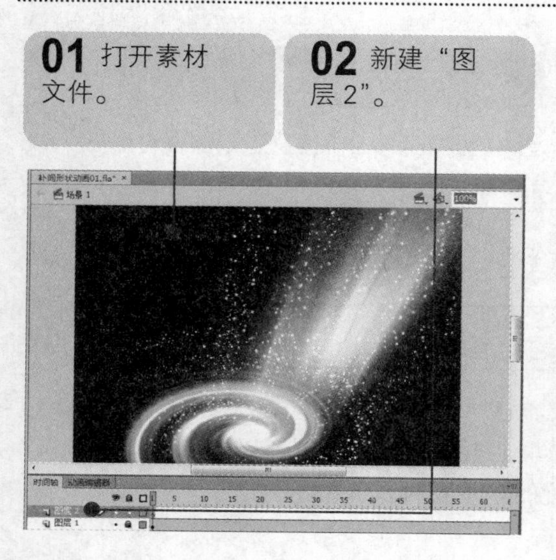

03 输入文本，填充为白色。

04 分离文本后右击，选择“分散到图层”命令。

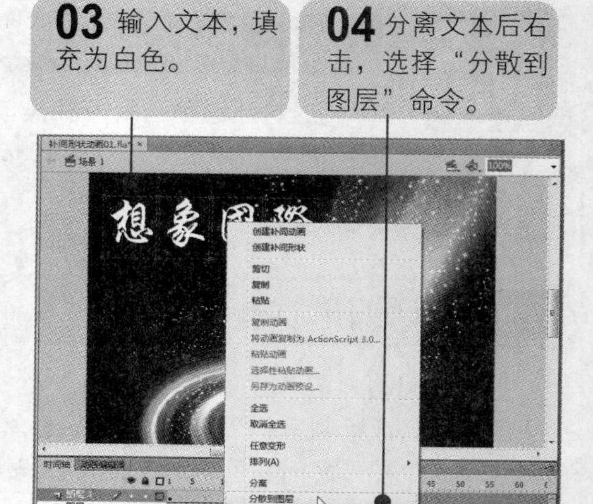

小提示：创建补间形状，在时间轴中的一个特定帧处绘制一个矢量形状，然后在另一个特定帧处绘制另一个形状。

05 在“想”图层第 1 帧绘制无笔触白色椭圆。

06 将文本“想”分离成形状。

07 在第 20 帧插入关键帧。

08 右击第 1~20 帧之间任意一帧，选择“创建补间形状”命令。

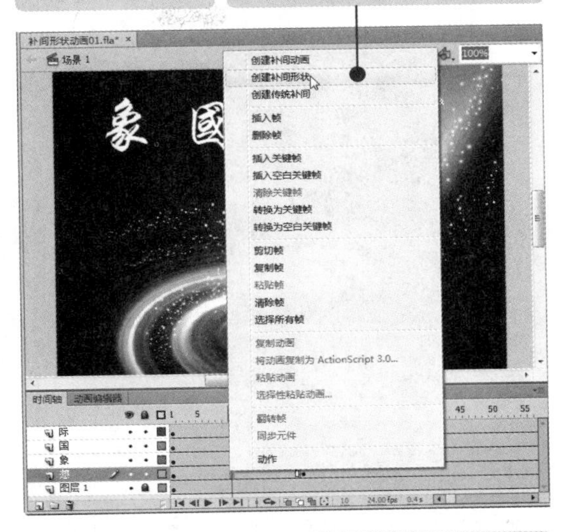

09 选中“想”图层中的形状“想”，按【Delete】键将其删除。

10 在第 20 帧插入关键帧。

11 复制“想”图层第 1 帧，粘贴到“象”图层第 1 帧。

高手点拨

创建补间形状动画必须是在分离的图形之间，在形状补间中插入到起始位置和结束位置的对象可以不一样。这里起始位置是圆，结束位置是分离的文字。

当选中时间轴中的某一帧时，同时也选中了该帧所包含的图形。

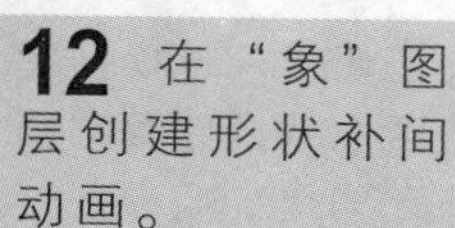

12 在"象"图层创建形状补间动画。

13 同样，为"国"和"际"图层创建形状补间动画。

14 分别选择"象"、"国"和"际"图层第1帧。

15 分别删除文本"象"、"国"和"际"。

16 将"象"图层第1~20帧向后拖动20帧。

17 同样，移动"国"和"际"图层中的帧。

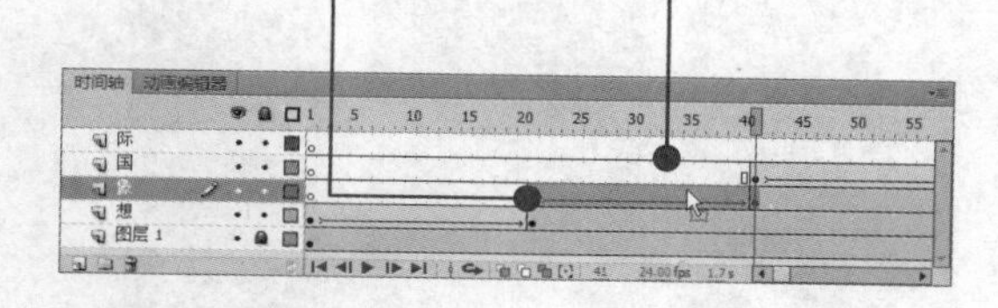

18 移动播放头，查看形状补间动画。

19 单击"文件"|"保存"命令保存文件。

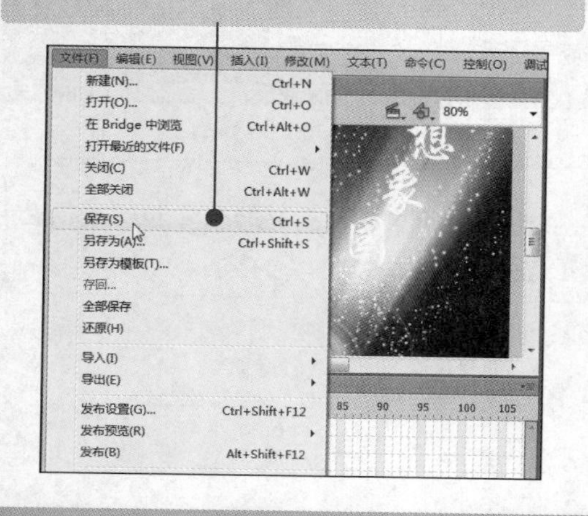

20 按【Ctrl+Enter】组合键，测试影片效果。

小提示 按照制作"想"图层的补间形状动画的方法创建另外几个图层的补间形状动画。

2．制作形状变换动画

下面将制作一个形状变换动画，具体操作方法如下：

素材：光盘：无　　效果：光盘：效果\06\形状提示 01.fla

难度：★☆☆☆☆　　视频：光盘：视频\06\制作形状变换动画.swf

01 新建文件，绘制一个无笔触红色矩形。

02 在“图层 1”第 30 帧处插入空白关键帧。

03 绘制一个无笔触的黄色四角星形。

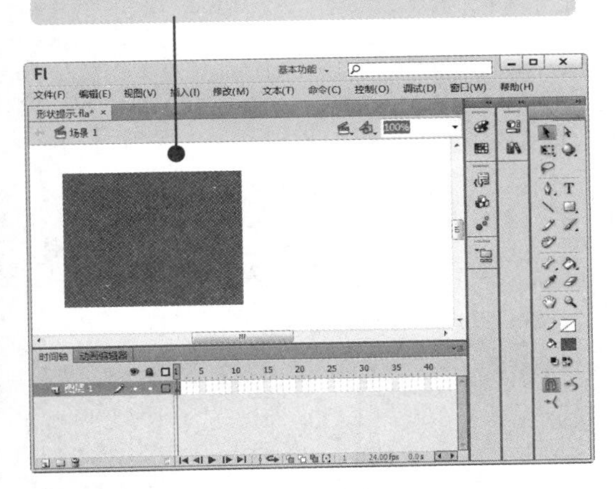

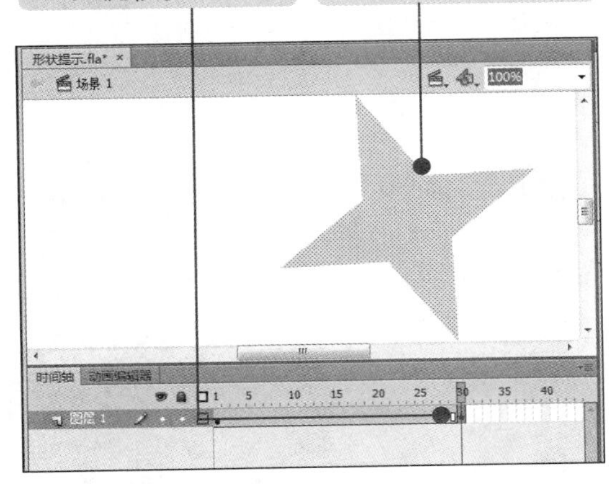

04 在“图层 1”中第 1 帧和第 30 帧之间创建形状补间动画。

05 选择“图层 1”的第 1 帧。

06 单击“修改”|“形状”|“添加形状提示”命令。

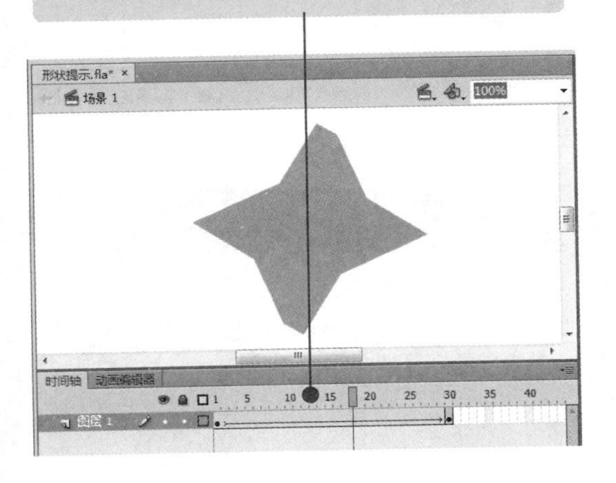

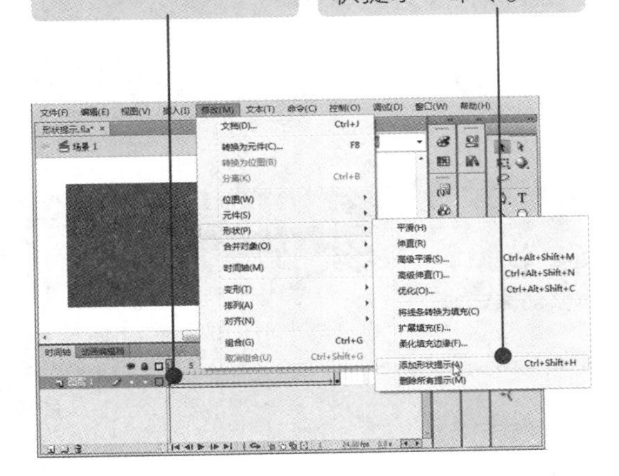

知识点拨

将形状提示拖离舞台可以将其删除；单击“修改”|“形状”|“删除所有提示”命令，将删除所有形状提示。

07 将形状提示移至图形中的所需位置。

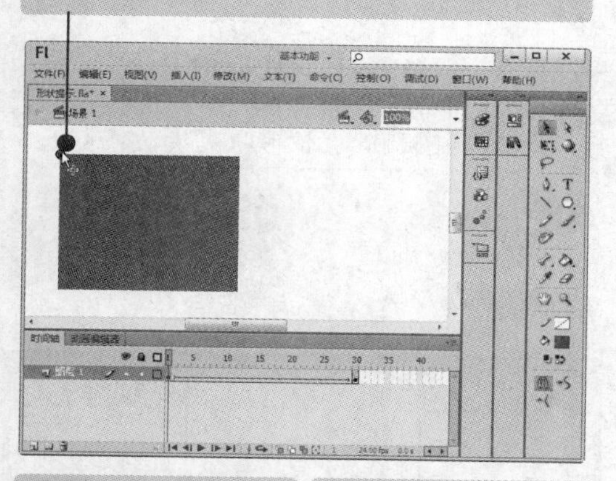

08 继续为图形添加 3 个形状提示，并调整位置。

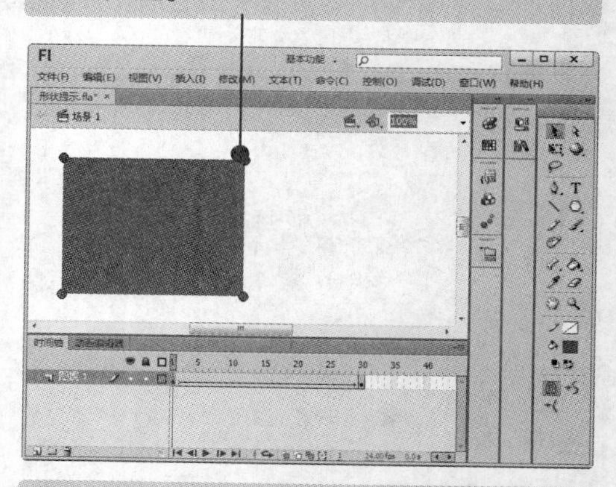

09 选择第 30 帧。

10 移动该帧的形状提示至图形不同位置。

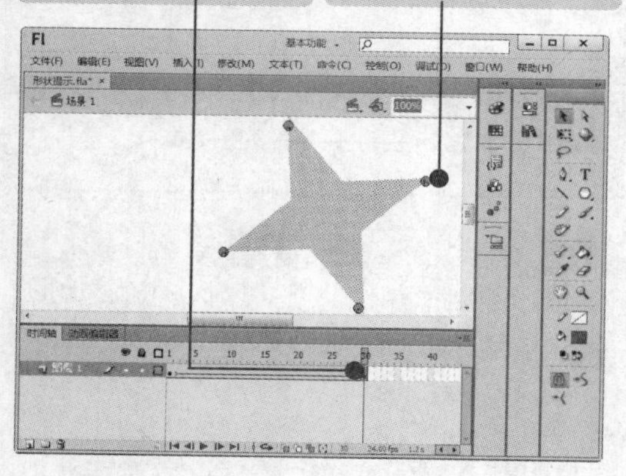

11 移动播放头，预览补间形状效果。

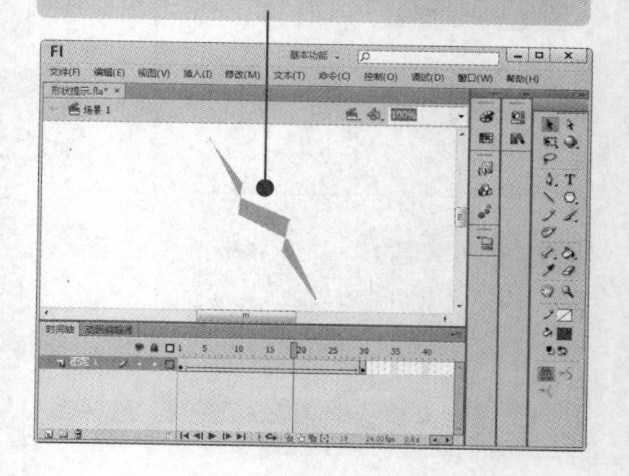

6.6 使用动画预设

使用动画帧编辑器可以对补间动画的每个关键帧参数进行完全单独控制，还可以借助曲线以图形化方式控制补间动画的缓动。对于常用的补间动画，则可以将其保存为动画预设，以待备用。

6.6.1 预览动画预设

动画预设是 Flash 程序预配置的补间动画，可以将它们应用于舞台上的对象。使用预设可以极大地节省项目设计和开发的生产时间，特别是在经常使用相似类型的补间动画时特别有用。

1. 保存动画预设

用户可以根据需要创建并保存自己的动画预设，具体操作方法如下：

小提示

使用动画预设就是学习在 Flash 中添加动画的快捷方法，一旦了解了预设的工作方式后，自己制作动画就非常容易了。

素材：光盘：素材\06\Action.fla　　效果：光盘：效果\06\Action.fla

难度：★☆☆☆☆　　视频：光盘：视频\06\保存动画预设.swf

01 右击补间动画。

02 选择“另存为动画预设”命令。

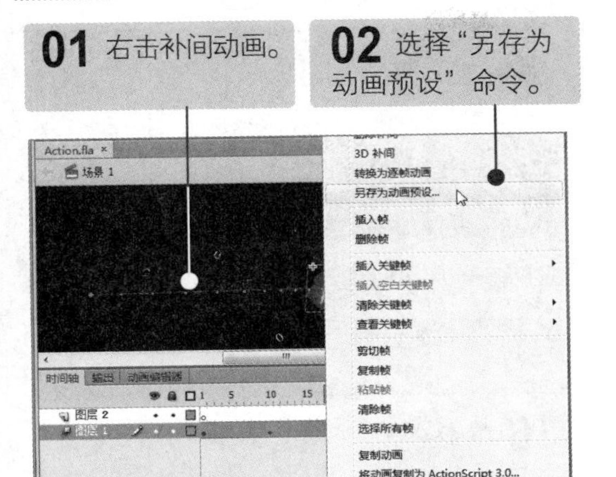

03 输入预设名称。

04 单击“确定”按钮。

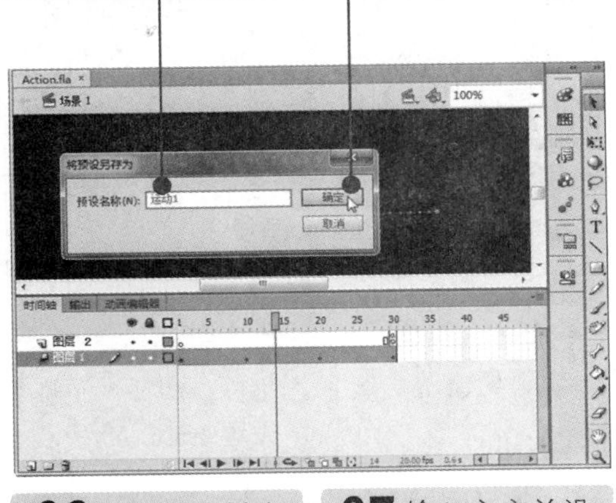

05 打开“动画预设”面板，查看保存的动画预设。

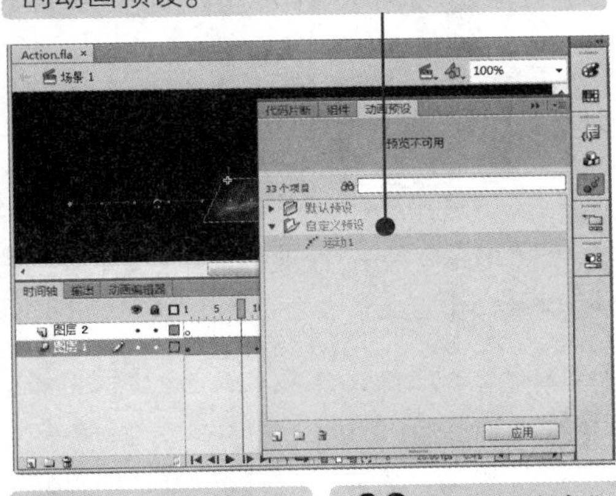

06 打开素材文件，新建“图层 3”。

07 输入文字并设置字体格式。

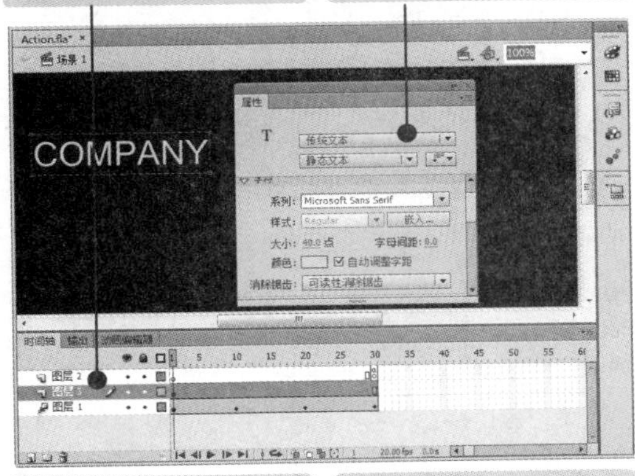

08 将文字转换为影片剪辑元件。

09 单击“确定”按钮。

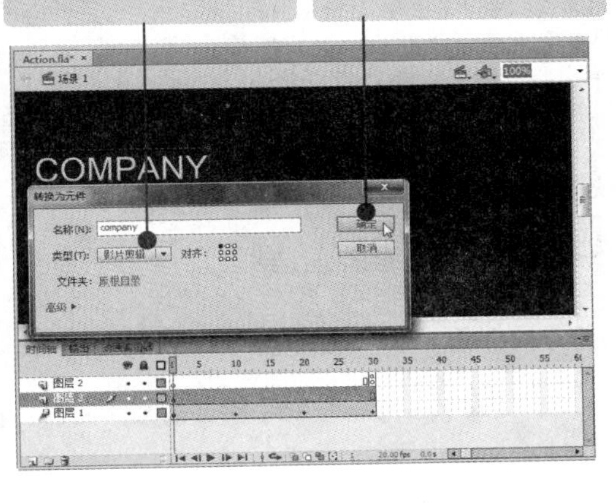

10 选中文字实例，选择自定义预设。

11 单击“应用”按钮。

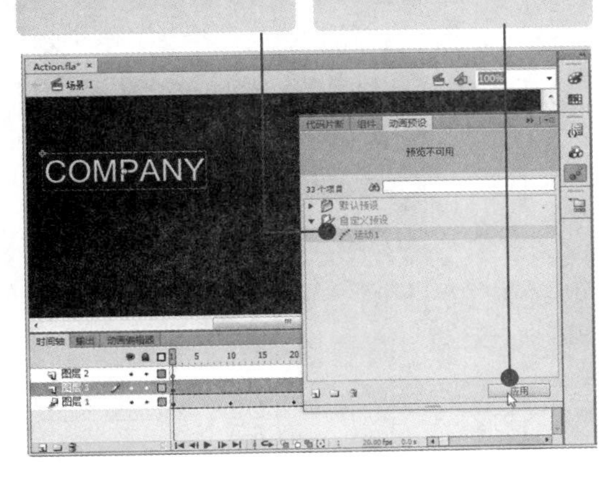

动画预设只能包含补间动画，传统补间不能保存为动画预设。

12 查看实例在舞台中的动画轨迹。

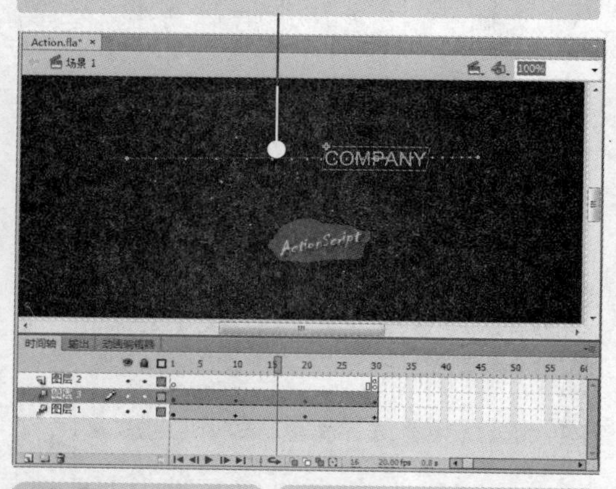

13 使用选择工具调整动画路径。

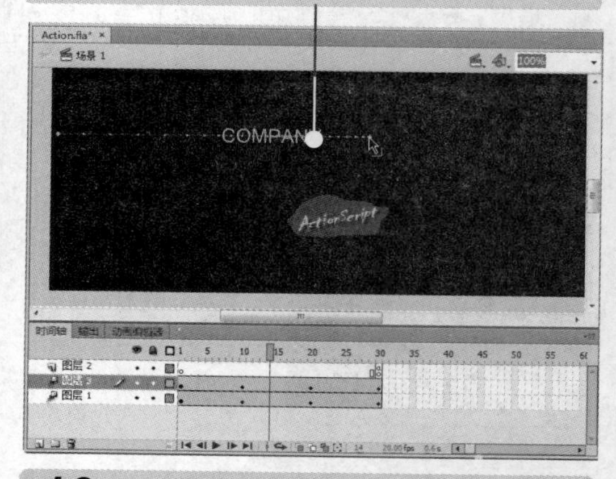

14 选择“图层3”中的第1帧。

15 右击自定义动画预设，选择“在当前位置结束”命令。

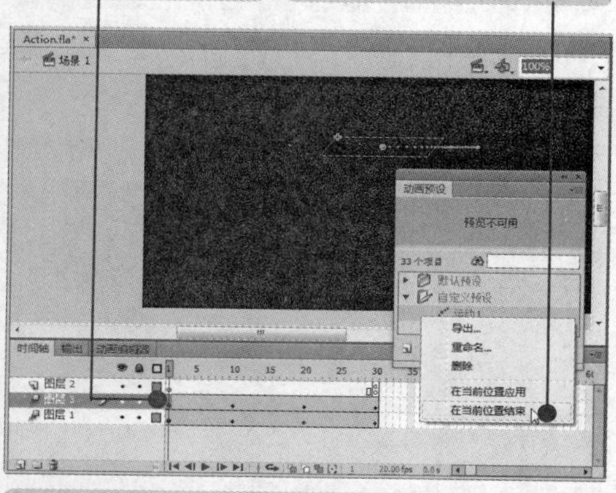

16 单击“是”按钮，替换当前动画。

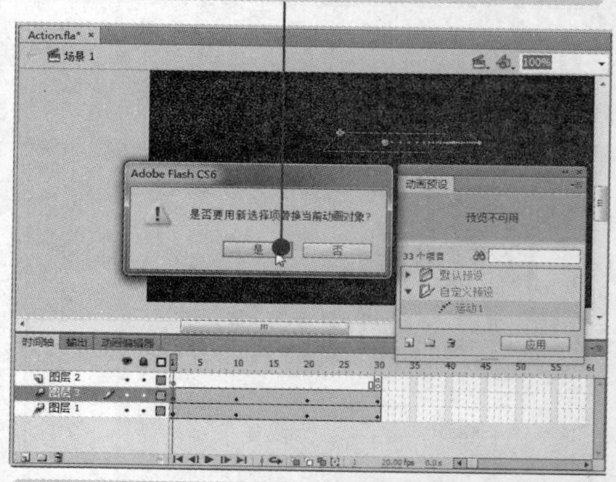

17 移动播放头，查看动画效果。

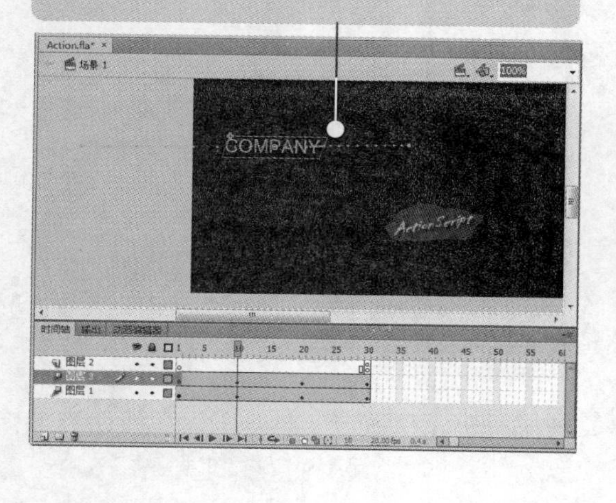

18 新建“图层4”，在第16帧插入关键帧，输入NAME。

19 在“动画预设”面板选择“从左边模糊飞入”。

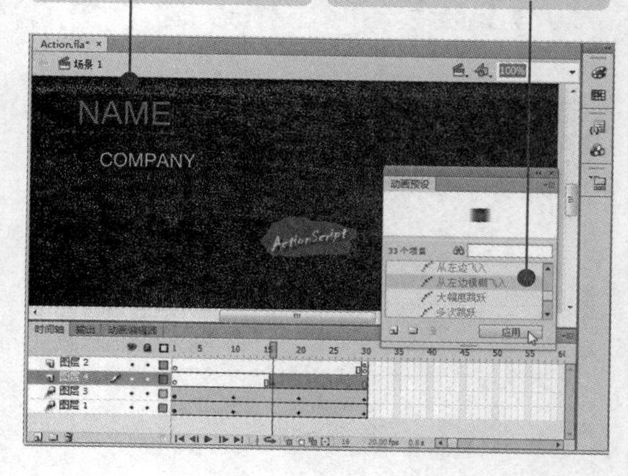

小提示

 不能删除Flash CS6“默认预设”中的预设动画，用户自己添加的可以删除。

20 此时，所选文字应用了预设动画。

21 保存文件，按【Ctrl+Enter】组合键测试影片。

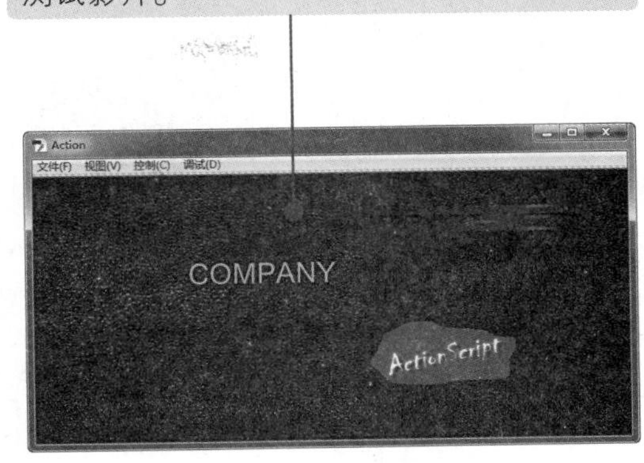

2．导出与导入预设

使用“动画预设”面板还可以导入和导出预设，这样就可以与协作人员共享预设，具体操作方法如下：

素材：光盘：无　　效果：光盘：无

难度：★☆☆☆☆　　视频：光盘：视频\06\导出与导入预设.swf

01 在“动画预设”面板中右击自定义预设。

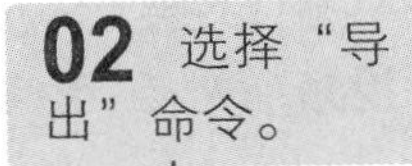

02 选择“导出”命令。

03 选择保存位置并设置文件名。

04 单击“保存”按钮。

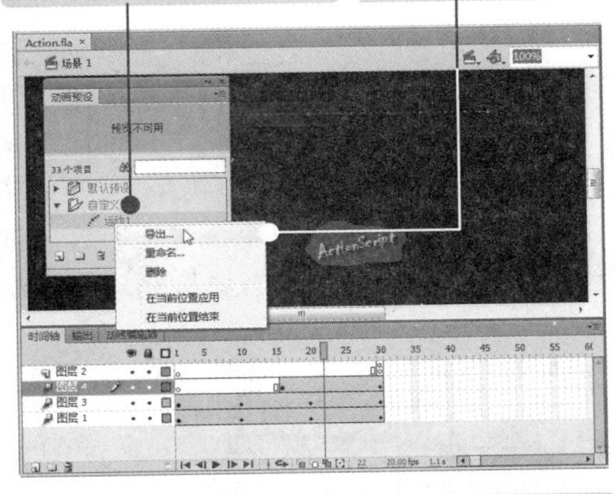

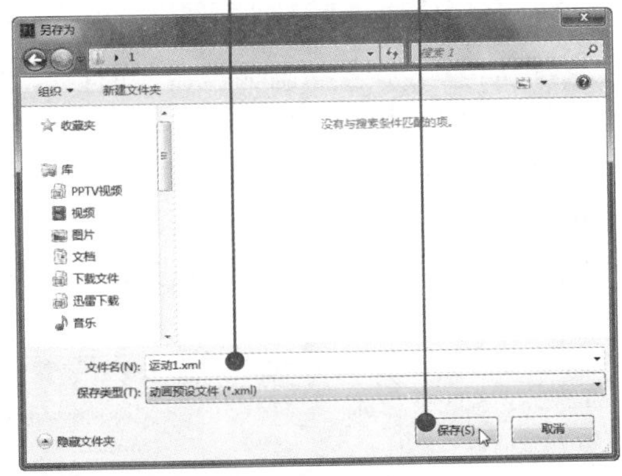

05 在“动画预设”面板中右击自定义的预设。

06 选择“删除”命令。

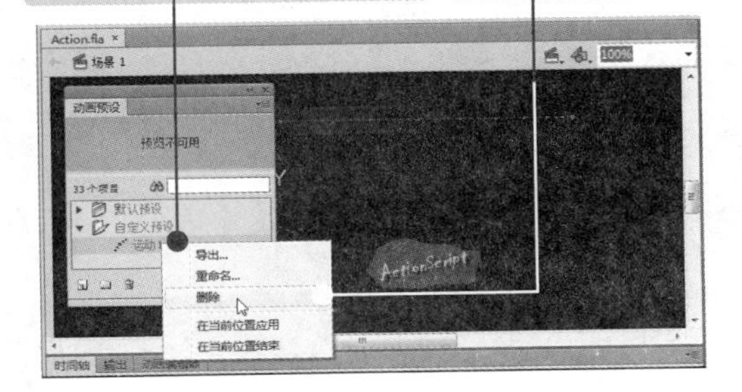

07 单击“删除”按钮。

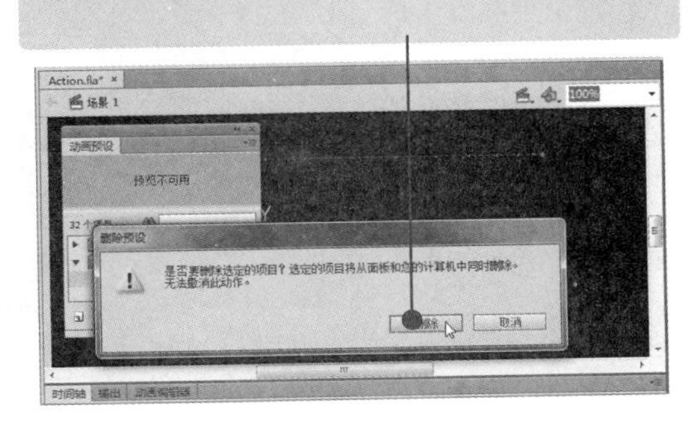

预览动画预设，如果需要停止预览播放，在“动画预设”面板外单击即可。

多学点

08 单击“动画预设”面板中的按钮。

09 选择“导入”选项。

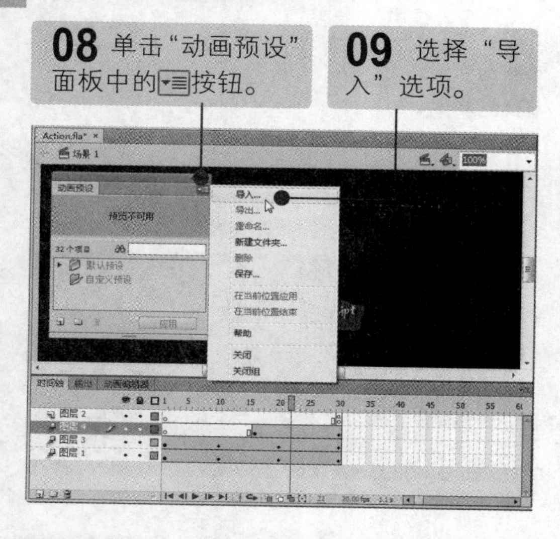

10 选择前面保存的动画预设。

11 单击“打开”按钮。

6.6.2 使用动画编辑器

使用动画编辑器可以精确地控制补间动画的属性，使用户轻松地创建较复杂的补间动画，但它不能用于传统补间动画中。

素材：光盘：素材\06\Action.fla　　效果：光盘：无

难度：★★★☆☆　　视频：光盘：视频\06\使用动画编辑器.swf

1. 认识动画编辑器

默认情况下，“动画编辑器”面板与“时间轴”面板位于同一个组中。若 Flash 程序窗口不显示“动画编辑器”面板，可单击“窗口”|“动画编辑器”命令，将其显示出来。

在“动画编辑器”面板中可以检查所有的补间动画属性及关键帧。另外，它提供了可以让补间动画变得更精确、更详细的工具。例如，它可以实现对每个关键帧参数（包括旋转、大小、缩放、位置和滤镜等）的完全单独控制，且可以图形化方式控制动画缓动效果。

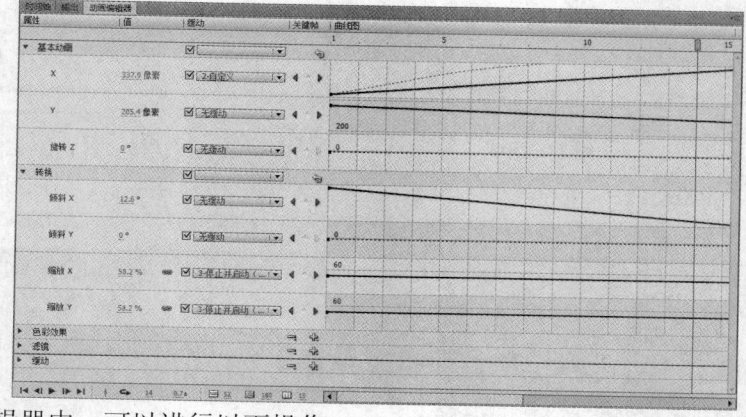

在动画编辑器中，可以进行以下操作：

◎ 设置各属性关键帧的值。

小提示　对于多种常见类型的简单补间动画，动画编辑器的使用是可以选择的。

◎ 添加或删除各个属性的属性关键帧。
◎ 将属性关键帧移至补间内的其他帧。
◎ 将属性曲线从一个属性复制并粘贴到另一个属性。
◎ 翻转各属性的关键帧。
◎ 重置各属性或属性类别。
◎ 使用贝赛尔控件对大多数单个属性补间曲线的形状进行微调。
◎ 添加或删除滤镜或色彩效果，并调整其设置。
◎ 向各个属性和属性类别添加不同的预设缓动。
◎ 创建自定义缓动曲线。
◎ 将自定义缓动添加到各个补间属性和属性组中。

2．使用动画编辑器创建补间动画

下面将详细介绍如何使用动画编辑器创建补间动画，具体操作方法如下：

01 打开素材文件,将“文字”元件拖至舞台，调整实例大小。

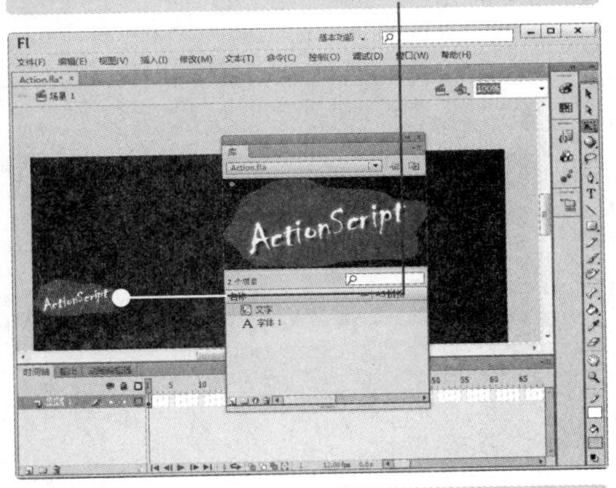

02 右击第 1 帧，选择“创建补间动画”命令，延长至第 30 帧。

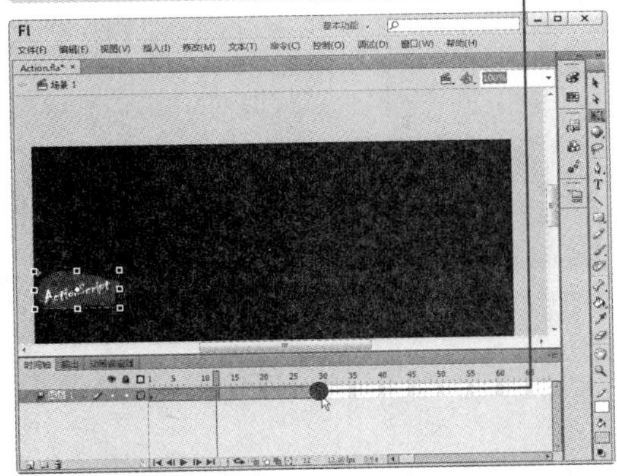

03 打开“动画编辑器”面板。

04 调整“可查看的帧”字段为 30。

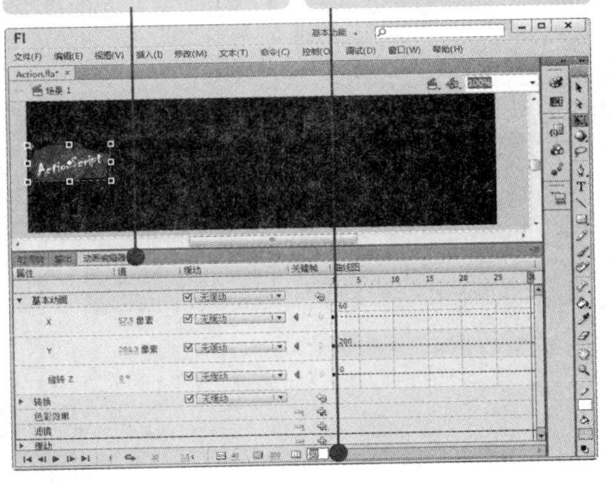

05 在“基本动画”中将播放头移至第 30 帧。

06 在X选项中单击◇按钮添加关键帧，移动实例。

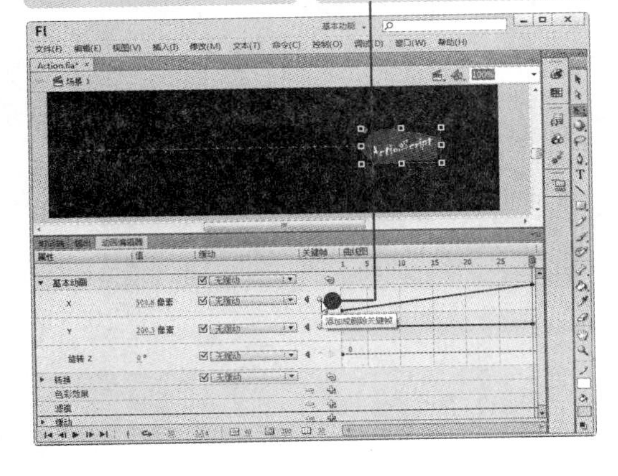

动画编辑器只在轻松创建比较复杂的补间动画，它不适合用于传统补间动画。

多学点

07 在“缓动”中设置图形大小字段值。

08 调整缓动选项的虚线图高度。

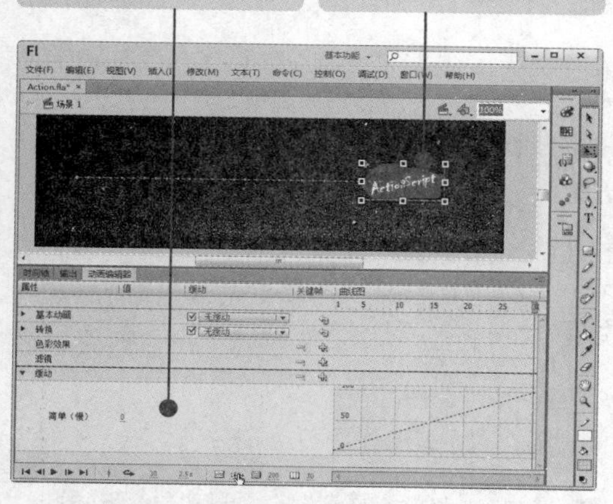

09 单击“添加”按钮。

10 选择“自定义”选项。

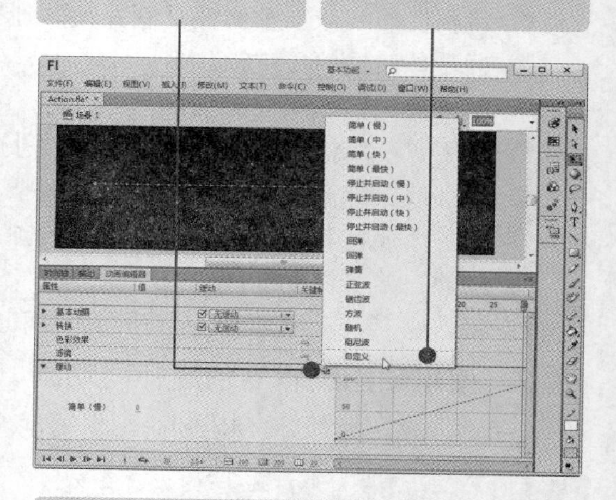

11 将播放头移至第 20 帧，添加关键帧。

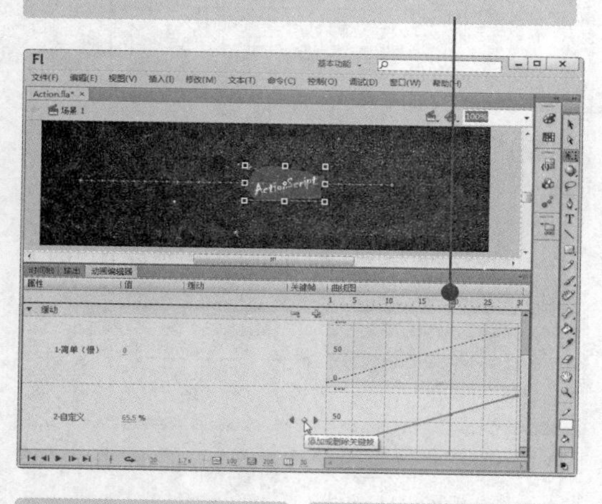

12 同样在第 10 帧添加关键帧，调整曲线。

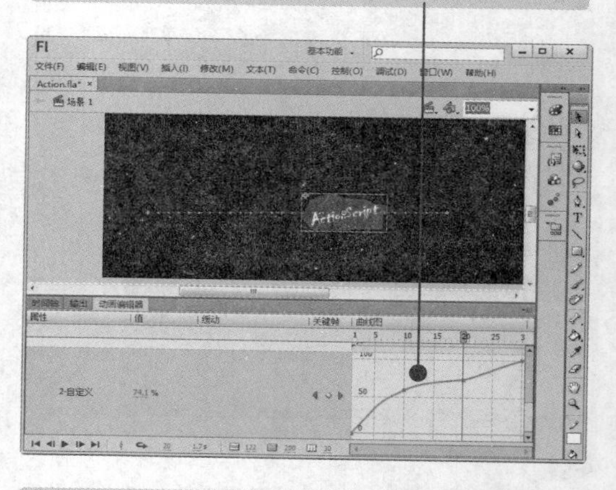

13 单击 X 选项缓动下拉按钮。

14 选择“2-自定义”选项。

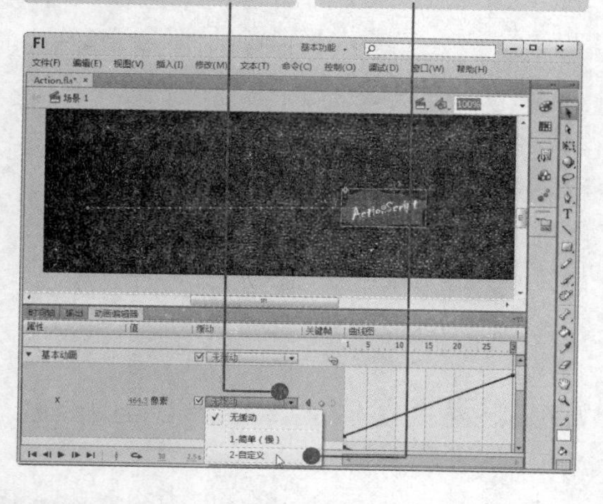

15 查看动画的运动路径及缓动效果。

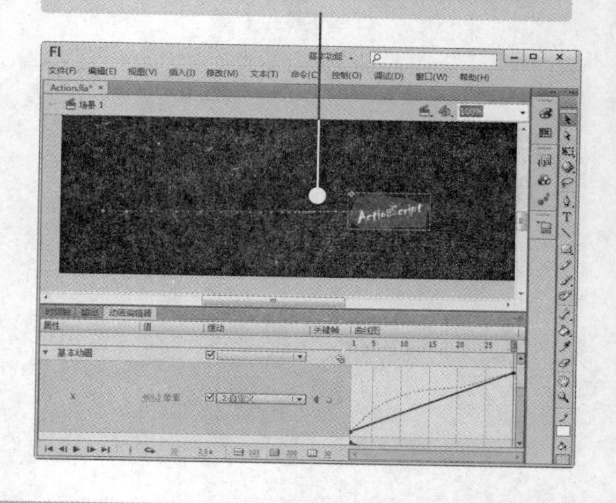

小提示 为每个图形添加、删除和编辑属性关键帧，可以改变属性曲线的形状。

16 在“转换”选项第 20 帧处添加关键帧。

17 选择第 1 帧，设置“倾斜 X”的值。

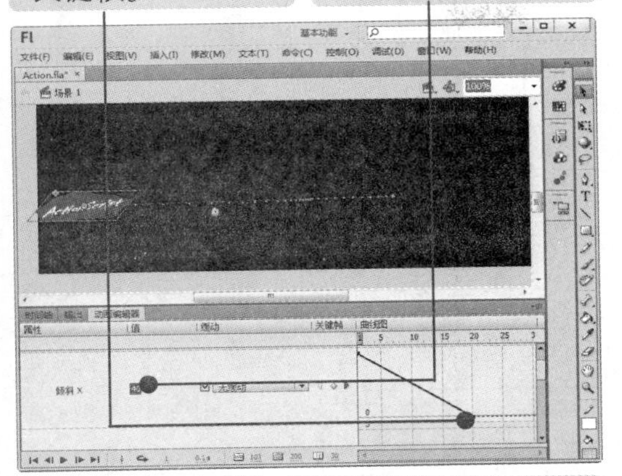

18 添加“停止并启动（最快）”缓动。

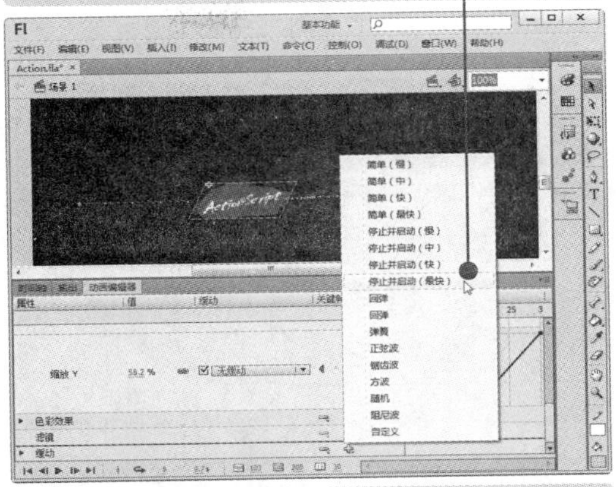

19 在“转换”选项中单击链接按钮进行链接。

20 选择第 30 帧，调整缩放值，添加“停止并启动（最快）”缓动。

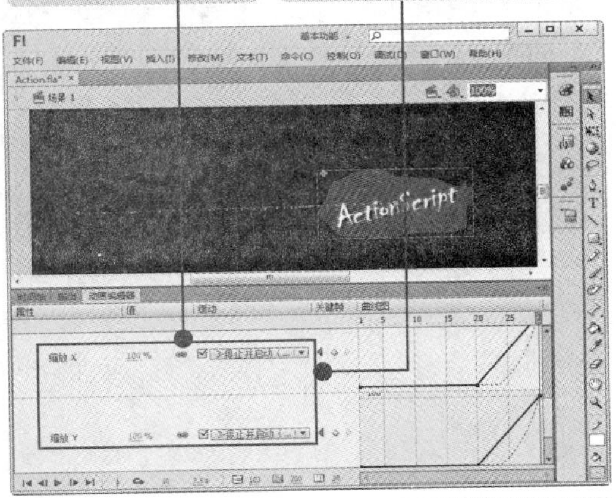

21 在“滤镜”选项中单击添加按钮。

22 选择 Alpha 选项。

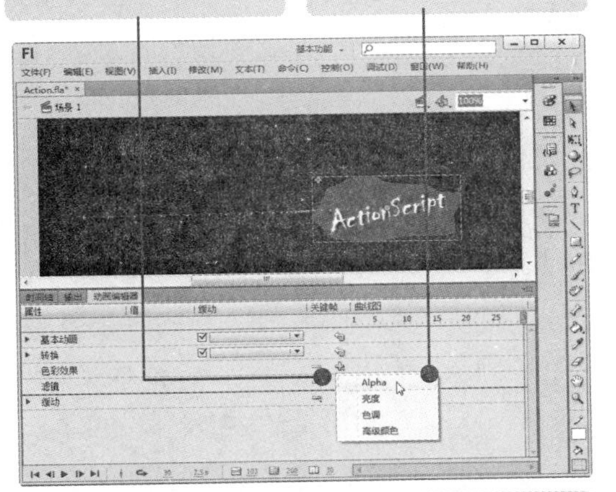

23 在第 20 帧处插入关键帧。

24 选择第 1 帧，调整 Alpha 为 20%，应用“自定义”缓动。

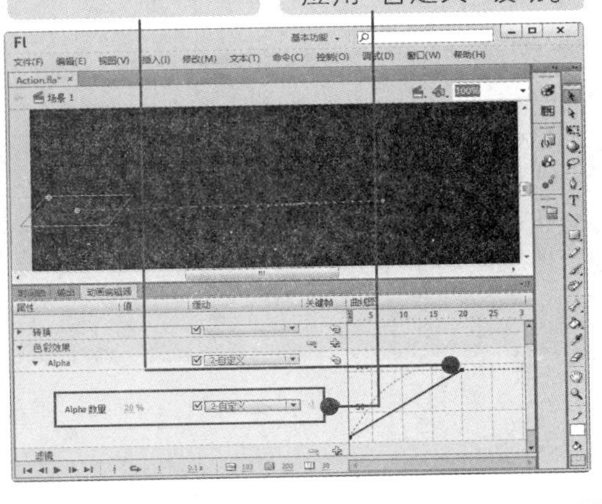

25 在“滤镜”选项右侧单击添加按钮。

26 选择“模糊”选项，应用滤镜效果。

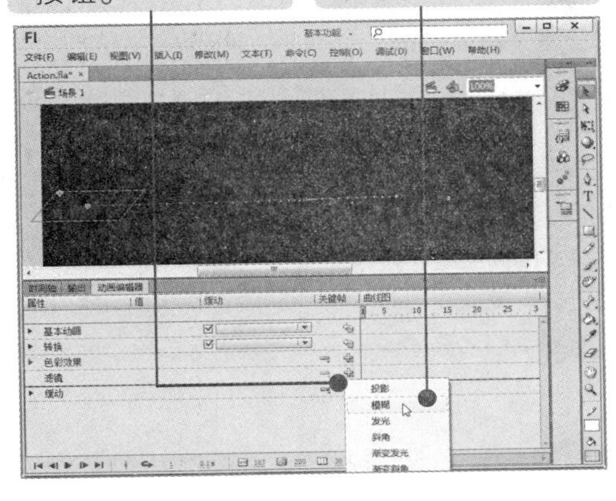

多学点

若要向属性曲线添加属性关键帧，可将播放头放在所需的帧中，然后在动画编辑器中单击“添加或删除关键帧”按钮。

27 在第 10 帧处插入关键帧，选择第 1 帧。调整"模糊 X、模糊 Y"属性值，为"模糊 Y"应用"停止并启动（最快）"缓动。

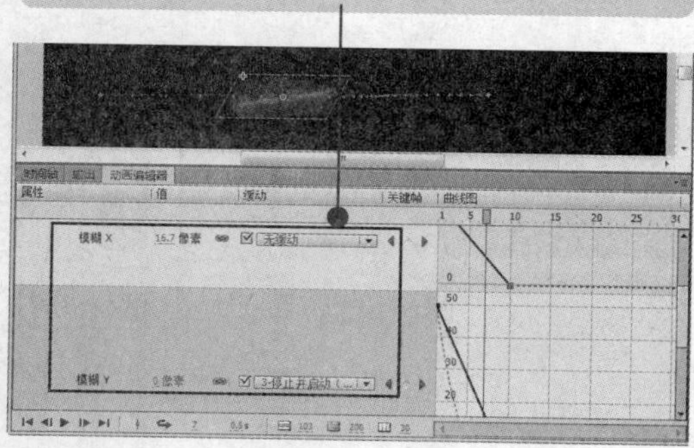

28 同样，添加"调整颜色"滤镜效果。在第 20、30 帧处插入关键帧，选择第 20 帧，调整属性值。

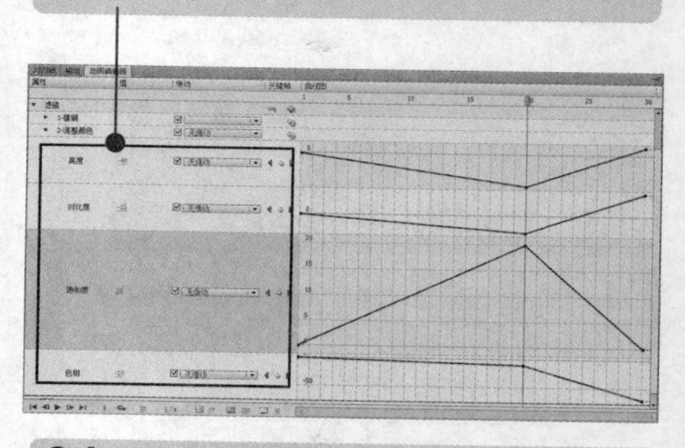

29 在第 30 帧调整属性值。

30 应用"停止并启动（快速）"缓动。

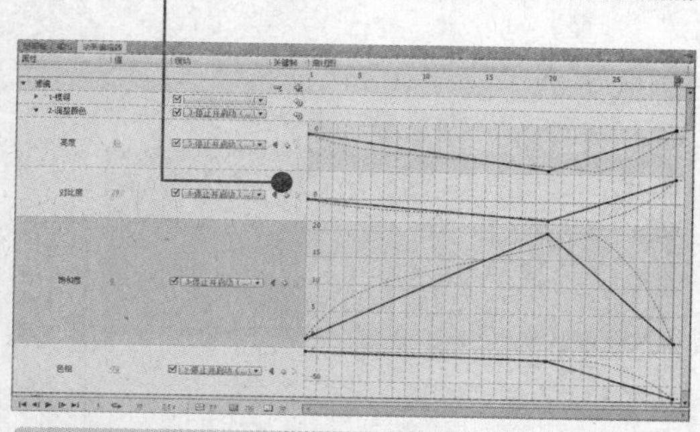

31 移动播放头，预览动画效果。

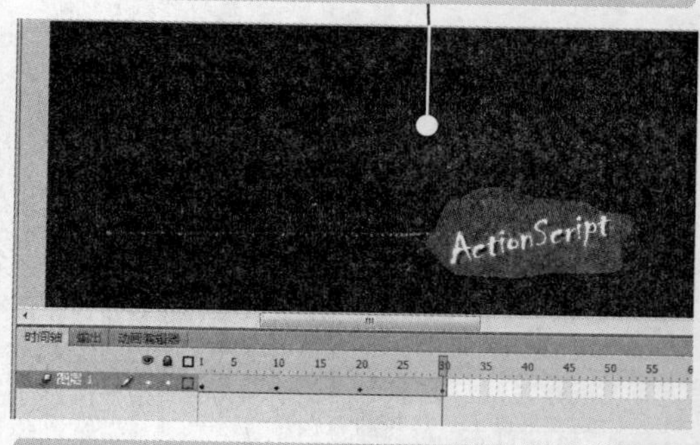

32 新建"图层 2"，在第 30 帧处插入关键帧，打开"动作"面板，输入"stop();"。

33 按【Ctrl+Enter】组合键，测试动画效果。

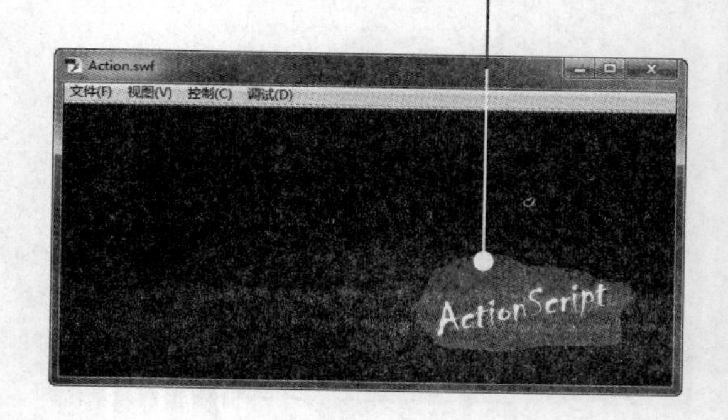

 小提示 在为补间动画编辑属性时，播放指针所在的位置会添加属性关键帧。

6.7 综合实战——制作“桃花朵朵开”动画

下面将综合运用本章所学知识，制作一个形状补间动画“桃花朵朵开”，让读者进一步熟悉基本动画的制作流程与技巧。

下面将详细介绍如何制作形状补间动画“桃花朵朵开.fla”，具体操作方法如下：

素材：光盘：素材\06\桃花朵朵开.fla　　效果：光盘：效果\06\桃花朵朵开.fla

难度：★★★☆☆

视频：光盘：视频\06\综合实战——制作桃花朵朵开动画.swf

01 打开素材文件。

02 查看“库”面板中的素材。

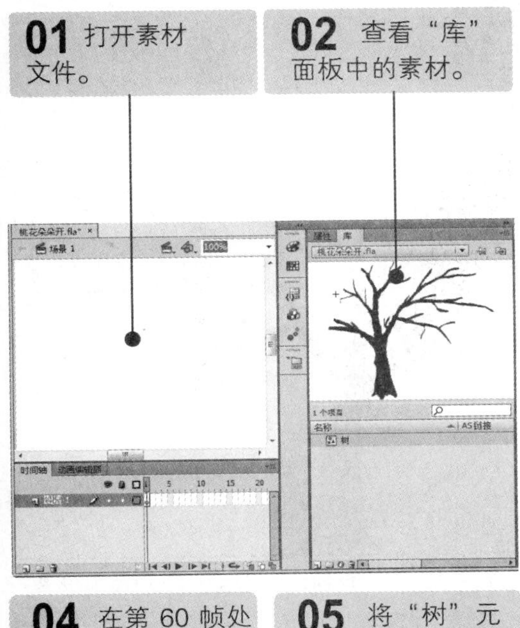

03 绘制一个大于舞台的矩形，设置渐变颜色。

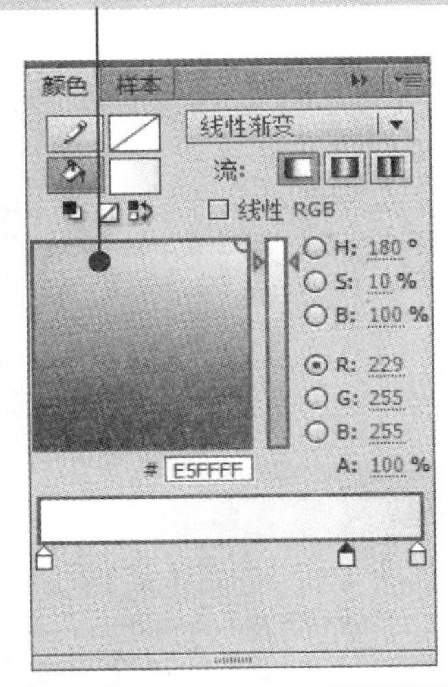

04 在第 60 帧处添加帧，新建“树干”图层。

05 将“树”元件拖至舞台。

06 新建“花朵”元件。

07 绘制一个无笔触、填充颜色为红色的十字星。

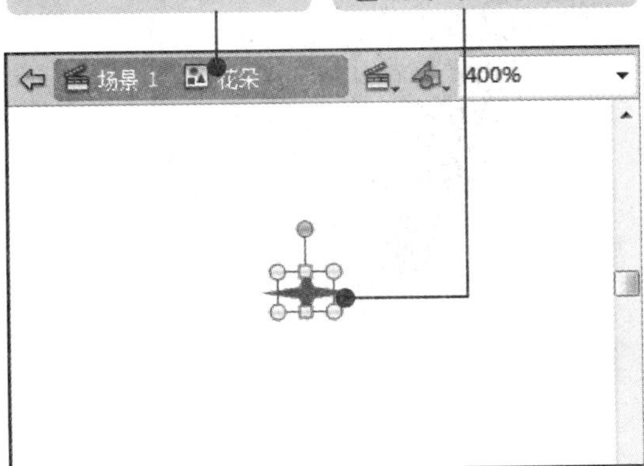

若要从可用补间列表中删除缓动，可单击动画编辑器的“缓动”选项中的按钮，然后从弹出的菜单中选择该缓动。

08 新建“梅花”元件。

09 绘制多个椭圆，拼成花状。

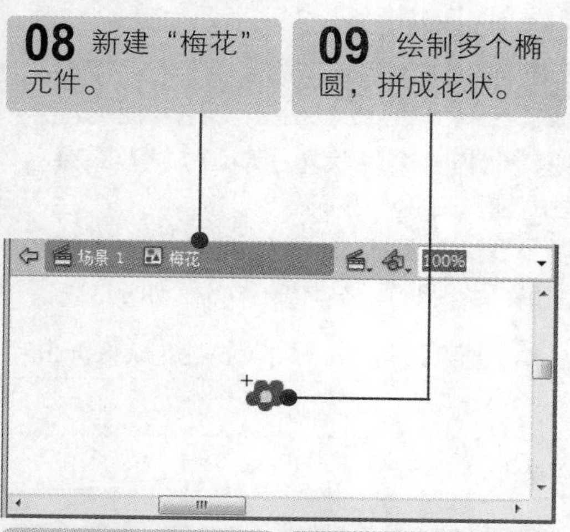

10 新建“梅花”图层，选择第 1 帧。

11 将“花朵”元件拖至舞台。

12 选择“梅花”图层第 60 帧，添加关键帧。

13 将“梅花”元件拖动与每个“花朵”实例重合。

14 选中“梅花”图层第 1 帧，分离第 1 帧实例。

15 选中第 60 帧，分离第 60 帧实例。

16 右击第 1 帧~60 帧中间任意一帧。

17 选择“创建补间形状”命令。

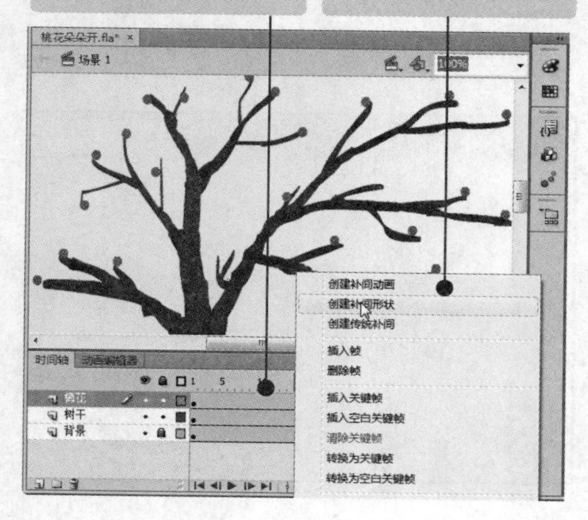

18 按【Ctrl+Enter】组合键，测试影片效果。

小提示 制作由花骨朵绽放成花朵的补间形状动画。补间形状动画在 Flash 动画中应用非常广泛。

预计学习时间 70 分钟

Chapter 07

Flash 高级动画制作

本章主要针对 Flash 中两种高级动画的制作进行讲解，即遮罩动画和引导层动画。这两种动画在网站 Flash 动画设计中占据着非常重要的地位，一个 Flash 动画的创意层次主要体现在其制作过程中。

要点导航

- 引导层动画
- 遮罩动画
- 综合实践——制作“闪闪红星”动画

重点图例

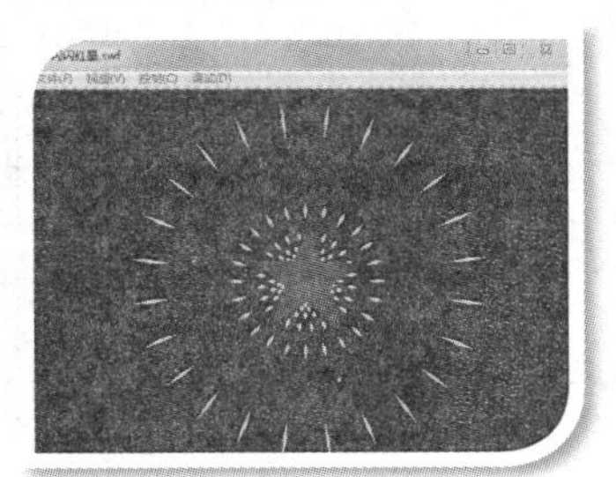

7.1 引导层动画

一般情况下引导层动画需要引导层、被引导层和背景层。在引导层中绘制一个路径，然后使用被引导层中的对象沿路径进行运动，其中可以创建多个被引导层。

7.1.1 认识引导层动画

引导层动画是指被引导对象沿着指定的路径进行运动的动画，它是由引导层和被引导层组成的。引导层中用于绘制对象运动的路径，被引导层中用于放置运动的对象。在一个运动引导层下可以创建一个或多个被引导层。

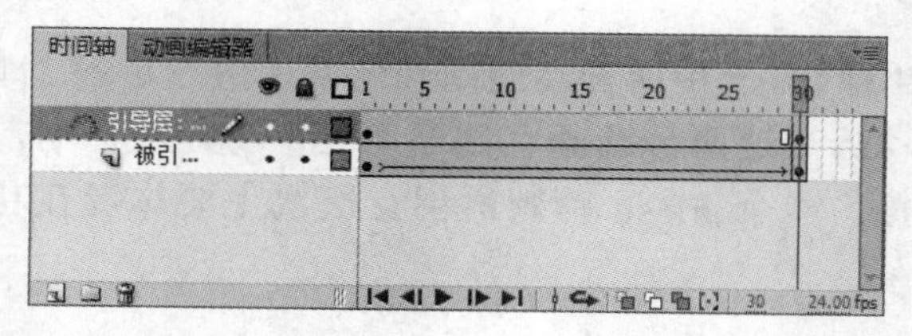

7.1.2 创建引导层动画

下面将通过实例详细介绍引导层动画的制作过程，具体操作方法如下：

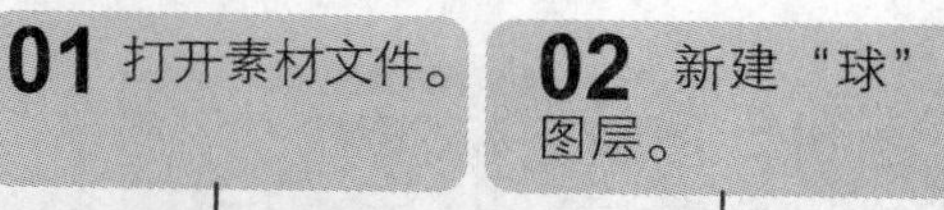

素材：光盘：素材\07\篮球.jpg　　效果：光盘：效果\07\篮球.fla

难度：★★★☆☆★　　视频：光盘：视频\07\创建引导层动画.swf

01 打开素材文件。

02 新建“球”图层。

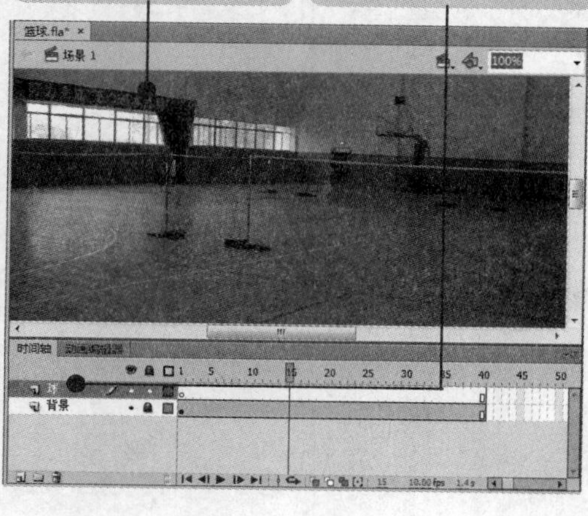

03 单击“导入到舞台”命令，调整位图“篮球”的大小。

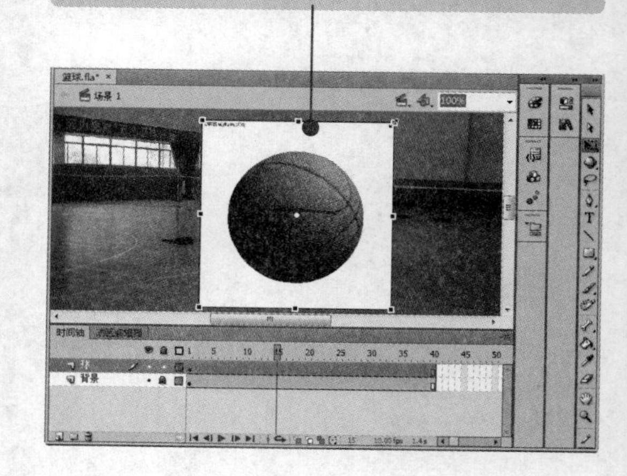

小提示

 引导层只能在传统补间动画中创建，对于补间动画则不能使用引导层。

04 将位图分离，删除多余部分，转换为“篮球”图形元件。

05 新建“篮球自转”影片剪辑元件。

06 单击“确定”按钮。

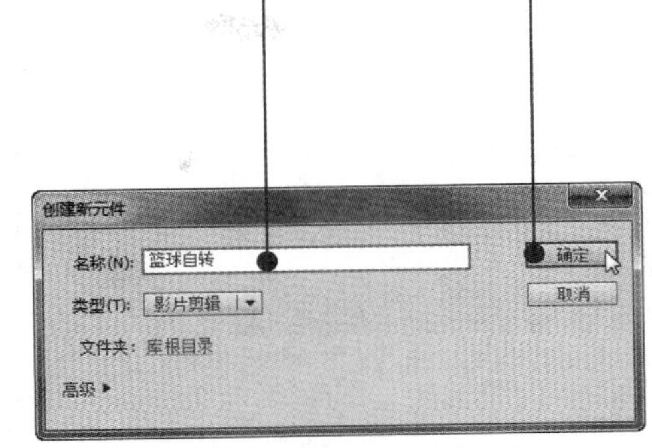

07 打开“库”面板。

08 将“篮球”元件移至“篮球自转”影片剪辑中。

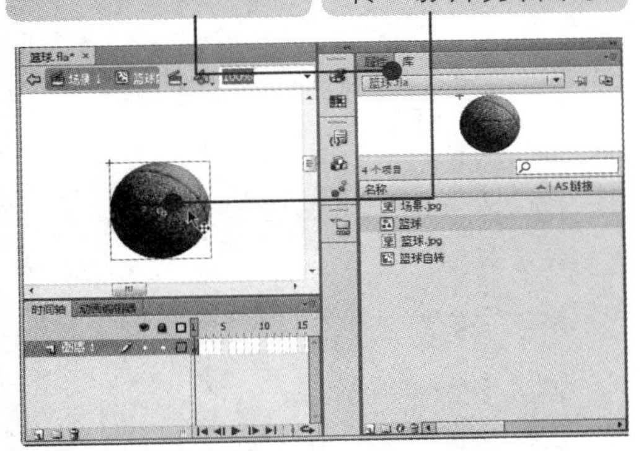

09 在第 30 帧处插入关键帧，创建传统补间动画。

10 设置“旋转”属性。

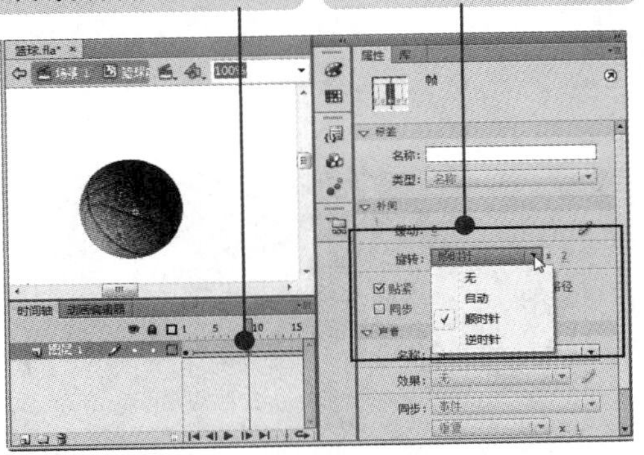

11 返回场景，将“篮球自转”影片剪辑拖至舞台。右击“球”图层，选择“添加传统运动引导层”命令。

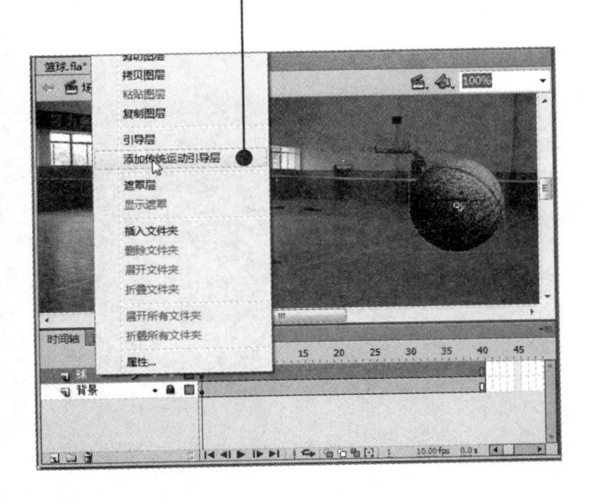

12 选择引导层第 1 帧，使用铅笔工具绘制曲线。

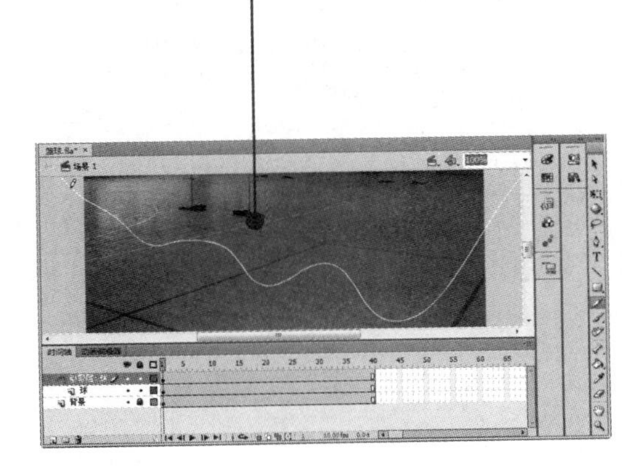

通过拖动元件的变形点能获得最好的贴紧效果。

13 选择“球”图层第 1 帧“球”实例，将其吸附在曲线顶端。

14 选择“球”图层第 40 帧，将实例吸附到曲线末端。缩小第 40 帧中的“球”实例。

15 在“球”图层创建传统补间动画。

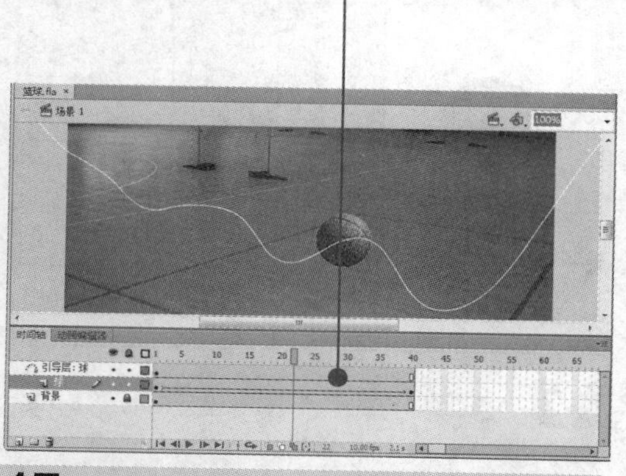

16 选择“球”图层任意一帧，设置补间参数。

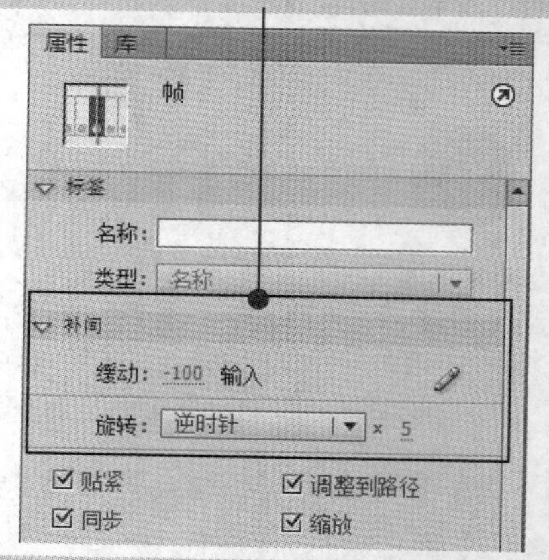

17 返回场景，移动播放头预览效果。

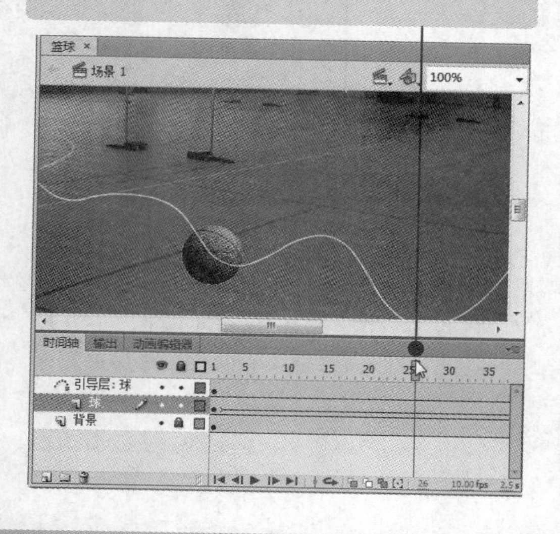

18 按【Ctrl+Enter】组合键，测试引导层动画效果。

小提示

对象的中心必须与引导线相连。如果对象的中心没有和引导层连接起来，对象就不能沿着引导线自由运动。位于运动起始位置的对象的中心通常会自动连接到引导线，结束位置的要素必须通过手动方式连接到引导线。

7.1.3 引导层动画实例制作

下面将通过 3 个简单的实例进一步巩固引导层动画的制作方法与技巧，其中包括制作多图层引导动画、制作“蝴蝶飞”动画，以及制作“落叶”动画。

1. 制作多图层引导动画

用户可以将多个图层链接到一个运动引导层，使多个对象沿同一条路径运动。链接到运动引导层的常规层称为引导层。

下面将通过实例来介绍如何创建多图层引导动画，具体操作方法如下：

素材：光盘：无　　效果：光盘：效果\07\Flash CS6.fla

难度：★★★☆☆　　视频：光盘：视频\07\制作多图层引导动画.swf

01 新建文档，输入文本 FLASH CS6。右击“图层 1”，选择“添加传统运动引导层”命令。

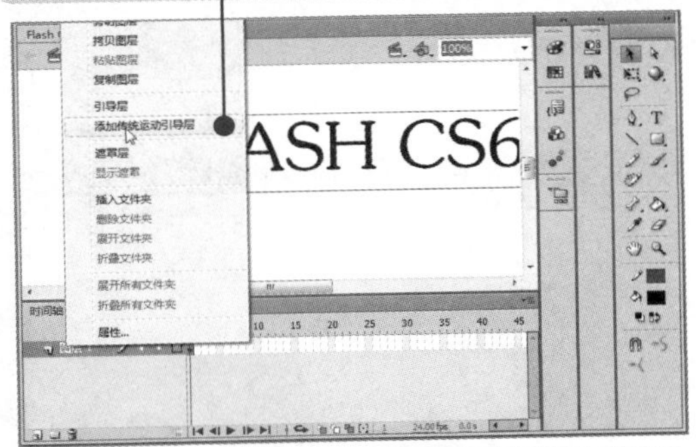

02 使用铅笔工具绘制一条引导曲线。

03 选中曲线，多次单击“平滑”按钮。

04 选中文本，分离对象。

05 单击“修改”｜“时间轴”｜“分散到图层”命令。

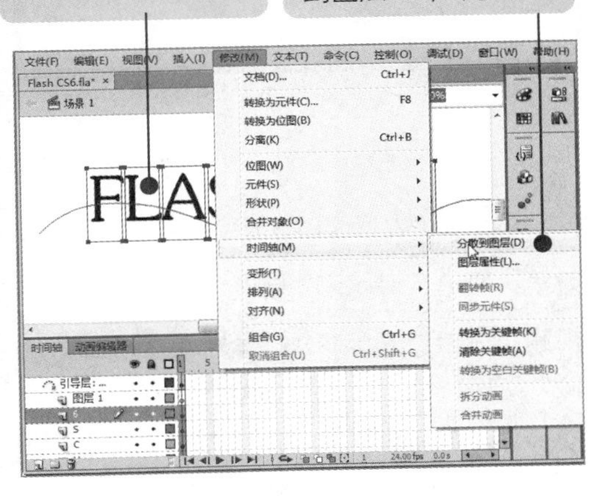

06 删除“图层 1”，在“引导层”第 40 帧添加帧。选择第 1 帧，分别将文字吸附到曲线右端。

引导层起到辅助静态对象定位的作用，无须使用被引导层。可以单独使用引导层，层上的内容不会被输出，它和辅助线作用类似。

07 在第 40 帧处分别将文字吸附到曲线左端。

08 选中“F~6”图层的第 40 帧，插入关键帧。分别为“F~6”图层创建传统补间动画。

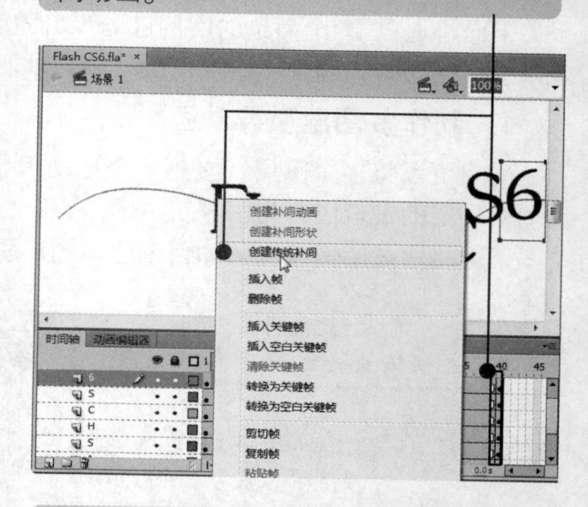

09 为“F~6”图层设置“补间”属性参数。

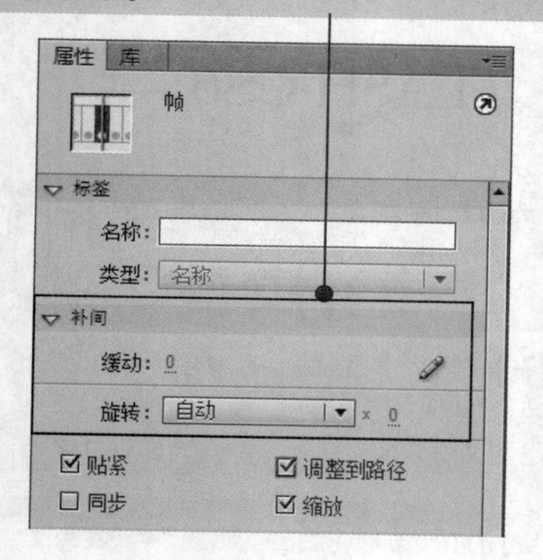

10 按【Ctrl+Enter】组合键，测试引导层动画效果。

2. 制作“蝴蝶飞”动画

下面将通过创建引导层来制作“蝴蝶飞”动画，具体操作方法如下：

素材：光盘：素材\07\蝴蝶飞.fla　　效果：光盘：效果\07\蝴蝶飞.fla

难度：★★★★☆　　视频：光盘：视频\07\制作蝴蝶飞动画.swf

高手点拨

在制作动画比较复杂时，可以先创建成“影片剪辑”元件，然后直接拖动到场景中，在测试影片时可以直接播放。

 小提示 用户可以将当前不需要的图层锁定，以免影响其他操作。

01 打开素材文件，锁定背景图层，新建“挥翅膀”图层。将“蝴蝶02”元件拖至舞台。

02 将位图“蝴蝶02”拖至舞台中。分离位图，使用套索工具抠出蝴蝶，调整大小。

03 单击“修改”|“转换为元件”命令，转换为“挥翅膀”影片剪辑。

04 双击舞台中的影片剪辑，进入编辑状态。在第1帧处插入关键帧，变形翅膀。

05 按照翅膀拍打顺序复制和粘贴帧，制作逐帧动画。

06 返回场景1，显示背景。

07 调整对象大小，旋转合适角度。

若要断开“引导层”和“被引导层”的关系，只需将引导层转换为普通图层即可。

08 新建"蝴蝶飞"影片剪辑元件。

09 单击"确定"按钮。

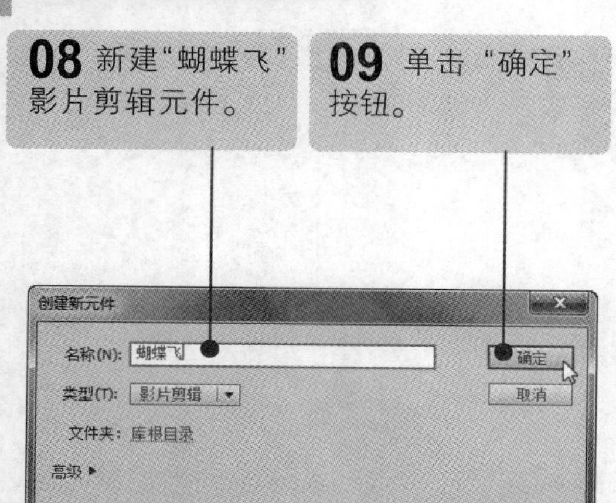

10 将"蝴蝶飞"元件拖至舞台，将其分离并调整大小。

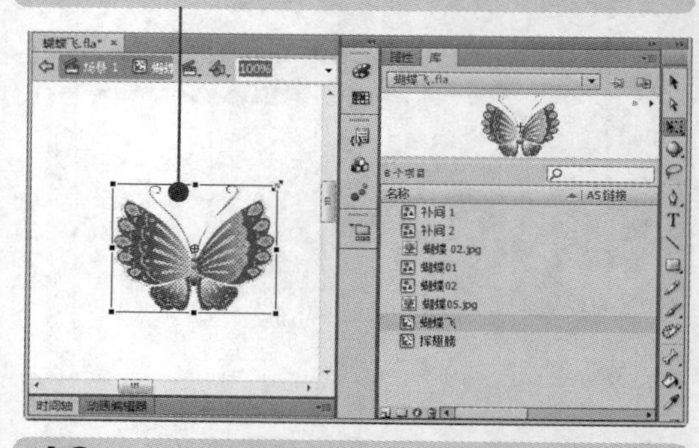

11 制作"蝴蝶飞"影片剪辑的逐帧动画。

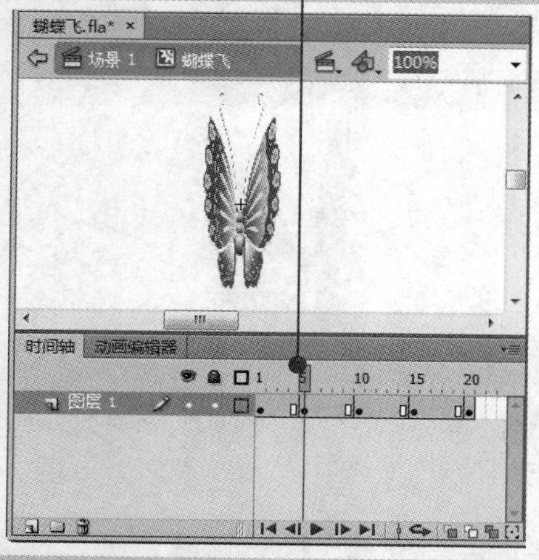

12 新建"蝴蝶飞"图层，将"蝴蝶飞"元件拖至舞台。在第 60 帧处插入关键帧，右击图层名称添加引导层。

13 选中"蝴蝶飞"图层第 1 帧，将对象吸附到引导线顶端。

14 选中第 60 帧，将对象吸附到引导线末端，旋转舞台对象。

小提示

其实引导动画就是在运动补间动画的基础上添加了一条引导路径而已。对于形变动画来说，它不能制作引导动画。

15 在"图层 4"中创建传统补间动画，设置补间属性。

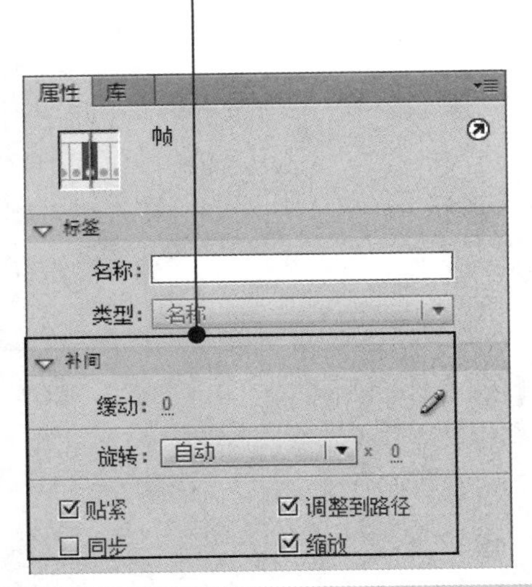

16 显示图层中的所有隐藏内容。

17 移动播放头，查看动画效果。

18 按【Ctrl+Enter】组合键，测试动画效果。

3. 制作"落叶"动画

下面将通过创建引导层来制作"落叶"动画，具体操作方法如下：

素材：光盘：素材\07\落叶.fla　　效果：光盘：无

难度：★★★☆☆

视频：光盘：视频\07\制作落叶动画.swf

在创建传统补间动画后，设置旋转属性，要注意选中"调整到路径"复选框，以确保对象沿引导线移动。

01 打开素材文件，将“背景”元件移至舞台。在第 50 帧添加帧，分别单击🔒和👁图标。

02 新建“图层 2”，将“叶子 01”元件拖至舞台。

03 在第 50 帧插入关键帧。

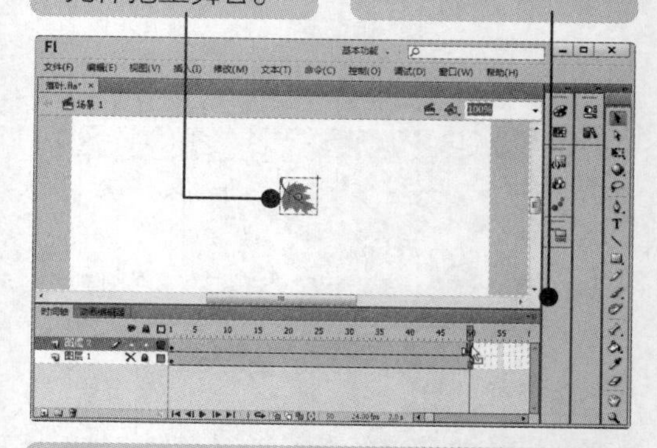

04 右击“图层 1”名称，选择“添加传统运动引导层”命令，在舞台中绘制一条曲线。

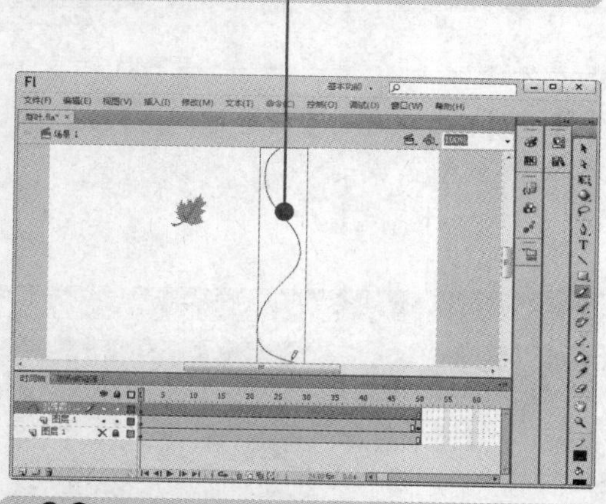

05 选中第 1 帧，将“叶子 01”实例吸附到引导线顶端。选中第 50 帧，将实例吸附到末端，创建传统补间动画。

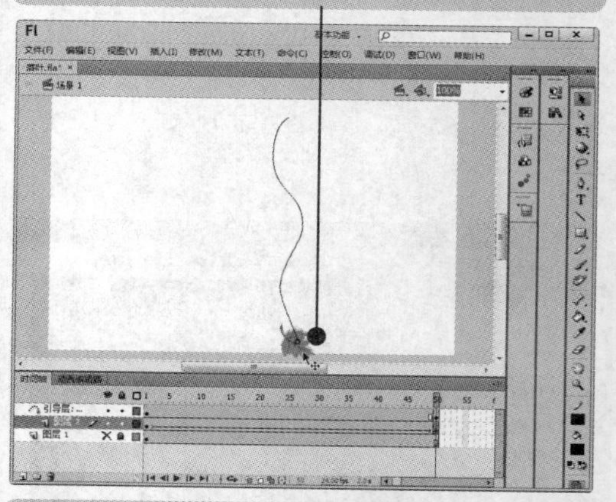

06 设置“补间”属性参数，然后新建“图层 3”。

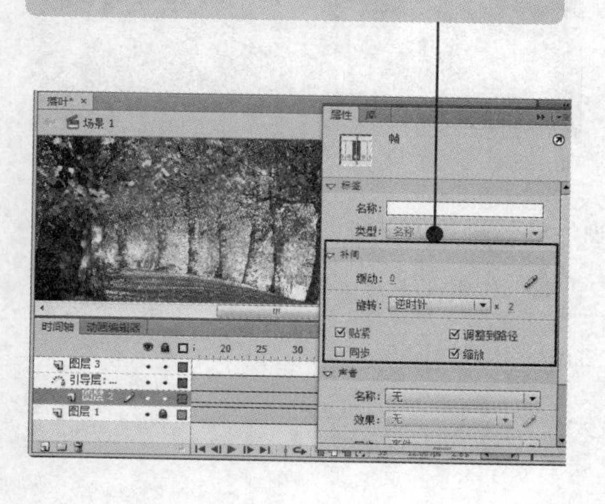

07 将“叶子 02”元件拖至舞台中，在第 50 帧处插入关键帧。在“图层 3”上添加引导层。

小提示

 绘制引导线，可以使用钢笔工具或铅笔工具，要保障线条流畅。

08 选中第 1 帧，将“叶子 02”实例吸附到引导线顶端。选中第 50 帧，将实例吸附到末端，创建传统补间动画。

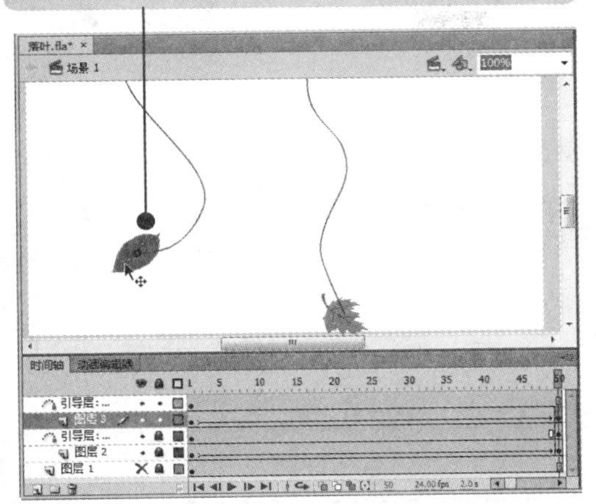

09 设置“补间”属性参数值。

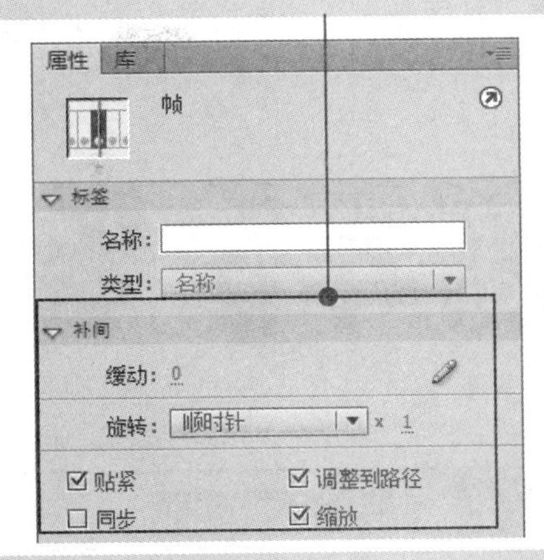

10 单击 👁 图标，显示图层。

11 将所有图层延长至第 60 帧。

12 按【Ctrl+Enter】组合键，测试动画效果。

7.2 遮罩动画

遮罩动画由遮罩层和被遮罩层组成。遮罩层中用于放置遮罩的形状，被遮罩层中放置要显示的图像。遮罩动画的制作原理就是透过遮罩层中的形状将被遮罩层中的图像显示出来。

7.2.1 认识遮罩动画

遮罩动画可以获得聚光灯效果和过渡效果。使用遮罩层创建一个孔，通过这个孔可以看到下面的图层内容，如下图（左）所示。遮罩项目可以是填充的形状、文字对象、图形

引导线不能出现中断；引导线不能出现交叉和重叠；引导线的转折不能过多或过急；被引导对象对引导线的吸附一定要准确。

元件的实例或影片剪辑。将多个图层组织在一个遮罩层下，可以创建出更复杂的动画效果。

用户可以在遮罩层和被遮罩层分别或同时创建补间形状动画、动作补间动画和引导层动画，从而使遮罩动画变成一个可以施展无限想象力的创作空间。下图（右）所示即为遮罩图层。

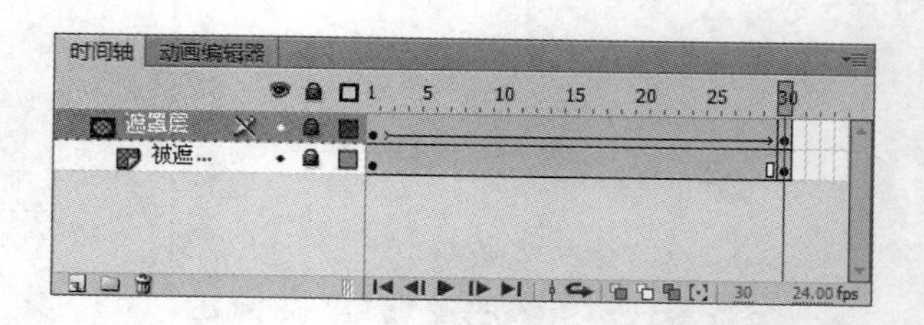

7.2.2 创建遮罩动画

遮罩动画通常需要 3 个图层：背景层、遮罩层和被遮罩层。其中，背景层的主要作用是放置一幅图片作为动画的背景；遮罩层可用于控制被遮罩层中对象的显示；被遮罩层主要用于放置需要显示的对象。遮罩动画可以用来制作动画中的转场效果。

下面将通过实例详细介绍如何创建遮罩动画，具体操作方法如下：

素材：光盘：素材\07\拉伸动画.fla　　效果：光盘：无

难度：★★★☆☆　　视频：光盘：视频\07\创建遮罩动画.swf

01 打开素材文件，单击 图标，锁定“图层 1”和“图层 2”。

02 新建“图层 3”，在第 1 帧中绘制无笔触的矩形，在第 60 帧按【F5】键插入帧。

小提示　创建遮罩层没有相应的快捷方式，只能通过将普通图层转换为遮罩层的方法创建。

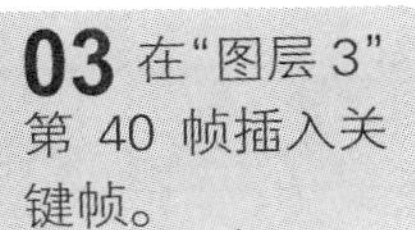

03 在“图层 3”第 40 帧插入关键帧。

04 使用任意变形工具放大对象。

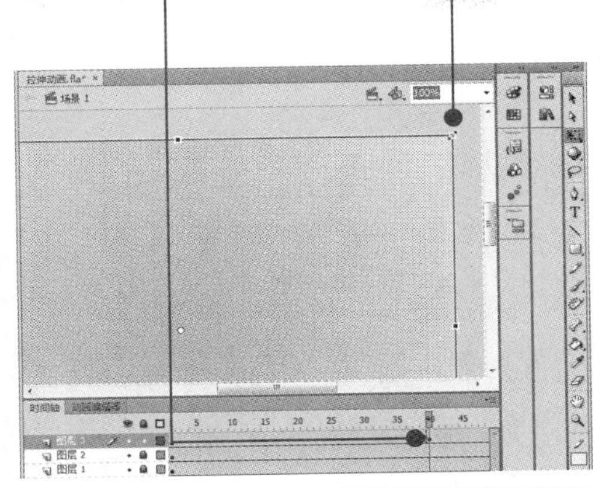

05 右击“图层 3”中任意一帧。

06 选择“创建补间形状”命令。

07 右击“图层 3”名称。

08 选择“遮罩层”命令。

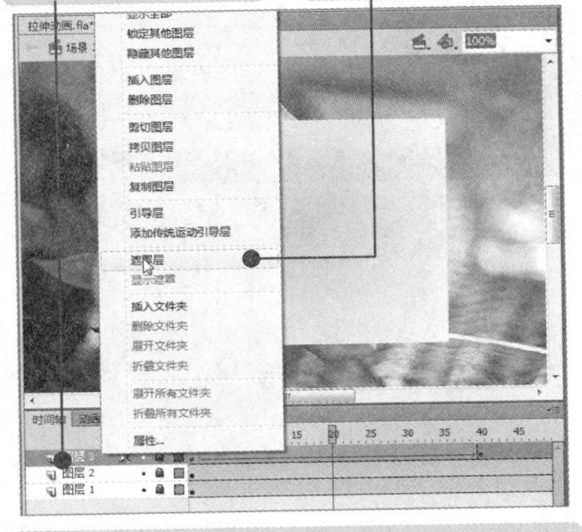

09 移动播放头，查看动画效果。

10 按【Ctrl+Enter】组合键，测试遮罩动画效果。

高手点拨

创建遮罩动画首先要确定被遮罩层，其次创建遮罩层动画，最后设置遮罩层。

创建遮罩动画时，可以将遮罩层中的对象绘制完成后再设置遮罩层。

7.2.3 遮罩动画实例制作

下面将通过 3 个简单的实例进一步巩固遮罩动画的制作方法与技巧，其中包括制作“电光字”动画、“百叶窗”动画以及“储钱罐”动画等。

1．制作“电光字”动画

通过创建遮罩层来制作“电光字”动画，具体操作方法如下：

素材：光盘：无　　效果：光盘：效果\07\电光字.fla

难度：★★★★☆　　视频：光盘：视频\07\制作电光字动画.swf

01 新建文档，设置背景色为黑色。

02 输入文字，设置文字属性。

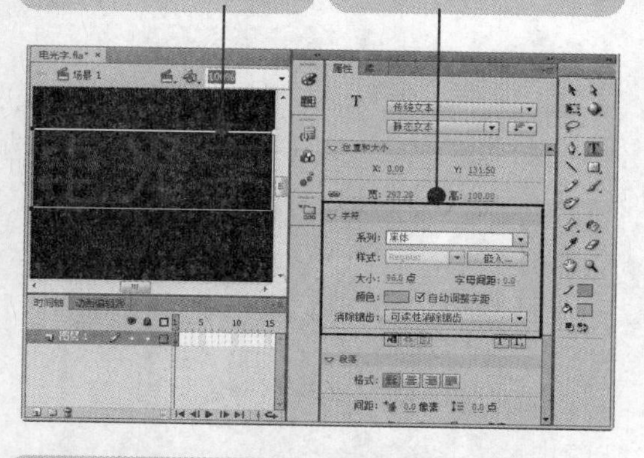

03 将文本分离成形状。

04 选择文本，将其转换为“文字”图形元件。

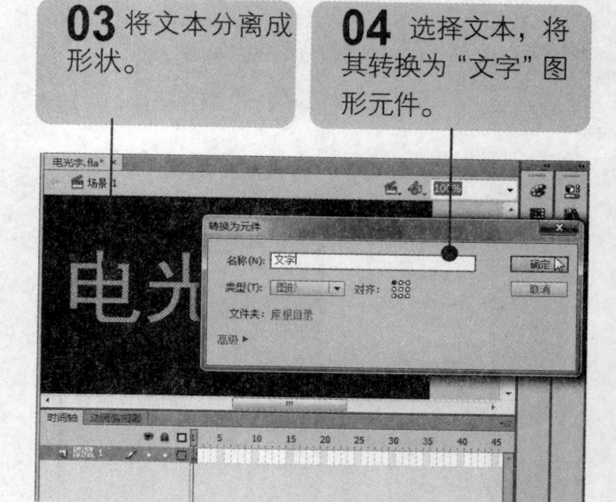

05 新建“图层 2”。

06 将“图层 1”的关键帧复制到“图层 2”中。

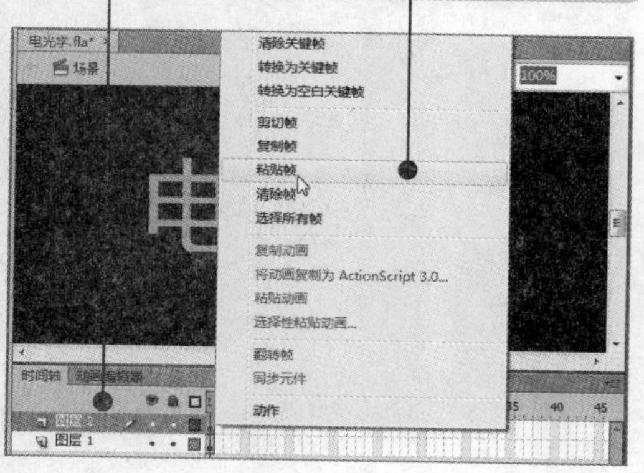

07 分离图层中的元件实例。

08 用墨水瓶工具添加边线。

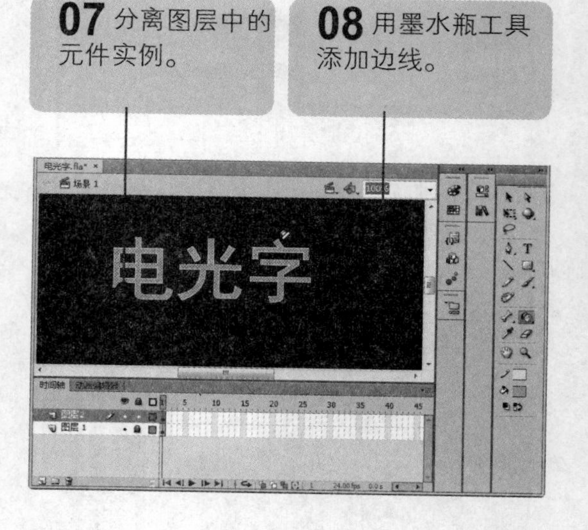

小提示　锁定遮罩层和被遮罩层，即可在场景中查看遮罩效果。

09 按【Delete】键，删除文字填充。

10 将“图层 1”的第 1 帧拖至第 20 帧。

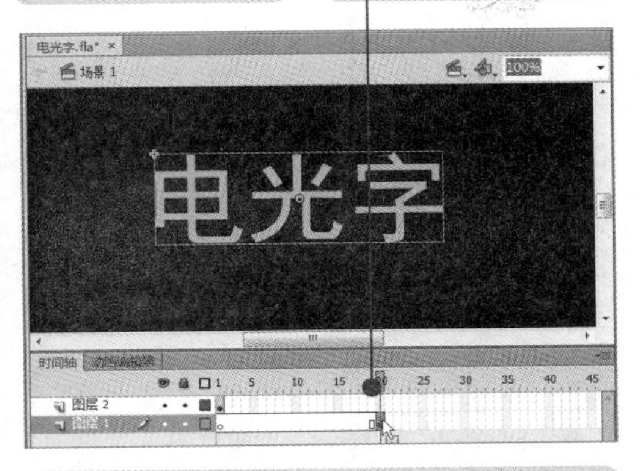

11 新建“图层 3”。

12 绘制两个菱形，将其转换为“光”图形元件。

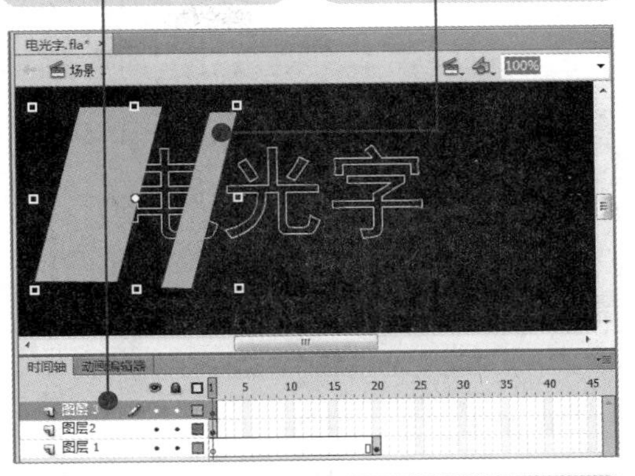

13 在“图层 3”第 15、30 帧插入关键帧。在“图层 2”第 30 帧、“图层 1”第 40 帧插入帧。

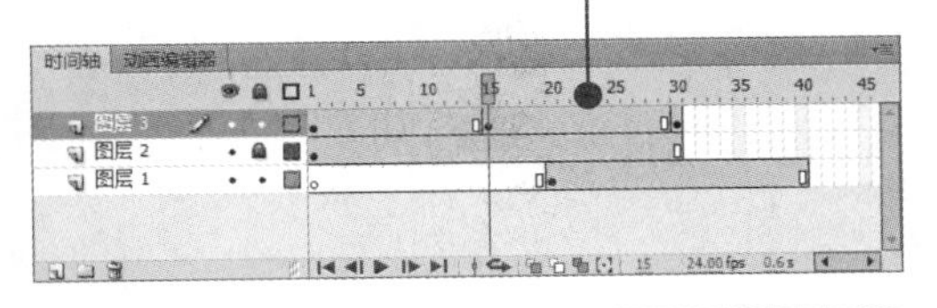

14 移动“图层 3”第 15 帧中的实例到合适位置。

15 在关键帧之间创建传统补间动画。

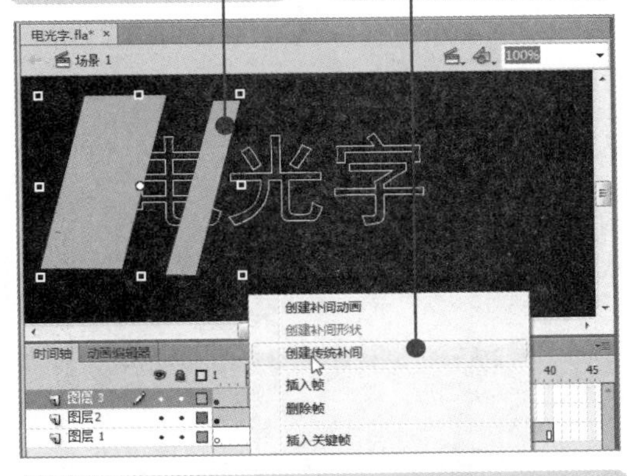

16 在“图层 3”第 16 帧处插入关键帧。

17 将实例水平翻转，并移至合适位置。

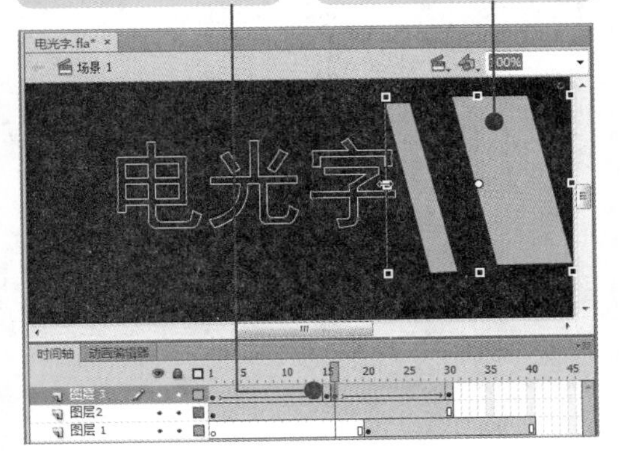

18 将第 30 帧的实例水平翻转，移至合适位置。右击“图层 3”名称，选择“遮罩层”命令。

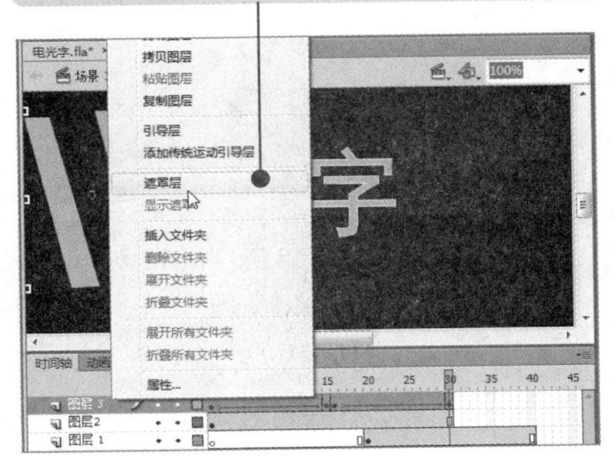

绘制矩形图形作为遮罩图层，输入文字作为被遮罩图层。

多学点

19 在“图层 1”第 30 帧处插入关键帧，设置第 20 帧实例 Alpha 为 0%。在第 20~30 帧之间创建补间动画。

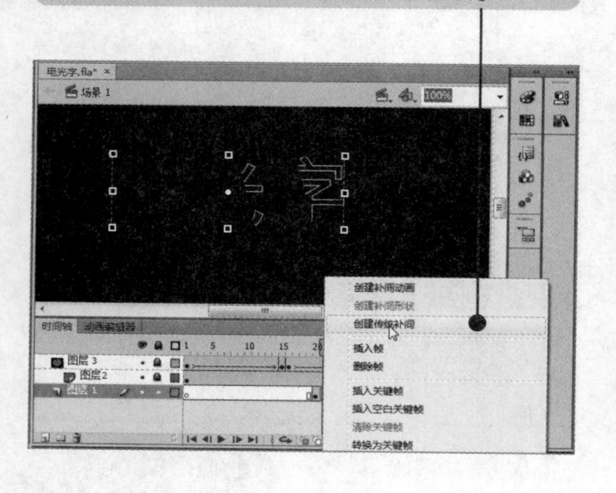

20 按【Ctrl+Enter】组合键，测试“电光字”动画效果。

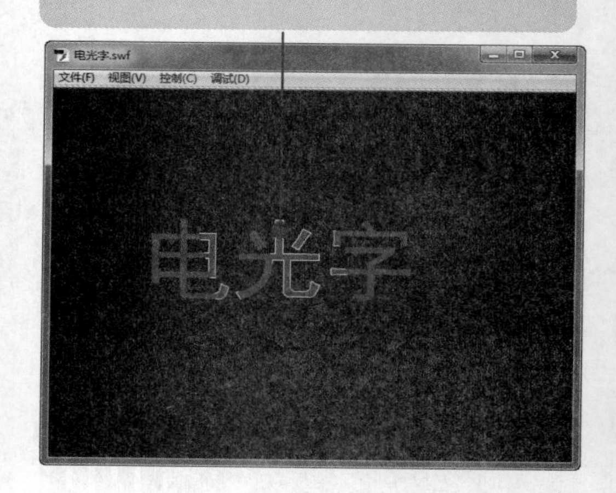

2. 制作“百叶窗”动画

下面将通过创建遮罩层来制作“百叶窗”动画，具体操作方法如下：

素材：光盘: 素材\07\百叶窗.fla　　效果：光盘: 效果\07\百叶窗.fla

难度：★★★☆☆　　视频：光盘: 视频\07\制作百叶窗动画.swf

01 打开素材文件。

02 新建“百叶窗”影片剪辑元件。

03 新建“窗叶”影片剪辑元件。

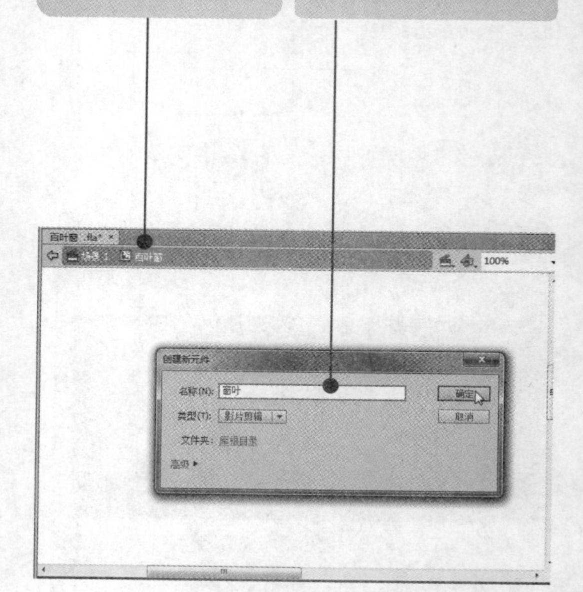

 小提示 与填充或笔触不同，遮罩项目就像一个窗口，透过它可以看到位于下面的链接图层区域。

04 使用矩形工具绘制无笔触的矩形。

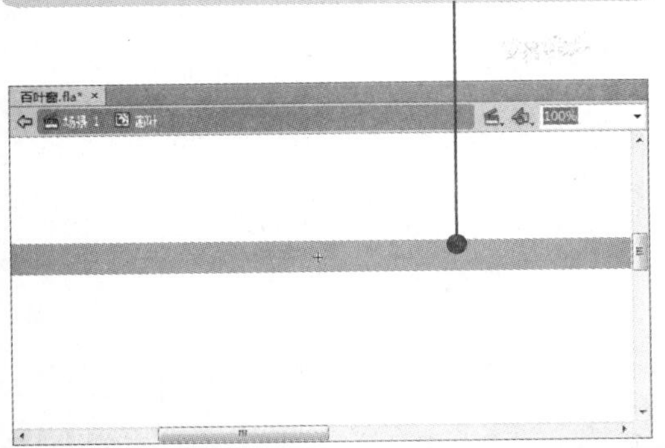

05 在第 40 帧插入关键帧。

06 将矩形变形，创建传统补间动画。

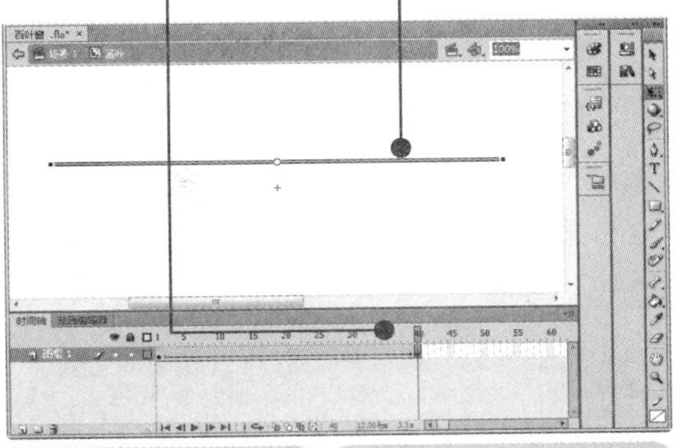

07 在“库”面板中双击“百叶窗”影片剪辑。拖动多个“窗叶”影片剪辑到“百叶窗”影片剪辑中。

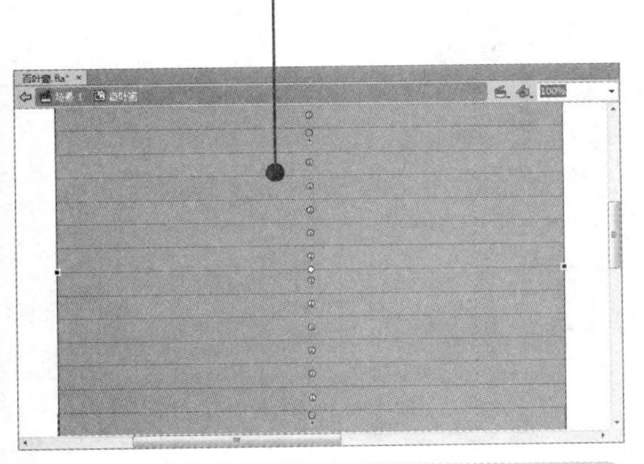

08 返回场景 1，新建“图层 3”。

09 将“百叶窗”影片剪辑从“库”面板拖至场景。

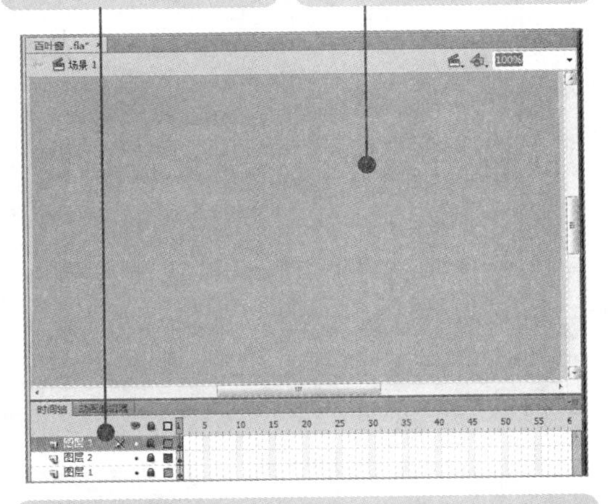

10 右击“图层 3”名称，选择“遮罩层”命令。

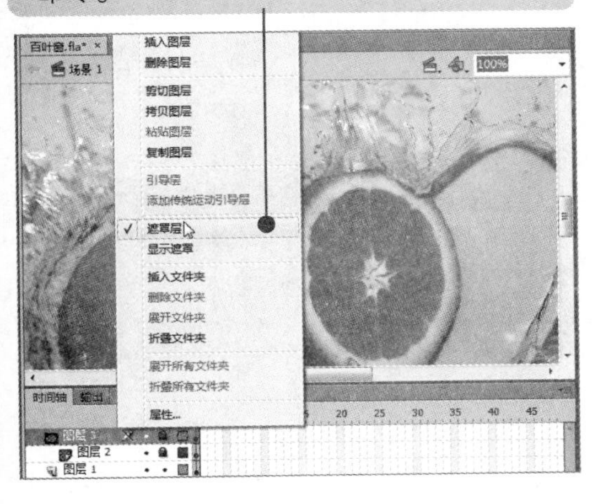

11 按【Ctrl+Enter】组合键，测试“百叶窗”动画效果。

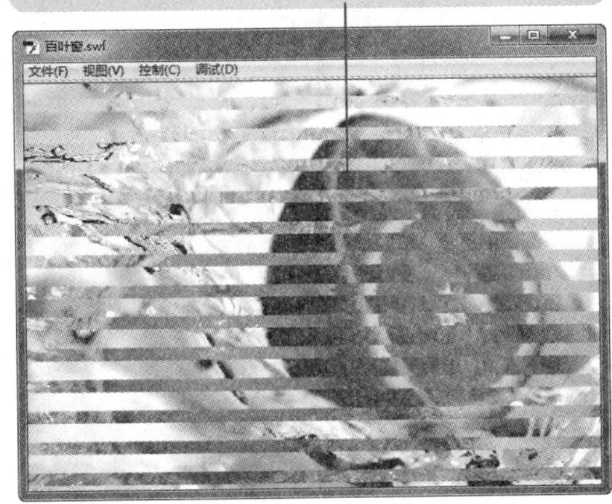

一个遮罩层只能包含一个遮罩项目。遮罩层不能在按钮内部，也不能将一个遮罩应用于另一个遮罩。

多学点

3. 制作“储钱罐”动画

下面将通过创建遮罩层来制作“储钱罐”动画，具体操作方法如下：

素材：光盘：素材\07\储钱罐.fla　　效果：光盘：效果\07\储钱罐.fla

难度：★★★☆☆　　视频：光盘：视频\07\制作储钱罐动画.swf

01 打开素材文件，新建“储钱罐”图层。

02 将“储钱罐”元件拖至舞台，调整大小。

03 新建“硬币”图层。

04 将“硬币”元件拖至舞台，调整大小。

05 在第10帧插入关键帧。将“硬币”实例移至储钱罐入口，创建传统补间动画。

06 在第20帧插入关键帧。将硬币对象移至储钱罐中，创建传统补间动画。

高手点拨

创建遮罩层后，如果想要修改或查看隐藏的遮罩层，可以单击“隐藏”或“锁定”图标。

小提示

按【Ctrl+Shift+V】组合键也可以进行原位粘贴。

07 新建“矩形”图层。

08 绘制矩形，并修改底边。

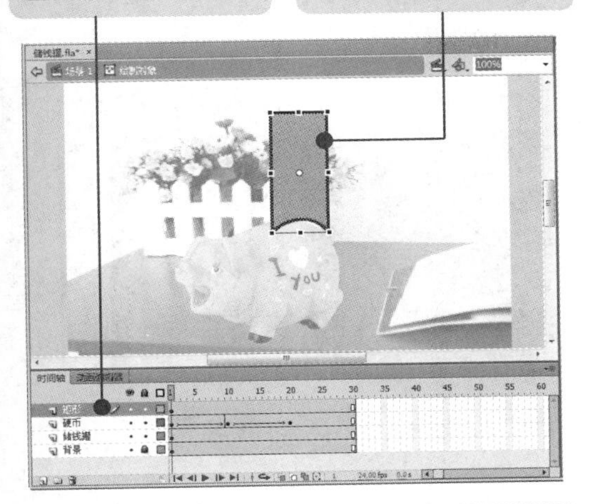

09 返回场景，将“矩形”图层设为遮罩层。单击 和 图标，调整舞台对象位置。

10 锁定遮罩层和被遮罩层。

11 移动播放头，查看动画效果。

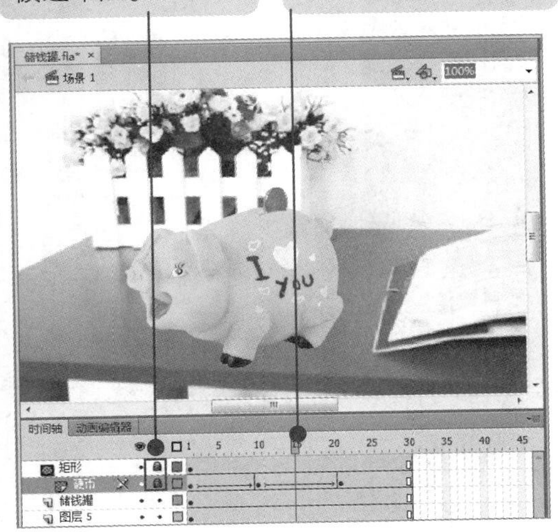

12 按【Ctrl+Enter】组合键，测试动画效果。

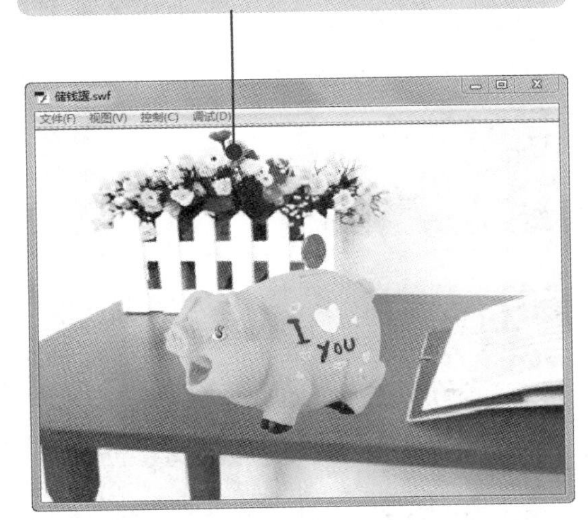

7.3 综合实战——制作“闪闪红星”动画

下面将综合运用前面所学的知识来制作“闪闪红星”动画，使读者进一步巩固高级动画的制作方法与技巧。

“闪闪红星”动画的具体制作方法如下：

素材：光盘：无　　效果：光盘：效果\07\闪闪红星.fla

难度：★★★★☆　　视频：光盘：视频\07\综合实战——制作闪闪红星动画.swf

遮罩层中的对象在播放时是看不到的。遮罩层中的对象可以是按钮、影片剪辑、图形、位图、文字等，但不能使用线条，或一定要将其转换为填充才可以。

多学点

01 新建文档，将背景设置为黑色。

02 使用线条工具绘制一条直线。

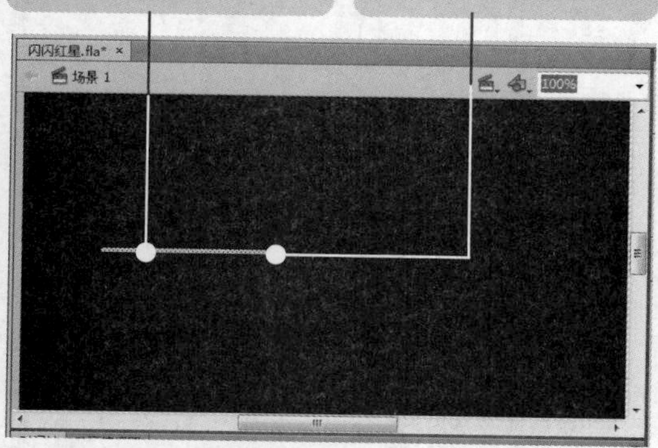

03 移动直线的中心点到合适的位置。

04 打开"变形"面板，设置旋转值。

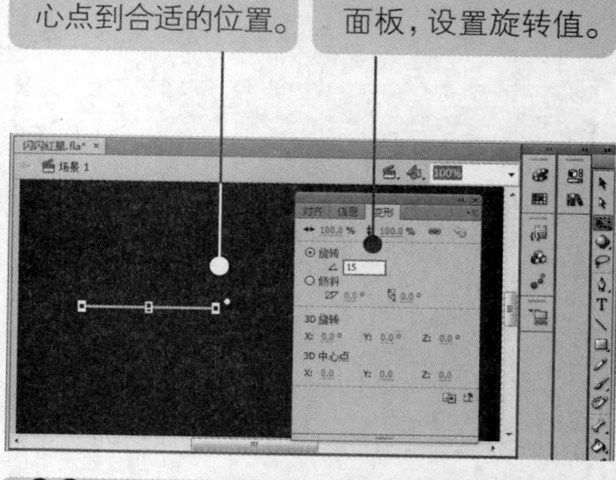

05 多次单击"重制选区和变形"按钮。

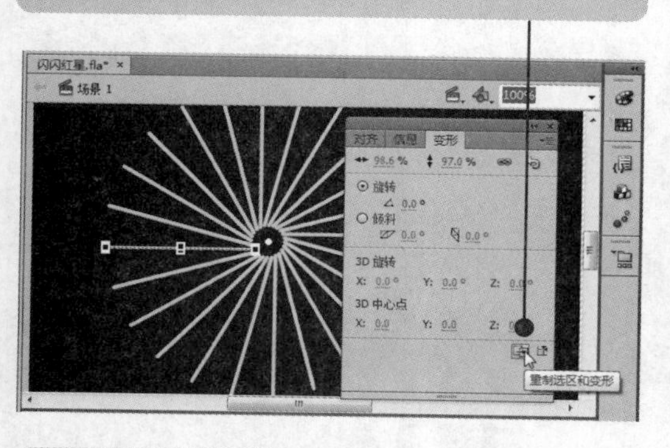

06 选择全部图形，单击"修改"|"形状"|"将线条转换为填充"命令。

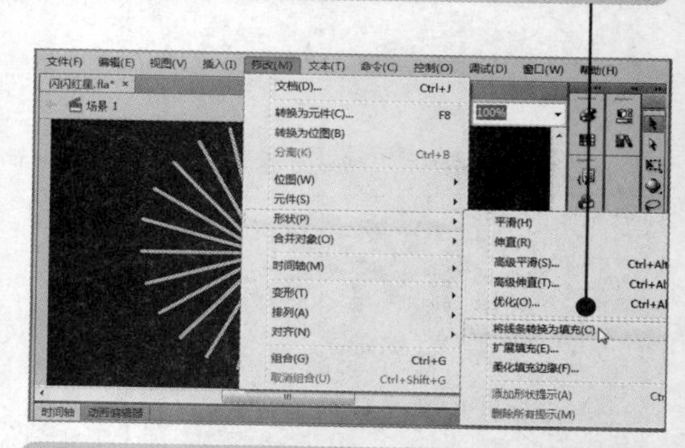

07 在第 30 帧插入关键帧。

08 在"图层 1"中创建传统补间动画。

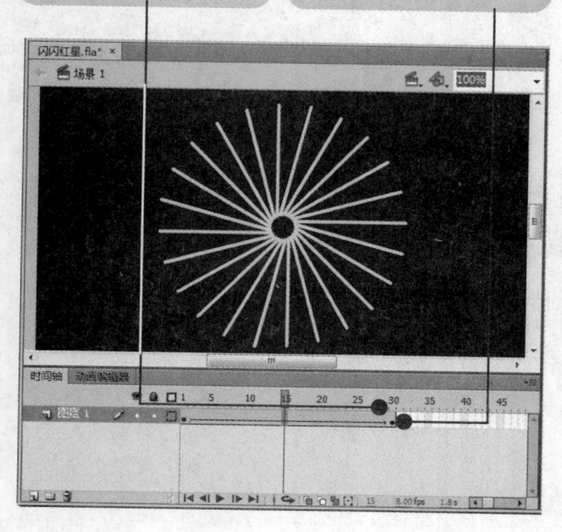

09 设置"补间"属性参数。

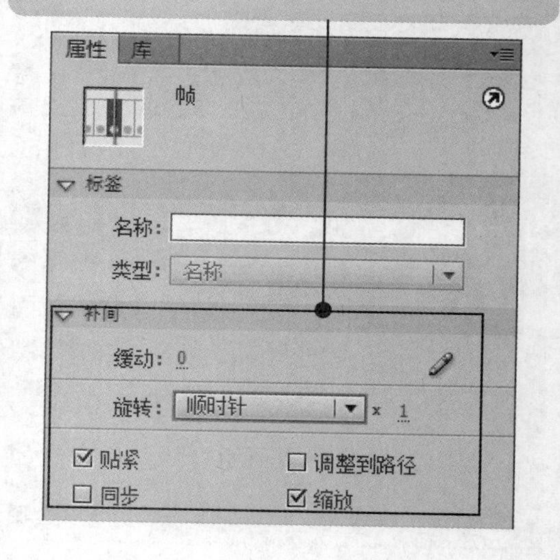

小提示

被遮罩层中的对象只能透过遮罩层中的对象被看到，在被遮罩层中可以使用按钮、影片剪辑、图形、位图、文字、线条等。

10 复制“图层 1”第 1 帧，新建“图层 2”。选择第 1 帧，右击舞台空白处，选择“粘贴到当前位置”命令。

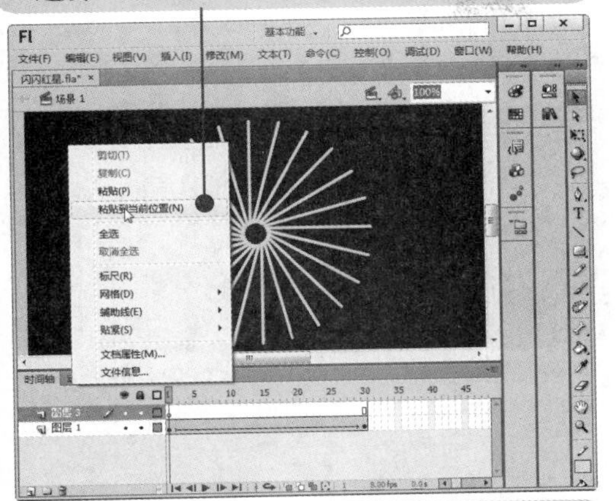

11 单击“修改”|“变形”|“垂直翻转”命令。

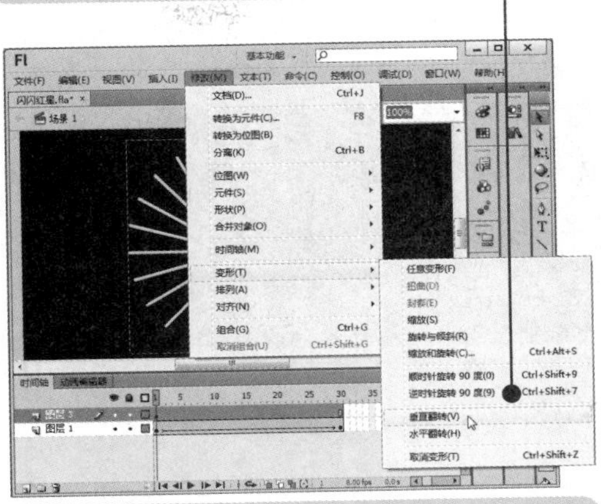

12 在“图层 2”第 30 帧插入关键帧。

13 创建传统补间动画。

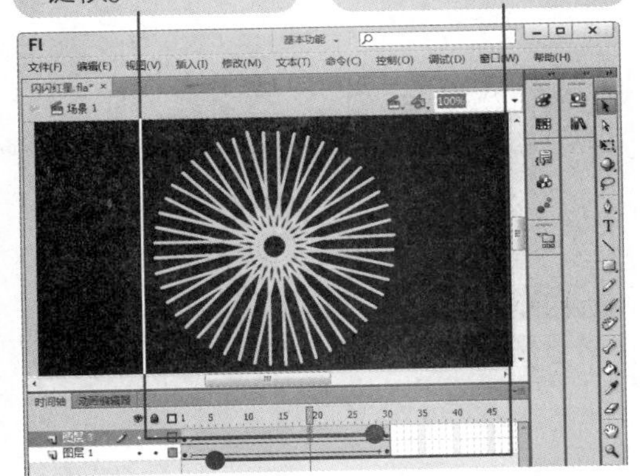

14 设置“补间”属性参数。

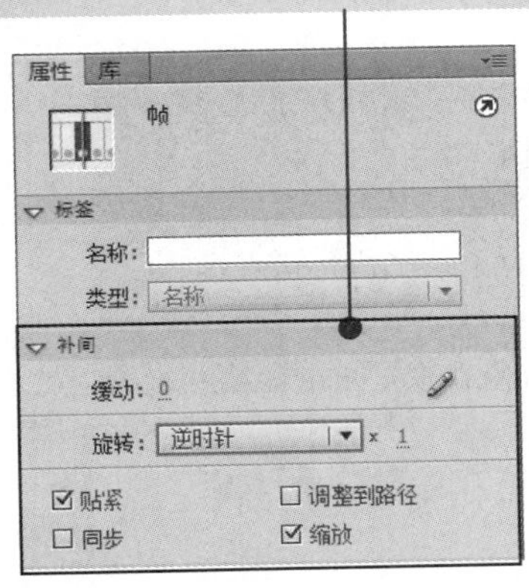

15 设置“图层 2”为遮罩层。

16 移动播放头，查看动画效果。

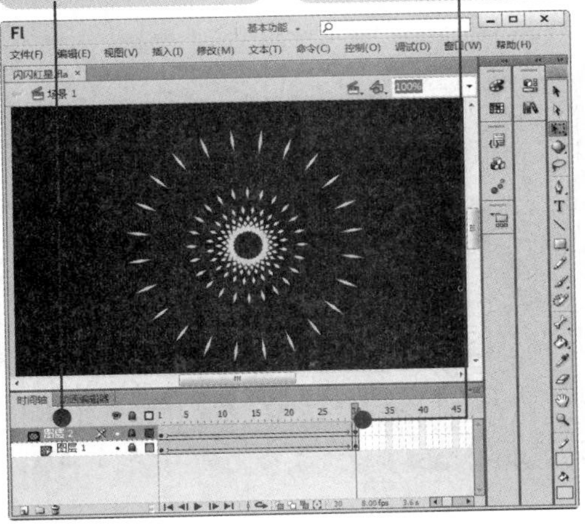

17 新建“图层 3”。

18 设置多角星形工具属性。

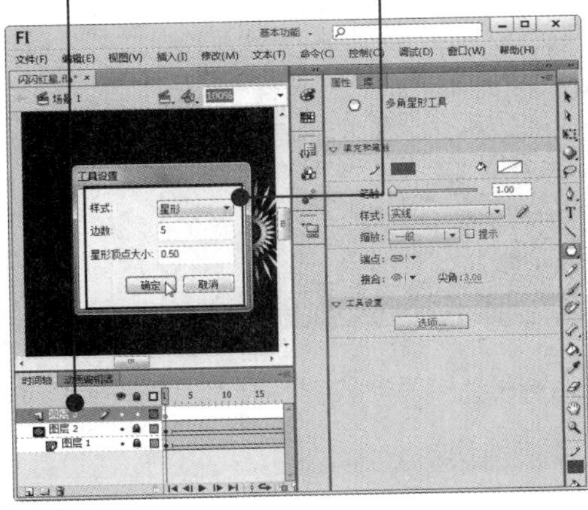

绘制直线时，可以先设置直线属性再绘制，也可以先绘制再设置其属性。

多学点

19 拖动鼠标绘制星形。

20 使用直线工具连接五角星各顶点。

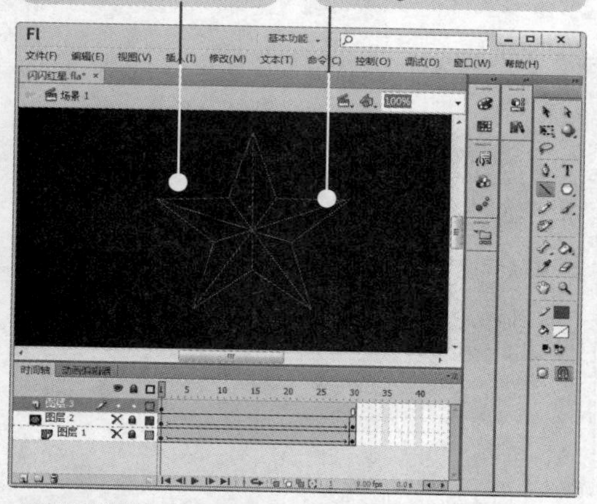

21 打开"颜色"面板，选择径向渐变填充，设置渐变颜色。

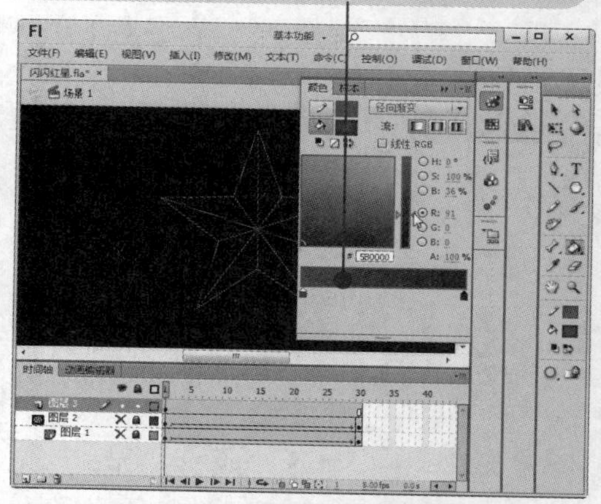

22 为星形中的每个三角形填充颜色。

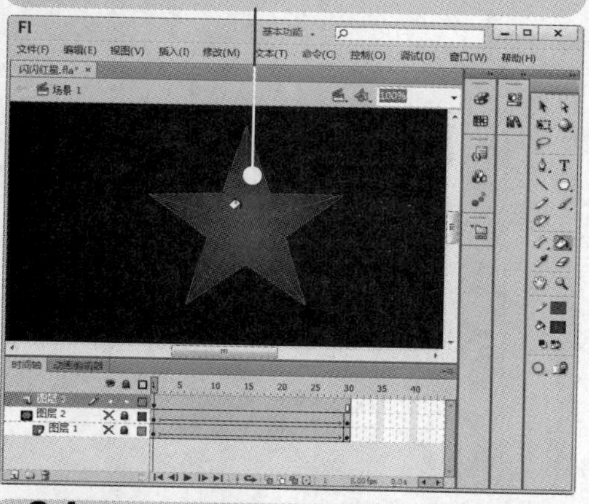

23 选择橡皮擦工具，选择"只擦除线条"模式，擦除星形中的线条。

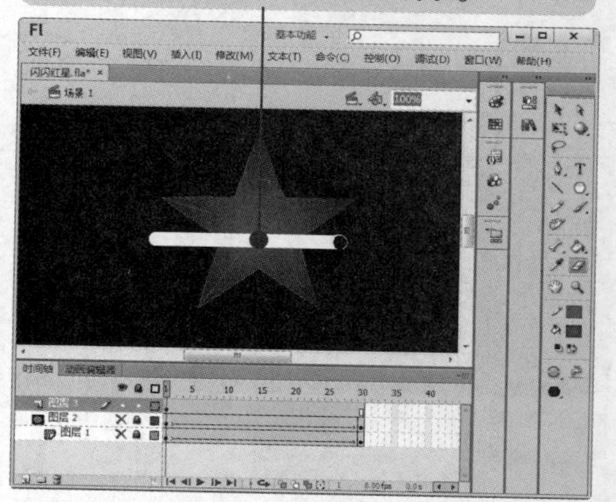

24 调整星形大小，移至合适位置。

25 按【Ctrl+Enter】组合键，测试动画效果。

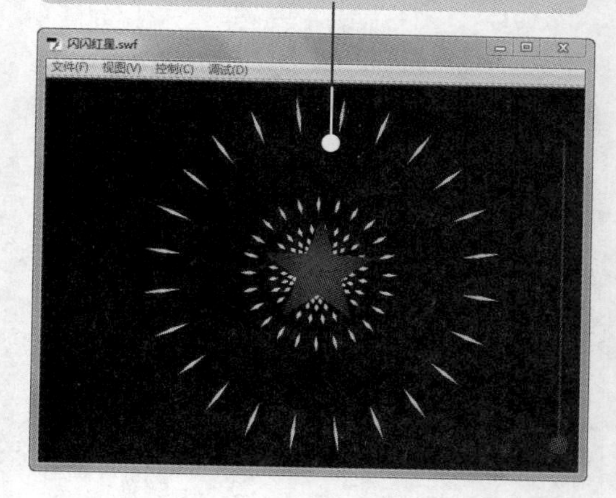

绘制复杂图形时，用户可先在纸上练习画出草图，然后再利用软件绘制。

预计学习时间 120 分钟

Chapter 08

反向运动和 3D 动画制作

在 Flash CS6 中，对骨骼工具和 3D 工具进行了改进，使用户操作起来更加方便。本章将详细介绍使用骨骼工具制作 IK 反向运动动画，以及如何使用 3D 工具制作具有立体空间感的动画。

要点导航

- 认识反向运动动画
- 添加与编辑骨骼
- 制作基于骨架的反向运动动画
- 制作 3D 动画
- 综合实战——制作“动感超人”动画

重点图例

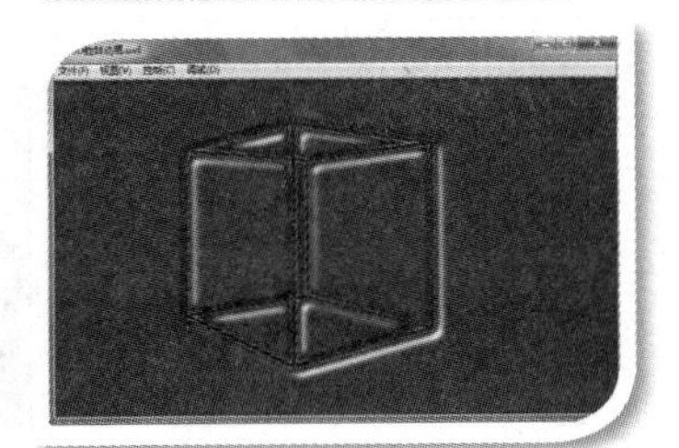

8.1 认识反向运动动画

反向运动简称 IK，是依据反向运动学原理对层次连接后的复合对象进行运动设置，运用 IK 系统控制层末端对象的运动，系统将自动计算此变换对整个层次的影响，并据此完成复杂的复合动画。

反向运动（IK）是一种使用骨骼工具对对象进行动画处理的方式，这些骨骼按父子关系链接成线性或枝状的骨架。当一个骨骼移动时，与其连接的骨骼也会发生相应的移动。

使用反向运动可以方便地创建自然运动。例如，通过反向运动可以更加轻松地创建人物动画，如胳膊、腿和面部表情。若要使用反向运动进行动画处理，只需在时间轴上指定骨骼的开始和结束位置。Flash 自动在起始帧和结束帧之间对骨架中骨骼的位置进行内插处理。

在 Flash CS6 中，可以按照以下两种方式使用 IK：

第一种方式是通过添加将每个实例与其他实例连接在一起的骨骼，用关节连接一系列的元件实例（注意，每个实例都只有一个骨骼）。例如，通过将躯干、上臂、下臂和手链接在一起，创建逼真、移动的胳膊。可以创建一个分支骨架，以包括两个胳膊、两条腿和头，如下图（左）所示。人像的肩膀和臀部是骨架中的分支点。默认的变形点是根骨的头部、内关节，以及分支中最后一个骨骼的尾部。

第二种方式是使用形状作为多块骨骼的容器，下图（中）所示为一个已添加 IK 骨架的形状。例如，可以向蛇的图画中添加骨骼，以使其逼真地爬行。用户可以在“对象绘制”模式下绘制这些形状。每块骨骼的头部都是圆的，而尾部是尖的。所添加的第一个骨骼（即根骨）的头部有一个圆。

需要注意的是，若要使用反向运动，FLA 文件必须在“发布设置”对话框的 Flash 选项卡中将“脚本”设置为 ActionScript 3.0，如下图（右）所示。

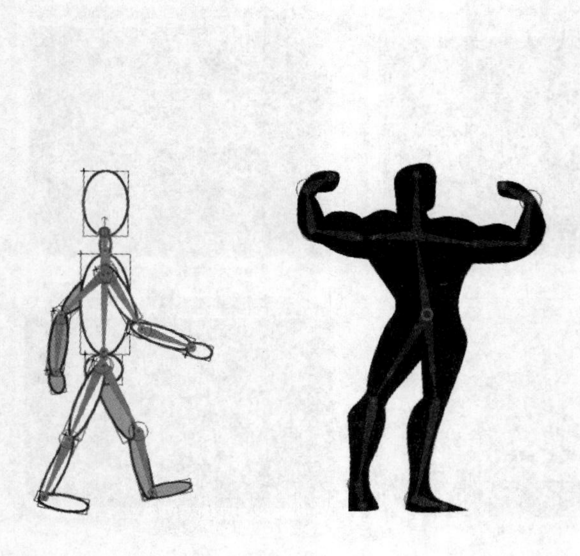

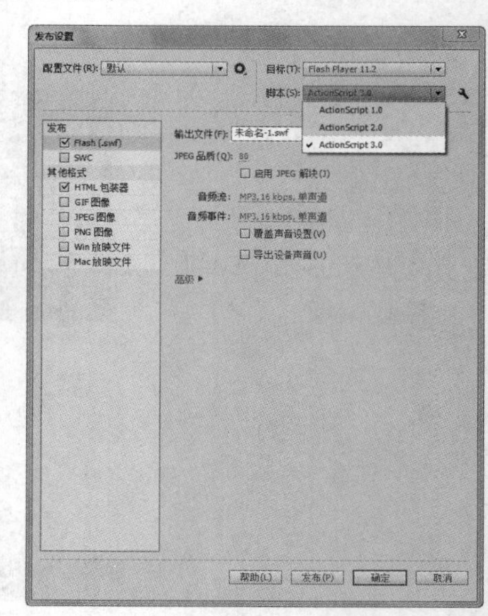

小提示

若要使用反向运动，FLA 文件必须在“发布设置”对话框的 Flash 选项卡中将 ActionScript 3.0 指定为“脚本”设置。

8.2 添加与编辑骨骼

下面将详细介绍如何向元件实例添加骨骼，如何编辑 IK 骨架和对象，以及如何设置 IK 动画属性等知识。

8.2.1 向元件实例添加骨骼

用户可以向影片剪辑、图形和按钮实例添加 IK 骨骼。向元件实例添加骨骼时会创建一个链接实例链，它可以是一个简单的线性链或分支结构。在添加骨骼之前，元件实例可以在不同的图层上。在添加骨骼时，Flash 会将它们移至新的姿势图层上。

向元件实例添加骨骼的具体操作方法如下：

素材：光盘：素材\08\IK 骨骼运动.fla　　效果：光盘：无

难度：★★★☆☆　　视频：光盘：视频\08\向元件实例添加骨骼.swf

01 打开素材文件。

02 将“图层 1”和“图层 2”都延长至第 30 帧。

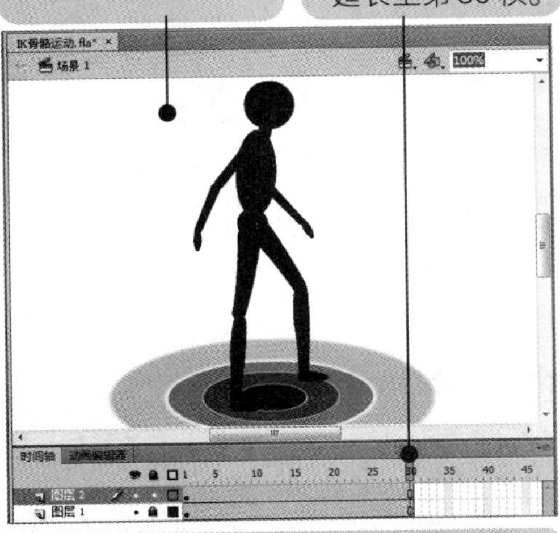

03 新建“图层 3”。

04 将“根支”影片剪辑从“库”面板拖至舞台。

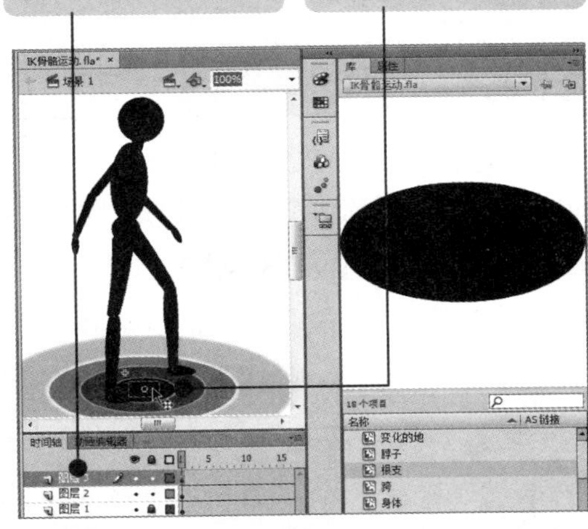

05 使用任意变形工具调整各实例中心点位置。

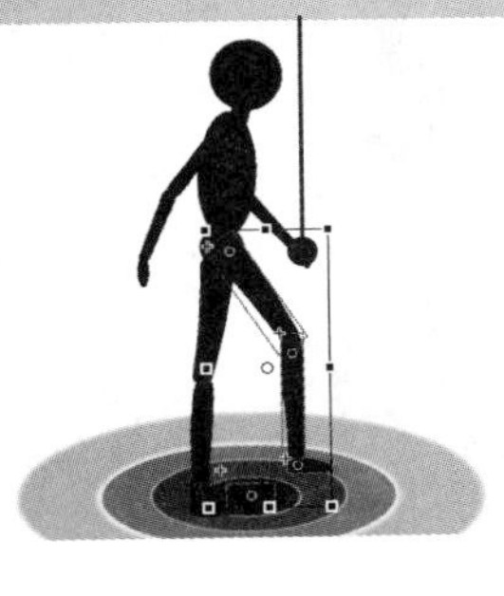

06 使用骨骼工具创建原点到大腿的链接。

骨架中的第一个骨骼是根骨骼，它显示为一个圆圈绕骨骼头部。

07 从第一个骨骼的尾部拖至添加到骨架的下一个元件实例，添加其他骨骼。

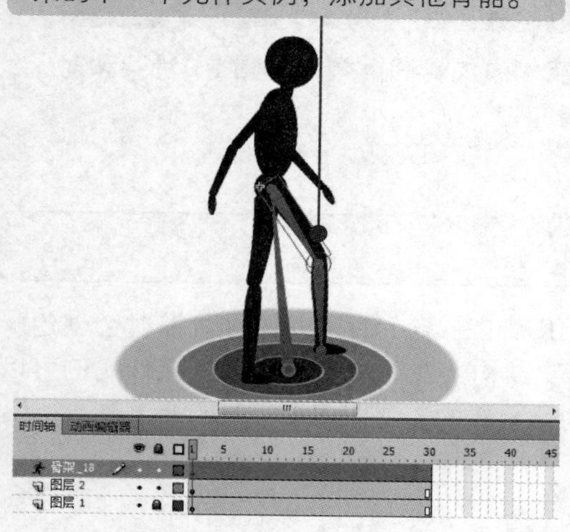

08 移动播放头，查看骨骼动画效果。

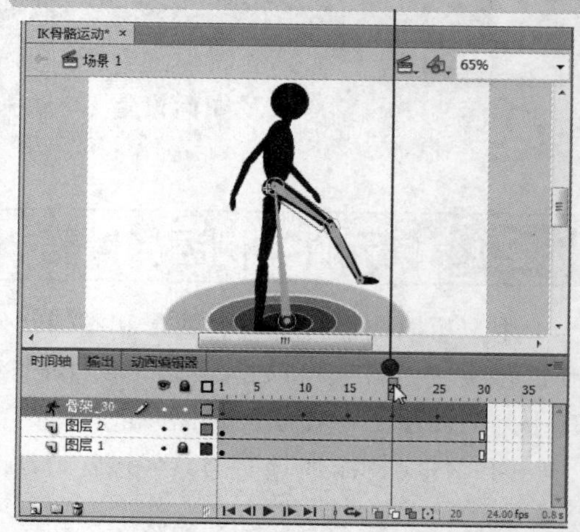

在向元件实例添加骨骼时，Flash 将每个实例移至时间轴中的新图层，即姿势图层。与给定骨架关联的所有骨骼和元件实例都驻留在姿势图层中。每个姿势图层只能包含一个骨架。

创建 IK 骨架后，可以在骨架中拖动骨骼或元件实例以重新定位实例。拖动骨骼会移动其关联的实例，但不允许它相对于其骨骼旋转；拖动实例允许它移动以及相对于其骨骼旋转；拖动分支中间的实例可导致父级骨骼通过连接旋转而相连。子级骨骼在移动时没有连接旋转。

8.2.2 编辑 IK 骨架和对象

创建骨骼后，可以使用多种方法对其进行编辑，如可以重新定位骨骼及其关联的对象、在对象内移动骨骼、更改骨骼的长度、删除骨骼，以及编辑包含骨骼的对象等。

1. 选择骨骼及其关联对象

要对骨架及其关联对象进行编辑，首先要将其选中，具体操作方法如下：

素材：光盘：素材\08\IK 骨骼运动.fla　　效果：光盘：IK 骨骼运动.fla

难度：★★★★☆　　视频：光盘：视频\08\选择骨骼及其关联对象.swf

01 使用选择工具单击骨骼。

02 单击“父级”或“子级”按钮。

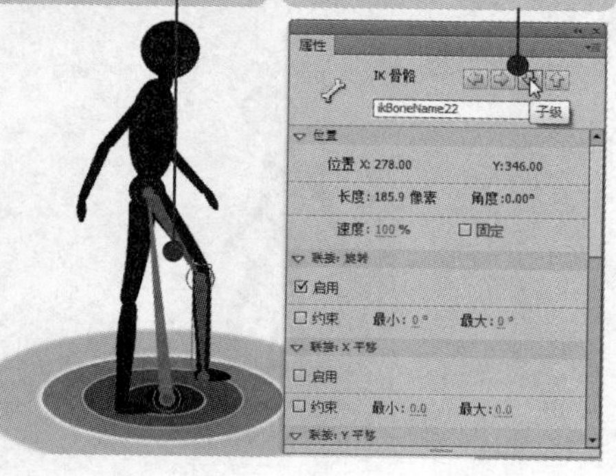

03 按住【Shift】键的同时单击骨骼，可以选择多个骨骼。

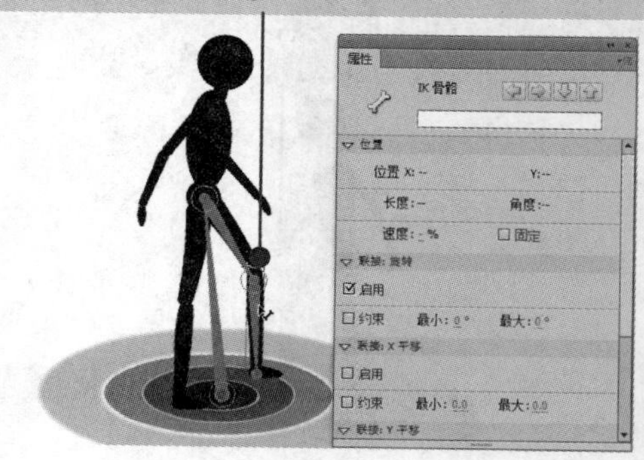

小提示　形状对象变为 IK 形状后，就无法再向其添加新笔触，但仍可以向形状的现有笔触添加控制点或从中删除控制点。IK 形状具有自己的注册点、变形点和边框。

2．删除骨骼

若要删除单个骨骼及其所有子级，可以将其选中后按【Delete】键。若要从某个 IK 形状或元件骨架中删除所有的骨骼，可以选择该形状或该骨架中的任何元件实例，然后单击“修改”|“分离”命令。

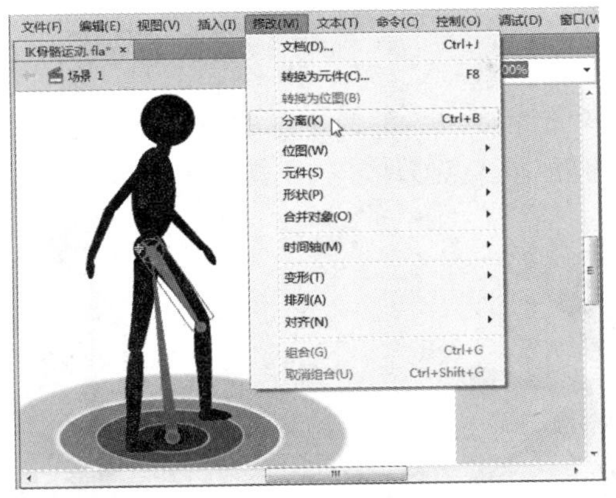

3．重新定位骨骼和对象

用户可以通过重新定位骨骼或其关联对象来编辑 IK 骨骼。拖动骨架中的任何骨骼，即可重新定位线性骨架。如果骨架已连接到元件实例，还可以拖动实例，如下图（左）所示。

若要重新定位骨架的某个分支，可以拖动该分支中的任何骨骼，该分支中的所有骨骼都将移动，但骨架其他分支中的骨骼不会移动，如下图（右）所示。

若要将某个骨骼与其子级骨骼一起旋转而不移动父级骨骼，可以按住【Shift】键并拖动该骨骼，如下图（左）所示。

若要将骨骼对象移至舞台上的新位置，可以在属性检查器中选择该对象，并更改其 X 和 Y 属性，如下图（右）所示。

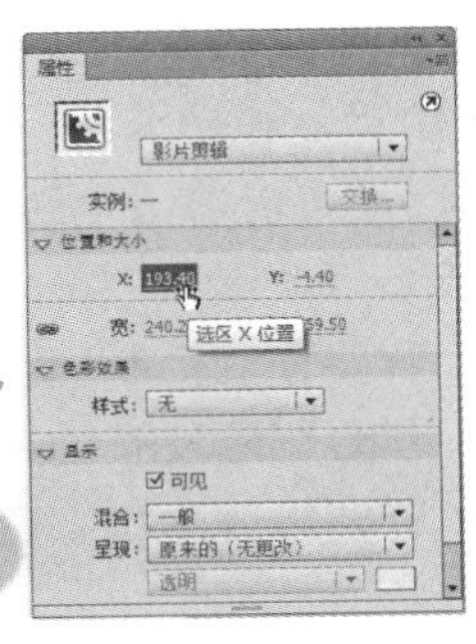

若要编辑骨架，需要从时间轴中删除位于骨架的第一帧之后的任何附加姿势。

多学点

4. 移动骨骼

用户可以根据需要移动骨骼的位置，具体操作方法如下。

（1）移动骨骼位置

若要移动 IK 形状内骨骼任意一端的位置，可以使用部分选择工具拖动骨骼的一端，如下图（左）所示。

（2）移动骨骼连接位置

若要移动元件实例内骨骼连接、头部或尾部的位置，可以使用任意变形工具调节实例中心点的位置，这时骨骼将随中心点移动，如下图（右）所示。

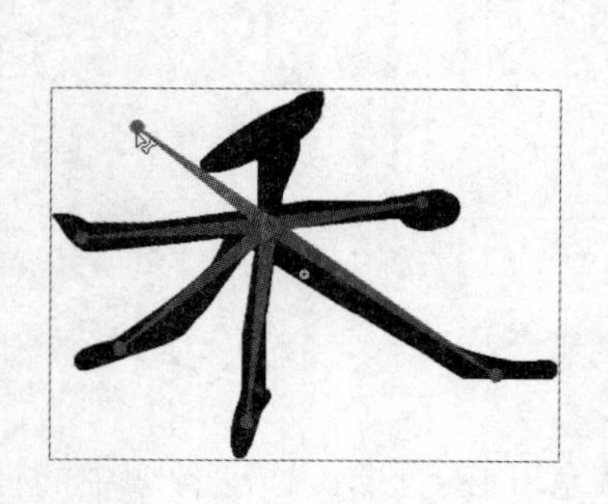

（3）移动单个实例

若要移动单个元件实例而不移动任何其他连接的实例，可以按住【Alt】键拖动该实例，或使用任意变形工具拖动它，连接到实例的骨骼将变长或变短，以适应实例的新位置。

5. 编辑 IK 形状

使用部分选取工具可以在 IK 形状中添加、删除和编辑轮廓的控制点，具体操作方法如下。

（1）添加控制点

选择部分选择工具，要显示 IK 形状边界的控制点，可以单击形状的笔触；若要添加新的控制点，可以单击笔触上没有任何控制点的部分，如下图（左）所示。

（2）修改形状

◎ 若要移动控制点，可以拖动该控制点。

◎ 若要删除现有的控制点，可以通过单击进行选择，然后按【Delete】键。

◎ 若要修改形状，可以调整控制点的位置及曲率，如下图（右）所示。

小提示 向单个形状或一组形状添加骨骼，在添加第一个骨骼之前必须选择所有形状。

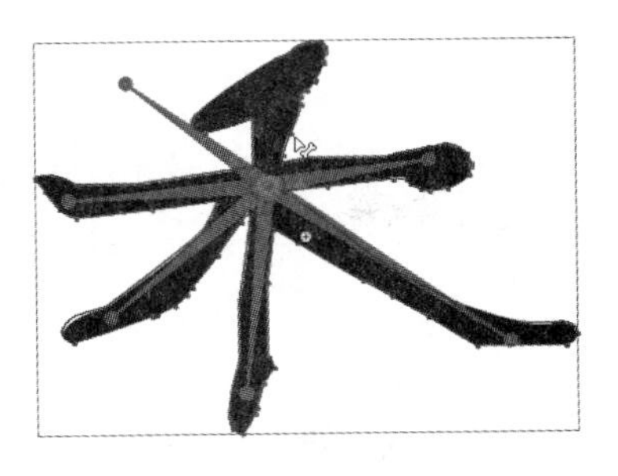

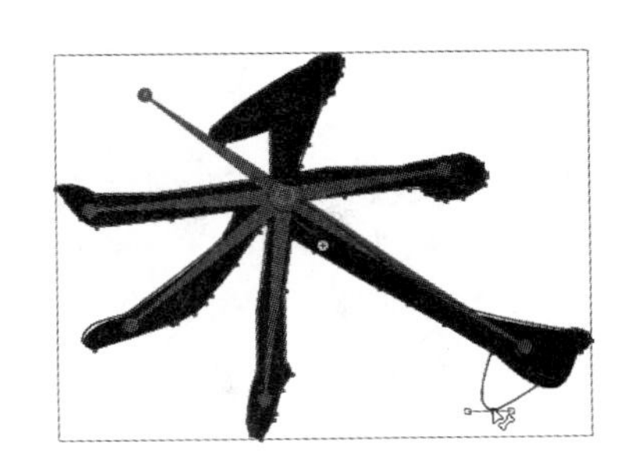

6．绑定骨骼到形状点

在默认情况下，形状的控制点连接到离它们最近的骨骼。在移动 IK 形状骨架时，形状的笔触并不按令人满意的方式扭曲，这时可以使用绑定工具编辑单个骨骼和形状控制点之间的连接，这样就可以控制在每个骨骼移动时笔触扭曲的方式，以获得更加满意的结果。

用户可以将多个控制点绑定到一个骨骼，以及将多个骨骼绑定到一个控制点。使用绑定工具单击控制点或骨骼，将显示骨骼和控制点之间的连接，然后就可以按照各种方式更改连接。

（1）加亮控制点

若要加亮显示已连接到骨骼的控制点，可以在骨骼工具组中选择绑定工具，单击该骨骼即可加亮控制点，如下图（左）所示。

（2）添加控制点

若要向选定的骨骼添加控制点，可以按住【Shift】键的同时单击未加亮显示的控制点。也可通过按住【Shift】键拖动鼠标来选择要添加到选定骨骼的多个控制点，如下图（右）所示。

（3）删除控制点

若要从骨骼中删除控制点，可以按住【Ctrl】键的同时单击以黄色加亮显示的控制点；若要向选定的控制点添加其他骨骼，可以按住【Shift】键的同时单击骨骼。

8.2.3 编辑 IK 动画属性

在 IK 反向运动动画中，还可以为骨骼添加约束、弹簧和缓动属性，以实现更加逼真的动画效果。

1．设置 IK 运动约束

若要创建 IK 骨架更多逼真的运动，可以控制特定骨骼的运动自由度。例如，可以约束

单击形状的笔触，可以显示 IK 形状边界的控制点。

多学点

作为胳膊一部分的两个骨骼，以便肘部无法按错误的方向弯曲。

（1）设置旋转约束

若要约束骨骼的旋转，可以在属性检查器的“连接：旋转”选项中输入旋转的最小度数和最大度数。旋转度数相对于父级骨骼。在骨骼连接的顶部将显示一个指示旋转自由度的弧形，如下图（左）所示。

（2）启用骨骼移动

若要使选定的骨骼可以沿 X 或 Y 轴移动，并更改其父级骨骼的长度，可以在属性检查器的“连接：X 平移”或“连接：Y 平移”中选中“启用”复选框。这时，将显示一个垂直于连接上骨骼的双向箭头，指示已启用 X 轴运动；显示一个平行于连接上骨骼的双向箭头，指示已启用 Y 轴运动。若对骨骼同时启用了 X 平移和 Y 平移，对该骨骼禁用旋转时定位它将更为容易，如下图（右）所示。

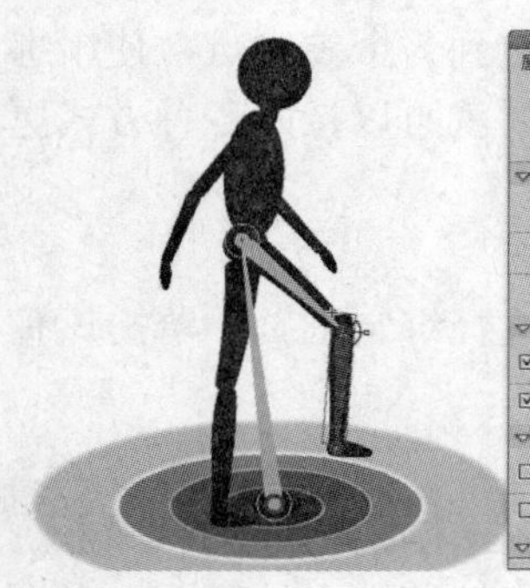

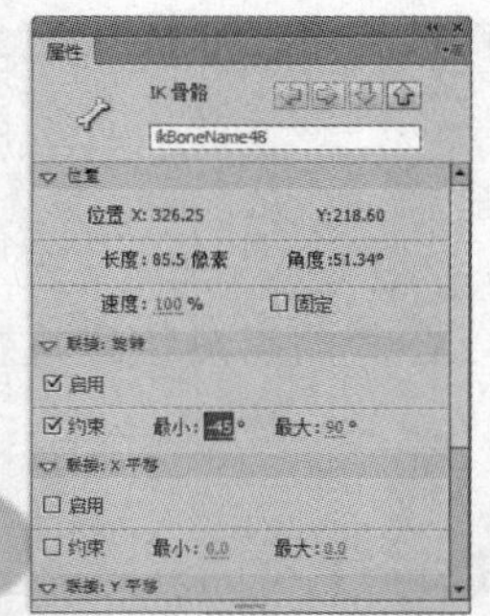

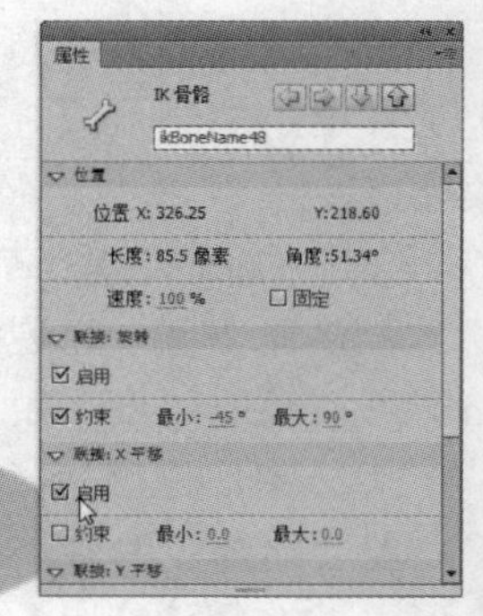

（3）设置移动约束

若要限制沿 X 或 Y 轴启用的运动量，可以在属性检查器的“连接：X 平移”或“连接：Y 平移”中选中“约束”复选框，然后输入骨骼可以行进的最小距离和最大距离，如下图（左）所示。

（4）固定骨骼

若要固定某个骨骼使其不再运动，可以在“属性”面板中选中“固定”复选框；若要限制选定骨骼的运动速度，可以在属性检查器的“速度”字段中输入一个值（最大值 100% 表示对速度没有限制），如下图（右）所示。

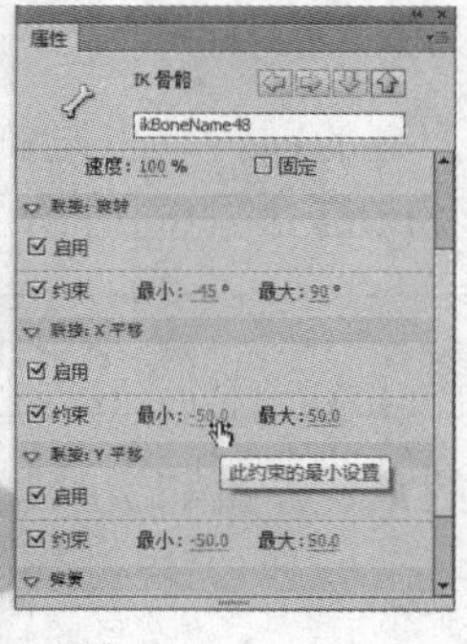

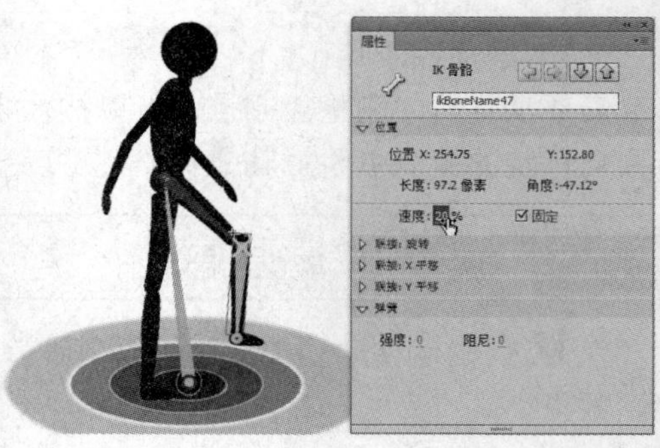

2. 对骨架进行动画处理

对 IK 骨架进行动画处理的方式为向姿势图层添加帧（姿势图层中的关键帧称为姿势），

小提示

在默认情况下，启动骨骼旋转而禁用 X 或 Y 轴运动时，骨骼可以不限度数地沿 X 轴或 Y 轴移动，而且父级骨骼的长度将随之改变以适应运动。

并在舞台上重新定位骨架，具体操作方法如下：

素材：光盘：素材\08\IK 骨骼运动.fla　　效果：光盘：IK 骨骼运动.fla

难度：★★★★☆

视频：光盘：视频\08\对骨架进行动画处理.swf

01 打开素材文件，向右拖动“骨架图层”最后一帧，添加帧。向左拖动减少帧。

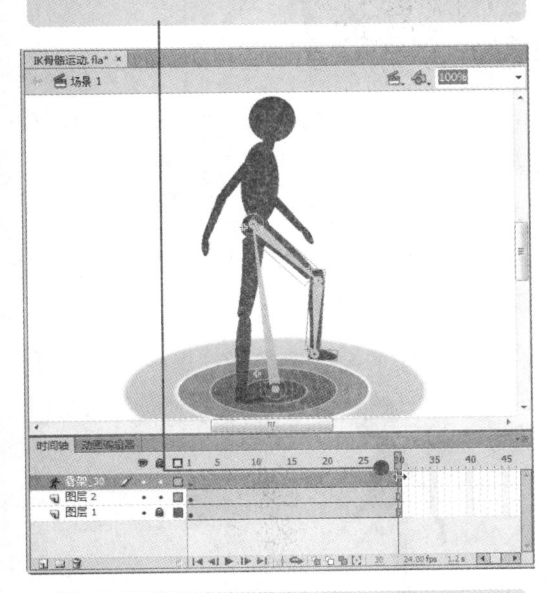

02 将播放头定位到要添加姿势的帧上，重新定位骨架，添加姿势。

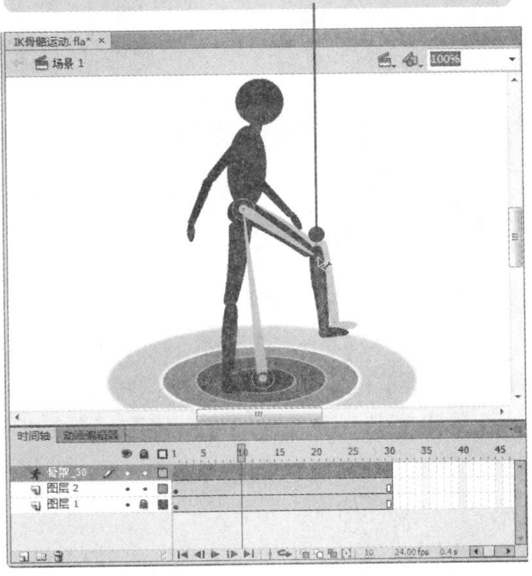

03 同样，在第 10、15、20、25 帧添加姿势。

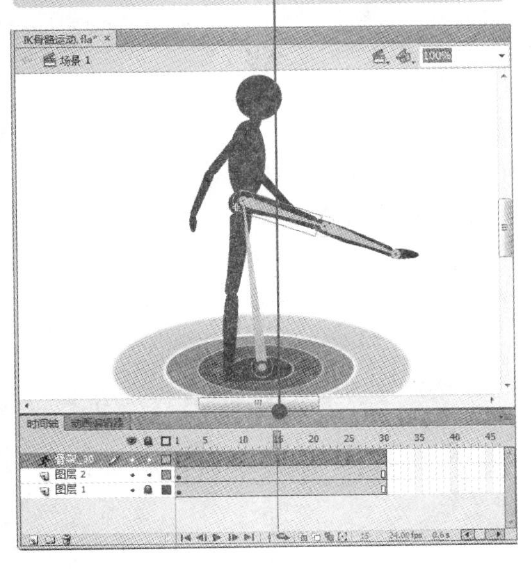

04 右击骨架图层的第 1 帧。

05 选择“复制姿势”命令。

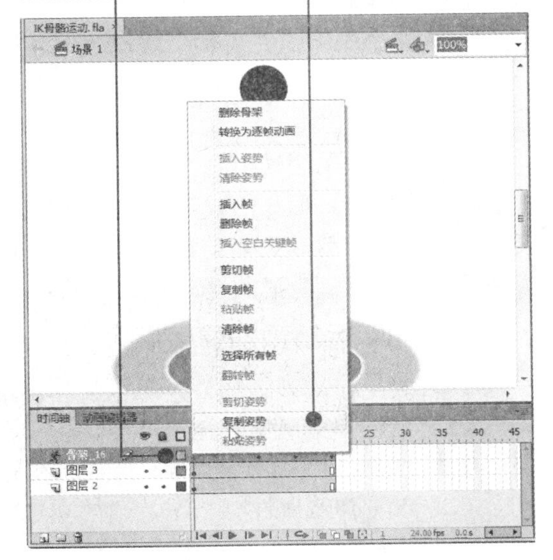

更改骨骼姿势时模仿人物走动变化，并注意与前者姿势相连接。

多学点

06 右击骨架图层的第 30 帧。

07 选择“粘贴姿势”命令。

08 移动播放头查看效果。

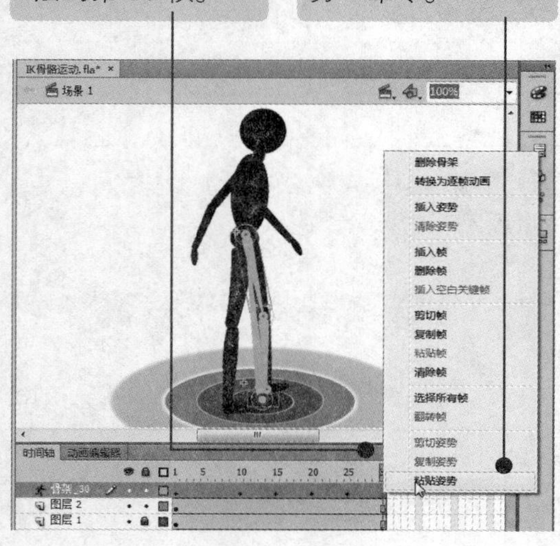

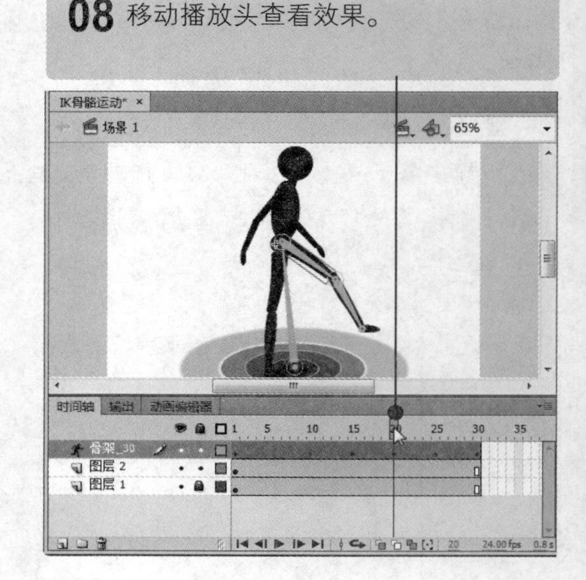

3. 向 IK 动画添加缓动

使用姿势向 IK 骨架添加动画时，可以调整帧中围绕每个姿势动画的速度，通过调整速度可以创建出更为逼真的运动效果。

单击姿势图层中两个姿势帧之间的帧，打开“属性”面板，从“缓动”菜单中选择缓动类型，如右图所示。

（1）4 个“简单”缓动

“简单”缓动将降低相邻上一个姿势帧之后帧中运动的加速度，或相邻下一个姿势帧之前帧中运动的加速度。

（2）4 个“停止并启动”缓动

“停止并启动”缓动减缓相邻之前姿势帧后面的帧，以及紧邻图层中下一个姿势帧之前帧中的运动。

这两种类型的缓动都具有“慢”、“中”、“快”和“最快”形式。“慢”形式的效果最不明显，而“最快”形式的效果最明显。默认的缓动强度是 0，表示无缓动；最大值是 100，表示对下一个姿势帧之前的帧应用最明显的缓动效果；最小值是-100，表示对上一个姿势帧之后的帧应用最明显的缓动效果。

4. 为 IK 运动添加弹簧属性

为 IK 骨骼添加弹簧属性，可以使其表现出真实的物理移动效果，具体操作方法如下。

（1）启用弹簧属性

若要为 IK 运动添加弹簧属性，需要在 IK 骨架属性中选中“启用”复选框，如下图（左）所示。

（2）设置弹簧属性

首先选择要添加弹簧属性的骨骼，然后在“属性”面板中设置弹簧“强度”和“阻尼”参数，如下图（右）所示。

在添加缓动后，在以应用缓动的两个姿势帧之间清理时间轴中的播放头，以便在舞台上预览已缓动的动画。

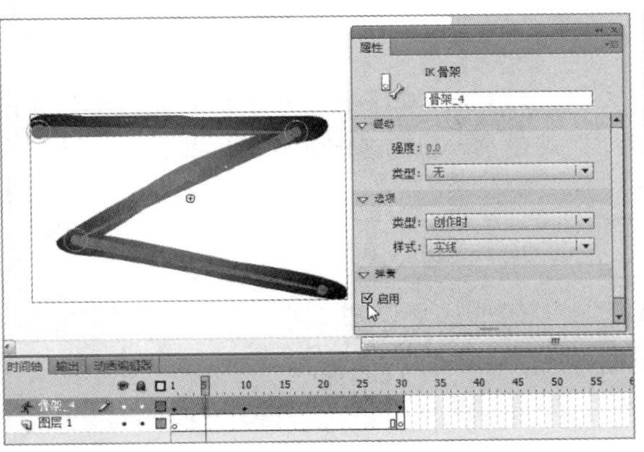
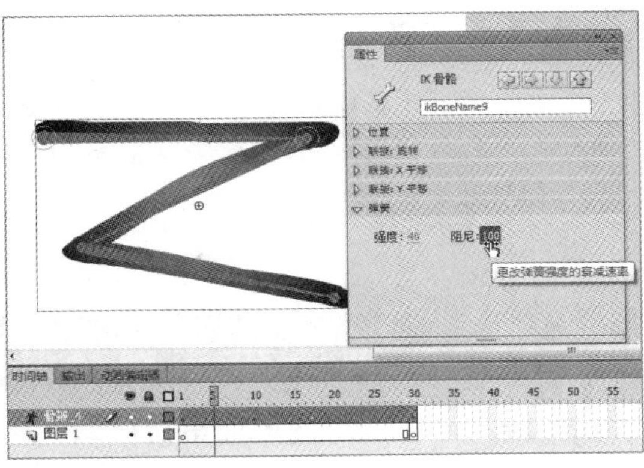

高手点拨

弹簧属性包括两个选项："强度"和"阻尼"。其中，"强度"表示弹簧强度，数值越高，创建的弹簧效果越强；"阻尼"表示弹簧效果的衰减速率，数值越高，弹簧属性减小得越快。

5. 更改骨骼样式

在 IK 骨架属性中，用户可以根据需要选择所需的样式，使用以下 4 种方式在舞台上绘制骨骼。

◎ 实线：默认样式，如下图（左）所示。

◎ 线框：此方法在纯色样式遮住骨骼下的插图太多时很有用，如下图（右）所示。

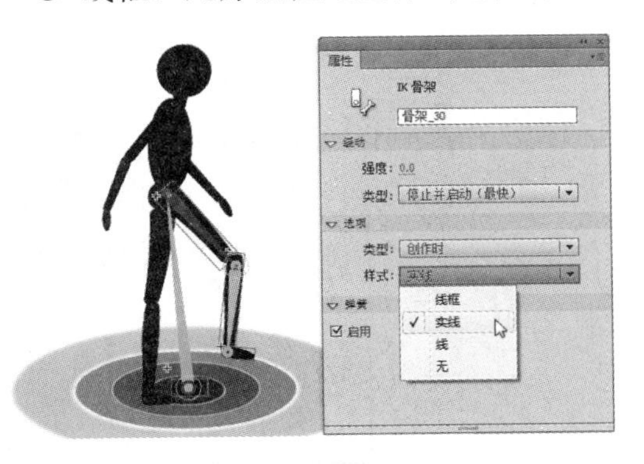
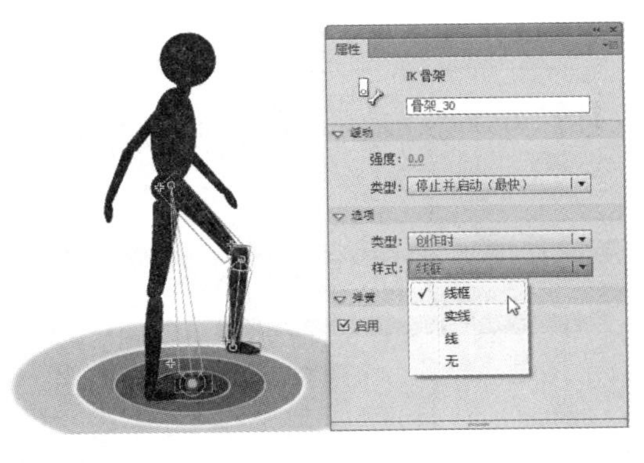

◎ 线：对于较小的骨架很有用，如下图（左）所示。

◎ 无：隐藏骨骼，仅显示骨骼下面的插图，如下图（右）所示。

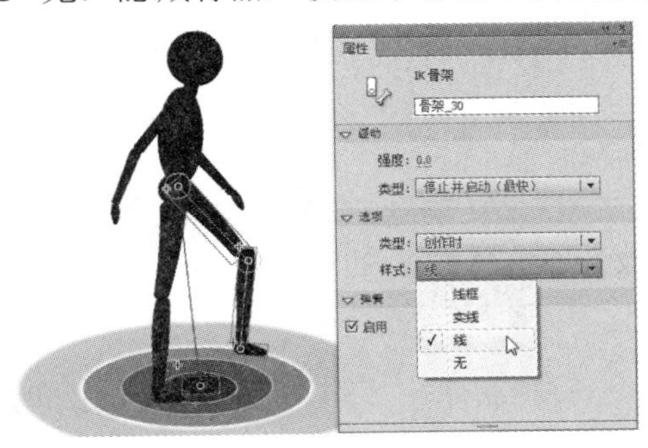
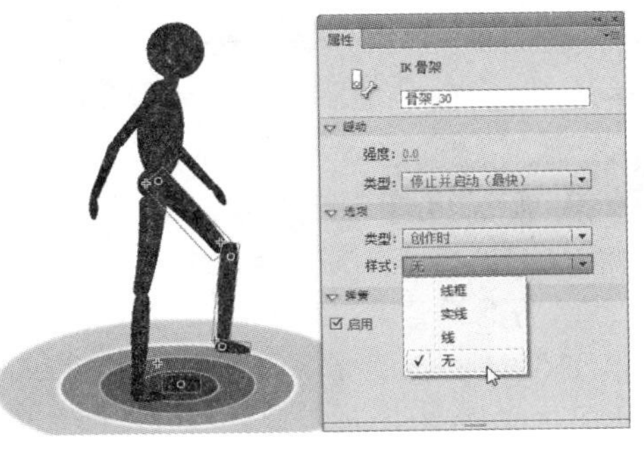

根据用户需要，可以将骨骼设置为不同的样式。

高手点拨

如果将“骨骼样式”设置为“无”并保存文档，则 Flash 在下次打开文档时会自动将骨骼样式更改为“线”。若动画类型选择“运行时”，则使用 ActionScript 3.0 控制骨架，且同一个骨架图层不能包含多个姿势。

8.3 制作基于骨架的反向运动动画

下面将使用骨骼工具制作 IK 反向运动动画，包括制作简单的 IK 形状动画，以及向实例中添加骨骼并制作动画等。在制作过程中，读者应重点掌握如何使用选择工具改变骨架形状，以达到满意的效果。

8.3.1 制作 IK 形状动画

要向形状中添加骨骼，只需使用骨骼工具在形状内部单击并拖动鼠标即可。下面以制作一个简单的 IK 形状动画为例进行介绍，具体操作方法如下：

素材：光盘：无　　效果：光盘：效果\08\IK 形状动画.fla

难度：★★★★☆　　视频：光盘：视频\08\制作 IK 形状动画.swf

01 新建文档，设置矩形工具属性。

02 绘制一个矩形。

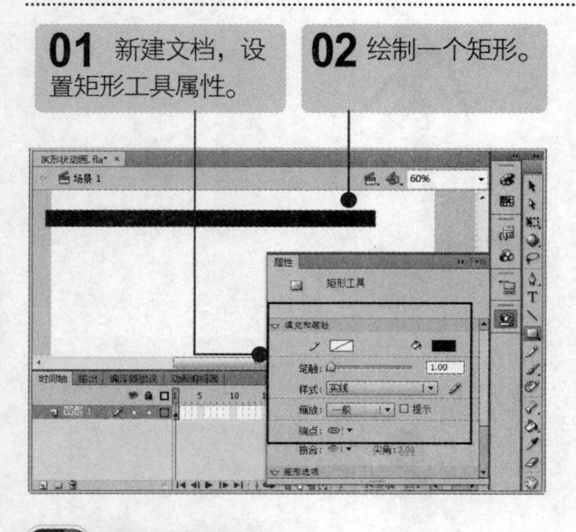

03 调整矩形的形状。

04 移动到合适位置。

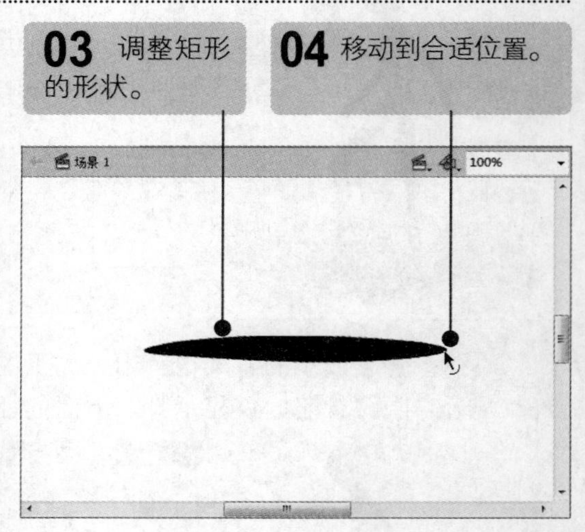

高手点拨

使用选择工具可以修改形状，如将矩形修改为合适的形状。

小提示：在绘制的形状中添加骨骼，制作 IK 形状动画。

05 选择骨骼工具，创建骨骼。

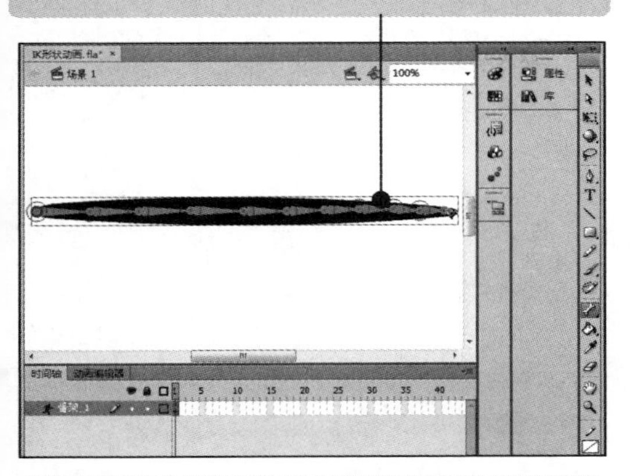

06 将舞台缩放至 50%，舞台对象移合适位置。

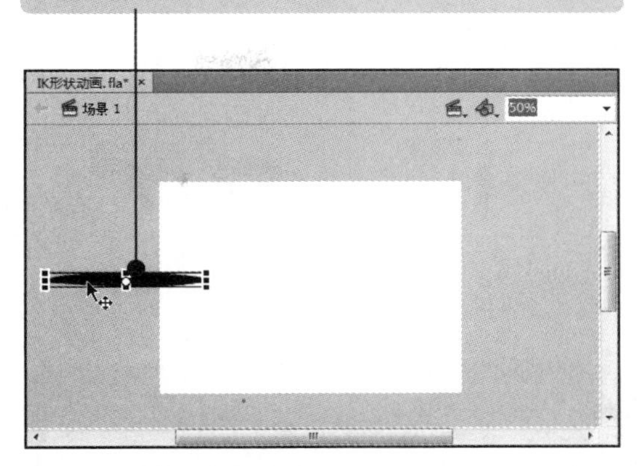

07 选择第 1 帧，编辑骨架，改变其形状。

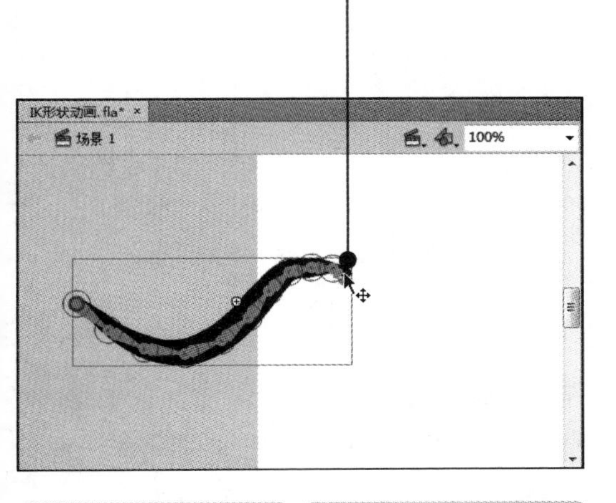

08 右击第 20 帧。

09 选择“插入姿势”命令。

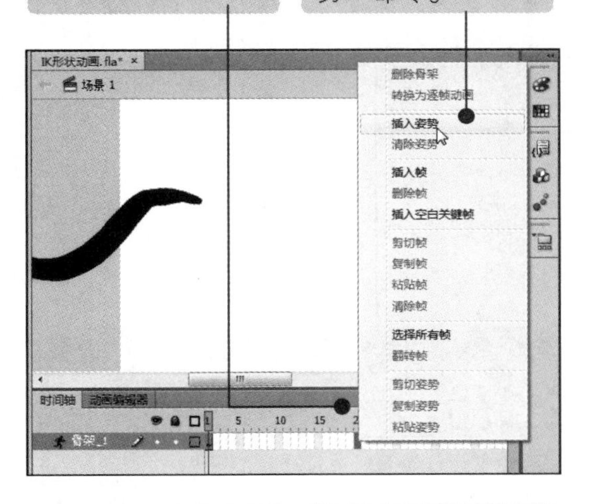

10 将舞台对象向右移至合适位置。

11 编辑骨架，改变其形状。

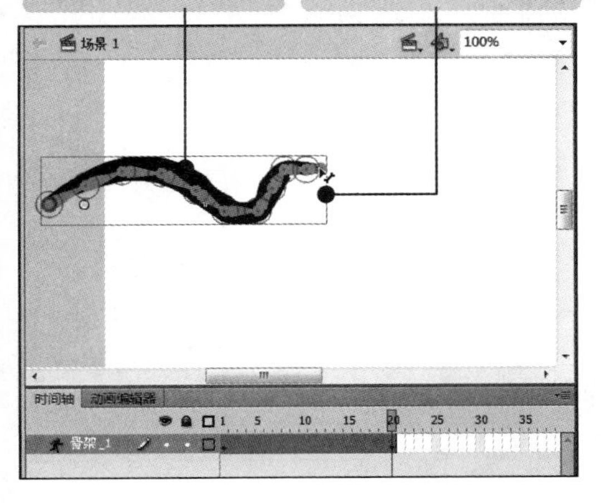

12 选择第 40 帧，插入姿势。

13 使用选择工具编辑骨架，改变形状。

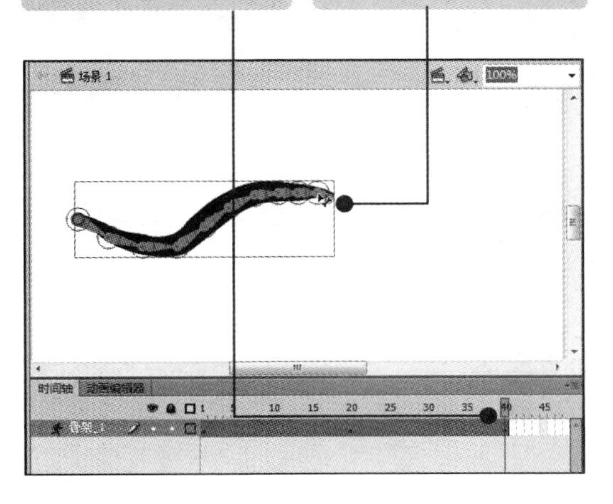

首先创建骨骼，其次添加姿势，调整骨骼形状，创建 IK 形状动画。

多学点

14 在第 60、80、100 帧依次插入姿势，分别改变骨骼形状。

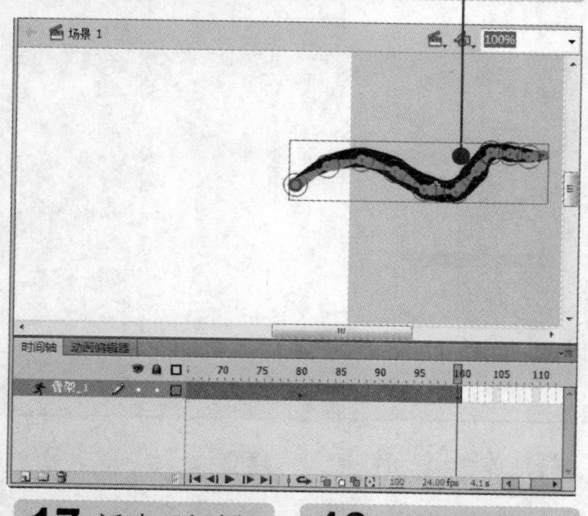

15 右击时间轴上的所有帧。

16 选择“复制帧”命令。

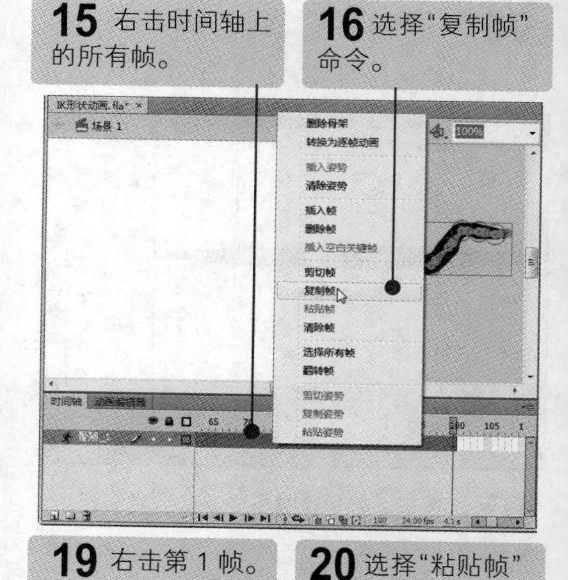

17 新建“蚯蚓”影片剪辑元件。

18 单击“确定”按钮。

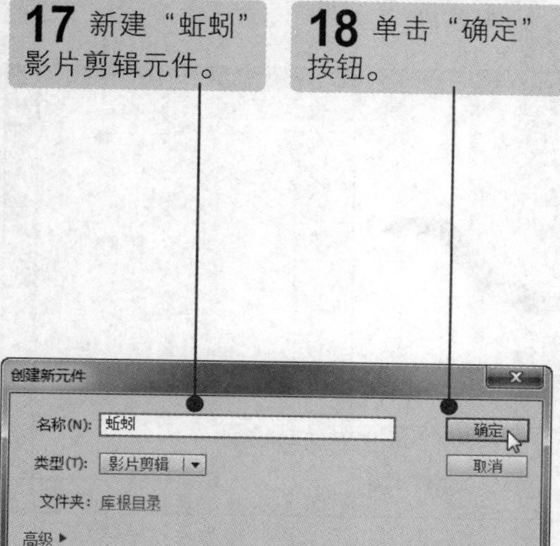

19 右击第 1 帧。

20 选择“粘贴帧”命令。

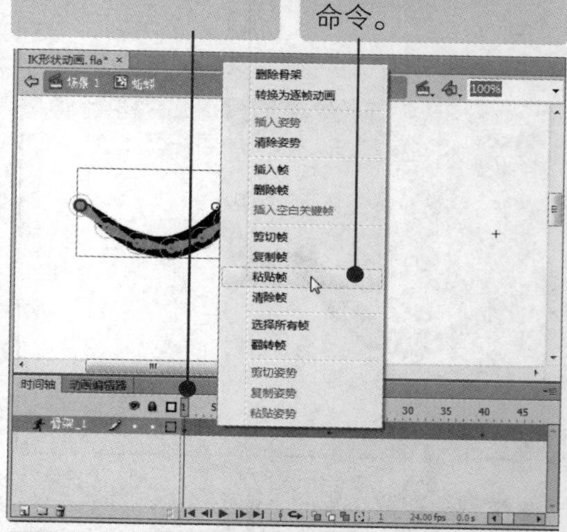

21 返回场景，删除骨架图层。

22 将“蚯蚓”影片剪辑移至舞台中。

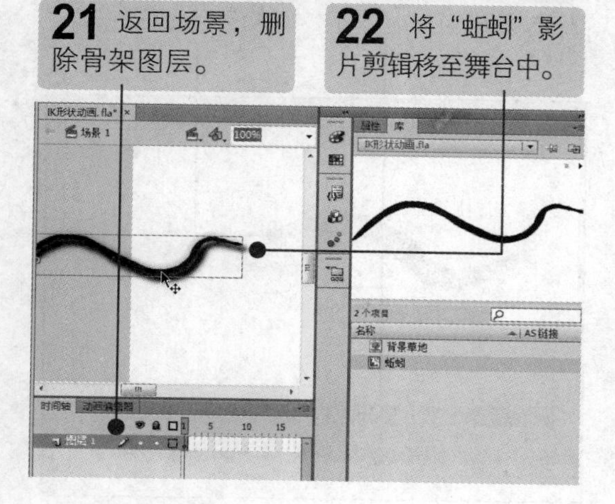

23 选择舞台中的实例，添加“投影”滤镜，设置滤镜参数。

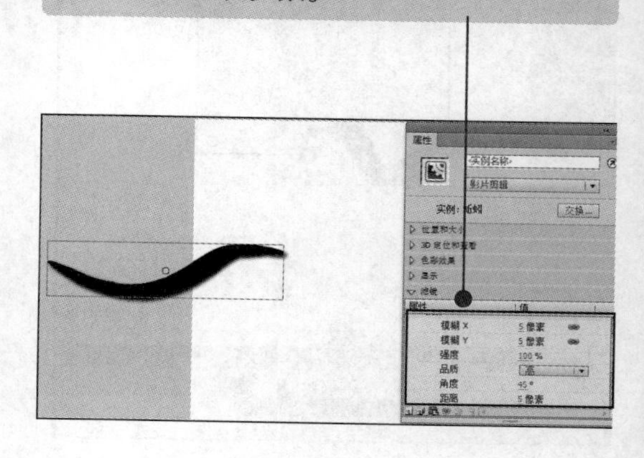

 只有将骨骼动画创建为影片剪辑才能添加“滤镜”属性。

24 选择舞台中的实例，添加“发光”滤镜，设置滤镜参数。

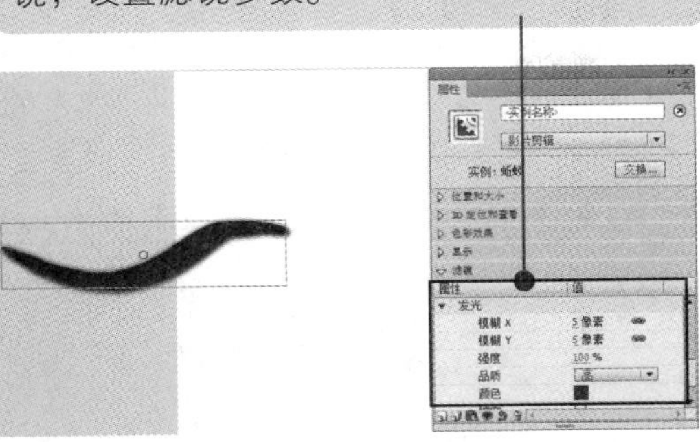

25 选择舞台中的实例，添加“投影”滤镜，设置滤镜参数。

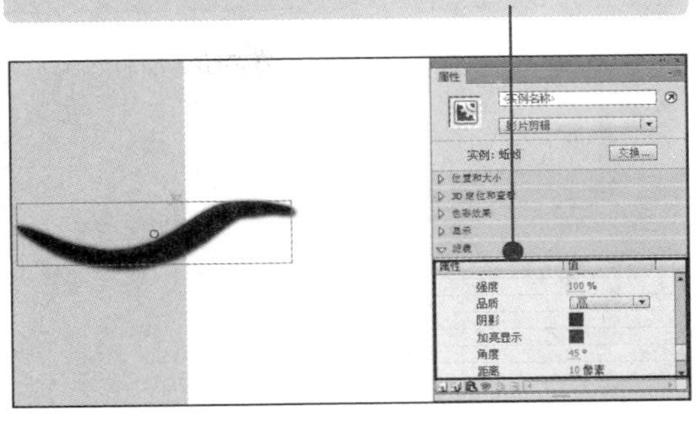

26 选择舞台中的实例，添加“渐变斜角”滤镜，设置滤镜参数。

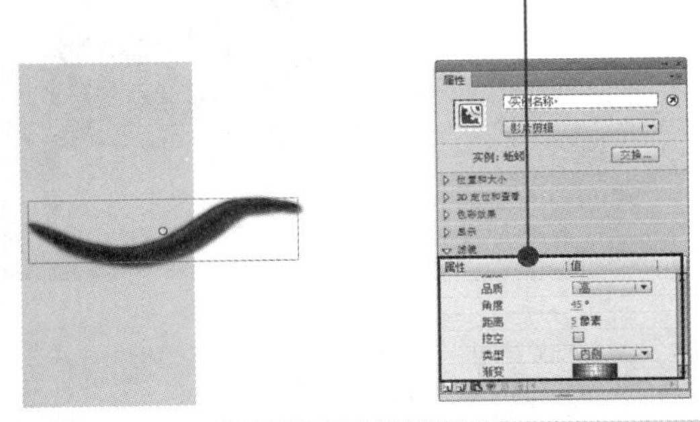

27 新建“图层 2”。单击“文件”｜“导入”｜“导入到舞台”命令。

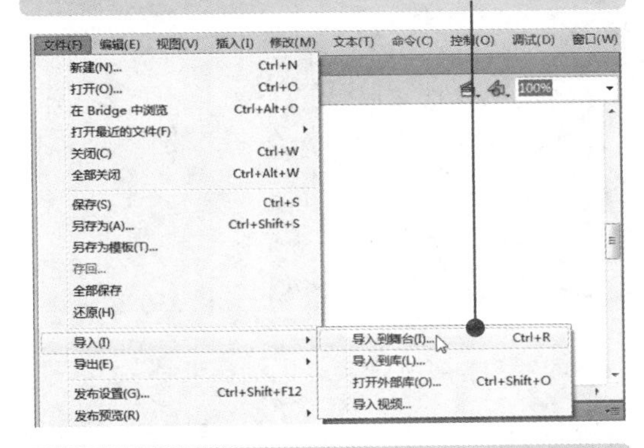

28 使用任意变形工具调整背景图片的大小和位置。

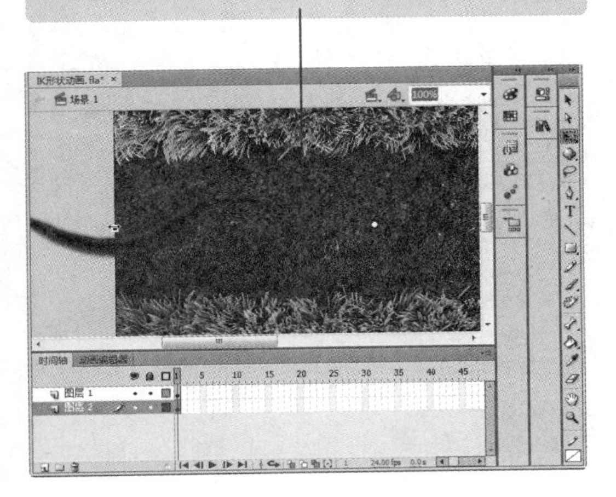

29 按【Ctrl+Enter】组合键，测试动画效果。

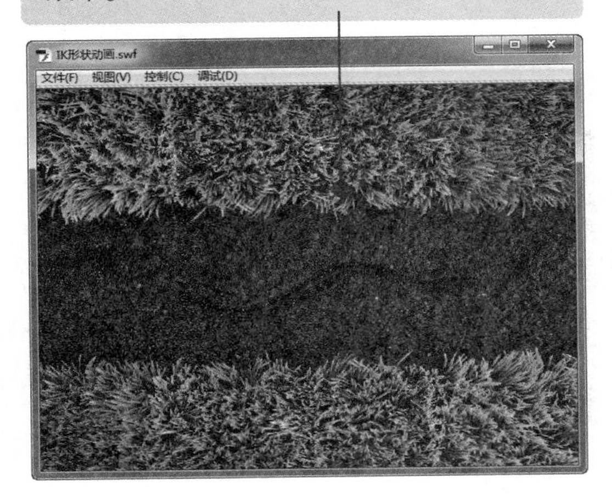

添加“滤镜”属性可以让本来单调的形状有立体感，更加生动、形象。

8.3.2 制作IK皮影动画

下面将通过实例来介绍如何制作IK皮影动画，具体操作方法如下：

素材：光盘：无　　效果：光盘：效果\08\IK皮影动画.fla

难度：★★★★☆　　视频：光盘：视频\08 制作\制作IK皮影动画.swf

01 新建ActionScript 3.0文档，将背景色设置为黑色。

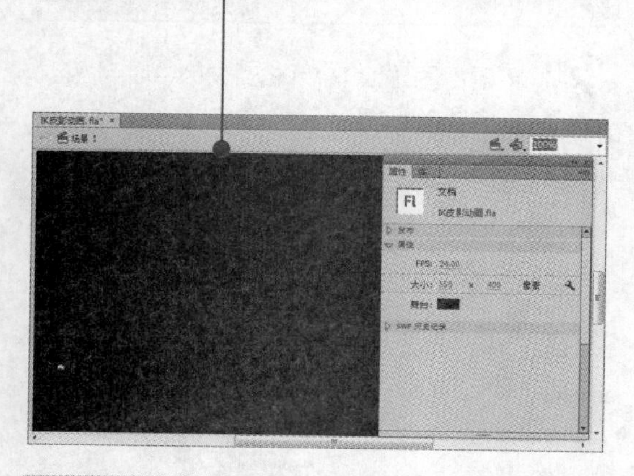

02 单击"文件|导入|导入到库"命令，导入"皮影素材.psd"。

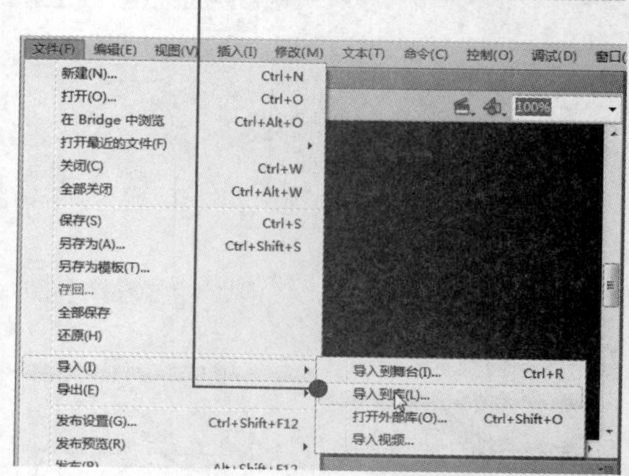

03 将位图皮影头部拖至舞台中。

04 转换为"头部"影片剪辑。

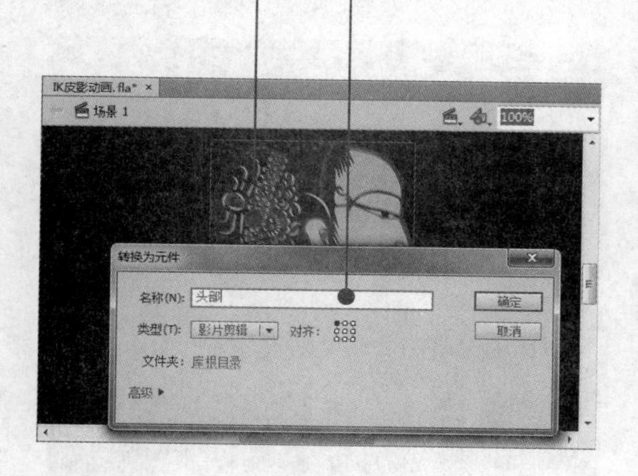

05 依次将其他位图拖至舞台，分别转换为影片剪辑。

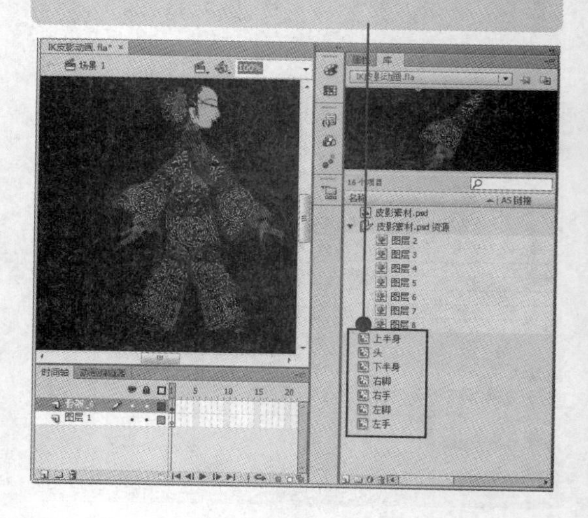

高手点拨

只有将图形转换成影片剪辑才能创建骨骼，制作IK动画。

小提示 将导入到库中的位图创建成影片剪辑元件，拖至舞台拼成皮影效果，为以后创建骨骼做准备。

06 将舞台实例排列好，移动每个实例的中心点到合适位置。

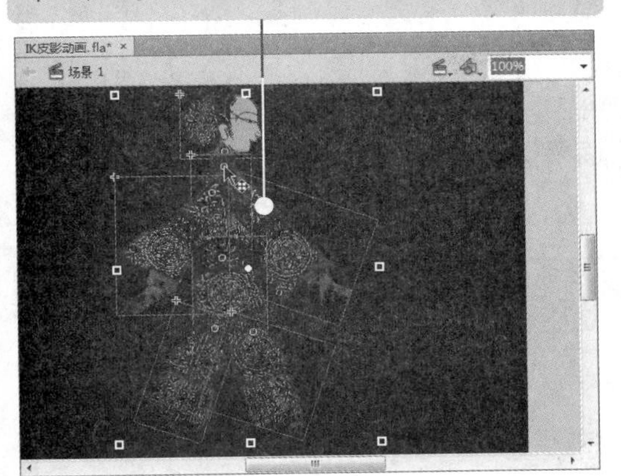

07 选择骨骼工具，从皮影实例头部往下逐级创建骨骼形状。

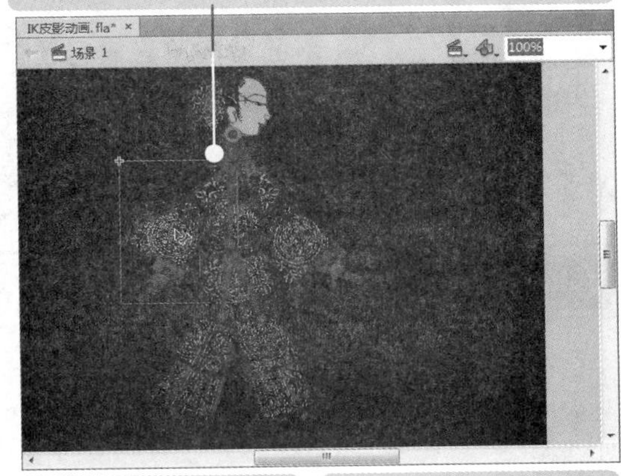

08 右击骨骼图层第 10 帧，选择“插入姿势”。

09 使用选择工具调整骨架。

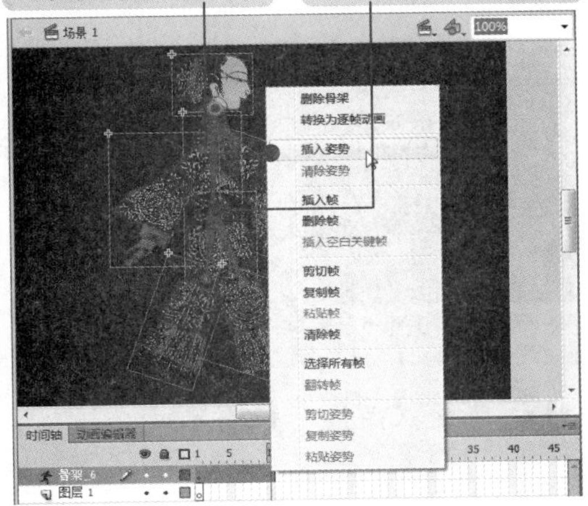

10 选择“头部”实例骨骼。

11 取消选中“旋转”选项的“启用”复选框。

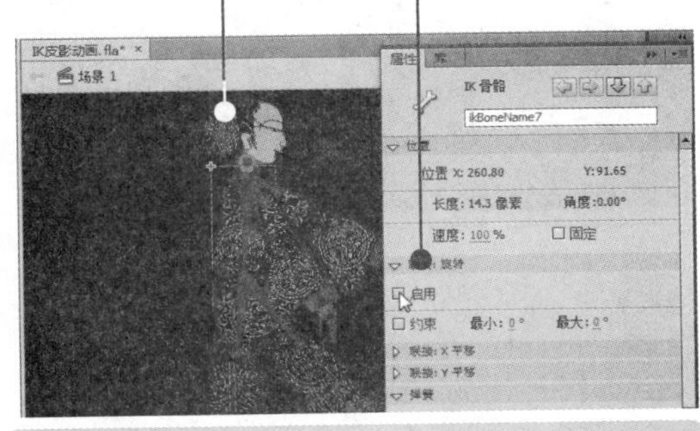

12 继续在第 20 帧中插入姿势，依次调整人物姿势。

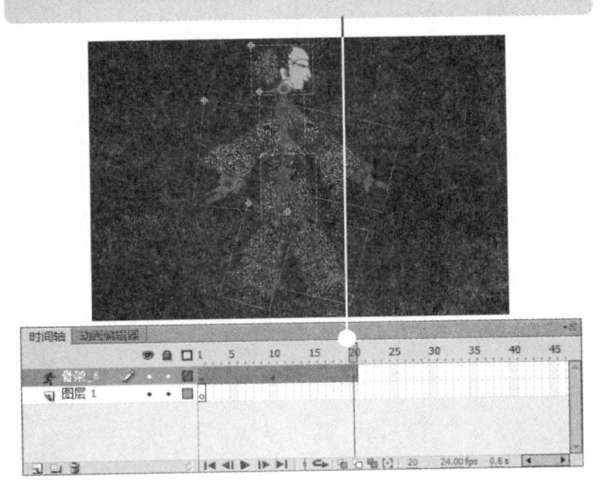

13 按【Ctrl+Enter】组合键，测试动画效果。

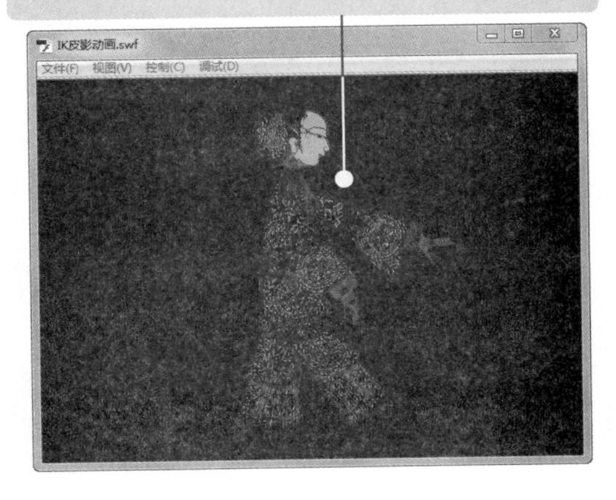

创建骨骼时，要先创建根骨骼，然后创建分支骨骼，最后添加姿势创建皮影 IK 形状动画。

8.4 制作 3D 动画

前面章节已经学习了使用 3D 工具制作 3D 图像，下面学习如何制作 3D 动画。在制作时，除了使用 3D 工具对实例进行旋转和移动外，还可以使用“变形”和“属性”面板进行精确的 3D 旋转及定位。

8.4.1 制作 3D 旋转动画

下面将通过实例来介绍如何制作 3D 旋转动画，具体操作方法如下：

素材：光盘: 素材\08\3D 旋转动画.fla　　效果：效果\08\3D 旋转动画.fla

难度：★★★★★　　视频：光盘: 视频\08\制作 3D 旋转动画.swf

01 新建文档。

02 设置舞台属性。

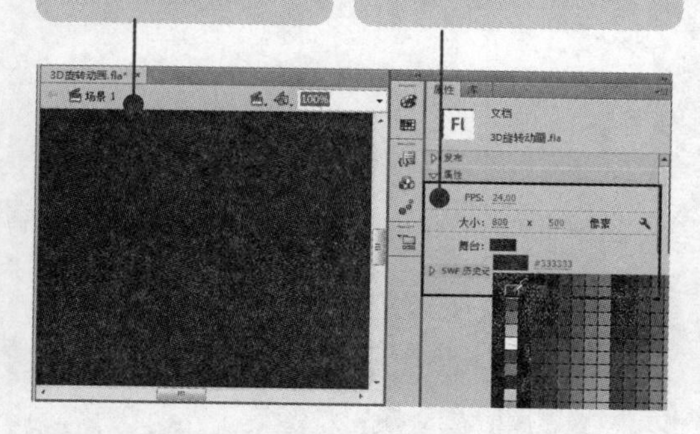

03 选择矩形工具，设置属性值。

04 按住【Shift】键，绘制正方形。

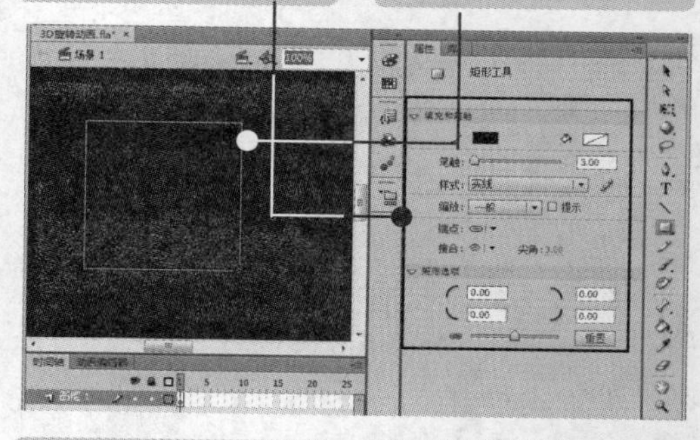

05 将舞台颜色改为白色。

06 将正方形转换为“方形”影片剪辑。

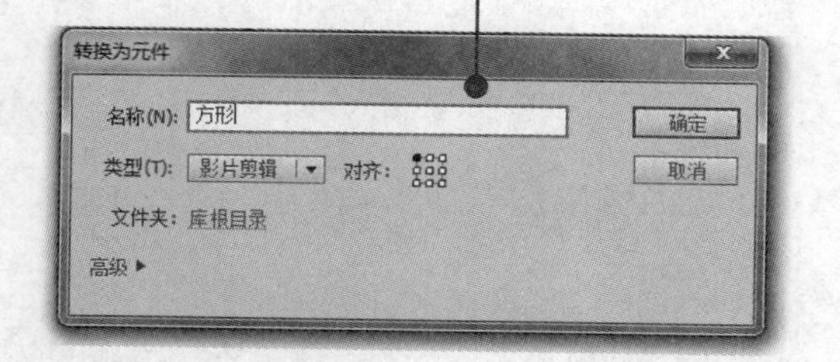

07 按住【Ctrl】键复制一个实例。

08 选择 3D 旋转工具，拖动 Y 轴旋转 45° 。

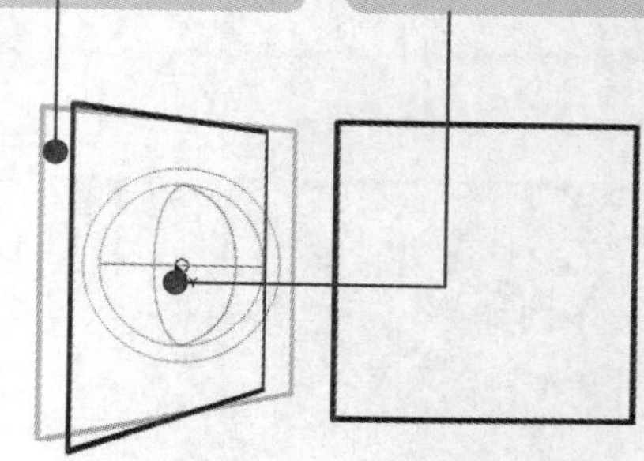

小提示 三维动画涉及影视特效创意、前期拍摄、影视 3D 动画、特效后期合成、影视剧特效动画等。

09 使用 3D 平移工具将“方形”实例一边与方形一边重合。按住【Ctrl】键复制侧面，拖动与正方形右边重合。

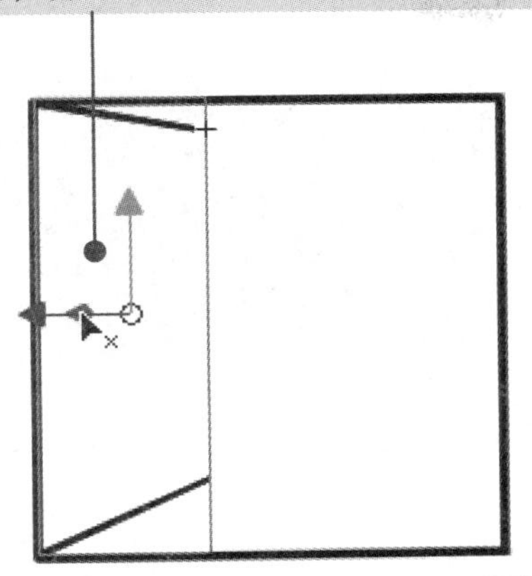

10 按住【Ctrl】键复制一个正面。

11 使用 3D 平移工具移动方形，组成正方体。

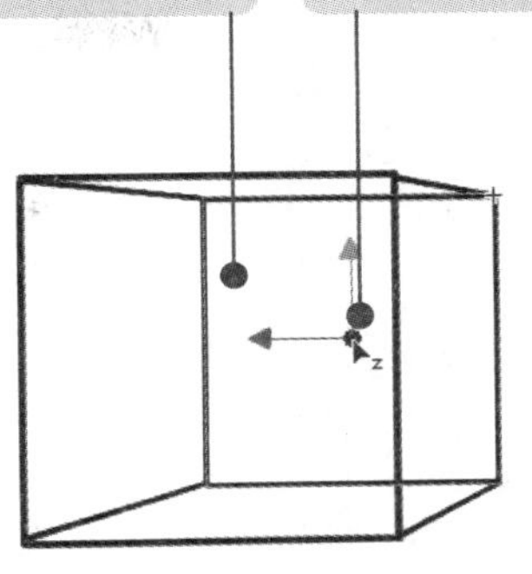

12 返回场景，设置背景色为黑色。

13 将“正方体”影片剪辑从“库”面板拖至舞台。

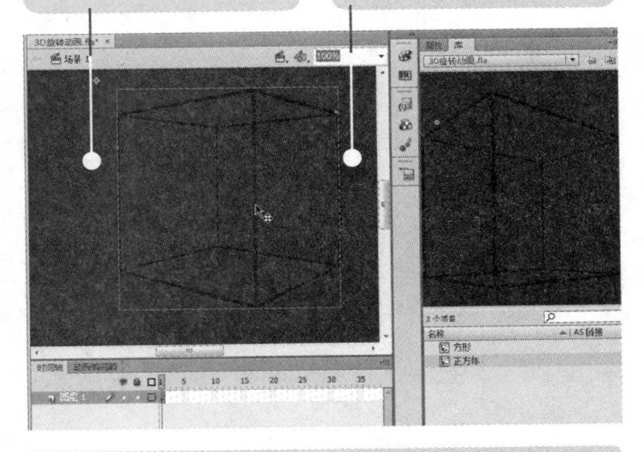

14 选择舞台对象，打开滤镜属性。

15 添加“发光”滤镜，设置参数。

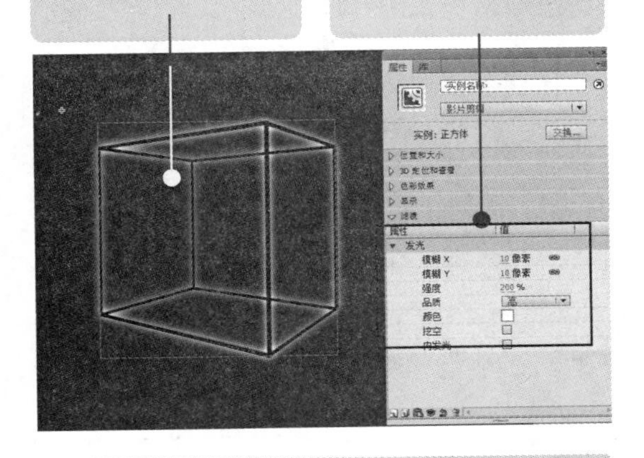

16 添加“渐变斜角”滤镜，设置参数。

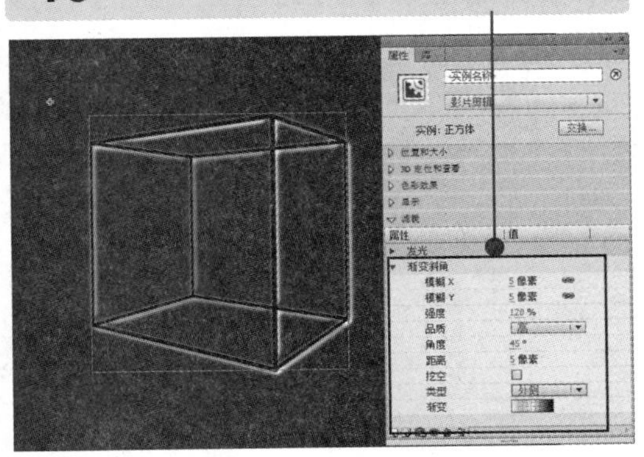

17 添加“投影”滤镜，设置参数。

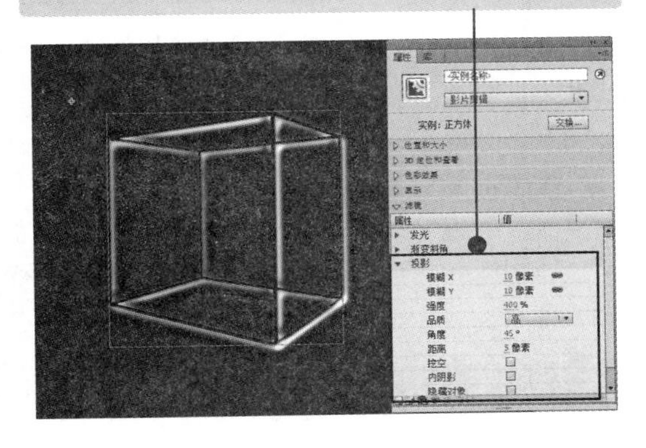

为绘制的正方体图形添加“滤镜”属性，使其更有立体感。

18 右击舞台中的对象。

19 选择"创建补间动画"命令。

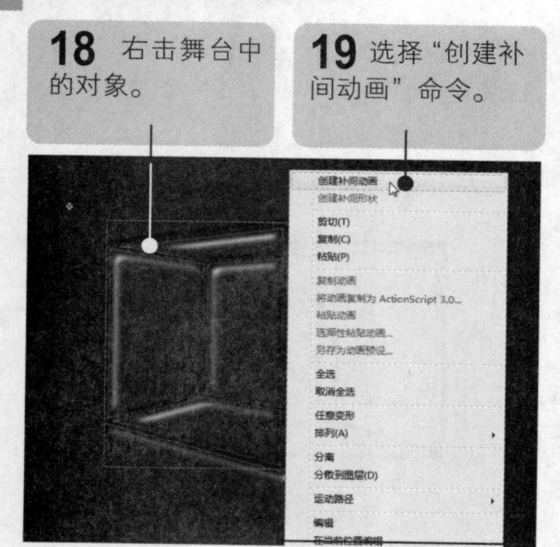

20 将补间动画延长至第 50 帧。

21 使用 3D 旋转工具将中心点移至正方体一条边上。

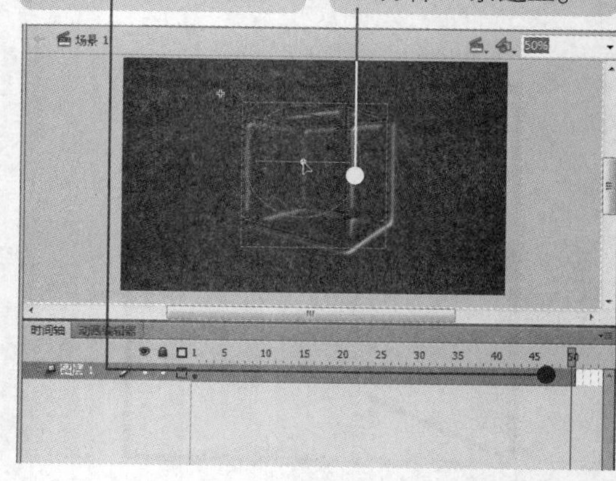

22 使用 3D 旋转工具旋转 Y 轴。

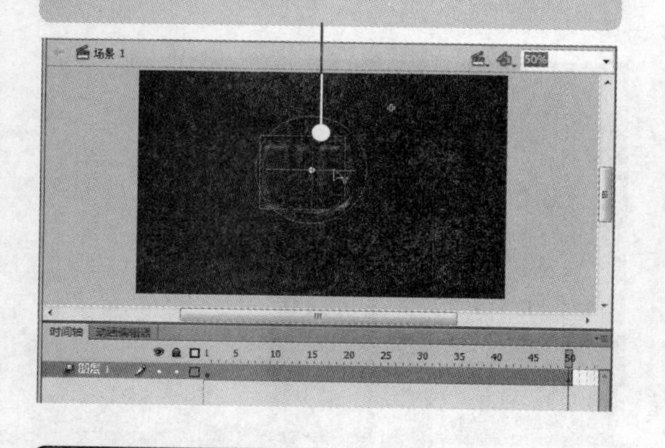

23 按【Ctrl+Enter】组合键，测试动画效果。

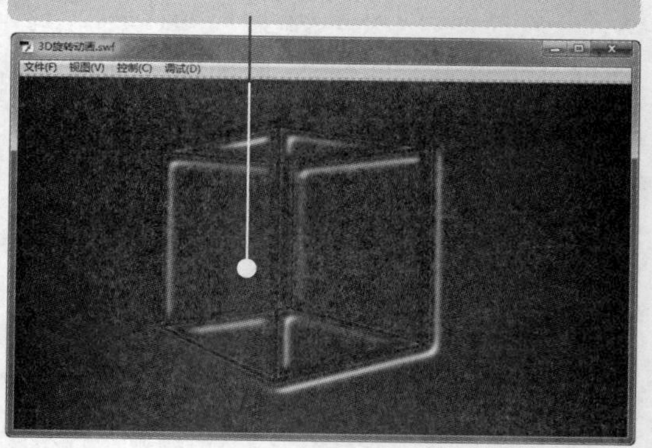

8.4.2 制作 3D 透视动画

下面将通过实例来介绍如何制作 3D 透视动画，具体操作方法如下：

素材：光盘：素材\08\3D 透视动画.fla　　效果：效果\08\3D 透视动画.fla

难度：★★★★★

视频：光盘：视频\08\制作 3D 透视动画.swf

高手点拨

利用 3D 旋转工具和 3D 平移工具将二维平面动画创建成 3D 透视动画，给人以三维立体的感觉。

小提示

 创建补间动画，然后使用 3D 旋转工具旋转对象，要注意先把图形对象的中心点移动到一条边上。

01 打开素材文件，将舞台缩放至 25%。

02 绘制与舞台同大的无笔触的红色矩形。

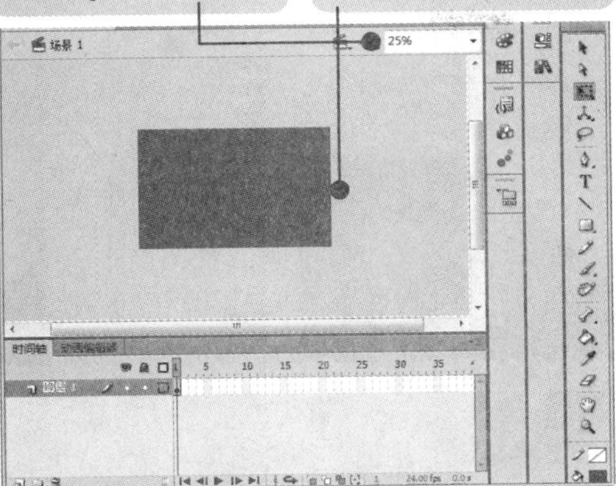

03 新建“垫子”图层。

04 绘制一个远远大于舞台的无笔触的黑色矩形。

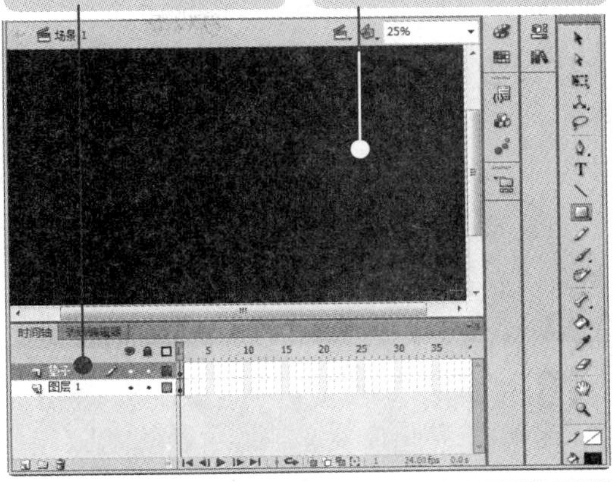

05 单击👁图标，隐藏“垫子”图层。

06 右击舞台对象，选择“复制”命令。

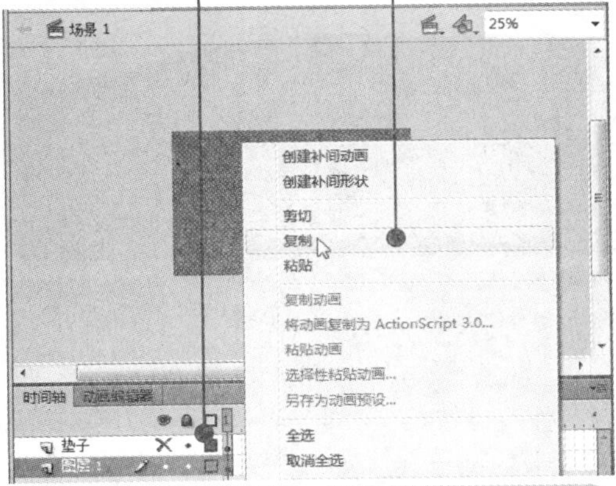

07 取消隐藏“垫子”图层，选择第 1 帧，单击“编辑”|“粘贴到当前位置”命令。

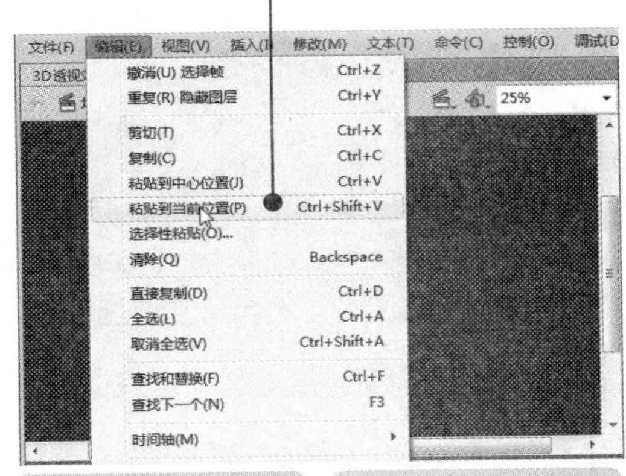

08 删除红色矩形。

09 删除“图层 1”。

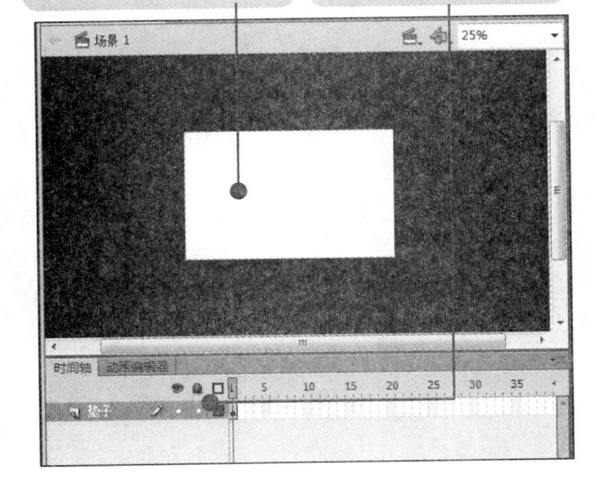

10 隐藏并锁定“垫子”图层，新建“地面”图层。

11 将“地面”影片剪辑拖至舞台。

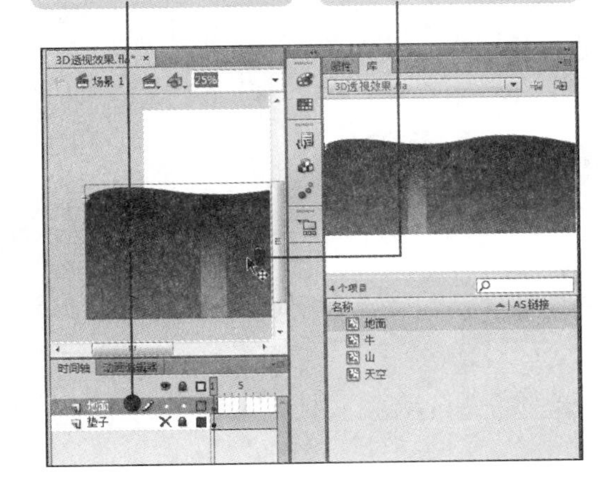

利用 3D 旋转工具和 3D 平面工具，可以创建具有透视效果的动画。

12 使用3D旋转工具选中“地面”实例。

13 移动“X轴”实例到合适位置。

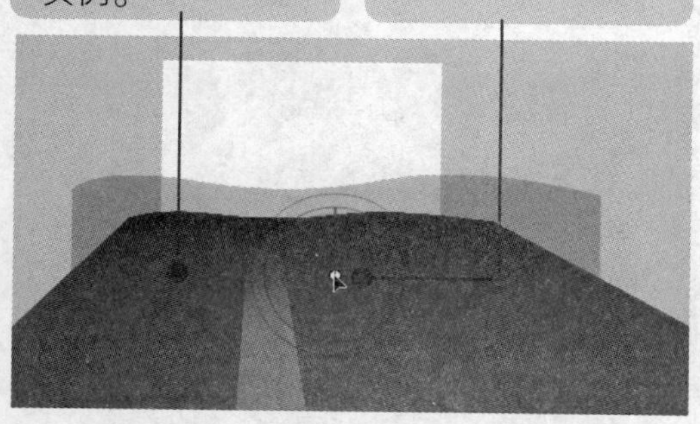

14 选择3D平移工具，右击“地面”实例，选择“创建补间动画”命令。延长补间动画到第100帧。

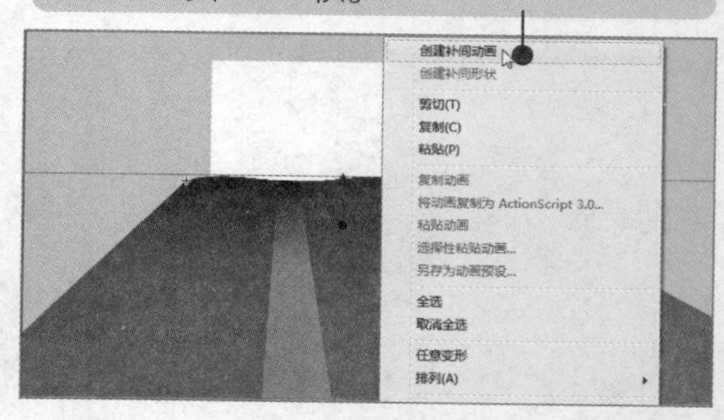

15 将播放头移至第40帧。使用3D平移工具拖动“地面”实例由远及近且放大。

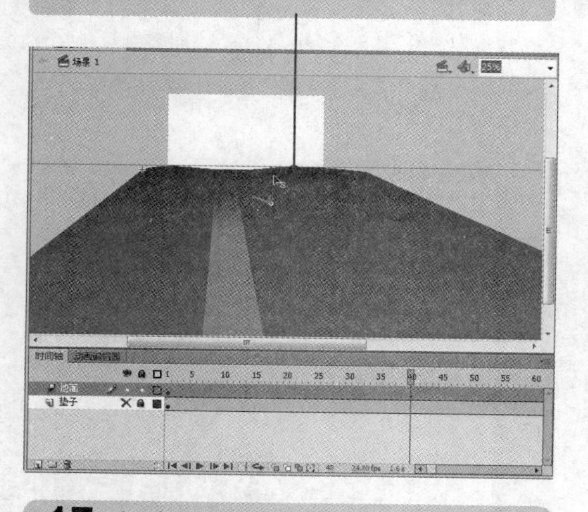

16 将播放头移至第100帧。使用3D平移工具拖动“地面”实例由远及近且放大。

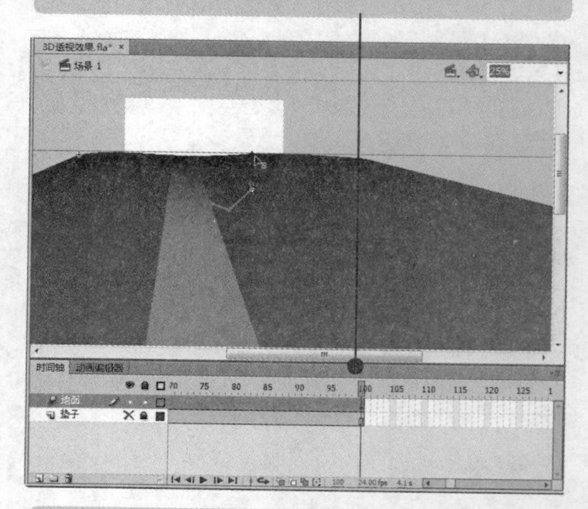

17 新建“天空”图层，将“天空”影片剪辑拖至舞台。将“天空”图层移至“地面”图层下面。

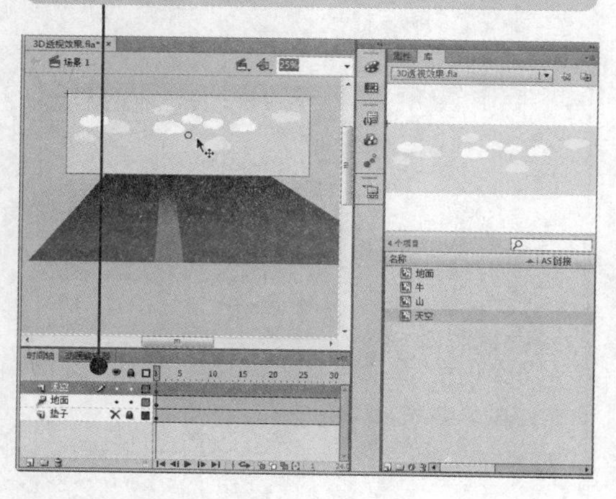

18 选择3D平移工具，右击“天空”实例，选择“创建补间动画”命令。

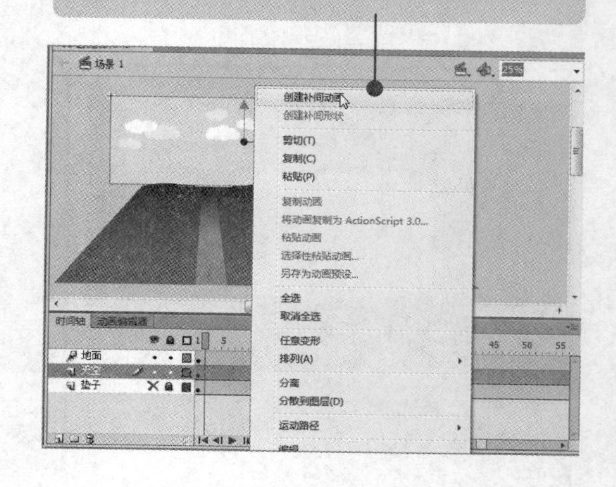

小提示

在旋转过程中，旋转控件中可以显示出旋转的角度。移动X控件的同时，其他控件的颜色也发生了改变，表示当前不可操作，这样将确保对象不受其他控件的影响。

19 将播放头移至第 40 帧。使用 3D 平移工具拖动“天空”实例从右向左且放大。

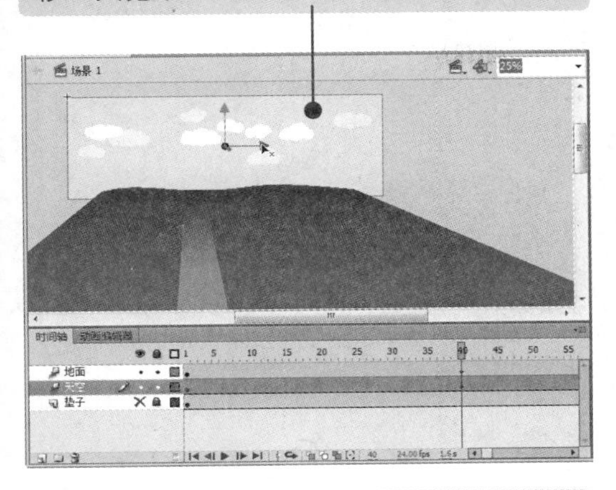

20 将播放头移至第 100 帧。使用 3D 平移工具拖动“天空”实例从右向左且放大。

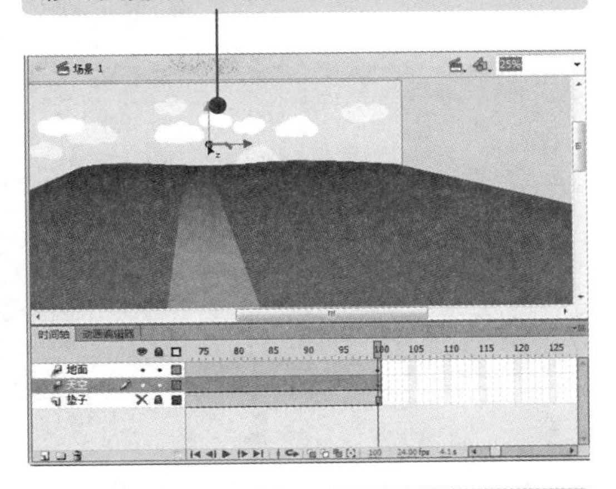

21 新建“牛”图层。

22 将“牛”影片剪辑拖至舞台。

23 选择 3D 平移工具，右击“牛”实例。

24 选择“创建补间动画”命令。

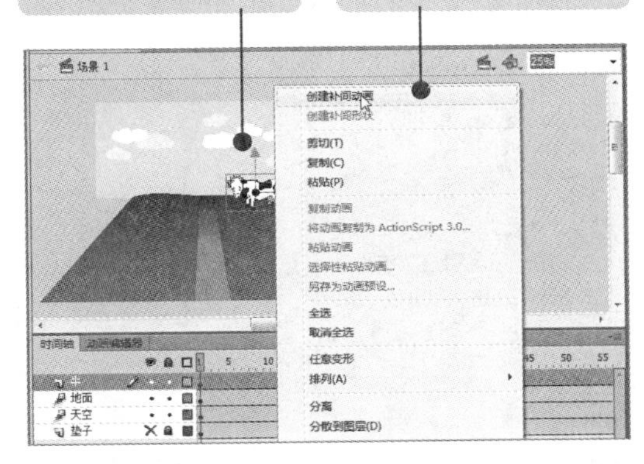

25 将播放头移至第 40 帧，使用 3D 平移工具拖动“牛”实例由远及近且放大。同样，设置第 100 帧补间动画。

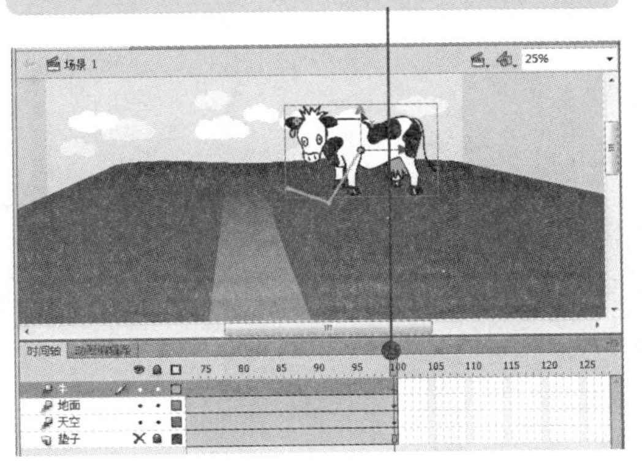

26 新建“右山”图层。

27 将“山”影片剪辑拖至舞台。

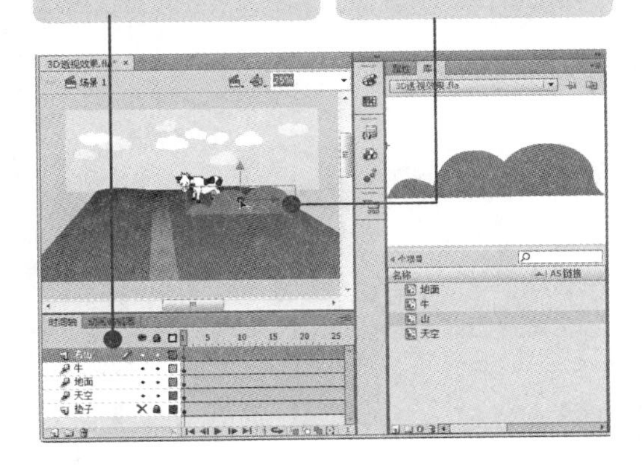

要制作 3D 旋转或者平移动画，不能使用传统补间动画，只能使用补间动画进行操作。一旦完成了 3D 旋转或平移动画，则该动画类型会自动变为“3D 动画”类型。

28 选择 3D 平移工具，右击“山”实例。

29 选择“创建补间动画”命令。

30 将播放头移至第 40 帧，使用 3D 平移工具拖动“山”实例由远及近且放大。同样，设置第 100 帧补间动画。

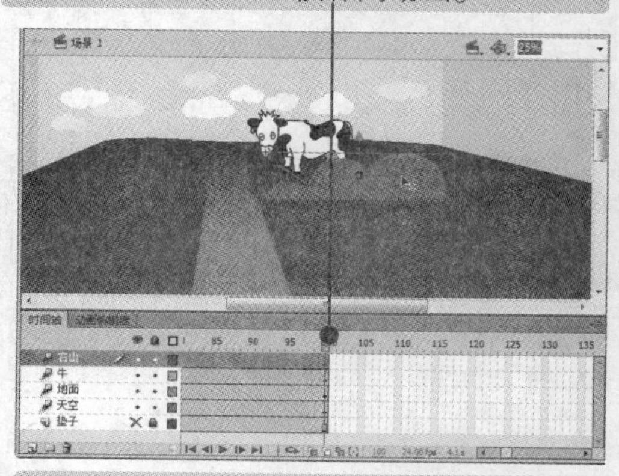

31 新建“左山”图层。

32 将“山”影片剪辑拖至舞台。

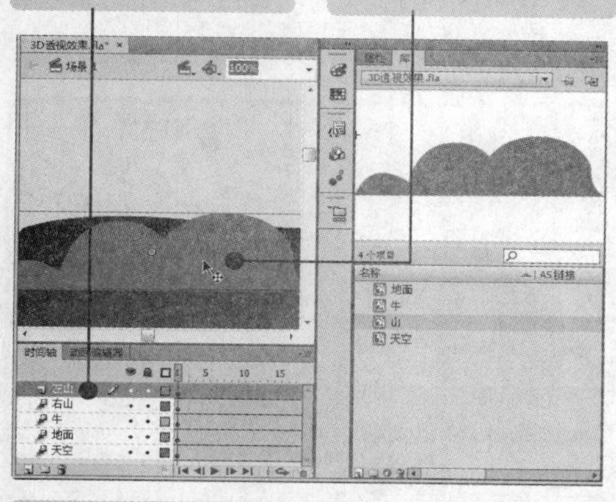

33 使用 3D 旋转工具移动 X 轴，将“山”实例旋转 180°。

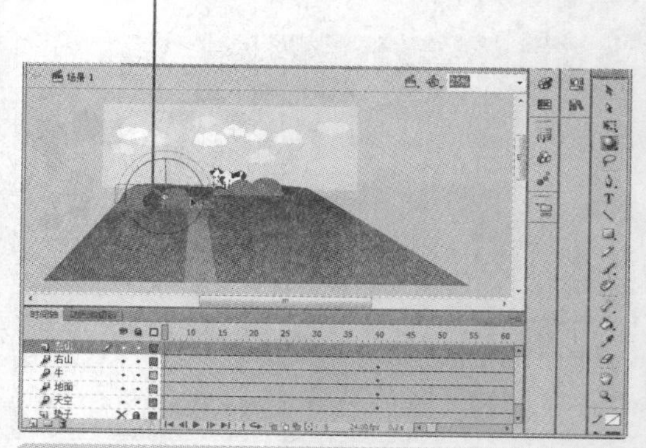

34 选择 3D 平移工具，拖动“山”实例，使其变小、变远。

35 设置“山”实例补间动画。

小提示

如果需要旋转多个影片剪辑实例，只要选中它们，再用 3D 旋转工具移动其中一个，其他对象将以相同的方式移动。

36 将“垫子”图层移至顶层并右击图层名称。

37 选择“引导层”命令。

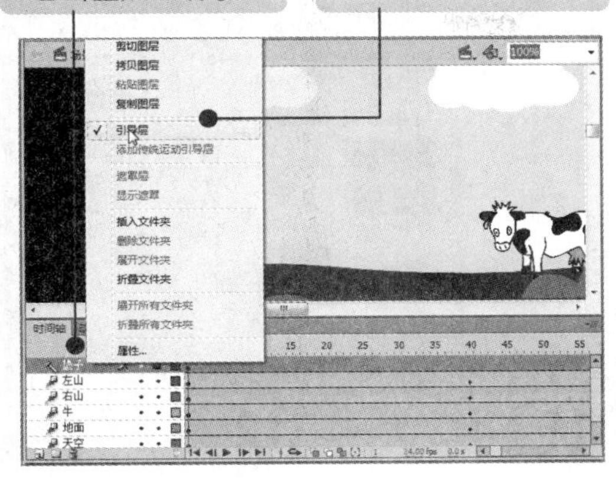

38 按【Ctrl+Enter】组合键，测试动画效果。

8.5 综合实战——制作“动感超人”动画

下面将综合运用本章所学的知识，制作“动感超人”骨骼动画，使读者进一步掌握 IK 反向运动动画的制作方法与技巧。

“动感超人”动画的具体制作方法如下：

素材：光盘：素材\08\动感超人.fla　　效果：效果\08\动感超人.fla

难度：★★★★★

视频：光盘：视频\08\综合实战——制作动感超人动画.swf

01 新建文档。

02 设置舞台大小为 700×50。

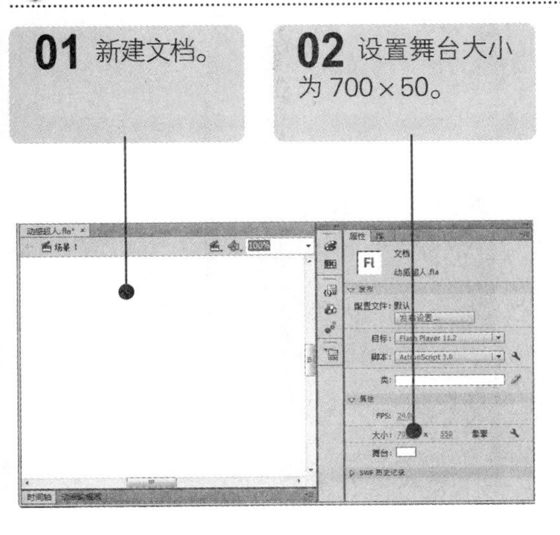

03 单击“导入到舞台”命令，选择素材。

04 单击“打开”按钮。

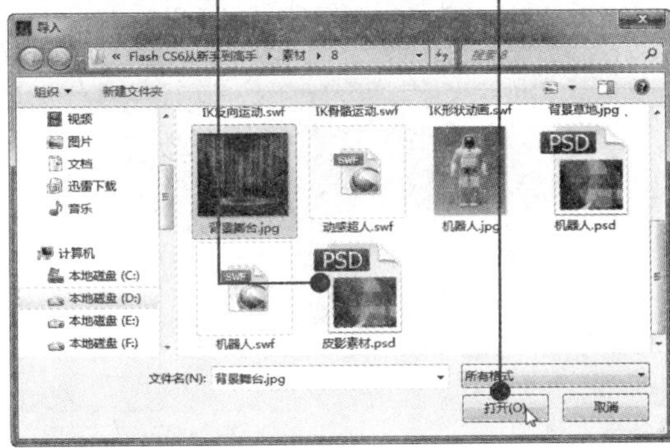

利用创建骨骼添加姿势，制作“动感超人”IK 反向运动动画。

05 重命名“图层 1”为“背景”。

06 单击锁定图标🔒。

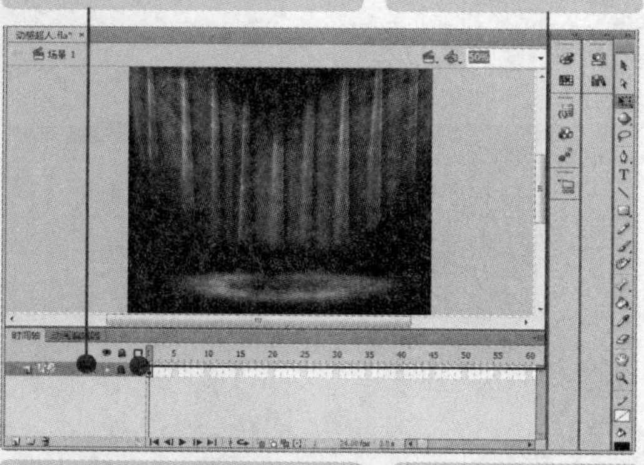

07 单击“导入到库”命令，选择素材。

08 单击“打开”按钮。

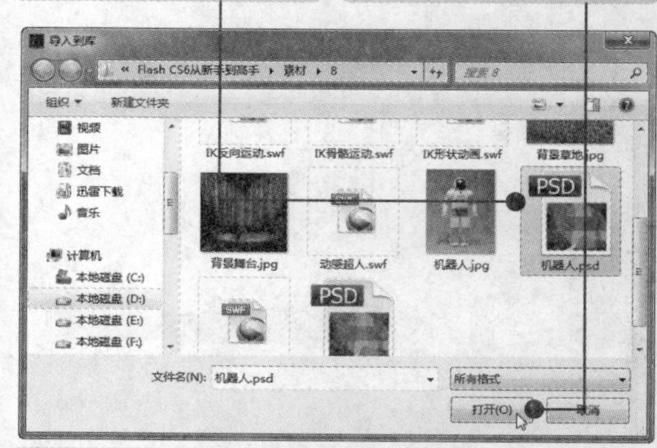

09 选择需要的“图层 3”~层 14”。

10 单击“确定”按钮。

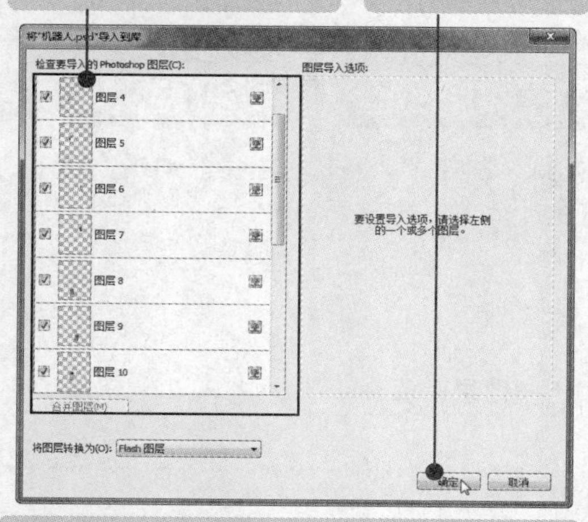

11 新建“机器人”图层。

12 查看“库”面板提供的素材。

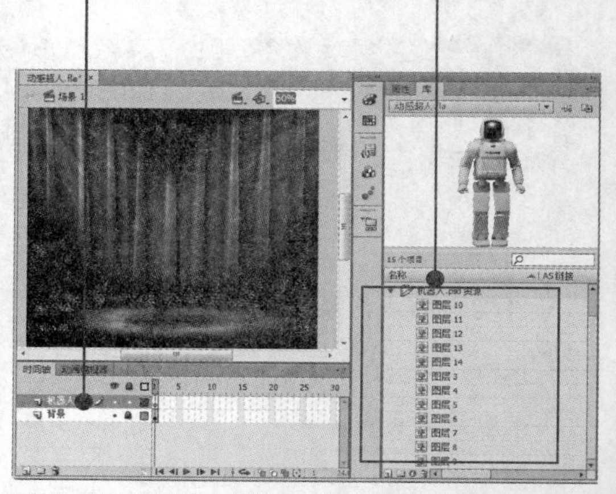

13 将位图拖入舞台中，按位置将其摆放成机器人。

14 将“头部”实例转换为影片剪辑。

15 单击“确定”按钮。

小提示

导入素材位图，然后分别创建成影片剪辑，为以后创建骨骼奠定基础。

16 同样，分别将“机器人”各组成部分转换为影片剪辑。

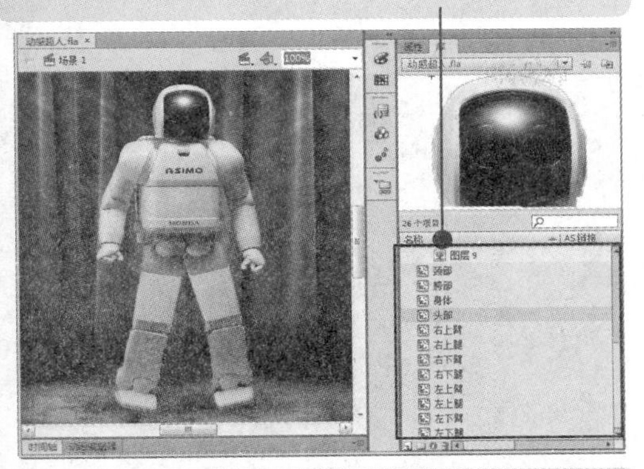

17 使用任意变形工具调整各实例的中心点。

18 选择骨骼工具，“头部”实例的中心点向“颈部”实例绘制骨骼。

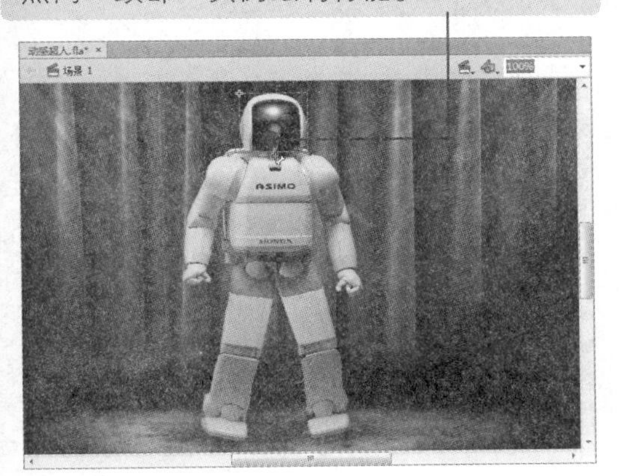

19 使用骨骼工具从右上臂向右下臂绘制骨骼。

20 使用骨骼工具为机器人的其他部位绘制骨骼。

21 选择根骨骼，设置其属性为“固定”，删除“机器人”图层。

高手点拨

用骨骼工具单击希望分支开始的现有骨骼的头部，然后拖动到已创建新分支的第一个骨骼上。

22 将所有图层延长至第 100 帧。在骨架图层第 10、20、30、40、50、60、70、80、90 帧插入姿势。

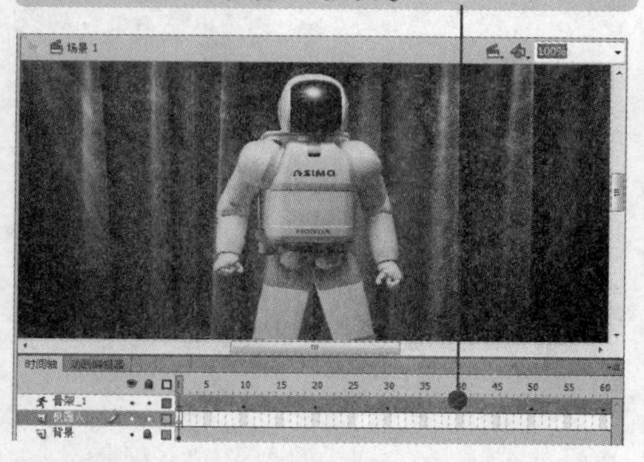

23 将播放头移至第 10 帧。使用选择工具拖动骨骼，更改机器人的姿势。

24 将播放头移至第 30 帧。使用选择工具拖动骨骼，更改机器人的姿势。

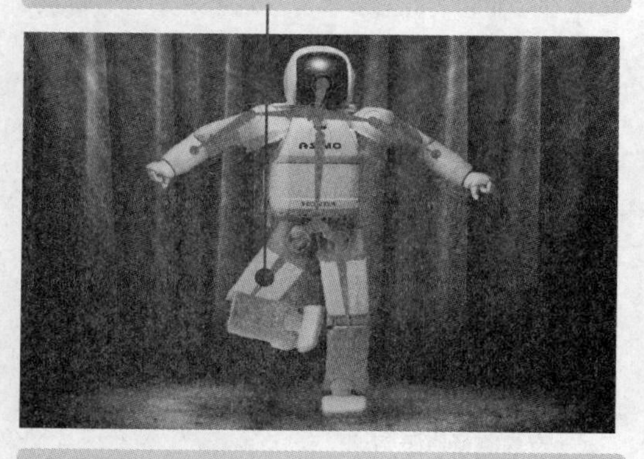

25 将播放头移至第 50 帧。使用选择工具拖动骨骼，更改机器人的姿势。

26 将播放头移至第 60 帧。使用选择工具拖动骨骼，更改机器人的姿势。

27 将播放头移至第 70 帧。使用选择工具拖动骨骼，更改机器人的姿势。

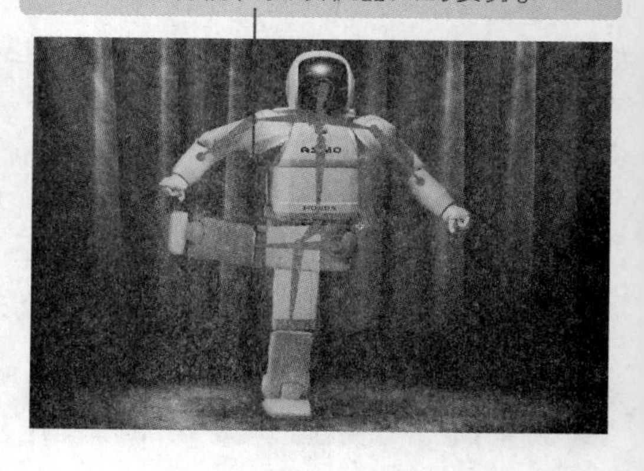

高手点拨

可以在根骨骼上连接多个实例以创建分支骨架，骨架可以具有所需数量的分支。分支不能直接连接到其他分支，但可以连接到根骨骼上。

小提示

为影片剪辑创建骨骼添加姿势，修改姿势的骨骼形状，以保持连续性。

28 将播放头移至第 90 帧。使用选择工具拖动骨骼，更改机器人的姿势。

29 复制第 90 帧，粘贴到第 100 帧。在第 110 帧插入姿势并调整，移至舞台外。

30 移动播放头，查看效果。

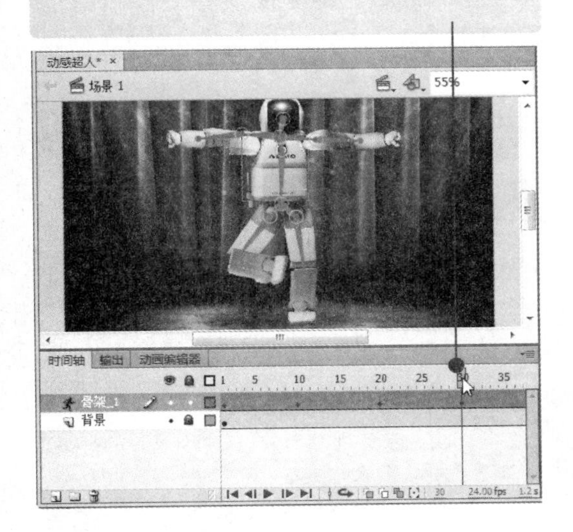

31 按【Ctrl+Enter】组合键，测试动画效果。

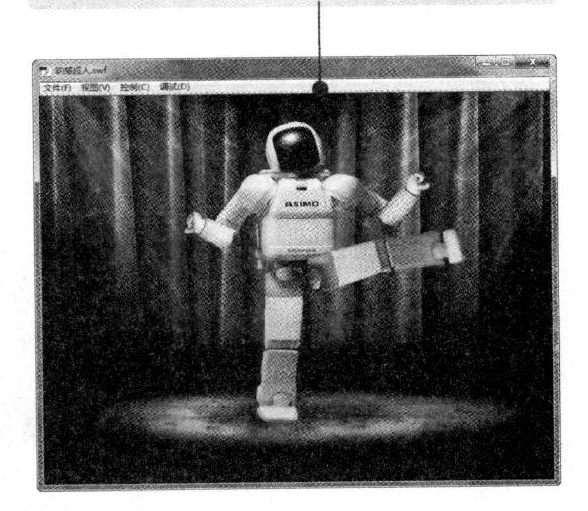

预计学习时间 45 分钟

Chapter 09

导入声音和视频

在 Flash 动画中，通过添加声音和视频文件等可以丰富动画的内容，增强动画效果，帮助渲染动画，使其更加生动、有趣。本章将详细介绍如何在 Flash 动画中添加和编辑声音与视频。

要点导航

- 声音与声道
- 为影片添加声音
- 音频的编辑
- 声音的压缩与导出
- 视频的导入与编辑
- 综合实战——导入世界杯视频

重点图例

9.1 声音与声道

动画中的音频，也就是动画中的声音。声音是影片的重要组成部分，在影片中加入会使动画更加生动、自然。如今很流行的 Flash MV 就是 Flash 对声音运用的典型代表。

9.1.1 声音与 Flash

在 Flash 中，既可以为整部影片加入声音，也可以单独为影片中的某个元件添加声音。此外，在 Flash 中还可以对导入的声音文件进行编辑，制作出需要的声音效果。

在 Flash 中可以导入多种格式的音频文件。如果要将包含声音的 FLA 文件导出成 SWF 动画文件，必须选择声音的导出格式。

◎ 导入格式：Flash 支持多种格式的声音文件，可以导入到 Flash 影片的声音格式有 WAV、MP3、Aiff、AU 和 ASND 等。

◎ 导出格式：Flash 支持的音频导出格式有 ADPCM 音频格式，主要用于语音处理；MP3 格式，Flash 默认的音频输出格式；RAM 音频格式，此格式不对音频进行任何压缩。

9.1.2 声道

人耳是非常灵敏的，具有立体感，能够辨别声音的方向和距离。声道是指声音在录制或播放时在不同空间位置采集或回放的相互独立的音频信号，所以声道数也就是声音录制时的音源数量或回放时相应的扬声器数量。

声卡所支持的声道数是衡量声卡档次的重要指标之一，从单声道到最新的环绕立体声。通常所说的立体声就是双声道。声音在录制过程中被分配到两个独立的声道，即左声道和右声道，从而达到了很好的声音定位效果。

随着科技的发展，已经出现了更多声道的数字声音。每个声道的信息量几乎是一样的，因此增加一个声道也就意味着多一倍的信息量，声音文件也相应大一倍，这对 Flash 动画作品的发布有着很大的影响。为了减小声音文件的大小，一般在 Flash 动画中使用单声道就足够了。

9.2 为影片添加声音

将声音文件导入到库中，即可为动画添加声音文件。在 Flash 动画中，一般是为按钮和影片添加声音。

9.2.1 声音类型

在 Flash CS6 中有两种声音类型，即事件声音和音频流。

由于 Flash 动画多在网络中传输，因此，如何选择声音便成为用户需要重点考虑的问题。

事件声音是指将声音与一个事件相关联，只有当该事件被触发时才会播放声音。事件声音必须完全下载后才能开始播放，除非明确停止，否则将一直连续播放。

音频流就是可以一边下载一边播放的声音，它与时间轴同步，以便于在网站、电影和MV中同步播放。

9.2.2 导入声音文件

单击“文件” | “导入” | “导入到库（或导入到场景）”命令，弹出“导入到库”对话框，在文件类型中选择要导入的音频文件的格式，单击“打开”按钮，如下图（左）所示。如果声音文件较大，就会看见声音进度条。

打开“库”面板，可以看到刚刚导入的声音文件，在预览框中可以看到声音的波形，如下图（右）所示。若当前导入的声音文件为双声道，就会有两条波形；若为单声道，则只有一条波形。

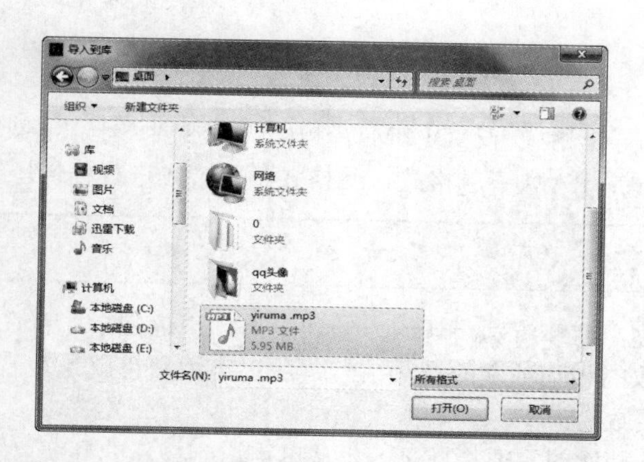

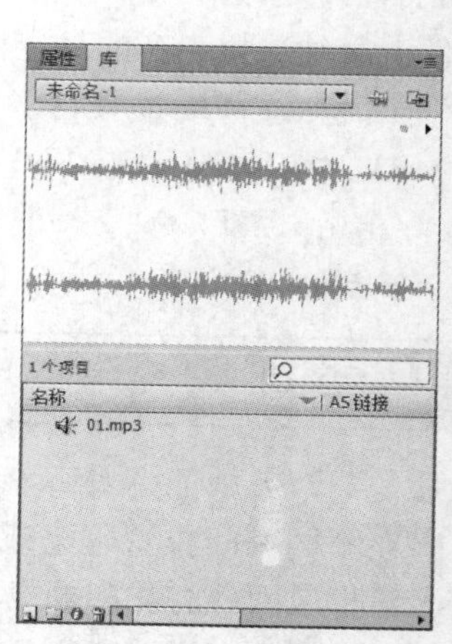

9.2.3 添加声音

若要在动画中添加声音，可以通过导入音频文件的方法来实现，然后在“属性”面板中设置它的各项属性。

导入影片的声音文件与导入的位图文件一样，均会被自动记录到“库”面板中，可以被反复使用。但声音文件只能被导入到“库”面板中，不能自动加载到当前图层中。因此，在导入声音文件时，选择导入到库与导入到舞台的效果是一样的。

另外，由于音频文件会占用较大的硬盘空间和内存空间，所以在导入文件时应考虑想要得到什么效果，然后根据需要选择不同质量的音频。例如，若从音效角度考虑，想要获得较高的音效质量，可以导入22kHz、16位立体声声音格式的文件；若为了提高动画文件的传输速度，则必须严格控制文件的大小，可以导入8kHz、8位单声道声音格式的文件。

下面将详细介绍如何在Flash动画中添加声音，具体操作方法如下：

素材：光盘：素材\09\飞机飞.fla　　效果：光盘：效果\09\飞机飞.fla

难度：★★★☆☆　　视频：光盘：视频\09\添加声音.swf

小提示

在Flash中，用户可以为按钮添加声音，也可以为动画添加音乐背景、人物对白等。

01 打开素材文件，新建“飞机”图层。

02 将“飞机”元件拖至舞台外的合适位置。

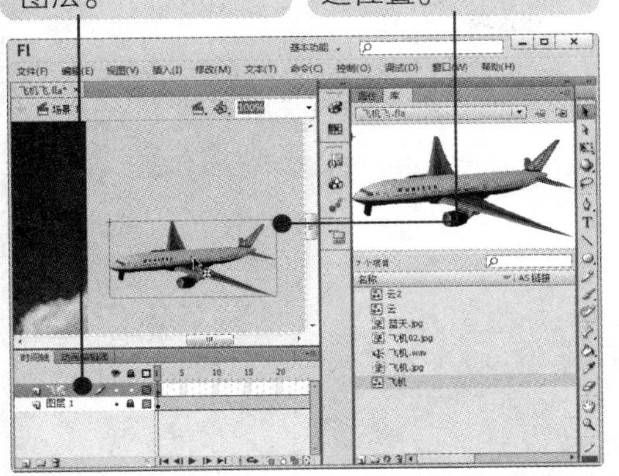

03 右击“飞机”实例。

04 选择“创建补间动画”命令。

05 在“飞机”图层第 200 帧添加帧。

06 选择第 200 帧，将“飞机”实例移至结束时的位置。

07 调用选择工具，当指针变为 时移动并调整路径。

08 单击“文件”｜“导入”｜“导入到库”命令，将音频文件导入到库中。

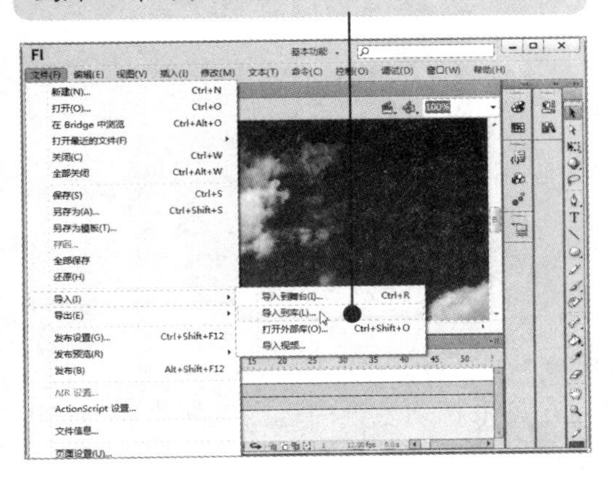

09 新建“声音”图层，选择第 1 帧。

10 将音频文件拖至场景中。

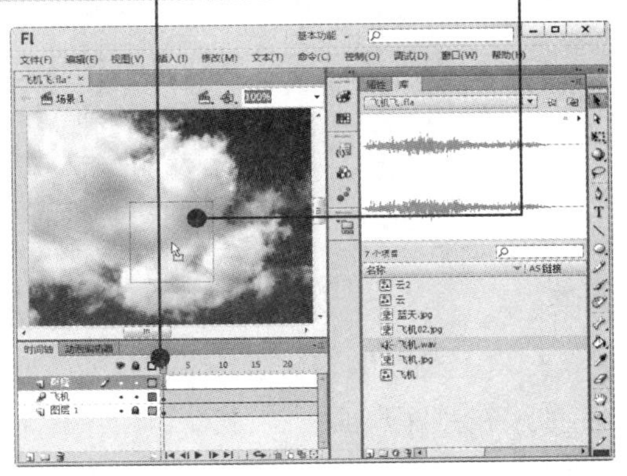

在 Flash 中可以为动画添加不同的声音效果，且不同声音间可以互不影响。

11 移动播放头，查看效果。按【Enter】键，自动播放影片和声音。

12 按【Ctrl+Enter】组合键，测试添加音频后的动画效果。

9.3 音频的编辑

Flash 提供了对声音进行简单编辑的功能，用户可以使用这些功能对导入的声音进行简单的编辑，如删除多余的部分声音、对声音的音量进行调整等。

9.3.1 使用"属性"面板编辑声音

单击声音所在图层中的帧，并打开"属性"面板，如下图（左）所示。若要删除声音文件，可单击"名称"下拉按钮，然后在弹出的下拉列表框中选择"无"选项即可，如下图（右）所示。

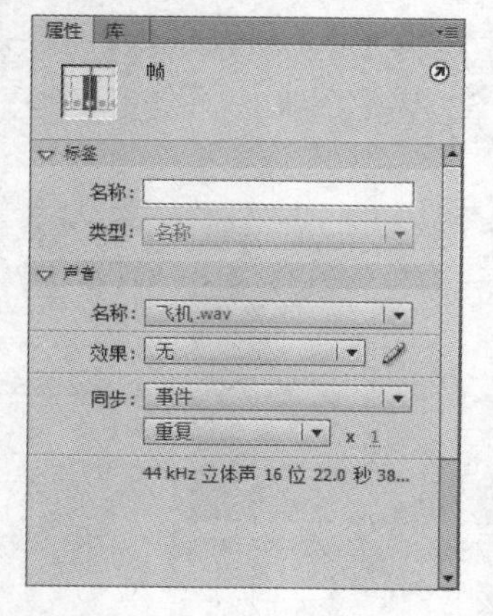

声音
名称：飞机.wav
无
飞机.wav

如果在"库"面板中导入了多个声音，还可以在该下拉列表框中选择其他声音，以改变当前所选的声音，如下图（左）所示。另外，还可以单击"效果"下拉按钮，在弹出的下拉列表框中选择一种声音效果，如下图（右）所示。

 打开"属性"面板，可以选择导入的音频文件。

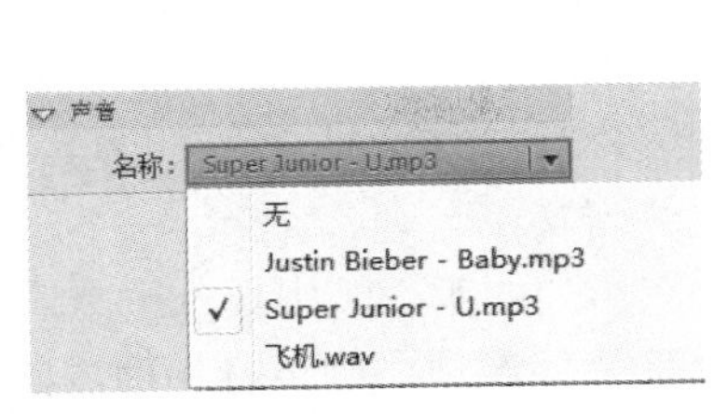

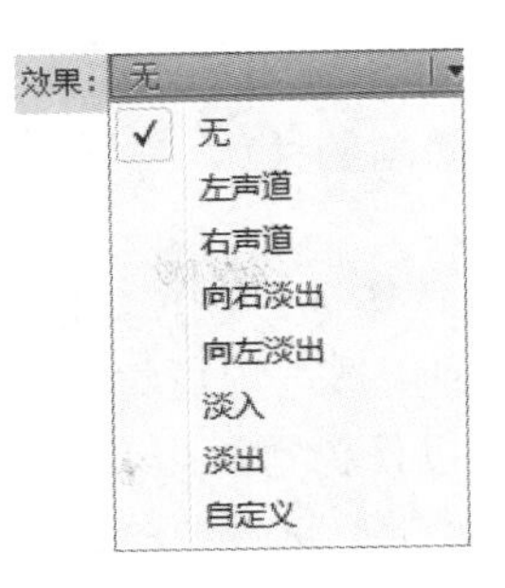

用户还可以自定义当前声音的效果。单击“效果”下拉列表框右侧的“编辑”按钮，弹出“编辑封套”对话框。

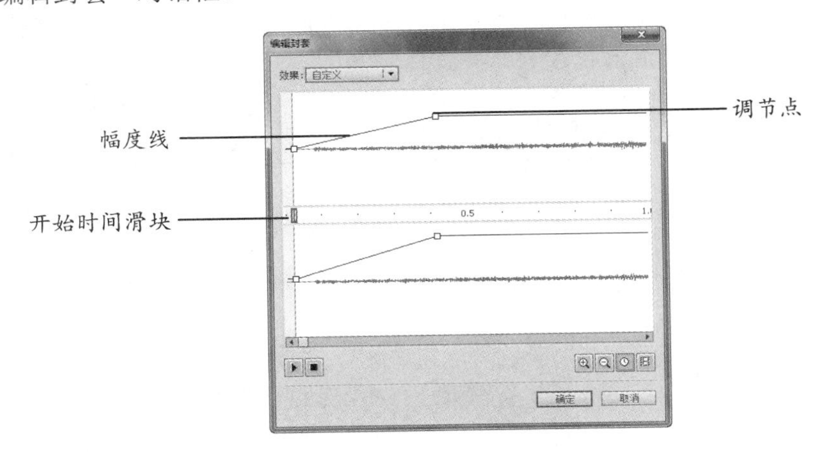

◎ 开始时间滑块：拖动该滑块，可以定位声音开始播放的位置。

◎ 幅度线：它可以表示声音音量的变化。默认情况下，该直线是水平的，表示当前声音音量大小没有变化。

◎ 调节点：当在幅度线上单击时，即可在当前位置添加一个调节点。当拖动调节点时，即可改变当前段的音量。下图（左）所示即为经过调整的声音。

在“属性”面板右下角的“同步”下拉列表框中可以调整声音在动画中的存在形式，其中包括4个选项：“事件”、“开始”、“停止”和“数据流”，如下图（右）所示。

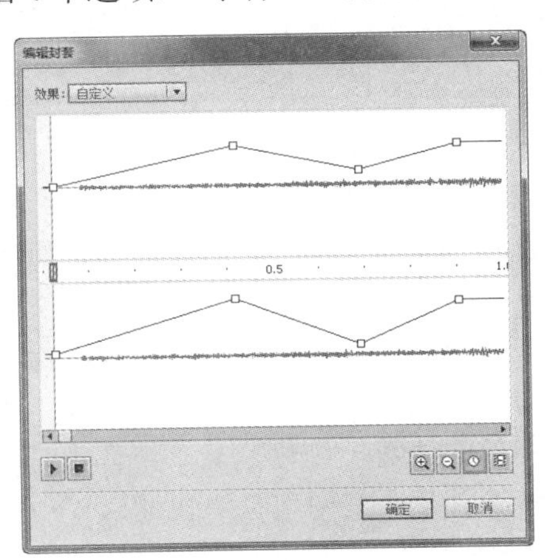

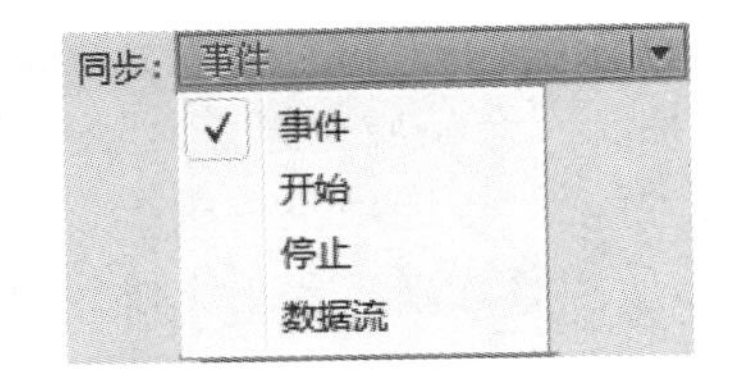

在“编辑封套”对话框右下角还有4个辅助按钮选项，可用于放大、缩小时间轴，选择以帧或秒的方式显示声音。

◎ 事件：选择该选项后，在浏览动画时必须等所有声音信息全部加载后才能播放，因此不利于大体积动画的播放。另外，当声音与动画长度不同时会出现一方播放完后另一方继续播放的现象。

◎ 开始：与“事件”选项功能相近，只是多出一项检测是否有重复声音的功能。如果声音开始播放，使用该选项后将不会播放新的声音实例。

◎ 停止：可以使指定的声音静音。例如，在影片的第 1 帧中导入一个声音，而在第 100 帧处创建一个关键帧，选择要停止的声音，并选择该选项，则声音在播放到第 100 帧时停止播放。

◎ 数据流：选择该选项后，声音文件将被平均分配到所需要的帧中，强制动画和音频同步，当动画停止时声音也将同时停止。如果显示动画帧的速度不够快，Flash 会自动跳过一些帧。在发布影片时，声音流混合在一起播放。

9.3.2 使用“库”面板编辑声音

除了可以使用“属性”面板编辑声音外，还可以在“库”面板中选择并编辑声音。在“库”面板中相应的声音上右击，在弹出的快捷菜单中选择“属性”命令，如下图（左）所示。弹出“声音属性”对话框，在“压缩”下拉列表框中选择 ADPCM 选项，单击“确定”按钮，如下图（右）所示。

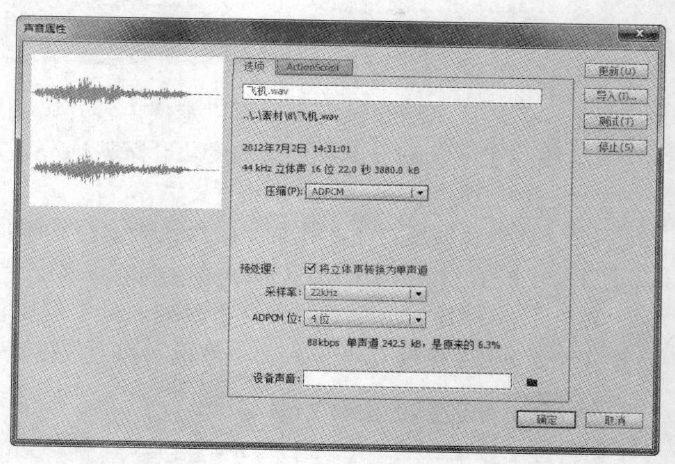

在“声音属性”对话框中，各选项的含义如下。

◎ 预处理：该选项用于设置是否将混合立体声转化为单声道。

◎ 采样率：该选项用于控制声音文件的保真度和文件大小。使用较低的采样率可以减小文件的大小，但也会降低文件的品质。

◎ ADPCM 位：该选项用于设置 ADPCM 压缩中所使用的位数。数值越小，则压缩后的体积越小，声音品质也越差。也可以使用自定义的 MP3 格式。

◎ 比特率：该选项主要用于设置声音每秒播放的位数，位数越高，声音相对越好。

◎ 品质：该选项主要用于确定压缩速度和声音品质，其中包括“快速”、“中”和“最佳”3 个选项，压缩速度依次降低，而品质逐步提高。

小提示

Flash 提供了对声音进行简单编辑的功能，用户可以使用这些功能对导入的声音进行简单的编辑，如删除多余的部分、对声音的音量进行调整等。

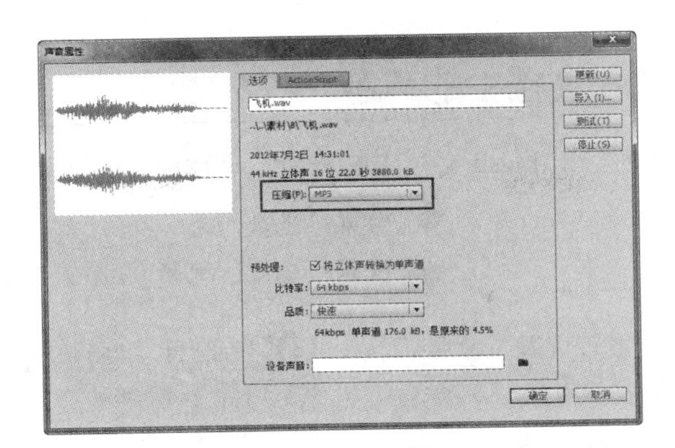

9.4 声音的压缩与导出

在 Flash 动画中添加声音可以极大地丰富动画的表现效果。但如果编辑好的声音不能很好地与动画相衔接，或声音文件太大影响了 Flash 的运行速度，效果就会大打折扣，这时就需要对声音进行压缩。

9.4.1 声音的压缩

当将 Flash 文件导入到网页中时，由于网络速度的限制，不得不考虑 Flash 动画的大小，特别是带有声音的 Flash 动画。

利用声音压缩在既不影响动画效果的同时又能减小数据量，效果非常明显。在 Flash 中压缩声音的具体操作方法如下：

素材：无

效果：光盘：无

难度：★★☆☆☆

视频：光盘：视频\09\声音的压缩.swf

01 右击声音文件。

02 选择“属性”命令。

03 选择 MP3，单击“测试”按钮试听效果。

04 单击“确定”按钮。

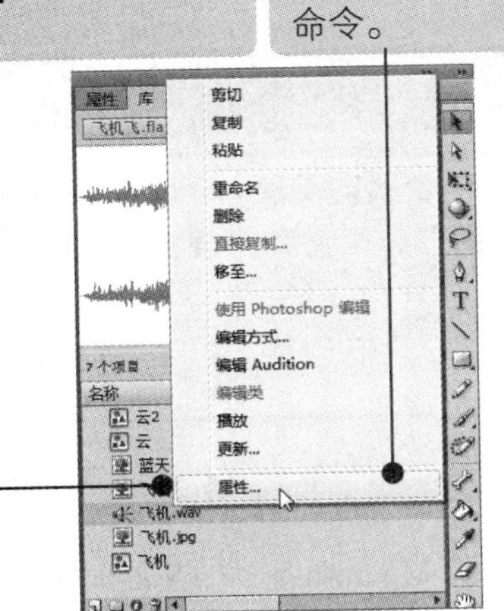

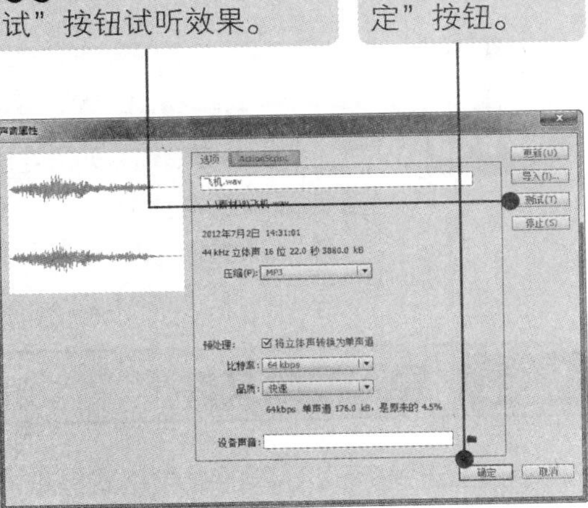

对于一般的动画来说，如果对声音没有特殊要求，应尽量使用体积较小的声音文件，以免增加动画的体积。

9.4.2 导出 Flash 文档中的声音

下面将详细介绍如何导出 Flash 文档中的声音，具体操作方法如下：

素材：光盘：无　　效果：光盘：无

难度：★★☆☆☆　　视频：光盘：视频\09\导出 Flash 文档中的声音.swf

01 单击“文件”|“发布设置”命令，单击“音频流”设置数据流选项。

02 设置“比特率”为 16kbps。

03 单击“确定”按钮。

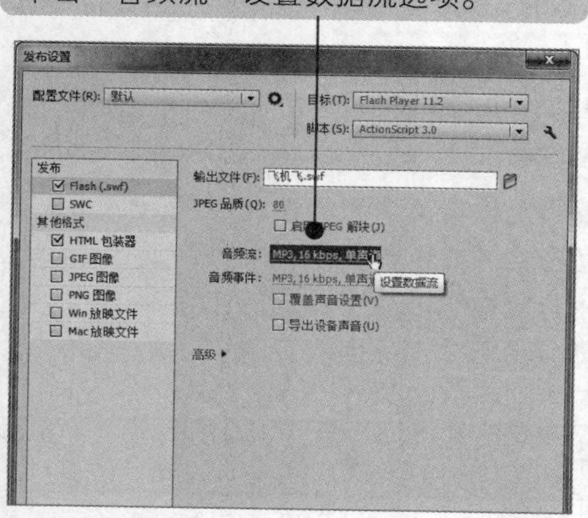

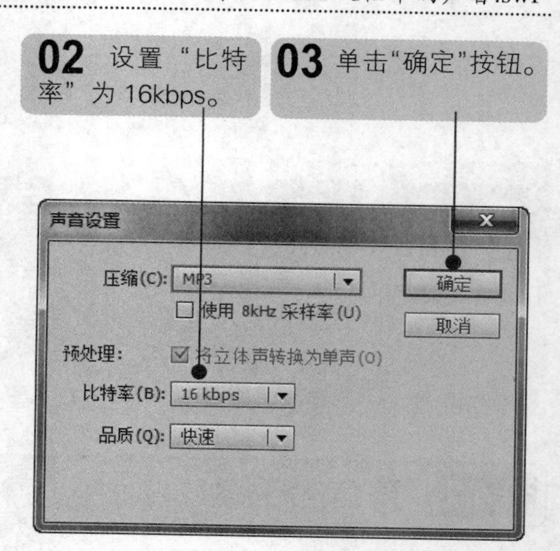

高手点拨

“品质”选项用于设置压缩速度和声音质量，其中包含 3 个选项。

◎快速：选择该选项，可以使声音速度加快，而使声音质量降低。

◎中：选择该选项，可以获得稍慢一些的压缩速度和高一些的声音质量。

◎最佳：选择该选项，可以获得最慢的压缩速度和最高的声音质量。

9.5 视频的导入与编辑

Flash CS6 在视频处理功能上达到了一个新的高度，Flash 视频具备创意和技术优势，允许把视频、数据、图形、声音和交互式控制融为一体，从而创造出引人入胜的丰富体验。

9.5.1 导入视频文件

在 Flash 中可以导入的视频格式有很多种，如果安装了 Macintosh 的 Quick Time 7、Windows 的 Quick Time 6.5，则可以导入多种文件格式的视频剪辑，如 MOV、MVI 和

小提示　在发布动画时，用户还可以通过发布设置对声音进行调整，如调整声音的比特率、品质等。

MPG/MPEG 等格式，可以将带有嵌入视频的 Flash 文档发布为 SWF 文件。如果使用带有链接的 Flash 文档，就必须以 Quick Time 格式发布。

在 Flash CS6 中可以导入的视频格式如下图所示。

QuickTime 影片 (*.mov,*.qt)
MPEG-4 文件 (*.mp4,*.m4v,*.avc)
Adobe Flash 视频 (*.flv,*.f4v)
适用于移动设备的 3GPP/3GPP2 (*.3gp,*.3gpp,*.3gp2,*.3gpp2;*.3g2)
MPEG 文件 (*.mpg;*.m1v;*.m2p;*.m2t;*.m2ts;*.mts;*.tod;*.mpe)
数字视频 (*.dv,*.dvi)
Windows 视频 (*.avi)

下面将简单介绍如何在 Flash 中导入视频文件，具体操作方法如下：

素材：光盘：素材\09\导入视频.fla

效果：光盘：效果\09\导入视频.fla

难度：★★★☆☆

视频：光盘：视频\09\导入视频文件.swf

01 打开素材文件。

02 单击“文件”|“导入”|“导入视频”命令。

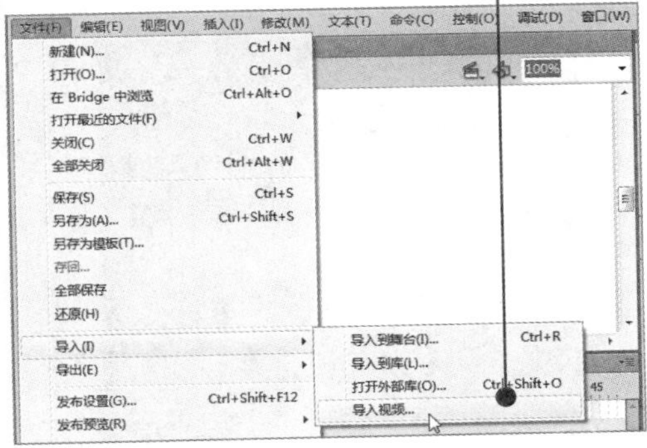

03 单击“浏览”按钮，选择导入视频。

04 单击“打开”按钮。

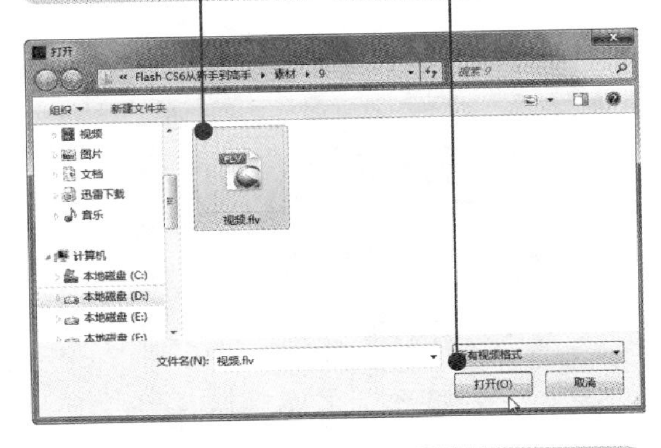

05 返回“导入视频”对话框，单击“下一步”按钮。

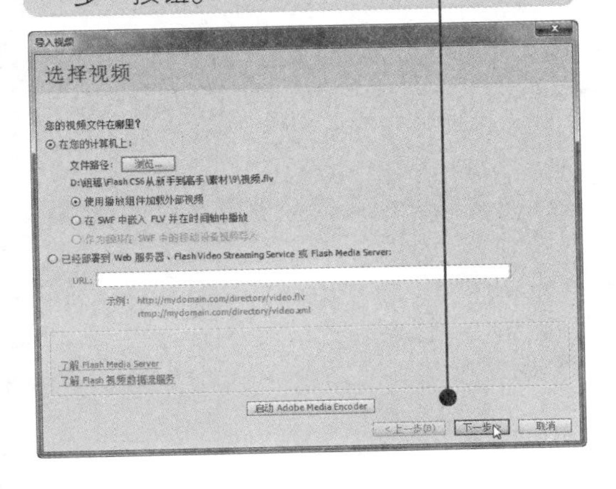

06 单击“外观”下拉按钮。

07 选择视频外观。

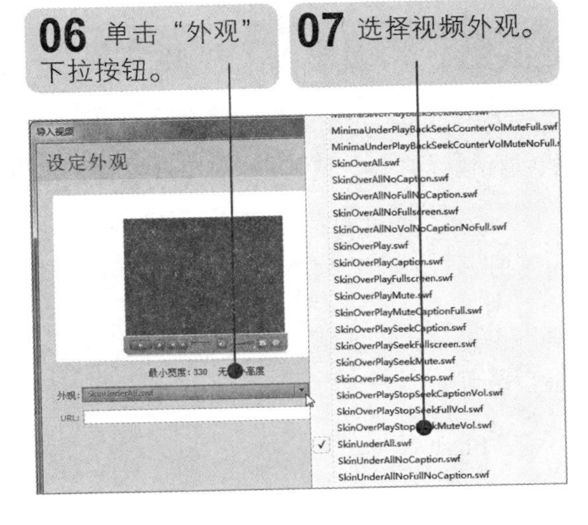

要控制视频播放，并为与视频流进行交互的用户提供直观的控件。

多学点

08 选择外观颜色。

09 单击“下一步”按钮。

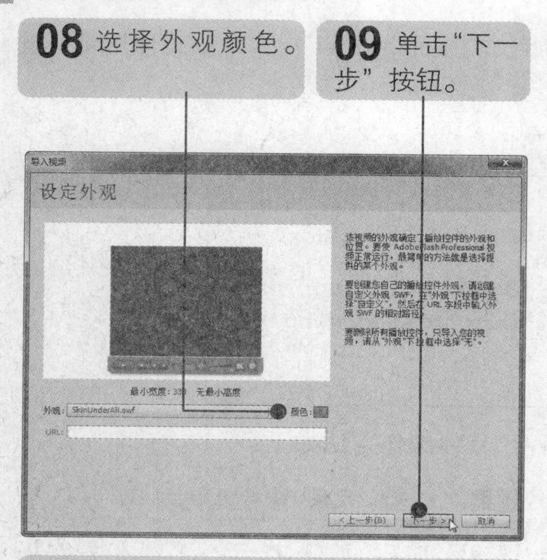

10 完成视频导入，单击“完成”按钮。

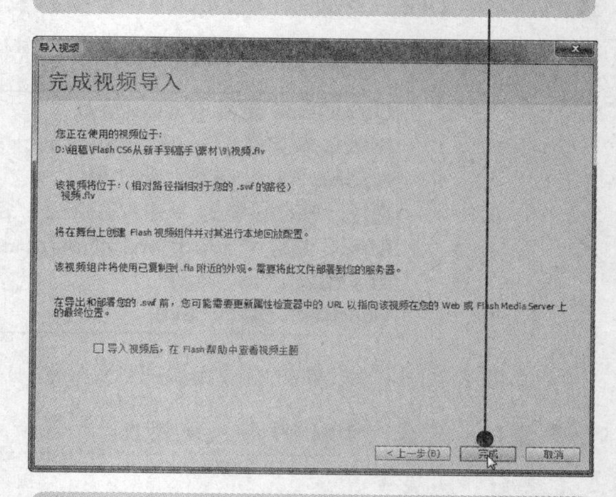

11 完成视频导入后，视频在场景中显示。

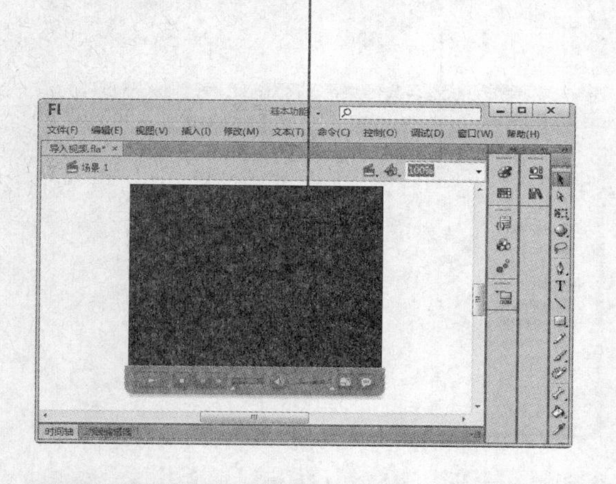

12 按【Ctrl+Enter】组合键，测试添加的视频效果。

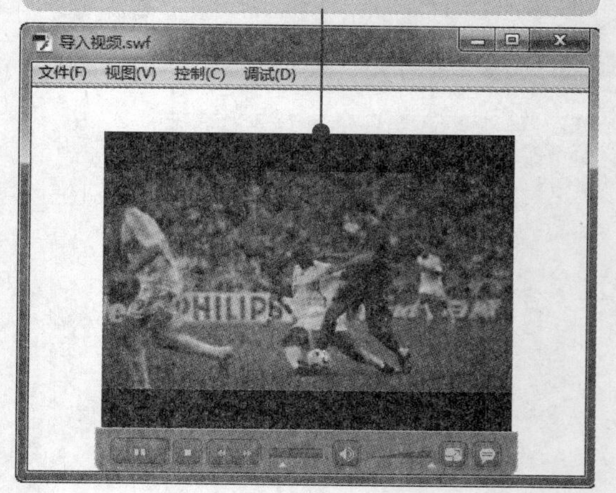

9.5.2 编辑导入的视频文件

在向 Flash 文档中导入视频时，不一定每个视频文件都适合需要，这就需要将导入的视频进行编辑修改，使其符合 Flash 文件的需求。

1. 使用“属性”面板编辑视频

打开视频的“属性”面板，可以更改舞台中嵌入的视频或连接视频剪辑实例的属性，如下图（左）所示。

打开“组件参数”选项卡，在列表中可以对组件的播放方式、控件显示等参数进行设置，如下图（右）所示。

小提示 使用 FLVPlayback 组件加载外部视频，会在保存 Flash 文档的目录下添加组件文件。

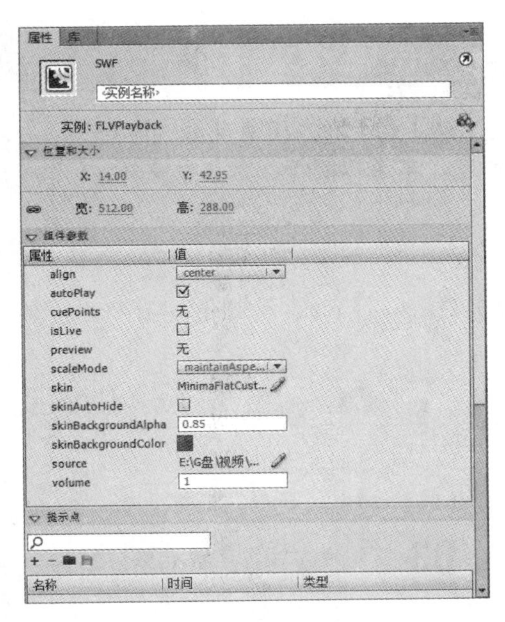

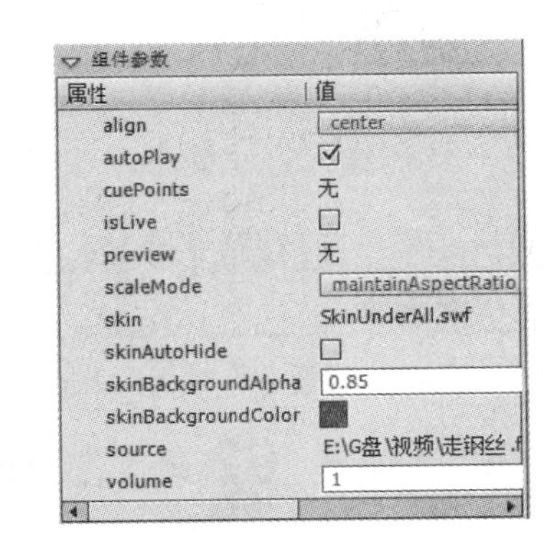

2. 使用“库”面板编辑视频

除了在视频的“属性”面板中进行设置外，还可以在“库”面板中对视频进行相应的设置和更改，操作方法如下：

右击视频文件，在弹出的快捷菜单中选择“属性”命令，或单击“库”面板下面的属性按钮，如下图（左）所示。弹出“元件属性”对话框，可以查看视频的属性，根据需要进行编辑操作，如下图（右）所示。

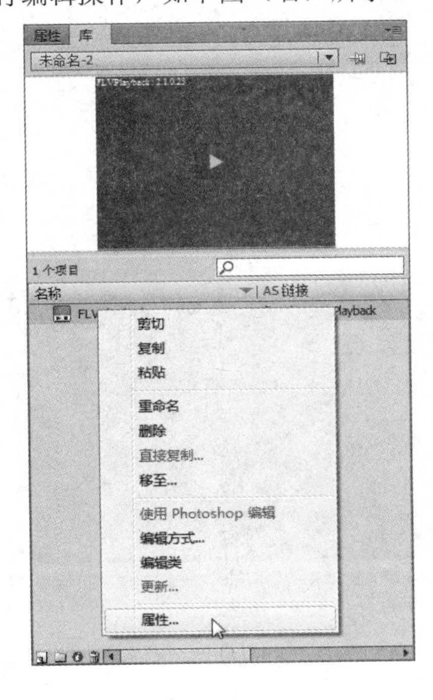

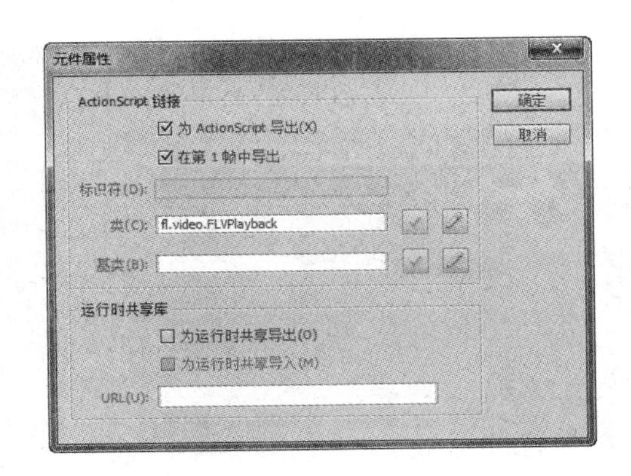

只能用一个嵌入视频剪辑交换另一个嵌入视频剪辑，并且只能用一个链接视频剪辑交换另一个链接视频剪辑。

9.6 综合实战——导入世界杯视频

读者通过学习本章知识，了解了在 Flash 中既能添加声音也能导入视频文件。为了让读者加深印象，本节将制作一个“世界杯”Flash 视频动画。

下面将综合运用本章所学的知识，将视频文件融入到 Flash 动画中，制作“世界杯”Flash 视频动画，具体操作方法如下：

素材：光盘：素材\09\背景.jpg　　效果：光盘：效果\09\世界杯.fla

难度：★★★☆☆

视频：光盘：视频\09\综合实战——导入世界杯视频.swf

01 新建文档，单击“导入到舞台”命令，选择导入素材。

02 单击“打开”按钮。

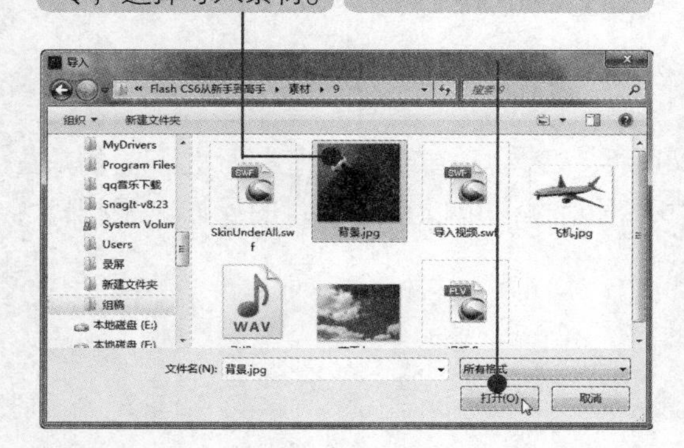

03 使用任意变形工具调整位图大小。

04 单击“导入视频”命令导入视频，使用任意变形工具调整其大小。

05 新建“图层 2”。

06 输入文本“世界杯”。

小提示

在制作视频动画时，需要先对视频素材进行编辑和裁剪，以达到 Flash 要求的格式和效果。

07 打开“属性”面板设置文本属性。

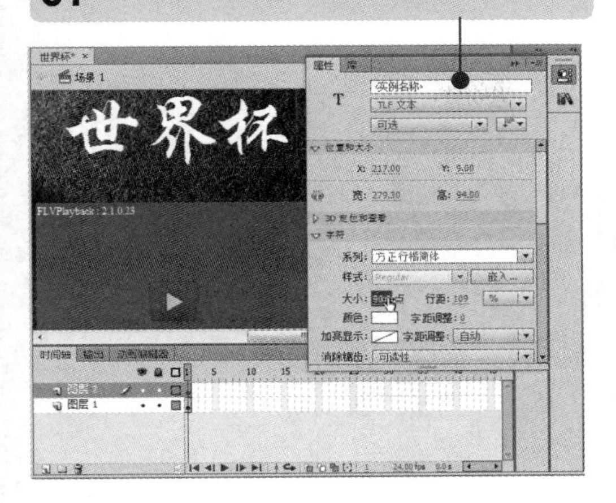

08 按【Ctrl+Enter】组合键，测试动画效果。

预计学习时间 150 分钟

Chapter 10

ActionScript 应用基础

ActionScript 是 Flash 中的脚本撰写语言，使用它可以让应用程序以非线性方式播放，并添加无法在时间轴表示的有趣或复杂的功能。本章将介绍 ActionScript 语言的基础知识，主要包括如何使用“动作”面板、ActionScript 语法、面向对象编程等。

要点导航 

- ActionScript 简介
- ActionScript 快速入门
- ActionScript 语言及其语法
- 面向对象编程
- 综合实战——应用 ActionScript 3.0

重点图例

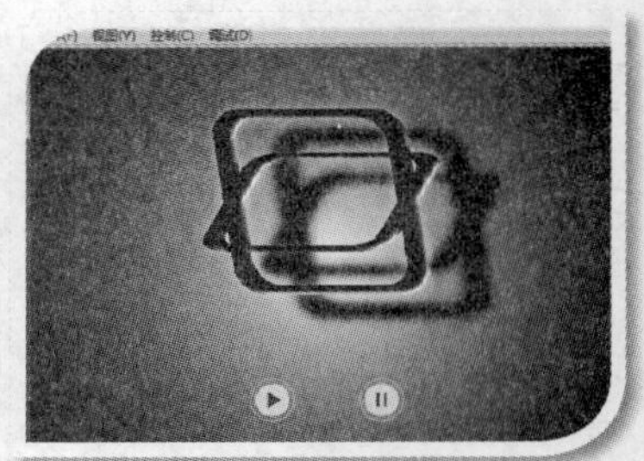

10.1 ActionScript 简介

ActionScript 含有一个很大的内置类库，可以帮助用户通过创建对象来执行许多有用的任务。用户可以使用“动作”面板、“脚本”窗口或外部编辑器在创作环境内添加 ActionScript。

10.1.1 ActionScript 3.0 概述

与之前的 ActionScript 版本相比，ActionScript 3.0 版本要求开发人员对面向对象的编程概念有更深入的了解。它完全符合 ECMAScript 规范，提供了更出色的 XML 处理、一个改进的事件模型，以及一个用于处理屏幕元素的改进的体系结构。例如，3.0 以前的版本可以将代码写在实例上，而 3.0 则取消了这种书写方式，只允许将代码写在关键帧上，可以在专门的文档中编辑。

尽管 Flash Player 运行编译后的 ActionScript 2.0 代码比 ActionScript 3.0 代码的速度慢，但 ActionScript 2.0 对于许多计算量不大的项目仍然十分有用，例如，更面向设计的内容。ActionScript 2.0 也基于 ECMAScript 规范，但并不完全遵循该规范。

在 Flash CS6 中为了照顾不同的用户，设计者可以根据自己的编程习惯创建所需的文档，如在启动界面中选择合适的文档，如下图（左）所示。

除了启动界面外，还可以在文档的“属性”面板中选择所需的脚本，如下图（右）所示。

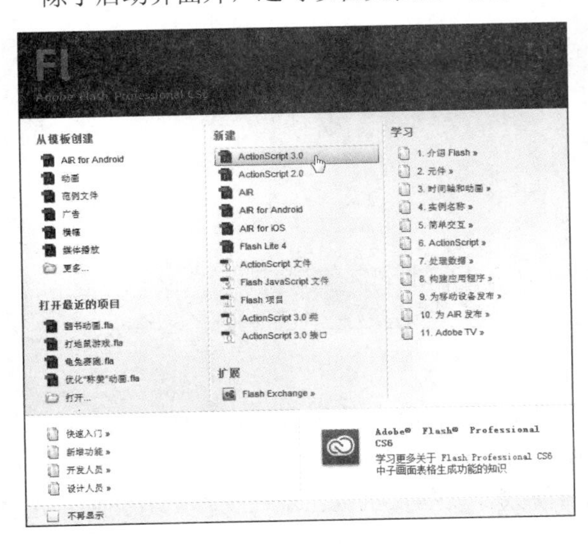

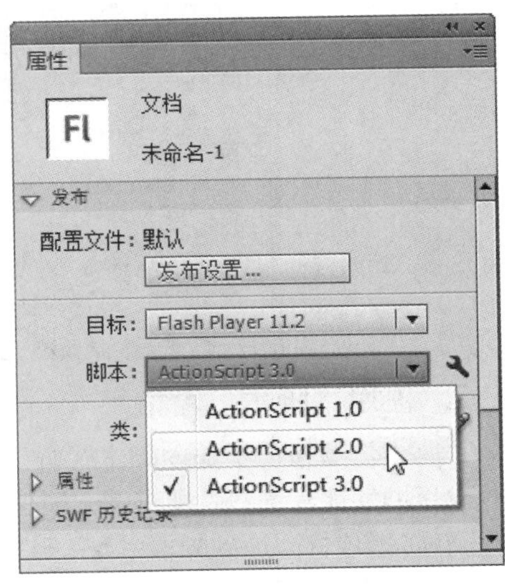

10.1.2 “动作”面板

脚本主要书写在“动作”面板中。用户可以根据实际动画的需要，通过该面板为关键帧书写相应的代码，以控制实例或调用外部脚本文件。

单击“窗口”|“动作”命令或按【F9】键，即可打开“动作”面板。

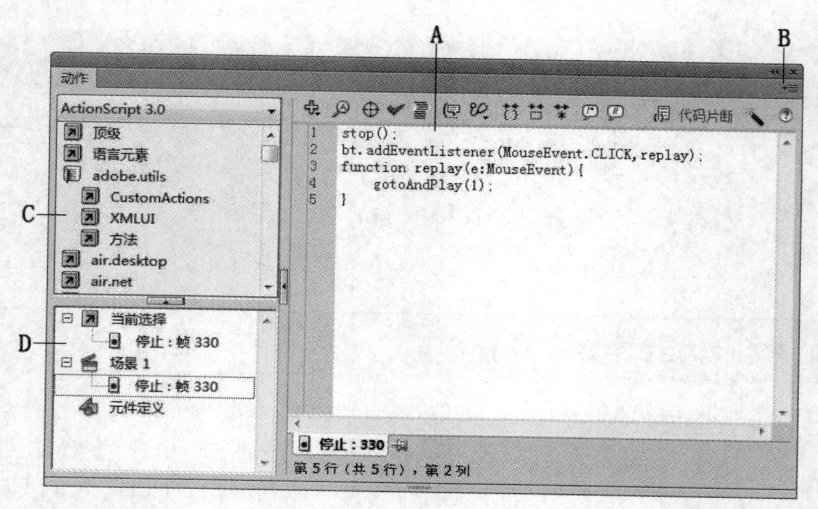

A. “脚本”窗格　B. 面板菜单　C. 动作工具箱　D. 脚本导航器

1. 使用动作工具箱

动作工具箱将项目分类，还提供按字母顺序排列的索引。要将 ActionScript 元素插入到“脚本”窗格中，可以双击该元素，或直接将它拖至“脚本”窗格中。

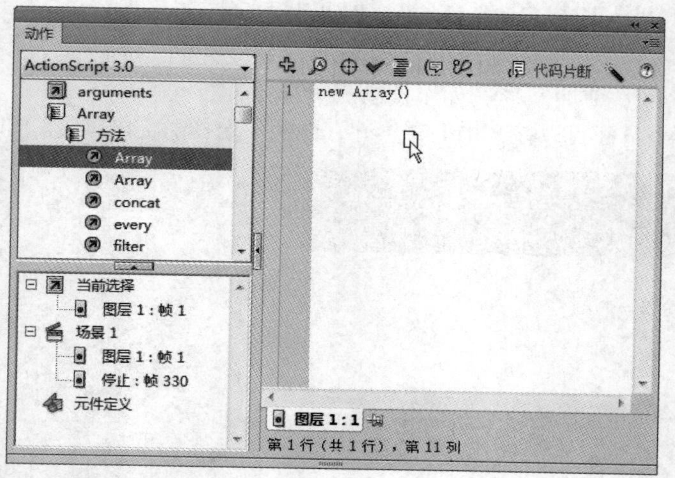

2. 使用“脚本”窗格

“脚本”窗格用于输入脚本代码。使用“动作”面板和“脚本”窗格的工具栏可以查看代码帮助功能，这些功能有助于简化在 ActionScript 中进行的编码工作。

◎ 将新项目添加到脚本中：显示语言元素，这些元素也显示在动作工具箱中。选择要添加到脚本中的项目即可。

◎ 查找：查找并替换脚本中的文本。

◎ 插入目标路径：（仅限“动作”面板）帮助用户为脚本中的某个动作设置绝对或相对目标路径。

◎ 语法检查：检查当前脚本中的语法错误，语法错误将列在输出面板中。

◎ 自动套用格式：设置脚本的格式，以实现正确的编码语法和更好的可读性。

小提示　在新建 Flash 文档时，用户可以选择新建文档的类型。按【F9】键，可快速打开“动作”面板。

◎ 显示代码提示：如果已经关闭了自动代码提示，可以使用“显示代码提示”来显示正在处理的代码行的代码提示。

◎ 调试选项：（仅限“动作”面板）设置和删除断点，以便在调试时可以逐行单击脚本中的每一行。只能对 ActionScript 文件使用调试选项，而不能对 ActionScript Communication 或 Flash JavaScript 文件使用这些选项。

◎ 折叠成对大括号：对出现在当前包含插入点的成对大括号或小括号间的代码进行折叠。

◎ 折叠所选：折叠当前所选的代码块。

◎ 展开全部：展开当前脚本中所有折叠的代码。

◎ 应用块注释：将注释标记添加到所选代码块的开头和结尾。

◎ 应用行注释：在插入点处或所选多行代码中每一行的开头处添加单行注释标记。

◎ 删除注释：从当前行或当前选择内容的所有行中删除注释标记。

◎ 显示/隐藏工具箱：显示或隐藏动作工具箱。

◎ 脚本助手：在“脚本助手”模式中将显示一个用户界面，用于输入创建脚本所需的元素。

◎ 帮助：显示“脚本”窗格中所选 ActionScript 元素的参考信息。例如，如果单击 trace 语句，再单击“帮助”按钮，“帮助”面板中将显示 trace 的参考信息。

◎ 面板菜单：包含适用于“动作”面板的命令和首选参数。例如，可以设置行号和自动换行，设置 ActionScript 首选参数以及导入或导出脚本。

3．使用脚本助手

使用“脚本助手”模式可以在不编写代码的情况下将 ActionScript 添加到 FLA 文件。选择动作，软件将显示一个用户界面，用于输入每个动作所需的参数。用户需要对完成特定任务应使用哪些函数有所了解，但不必学习语法。

脚本助手允许通过选择动作工具箱中的项目来构建脚本。单击某个项目一次，面板右上方会显示该项目的描述。双击某个项目，该项目就会被添加到“动作”面板的“脚本”窗格中。

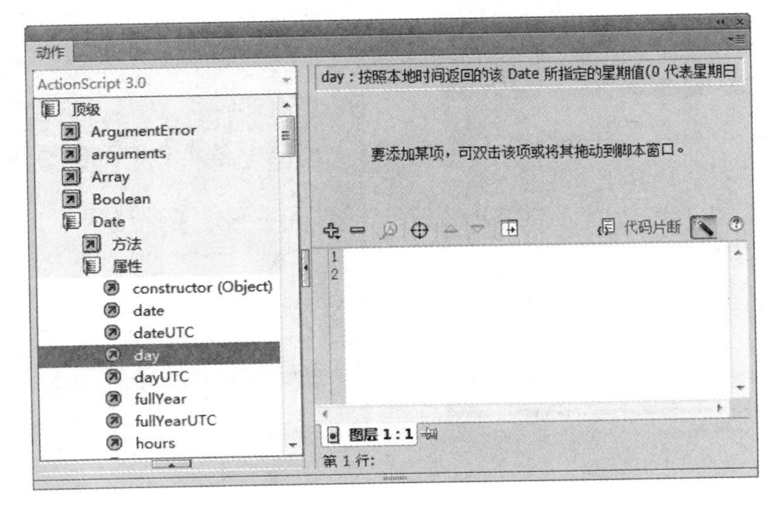

有了脚本助手的帮助，就可以轻松完成想要的脚本操作了。虽然仍不能完成复杂的动画效果，但对于基本的动画控制已经足够了。

4. 使用脚本导航器

单击脚本导航器中的某一项目，与该项目关联的脚本将显示在“脚本”窗格中，并且播放头将移到时间轴上的相应位置。

双击脚本导航器中的某一项目，即可固定脚本（将其锁定在当前位置）。

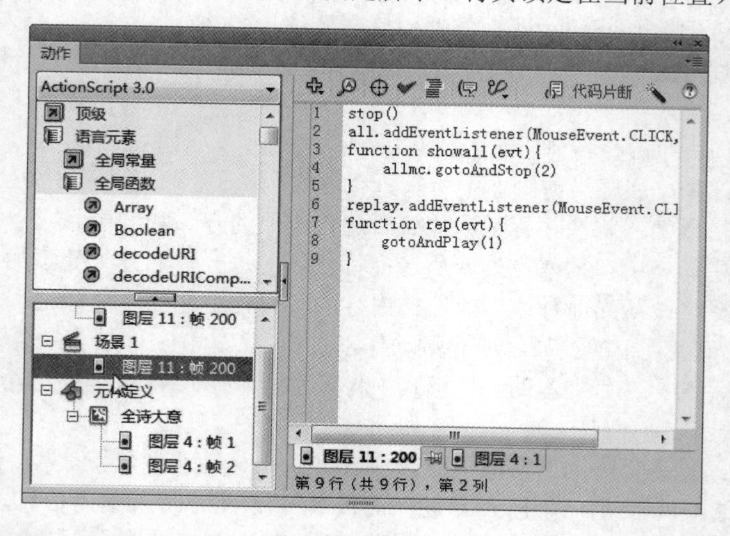

10.1.3 “脚本”窗口

除了使用“动作”面板为动画添加代码外，还可以通过建立专门的 ActionScript 文档为其添加代码。为动画添加代码的具体操作方法如下：

素材：光盘：素材\10\圣诞老人.fla　　效果：光盘：效果\10\圣诞老人.fla

难度：★★★★☆　　视频：光盘：视频\10\脚本窗口.swf

01 单击“文件” | “新建”命令，选择“ActionScript 文件”，单击“确定”按钮。

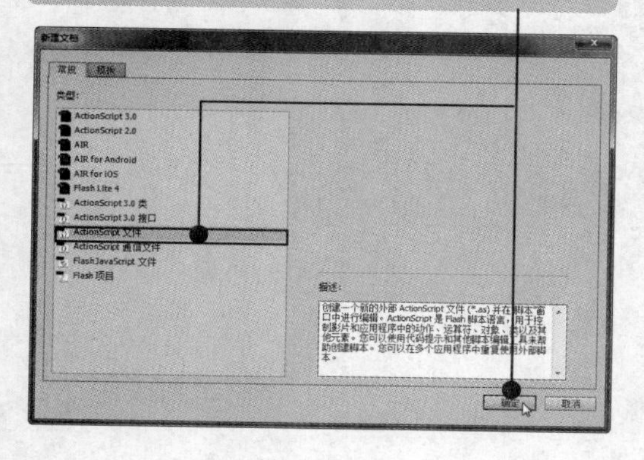

02 新建“tuodong”脚本文档，输入脚本代码。

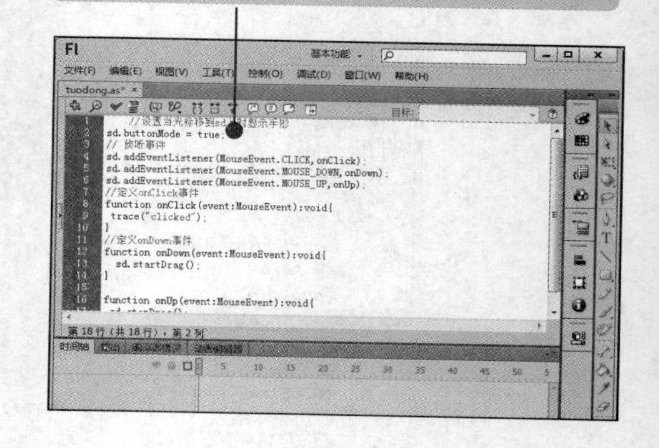

小提示　在构建较大的应用程序代码时，最好写在单独的 ActionScript 文档中，以便于程序维护。

03 打开素材文件“圣诞老人.fla”。

04 设置实例名称为 sd。

05 新建“图层3”。

06 打开“动作”面板，输入代码 include "tuodong.as"。

07 按【Ctrl+Enter】组合键测试动画，使用鼠标拖动实例对象。

高手点拨

需要注意的是，当在脚本文档中输入代码后，该脚本文档并不能直接发挥作用，还需要在相应的关键帧中将其调用。

10.1.4 “编译器错误”面板

“编译器错误”面板是 Flash 中一个非常重要的信息输入工具，它可以输出影片中的错误提示信息。

用户可以根据编译器中的提示信息修改脚本中的错误。但编译器中的提示信息主要是脚本的格式错误、语法错误等，它并不能检测脚本的合理性等问题。因此，设计者在编写脚本时应养成良好的编程习惯，严格按照正确的格式进行编写，不应将纠错寄托于程序本身的自动检测。

10.1.5 “代码片断”面板

使用“代码片断”面板可以使非程序设计师也能够轻易且快速地开始使用简单的 ActionScript 3.0。它可以使 ActionScript 3.0 程序代码添加到 FLA 文档中，进而实现常见功能。

素材：光盘：素材\10\改变鼠标光标.fla　　效果：光盘：效果\10\改变鼠标光标.fla

难度：★★★★☆　　视频：光盘：视频\10\代码片断面板.swf

1．准备事项

在使用“代码片断”面板前，应了解其基本规则。

◎ 许多代码片断都要求打开“动作”面板，并对代码中的几项进行自定义。每个片断都包含对此任务的具体说明。

◎ 所有代码片断都是 ActionScript 3.0，它与 ActionScript 2.0 不兼容。

◎ 有些片断会影响对象的行为，允许它被单击或导致它移动或消失，可以将这些代码片断应用到舞台上的对象。

◎ 当播放头进入包含该代码片断的帧时会引起某个动作发生，可以将这些片断应用到时间轴的帧上。

◎ 当应用代码片断时，代码将会添加到时间轴中“动作”图层的当前帧。如果尚未创建动作图层，Flash 将在时间轴的顶部图层上面添加一个“动作”图层。

◎ 为了使 ActionScript 能够控制舞台上的对象，必须在“属性”面板中为该对象指派实例名称。

◎ 每个代码片断都有描述片断功能的工具提示。

2．添加代码片断

要为舞台上的对象添加代码片断，需要将该对象转换为影片剪辑实例，并自定义实例名称。下面将以改变鼠标光标为例进行介绍，具体操作方法如下：

小提示

如果选择的对象不是元件实例或 TLF 文本对象，则应用该代码片断时，Flash CS6 会将该对象转换为影片剪辑。

01 打开素材文件，新建 zhuan 影片剪辑元件。

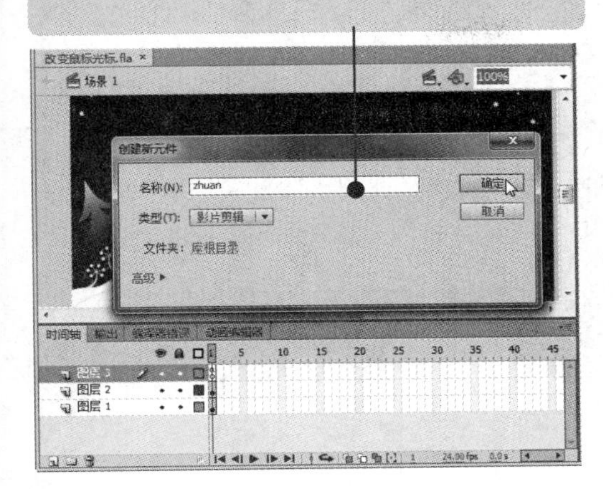

02 将“雪花”素材拖入舞台，在第 25、50 帧插入关键帧。调整第 25 帧图形透明度为 10%，依次创建传统补间动画。

03 为补间动画添加顺时针旋转一次。

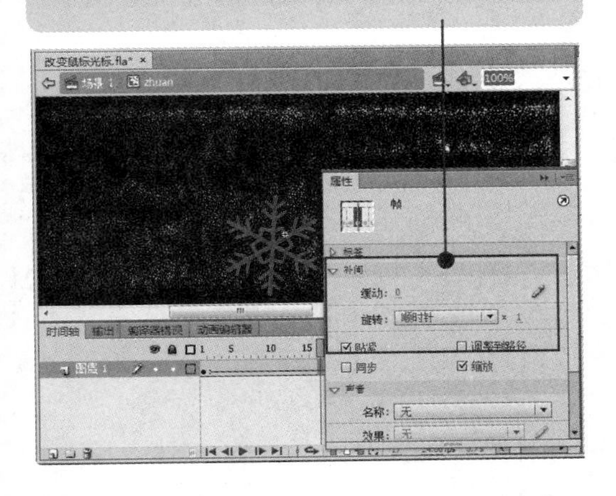

04 返回到场景中，将 zhuan 影片剪辑从“库”面板拖出舞台外。

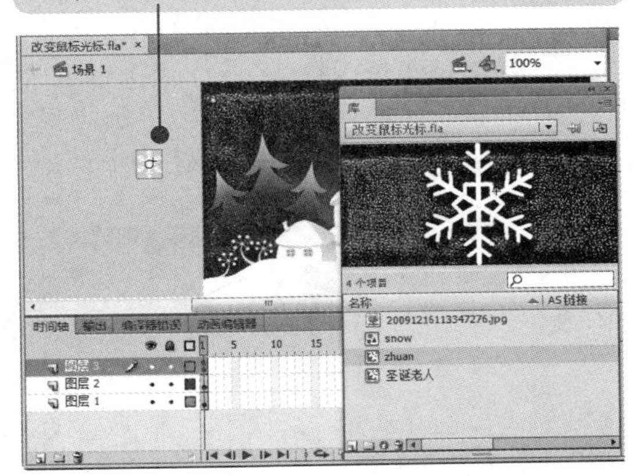

05 选择实例，在“属性”面板中输入实例名称。

06 单击“窗口”|“代码片断”命令，打开“代码片断”面板。展开“动作”选项，双击“自定义鼠标光标”。

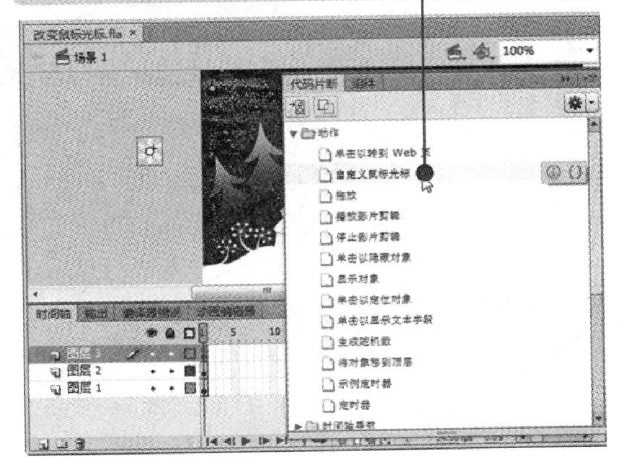

如果选择的对象还没有实例名称，Flash CS6 在应用代码片段时会自动添加一个实例名称。

07 自动新建Actions图层，打开“动作”面板，查看代码。

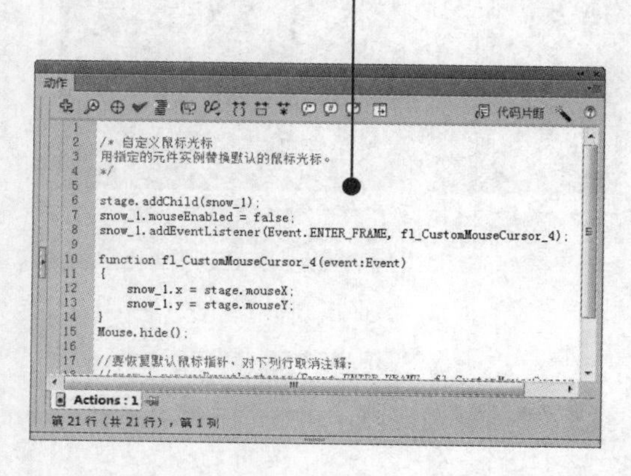

08 按【Ctrl+Enter】组合键测试动画，查看鼠标效果。

也可以通过以下两种方法添加代码片断。

方法一：选择代码片断后，单击“添加到当前帧”按钮，如下图（左）所示。

方法二：选择代码片断后，单击“显示代码”按钮，然后在弹出的代码框中单击下方的“插入”按钮，如下图（右）所示。

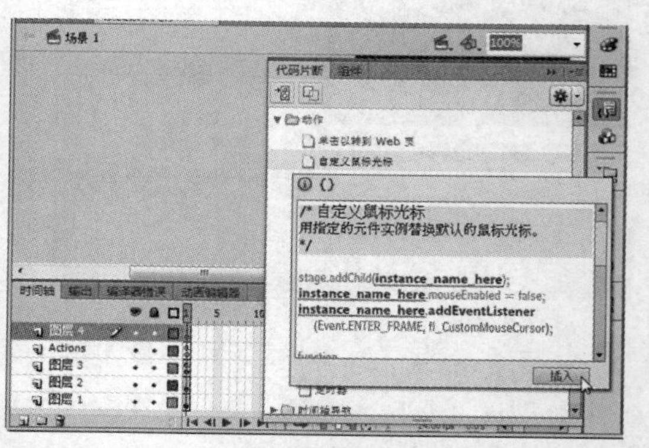

10.2 ActionScript快速入门

下面首先了解几个通用的计算机编程概念，如变量、数据类型等，有助于读者进一步学习ActionScript脚本应用。

10.2.1 计算机程序的用途

首先，对计算机程序的概念及其用途有一个概念性的认识是非常有用的。计算机程序主要包括两个方面：

小提示

默认情况下启用代码提示。通过设置首选参数，可以禁用代码提示或确定它们出现的速度。如果在首选参数中禁用了代码提示，可通过手动方式为特定命令显示代码提示。

◎程序是计算机单击的一系列指令或步骤。

◎每一步最终都涉及对某一段信息或数据的处理。

计算机程序是用户提供给计算机并让它逐步单击的指令列表，每个单独的指令都称为“语句”。在 ActionScript 中，编写的每个语句的末尾都有一个分号。

实质上，程序中给定指令所做的全部操作就是处理存储在计算机内存中的一些数据位。例如，计算机将两个数字相加并将结果存储在计算机的内存中。再如，在屏幕上绘制了一个矩形，若要编写一个程序将它移动到屏幕上的其他位置。计算机跟踪该矩形的某些信息，矩形所在位置的 X、Y 坐标、它的宽度和高度以及颜色等。这些信息位中的每一位都存储在计算机内存中的某个位置。为了将矩形移动到其他位置，程序将采取类似于“将 X 坐标改为 500；将 Y 坐标改为 200”的步骤，即为 X 和 Y 坐标指定新值。

10.2.2 变量

和其他任何的程序语言一样，ActionScript 也有变量的定义，它存在于程序的方方面面，是开发应用程序的基础。下面将对 ActionScript 中的变量进行详细介绍。

1. 什么是变量

由于编程主要涉及更改计算机内存中的信息，因此在程序中需要一种方法来表示单条信息。“变量”是一个名称，它代表计算机内存中的值。

在编写语句来处理值时，编写变量名来代替值；只要计算机看到程序中的变量名，就会查看自己的内存并使用在内存中找到的值。例如，如果两个名为 value1 和 value2 的变量都包含一个数字，则可以编写如下语句以将这两个数字相加：

```
value1+value2
```

2. 了解变量

变量可用于存储程序中使用的值。在 ActionScript 3.0 中，一个变量实际上包含 3 个不同部分：

◎ 变量名。

◎ 可以存储在变量中的数据的类型。

◎ 存储在计算机内存中的实际值。

在 ActionScript 中创建变量时，应指定该变量将保存的数据的特定类型；此后，程序的指令只能在该变量中存储此类型的数据。要声明变量，必须将 var 语句和变量名结合使用。例如，下面的 ActionScript 行声明一个名为 v1 的变量：

```
var v1;
```

要将变量与一个数据类型相关联，则必须在声明变量时进行此操作。在声明变量时不指定变量的类型是合法的，但这在严格模式下将产生编译器警告。可以通过在变量名后面追加一个后跟变量类型的冒号（:）来指定变量类型。例如，下面的代码声明一个 int 类型的变量 v1：

```
var v1:int;
```

在本例中，指示计算机创建一个名为 v1 的变量，该变量仅保存 int 数据（int 是在 ActionScript 中定义的整数类型）。

用户可以使用赋值运算符（=）为变量赋值。例如，下面的代码声明一个变量 v1 并将值 10 赋给它：

对开发 ActionScript 程序的团队来说，为了保证程序的一致性，避免因为变量命名问题造成工作的延误，最好使用相同的变量名命名风格。

```
var v1:int;
v1 = 10;
```

也可以在声明变量时为变量赋值，这样将更加方便，如下面的示例：

```
var i:int = 10;
```

在声明变量的同时为变量赋值的方法不仅在赋予基元值（如整数和字符串）时很常用，而且在创建数组或实例化类的实例时也很常用。下面的示例显示了一个使用一行代码声明和赋值的数组。

```
var numArray:Array = ["zero", "one", "two"];
```

用户可以使用 new 运算符来创建类的实例。下面的示例创建一个名为 CustomClass 的实例，并向名为 customItem 的变量赋予对该实例的引用：

```
var customItem:CustomClass = new CustomClass();
```

如果要声明多个变量，则可以使用逗号运算符（,）来分隔变量，从而在一行代码中声明所有这些变量。例如，下面的代码在一行代码中声明 a、b、c 这 3 个变量：

```
var a:int, b:int, c:int;
```

也可以在同一行代码中为其中的每个变量赋值。例如，下面的代码声明 a、b、c 这 3 个变量并为每个变量赋值：

```
var a:int = 10, b:int = 20, c:int = 30;
```

需要注意的是，使用逗号运算符来将各个变量的声明组合到一条语句中，可能会降低代码的可读性。

在 Flash CS6 中，还包含另外一种变量声明方法。在将一个影片剪辑元件、按钮元件或文本字段放置在舞台上时，可以在“属性”面板中为它指定一个实例名称。在后台，Flash 将创建一个与该实例名称同名的变量，用户可以在 ActionScript 代码中使用该变量来引用该舞台上的项目。例如，将一个影片剪辑元件放在舞台上并为它指定了实例名称 yunduo，那么，只要在 ActionScript 代码中使用变量 yunduo，实际上就是在处理该影片剪辑。

3. 变量的作用域

变量的作用域是指可在其中通过引用词汇来访问变量的代码区域，可以分为全局变量和局部变量。全局变量是指在代码的所有区域中定义的变量，而局部变量是指仅在代码的某个部分定义的变量。在 ActionScript 3.0 中，始终为变量分配声明它们的函数或类的作用域。

全局变量是在任何函数或类定义的外部定义的变量。例如，下面的代码通过在任何函数的外部声明一个名为 strGlobal 的全局变量来创建该变量。从该示例可看出，全局变量在函数定义的内部和外部均可用。

```
var strGlobal:String = "Global";
function scopeTest()
{
trace(strGlobal);   //全局
}
scopeTest();
trace(strGlobal);   //全局
```

变量的值是可以互相传递的，也可以作为函数的参数被使用，或者被直接显示在输出面板中。

可以通过在函数定义内部声明变量来将它声明为局部变量（可定义局部变量的最小代码区域就是函数定义）。在函数内部声明的局部变量仅存在于该函数中。例如，如果在名为 localScope()的函数中声明一个名为 str2 的变量，该变量在该函数外部将不可用。

```
function localScope()
{
var strLocal:String = "local";
}
localScope();
trace(strLocal);    //出错，因为未在全局定义 strLocal
```

如果用于局部变量的变量名已经被声明为全局变量，那么当局部变量在作用域内时，局部定义会隐藏（或遮蔽）全局定义。全局变量在该函数外部仍然存在。例如，下面的代码创建一个名为 str1 的全局字符串变量，然后在 scopeTest()函数内部创建一个同名的局部变量。该函数中的 trace 语句输出该变量的局部值，而函数外部的 trace 语句则输出该变量的全局值。

```
var str1:String = "Global";
function scopeTest ()
{
var str1:String = "Local";
trace(str1);      //本地
}
scopeTest();
trace(str1);      //全局
```

4. 默认值

默认值是在设置变量值之前变量中包含的值。首次设置变量的值实际上就是初始化变量。如果声明了一个变量，但没有设置它的值，则该变量便处于未初始化状态。未初始化的变量的值取决于它的数据类型。

下表说明了变量的默认值，并按数据类型对这些值进行组织。

数据类型	默 认 值
Boolean	false
int	0
Number	NaN
Object	null
String	null
uint	0
未声明（与类型注释 * 等效）	undefined
其他所有类（包括用户定义的类）	null

对于 Number 类型的变量，默认值是 NaN。NaN 是一个由 IEEE-754 标准定义的特殊值，它表示非数字的某个值。

如果声明某个变量，但是未声明它的数据类型，则将应用默认数据类型*，表示该变量是无类型变量。如果没有用值初始化无类型变量，则该变量的默认值是 undefined。

声明变量后才能为变量赋值，只有赋了值的变量才有真正的意义。

对于 Boolean、Number、int 或 uint 类型的变量，null 不是有效值。若尝试将值 null 赋予这样的变量，则该值会转换为该数据类型的默认值。对于 Object 类型的变量，可以赋予 null 值。若尝试将值 undefined 赋予 Object 类型的变量，则该值会转换为 null。对于 Number 类型的变量，有一个名为 isNaN()的特殊的顶级函数。如果变量不是数字，该函数将返回布尔值 true，否则将返回 false。

10.2.3 数据类型

1. 数据类型分类

在 ActionScript 中，可以将很多数据类型用做所创建的变量的数据类型。其中的某些数据类型可以看做是“简单”或“基本”数据类型（也可称这些数据类型为“基元值”）。

◎ String：一个文本值。例如，一个名称或书中某一章的文字。

◎ Numeric：对于 Numeric 型数据，ActionScript 3.0 包含 3 种特定的数据类型。

- Number：任何数值，包括有小数部分或没有小数部分的值。
- Int：一个整数（不带小数部分的整数）。
- Uint：一个“无符号”整数，即不能为负数的整数。

◎ Boolean：一个 true 或 false 值。例如，开关是否开启或两个值是否相等。

简单数据类型表示单条信息，例如，单个数字或单个文本序列。然而，在 ActionScript 中定义的大部分数据类型都可以被描述为复杂数据类型，因为它们表示组合在一起的一组值。例如，数据类型为 Date 的变量表示单个值（时间中的某个片刻）。然而，该日期值实际上表示为几个值：年、月、日、时、分、秒等，它们都是单独的数字。因此，虽然认为日期是单个值（可以通过创建一个 Date 变量将日期作为单个值来对待），而在计算机内部却认为日期是组合在一起、共同定义单个日期的一组值。

复杂值是指基元值以外的值。定义复杂值的集合的数据类型包括 Array、Date、Error、Function、RegExp、XML 和 XMLList。

ActionScript 3.0 中的所有值均是对象，而与它们是基元值还是复杂值无关。所有基元数据类型和复杂数据类型都是由 ActionScript 3.0 核心类定义的，通过 ActionScript 3.0 核心类，可以使用字面值（而非 new 运算符）创建对象。例如，可以使用字面值或 Array 类的构造函数来创建数组：

```
var someArray:Array = [1, 2, 3];          //字面值
var someArray:Array = new Array(1,2,3);   //Array 构造函数
```

2. 数据类型说明

下面对各数据类型进行具体介绍。

（1）Boolean 数据类型

Boolean 数据类型包含两个值：true 和 false。对于 Boolean 类型的变量，其他任何值都是无效的。已经声明但尚未初始化的布尔变量的默认值是 false。

（2）int 数据类型

int 数据类型在内部存储为 32 位整数，它包含一组介于-2 147 483 648（-231）和 2 147 483 647（231-1）之间的整数（包括-2 147 483 648 和 2 147 483 647）。在 ActionScript 3.0

小提示

数据类型用于定义一组值。可以使用类或接口来自定义一组值，从而定义数据类型。

中，可以访问 32 位带符号整数和无符号整数的低位机器类型。对于小于 int 的最小值或大于 int 的最大值的整数值，应使用 Number 数据类型。Number 数据类型可以处理-9 007 199 254 740 992 和 9 007 199 254 740 992（53 位整数值）之间的值。int 数据类型的变量的默认值是 0。

（3）uint 数据类型

uint 数据类型在内部存储为 32 位无符号整数，它包含一组介于 0 和 4 294 967 295（232-1）之间的整数（包括 0 和 4 294 967 295）。uint 数据类型可用于要求非负整数的特殊情形。

例如，必须使用 uint 数据类型来表示像素颜色值，因为 int 数据类型有一个内部符号位，该符号位并不适合处理颜色值。对于大于 uint 的最大值的整数值，应使用 Number 数据类型，该数据类型可以处理 53 位整数值。uint 数据类型的变量的默认值是 0。

（4）Number 数据类型

在 ActionScript 3.0 中，Number 数据类型可以表示整数、无符号整数和浮点数。但是，为了尽可能提高性能，应将 Number 数据类型仅用于浮点数，或用于 int 和 uint 类型可以存储的、大于 32 位的整数值。若要存储浮点数，数字中应包括一个小数点。如果省略了小数点，数字将存储为整数。

（5）String 数据类型

String 数据类型表示一个 16 位字符的序列。字符串在内部存储为 Unicode 字符，并使用 UTF-16 格式。字符串是不可改变的值，对字符串值单击运算会返回字符串的一个新实例。用 String 数据类型声明的变量的默认值是 null。虽然 null 值与空字符串（""）均表示没有任何字符，但两者并不相同。

（6）Null 数据类型

Null 数据类型仅包含一个值：null。这是 String 数据类型和用于定义复杂数据类型的所有类（包括 Object 类）的默认值。其他基元数据类型（如 Boolean、Number、int 和 uint）均不包含 null 值。如果尝试向 Boolean、Number、int 或 uint 类型的变量赋予 null，则 Flash Player 会将 null 值转换为相应的默认值。不能将 Null 数据类型用做类型注释。

Flash Player 不但将 NaN 值用做 Number 类型的变量的默认值，还将其用做应返回数字却没有返回数字的任何运算的结果。例如，尝试计算负数的平方根，结果将是 NaN。其他特殊的 Number 值包括“正无穷大”和“负无穷大”。

（7）void 数据类型

void 数据类型仅包含一个值：undefined。只能为无类型变量赋予 undefined 这一值。无类型变量是指缺乏类型注释或使用星号（*）作为类型注释的变量。只能将 void 用做返回类型注释。

（8）Object 数据类型

Object 数据类型是由 Object 类定义的。Object 类用做 ActionScript 中所有类定义的基类。

3. 类型转换

在将某个值转换为其他数据类型的值时，就说发生了类型转换。要将对象转换为另一类型，应用小括号括起对象名并在它前面加上新类型的名称。

例如，下面的代码提取一个布尔值并将它转换为一个整数：

```
var myBoolean:Boolean = true;
var myINT:int = int(myBoolean);
trace(myINT); //1
```

10.3 ActionScript 语言及其语法

下面简要介绍 ActionScript 核心语言及其语法，使读者对如何处理数据类型和变量、如何使用正确的语法以及如何控制程序中的数据流等有一个基本的了解。

10.3.1 ActionScript 语法

语法定义了一组在编写可单击代码时必须遵循的规则，具体语法规则如下。

1. 区分大小写

ActionScript 3.0 是一种区分大小写的语言，只是大小写不同的标识符会被视为不同。例如，下面的代码创建两个不同的变量：

```
var a1:int;
var A1:int;
```

2. 点语法

可以通过点运算符（.）来访问对象的属性和方法。使用点语法，可以使用后跟点运算符和属性名或方法名的实例名来引用类的属性或方法。以下面的类定义为例：

```
class DotExample
{
public var prop1:String;
public function method1():void {}
}
```

借助于点语法，可以使用在如下代码中创建的实例名来访问 prop1 属性和 method1()方法：

```
var myDotEx:DotExample = new DotExample();
myDotEx.prop1 = "hello";
myDotEx.method1();
```

定义包时，可以使用点语法。可以使用点运算符来引用嵌套包。例如，EventDispatcher 类位于一个名为 events 的包中，该包嵌套在名为 flash 的包中。可以使用下面的表达式来引用 events 包：

```
flash.events
```

还可以使用此表达式来引用 EventDispatcher 类：

```
flash.events.EventDispatcher
```

3. 分号

可以使用分号字符（;）来终止语句。如果省略分号字符，则编译器将假设每一行代码代表一条语句。使用分号终止语句可以在一行中放置多个语句，但这样会使代码变得难以阅读。

ActionScript 3.0 不支持斜杠语法。在早期的 ActionScript 版本中，斜杠语法用于指示影片剪辑或变量的路径。

4．注释

ActionScript 3.0 代码支持两种类型的注释：单行注释和多行注释。编译器将忽略标记为注释的文本。

单行注释以两个正斜杠字符（//）开头并持续到该行的末尾。例如，下面的代码包含一个单行注释：

```
var someNumber:Number = 3; //单行注释
```

多行注释以一个正斜杠和一个星号（/*）开头，以一个星号和一个正斜杠（*/）结尾。

/* 这是一个可以跨多行代码的多行注释。 */

5．斜杠语法

在早期的 ActionScript 版本中，斜杠语法用于指示影片剪辑或变量的路径，但在 ActionScript 3.0 中不支持斜杠语法。

6．字面值

“字面值”是直接出现在代码中的值。下面的示例都是字面值：

```
17、"hello"、-3、9.4、null、undefined、true、false
```

字面值还可以组合起来构成复合字面值。数组文本括在中括号字符（[]）中，各数组元素之间用逗号隔开。

数组文本可用于初始化数组。下面的几个示例显示了两个使用数组文本初始化的数组。用户可以使用 new 语句将复合字面值作为参数传递给 Array 类构造函数。但是，还可以在实例化下面的 ActionScript 核心类的实例时直接赋予字面值：Object、Array、String、Number、int、uint、XML、XMLList 和 Boolean。

```
//使用 new 语句
var myStrings:Array = new Array(["alpha", "beta", "gamma"]);
var myNums:Array = new Array([1,2,3,5,8]);
//直接赋予字面值
var myStrings:Array = ["alpha", "beta", "gamma"];
var myNums:Array = [1,2,3,5,8];
```

字面值还可用于初始化通用对象。通用对象是 Object 类的一个实例。对象字面值括在大括号（{}）中，各对象属性之间用逗号隔开。每个属性都用冒号字符（:）进行声明，冒号用于分隔属性名和属性值。

可以使用 new 语句创建一个通用对象并将该对象的字面值作为参数传递给 Object 类构造函数，也可以在声明实例时直接将对象字面值赋给实例。下面的示例创建一个新的通用对象，并使用 3 个值分别设置为 1、2 和 3 的属性（propA、propB 和 propC）初始化该对象：

```
//使用 new 语句
var myObject:Object = new Object({propA:1, propB:2, propC:3});
//直接赋予字面值
var myObject:Object = {propA:1, propB:2, propC:3};
```

7．小括号

在 ActionScript 3.0 中，可以通过 3 种方式来使用小括号“ ()”。

第一，可以使用小括号来更改表达式中的运算顺序。组合到小括号中的运算总是最先

一行语句中的分号不能省略，省略则会程序报错，并终止执行分号后面的代码。程序代码最后的一个分号可以省略。

单击。例如，小括号可用于改变如下代码中的运算顺序：

```
trace(2 + 3 * 4);          //14
trace( (2 + 3) * 4);       //20
```

第二，可以结合使用小括号和逗号运算符（,）来计算一系列表达式并返回最后一个表达式的结果，如下面的示例：

```
var a:int = 2;
var b:int = 3;
trace((a++, b++, a+b));  //7
```

第三，可以使用小括号来向函数或方法传递一个或多个参数，如下面的示例表示向trace()函数传递一个字符串值：

```
trace("hello");            //hello
```

8．保留字

保留字是一些单词，因为这些单词是保留给 ActionScript 使用的，所以不能在代码中将它们用做标识符。保留字包括 3 类：词汇关键字、句法关键字和供将来使用的保留字。

◎词汇关键字：编译器将词汇关键字从程序的命名空间中删除。若用户将词汇关键字用做标识符，则编译器会报告一个错误。下表列出了 ActionScript 3.0 词汇关键字。

as	break	case	catch	class	const	continue	default
delete	do	else	extends	false	finally	for	function
if	implements	import	in	instanceof	interface	internal	is
native	new	null	package	private	protected	public	return
super	switch	this	throw	to	true	try	typeof
use	var	void	while	with			

◎句法关键字：这些关键字可用作标识符，但在某些上下文中具有特殊的含义。

each	get	set	namespace	include
dynamic	final	native	override	static

◎供将来使用的保留字：这些标识符不是为 ActionScript 3.0 保留的，但其中的一些可能会被采用 ActionScript 3.0 的软件视为关键字。用户可以在自己的代码中使用其中的许多标识符，但不建议使用它们，因为它们可能会在以后的 ActionScript 版本中作为关键字出现。

abstract	boolean	byte	cast	char	debugger	double	enum
export	float	goto	intrinsic	long	prototype	short	synchronized
throws	to	transient	type	virtual	volatil		

9．常量

ActionScript 3.0 支持 const 语句，该语句可用于创建常量。常量是指具有无法改变的固定值的属性。只能为常量赋值一次，且必须在最接近常量声明的位置赋值。例如，如果将常量声明为类的成员，则只能在声明过程中或在类构造函数中为常量赋值。

小括号的主要作用：在定义或调用函数时放置参数，且通过使用小括号可以改变脚本的优先级。

下面的代码声明两个常量。第一个常量 MINIMUM 是在声明语句中赋值的，第二个常量 MAXIMUM 是在构造函数中赋值的。

```
class A
{
public const MINIMUM:int = 0;
public const MAXIMUM:int;
public function A()
{
MAXIMUM = 10;
}
}
var a:A = new A();
trace(a.MINIMUM);     //0
trace(a.MAXIMUM);     //10
```

如果尝试以其他任何方法向常量赋予初始值，则会出现错误。例如，在类的外部设置 MAXIMUM 的初始值，将会出现运行时错误。

```
class A
{
public const MINIMUM:int = 0;
public const MAXIMUM:int;
}
var a:A = new A();
a["MAXIMUM"] = 10;    //运行时错误
```

Flash Player API 定义了一组广泛的常量供用户使用。按照惯例，ActionScript 中的常量全部使用大写字母，各个单词之间用下画线字符（_）分隔。例如，MouseEvent 类定义将此命名惯例用于其常量，其中每个常量都表示一个与鼠标输入有关的事件。

```
package flash.events
{
public class MouseEvent extends Event
{
public static const CLICK:String = "click";
public static const DOUBLE_CLICK:String = "doubleClick";
public static const MOUSE_DOWN:String = "mouseDown";
public static const MOUSE_MOVE:String = "mouseMove";
...
}
}
```

10.3.2 运算符

运算符是一种特殊的函数，它们具有一个或多个操作数并返回相应的值。操作数是被运算符用作输入的值，通常是字面值、变量或表达式。

例如，在下面的代码中，将加法运算符（+）和乘法运算符（*）与 3 个字面值操作数（1、2 和 3）结合使用返回一个值，赋值运算符（=）随后使用该值将所返回的值 9 赋给变量 sumNumber。

```
var sumNumber:uint = 1 + 2 * 4; //sumNumber = 9
```

常数是具有一定含义的名称，用于代替数字或字符串，其值不会改变，一般用大写字母表示。

1. 了解运算符

运算符可以是一元、二元或三元的。一元运算符有一个操作数。例如，递增运算符（++）就是一元运算符，因为它只有一个操作数。二元运算符有两个操作数。例如，除法运算符（/）有两个操作数。三元运算符有 3 个操作数。例如，条件运算符（?:）有 3 个操作数。

有些运算符是重载的，这意味着它们的行为因传递给它们的操作数的类型或数量而异。例如，加法运算符（+）就是一个重载运算符，其行为因操作数的数据类型而异。如果两个操作数都是数字，则加法运算符会返回这些值的和。如果两个操作数都是字符串，则加法运算符会返回这两个操作数连接后的结果。

下面的示例代码说明运算符的行为如何因操作数而异：

```
trace(5 + 5);                              //10
trace("5" + "5");                          //55
```

运算符的行为还可能因所提供的操作数的数量而异。减法运算符（-）既是一元运算符又是二元运算符。对于减法运算符，如果只提供一个操作数，则该运算符会对操作数求反并返回结果；如果提供两个操作数，则减法运算符返回这两个操作数的差。

下面的示例说明首先将减法运算符用做一元运算符，再将其用做二元运算符：

```
trace(-3);                                 //-3
trace(7-2);                                //5
```

2. 运算符的优先级和结合律

运算符的优先级和结合律决定了运算符的处理顺序。虽然对于熟悉算术的人来说，编译器先处理乘法运算符（*）再处理加法运算符（+）似乎是自然而然的事情，但实际上编译器要求显式指定先处理哪些运算符。此类指令统称为运算符优先级。

ActionScript 定义了一个默认的运算符优先级，但用户可以使用小括号运算符“()”来改变它。例如，下面的运算顺序是先强制编译器先处理加法运算符，再处理乘法运算符：

```
var sumNumber:uint = (1 + 2) * 3;  //sumNumber=12
```

在同一个表达式中若出现两个或更多个具有相同优先级的运算符，编译器使用结合律的规则来确定先处理哪个运算符。除了赋值运算符之外，所有二进制运算符都是左结合的，也就是说，先处理左边的运算符，再处理右边的运算符。赋值运算符和条件运算符（?:）都是右结合的，也就是说，先处理右边的运算符，再处理左边的运算符。

例如，小于运算符（<）和大于运算符（>）具有相同的优先级。如果将这两个运算符用于同一个表达式中，那么由于这两个运算符都是左结合的，因此先处理左边的运算符。也就是说，以下两个语句将生成相同的输出结果：

```
trace(3 > 2 < 1);                          //false
trace((3 > 2) < 1);                        //false
```

具体运算步骤为：首先处理大于运算符，这会生成值 true，因为操作数 3 大于操作数 2。随后，将值 true 与操作数 1 一起传递给小于运算符。

下面的代码表示此中间状态：

```
trace((true) < 1);
```

小于运算符将值 true 转换为数值 1，然后将该数值与第二个操作数 1 进行比较，这将返回值 false（因为值 1 不小于 1）。

在 ActionScript 3.0 中，运算符是一种特殊的函数，需要与表达式或脚本配合使用，进行数值、字符或逻辑方面的运算。

```
trace(1 < 1);                              //false
```

用户可以用括号运算符来改变默认的左结合律。通过用小括号括起小于运算符及其操作数来命令编译器先处理小于运算符。下面的示例使用与上一个示例相同的数，但是因为使用了小括号运算符，所以生成不同的输出结果：

```
trace(3 > (2 < 1));                    //true
```

首先处理小于运算符，这会生成值 false，因为操作数 2 不小于操作数 1。值 false 随后将与操作数 3 一起传递给大于运算符。下面的代码表示此中间状态：

```
trace(3 > (false));
```

大于运算符将值 false 转换为数值 0，然后将该数值与另一个操作数 3 进行比较，这将返回 true（因为 3 大于 0）。

```
trace(3 > 0);                          //true
```

下表按优先级递减的顺序列出了 ActionScript 3.0 中的运算符。该表内同一行中的运算符具有相同的优先级。在该表中，每行运算符都比位于其下方的运算符的优先级高。

<table>
<tr><th>组</th><th>运 算 符</th></tr>
<tr><td>主要</td><td>[] {x:y} () f(x) new x.y x[y] <></> @ :: ..</td></tr>
<tr><td>后缀</td><td>x++ x--</td></tr>
<tr><td>一元</td><td>++x --x + - ~ ! delete typeof void</td></tr>
<tr><td>乘法</td><td>* / %</td></tr>
<tr><td>加法</td><td>+ -</td></tr>
<tr><td>按位</td><td>移位<< >> >>></td></tr>
<tr><td>关系</td><td>< > <= >= as in instanceof is</td></tr>
<tr><td>等于</td><td>== != === !==</td></tr>
<tr><td>按位</td><td>“与” &</td></tr>
<tr><td>按位</td><td>“异或” ^</td></tr>
<tr><td>按位</td><td>“或” |</td></tr>
<tr><td>逻辑</td><td>“与” &&</td></tr>
<tr><td>逻辑</td><td>“或” ||</td></tr>
<tr><td>条件</td><td>?:</td></tr>
<tr><td>赋值</td><td>= *= /= %= += -= <<= >>= >>>= &= ^= |=</td></tr>
<tr><td>逗号</td><td>,</td></tr>
</table>

3. 运算符简要说明

下面将对 ActionScript 3.0 中的运算符按其优先级的顺序进行简要说明。

（1）主要运算符

主要运算符包括那些用于创建 Array 和 Object 字面值、对表达式进行分组、调用函数、实例化类实例以及访问属性的运算符。

下表列出了所有的主要运算符，它们具有相同的优先级。

运 算 符	单击的运算
[]	初始化数组
{x:y}	初始化对象
()	对表达式进行分组
f(x)	调用函数
new	调用构造函数
x.y x[y]	访问属性
<></>	初始化 XMLList 对象（E4X）
@	访问属性（E4X）
::	限定名称（E4X）
..	访问子级 XML 元素（E4X）

（2）后缀运算符

后缀运算符只有一个操作数，它递增或递减该操作数的值。虽然这些运算符是一元运算符，但它们有别于其他一元运算符，被单独划归到了一个类别，因为它们具有更高的优先级和特殊的行为。在将后缀运算符用做较长表达式的一部分时，会在处理后缀运算符之前返回表达式的值。例如，下面的代码说明如何在递增值之前返回表达式 xNum++的值：

```
var xNum:Number = 0;
trace(xNum++);    //0
trace(xNum);      //1
```

下表列出了所有的后缀运算符，它们具有相同的优先级。

运 算 符	单击的运算
++	递增（后缀）
--	递减（后缀）

（3）一元运算符

一元运算符只有一个操作数。这一组中的递增运算符（++）和递减运算符（--）是前缀运算符，这意味着它们在表达式中出现在操作数的前面。前缀运算符与它们对应的后缀运算符不同，因为递增或递减操作是在返回整个表达式的值之前完成的。例如，下面的代码说明如何在递增值之后返回表达式++xNum 的值：

```
var xNum:Number = 0;
trace(++xNum);    //1
trace(xNum);      //1
```

下表列出了所有的一元运算符，它们具有相同的优先级。

运 算 符	单击的运算
++	递增（前缀）
--	递减（前缀）
+	一元+
-	一元-（非）

小提示

后缀运算符只有一个操作数，用于递增或递减运算；一元运算符同样需一个操作数，所以后缀运算符也属于一元运算符。

续表

运 算 符	单击的运算
!	逻辑“非”
~	按位“非”
Delete	删除属性
Typeof	返回类型信息
Void	返回 undefined 值

（4）乘法运算符

乘法运算符有两个操作数，它执行乘、除或求模计算。下表列出了所有的乘法运算符，它们具有相同的优先级。

运 算 符	单击的运算
*	乘法
/	除法
%	求模

（5）加法运算符

加法运算符有两个操作数，它执行加法或减法计算。下表列出了所有的加法运算符，它们具有相同的优先级。

运 算 符	单击的运算
+	加法
-	减法

（6）按位移位运算符

按位移位运算符有两个操作数，它将第一个操作数的各位按第二个操作数指定的长度移位。下表列出了所有的按位移位运算符，它们具有相同的优先级。

运 算 符	单击的运算
<<	按位向左移位
>>	按位向右移位
>>>	按位无符号向右移位

（7）关系运算符

关系运算符有两个操作数，它比较两个操作数的值，然后返回一个布尔值。下表列出了所有的关系运算符，它们具有相同的优先级。

运 算 符	单击的运算
<	小于
>	大于
<=	小于或等于

使用四则运算符需要两个以上的操作数，其中模运算属于除法运算的一种，如 d=a+b+c、f=g%e。

续表

运 算 符	单击的运算
>=	大于或等于
as	检查数据类型
in	检查对象属性
instanceof	检查原型链
is	检查数据类型

（8）等于运算符

等于运算符有两个操作数，它比较两个操作数的值，然后返回一个布尔值。下表列出了所有的等于运算符，它们具有相同的优先级。

运 算 符	单击的运算
==	等于
!=	不等于
===	严格等于
!==	严格不等于

（9）按位逻辑运算符

按位逻辑运算符有两个操作数，它执行位级别的逻辑运算。按位逻辑运算符具有不同的优先级。下表按优先级递减的顺序列出了按位逻辑运算符。

运 算 符	单击的运算
&	按位“与”
^	按位“异或”
		按位“或”

（10）逻辑运算符

逻辑运算符有两个操作数，它返回布尔结果。逻辑运算符具有不同的优先级。下表按优先级递减的顺序列出了逻辑运算符。

运 算 符	单击的运算
&&	逻辑“与”
||	逻辑“或”

◎ 条件运算符：条件运算符是一个三元运算符，也就是说它有 3 个操作数。条件运算符是应用 if...else 条件语句的一种简便方法。

运 算 符	单击的运算
?:	条件

◎ 赋值运算符：赋值运算符有两个操作数，它根据一个操作数的值对另一个操作数进行赋值。下表列出了所有的赋值运算符，它们具有相同的优先级。

小提示 逻辑运算符需要两个操作数，可根据其中一个操作数的值对另一个操作数进行赋值。

运 算 符	单击的运算
=	赋值
*=	乘法赋值
/=	除法赋值
%=	求模赋值
+=	加法赋值
-=	减法赋值
<<=	按位向左移位赋值
>>=	按位向右移位赋值
>>>=	按位无符号向右移位赋值
&=	按位“与”赋值
^=	按位“异或”赋值
|=	按位“或”赋值

10.3.3 条件语句

ActionScript 3.0 提供了 3 个可用于控制程序流的基本条件语句，分别是 if...else，if...else if，以及 switch 语句。

1. if...else 语句

if...else 条件语句用于测试一个条件，如果该条件存在，则单击一个代码块，否则单击替代代码块。例如，下面的代码测试 a1 的值是否超过 10，如果是，则生成一个 trace()函数，否则生成另一个 trace()函数。

```
if (a1 > 10)
{
trace("a1 is > 10");
}
else
{
trace("a1 is <= 10");
}
```

如果不想单击替代代码块，可以仅使用 if 语句，而不用 else 语句。

2. if...else if 语句

可以使用 if...else if 条件语句来测试多个条件。例如，下面的代码不仅测试 a1 的值是否超过 10，还测试 a1 的值是否为负数。

```
if (a1 > 10)
{
trace("a1 is > 10");
}
else if (a1 < 0)
{
trace("a1 is negative");
}
```

if ... else 条件语句主要用于测试是否满足条件，由两个代码块组成，当条件成立时执行一个代码块，否则执行另一个代码块。

3. switch 语句

如果多个执行路径依赖于同一个条件表达式，则 switch 语句非常有用。它的功能大致相当于一系列 if...else if 语句，但是它更便于阅读。switch 语句不是对条件进行测试以获得布尔值，而是对表达式进行求值并使用计算结果来确定要单击的代码块。代码块以 case 语句开头，以 break 语句结尾。

例如，下面的 switch 语句基于由 Date.getDay()方法返回的日期值输出星期日期：

```
var someDate:Date = new Date();
var dayNum:uint = someDate.getDay();
switch(dayNum)
{
case 0:
trace("Sunday");
break;
case 1:
trace("Monday");
break;
case 2:
trace("Tuesday");
break;
case 3:
trace("Wednesday");
break;
case 4:
trace("Thursday");
break;
case 5:
trace("Friday");
break;
case 6:
trace("Saturday");
break;
default:
trace("Out of range");
break;
}
```

10.3.4 循环语句

循环语句允许使用一系列值或变量来反复单击一个特定的代码块。用户应使用大括号“{}”括起代码块。

1. for

for 循环用于循环访问某个变量以获得特定范围的值。必须在 for 语句中提供 3 个表达式：一个设置了初始值的变量，一个用于确定循环何时结束的条件语句，一个在每次循环中都更改变量值的表达式。例如，下面的代码循环 5 次。变量 i 的值从 0 开始到 4 结束，输出结果是从 0 到 4 的 5 个数字，每个数字各占 1 行。

如果 if 或 else 语句后面只有一条语句，则无须用大括号括起该语句。建议用户始终使用大括号，因为在缺少大括号的条件语句中添加语句，可能会出现无法预期的行为。

```
var i:int;
for (i = 0; i < 5; i++)
{
trace(i);
}
```

2. for...in

for…in 循环用于循环访问对象属性或数组元素。例如，可以使用 for...in 循环来循环访问通用对象的属性（不按任何特定的顺序来保存对象的属性，因此属性可能以看似随机的顺序出现）：

```
var myObj:Object = {x:20, y:30};
for (var i:String in myObj)
{
trace(i + ": " + myObj[i]);
}
//输出:
//x: 20
//y: 30
```

还可以循环访问数组中的元素：

```
var myArray:Array = ["one", "two", "three"];
for (var i:String in myArray)
{
trace(myArray[i]);
}
//输出:
//one
//two
//three
```

高手点拨

如果对象是自定义类的一个实例，则除非该类是动态类，否则将无法循环访问该对象的属性。即便对于动态类的实例，也只能循环访问动态添加的属性。

3. for each…in

for each...in 循环用于循环访问集合中的项目，它可以是 XML 或 XMLList 对象中的标签、对象属性保存的值或数组元素。例如，下面的代码可以使用 for each...in 循环来循环访问通用对象的属性。与 for…in 循环不同的是，for each...in 循环中的迭代变量包含属性所保存的值，而不包含属性的名称。

```
var myObj:Object = {x:20, y:30};
for each (var num in myObj)
{
trace(num);
}
//输出:
//20
//30
```

使用 while 循环的一个缺点是容易导致无限循环。

可以循环访问 XML 或 XMLList 对象，如下面的示例：

```
var myXML:XML = <users>
<fname>Jane</fname>
<fname>Susan</fname>
<fname>John</fname>
</users>;
for each (var item in myXML.fname)
{
trace(item);
}
/* 输出
Jane
Susan
John
*/
```

还可以循环访问数组中的元素，如下面的示例：

```
var myArray:Array = ["one", "two", "three"];
for each (var item in myArray)
{
trace(item);
}
//输出:
//one
//two
//three
```

如果对象是密封类的实例，则将无法循环访问该对象的属性。即使对于动态类的实例，也无法循环访问任何固定属性（即作为类定义的一部分定义的属性）。

4. while

while 循环与 if 语句相似，只要条件为 true，则反复执行。例如，下面的代码与 for 循环示例生成的输出结果相同：

```
var i:int = 0;
while (i < 5)
{
trace(i);
i++;
}
```

使用 while 循环的一个缺点是，编写的 while 循环中更容易出现无限循环。如果省略了用于递增计数器变量的表达式，则 for 循环示例代码将无法编译，而 while 循环示例代码仍然能够编译。若没有用于递增 i 的表达式，循环将成为无限循环。

5. do...while

do...while 循环是一种 while 循环，它保证至少单击一次代码块，这是因为在单击代码块后才会检查条件。下面的代码显示了 do...while 循环的一个简单示例，即使条件不满足，该示例也会生成输出结果：

如果遗漏递增计数器变量的表达式，则 while 循环代码能够编译，但循环将成为无限循环。

```
var i:int = 5;
do
{
trace(i);
i++;
} while (i < 5);
//输出: 5
```

10.3.5 函数

函数是执行特定任务并可以在程序中重用的代码块。ActionScript 3.0 中有两类函数：方法和函数闭包。将函数称为方法还是函数闭包取决于定义函数的上下文。如果将函数定义为类定义的一部分或将它附加到对象的实例，则该函数称为方法；如果以其他任何方式定义函数，则该函数称为函数闭包。

1. 函数基本概念

下面将介绍基本的函数定义和调用方法。

（1）调用函数

可以通过函数名称后跟小括号运算符“()”的函数标识符来调用函数，要发送给函数的任何函数参数都括在小括号中。例如，trace()函数，它是 Flash Player API 中的顶级函数：

```
trace("Use trace to help debug your script");
```

如果要调用没有参数的函数，则必须使用一对空的小括号。例如，可以使用没有参数的 Math.random()方法来生成一个随机数：

```
var randomNum:Number = Math.random();
```

（2）自定义函数

在 ActionScript 3.0 中可以通过两种方法来定义函数：使用函数语句和使用函数表达式。用户可以根据自己的编程风格来选择相应的方法。如果倾向于采用静态或严格模式的编程，则应使用函数语句来定义函数。函数表达式更多地用在动态编程或标准模式编程中，在此不再赘述。

（3）函数语句

函数语句是在严格模式下定义函数的首选方法。函数语句以 function 关键字开头，后跟以下内容：

◎ 函数名。

◎ 用小括号括起来的逗号分隔参数列表。

◎ 用大括号括起来的函数体（即在调用函数时要单击的 ActionScript 代码）。

例如，下面的代码创建一个定义一个参数的函数，然后将字符串 hello 用做参数值来调用该函数：

```
function traceParameter(aParam:String)
{
trace(aParam);
}
traceParameter("hello"); //hello
```

函数可以分为调用函数、自定义函数等。调用函数是指直接使用程序预设的函数，自定义函数则主要是指根据需要由设计者自主编写的函数。

（4）从函数中返回值

要从函数中返回值，需使用后跟要返回的表达式或字面值的 return 语句。例如，下面的代码返回一个表示参数的表达式：

```
function doubleNum(baseNum:int):int
{
return (baseNum * 2);
}
```

需要注意的是，return 语句会终止该函数，因此不会执行位于 return 语句下面的任何语句，如下：

```
function doubleNum(baseNum:int):int {
return (baseNum * 2);
trace("after return");                //不会执行这条 trace 语句
}
```

（5）嵌套函数

可以嵌套函数，意味着函数可以在其他函数内部声明。除非将对嵌套函数的引用传递给外部代码，否则嵌套函数将仅在其父函数内可用。例如，下面的代码在 getNameAndVersion() 函数内部声明两个嵌套函数：

```
function getNameAndVersion():String
{
function getVersion():String
{
return "11";
}
function getProductName():String
{
return "Flash Player";
}
return (getProductName() + " " + getVersion());
}
trace(getNameAndVersion());           //Flash Player 11
```

2. 函数参数

ActionScript 3.0 为函数参数提供了一些功能，这些功能对于那些刚接触 ActionScript 语言的程序员来说可能是很陌生的。

（1）按值或按引用传递参数

在许多编程语言中，一定要了解按值传递参数与按引用传递参数之间的区别，两者之间的区别会影响代码的设计方式。

按值传递意味着将参数的值复制到局部变量中以便在函数内使用。按引用传递意味着将只传递对参数的引用，而不传递实际值。这种方式的传递不会创建实际参数的任何副本，而是会创建一个对变量的引用并将它作为参数传递，并且会将它赋给局部变量以便在函数内部使用。

在 ActionScript 3.0 中，所有的参数均按引用传递，因为所有的值都存储为对象。但是，属于基元数据类型（包括 Boolean、Number、int、uint 和 String）的对象具有一些特殊运算符，这使它们可以像按值传递一样工作。

原则上应该使用函数语句，特殊情况下可使用表达式。因为函数语句较为简洁，更有助于保持严格模式和标准模式的一致性。

例如，下面的代码创建一个名为 passPrimitives()的函数，该函数定义了两个类型均为 int、名称分别为 xParam 和 yParam 的参数。这些参数与在 passPrimitives()函数体内声明的局部变量类似。当使用 xValue 和 yValue 参数调用函数时，xParam 和 yParam 参数将用对 int 对象的引用进行初始化，int 对象由 xValue 和 yValue 表示。因为参数是基元值，所以它们像按值传递一样工作。尽管 xParam 和 yParam 最初仅包含对 xValue 和 yValue 对象的引用，但对函数体内的变量的任何更改都会导致在内存中生成这些值的新副本。

```
function passPrimitives(xParam:int, yParam:int):void
{
xParam++;
yParam++;
trace(xParam, yParam);
}
var xValue:int = 10;
var yValue:int = 15;
trace(xValue, yValue);              //10 15
passPrimitives(xValue, yValue);     //11 16
trace(xValue, yValue);              //10 15
```

在 passPrimitives()函数内部，xParam 和 yParam 的值递增，但这不会影响 xValue 和 yValue 的值，如上一条 trace 语句。即使参数的命名与 xValue 和 yValue 变量的命名完全相同也是如此，因为函数内部的 xValue 和 yValue 将指向内存中的新位置，这些位置不同于函数外部同名的变量所在的位置。

其他所有对象（即不属于基元数据类型的对象）始终按引用传递，这样就可以更改初始变量的值。例如，下面的代码创建一个名为 objVar 的对象，该对象具有两个属性：x 和 y，该对象作为参数传递给 passByRef()函数。因为该对象不是基元类型，所以它不但按引用传递，而且还保持一个引用。这意味着对函数内部参数的更改将会影响到函数外部的对象属性。

```
function passByRef(objParam:Object):void
{
objParam.x++;
objParam.y++;
trace(objParam.x, objParam.y);
}
var objVar:Object = {x:10, y:15};
trace(objVar.x, objVar.y);          //10 15
passByRef(objVar); // 11 16
trace(objVar.x, objVar.y);          //11 16
```

objParam 参数与全局 objVar 变量引用相同的对象。正如在本示例的 trace 语句中所看到的一样，对 objParam 对象的 x 和 y 属性所做的更改将反映在 objVar 对象中。

（2）默认参数值

ActionScript 3.0 中新增了为函数声明“默认参数值”的功能。如果在调用具有默认参数值的函数时省略了具有默认值的参数，那么将使用在函数定义中为该参数指定的值。所有具有默认值的参数都必须放在参数列表的末尾。指定为默认值的值必须是编译时常量。如果某个参数存在默认值，则会有效地使该参数成为“可选参数”。没有默认值的参数被视为

函数可以使用赋值语句和函数表达式，函数表达式有时也称为函数字面值或匿名函数，带有函数表达式的赋值语句以 var 关键字开头。

“必需的参数”。

例如，下面的代码创建一个具有 3 个参数的函数，其中的两个参数具有默认值。当仅用一个参数调用该函数时，将使用这些参数的默认值。

```
function defaultValues(x:int, y:int = 3, z:int = 5):void
{
trace(x, y, z);
}
defaultValues(1);             //1 3 5
```

3. 函数作为对象

ActionScript 3.0 中的函数是对象。当创建函数时，就是在创建对象。该对象不仅可以作为参数传递给另一个函数，而且还可以有附加的属性和方法。作为参数传递给另一个函数的函数是按引用传递的。在将某个函数作为参数传递时，只能使用标识符，而不能使用在调用方法时所用的小括号运算符。例如，下面的代码将名为 clickListener()的函数作为参数传递给 addEventListener()方法：

```
addEventListener(MouseEvent.CLICK, clickListener);
```

用户可以定义自己的函数属性，方法是在函数体外部定义它们。函数属性可以用做准静态属性，用于保存与该函数有关的变量的状态。例如，可能希望跟踪对特定函数的调用次数。如果正在编写游戏，并且希望跟踪用户使用特定命令的次数，则这样的功能会非常有用。下面的代码在函数声明外部创建一个函数属性，在每次调用该函数时都递增此属性：

```
someFunction.counter = 0;
function someFunction():void
{
someFunction.counter++;
}
someFunction();
someFunction();
trace(someFunction.counter);//2
```

4. 函数作用域

函数的作用域不但决定了可以在程序中的什么位置调用函数，还决定了函数可以访问哪些定义。适用于变量标识符的作用域规则同样也适用于函数标识符。在全局作用域中声明的函数在整个代码中都可用。例如，ActionScript 3.0 包含可在代码中的任意位置使用的全局函数，如 isNaN()和 parseInt()。嵌套函数（即在另一个函数中声明的函数）可以用在声明它的函数中的任意位置。

（1）作用域链

无论何时开始单击函数，都会创建许多对象和属性。首先，会创建一个称为“激活对象”的特殊对象，该对象用于存储在函数体内声明的参数以及任何局部变量或函数。由于激活对象属于内部机制，因此无法直接访问它。接着会创建一个“作用域链”，其中包含由 Flash Player 检查标识符声明的对象的有序列表。所单击的每个函数都有一个存储在内部属性中的作用域链。对于嵌套函数，作用域链始于其自己的激活对象，后跟其父函数的激活对象。作用域链以这种方式延伸，直到到达全局对象。全局对象是在 ActionScript 程序开始时创建的，其中包含所有的全局变量和函数。

严格模式下定义函数的首选方法：函数语句以 function 关键字开头，后面可跟函数名、用小括号括起来的逗号分隔参数列表和用大括号括起来的函数体。

（2）函数闭包

“函数闭包”是一个对象，其中包含函数的快照及其“词汇环境”。函数的词汇环境包括函数作用域链中的所有变量、属性、方法和对象以及它们的值。无论何时在对象或类之外的位置单击函数，都会创建函数闭包。函数闭包保留定义它们的作用域，这样在将函数作为参数或返回值传递给另一个作用域时，就会产生有趣的结果。

例如，下面的代码创建两个函数：foo()（返回一个用于计算矩形面积的嵌套函数 rectArea()）和 bar()（调用 foo()并将返回的函数闭包存储在名为 myProduct 的变量中）。即使 bar()函数定义了自己的局部变量 x（值为 2），当调用函数闭包 myProduct()时，该函数闭包仍保留在函数 foo()中定义的变量 x（值为 40）。因此，bar()函数将返回值 160，而不是 8。

```
function foo():Function
{
var x:int = 40;
function rectArea(y:int):int      //定义函数闭包
{
return x * y
}
return rectArea;
}
function bar():void
{
var x:int = 2;
var y:int = 4;
var myProduct:Function = foo();
trace(myProduct(4));              //调用函数闭包
}
bar();                            //160
```

方法的行为与函数闭包类似，因为方法也保留有关创建它们的词汇环境的信息。当方法提取自它的实例（这会创建绑定方法）时，此特征尤为突出。函数闭包与绑定方法之间的主要区别在于，绑定方法中 this 关键字的值始终引用它最初附加到的实例，而函数闭包中 this 关键字的值可以改变。

10.3.6 类和对象

在 ActionScript 3.0 中，每个对象都是由类定义的。可将类视为某一类对象的模板或蓝图。ActionScript 中包含许多属于核心语言的内置类，其中的某些内置类（如 Number、Boolean 和 String）表示 ActionScript 中可用的基元值，其他类（如 Array、Math 和 XML）定义属于 ECMAScript 标准的更复杂对象。

所有的类（无论是内置类还是用户定义的类）都是从 Object 类派生的。在 ActionScript 3.0 中引入了无类型变量这一概念，这一类变量可通过以下两种方法来指定：

```
var someObj:*;
var someObj;
```

无类型变量与 Object 类型的变量不同。两者的主要区别在于无类型变量可以保存特殊值 undefined，而 Object 类型的变量则不能保存该值。

如果将函数定义为类的一部分或者将它附加到对象的实例，则该函数称为方法；如果以其他任何方式定义函数，则该函数称为函数闭包。

1. 类定义

类定义语法为：class 关键字后跟类名。类体要放在大括号“{}”内，且放在类名后面。例如，以下代码创建了名为 Shape 的类，其中包含名为 visible 的变量：

```
public class Shape
{
var visible:Boolean = true;
}
```

对于包中的类定义，有一项重要的语法更改。在 ActionScript 2.0 中，如果类在包中，则在类声明中必须包含包名称。在 ActionScript 3.0 中，引入了 package 语句，包名称必须包含在包声明中，而不是包含在类声明中。例如，以下类声明说明如何在 ActionScript 2.0 和 ActionScript 3.0 中定义 BitmapData 类（该类是 flash.display 包的一部分）：

```
//ActionScript 2.0
class flash.display.BitmapData {}
//ActionScript 3.0
package flash.display
{
public class BitmapData {}
}
```

2. 类属性

在 ActionScript 3.0 中，可使用以下 4 个属性之一来修改类定义。

属　性	定　义
Dynamic（动态）	允许在运行时向实例添加属性
final （不可扩展）	不得由其他类扩展
Internal（默认）	对当前包内的引用可见
public（公共）	对所有位置的引用可见

使用 internal 以外的每个属性时，必须显式包含该属性才能获得相关的行为。例如，如果定义类时未包含 dynamic 属性（attribute），则不能在运行时向类实例中添加属性（property）。通过在类定义的开始处放置属性，可显式地分配属性，如下面的代码：

```
dynamic class Shape {}
```

3. 类体

类体放在大括号内，用于定义类的变量、常量和方法。下面的示例显示 Adobe Flash Player API 中 Accessibility 类的声明：

```
public final class Accessibility
{
public static function get active():Boolean;
public static function updateProperties():void;
}
```

ActionScript 3.0 不但允许在类体中包括定义，而且允许包括语句。如果语句在类体中但在方法定义之外，则这些语句只在第一次遇到类定义并且创建了相关的类对象时单击一次。下面的示例包括一个对 hello()外部函数的调用和一个 trace 语句，该语句在定义类时输出确认消息：

对象是 ActionScript 3.0 语言的核心。声明的每个变量、编写的每个函数以及所创建的每个类实例都是一个对象，可以将程序视为一组执行任务、响应事件以及相互通信的对象。

```
function hello():String
{
trace("hola");
}
class SampleClass
{
hello();
trace("class created");
}
//创建类时输出
hola
class created
```

10.3.7 包和命名空间

包和命名空间是两个相关的概念。使用包可以通过有利于共享代码并尽可能减少命名冲突的方式将多个类定义捆绑在一起，使用命名空间可以控制标识符（如属性名和方法名）的可见性。无论命名空间位于包的内部还是外部，都可以应用于代码。

1. 包

在 ActionScript 3.0 中，包是用命名空间实现的，但包和命名空间并不同义。在声明包时，可以隐式创建一个特殊类型的命名空间并保证它在编译时是已知的。显式创建的命名空间在编译时不必是已知的。下面的示例使用 package 指令来创建一个包含单个类的简单包：

```
package samples
{
public class SampleCode
{
public var sampleGreeting:String;
public function sampleFunction()
{
trace(sampleGreeting + " from sampleFunction()");
}
}
```

在本例中，该类的名称是 SampleCode。由于该类位于 samples 包中，因此编译器在编译时会自动将其类名称限定为完全限定名称：samples.SampleCode。编译器还限定任何属性或方法的名称，以便 sampleGreeting 和 sampleFunction()分别变成 samples.SampleCode.sampleGreeting 和 samples.SampleCode.sampleFunction()。

使用包还有助于确保所使用的标识符名称是唯一的，且不与其他标识符名称冲突。例如，假设两个希望相互共享代码的程序员各创建了一个名为 SampleCode 的类。如果没有包，这样就会造成名称冲突，唯一的解决方法就是重命名其中的一个类。但是，使用包就可以将其中的一个类放在具有唯一名称的包中，从而轻松地避免了名称冲突。

2. 创建包

ActionScript 3.0 在包、类和源文件的组织方式上具有很大的灵活性。它允许在一个源文件中包括多个类，但每个文件中只有一个类可供该文件外部的代码使用。也就是说，每个

如果用户未使用过命名空间也没关系，因为命名空间本身很简单，但是需要了解一些特定术语。

文件中只有一个类可以在包声明中进行声明。用户必须在包定义的外部声明其他任何类，以使这些类对于该源文件外部的代码不可见。在包定义内部声明的类的名称必须与源文件的名称匹配。

ActionScript 3.0 在包的声明方式上也具有更大的灵活性。它使用 package 语句来声明包，这意味着用户还可以在包的顶级声明变量、函数和命名空间，甚至可以在包的顶级包括可单击语句。

3. 导入包

如果希望使用位于某个包内部的特定类，则必须导入该包或该类。以前面的 SampleCode 类示例为例。如果该类位于名为 samples 的包中，那么在使用 SampleCode 类之前必须使用下列导入语句：

```
import samples.*;
```

或

```
import samples.SampleCode;
```

通常，import 语句越具体越好。如果只打算使用 samples 包中的 SampleCode 类，则应只导入 SampleCode 类，而不应导入该类所属的整个包，因为导入整个包可能会导致意外的名称冲突。用户还必须将定义包或类的源代码放在类路径内部。类路径是用户定义的本地目录路径列表，它决定了编译器将在何处搜索导入的包和类。在正确地导入类或包之后，可以使用类的完全限定名称（samples.SampleCode），也可以只使用类名称本身（SampleCode）。

当同名的类、方法或属性会导致代码不明确时，完全限定的名称非常有用，但如果将它用于所有的标识符，则会使代码变得难以管理。例如，在实例化 SampleCode 类的实例时，使用完全限定的名称会导致代码冗长：

```
var mySample:samples.SampleCode=new samples.SampleCode();
```

创建包时，该包的所有成员的默认访问说明符是 internal，这意味着默认情况下包成员仅对其所在包的其他成员可见。如果希望某个类对包外部的代码可用，则必须将该类声明为 public。例如，下面的包包含 SampleCode 和 CodeFormatter 两个类：

```
//SampleCode.as 文件
package samples
{
public class SampleCode {}
}
//CodeFormatter.as 文件
package samples
{
class CodeFormatter {}
}
```

SampleCode 类在包的外部可见，因为它被声明为 public 类。但是，CodeFormatter 类仅在 samples 包的内部可见。如果尝试访问位于 samples 包外部的 CodeFormatter 类，将会产生一个错误，如下面的示例：

```
import samples.SampleCode;
import samples.CodeFormatter;
var mySample:SampleCode = new SampleCode();           //正确，public 类
var myFormatter:CodeFormatter = new CodeFormatter(); //错误
```

ActionScript 3.0 有一个 include 指令，它的作用不是导入类和包。要在 ActionScript 3.0 中导入类或包，必须使用 import 语句，并将包含该包的源文件放在类路径中。

完全限定的名称可用于解决在使用包时可能发生的名称冲突。如果导入两个包，但它们用同一个标识符来定义类，就可能会发生名称冲突。例如，请考虑下面的包，该包也有一个名为 SampleCode 的类：

```
package langref.samples
{
public class SampleCode {}
}
```

如果按以下方式导入两个类，在引用 SampleCode 类时将会发生名称冲突：

```
import samples.SampleCode;
import langref.samples.SampleCode;
var mySample:SampleCode = new SampleCode(); //名称冲突
```

编译器无法确定要使用哪个 SampleCode 类。要解决此冲突，必须使用每个类的完全限定名称，如下：

```
var sample1:samples.SampleCode = new samples.SampleCode();
var sample2:langref.samples.SampleCode = new langref.samples.SampleCode();
```

4. 命名空间

通过命名空间可以控制所创建的属性和方法的可见性。用户可将 public、private、protected 和 internal 访问控制说明符视为内置的命名空间。如果这些预定义的访问控制说明符无法满足要求，则可以创建自己的命名空间。

（1）基本步骤

在使用命名空间时，应遵循以下 3 个基本步骤。

第一，必须使用 namespace 关键字来定义命名空间。例如，下面的代码定义 version1 命名空间：

```
namespace version1;
```

第二，在属性或方法声明中，使用命名空间（而非访问控制说明符）来应用命名空间。下面的示例将一个名为 myFunction()的函数放在 version1 命名空间中：

```
version1 function myFunction() {}
```

第三，在应用了该命名空间后，可以使用 use 指令引用它，也可以使用该命名空间来限定标识符的名称。下面的示例通过 use 指令来引用 myFunction()函数：

```
use namespace version1;
myFunction();
```

还可以使用限定名称来引用 myFunction()函数，如下面的示例：

```
version1::myFunction();
```

（2）定义命名空间

命名空间中包含一个名为统一资源标识符（URI）的值，使用 URI 可确保命名空间定义的唯一性。可以通过使用以下两种方法来声明命名空间定义，以创建命名空间。

第一种方法，像定义 XML 命名空间那样使用显式 URI 定义命名空间。

第二种方法，省略 URI。

下面的示例说明如何使用 URI 来定义命名空间：

```
namespace flash_proxy = "http://www.adobe.com/flash/proxy";
```

要转换对象类型，可用小括号括起对象名并在它前面加上新类型的名称。

URI 用做该命名空间的唯一标识字符串。如果省略 URI（如下面的示例），则编译器将创建一个唯一的内部标识字符串来代替 URI。对于这个内部标识字符串，用户不具有访问权限。

```
namespace flash_proxy;
```

在定义了命名空间后，就不能在同一个作用域内重新定义该命名空间。如果尝试定义的命名空间以前在同一个作用域内定义过，则将生成编译器错误。

如果在某个包或类中定义了一个命名空间，则该命名空间可能对于此包或类外部的代码不可见，除非使用了相应的访问控制说明符。例如，下面的代码显示了在 flash.utils 包中定义的 flash_proxy 命名空间。在下面的示例中，缺乏访问控制说明符意味着 flash_proxy 命名空间将仅对于 flash.utils 包内部的代码可见，而对于该包外部的任何代码都不可见。

```
package flash.utils
{
namespace flash_proxy;
}
```

下面的代码使用 public 属性使 flash_proxy 命名空间对该包外部的代码可见：

```
package flash.utils
{
public namespace flash_proxy;
}
```

（3）应用命名空间

应用命名空间意味着在命名空间中放置定义。可以放在命名空间中的定义包括函数、变量和常量。例如，一个使用 public 访问控制命名空间声明的函数。在函数的定义中使用 public 属性会将该函数放在 public 命名空间中，从而使该函数对于所有的代码都可用。在定义了某个命名空间之后，可以按照与使用 public 属性相同的方式来使用所定义的命名空间，该定义将对于可以引用的自定义命名空间的代码可用。例如，如果定义一个名为 example1 的命名空间，则可以添加一个名为 myFunction()的方法并将 example1 用做属性，如下面的示例：

```
namespace example1;
class someClass
{
example1 myFunction() {}
}
```

在声明 myFunction()方法时将 example1 命名空间用做属性，则意味着该方法属于 example1 命名空间。

在应用命名空间时，应切记以下几点：

◎ 对于每个声明只能应用一个命名空间。

◎ 不能一次将同一个命名空间属性应用于多个定义。换言之，如果希望将自己的命名空间应用于 10 个不同的函数，则必须将该命名空间作为属性分别添加到这 10 个函数的定义中。

◎ 如果应用了命名空间，则不能同时指定访问控制说明符，因为命名空间和访问控制

通过命名空间可以控制所创建的属性和方法的可见性。

说明符是互斥的。如果应用了命名空间，就不能将函数或属性声明为 public、private、protected 或 internal。

（4）引用命名空间

对于自定义的命名空间，若要使用其中的方法或属性，必须引用该命名空间。可以用 use namespace 指令来引用命名空间，也可以使用名称限定符（::）来以命名空间限定名称。用 use namespace 指令引用命名空间会打开该命名空间，这样它便可以应用于任何未限定的标识符。例如，如果已经定义了 example1 命名空间，则可以通过使用 use namespace example1 来访问该命名空间中的名称：

```
use namespace example1;
myFunction();
```

用户可以一次打开多个命名空间。在使用 use namespace 打开了某个命名空间之后，它会在打开它的整个代码块中保持打开状态。不能显式关闭命名空间。但是，如果同时打开多个命名空间，则会增加发生名称冲突的可能性。如果不愿意打开命名空间，则可以用命名空间和名称限定符来限定方法或属性名，从而避免使用 use namespace 指令。例如，下面的代码说明如何用 example1 命名空间来限定 myFunction()名称：

```
example1::myFunction();
```

10.4 面向对象编程

ActionScript 是一种面向对象的编程语言。面向对象的编程仅仅是一种编程方法，它与使用对象来组织程序中的代码的方法没有什么差别。下面将介绍如何使用 ActionScript 进行面向对象编程。

10.4.1 了解面向对象的编程

面向对象的编程（OOP）是一种组织程序代码的方法，它将代码划分为对象，即包含信息（数据值）和功能的单个元素。通过使用面向对象的方法来组织程序，可以将特定信息（例如，唱片标题、音轨标题或歌手名字等音乐信息）及其关联的通用功能或动作（如“在播放列表中添加音轨”或“播放此歌手的所有歌曲”）组合在一起。这些项目将合并为一个项目，即对象（如“唱片”或“音轨”）。能够将这些值和功能捆绑在一起会带来很多好处，其中包括只需跟踪单个变量而非多个变量、将相关功能组织在一起，以及能够以更接近实际情况的方式构建程序。

10.4.2 处理对象

前面讲过将计算机程序定义为计算机单击的一系列步骤或指令。那么从概念上讲，我们可能认为计算机程序只是一个很长的指令列表。然而，在面向对象的编程中，程序指令被划分到不同的对象中——代码构成功能块，因此相关类型的功能或相关的信息被组合到一个容器中。

上面几个示例的通用结构：将变量用作对象的名称，后跟一个句点（.）和属性名。

事实上，我们在处理过元件的过程中已是在处理对象了。例如，创建了一个影片剪辑元件（假设它是一幅矩形图画），并且已将它的一个副本放在了舞台上。从严格意义上来说，该影片剪辑元件也是 ActionScript 中的一个对象，即 MovieClip 类的一个实例。

用户可以修改该影片剪辑的不同特征。例如，当选中该影片剪辑时，可以在“属性”面板中更改许多值，如它的 x 坐标、宽度，进行各种颜色调整（如更改它的 Alpha 值），或对它应用投影滤镜。还可以使用其他 Flash 工具进行更多更改，例如，使用任意变形工具旋转该矩形。在 Flash 创作环境中修改一个影片剪辑元件时所做的更改，同样可在 ActionScript 中通过更改组合在一起，构成称为 MovieClip 对象的单个包的各数据片断来实现。

在 ActionScript 面向对象的编程中，任何类都可以包含 3 种类型的特性：属性、方法和事件。这些元素共同用于管理程序使用的数据块，并用于确定单击哪些动作以及动作的单击顺序。

1．属性

属性表示某个对象中绑定在一起的若干数据块中的一个。例如，Song 对象可能具有名为 artist 和 title 的属性；MovieClip 类具有 rotation、x、width 和 alpha 等属性。用户可以将属性视为包含在对象中的“子”变量，像处理单个变量那样处理属性。例如，处理一个名为 square 的影片剪辑。

以下代码将名为 square 的影片剪辑移动到 100 个像素的 x 坐标处：

```
square.x = 100;
```

以下代码使用 rotation 属性旋转 square，以便与 triangle 的旋转相匹配：

```
square.rotation = triangle.rotation;
```

以下代码更改 square 的水平缩放比例，以使其宽度为原始宽度的 1.5 倍：

```
square.scaleX = 1.5;
```

通过以上示例可以看出其通用结构为：变量名.属性名。

将变量（square 和 triangle）用做对象的名称，后跟一个句点（.）和属性名（x、rotation 和 scaleX）。

2．方法

方法是指可以由对象单击的操作。例如，如果在 Flash 中为影片剪辑元件制作了一个简单的运动动画，则可以播放或停止该影片剪辑，或指示它将播放头移到特定的帧。

下面的代码指示名为 shortFilm 的影片剪辑元件开始播放：

```
shortFilm.play();
```

下面的代码使 shortFilm 停止播放（播放头停在原地，就像暂停播放视频一样）：

```
shortFilm.stop();
```

下面的代码使 shortFilm 将其播放头移到第 1 帧，然后停止播放（就像后退视频一样）：

```
shortFilm.gotoAndStop(1);
```

通过以上实例可以看出，可以通过依次写下对象名（变量）、句点、方法名和小括号来

句点称为点运算符，用于指示要访问对象的某个子元素。整个结构“变量名≠点≠属性名”的使用类似于单个变量。

访问方法，这与属性类似。小括号是指示要“调用”某个方法（即指示对象单击该动作）的方式。有时，为了传递单击动作所需的额外信息，将值（或变量）放入小括号中。这些值称为方法“参数”。例如，gotoAndStop()方法需要知道应转到哪一帧，所以要求小括号中有一个参数。有些方法（如 play()和 stop()）自身的意义已非常明确，因此不需要额外信息，但书写时仍然带有小括号。

与属性（和变量）不同的是，方法不能用做值占位符。然而，一些方法可以单击计算并返回可以像变量一样使用的结果。例如，Number 类的 toString()方法将数值转换为文本表示形式：

```
var numericData:Number = 9;
var textData:String = numericData.toString();
```

例如，如果希望在屏幕上的文本字段中显示 Number 变量的值，应使用 toString()方法。

TextField 类的 text 属性（表示实际在屏幕上显示的文本内容）被定义为 String，所以它只能包含文本值。下面的一行代码将变量 numericData 中的数值转换为文本，然后使这些文本显示在屏幕上名为 calculatorDisplay 的 TextField 对象中：

```
calculatorDisplay.text = numericData.toString();
```

3. 事件

事件就是所发生的、ActionScript 能够识别并可响应的事情。ActionScript 程序可以保持运行、等待用户输入或等待其他事件发生。

许多事件与用户交互有关。例如，用户单击按钮，或按键盘上的键。当然，也有许多其他类型的事件。例如，如果使用 ActionScript 加载外部图像，有一个事件可让用户知道图像何时加载完毕。当 ActionScript 程序正在运行时，Adobe Flash Player 只是坐等某些事件的发生，当这些事件发生时，Flash Player 将运行用户为这些事件指定的特定 ActionScript 代码。

指定为响应特定事件而应单击的某些动作的技术称为事件处理。在编写单击事件处理的 ActionScript 代码时，需要识别以下 3 个重要元素。

◎ 事件源：发生该事件的是哪个对象，例如，哪个按钮会被单击，或哪个 Loader 对象正在加载图像。事件源也称为事件目标，因为 Flash Player（即 Flash 播放器）将此对象（实际在其中发生事件）作为事件的目标。

◎ 事件：将要发生什么事情，以及用户希望响应什么事情。识别事件是非常重要的，因为许多对象都会触发多个事件。

◎ 响应：当事件发生时，希望单击哪些步骤。

在编写处理事件的 ActionScript 代码时，都会包括以上 3 个元素，并且代码遵循以下基本结构（以粗体显示的元素是将针对具体情况填写的占位符）：

```
function eventResponse(eventObject:EventType):void
{
//此处是为响应事件而单击的动作
}
eventSource.addEventListener(EventType.EVENT_NAME,eventResponse);
```

此代码单击两个操作。首先，定义一个函数，这是指定为响应事件而要单击的动作的方法。接下来，调用源对象的 addEventListener()方法，实际上就是为指定事件“订阅”该

方法是对象可执行的动作。对影片剪辑的播放、停止可根据命令将播放头移到特定帧。

函数，以便当该事件发生时，单击该函数的动作。

该代码结构介绍如下：

函数提供一种将若干个动作组合在一起、用类似于快捷名称的单个名称来单击这些动作的方法。函数与方法完全相同，只是不必与特定类关联（事实上，方法可以被定义为与特定类关联的函数）。在创建事件处理函数时，必须选择函数名称（本例中为 eventResponse），还必须指定一个参数（本例中的名称为 eventObject）。指定函数参数类似于声明变量，所以还必须指明参数的数据类型。将为每个事件定义一个 ActionScript 类，并且为函数参数指定的数据类型始终是与要响应的特定事件关联的类。最后，在左大括号与右大括号之间({ ...})编写希望计算机在事件发生时单击的指令。

一旦编写了事件处理函数，就需要通知事件源对象（发生事件的对象，如按钮）希望在该事件发生时调用函数。可通过调用该对象的 addEventListener()方法来实现此目的（所有具有事件的对象都同时具有 addEventListener()方法）。

addEventListener()方法有以下两个参数：

◎ 第一个参数是希望响应的特定事件的名称。同样，每个事件都与一个特定类关联，而该类将为每个事件预定义一个特殊值；类似于事件自己的唯一名称（应将其用于第一个参数）。

◎ 第二个参数是事件响应函数的名称。请注意，如果将函数名称作为参数进行传递，则在写入函数名称时不使用括号。

4. 创建对象实例

在 ActionScript 中使用对象之前，该对象必须存在。创建对象的步骤之一是声明变量。然而，声明变量仅仅是在计算机的内存中创建一个空位置，因此必须为变量指定实际值，即创建一个对象并将它存储在该变量中，再尝试使用或处理该变量。创建对象的过程称为对象“实例化”，也就是说，创建特定类的实例。

有一种创建对象实例的简单方法完全不必涉及 ActionScript。在 Flash 中，当将一个影片剪辑元件、按钮元件或文本字段放置在舞台上，并在“属性”面板中为它指定实例名时，Flash 会自动声明一个拥有该实例名的变量，创建一个对象实例并将该对象存储在该变量中。用户还可以通过几种方法来仅使用 ActionScript 创建对象实例。首先，可以使用文本表达式（直接写入 ActionScript 代码的值）创建一个实例，举例如下。

◎ 文本数字值（直接输入数字）：

```
var someNumber:Number = 13.78;
var someNegativeInteger:int = -67;
var someUint:uint = 22;
```

◎ 文本字符串值（用双引号将本文引起来）：

```
var firstName:String = "White";
var soliloquy:String = "No pains, no gains.";
```

◎ 文本布尔值（使用字面值 true 或 false）：

```
var niceWeather:Boolean = true;
var playingOutside:Boolean = false;
```

 小提示 使用 ActionScript 编程语言要注意编写代码时字母大小写的使用。

◎ 文本 XML 值（直接输入 XML）：

```
var employee:XML = <employee>
<firstName>Harold</firstName>
<lastName>Webster</lastName>
</employee>;
```

对于其他任何数据类型而言，要创建一个对象实例，应将 new 运算符与类名一起使用，如下：

```
var raceCar:MovieClip = new MovieClip();
var birthday:Date = new Date(2012, 3, 9);
```

通常，将使用 new 运算符创建对象称为调用类的构造函数。构造函数是一种特殊方法，在创建类实例的过程中将调用该方法。请注意，当以此方法创建实例时，应在类名后加上小括号，有时还可以指定参数值。

熟悉使用 new ClassName()创建对象的方法是非常重要的。如果需要创建无可视化表示形式的 ActionScript 数据类型的一个实例（无法通过将项目放置在 Flash 舞台上来创建，也无法在 Flex Builder MXML 编辑器的设计模式下创建），则只能通过使用 new 运算符在 ActionScript 中直接创建对象来实现此目的。

10.4.3 制作简单交互动画

下面将制作一个简单的交互示例，演示为一个线性动画添加启动动画及导航到单独的网页。该示例的目的是让读者了解如何将多段 ActionScript 合并为一个完整的应用程序。具体操作方法如下：

素材：光盘：素材\10\Action.fla　　效果：光盘：效果\10\Action.fla

难度：★★★★★　　视频：光盘：视频\10\制作简单交互动画.swf

01 打开素材文件。

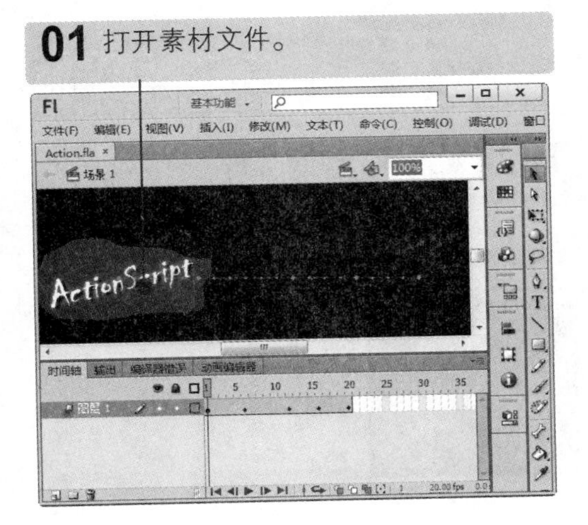

02 新建“按钮”图层。

03 单击"窗口"|"公共库"|Buttons 命令，打开"外部库"面板。展开 classic buttons|Arcade buttons 文件夹，选择按钮。

04 将按钮从"库"面板拖入舞台，并置于合适位置。

05 双击按钮进入编辑状态，新建"文字"图层。

06 输入文本 Play，设置字体格式。

07 在"文字"图层"按下"帧处插入关键帧。修改文字格式，将文字向下稍微移动。

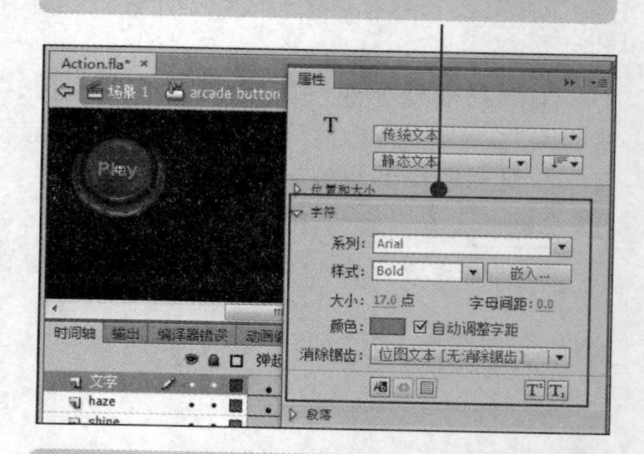

08 右击"文字"图层"点击"帧。

09 选择"删除帧"命令。

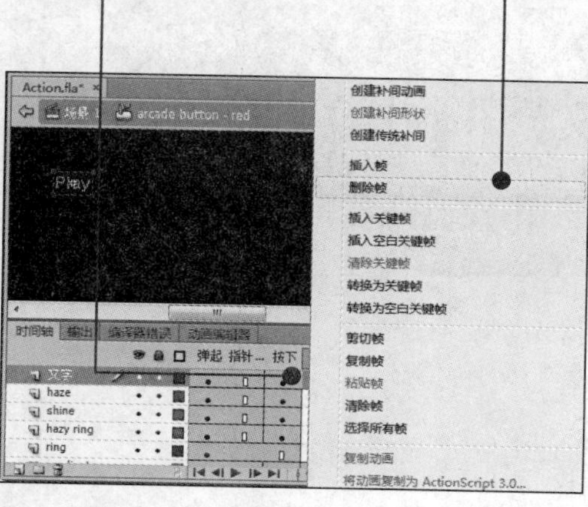

10 返回场景，选择按钮，将其命名为 playbutton。

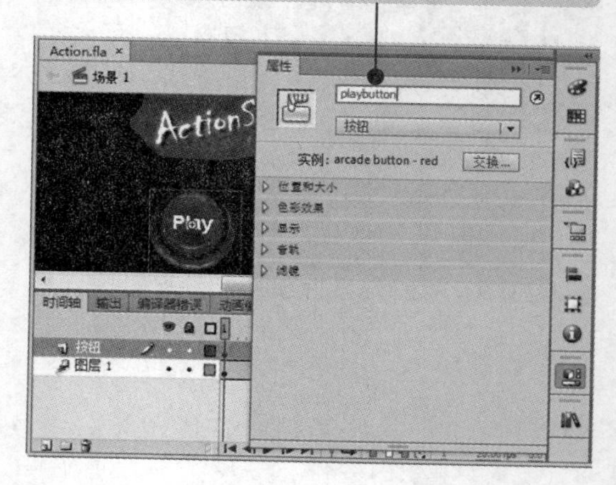

小提示 Flash CS6 在公共库中为用户提供了很多按钮，减少了用户制作按钮这一步骤。

11 新建 actions 图层。

12 选择 actions 图层第 1 帧，打开“动作”面板，输入代码“stop();”。

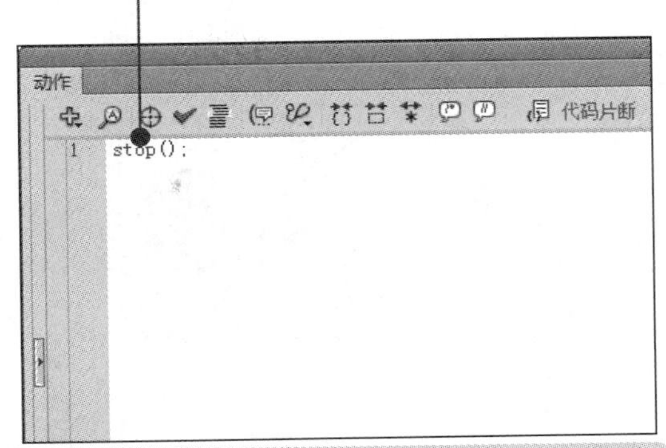

13 在“动作”面板中连续按【Enter】键，向下插入一个空行，输入动作代码。

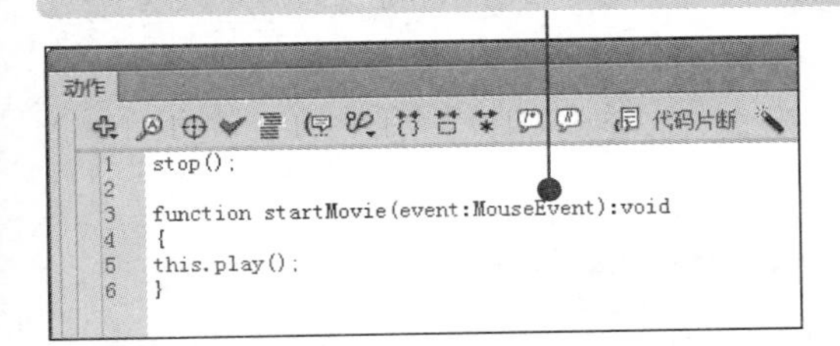

```
stop();

function startMovie(event:MouseEvent):void
{
this.play();
}
```

注释：

该代码定义一个名为 startMovie()的函数。调用 startMovie()时，该函数会使主时间轴开始播放。

14 按【Enter】键，在下一行中输入代码。

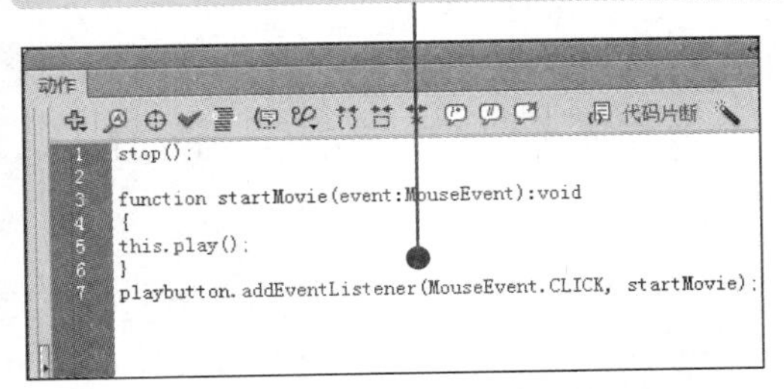

```
stop();

function startMovie(event:MouseEvent):void
{
this.play();
}
playbutton.addEventListener(MouseEvent.CLICK, startMovie);
```

注释：

该代码行将 startMovie()函数注册为 playbutton 的 click 事件的侦听器。也就是说，只要单击名为 playbutton 的按钮，就会调用 startMovie()函数。

15 按【Ctrl+Enter】组合键，测试动画。

16 单击 Play 按钮，开始播放动画。

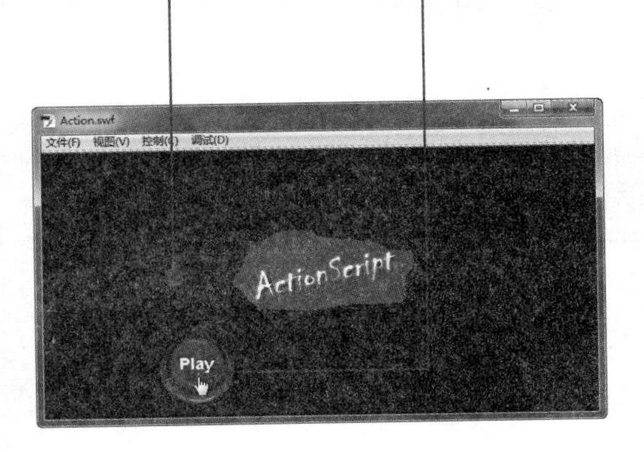

17 打开“外部库”面板。

18 选择一个与 Play 按钮不同颜色的按钮元件。

按【F9】快捷键，可直接打开“动作”面板，以方便用户操作。

19 将所选按钮拖入舞台中。

20 双击按钮进入编辑状态，添加文字 Home。

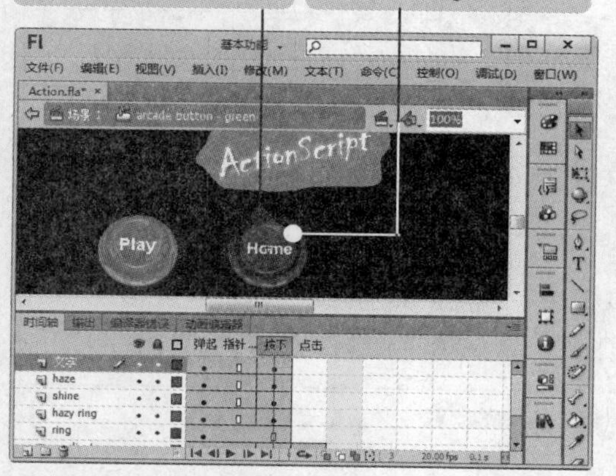

21 返回场景，选择 Home 按钮实例。

22 将其命名为 homebutton。

23 打开“动作”面板，在最后一行按【Enter】键，输入动作代码。

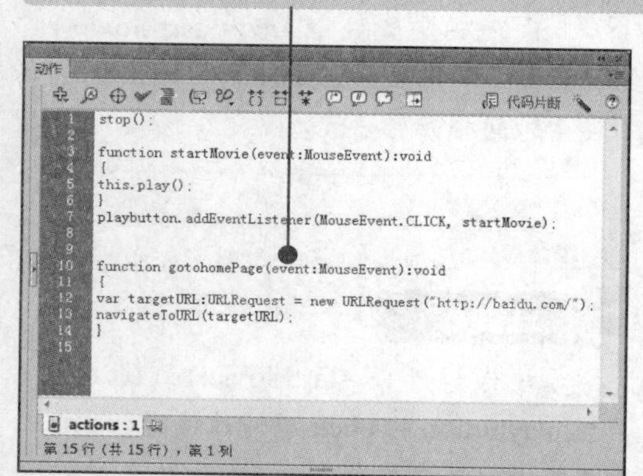

```
stop();

function startMovie(event:MouseEvent):void
{
this.play();
}
playbutton.addEventListener(MouseEvent.CLICK, startMovie);


function gotohomePage(event:MouseEvent):void
{
var targetURL:URLRequest = new URLRequest("http://baidu.com/");
navigateToURL(targetURL);
}
```

注释：

该代码定义一个名为 gotohomePage()的函数。该函数首先创建一个代表主页地址 http://baidu.com/ 的 URLRequest 实例，然后将该地址传递给 nswfgateToURL()函数，使用浏览器打开该 URL。

24 在下一行中继续输入动作代码。

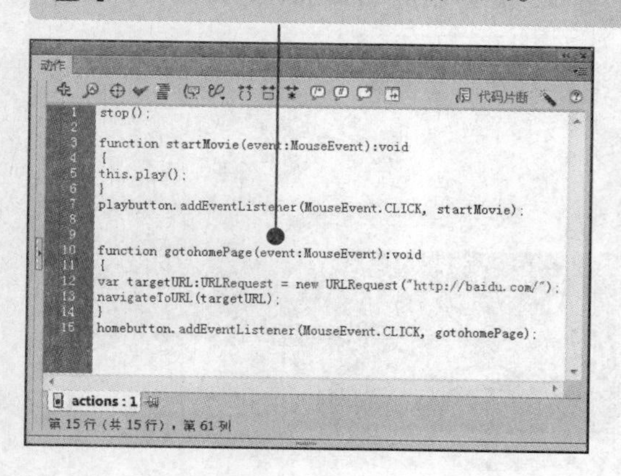

```
stop();

function startMovie(event:MouseEvent):void
{
this.play();
}
playbutton.addEventListener(MouseEvent.CLICK, startMovie);


function gotohomePage(event:MouseEvent):void
{
var targetURL:URLRequest = new URLRequest("http://baidu.com/");
navigateToURL(targetURL);
}
homebutton.addEventListener(MouseEvent.CLICK, gotohomePage);
```

注释：

该代码行将 gotohomePage()函数注册为 homebutton 的 click 事件的侦听器。也就是说，只要单击名为 homebutton 的按钮，就会调用 gotohomePage()函数。

小提示 双击按钮即可进入按钮的编辑状态，可以对按钮进行简单的修改，如修改颜色或者添加文字。

25 按【Ctrl+Enter】组合键，测试动画。

26 单击 Home 按钮，打开 Actions 代码中编写的百度首页。

10.5 综合实战——应用 ActionScript 3.0

下面将通过使用 ActionScript 脚本制作一个简单的交互实例，以控制影片剪辑的播放与暂停，使读者进一步熟悉如何使用 ActionScript 编写处理事件的代码。

素材：光盘：素材\10\3D 旋转.fla　　效果：光盘：无

难度：★★★★★

视频：光盘：视频\10\综合实战——应用 ActionScript 3.0.swf

01 打开素材文件。

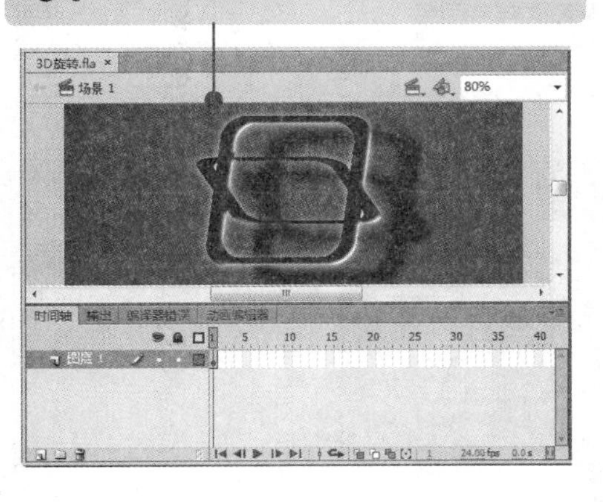

02 选择矩形工具，设置其属性。

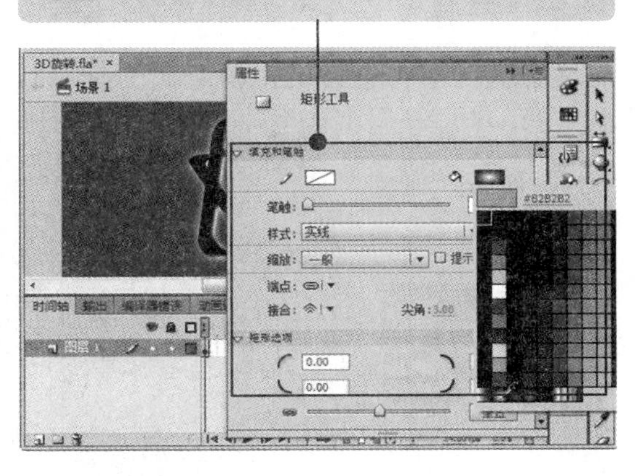

高手点拨

使用 ActionScript 3.0 动作脚本为创建的基本动画添加脚本语言，使其具有交互性。

03 新建“背景”图层，并将其移至最下方。

04 使用矩形工具绘制渐变填充的矩形。

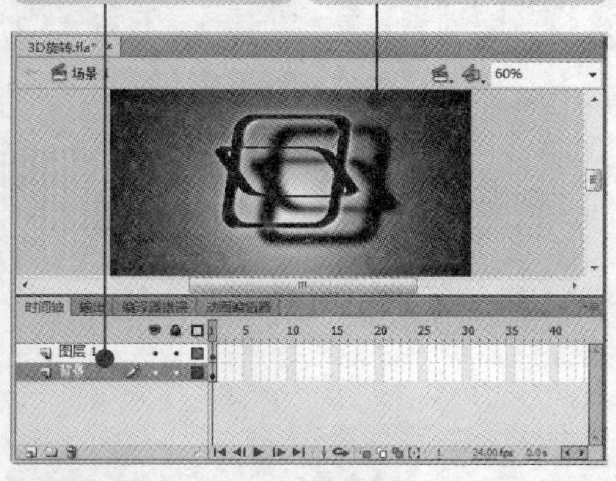

05 新建“按钮”图层和 Actions 图层。

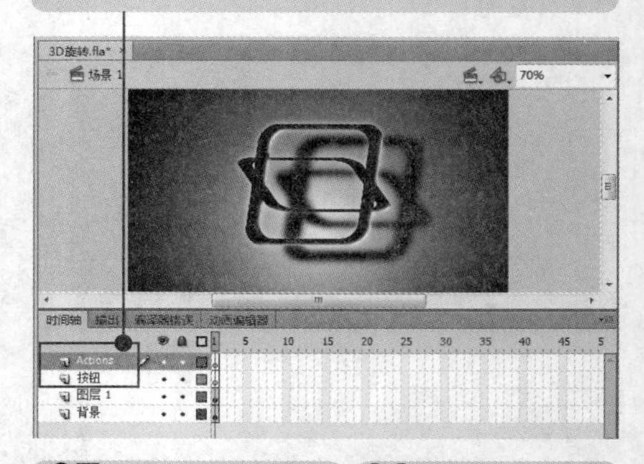

06 选择“按钮”图层第 1 帧，单击“窗口”|“公共库”|Buttons 命令。展开 playback flat 文件夹，选择按钮，并将其拖入舞台。

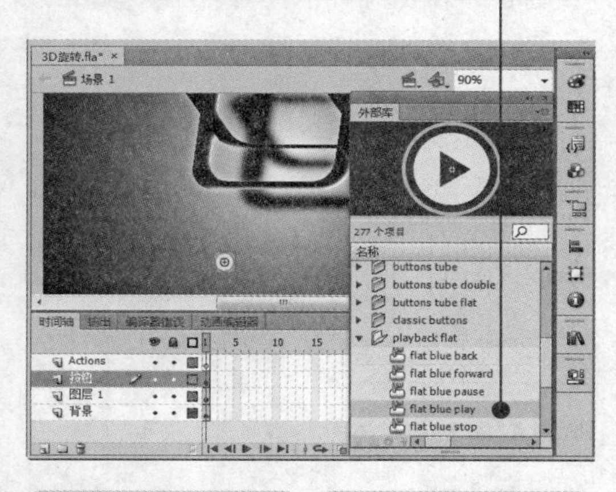

07 选择舞台上的按钮实例。

08 设置其属性，将实例命名为 play3d。

09 用同样的方法制作“暂停”按钮。

10 将实例命名为 pause3d。

11 选择舞台上“3D 旋转”影片剪辑实例。

12 将其命名为 zhuan。

小提示

本实例综合了本章所学的 ActionScript 3.0 知识，希望用户多加练习，熟练掌握基本的 ActionScript 3.0 脚本语言。

13 选择 Actions 图层的第 1 帧。

14 打开“动作”面板，输入代码。

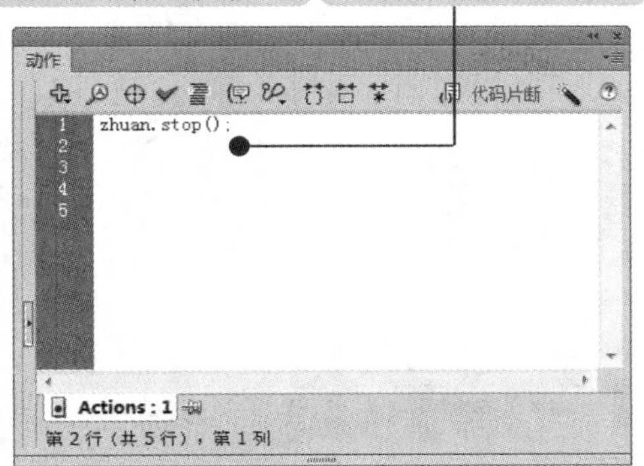

15 连续按【Enter】键，向下插入一个空行。

16 输入动作代码。

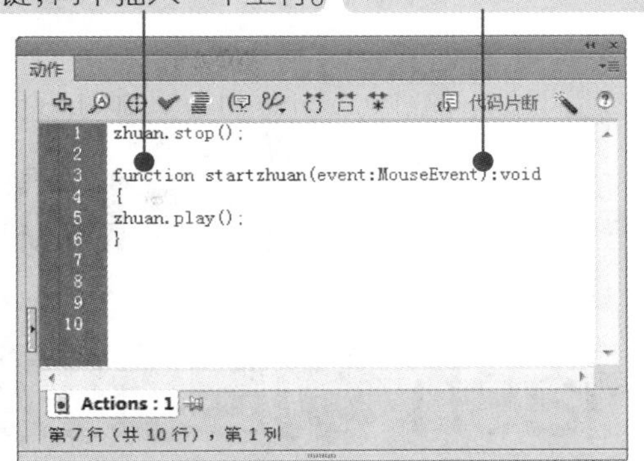

注释：

步骤 16 中的代码定义一个名为 startzhuan()的函数。调用 startzhuan()时，该函数会使影片剪辑实例（及名为 zhuan 的 3D 旋转实例）开始播放。

17 在下一行中继续输入代码。

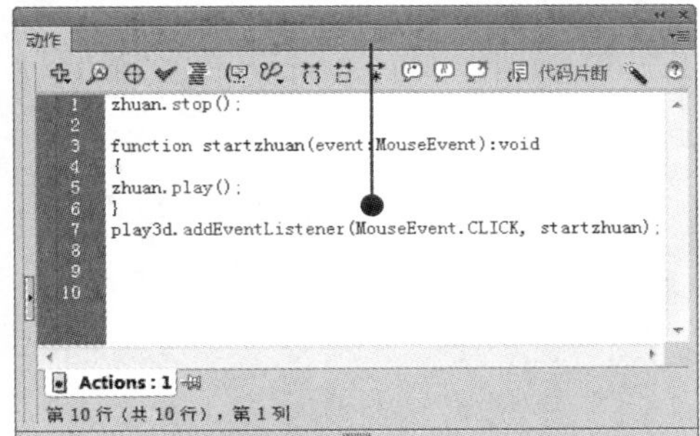

注释：

步骤 17 中的代码将 startzhuan()函数注册为 play3d 的 click 事件的侦听器。也就是说，只要单击名为 play3d 的按钮，就会调用 startzhuan()函数。

18 按【Enter】键，在最后一句代码后插入一个空行。

19 输入动作代码。

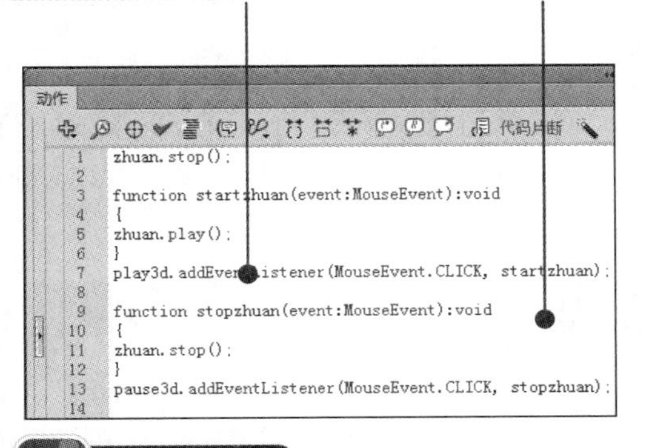

20 按【Ctrl+Enter】组合键，测试动画。

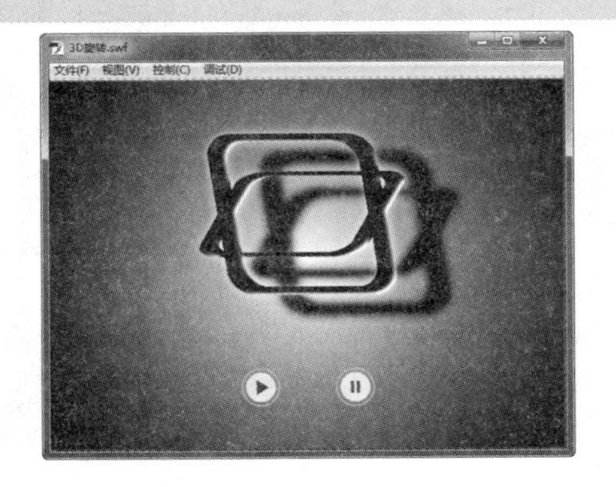

注释：

步骤 18 中的代码定义一个名为 stopzhuan()的函数。调用 stopzhuan()时，该函数会使影片剪辑实例（即名为 zhuan 的 3D 旋转实例）停止播放。

如果要添加动作脚本控制整个动画，最好新建 Actions 图层，然后按【F9】键打开“动作”面板，编辑脚本。

预计学习时间 45 分钟

Chapter 11

Flash 动画的发布与导出

在 Flash 动画制作完成后，需要使用测试动画或测试场景功能查看动画播放时的效果。如果动画播放得不是很顺畅，还可以对其进行优化操作。如果需要在其他软件上使用 Flash 文件，则可以使用发布功能将 Flash 文件发布成其他模式。

要点导航

- 测试 Flash 动画
- 优化 Flash 影片
- 发布 Flash 动画
- 导出动画作品
- 综合实战——发布“海上扬帆”动画

重点图例

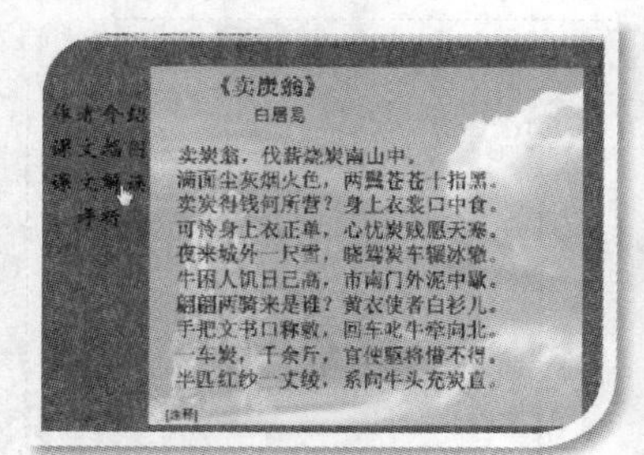

测试 Flash 动画

通过 Flash 动画的测试功能可以测试部分动画、场景、整体动画等效果。通过这一功能可以对所做的动画随时预览，用于保证动画的质量和正确性。

11.1.1 测试影片

当动画制作完成后，可以对动画进行简单测试，以查看该动画是否符合用户的要求。单击“控制”|“测试影片”|“测试”命令或按【Ctrl+Enter】组合键，即可调试影片。

测试影片的具体操作方法如下：

素材：光盘：素材\11\诗词鉴赏.fla

效果：光盘：效果\11\诗词鉴赏.fla

难度：★☆☆☆☆

视频：光盘：视频\11\测试影片.swf

01 打开素材文件，单击“控制”|“测试影片”|“测试”命令。

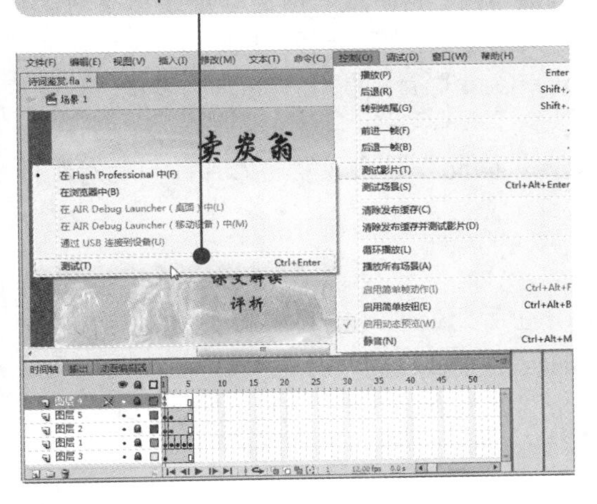

02 测试影片效果。

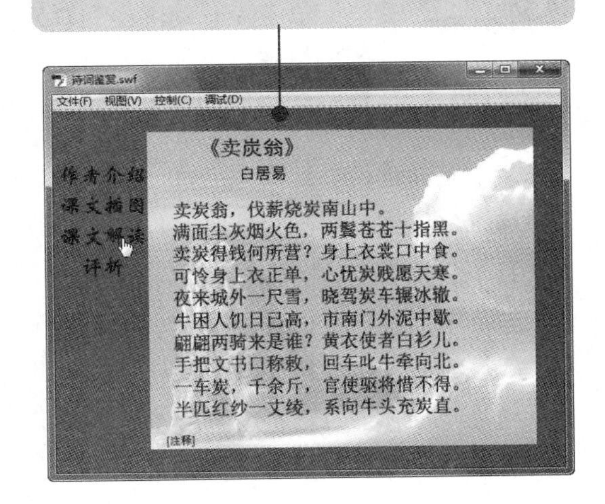

11.1.2 测试场景

在制作动画的过程中，根据需要将会创建多个场景，或在一个场景中创建多个影片剪辑动画效果。若要对当前的场景或元件进行测试，可以单击“控制”|“测试场景”命令，具体操作方法如下：

素材：光盘：素材\11\诗词鉴赏.fla

效果：光盘：无

难度：★☆☆☆☆

视频：光盘：视频\11\测试场景.swf

Flash 动画有诸多的优点，但在传播过程中也受到许多因素的制约，尤其是网络带宽的影响。测试下载速度可以帮助用户测试自己的作品在网络中传输时的速度。

01 打开素材文件。

02 双击场景中“元件6”，进入编辑状态。

03 单击“控制”|“测试场景”命令，预览播放效果。

11.2 优化 Flash 影片

当 Flash 动画在互联网上进行展示时，其质量与数量会直接影响动画的播放速度和时间。质量越高，文档越大，下载时间就越长，从而导致动画播放的速度会越慢，所以对 Flash 影片的优化是非常必要的。

由于受网络带宽的限制，Flash 影片不可能太大，因此在导出或发布影片前需要对制作的影片进行优化，以减小动画文件的大小。

1. 影片整体优化

当一个动画影片制作完成后，需要对其进行一些后期处理，使制作的动画效果更加完善。从整体上来说，优化影片需要从以下几个方面进行考虑：

◎在制作动画时，对于需要多次使用的对象应将其转化为元件，这样既可以减少工作量，提高工作效率，也可以减小动画文件的大小。

◎在制作动画时，应尽可能少使用关键帧，以减小文件的大小。

◎在制作较大的动画时，可以将其分解为多个小动画来实现。

◎若用到外部位图图像，尽可能将其作为背景或静态元素使用。

◎向动画中添加声音时，应尽量使用 MP3 格式的声音文件。

2. 对象和线条优化

◎不同的对象应放置在不同的图层中，以便于制作动画。

小提示 优化动画是一个非常重要的过程，对于作品在网络中传播有着重要意义。

◎使用“优化”命令对线条进行优化处理，尽可能减少描述形状的分割线条数量。

◎尽量使用实线，避免使用虚线、点状线、锯齿状线等特殊线条。

3. 优化文字

尽可能少地使用嵌入字体，以减小文件的大小。当必须使用嵌入字体时，应在“嵌入字体”选项中设置需要的字符，而不要包括全部字体。

4. 优化动作脚本

在脚本中尽量少使用全局变量，并将多次用到的代码块设置为函数。

单击“文件”|“发布设置”命令，弹出“发布设置”对话框，选择 Flash 选项卡，选中“省略 trace 语句”复选框，在发布影片时不使用 trace 动作。

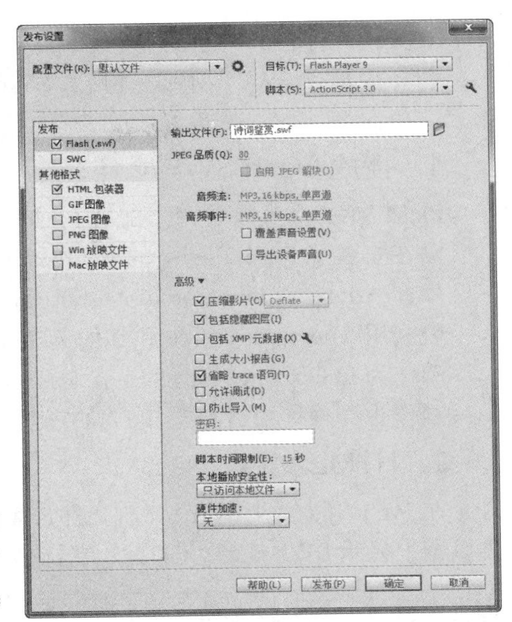

11.3 发布 Flash 动画

当动画制作完成后，即可将其发布为所需的格式，并应用在不同的文档中，从而实现动画的使用目的。

11.3.1 发布概述

在默认情况下，使用“发布”命令会创建一个 Flash SWF 文件和一个 HTML 文档，该 HTML 文档会将 Flash 内容插入到浏览器窗口中。“发布”命令还为 Adobe 的 Macromedia Flash 4 及更高版本创建和复制检测文件。如果更改发布设置，Flash 将更改与该文档一并保存。在创建发布配置文件之后将其导出，以便在其他文档中使用，或供在同一项目上工作的其他人员使用。

Flash Player 6 及更高版本都支持 Unicode 文本编码。使用 Unicode 支持，用户可以查看多语言文本，与运行播放器的操作系统使用的语言无关。

用户可以用替代文件格式（如 GIF、JPEG、PNG 和 QuickTime）以及在浏览器窗口中显示这些文件所需的 HTML 发布 FLA 文件。对于尚未安装目标 Adobe Flash Player 的用户，替代格式可以使他们在浏览器中浏览自己的 SWF 文件动画并进行交互。使用替代文件格式发布 Flash 文档（FLA 文件）时，每种文件格式的设置都会与该 FLA 文件一并存储。

用户可以用多种格式导出 FLA 文件，与用替代文件格式发布 FLA 文件类似，只是每种文件格式的设置不会与该 FLA 文件一并存储。或使用任意 HTML 编辑器创建自定义的

若要指定 Flash 文档在 Web 浏览器中的显示品质，可以使用 object 和 embed 参数。“发布”命令可以执行此任务。

HTML 文档，并在其中包括显示 SWF 文件所需的标签。

若要在发布 SWF 文件之前测试 SWF 文件的运行情况，可单击“测试影片”和“测试场景”命令。

1. 播放 Flash SWF 文件

Flash SWF 文件格式用于部署 Flash 内容，可以采用以下方式播放内容：

◎在安装了 Flash Player 的 Internet 浏览器中播放。

◎在 Adobe 的 Director 和 Authorware 中用 Flash Xtra 播放。

◎利用 Microsoft Office 和其他 ActiveX 主机中的 Flash ActiveX 控件播放。

◎作为 QuickTime 视频的一部分播放。

◎作为一种称为放映文件的独立应用程序播放。

2. HTML 文档

在 Web 浏览器上播放 SWF 文件，需要一个 HTML 文档并指定浏览器设置。要在 Web 浏览器中显示 SWF 文件，HTML 文档必须使用具有正确参数的 object 和 embed 标记。

11.3.2 发布设置

下面将详细介绍 Flash 动画的发布格式，以及如何发布 Flash 动画。

1. SWF 文件的发布设置

在“发布设置”对话框中选择 Flash（.swf）选项，可以对 Flash 文档的相关属性进行设置。

其中，各选项的功能如下。

◎ 目标：用于设置输出动画的版本。

◎ 脚本：用于设置导出 Flash 影片的 ActionScript 版本。

◎ JPEG 品质：用于将动画中的所有位图保存为具有一定压缩率的 JPEG 文件。

◎ 音频流和音频事件：用于设置动画中的声音文件。

◎ 覆盖声音设置：选中该复选框，覆盖在属性检查器“声音”部分中为个别声音进行的设置。

◎ 导出设备声音：选中该复选框，导出适合设备（包括移动设备）的声音，而不是原始库声音。

◎ 压缩影片：选中该复选框，可以对动画进行压缩处理，这样能减小动画所占用的空间。

◎ 包括隐藏图层：选中该复选框，导出 Flash 文档中的所有隐藏图层。

◎ 包括 XMP 元数据：选中该复选框，单击按钮，弹出“文件信息”对话框，导出输入的所有元数据。

在 Flash CS6 中，如果在发布设置中将播放器目标设置为 Flash Player 版本，则目标实际是 Flash Player 10.1 版本。

◎ 生成大小报告：选中该复选框，可以创建一个文本文件，记录最终导出动画的相关参数。

◎ 省略 trace 语句：选中该复选框，可以使 Flash 忽略当前动画中的“跟踪”命令。

◎ 允许调试：选中该复选框，激活调试器，并允许远程调试 Flash SWF 文件。

◎ 防止导入：选中该复选框，可以防止发布的动画文件被他人下载后导入到 Flash 应用程序中进行编辑。

◎ 密码：为 SWF 文件输入打开保护密码。

发布设置完成后，即可查看发布效果。

2. HTML 文档的发布设置

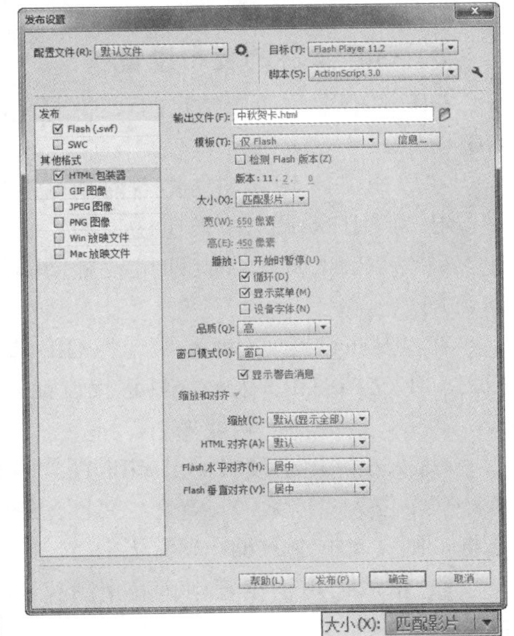

若要在 Internet 上浏览 Flash 动画，就必须创建含有动画的 HTML 文件，并设置好浏览器的属性，此时可通过“发布”命令自动生成所需的 HTML 文件。

在“发布设置”对话框中选择 HTML 选项，可以对 HTML 文档的相关发布属性进行设置。

其中，各选项的功能如下。

◎ 模板：用于设置所使用的模板。当选定模板后，单击其右侧的“信息”按钮，就会显示出该模板的有关信息。

◎ 大小：用于设置 OBJECT 或 EMBED 标签中嵌入动画的宽和高。其中包括 3 个选项。

• 匹配影片：将尺寸设置为动画的实际尺寸大小。

• 像素：可在“宽”和“高”文本框中分别输入所需宽度和高度的值。

• 百分比：用于设置该动画相对于浏览器窗口的尺寸大小，在“宽”和“高”文本框中可分别输入宽度和高度百分比。

◎ 播放：在该选项区中，可为 OBJECT 或 EMBED 标签的 LOOP、PLAY、MENU 和 DEVICEFONT 参数赋值。

◎ 品质：通过设置品质的高低，决定抗锯齿的性能水平。

◎ 窗口模式：用于设置动画在 Internet Explorer 的透明显示、绝对定位及分层功能。

◎ 缩放：用于设置影片的缩放参数，定义动画该如何放置到所设置的尺寸范围中。只有当在文本框中输入的尺寸与动画的原始尺寸不同时，设置此选项才有意义。

◎ HTML 对齐：用于设置 ALIGN 属性，并决定动画窗口在浏览器窗口中的位置，如

HTML 参数可确定内容出现在窗口中的位置、背景颜色和 SWF 文件大小等，并可设置 object 和 embed 标记的属性。可以在“发布设置”对话框的 HTML 选项卡中更改这些设置。

下图（左）所示。

◎ Flash 水平（垂直）对齐：用于设置动画与 HTML 文档“水平”和“垂直”方向的对齐形式，定义动画在动画窗口中的位置，以及将动画裁剪到窗口尺寸的方式。

发布设置完成后，即可查看发布效果，如下图（右）所示。

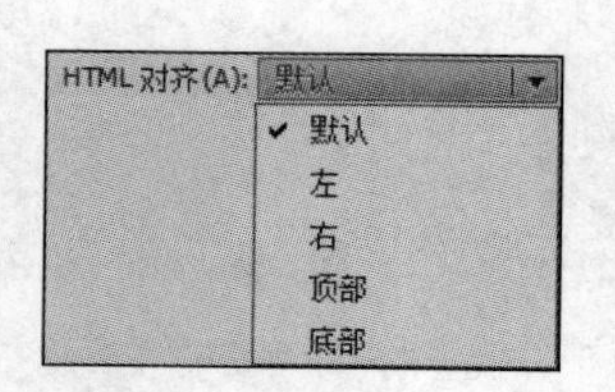

3. GIF 文件的发布设置

GIF 图像是网页中常见的一种图片格式，在 Flash 中也可以将自己制作的动画导出为 GIF 图像。

在导出 GIF 图像时，将当前动画中所有的帧导出为 GIF 动画。如果在适当的帧上定义标签名称为#First 和#Last，即可设置动画导出帧的范围。

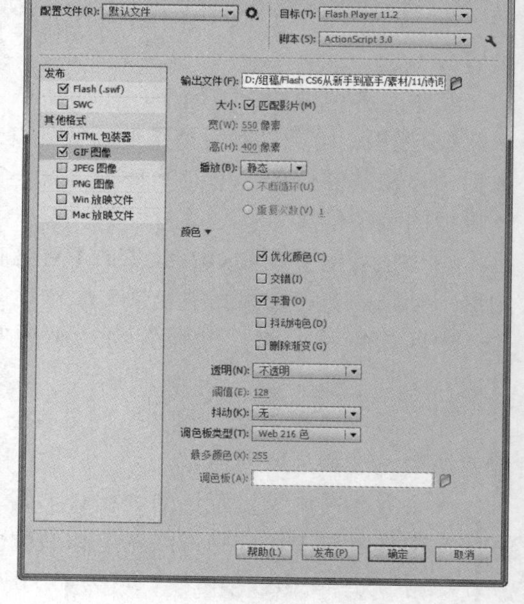

在“发布设置”对话框中选择 GIF 选项，可以对 GIF 文档的相关发布属性进行设置。

其中，各选项的功能如下。

◎ 大小：用于设置输出 GIF 图像时的尺寸大小（单位为“像素”）。若选中“匹配影片”复选框，则文本框中的尺寸设置无效。

◎ 播放：用于设置创建静止图片还是动画图片。

◎ 颜色：用于设置 GIF 图像的颜色显示属性。

◎ 透明：用于定义如何将 Flash 中的动画背景和透明度转换到 GIF 图像中。

◎ 抖动：用于设置抖动功能是否打开，并设置抖动方式。

◎ 调色板类型：用于定义调色板。

◎ 最多颜色：用于设置用在 GIF 图像中的颜色数量。

◎ 调色板：当在“调色板类型”下拉列表框中选择“自定义”选项时，才能将该选项激活。

发布设置完成后，即可查看发布效果。

小提示

通常，GIF 格式对于导出线条绘画效果较好，而 JPEG 格式适合显示包含连续色调（如照片、渐变色或嵌入位图）的图像。

4. JPEG 文件的发布设置

JPEG 格式可以将图像导出为位图。GIF 格式适合导出线条图形，而 JPEG 格式适合导出含有大量渐变色和位图的图像。

在“发布设置”对话框中，选择 JPEG 选项，如下图（左）所示，可以对 JPEG 文档的相关发布属性进行设置。

其中，各选项的功能如下。

◎ 大小：用于设置输出位图的尺寸。若选中“匹配影片”复选框，则不能设置尺寸文本框的值。

◎ 品质：拖动滑块，或在其右侧文本框中输入所需的数值，可以控制所有 JPEG 文件的压缩率。数值越大，压缩程度越大，文件容量越小，但质量也越差。

◎ 渐进：显示渐进 JPEG 图像。渐进 JPEG 图像就是图形在浏览器上渐渐地显示出来。在低速网络上载入 JPEG 图像时，该显示模式有可能会使图像显示得更快些，这与 GIF 和 PNG 图像的交错显示相似。

发布设置完成后，即可查看发布效果，如下图（右）所示。

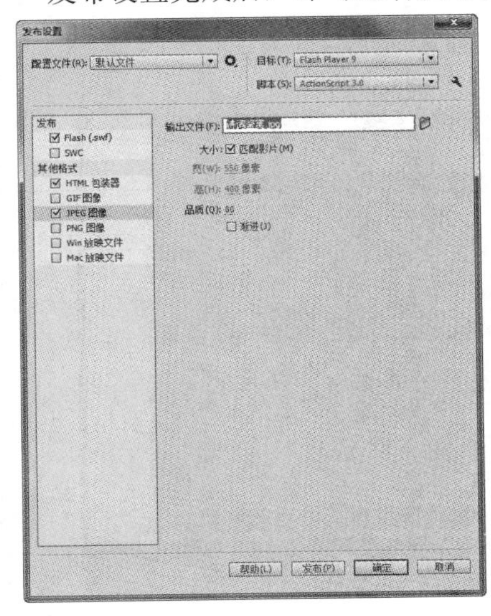

5. PNG 文件的发布设置

PNG 格式是一种可跨平台、支持透明度的图像格式。在导出 PNG 格式的图像时，只将动画的第 1 帧导出为 PNG 格式。

在“发布设置”对话框中选择 PNG 选项，如右图所示，可以对 PNG 文档的相关发布属性进行设置。

其中，各选项的功能如下。

◎ 大小：用于设置导出图像的尺寸大小。若选中“匹配影片”复选框，则导出的 PNG 图像与原始动画的尺寸相同。

◎ 位深度：用于设置创建图像时每个像素点所占的位数。位数越高，文件体积就越大。

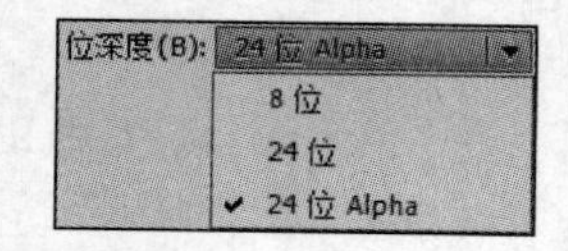

◎ 选项：用于为导出的 PNG 图像设置显示属性范围，其中包括“优化颜色”、“平滑”、“交错”、“抖动纯色”以及“删除渐变”选项。

◎ 抖动：用于设置抖动功能是否打开，并设置抖动方式，包括“无”、“有序”以及“扩散”选项。

◎ 调色板类型：用于为图像定义调色板，包括“Web 216 色”、“最合适”、“接近 Web 最适色”以及“自定义”选项。

◎ 最多颜色：用于设置用在 PNG 图像中的颜色数量。

◎ 滤镜选项：用于设置 PNG 图像的过滤方式，主要包括“无”、Sub、Up、Average、Paeth 及 Adaptive 选项，如下图（左）所示。

发布设置完成后，查看发布效果，如下图（右）所示。

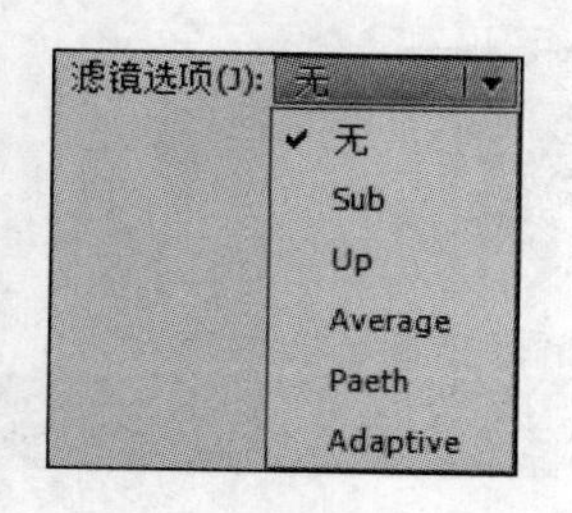

小提示 Windows 可执行文件.exe 和放映文件格式没有设置选项。

11.3.3 文件预览与发布

下面将简要介绍 Flash 动画的预览与发布方法。

1. 预览文件

使用“发布预览”命令，即可发布文件，并在默认浏览器上打开预览。

单击“文件”|“发布预览”命令，然后选择要预览的文件格式，即可打开该格式的预览窗口。

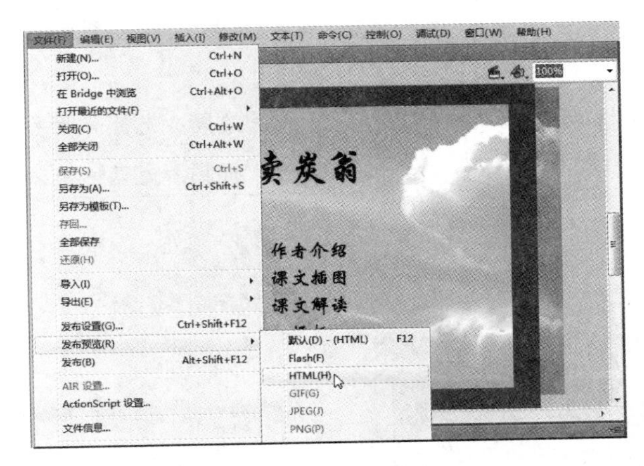

2. 发布文件

单击“文件”|“发布”命令，或单击“文件”|“发布设置”命令，在弹出的“发布设置”对话框中进行参数设置，单击“确定”按钮，即可发布文件，如下图（左）所示。

打开发布文件所在的目录，双击动画文件，如下图（右）所示，即可运行动画。

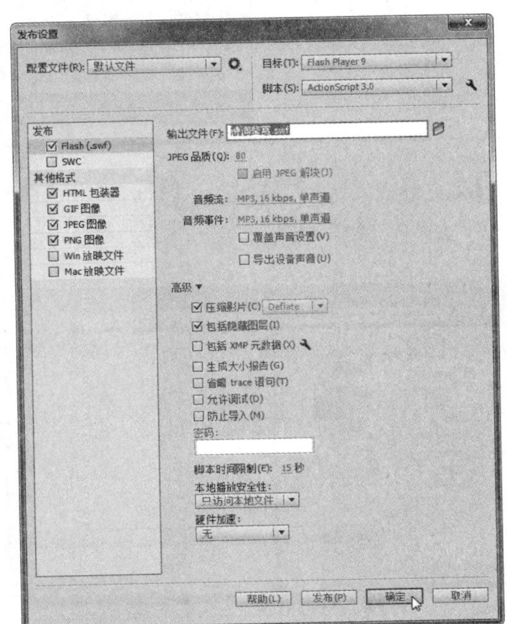

如果用户要向 Flash 中导入透明图片，可将该图片设置为 PNG 格式。

11.4 导出动画作品

当对动画完成优化与测试后，即可将其导出。使用 Flash 程序一次只能将动画按照一种格式导出，但可以将多种格式的文件同时发布到网上。下面将详细介绍导出动画作品的方法与技巧。

11.4.1 导出图像文件

使用 Flash 导出图像文件的具体操作方法如下：

素材：光盘：素材\11\游鱼.fla　　效果：光盘：效果\11\游鱼.fla

难度：★★☆☆☆　　视频：光盘：视频\11\导出图像文件.swf

01 打开素材文件。

02 单击“文件”|“导出”|“导出图像”命令。

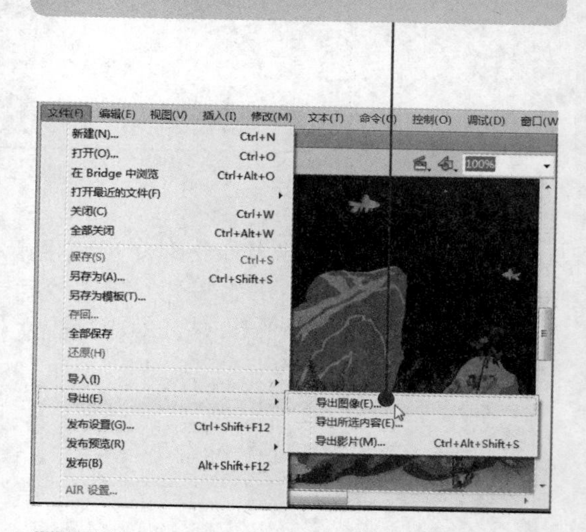

03 选择保存位置，输入文件名。

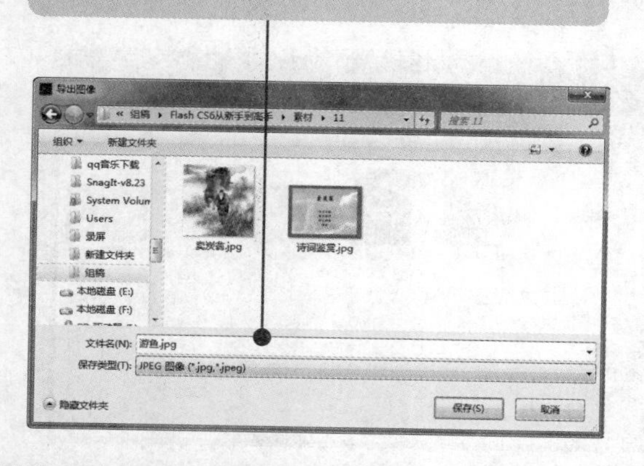

04 选择“GIF 图像（*.gif）”保存类型。

05 单击“保存”按钮。

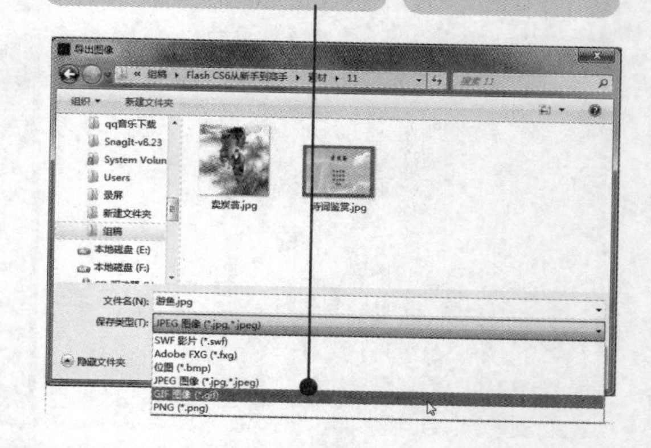

小提示：在导出图像时，有些格式需要详细设置，有些则不需要。

06 设置各项导出参数。

07 单击“确定”按钮。

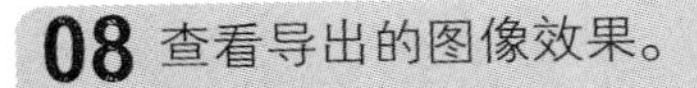

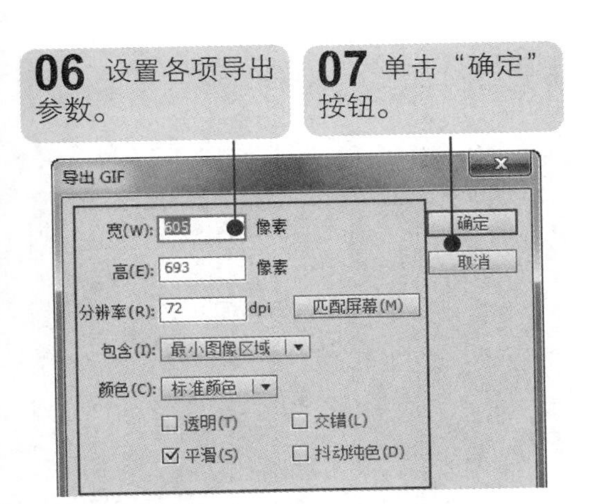

08 查看导出的图像效果。

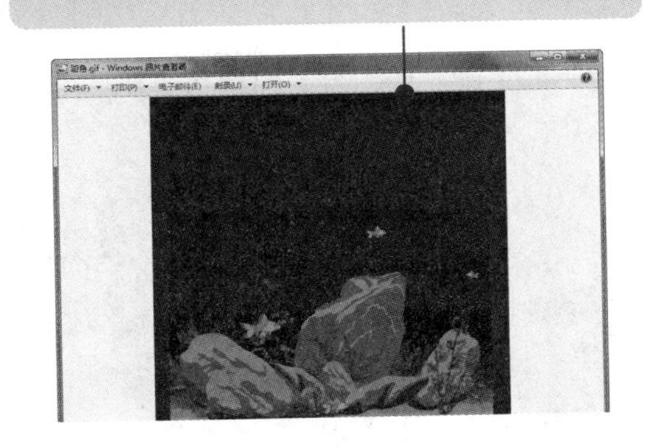

11.4.2 导出影片文件

Flash 不仅可以导出 Flash 动画或精致的图像，还可以导出单独的声音或视频。使用 Flash 导出影片文件的具体操作方法如下：

素材：光盘：素材\11\游鱼.fla

效果：光盘：无

难度：★★☆☆☆

视频：光盘：视频\11\导出影片文件.swf

01 打开素材文件。

02 单击“文件”|“导出”|“导出影片”命令。

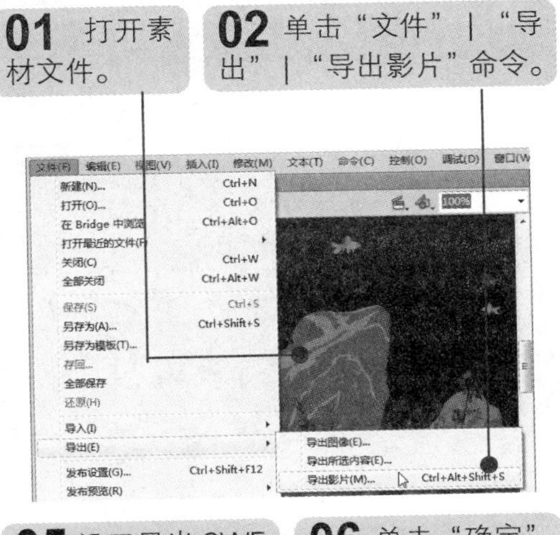

03 选择保存类型，修改文件名。

04 单击“保存”按钮。

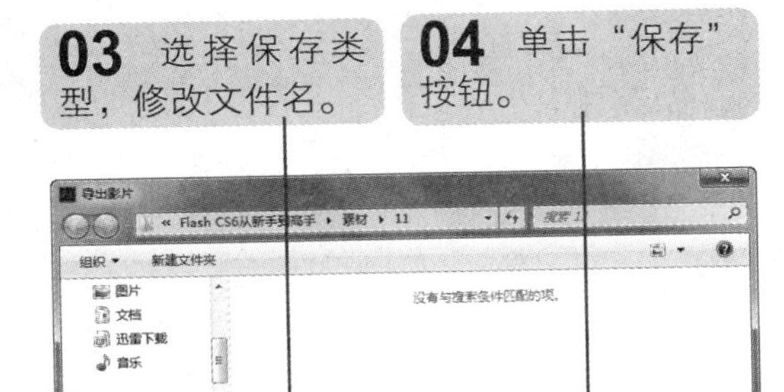

05 设置导出 SWF 参数。

06 单击“确定”按钮。

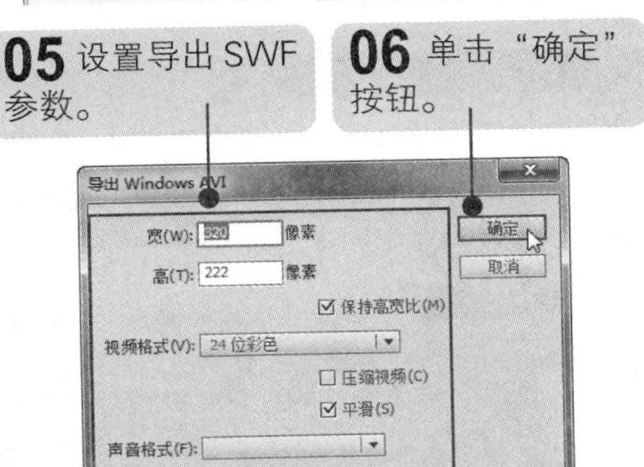

07 正在导出 SWF 影片，查看导出进度。

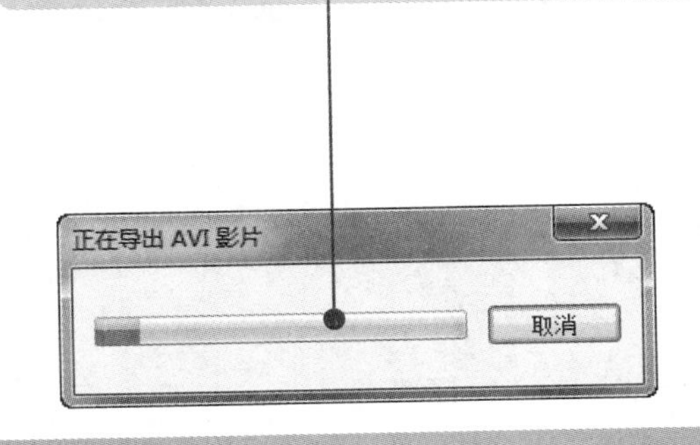

多学点

通过 Flash 导出的视频影片体积将会特别大。Flash 程序只能导出 SWF 格式的视频。

08 查看导出完成的视频文件。

游鱼.avi

09 双击视频文件，播放影片。

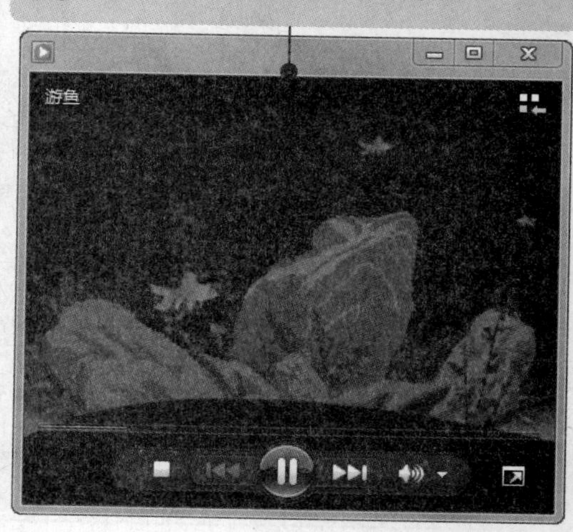

高手点拨

导出音频与导出视频的方法基本相同，在“导出影片”对话框中选择保存类型为“WAV格式”即可。

11.5 综合实战——发布“海上扬帆”动画

下面综合运用本章所学的知识，使用 Flash CS6 来优化、导出和发布“海上扬帆”动画。

素材：光盘：素材\11\海上扬帆.fla　效果：光盘：效果\11\海上扬帆.fla

难度：★★★☆☆　视频：光盘：视频\11\综合实战——发布海上扬帆动画.swf

01 打开素材文件，双击“船”影片剪辑。

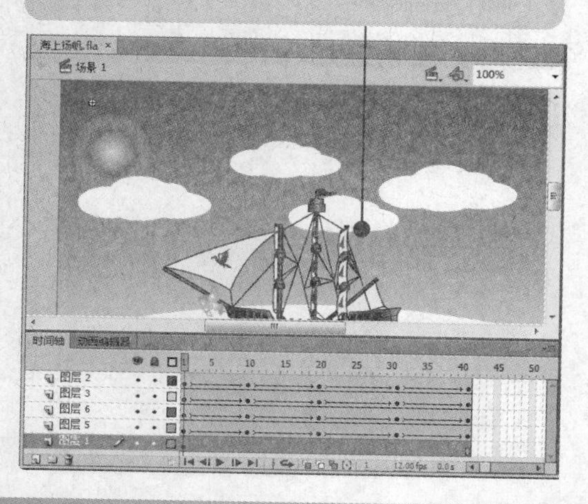

02 单击“控制” | “测试场景”命令。

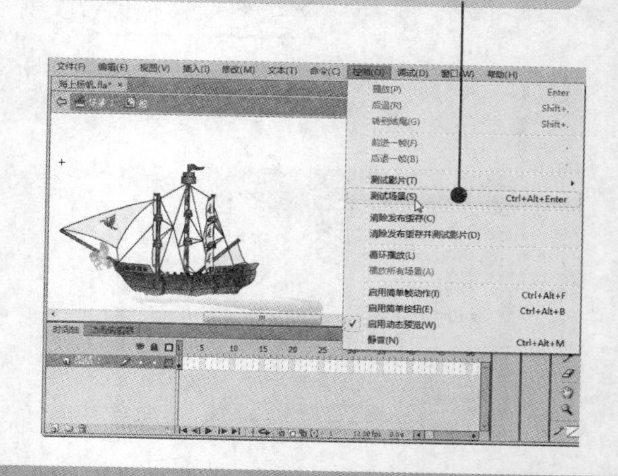

小提示

 播放 Flash 动画时，低版本播放器不一定能正常播放高版本制作的动画效果。

03 弹出测试场景效果图。

04 按【Ctrl+Enter】组合键，即可测试影片。

05 单击“文件” | “发布设置”命令，选择发布格式，并进行参数设置。单击“确定”按钮，分别发布。

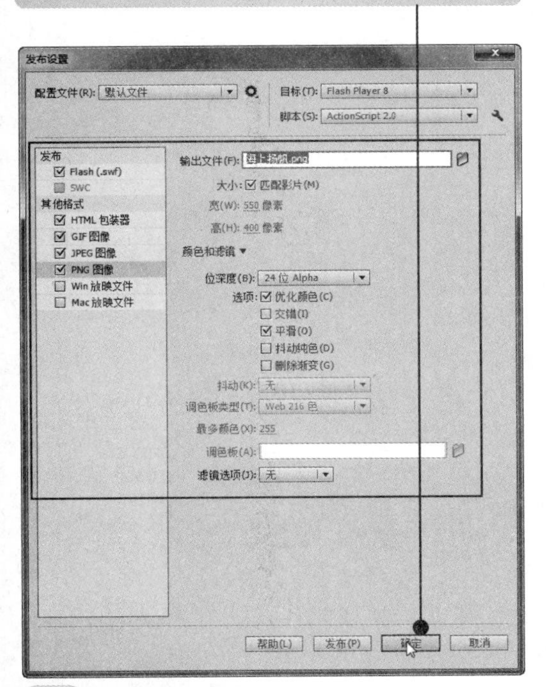

06 打开发布文件，查看发布效果。

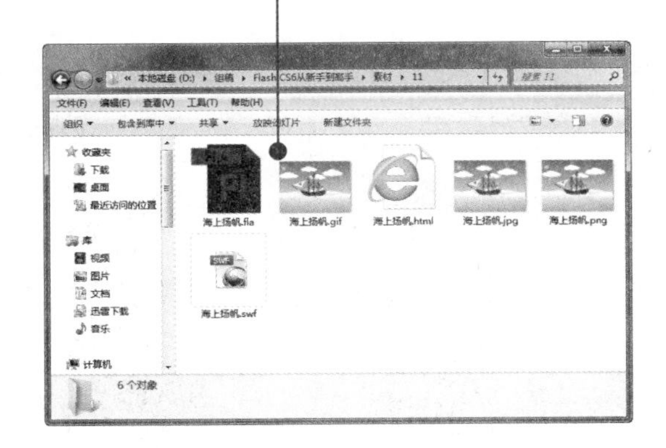

高手点拨

当把 Flash 图形导出为位图文件（如 GIF、JPEG、PICT、BMP 等格式）时，图形丢失其矢量信息，只保存为像素信息。可以在位图应用程序中（Photoshop、Fireworks 等）对图形进行处理，但再也不能转回矢量图进行编辑。

将图形中相同的元素转换为图形元件，有助于管理和重复使用，并有助于控制动画文件的大小。

07 单击“文件”|“导出”|“导出影片”命令，导出影片。

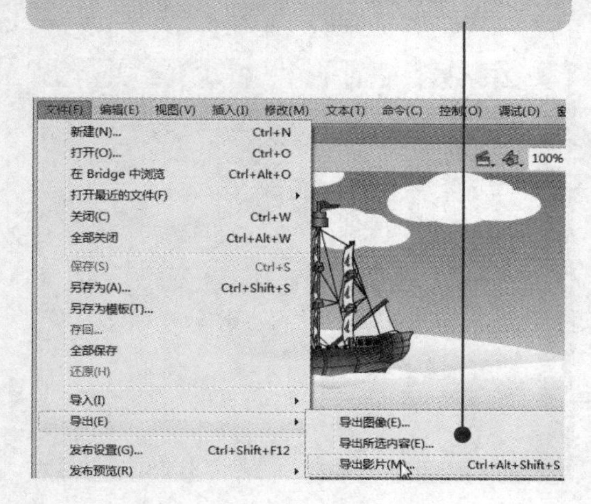

08 双击影片文件，查看导出影片效果。

在发布预览或者测试动画时，在Flash文档所在的目录上就已经生成了动画文件。

预计学习时间 120 分钟

Chapter 12

Flash 多媒体动画制作实战

Flash 的功能越来越强大，它在各个领域的应用也更加广泛与深入。本章将通过交互动画、电子贺卡、动画短片和导航相册等几个典型的多媒体动画制作综合实例，使读者进行实战演练，熟练掌握 Flash 动画制作的技术精髓。

要点导航

- 制作交互动画
- 制作电子贺卡
- 制作动画短片
- 制作导航相册

重点图例

12.1 制作交互动画

交互动画是 Flash 动画的一个重要分支，被广泛应用于多媒体教学、网络广告、网络游戏等领域。下面将通过制作“流浪的小狗”动画，详细介绍交互动画的制作方法与技巧。

素材：光盘：素材\12\流浪的小狗.fla　　效果：光盘：效果\12\流浪的小狗.fla

难度：★★★☆☆　　视频：光盘：视频\12\制作交互动画（1～3）.swf

12.1.1 设计要求

从交互动画本身来说，一个优秀的交互动画需要有一个出色的创意，否则将很难引人注意。一个出色的创意不仅可以将设计者的意图表现出来，且能给人留下无尽的回味。

Flash 交互动画播放时可以接受某种控制，这种控制可以是动画播放者的某种操作，也可以是在动画制作时预先准备的操作。这种交互性提供了观众参与和控制动画播放内容的手段，使观众由被动接受变为主动选择。观看者可以用鼠标或键盘对动画的播放进行控制，所以交互动画多用在教学和网络中。

利用按钮制作灵活的动画交互，制作同时需要绘制图像、制作元件、创建动画以及添加动作脚本等。

构思动画结构，确定主题内容，收集素材。

12.1.2 制作过程

在收集好素材后，即可根据策划制作交互动画，具体操作方法如下：

01 打开素材文件。

02 将“背景”图层延长至第 180 帧。

03 按【Ctrl+F8】组合键，创建“身子”新元件。绘制径向渐变填充的椭圆，设置渐变颜色。

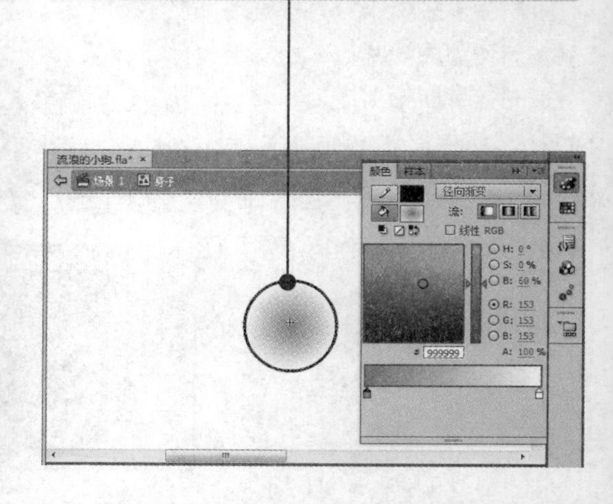

制作交互动画是利用按钮的灵活性与用户之间互相交流，从而达到控制动画播放的效果。

04 新建“背景 2”图层。使用椭圆工具和钢笔工具绘制木盆，填充颜色。

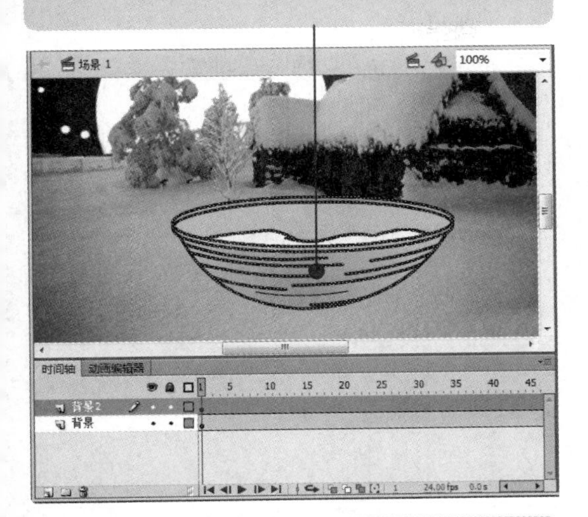

05 打开“库”面板，将垃圾桶、废纸、酒瓶和身子素材拖至舞台。使用任意变形工具调整其大小。

06 按【Ctrl+F8】组合键，创建“眼睛”影片剪辑。绘制图形，在第 2 帧添加关键帧，改变白色填充位置。

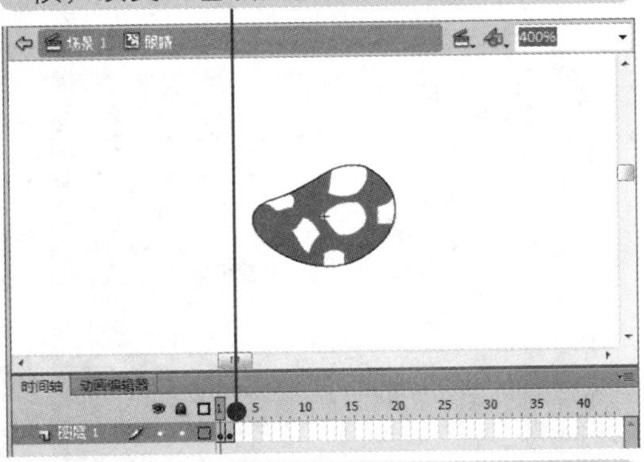

07 创建“委屈的头”影片剪辑。绘制图形，将“眼睛”拖至合适位置。

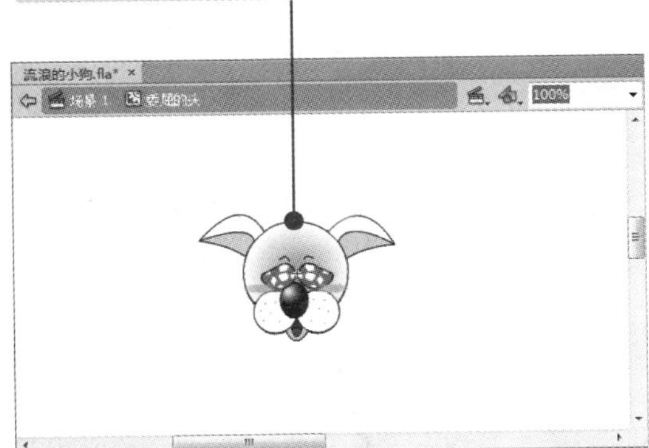

08 创建“流泪的头”影片剪辑。复制“委屈的头”，粘贴到当前位置，稍做调整。

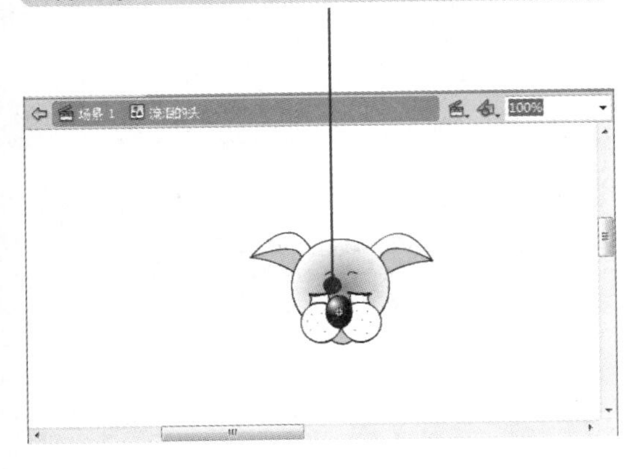

09 创建“闪光”影片剪辑，绘制四角星，在第 3 帧和第 5 帧插入关键帧，并调整第 3 帧对象大小和方向。

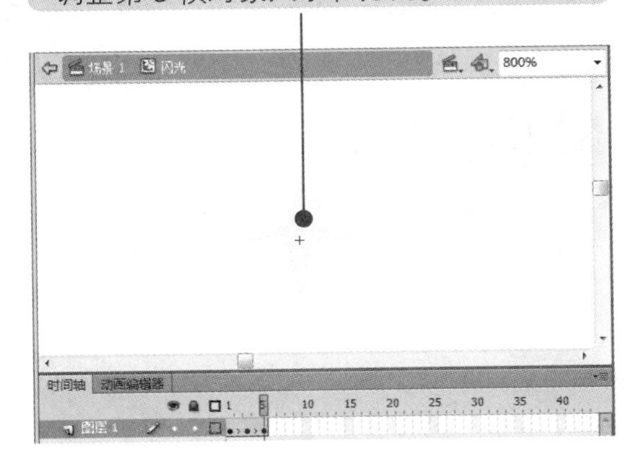

制作影片剪辑的好处是能够直接将制作好的简单动画以一帧的形式添加到场景中，为制作复杂动画奠定基础。

10 创建“眼睛 2”影片剪辑，绘制两个椭圆，点两个白点，在第 2 帧添加关键帧，改变白点位置。

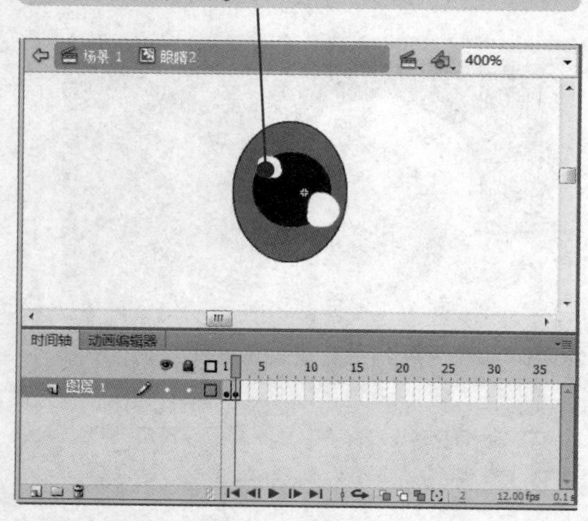

11 新建“图层 2”，将“闪光”拖至合适位置，延长帧到第 2 帧。

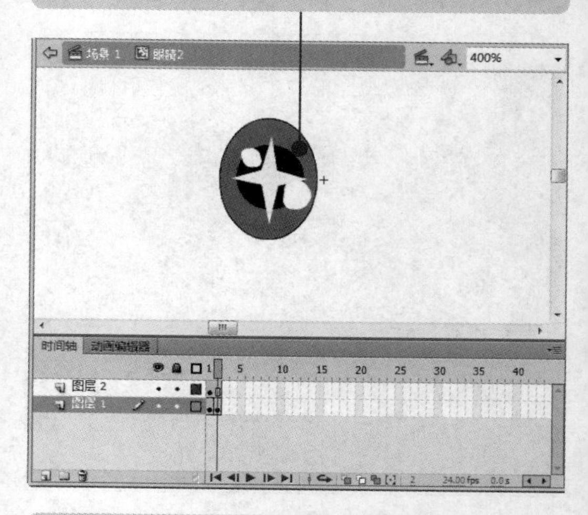

12 创建“激动的头”影片剪辑，复制“委屈的头”，粘贴到当前位置，将“眼睛 2”拖至合适位置。

13 打开“库”面板，将“委屈的头”拖至舞台。在第 10 帧添加关键帧，创建由下到上的传统补间动画。

高手点拨

创建“委屈的头”影片剪辑时，只需复制“激动的头”图形，粘贴到“委屈的头”影片剪辑中，将眼睛修改为哭泣的泪光，然后创建传统补间动画，将头从下向上移动。

小提示 在步骤 13 中，注意是将对象先放置下面一点，然后选中第 10 帧对象向上移动至完全显示头部。

14 在第 15 帧插入空白关键帧，将“激动的头”拖至舞台，移至合适位置。在第 22 帧插入关键帧，将实例向上移动。

15 在第 101 帧插入空白关键帧，将“流泪的头”拖至舞台，移至合适位置。在第 111 帧插入关键帧，向上移动舞台对象。

16 创建“爪子”元件，绘制图形。

17 打开“颜色”面板，设置填充颜色。

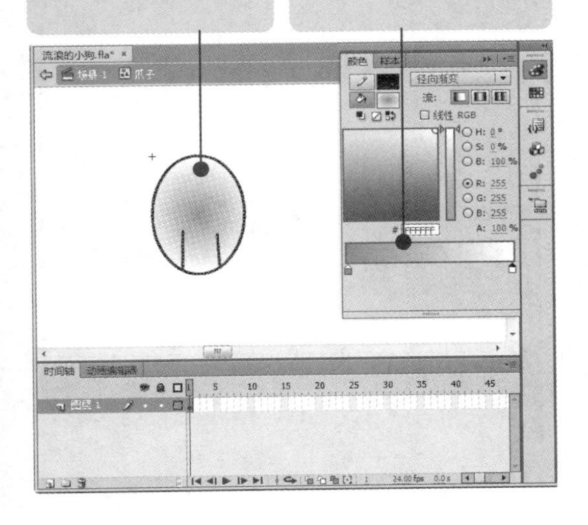

18 新建“狗狗身体”图层。复制粘贴两个绘制的“爪子”图形至木盆合适位置。

高手点拨

在“狗狗”图层中的第 15 帧和第 22 帧中创建传统补间动画。首先选择第 15 帧，将“激动的头”影片剪辑从“库”面板中拖动至舞台合适位置。然后在第 22 帧插入关键帧，选择第 22 帧的影片剪辑，将其向上移动一点。

添加空白关键帧是为了删除当前帧与以后帧的显示对象，添加其他对象。

19 选择“狗狗身体”图层，在第 15、100 帧插入关键帧。选中第 15 帧，将“闪光”拖至舞台，复制多个并放在合适位置。

20 创建“带我回家吧”文字影片剪辑，绘制 3 个椭圆，输入文本。

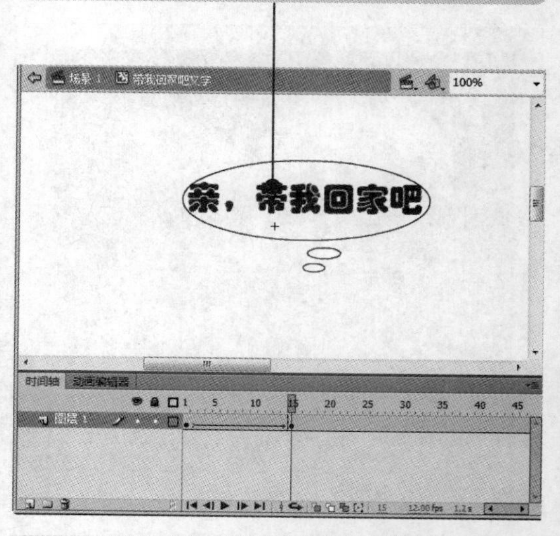

21 创建“有好日子过了”文字影片剪辑，输入文本。新建遮罩层，创建遮罩动画。

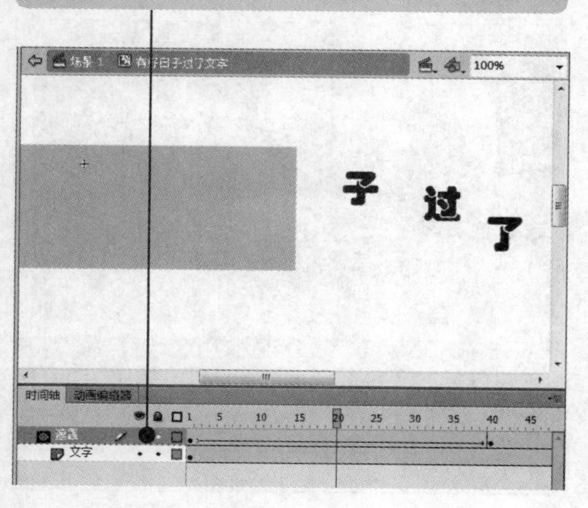

22 创建“呜呜”文字影片剪辑，输入文本。新建遮罩层，创建遮罩动画。

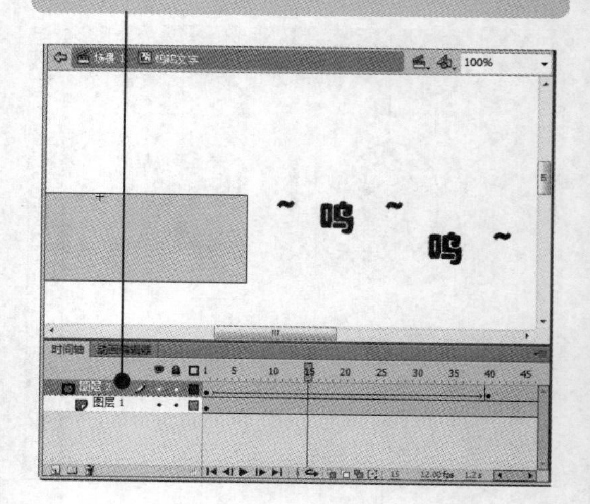

高手点拨

创建遮罩动画是在制作较复杂的 Flash 动画时比较常用的一个方法，利用它能创建出很多丰富多彩的动画效果，如过渡效果、逐渐显示效果，等等。

小提示 创建文字遮罩动画，达到文字一个一个显示出来的动画效果，直至显示全部内容。

23 新建“文字”图层，在第 10、15、23、100、111 帧插入空白关键帧。

24 选中第 10、23、110 帧，将 3 个文字影片剪辑拖至舞台。

25 新建“按钮 1”，分别设置在 4 个帧的不同图形和文字。

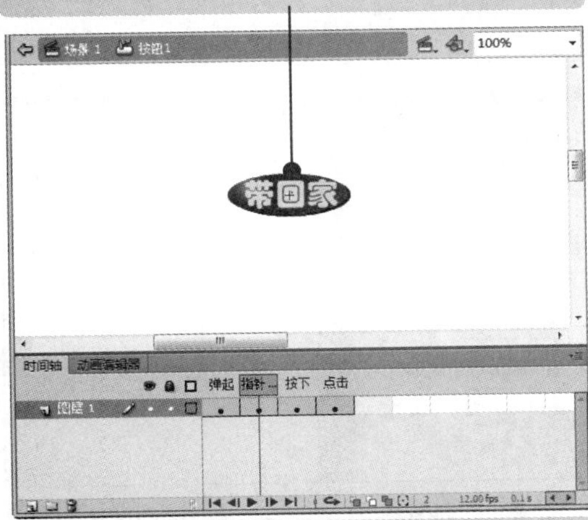

26 新建“按钮 2”，分别设置在 4 个帧的不同图形和文字。

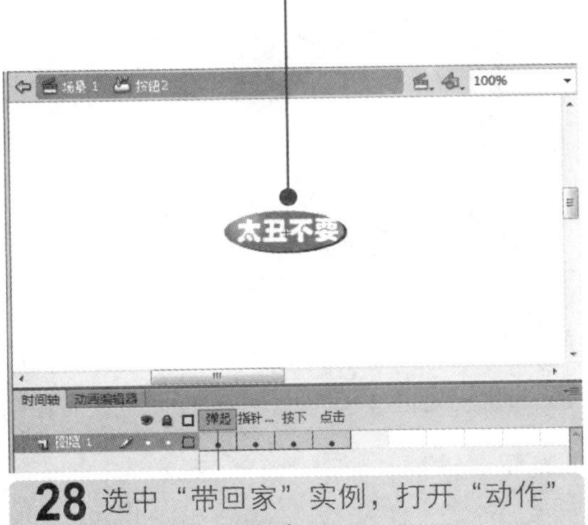

27 新建“按钮”元件，将“按钮 1”和“按钮 2”拖至舞台合适位置。

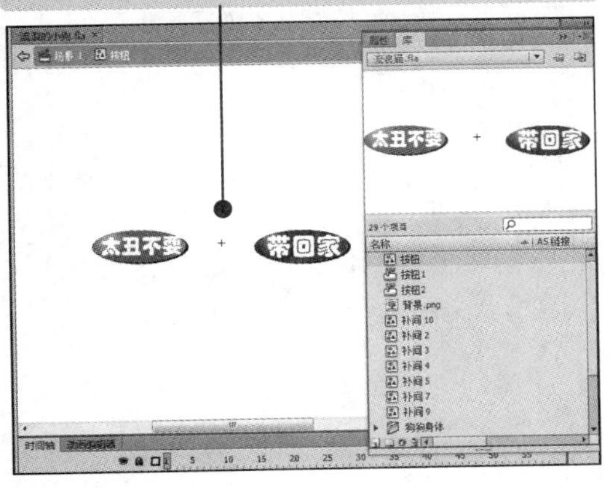

28 选中“带回家”实例，打开“动作”面板，输入动作命令。

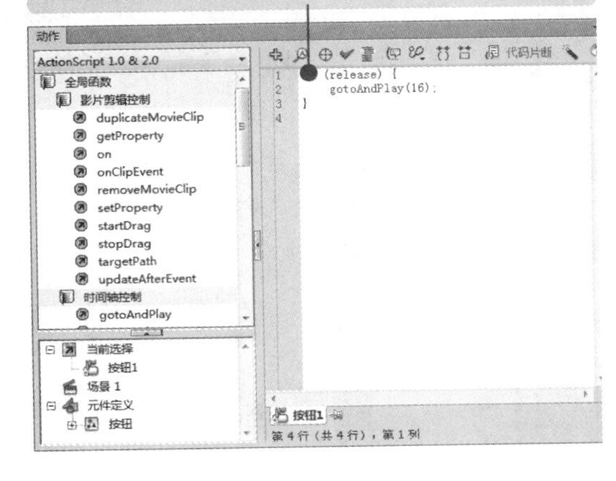

步骤 28 中添加动作脚本“(release) {gotoAndPlay(16)};”的意思是跳转到第 16 帧播放动画。

29 选中“太丑不要”实例，打开“动作”面板，输入动作命令。

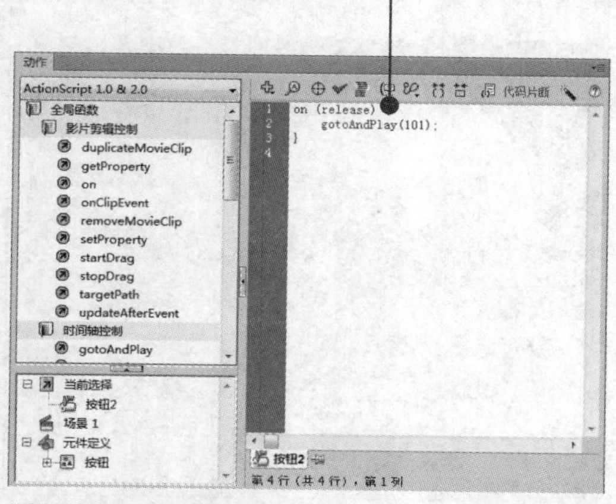

30 新建“按钮”图层，在第 10 帧插入关键帧，将“按钮”元件拖至舞台。

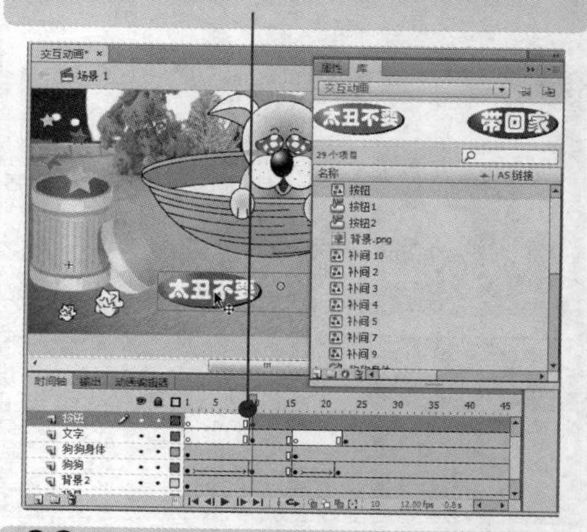

31 在第 15 帧插入空白关键帧，创建透明度从无到有的传统补间动画。

32 建“动作”图层，在第 15 帧插入空白关键帧。打开“动作”面板，输入“stop();”。

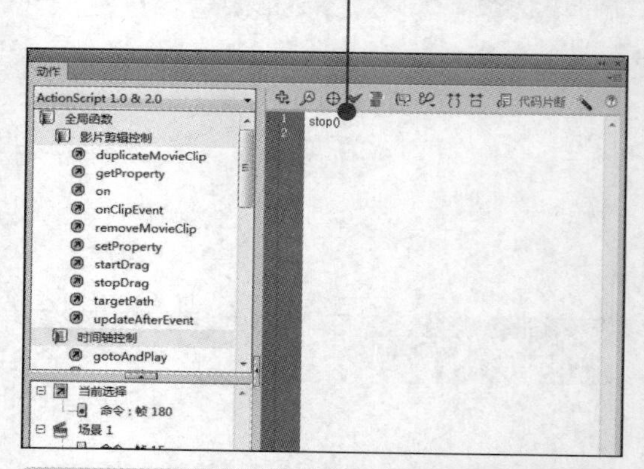

33 在第 180 帧插入空白关键帧，打开“动作”面板，输入“gotoAndPlay(1);”。

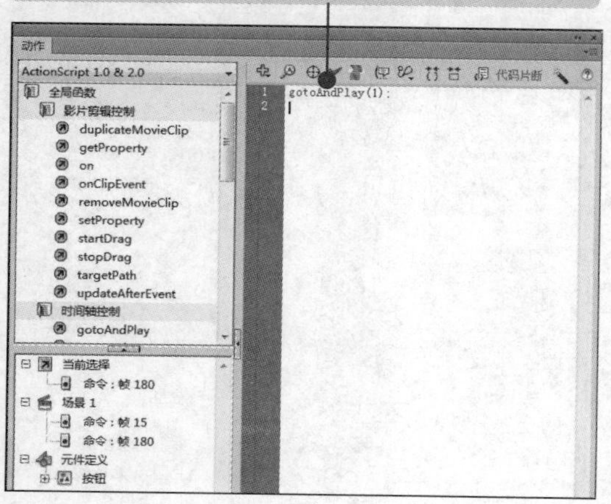

34 按【Ctrl+Enter】组合键测试影片，使用鼠标单击按钮查看效果。

小提示

Alpha 是设置元件色彩效果样式中的“透明度”属性，数值越小越透明，数值越大越清晰。

12.2 制作电子贺卡

使用 Flash 制作动画贺卡，不仅可以打造出绚美的场景、营造节日的气氛，还可以将设计者的情感淋漓尽致地表现出来，因此成为当前深受人们喜爱的一种贺卡形式。

素材：光盘：素材\12\圣诞节快乐.fla　　效果：光盘：效果\12\圣诞节快乐.fla

难度：★★★★☆　　视频：光盘：视频\12\制作电子贺卡（1～2）.swf

12.2.1 设计要求

从贺卡本身来说，一个优秀的动画贺卡需要有一个出色的创意，否则将很难引人注意。一个出色的创意不仅可以将设计者的意图表现出来，且能给人留下无尽的回味。

由于电子贺卡多以网络传送，因此其体积不能过大，否则再好的贺卡也会令人却步。如果设计者具有较强的手绘能力，则应尽量少用素材图片，因为外部素材多为位图，将占用大量的磁盘空间；而利用 Flash 中的工具进行绘制，创建的图形为矢量图，其体积相对较小。

节日贺卡的情节不应过于复杂，应简单明了，让浏览者在欣赏动画贺卡的同时便可明白其中要表达的意思。

12.2.2 制作过程

下面开始制作一个圣诞节电子贺卡，其中主要用到了导入外部矢量图形、制作各种元件、创建动画、添加动作脚本等操作，具体操作方法如下：

01 打开素材文件，查看舞台大小和颜色。

02 打开“库”面板，查看素材文件。

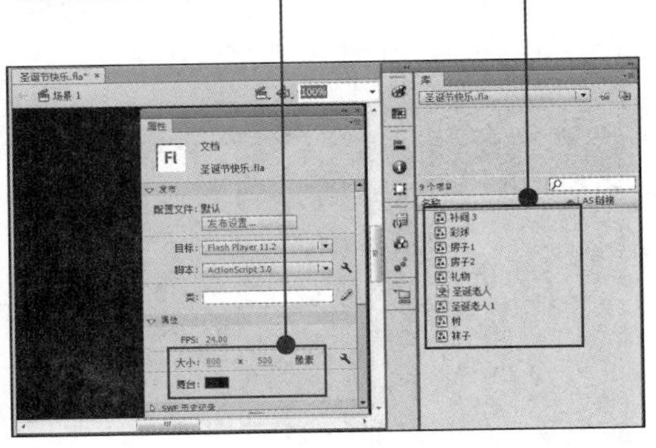

03 新建“背景”影片剪辑，使用钢笔工具绘制图形并填充渐变颜色，选中全部边按【Delete】键。

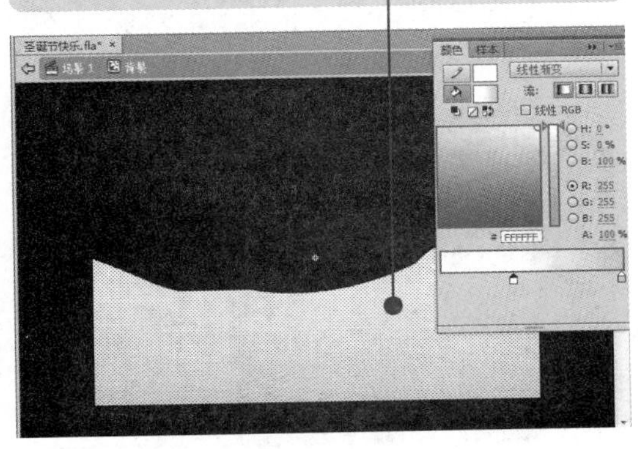

制作圣诞节贺卡其实就是制作很多的影片剪辑小动画，然后添加动作脚本控制整个动画的播放。

04 选中舞台对象，打开“颜色”面板，设置渐变颜色。

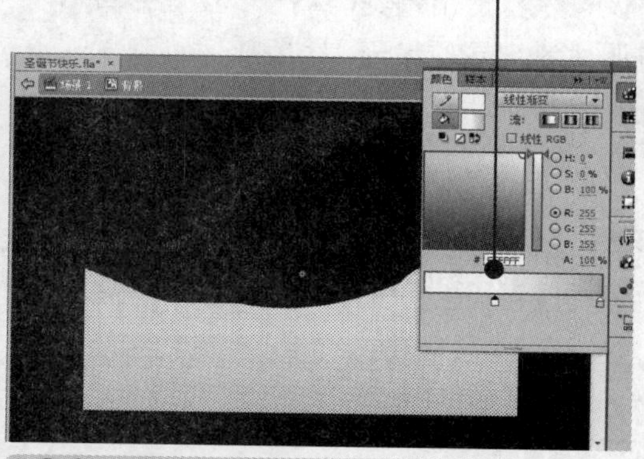

05 新建“图层 2”，用钢笔工具绘制图形，填充蓝色，选中全部边按【Delete】键。

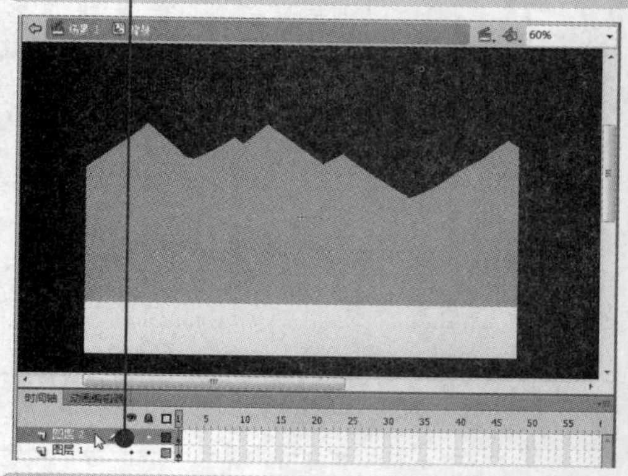

06 新建“图层 3”，使用矩形工具绘制无笔触、填充渐变颜色的矩形。打开“颜色”面板，设置渐变颜色。

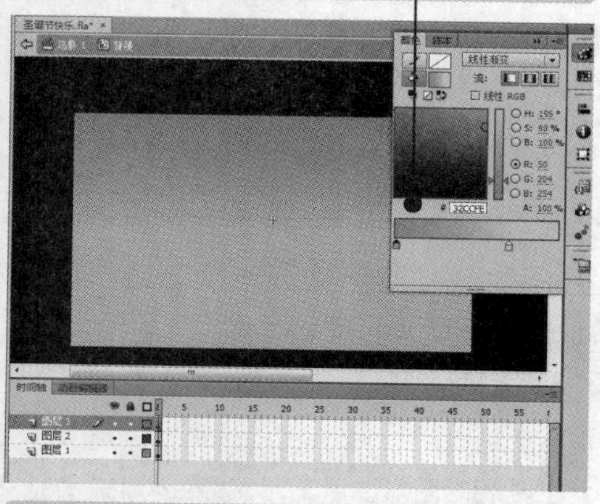

07 返回场景，将“图层 1”重命名为“背景”。打开“库”面板，将“背景”拖至舞台，调整合适大小。

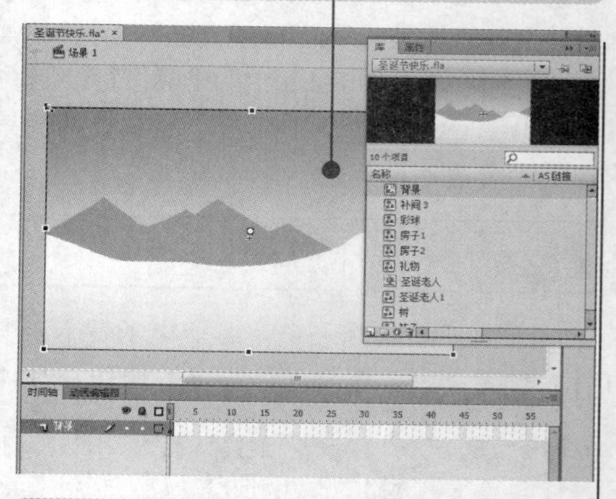

08 新建“闪光”影片剪辑，绘制无笔触、填充为径向渐变的椭圆。打开“颜色”面板，设置填充颜色。

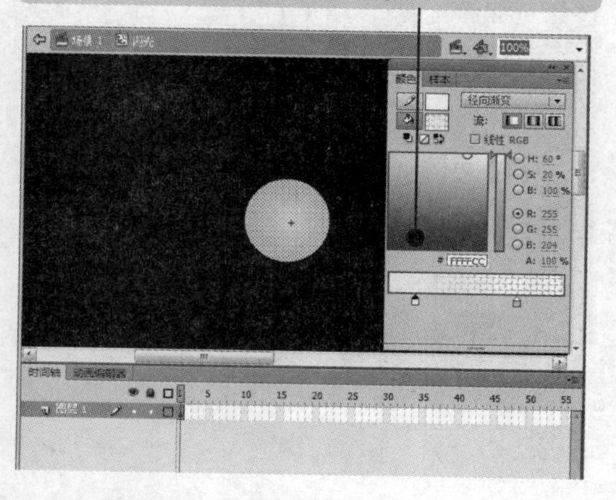

09 新建“图层 2”，选择椭圆工具，打开“颜色”面板，设置径向渐变颜色。绘制两个极细长的椭圆，并拼成十字形状。

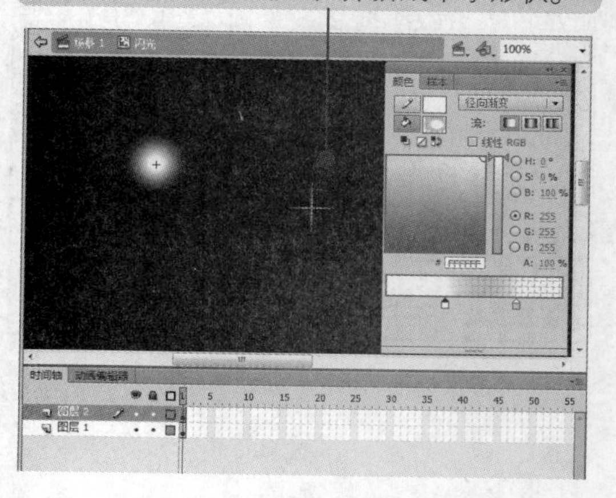

小提示

首先制作“背景”图层，创建“背景”影片剪辑，然后使用钢笔工具和其他绘图工具绘制形状。

10 在“图层 1”和“图层 2”的第 5 帧和第 10 帧添加关键帧。

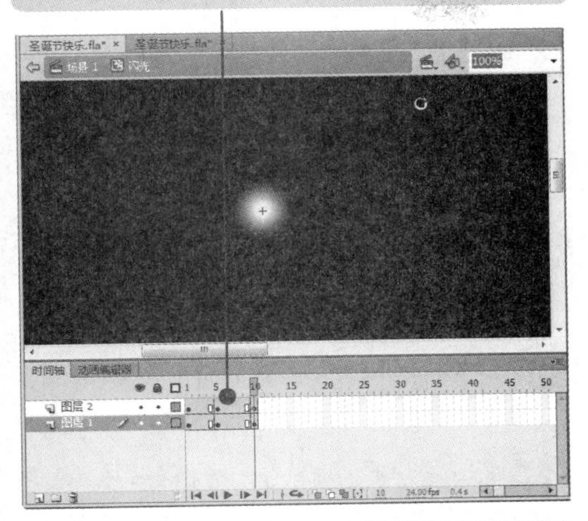

11 右击关键帧间任意帧，选择“创建补间形状”。选中“图层 2”第 5 帧，将图形变大。选中“图层 1”第 5 帧，将图形缩小。

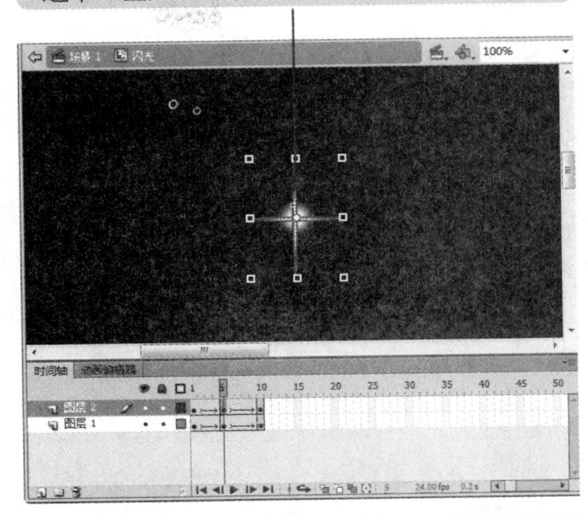

12 新建“圣诞树”影片剪辑。打开“库”面板，将“树”元件拖至舞台，调整大小。

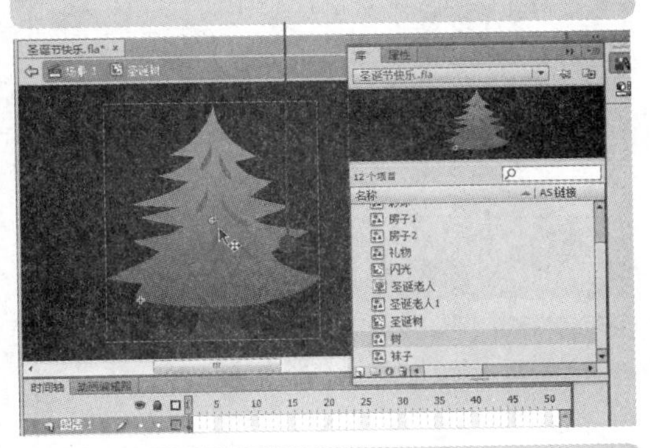

13 将“彩球”元件拖至“圣诞树”上，调整大小。按住【Ctrl】键拖动“彩球”实例，复制多个彩球。

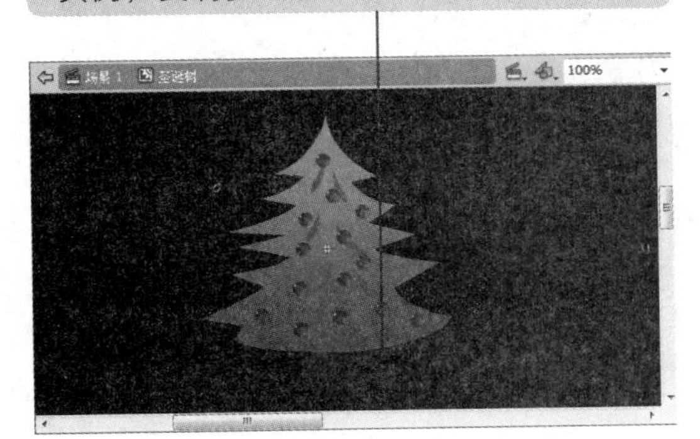

14 选中一个“彩球”实例，设置样式属性。同样，设置其他彩球样式。

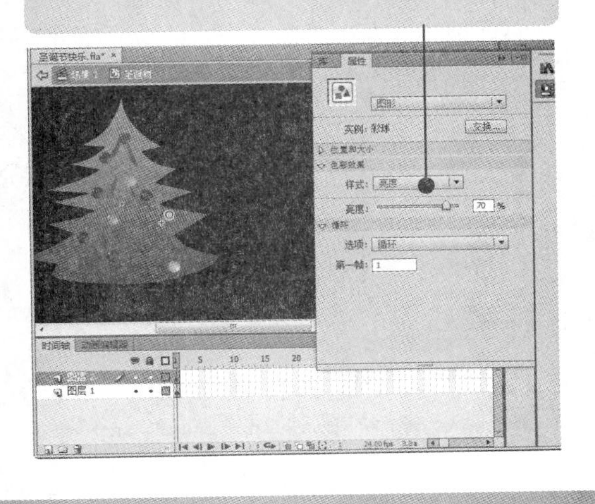

15 新建“图层 3”，打开“库”面板，将“闪光”影片剪辑拖至舞台。按住【Ctrl】键拖动实例复制多个，并移至合适位置。

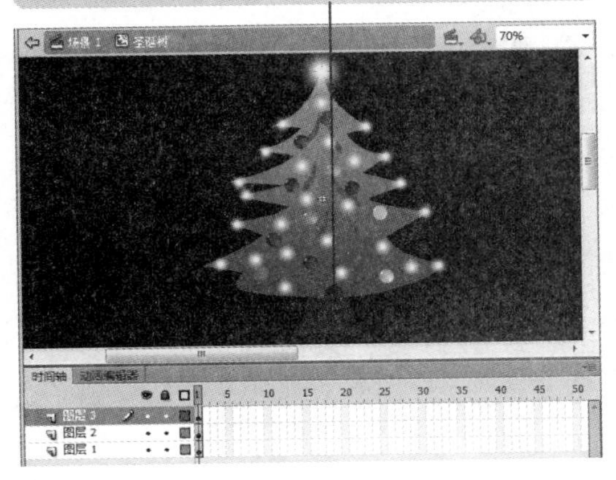

在复制实例时，先选中对象，再按住【Ctrl】键拖动实例，要注意先释放鼠标再释放【Ctrl】键。

16 返回场景，新建“袜子动画”影片剪辑。打开“库”面板，将“袜子”元件拖至舞台，调整大小。

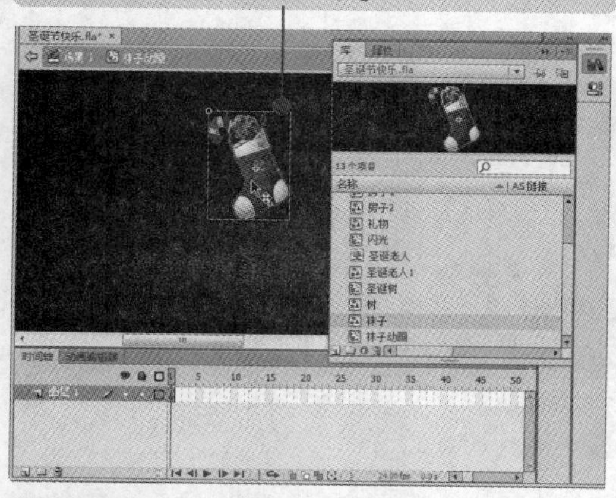

17 在第 10 帧和第 30 帧添加关键帧，右击任意帧，选择“创建传统补间”。选中第 10 帧，使用任意变形工具旋转舞台对象。

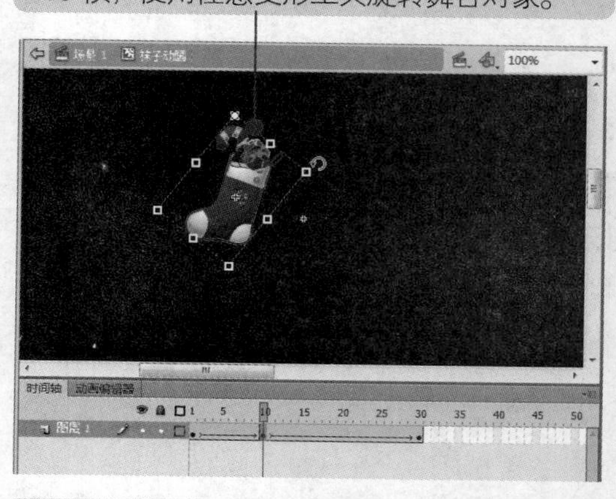

18 新建“礼物动画”影片剪辑，打开“库”面板，将“礼物”元件拖至舞台。在第 15、20、25 和 30 帧添加关键帧。

19 右击第 1～15 帧中任意帧，选择“创建传统补间”，创建实例由上向下动画。

20 使用任意变形工具分别旋转第 20 帧和第 30 帧中的舞台对象。

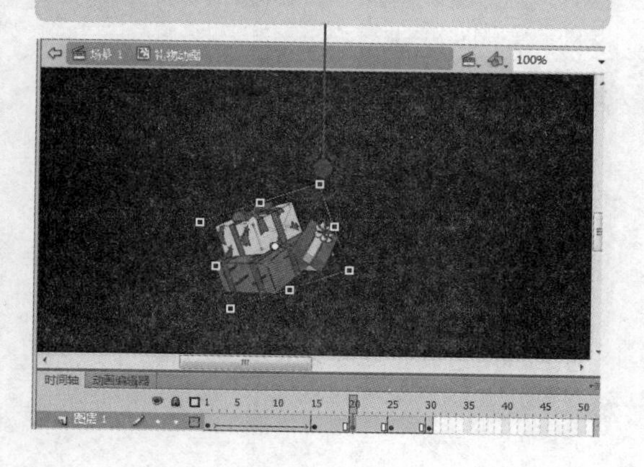

21 在第 31 帧按【F6】键，添加关键帧。打开“动作”面板，输入动作命令。

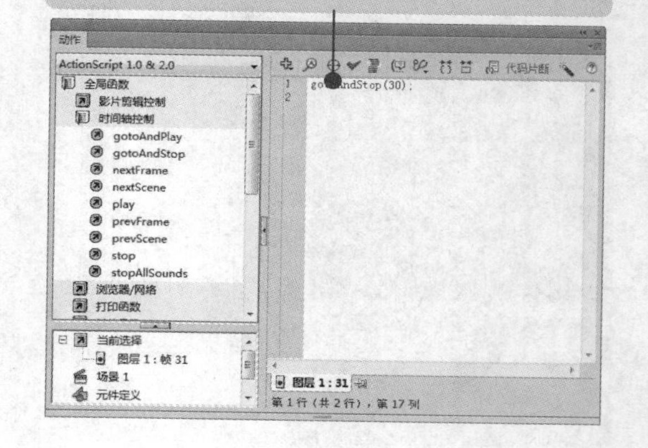

小提示

在步骤 20 中，使用任意变形工具旋转对象时，旋转角度不需要太大，要保证第 30 帧和第 15 帧旋转的方向一致。

22 将“礼物动画”影片剪辑拖至舞台，返回场景。新建“礼物”图层，打开“库”面板，将“礼物动画”拖至舞台。

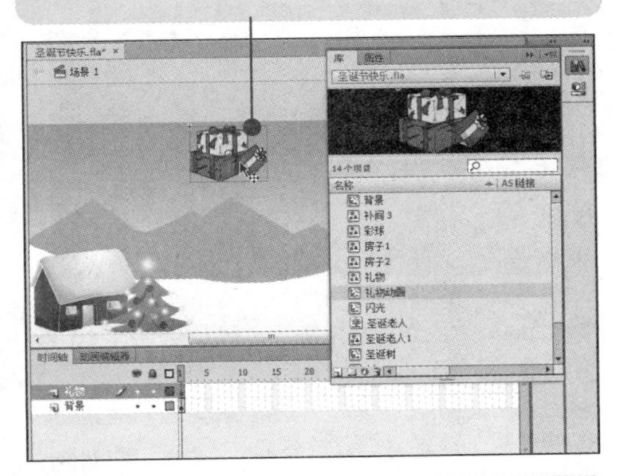

23 新建“圣诞老人动画”影片剪辑，从“库”面板将“圣诞老人”元件拖至舞台。在第 30 帧添加关键帧，创建传统补间动画。

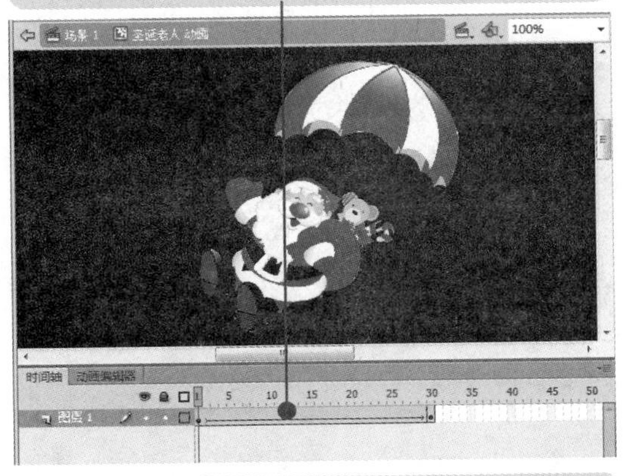

24 在第 31 帧添加关键帧，打开“动作”面板，输入动作命令。

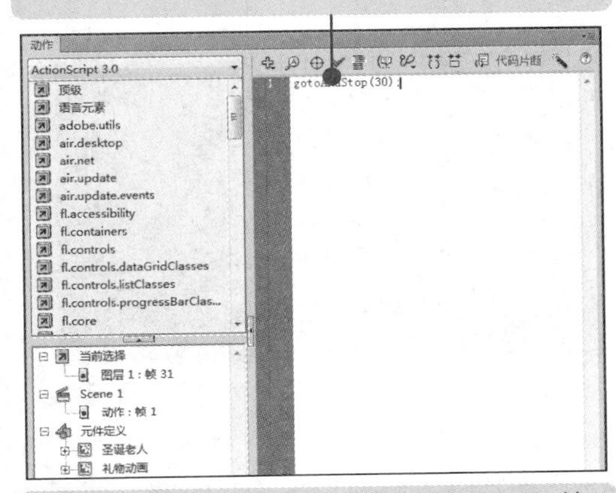

25 返回场景，新建“圣诞老人”图层。打开“库”面板，将“圣诞老人动画”影片剪辑拖至舞台。

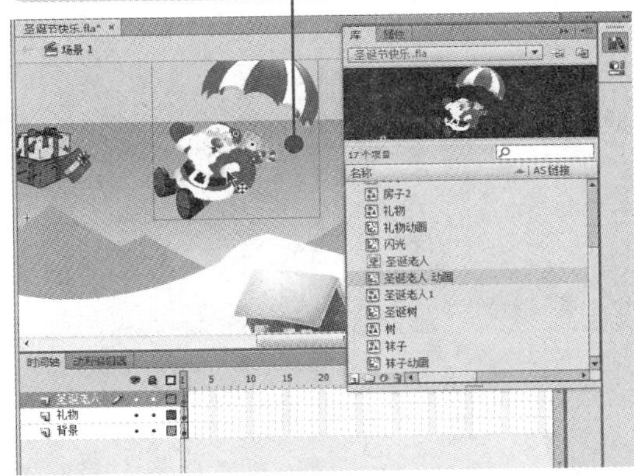

26 新建“文字”影片剪辑，绘制无笔触、填充颜色为径向渐变的椭圆。打开“颜色”面板，设置渐变颜色。

27 输入文本，设置字体格式，颜色为红色。

28 在第 30 帧添加关键帧。

制作“圣诞老人”影片剪辑只需创建一个简单的由上至下的传统补间动画即可。

多学点

29 选中第1帧，按两次【Ctrl+B】分离文本，将文本删除。选中第30帧分离文本，将椭圆删除。同时创建补间形状动画。

30 在第60帧添加帧，将帧延长至第60帧查看效果。

31 新建"文本"图层，将"文字"影片剪辑拖至舞台。

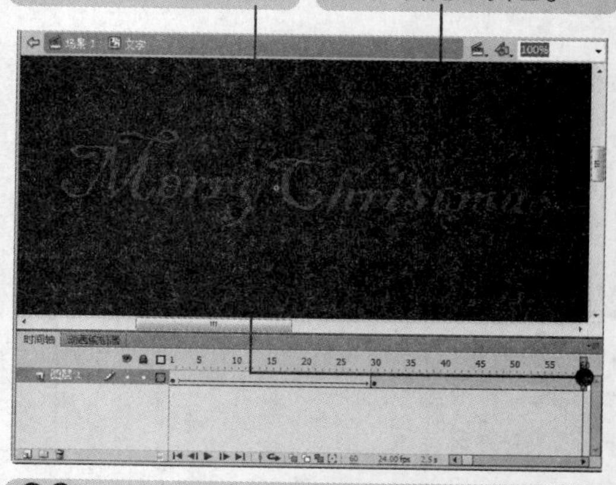

32 新建"下雪"影片剪辑，新建"慢速"、"匀速"、"快速"图层，每个图层均添加"雪花"元件，分别设置Alpha值为25%、50%和90%。

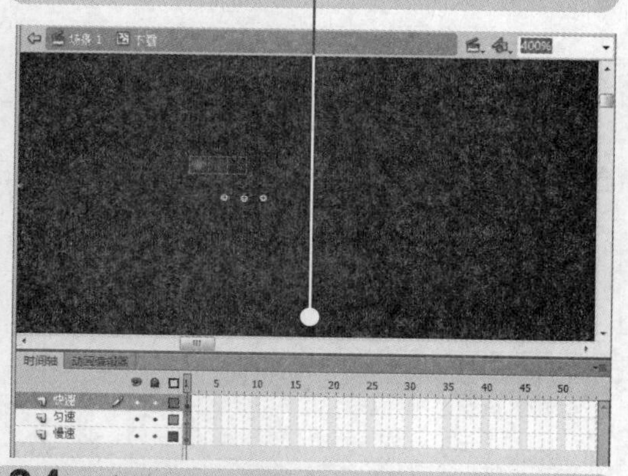

33 右击"快速"图层对象，选择"创建补间动画"。将帧延长至第200帧，向下移动对象一定距离，自动添加关键帧。

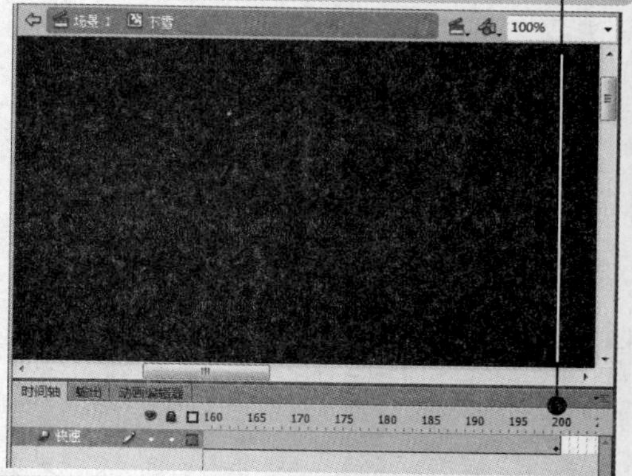

34 同样创建"匀速"和"慢速"图层动画，分别延长至第300帧和第400帧。

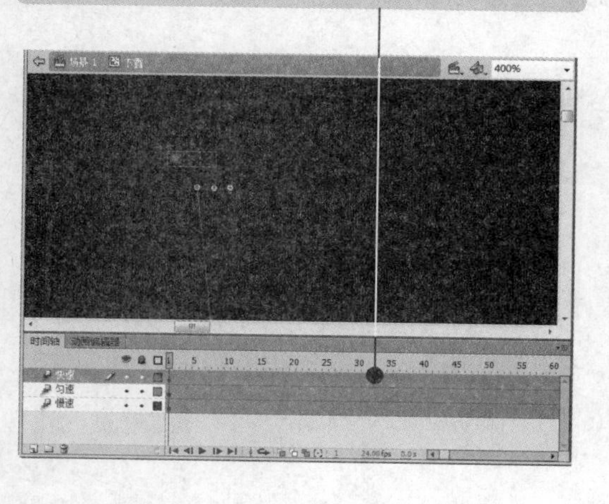

35 返回场景，新建"下雪"图层，将"下雪"影片剪辑拖至舞台。

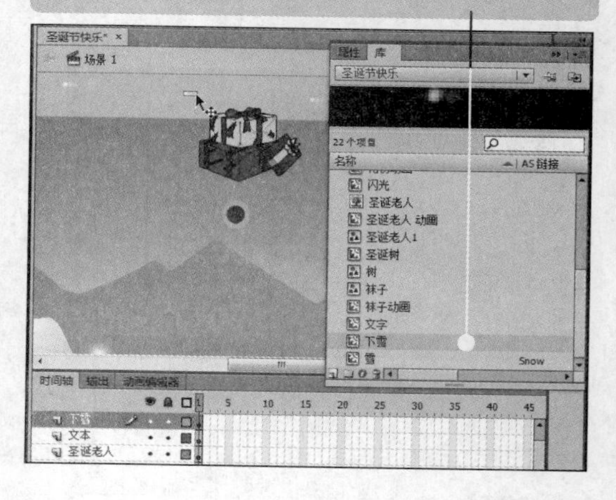

小提示

制作"文字"影片剪辑时，需要在第一帧绘制一个小圆点形状，然后在第30帧输入文字，注意要将文本分离，才能创建补间形状动画。

36 新建“动作”图层，选中第 1 帧，打开“动作”面板，输入动作命令。

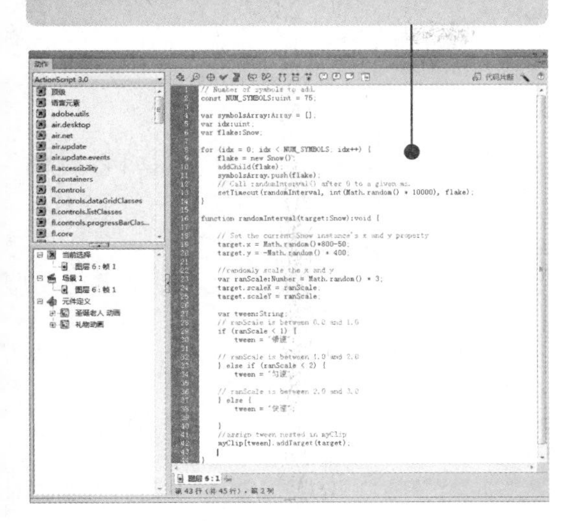

37 按【Ctrl+Enter】组合键，测试动画效果。

12.3 制作动画短片

动画短片是 Flash 动画的一个重要分支，它流传于网络中，具有网络传播的一切优势，可用于制作一些产品广告、宣传片等。

素材：光盘：素材\12\中秋贺卡.fla 效果：光盘：效果\12\中秋贺卡.fla

难度：★★★★☆

视频：光盘：视频\12\制作动画短片（1～5）.swf

12.3.1 设计要求

在构思剧本时，将本短片共分 3 个部分：第一部分表明时间，第二部分引用词句表达节日的特点，第三部分则添加了设计者的祝福语。另外，祥和、宁静的画面也迎合了节日的气氛。最后，配以优美的背景音乐，更加烘托了节日的气氛。

制作短片动画需要构思动画剧本，制作大纲，设计内容情节。根据剧本要求搜集图像、音乐素材，即可按照所写剧本进行动画制作。

12.3.2 制作过程

在整理好素材后，就可以根据剧本制作贺卡，具体操作方法如下：

优秀动画的制作需要设计者具备多种较高的技能和素质，如设计者既要了解动画制作技术，还需要具有较高的动手能力和设计能力。

1．新建 Flash 动画文档

01 新建文档，打开“属性”面板，设置舞台大小和背景颜色。

02 按【Ctrl+S】组合键，弹出对话框，为文档命名。

03 单击“保存”按钮。

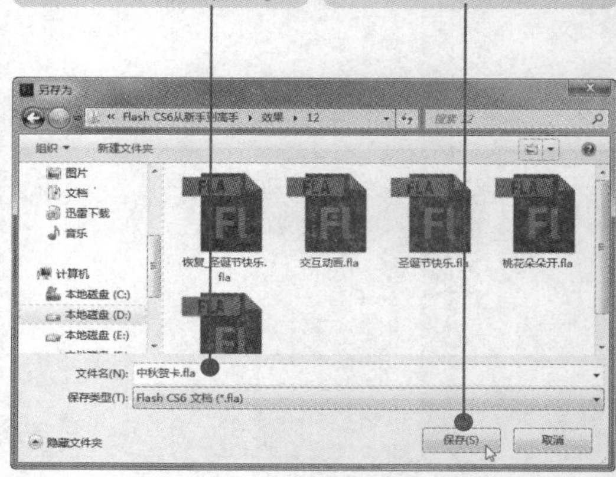

2．制作动画场景与元件

（1）制作月亮

步骤如下：

01 按【Ctrl+F8】组合键，创建图形元件“月亮”。

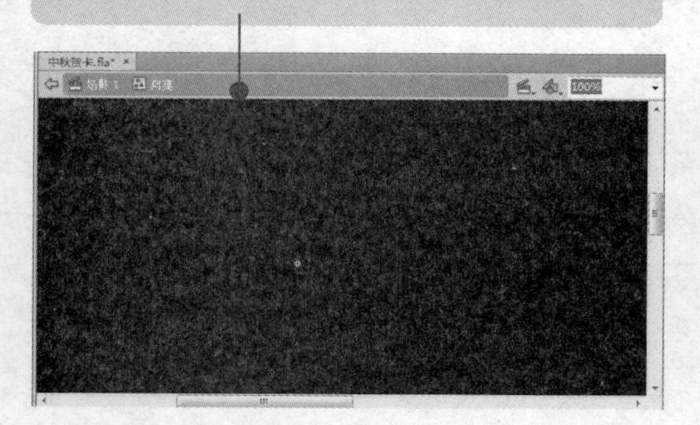

02 选择椭圆工具，按住【Shift】键在舞台中绘制正圆。

03 选中轮廓线，按【Delete】键将其删除。

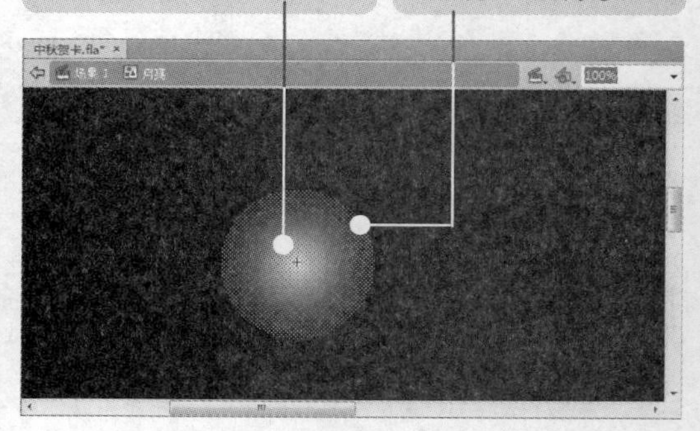

04 打开“颜色”面板，添加色标并设置色标值，最右侧色标 Alpha 值为 0%。

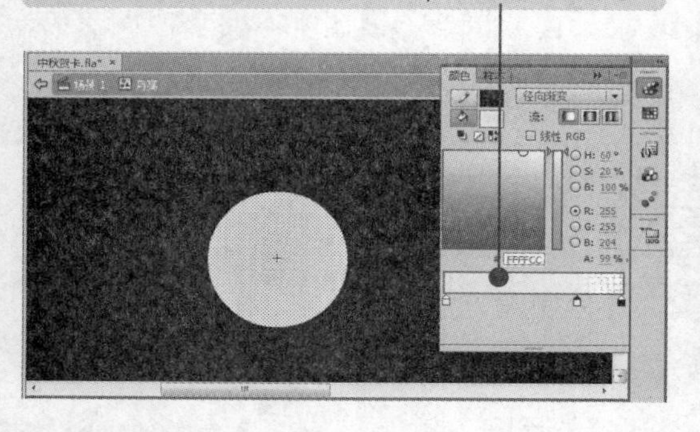

05 单击“场景 1”图标，返回主场景。

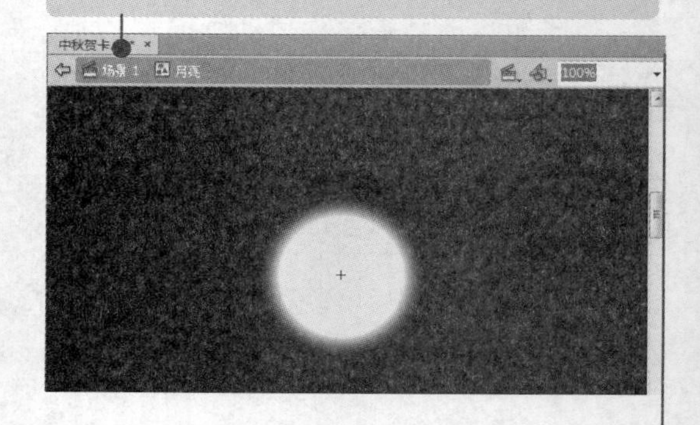

小提示

在利用笔刷绘制树干时，要时刻根据实际情况调整笔刷的形状与大小，以便绘制出所需的图形。树干颜色设置为#9F6A35。

（2）绘制树木

步骤如下：

01 新建“树”图形元件。

02 使用画笔刷子工具绘制树图形。

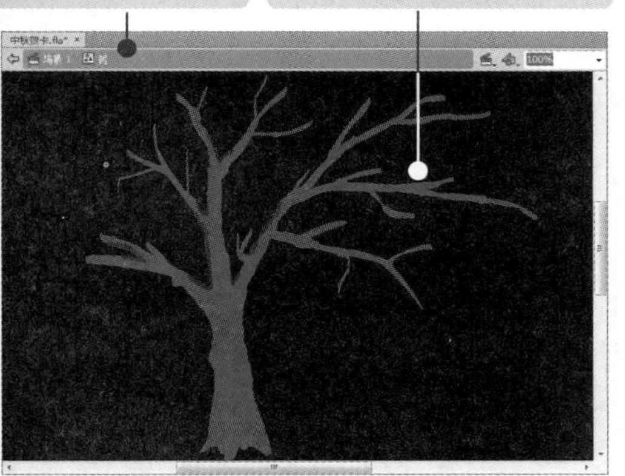

03 打开“颜色”面板，设置颜色值为#2B4420，使用画笔工具绘制阴影。

04 新建“图层 2”，将背景颜色设为白色，方便观察。

05 使用钢笔工具绘制一个半开的花朵。

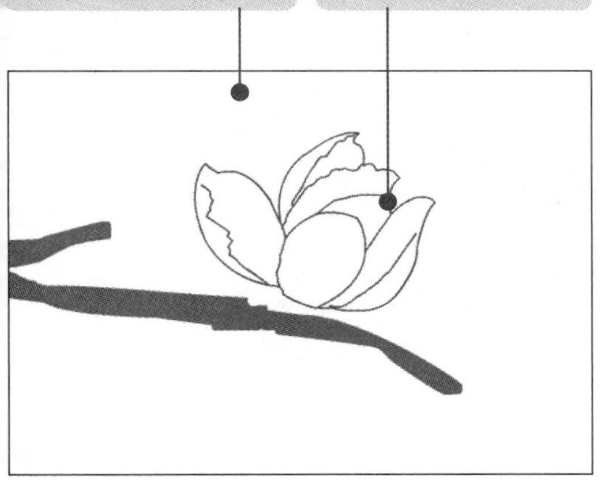

06 打开“颜色”面板，设置填充色为径向渐变。

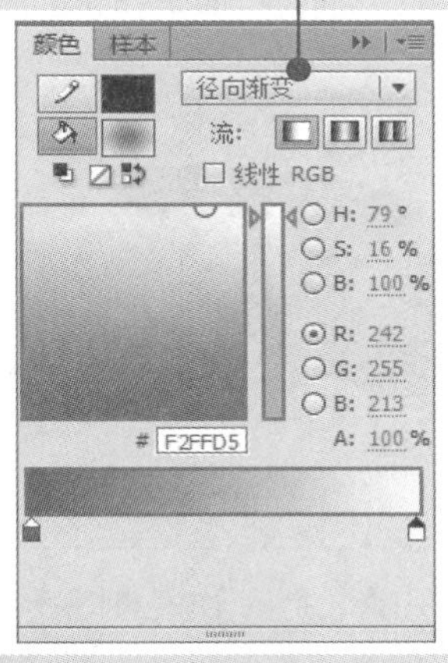

07 为花朵填充颜色，并利用渐变变形工具对填充颜色进行调整。

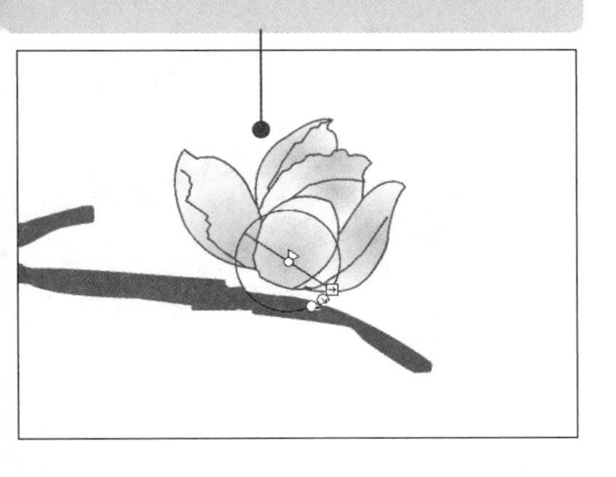

08 同样，绘制绽放的花朵和含苞待放的花蕾。

在制复杂图形时，用户可先在纸上练习画出草图，然后再利用软件绘制。在绘制花朵外形时，用户可配合“铅笔工具”绘制花朵的不规则部分。

09 按住【Ctrl】键移动花朵实例，复制多个，并移至各个树枝上。

10 使用铅笔工具绘制树叶的外形与叶脉，设置笔触颜色为绿色，大小为1.0。

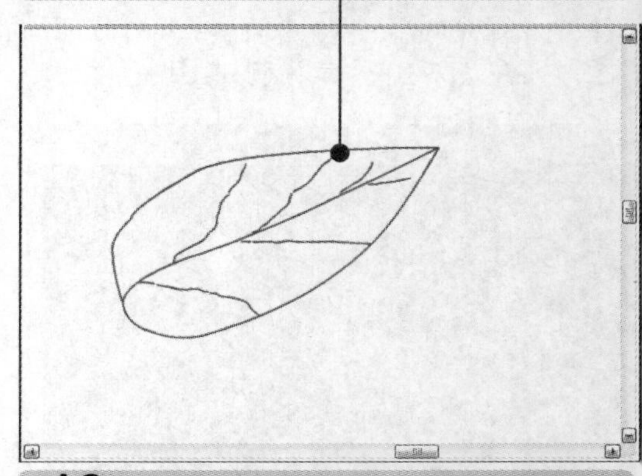

11 设置填充色“类型”为“径向渐变”，编辑颜色，为绘制的树叶填充颜色。

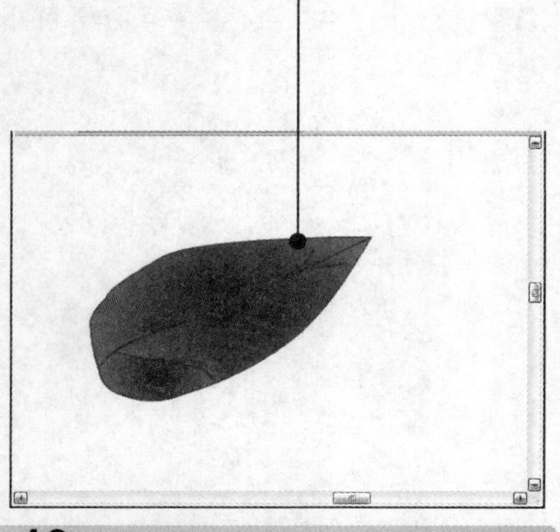

12 同样绘制横向和纵向树叶，填充颜色。

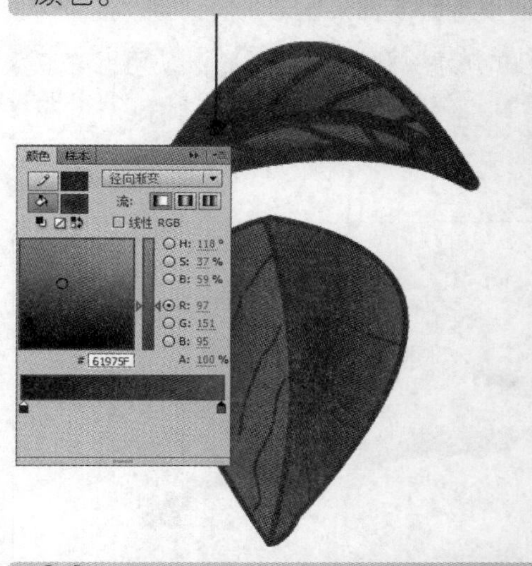

13 复制多个不同形状的树叶，将树叶摆放在花朵周围。

14 将绘制的树叶摆放到其他花朵周围，并进行适当旋转。

小提示

在绘制叶脉时，用户可利用间断性画笔笔触。在绘制时，应封闭一些叶脉区域、连通一些叶脉区，以便于制作叶子的明暗效果。

15 按【Ctrl+F8】组合键，新建“花瓣”图形元件。

16 单击“确定”按钮。

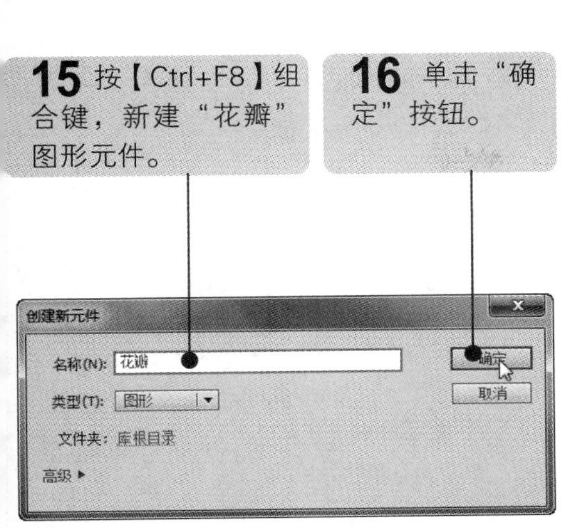

17 按照绘制花朵的方法绘制一个花瓣，并填充颜色。

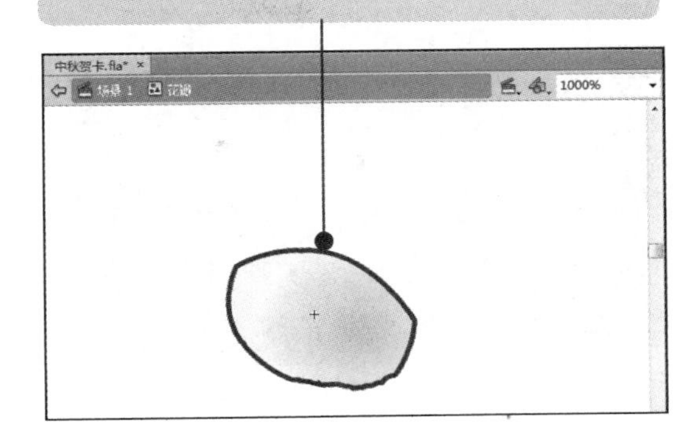

（3）绘制柳条

步骤如下：

01 新建“柳枝”图形元件，使用线条工具绘制线条，调整其形状。

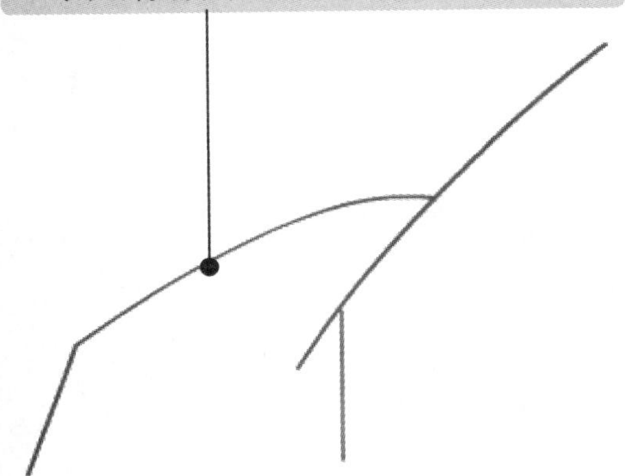

02 使用钢笔工具绘制两片不同形状的柳叶。

03 选中其中的一片柳叶，将其拖至树枝上，进行适当变形。

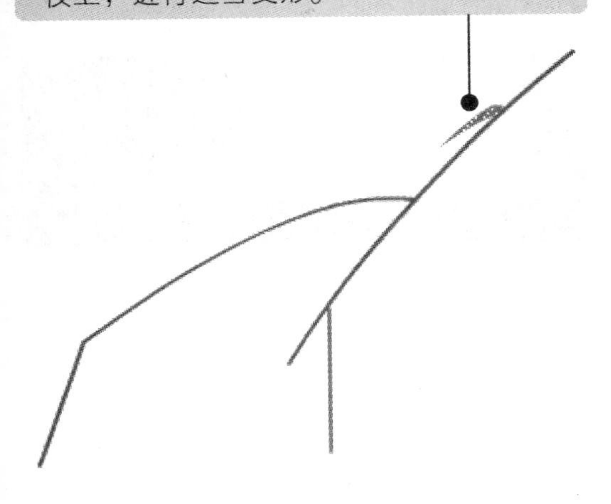

04 绘制多个形状的柳叶，摆到树枝上，根据树枝形状对柳叶进行变形和旋转。

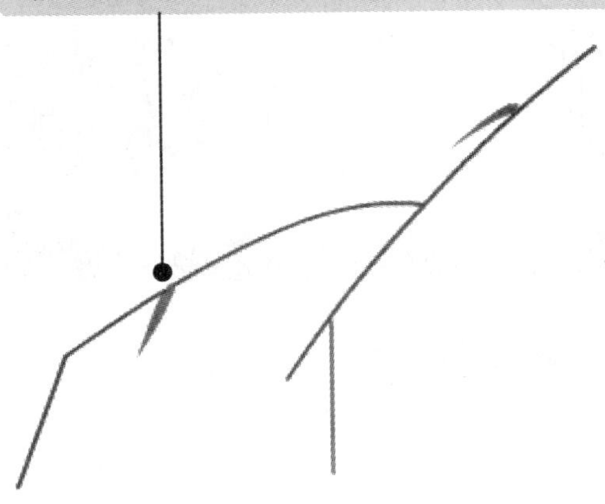

在设置叶子填充色时，先设置两个色标的颜色值相同，然后将右侧色标的颜色调亮一些即可。

05 新建“树枝 2”元件。

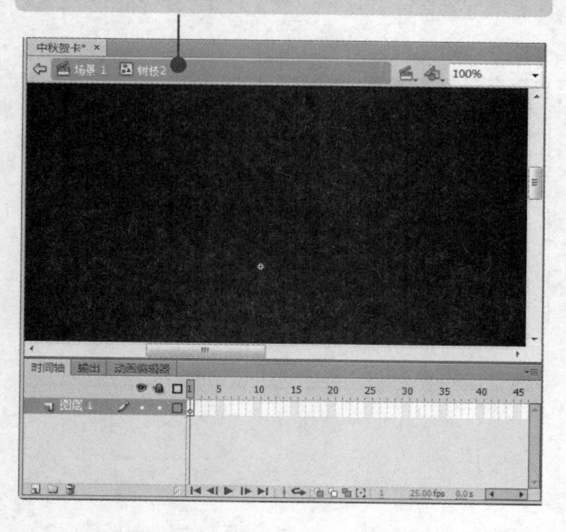

06 按照同样的方法，绘制另一条柳枝。

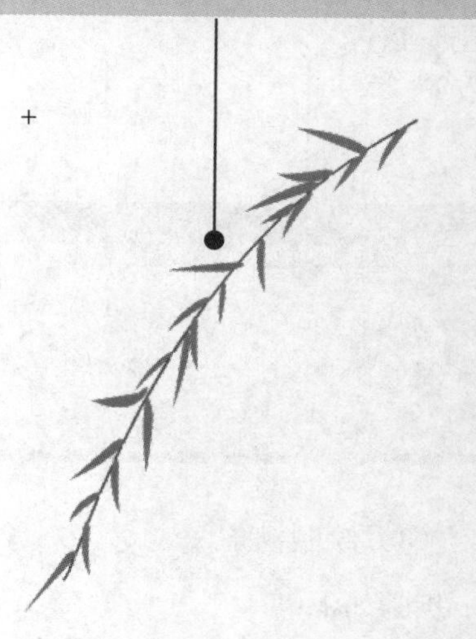

（4）绘制云彩

步骤如下：

01 创建“云彩”图形元件。

02 单击“确定”按钮。

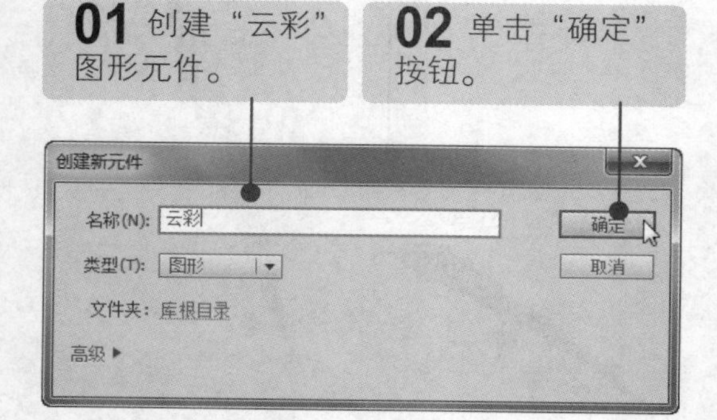

03 打开“属性”面板，设置舞台背景为黑色。

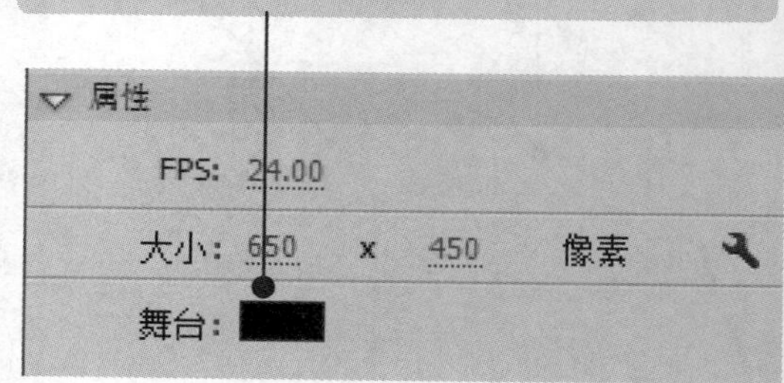

04 选择椭圆工具，设置颜色为白色，绘制多个椭圆，拼接成云形。

05 选择图形底部，按【Delete】键将其删除。

高手点拨

用户也可以使用“基本椭圆工具”绘制云朵图形。在工具栏中选择“基本椭圆工具”，然后在舞台上绘制多个椭圆图元，再使用选择工具调整这些椭圆图元的位置，以使其呈现出较为逼真的云朵图案，最后将这些椭圆图元全部选中并按【Ctrl+B】组合键将其分离为图形。

小提示 在添加树叶时，用户可绘制四个不同形状的树叶，然后以此为基础复制并缩放各个树叶，即可制作出形状不同的叶子。

06 选择云彩图形，打开“颜色”面板，设置填充色为白色到透明。

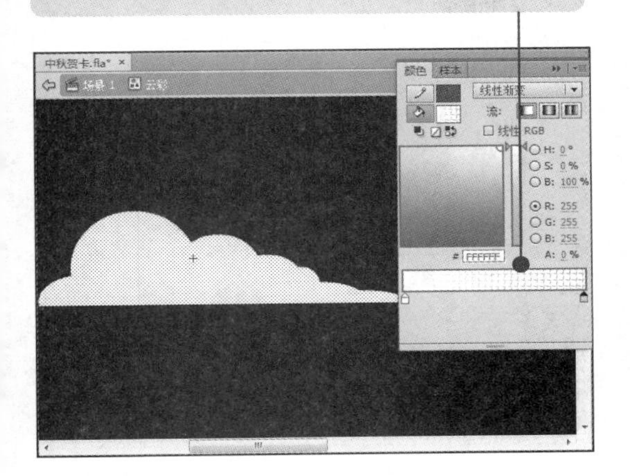

07 选择渐变变形工具，按住鼠标左键旋转填充色。

08 单击“场景 1”图标，返回主场景。

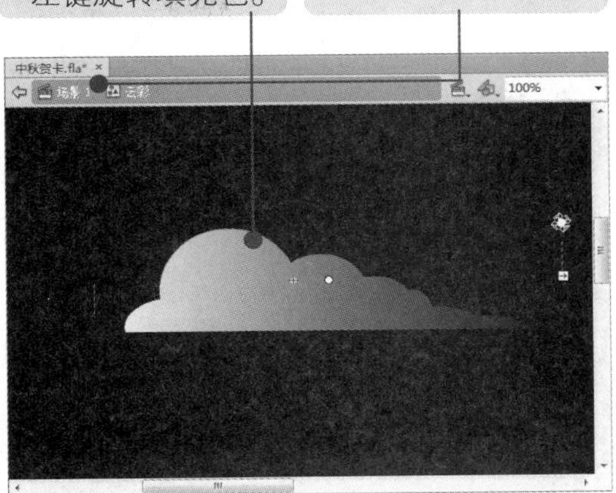

（5）绘制山

步骤如下：

01 新建“山”图形元件，绘制山形闭合路径，并填充颜色，删除图形轮廓线。

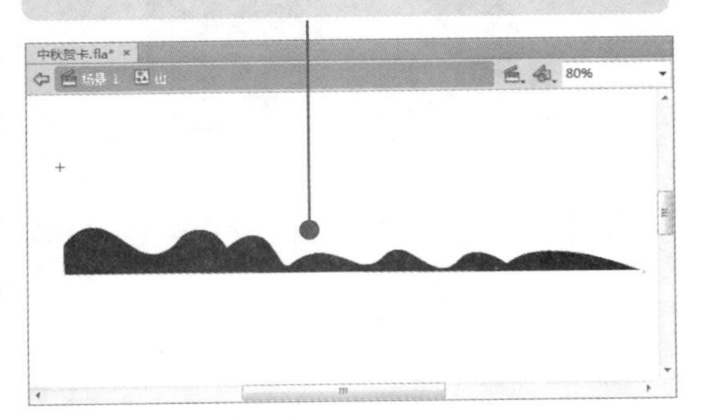

02 复制“山”实例，并翻转 180°。

03 打开“颜色”面板，调整副本 Alpha 值为 40%。

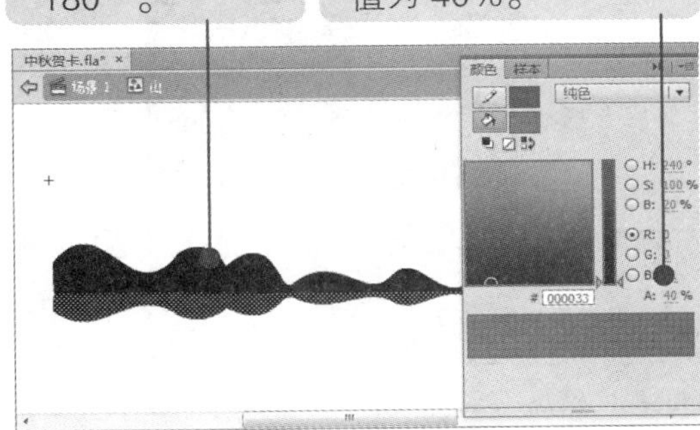

3. 合成动画

01 重命名“图层 1”为“背景”，绘制舞台大小的矩形作为背景。

02 打开“颜色”面板，设置渐变颜色。

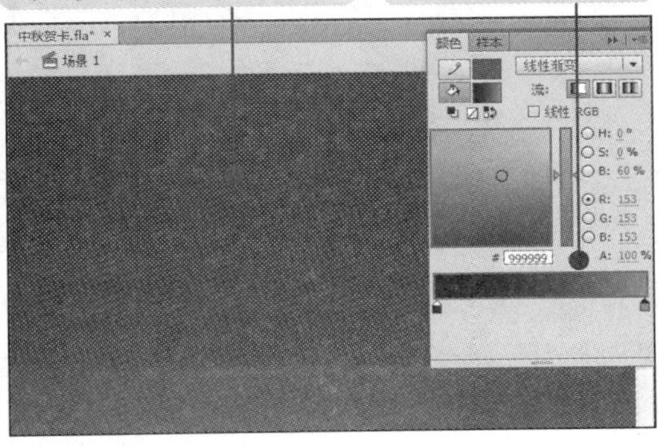

03 将“背景”图层延长至第 1100 帧，新建“山”图层。

04 打开“库”面板，将“山”元件拖至舞台下面。

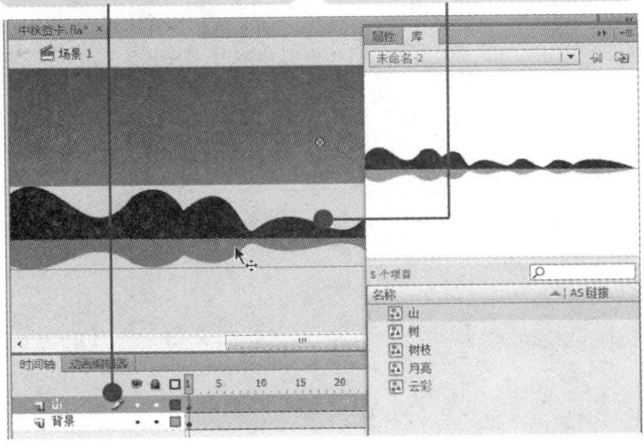

在此设置背景色为黑色，是因为要制作的云彩为白色，若在白色背景上进行操作将十分困难。

05 新建“月亮”图层。

06 打开“库”面板，将“月亮”元件拖至舞台，将其放大。

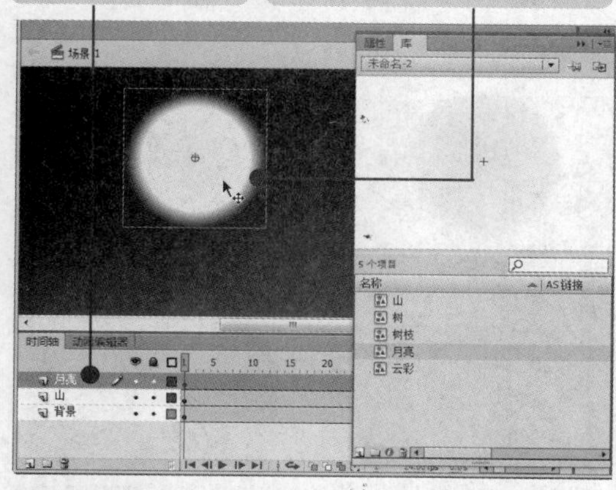

07 新建“树”图层。

08 将“树”元件拖至舞台左侧，对其进行调整。

09 选择“山”图层，在第35和175帧插入关键帧。

10 调整第175帧“山”实例的位置。

11 在第35帧与第175帧之间创建传统补间动画。

12 在“月亮”图层第35和175帧分别插入关键帧。

13 调整第175帧“月亮”实例的位置。

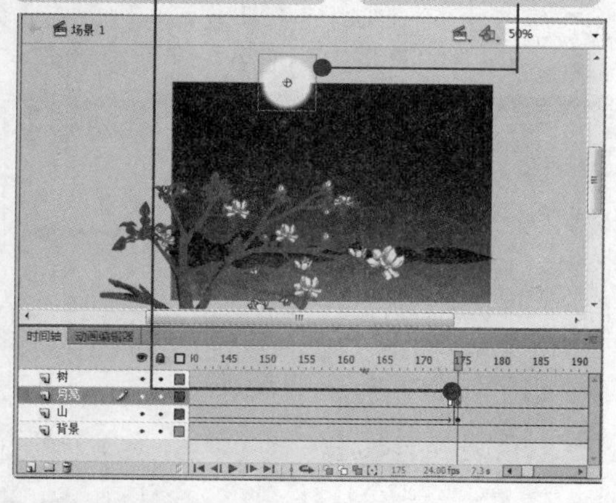

14 在“月亮”图层的第35帧与第175帧之间创建传统补间动画。

小提示：改变帧频是为了避免动画中实例出现抖动现象，同时也可以更细致地控制动画。

15 在"树"图层的第 35 和 175 帧分别插入关键帧。

16 调整第 175 帧"树"实例的位置。

17 在"树"图层的第 35 帧与第 175 帧之间创建传统补间动画。

18 在"树"图层上方新建"花瓣"图层。

19 在"花瓣"图层的第 175 帧插入一个空白关键帧。

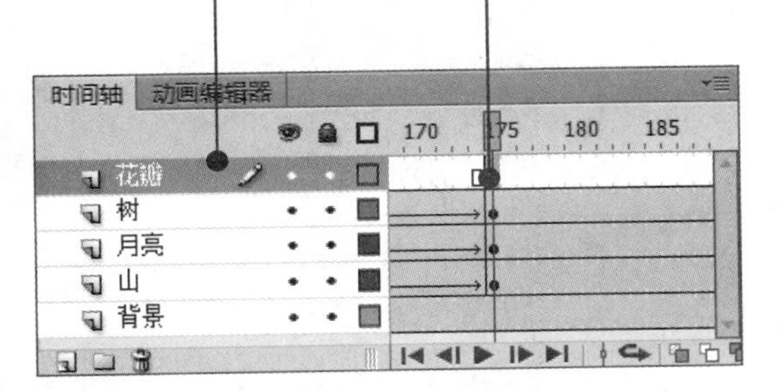

20 打开"库"面板，将"花瓣"元件拖至舞台。

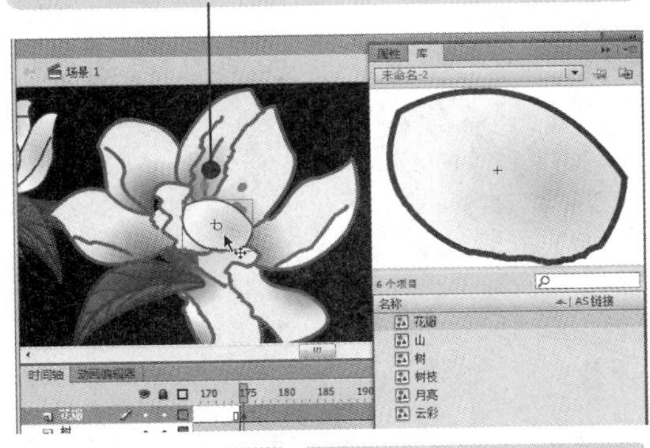

21 在"花瓣"图层第 270 帧插入关键帧。

22 选择并向右下角拖动"花瓣"实例。

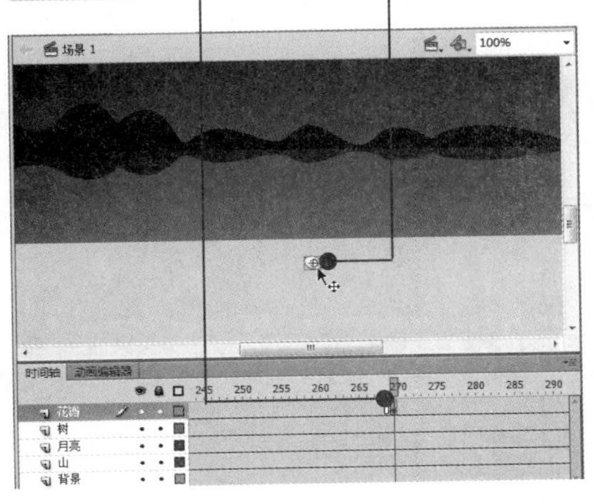

23 使用任意变形工具将"花瓣"实例放大。

24 在"花瓣"图层第 175 帧与第 270 帧之间创建传统补间动画。

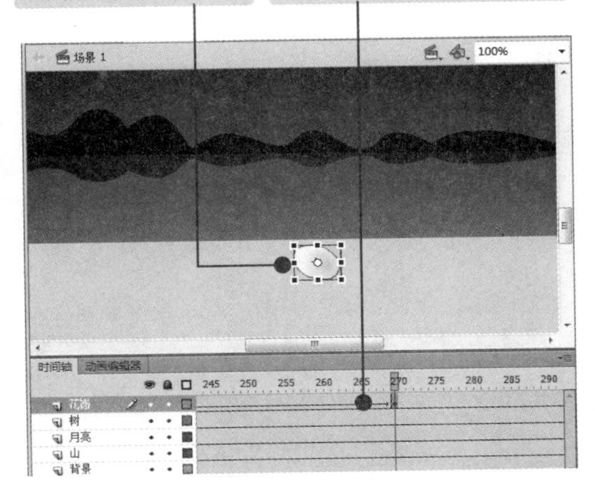

25 打开"属性"面板，设置缓动、旋转属性。

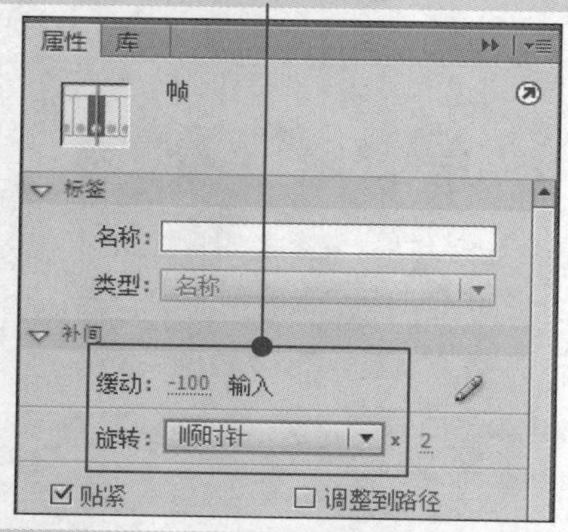

26 选择"花瓣"图层第175帧，按住【Shift】键单击第270帧，选择多个帧。

27 按住【Alt】键，将所选帧向右平行拖至第290帧。

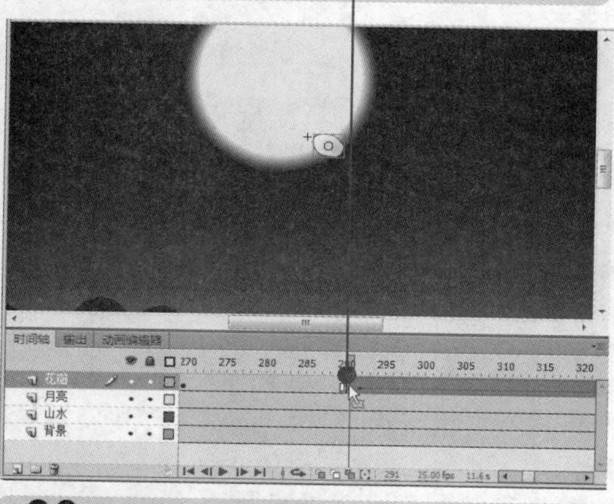

28 新建"花瓣2"图层，在第250帧处插入空白关键帧。

29 同样，制作另一个花瓣的飘落动画。

30 选择"树"图层，将其移至"花瓣2"图层上方。

31 在"树"图层第550帧插入关键帧。

32 在第700帧处插入关键帧，移动树的位置。

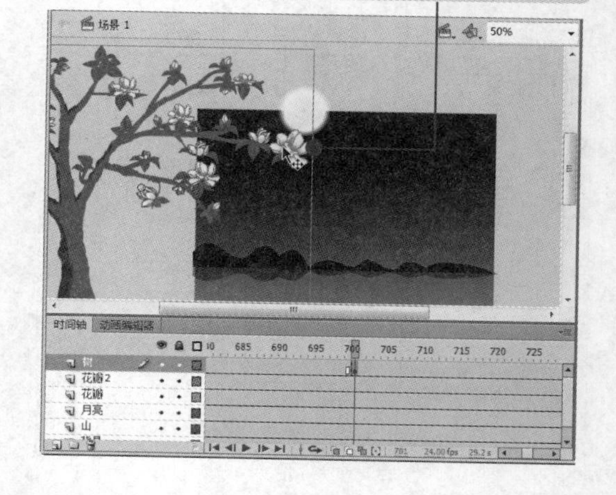

 小提示 如果在动画过程中涉及有多个动画实例重叠，则需要考虑各动画间的层次关系。

33 创建树移动的传统补间运动动画。

34 按照同样的方法，创建月亮图形动画。

35 按照同样的方法，制作山运动的动画。

36 新建“柳枝”图层，在第 620 帧插入关键帧。

37 从“库”面板将“树枝”与“树枝 2”元件拖至舞台外。

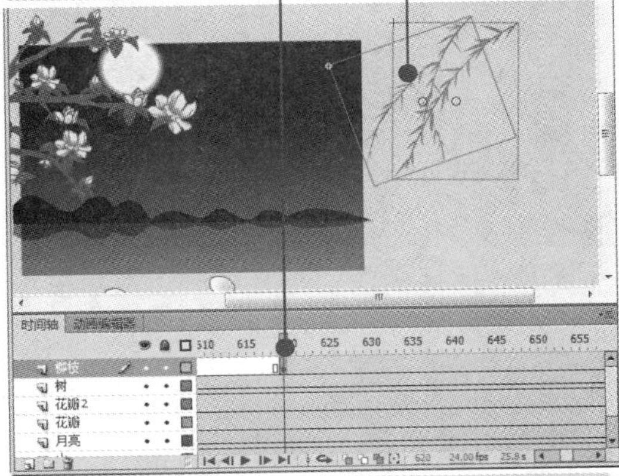

38 将树枝全部选中后按【F8】键，将其转换为影片剪辑“柳条”。

39 单击“确定”按钮。

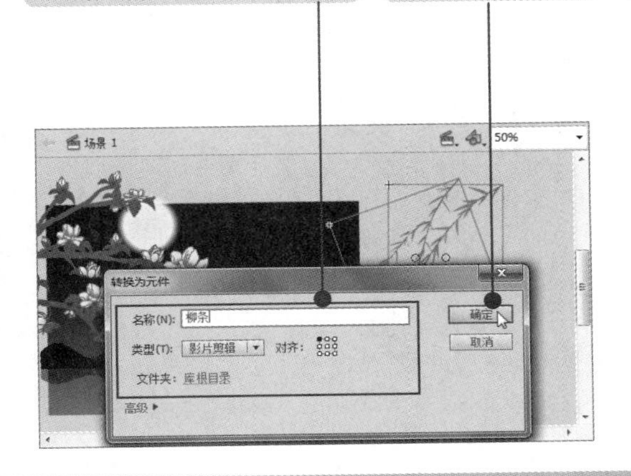

40 双击转换的新元件，进入元件编辑状态。

41 新建“图层 2”，选择“图层 1”中任意图形，按【Ctrl+X】。

在制作动画时，应考虑动画元素的实际位置，以便于确定移动的距离。

42 选择“图层 2”，按【Ctrl+Shift+V】组合键粘贴实例。

43 选择所有树枝，使用任意变形工具将其缩小。

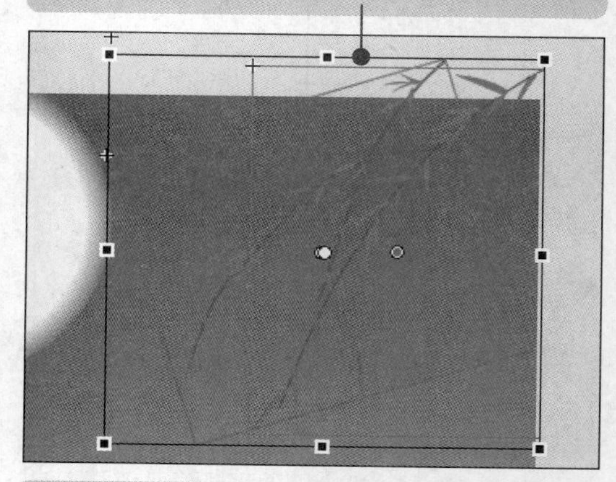

44 新建两个图层，同时选中“图层 1”与“图层 2”第 1 帧，按住【Alt】键拖动所选帧与“图层 3”和“图层 4”第 1 帧重合。

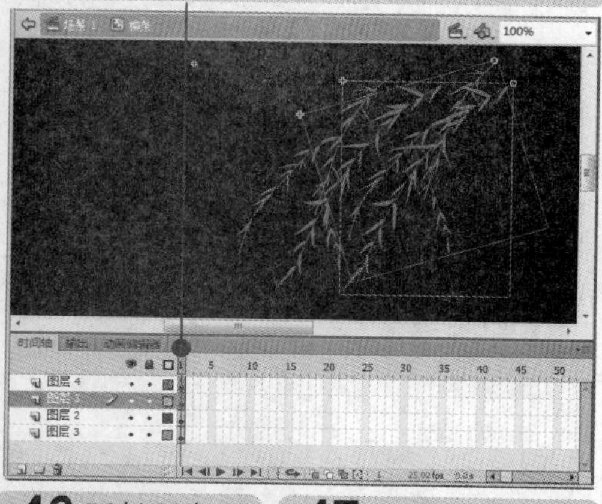

45 将“图层 3”和“图层 4”实例中心点移至边角上，分别旋转一定角度。

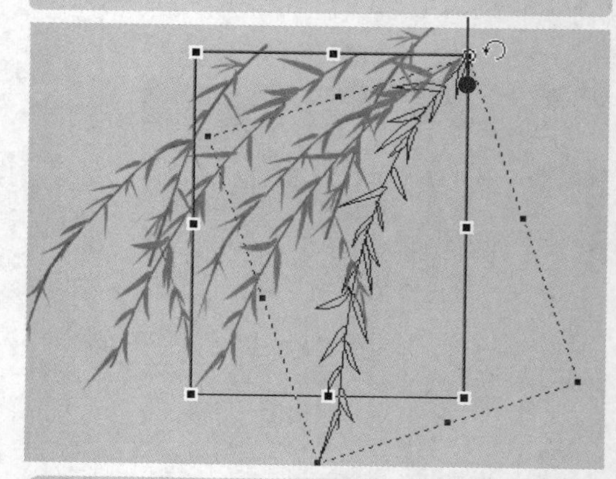

46 延长所有图层中的帧至第 80 帧。

47 在“图层 3”与“图层 4”第 40 帧处添加关键帧。

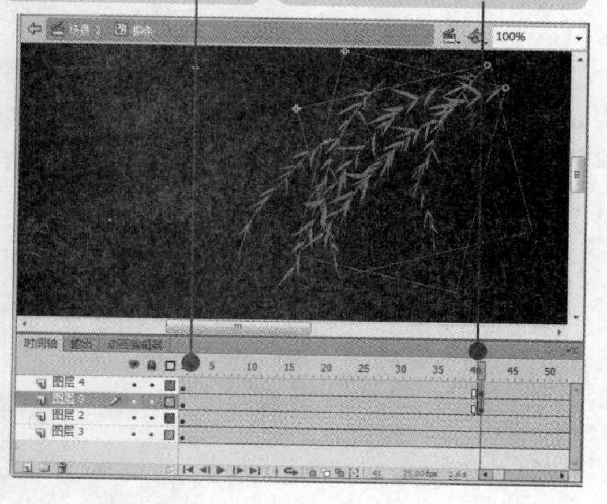

48 选中“图层 3”第 40 帧中的实例图形进行旋转。

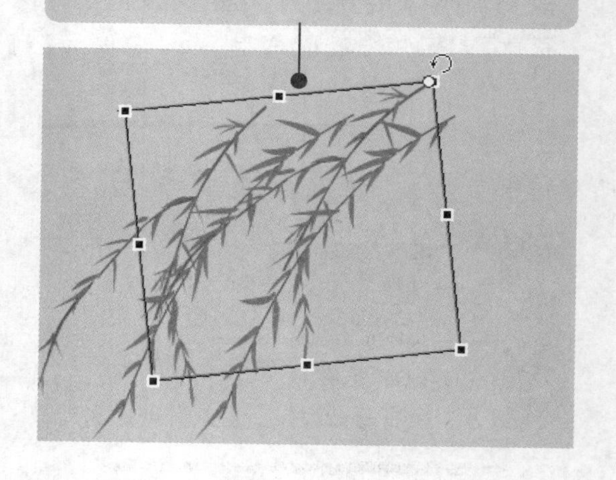

小提示

在运动动画中，同一个图层的同一帧中只能存在一个实例。

49 同样旋转其他图层实例，分别创建柳枝飘动的传统补间运动动画。

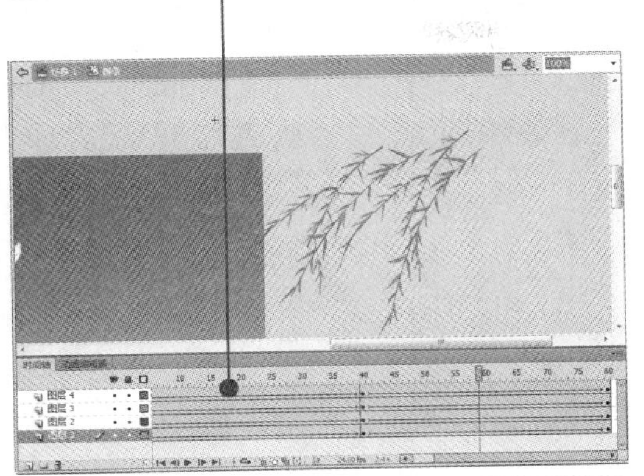

50 返回主场景，在“柳枝”图层第 700 帧处插入关键帧。

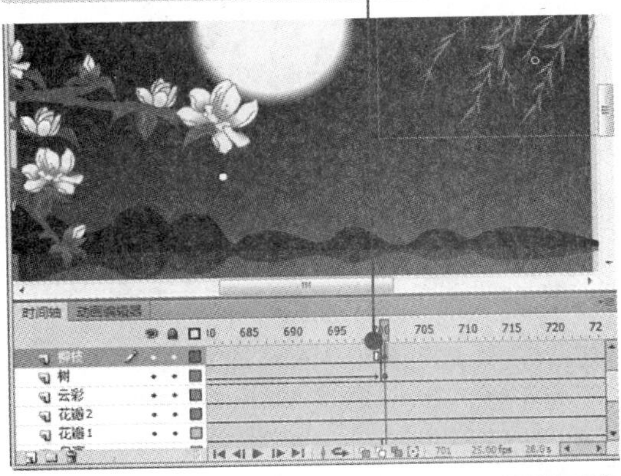

51 选择第 620 帧中的树枝实例，将其移出舞台，创建传统补间动画。

52 新建“云彩”图层，在第 175 帧插入关键帧。

53 打开“库”面板，将“云彩”元件拖至舞台。

54 使用任意变形工具将“云彩”实例进行缩放。

55 按【F8】键，将其转化为影片剪辑“飘动的云彩”。

56 双击新建的元件，进入其编辑状态。

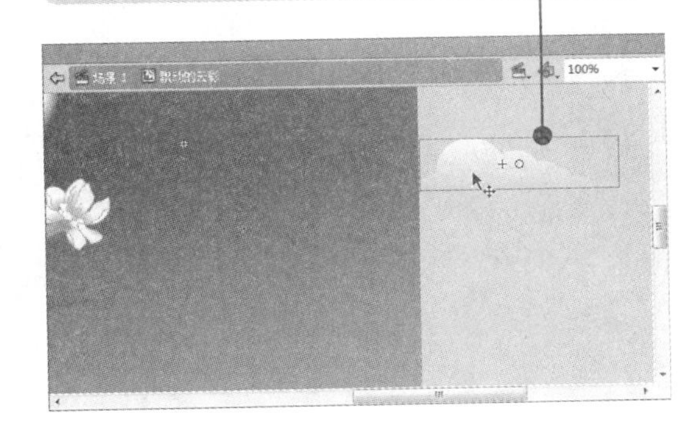

双击舞台中的实例，进入其内部后，主场景舞台中的实例将以灰色显示。
当进入某一个实例的内部舞台时，其所有父级舞台中的实例将暂时不可编辑。

57 在第 500 帧处插入关键帧，将实例移至舞台左侧，并创建传统补间动画。

58 返回场景，新建 sound 图层。按【Ctrl+R】组合键，选择背景音乐。

59 单击"打开"按钮。

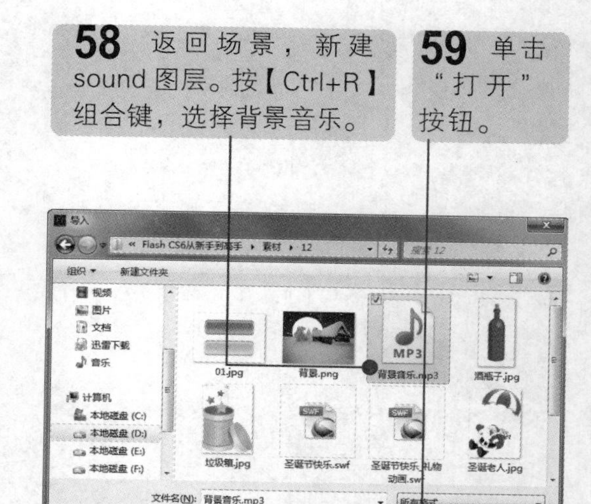

60 选中 sound 图层中的声音，设置效果和同步。

61 单击"编辑声音封套"按钮 。

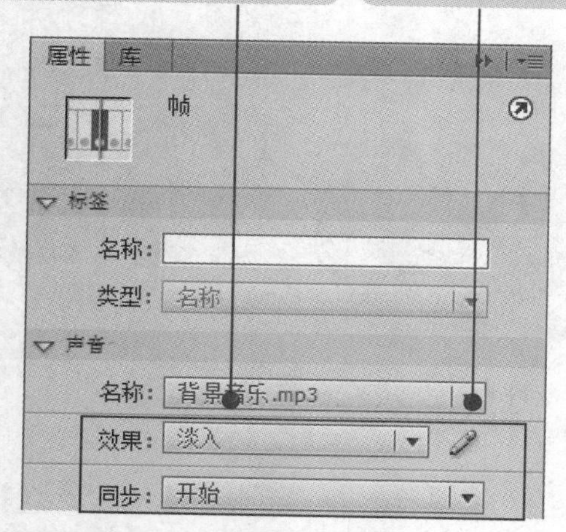

62 将开始滑块拖至波形开始的地方。

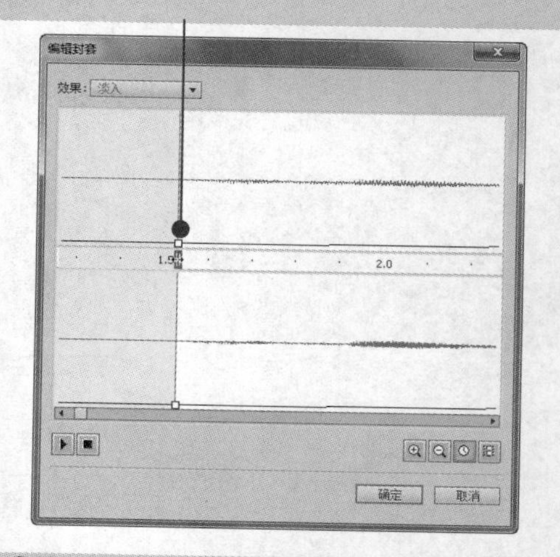

63 新建"按钮"图层，在最后一帧处插入关键帧，输入 replay。

64 按【F8】键，将其转换为按钮元件。

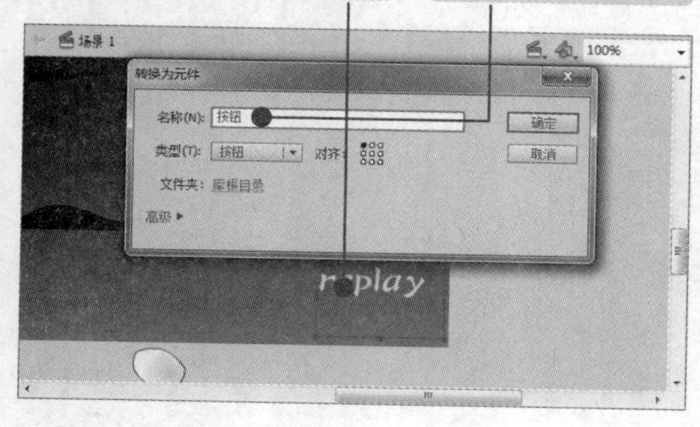

65 打开"属性"面板，将其命名为 replay。

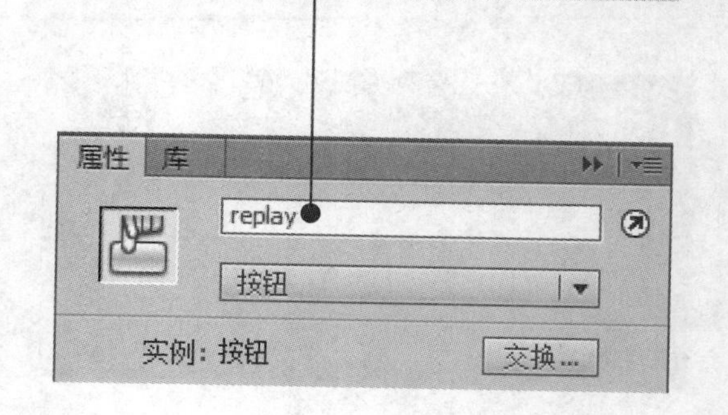

小提示 在此制作相应的按钮，可增强动画的交互性。用户可以使用表示明确的符号作为按钮。在此使用文字作为按钮。

66 新建“动作”图层，在最后一帧插入关键帧。打开“动作”面板，输入语句。

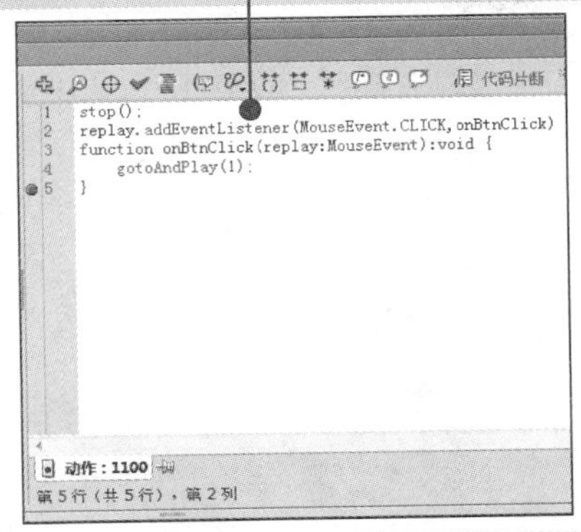

67 新建“文字”图层，在第 50 帧插入空白关键帧，输入文本。

68 选中文字，打开“属性”面板，设置文字属性。

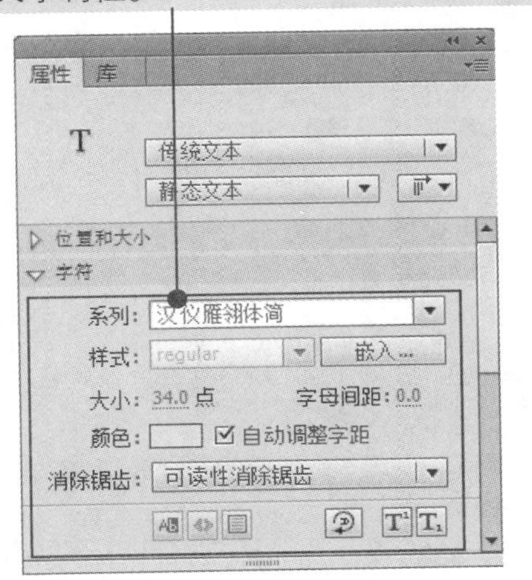

69 选中输入文字，连续按两次【Ctrl+B】组合键将其打散。

70 按【F8】键，将文字转换为影片剪辑“文字 1”。

71 单击“确定”按钮，并双击进入编辑状态。

72 延长帧至第 165 帧，新建“图层 2”，使用矩形工具绘制矩形条。

将文字打散的目的是让动画在浏览者的计算机上正常播放，同时便于为文字制作效果；如果没有打散，且浏览者的计算机中没有安装相应的字体，文字的显示可能会出错。

73 选择绘制的图形，将其转换为图形元件“矩形条”。

74 在“图层 2”第 40 帧处插入关键帧，移动图形将文字全部遮住，创建传统补间动画。

75 在第 140、165 帧插入关键帧，将第 165 帧中的图形向左移动，创建传统补间动画。

76 在“图层 2”上右击。

77 选择“遮罩层”命令。

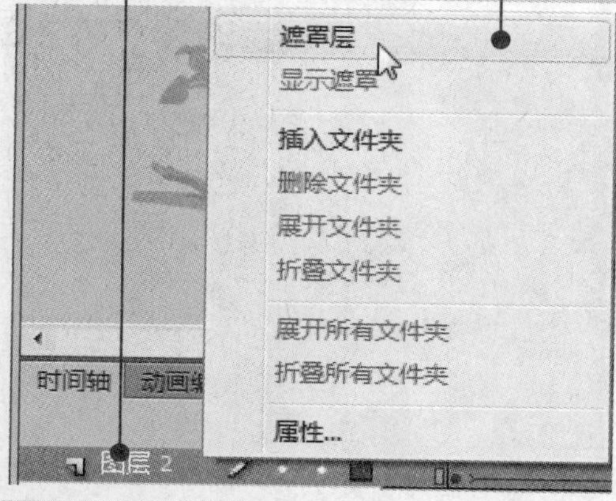

78 创建遮罩层，完成遮罩动画制作，移动播放头查看效果。

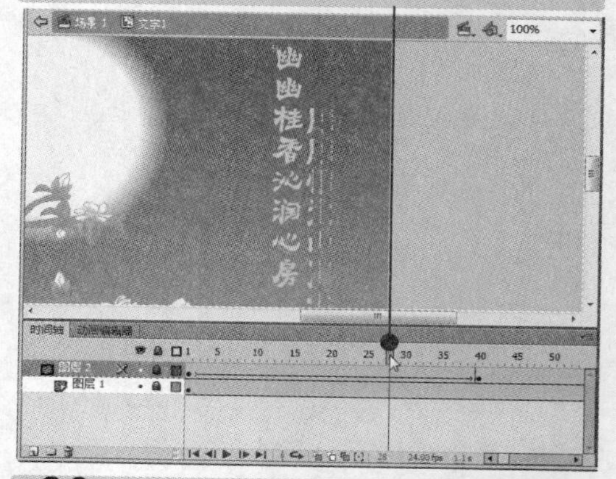

79 返回场景，在“文字”图层第 215 和 265 帧插入空白关键帧。

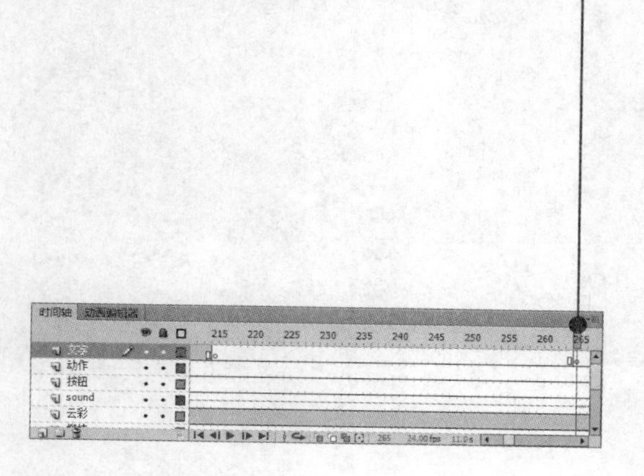

80 同样，在第 265 帧加入文字。

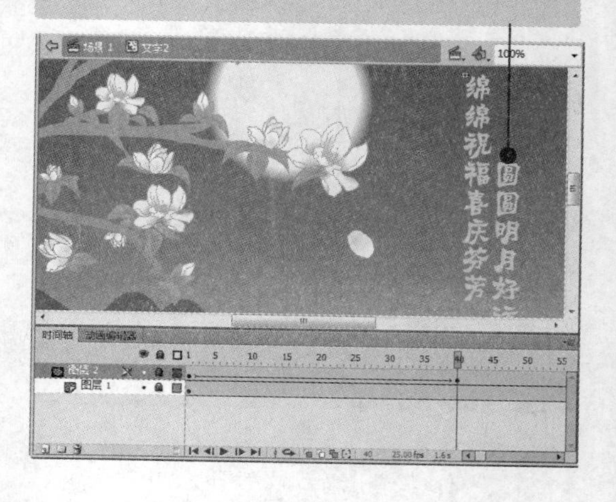

小提示

在动画中，用户也可以为文字制作各种各样的动画效果，从而减缓文字出现时的生硬感，以达到柔化整个动画效果的目的。

81 同样，在第 530 帧加入文字。

82 同样，在第 790 帧加入文字祝福语。

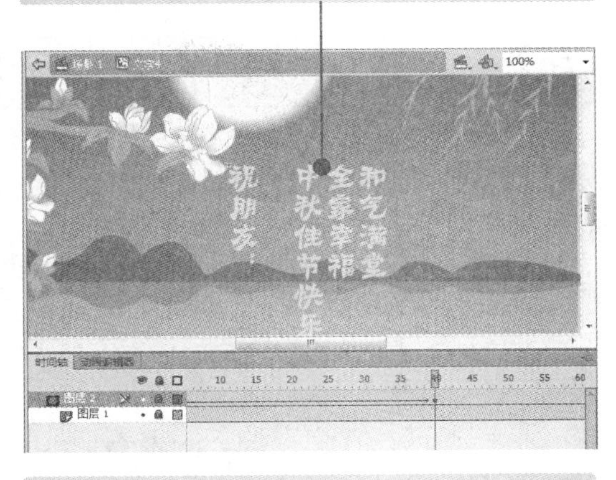

83 按【Ctrl+Enter】组合键，测试影片效果。

84 继续查看影片效果。

12.4 制作导航相册

导航相册主要通过使用 ActionScript 脚本对动画的重复调用，实现需要的动画效果。

12.4.1 设计要求

素材：光盘：素材\12\相册.fla　　效果：光盘：效果\12\相册.fla

难度：★★★★☆　　视频：光盘：视频\12\制作导航相册.swf

在制作相册前，需要确定制作相册的类型，是纪念还是旅游等，因为只有选定类型才能确定主题颜色及样式，才能继续下一步操作。

制作大型的动画往往都特别复杂，不仅需要掌握基础知识，还需要细心和耐心。在制作完动画后，需要对其进行多次调试，以完善动画。

制作过程中主要应用导入外部素材图片、转换元件、创建动画、添加脚本等操作。当确定了相册类型之后，即可构思动画脚本，确定动画思路，根据脚本收集照片素材。

12.4.2 制作过程

在整理好素材后，就可以根据策划制作导航相册，具体操作方法如下：

01 启动 Flash，新建文档。

02 打开“属性”面板，设置舞台大小。

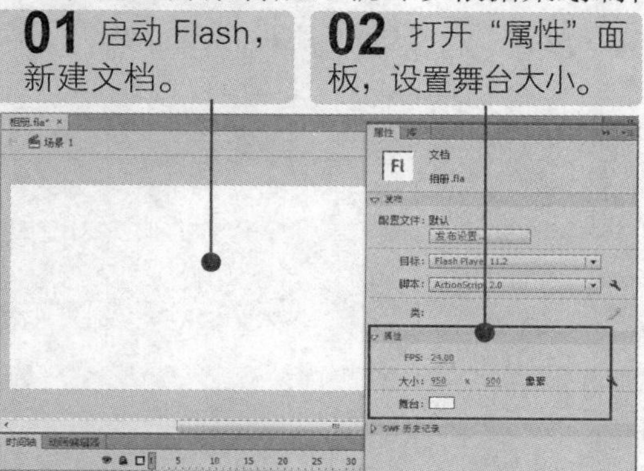

03 单击“导入到舞台”命令，选择素材文件。

04 单击“打开”按钮。

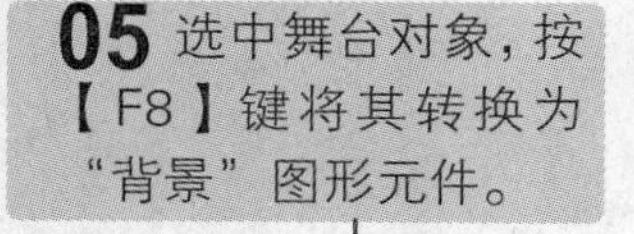

05 选中舞台对象，按【F8】键将其转换为“背景”图形元件。

06 单击“确定”按钮。

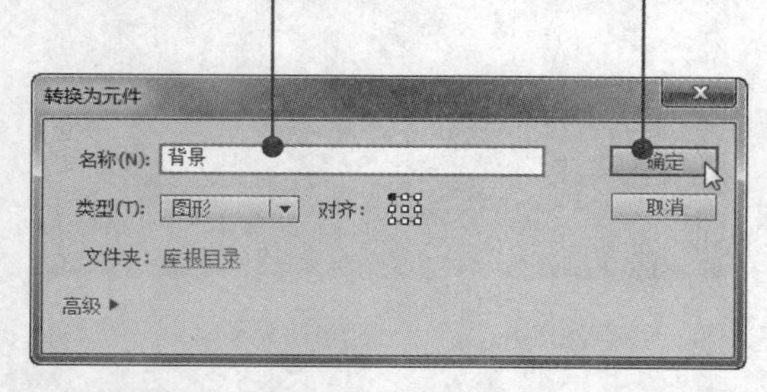

07 在第 5 和第 6 帧处分别添加关键帧，将帧延长至第 50 帧。

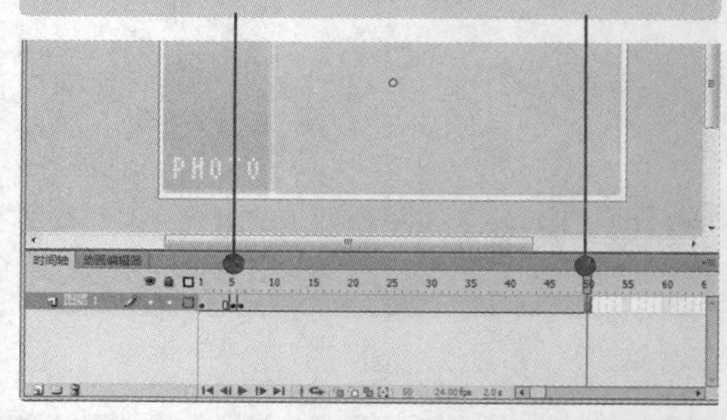

08 在第 1 帧与第 5 帧之间创建传统补间动画。

09 选中第 5 帧中的舞台对象，设置 Alpha 为 0%。

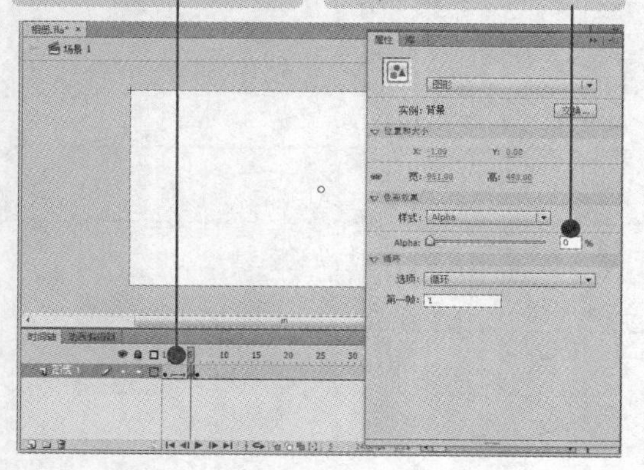

10 单击“导入到库”命令，选择导入“按钮 1～9”。

11 单击“打开”按钮。

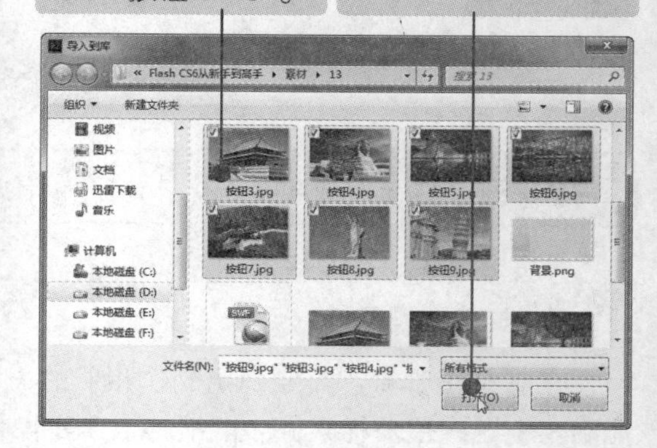

小提示 在制作导航相册之前首先要整理素材，从网上下载图片，使用其他软件修改图片大小。

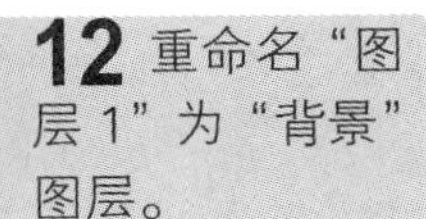

12 重命名“图层 1”为“背景”图层。

13 新建“按钮 1”图层，在第 15 帧添加空白关键帧。

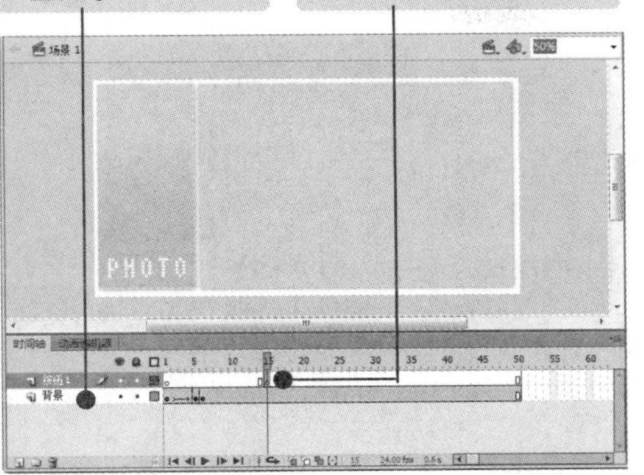

14 打开“库”面板，将位图“按钮 1”拖至舞台。

15 按【F8】键，转换为“按钮 1”元件。

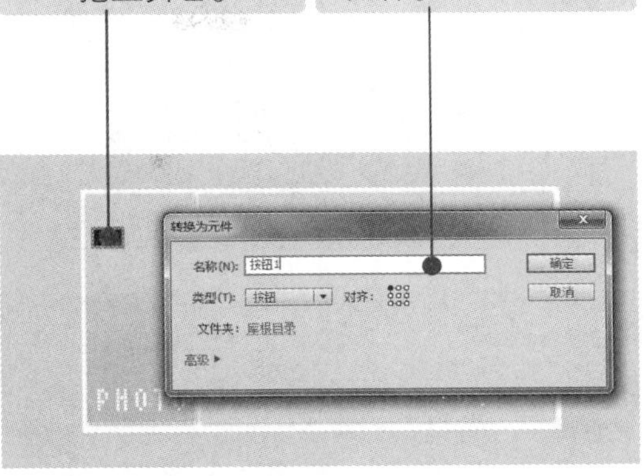

16 在第 30、31 帧按【F6】键，添加关键帧。

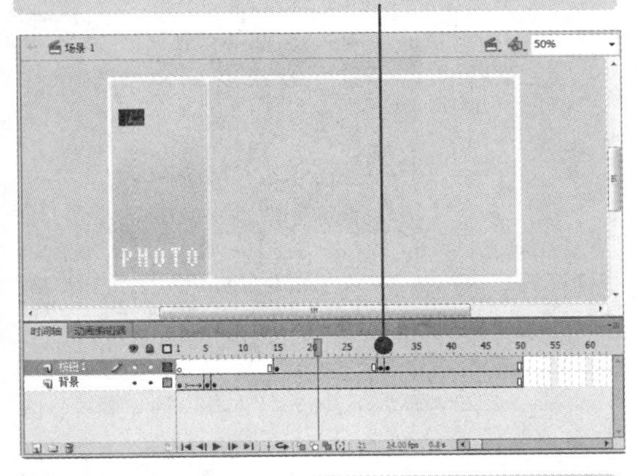

17 在第 15 帧与第 30 帧之间创建传统补间动画。

18 将第 30 帧舞台按钮的 Alpha 属性设为 0%。

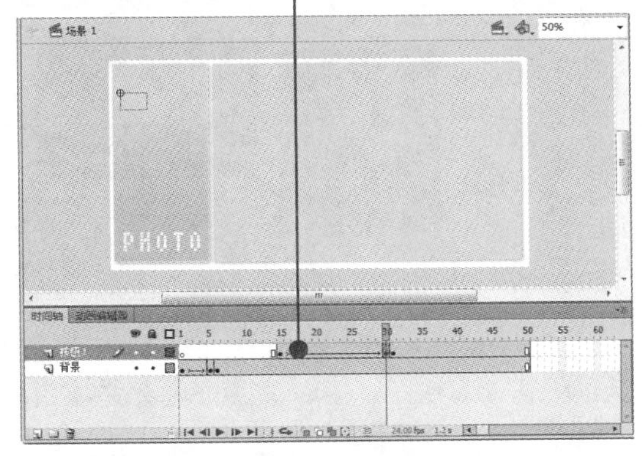

19 同样，设置其他按钮效果。

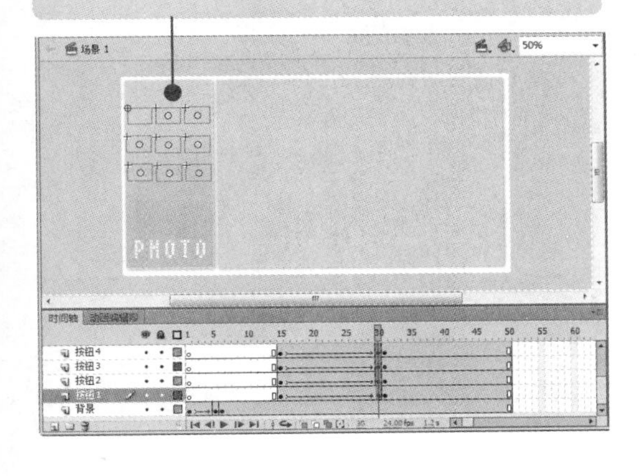

20 新建“照片”图层，在第 15 帧插入空白关键帧。

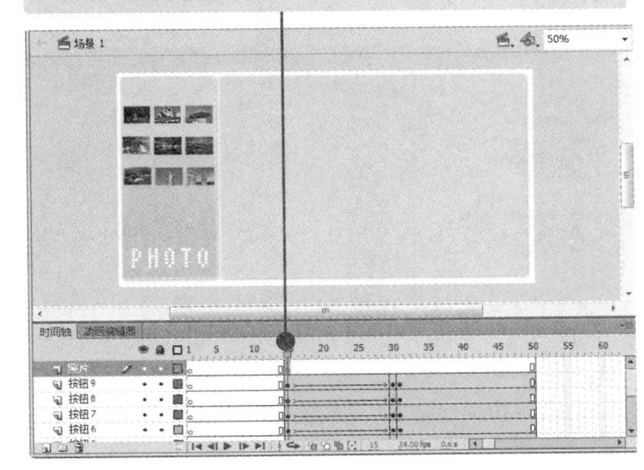

按住【Ctrl】键选择所有不连续的图片素材，单击“打开”按钮，导入素材图片。

多学点

21 打开"库"面板，将"图 1"拖至舞台。

22 按【F8】键转换为元件，修改名称。

23 单击"确定"按钮。

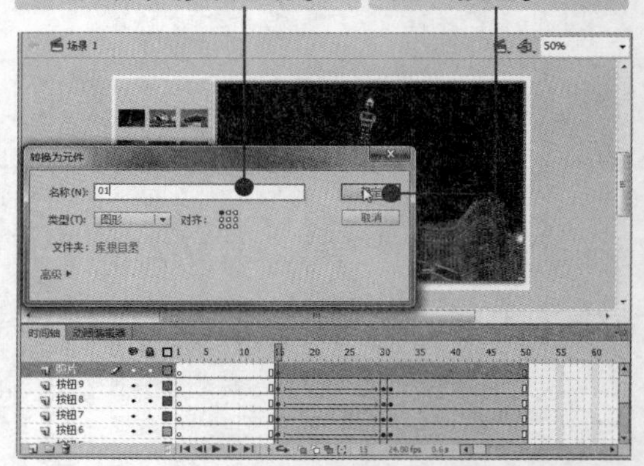

24 在第 2 帧添加关键帧。

25 打开"库"面板，将"图 2"拖至舞台。

26 同样，将"图3～图9"拖至舞台。

27 选中第 1～9 帧，打开"对齐"面板，将舞台对象对齐。

28 新建"图层 2"，选中第 1 帧。

29 打开"动作"面板，输入动作命令。

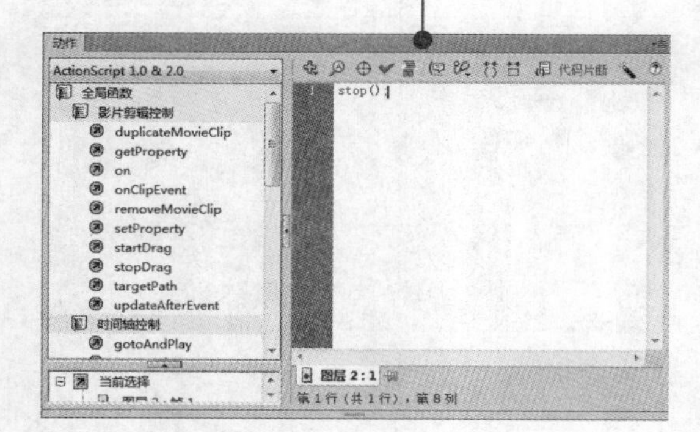

30 在"图层 2"第 2～9 帧分别插入关键帧，添加同样的动作命令。

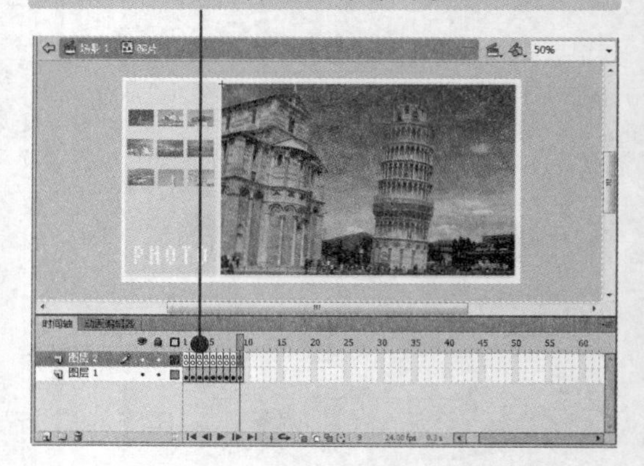

小提示

在步骤 19 中，按照制作"按钮 1"的方法制作其他图片按钮，然后全部拖动至场景中。

31 返回场景，在第 30、31 帧添加关键帧。

32 在第 15 帧与第 30 帧之间创建传统补间动画。

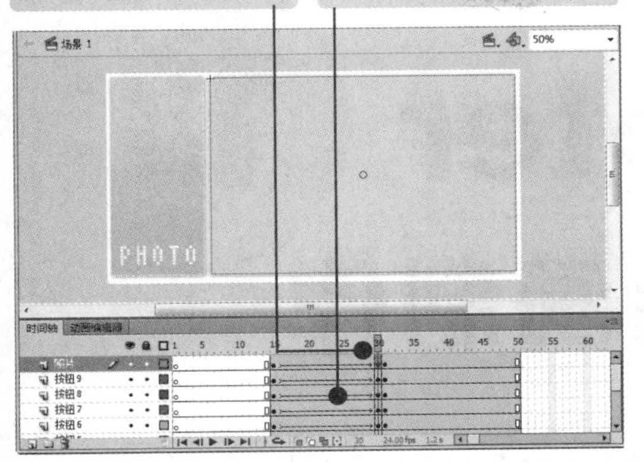

33 选择舞台"按钮 1"。

34 打开"动作"面板，输入动作命令。

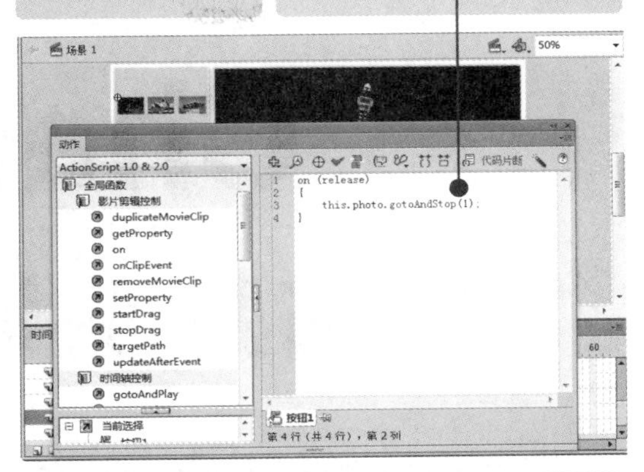

35 同样，分别为"按钮 2～按钮 9"输入动作命令，输入帧数与按钮一致。

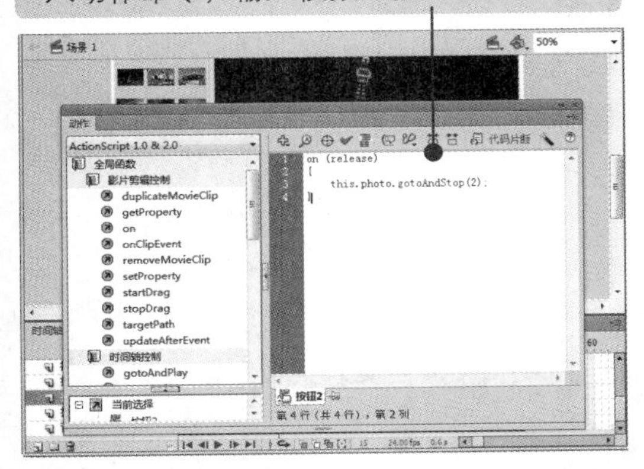

36 新建"动作"图层，选择第 1 帧，打开"动作"面板，输入动作命令。

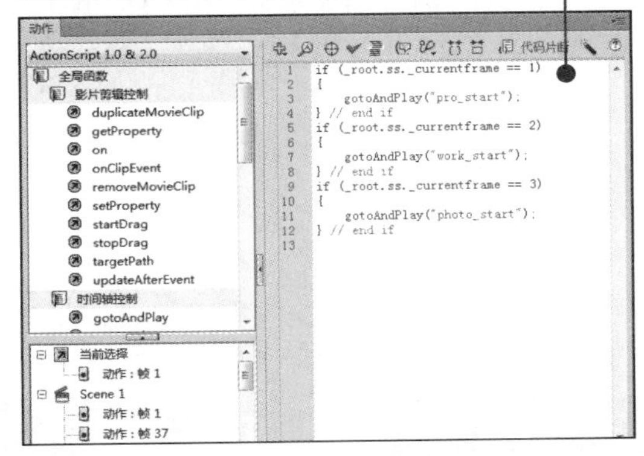

37 选择第 37 帧，输入动作命令。

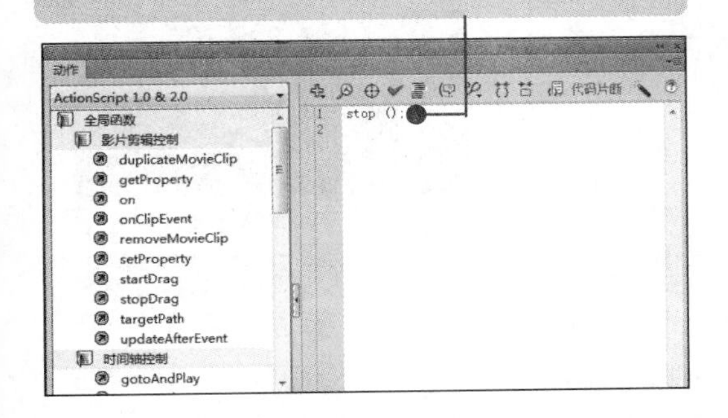

38 按【Ctrl+Enter】组合键测试影片，单击按钮测试效果。

知识点拨

打开"对齐"面板，选中"与舞台对齐"复选框，将导入的照片分别进行对齐设置，以保证照片全部重叠。

动画制作完成，测试动画效果，单击图片按钮，查看图片效果。

预计学习时间 50 分钟

Chapter 13

网站片头动画制作

网站片头动画是当前网站中一种流行的时尚要素，它不仅可以起到美化、丰富网站的作用，还可以使网站更具有时代气息。本章将引领读者一起来制作一个房产网站的片头动画。

要点导航

- 网站片头动画特征与设计
- 网站片头动画制作

重点图例

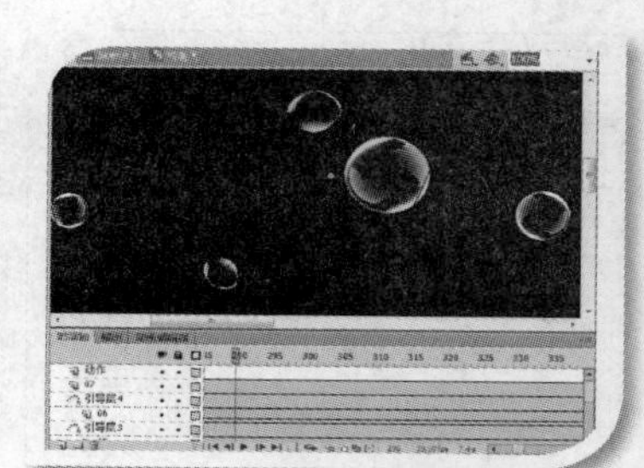

13.1 网站片头动画特征与设计

网站片头动画是指在网站主页被加载完成前，或为了表达某种信息而最先让浏览者看到的内容，一般为动画形式。

13.1.1 网站片头动画特征

对于大多数网站片头动画而言，具有以下特征：

◎ 网站片头动画的时间一般为 10～15 秒，不能过长，否则会影响浏览者浏览网页内容。

◎ 片头动画的内容不宜太过复杂，若在短时间内表现太多的内容，可能会令人产生眼花缭乱的感觉。

片头动画文件的体积不能太大，否则将会影响网页的加载速度，使浏览者等待较长的时间，得不偿失。

13.1.2 网站片头动画设计

随着生活水平的提高，人们对生活的要求也越来越高，不仅仅满足于温饱的需求，还要追求一种绿色健康的生活。这是一种时尚的表现，阳光翠鸣，绿意盎然，仿佛不懂得享受大自然的绿色便不是过着健康的生活。

在制作房产网站片头动画时，以公司名称为切入点，以蓝天、白云、草地和房子等为背景，彰显与自然合一的主题。

该片头动画分为 3 部分：第一部分是文字部分，显示公司名称；第二部分是动画背景，利用蓝天、白云、草地等来表现绿色主题；第三部分是气泡和蝴蝶动画，更能凸显和谐与自然。

网站片头效果图如下图所示。

13.2 网站片头动画制作

在制作房产片头动画时，因为动画的节奏感较强，因此需要对动画的节奏有一个很好的把握。下面将详细介绍制作房产网站片头动画的过程与方法。

13.2.1 新建 Flash 动画文档

首先新建 Flash 动画文档，具体操作方法如下：

多学点：在制作 Flash 片头动画时，前期准备工作非常重要，准备充分后会为后期制作带来很大的便利。

素材：光盘：无　　效果：光盘：效果\13\房产网站片头.fla

难度：★★★★☆　　视频：光盘：视频\13\新建 Flash 动画文档.swf

01 启动 Flash，新建文档。

02 打开“属性”面板，设置舞台大小和背景颜色。

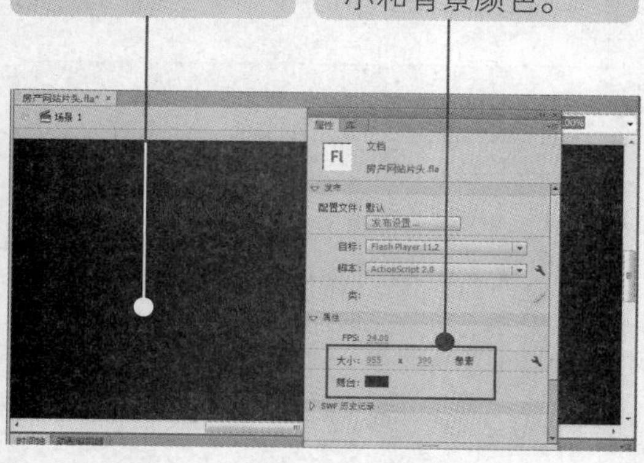

03 按【Ctrl+S】组合键，设置文件名。

04 单击“保存”按钮。

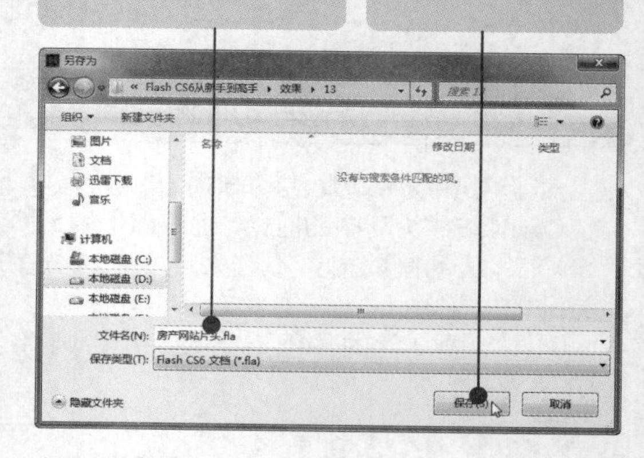

13.2.2 制作动画场景与元件

下面制作动画场景与元件，具体操作方法如下：

1. 制作背景

素材：光盘：素材\13\背景底层.png　　效果：光盘：无

难度：★★★★☆　　视频：光盘：视频\13\制作背景.swf

01 按【Ctrl+F8】组合键，创建图形元件“背景”，进入编辑状态。

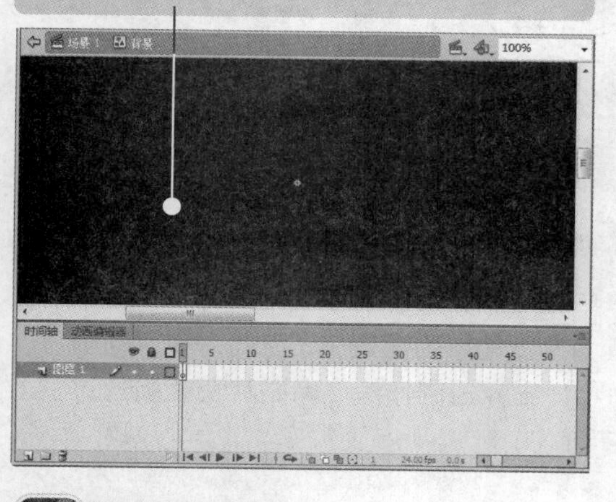

02 单击“文件”|“导入”|“导入到库”命令，选中素材。

03 单击“打开”按钮。

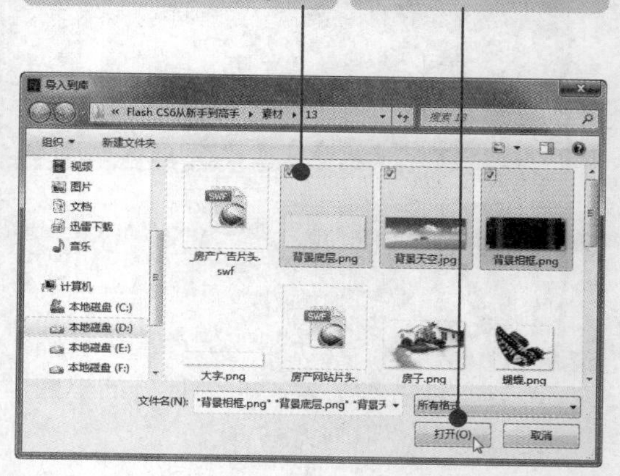

高手点拨

按住【Ctrl】键的同时单击需要打开的素材，单击“打开”按钮，即可导入素材图片。

小提示

 制作 Flash 动时，要先创建 Flash 文档，设置背景颜色为黑色，以方便观察。

04 打开“库”面板，将“背景底层”素材拖至舞台中。

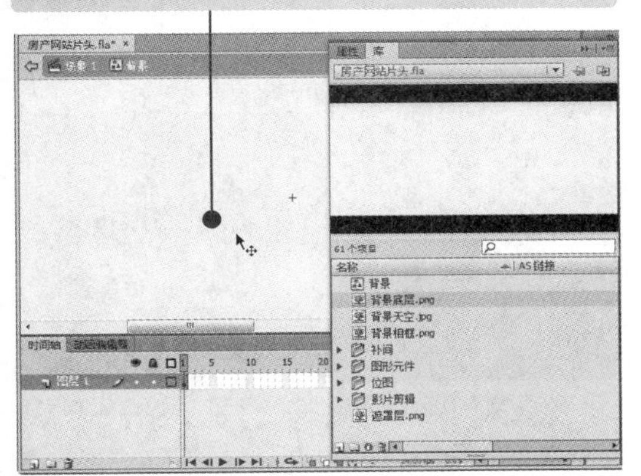

05 新建“图层 2”。

06 将“背景相框”素材拖至舞台中。

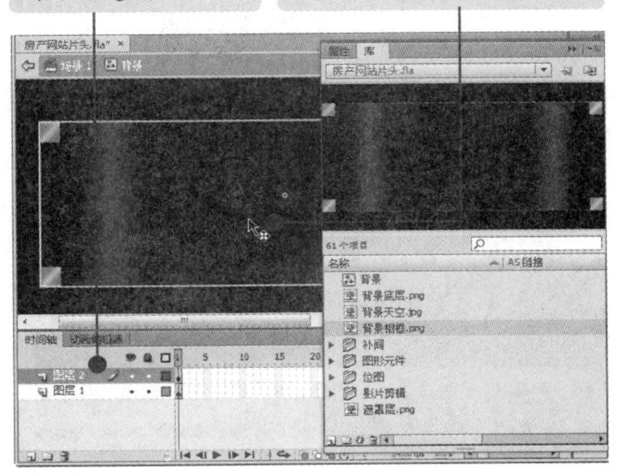

07 新建“图层 3”。

08 将“背景天空”素材拖至舞台中。

09 关闭“库”面板，查看背景元件。

2. 制作太阳

素材：光盘：素材\13\太阳.png　　效果：光盘：无

难度：★★★★☆　　视频：光盘：视频\13\制作太阳.swf

01 按【Ctrl+F8】组合键，创建影片剪辑元件“太阳”，进入编辑状态。

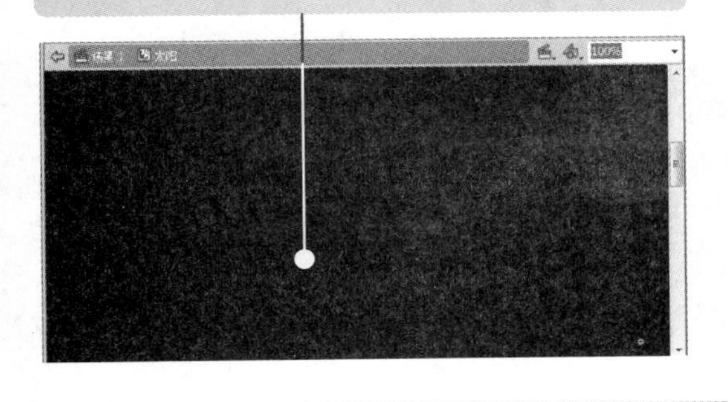

02 按【Ctrl+R】组合键，导入“太阳”素材。

03 按【F8】键，将素材转换为元件。

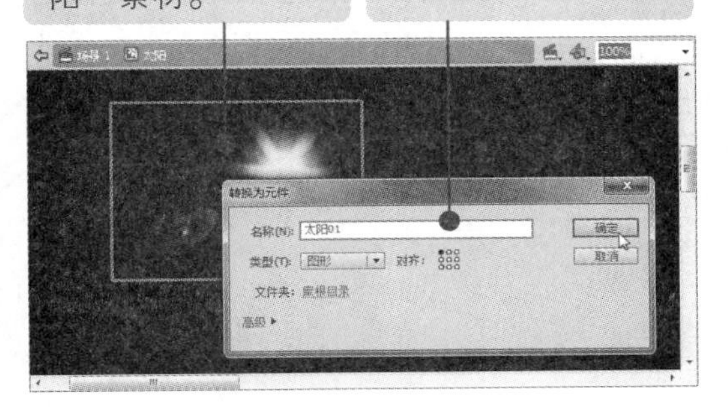

按【F8】键用于将图形素材转换为元件，按【Ctrl+F8】组合键用于创建新元件。

04 使用任意变形工具将舞台对象中心点与舞台中心对齐。在第 165 帧添加关键帧，创建传统补间动画。

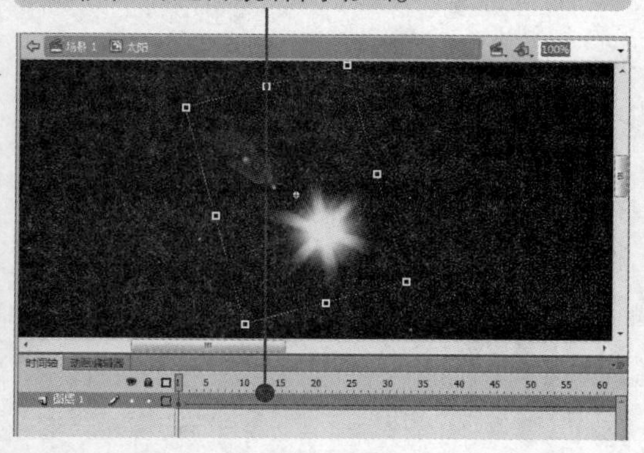

05 在第 2、3、25 帧添加关键帧，分别逆时针旋转一定角度。

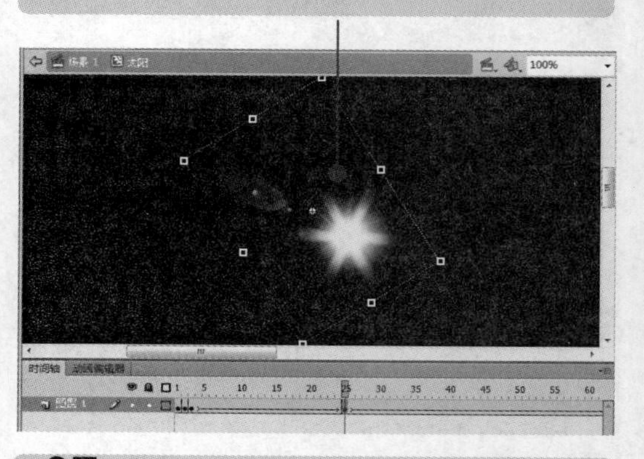

06 在第 50、70、100、125、165 帧添加关键帧，分别逆时针旋转一定角度。

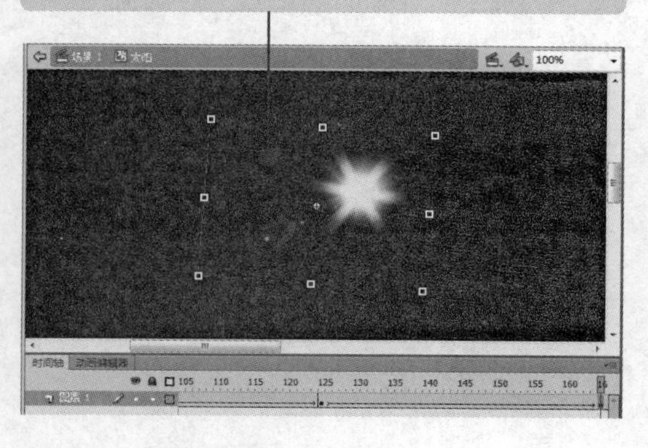

07 按【F5】键在第 700 帧插入帧。

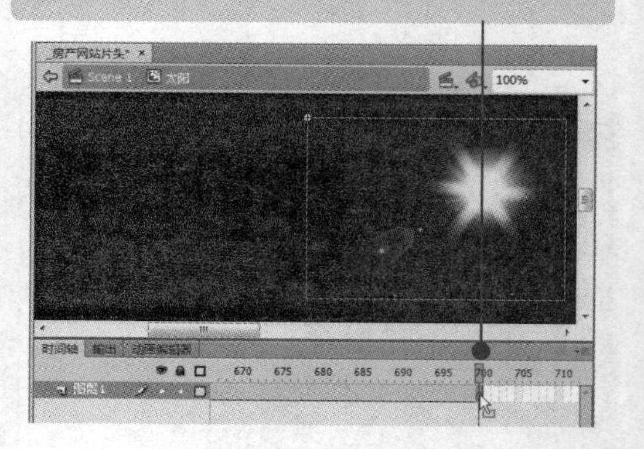

3. 制作气泡动画

素材：光盘：素材\13\气泡（01～05）.png　　效果：光盘：无

难度：★★★★☆　　视频：光盘：视频\13\制作气泡动画.swf

01 新建影片剪辑元件“气泡 1”，单击“导入到库”命令，选中素材，单击“打开”按钮。

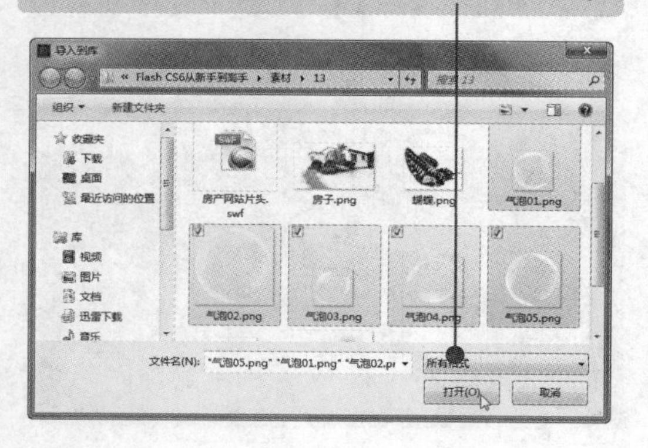

02 打开“库”面板，将“气泡 01”素材拖入舞台中。按【F8】键，将其转换为元件。

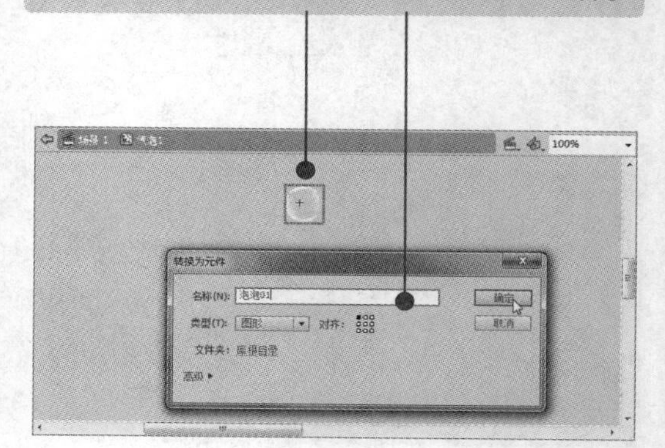

小提示

 为“太阳”元件添加关键帧是为了修改当前帧的实例的位置，从而创建传统补间动画。

03 在第 490 帧添加关键帧，为“图层 1”添加引导层。使用铅笔工具绘制一条曲线。

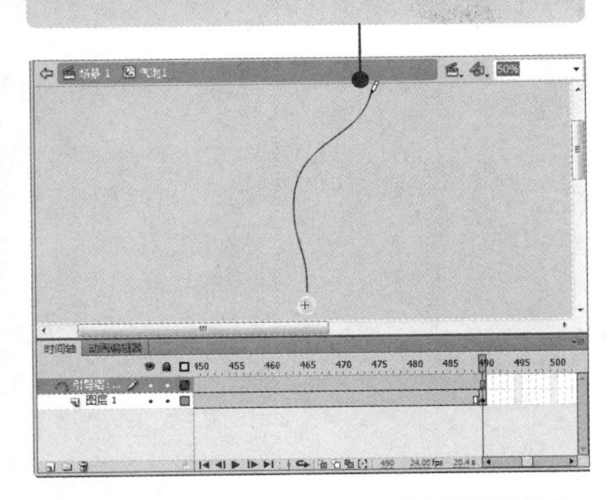

04 在“图层 1”第 1 帧与第 490 帧之间创建传统补间动画。在第 491 帧添加关键帧，延长帧至第 515 帧。

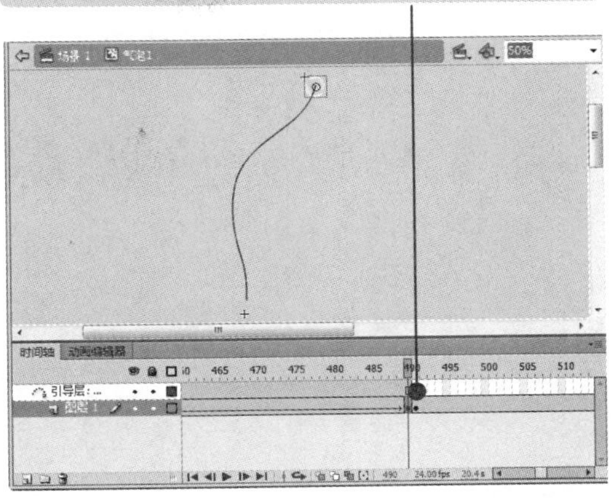

05 同样，制作影片剪辑“气泡 2”动画。

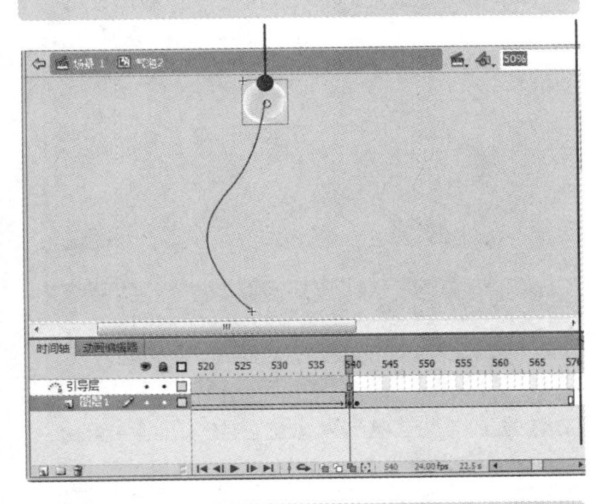

06 同样，制作影片剪辑“气泡 3”动画。

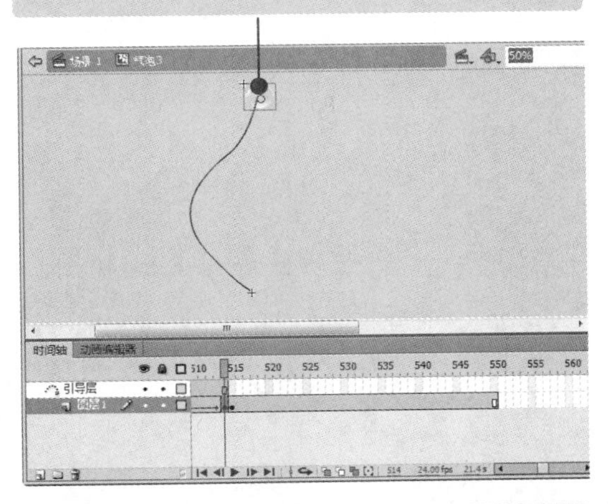

07 同样，制作影片剪辑“气泡 4”动画。

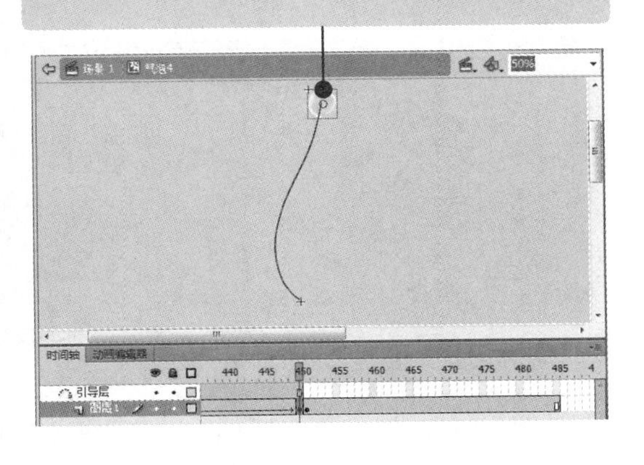

08 按【Ctrl+F8】组合键，创建影片剪辑元件“气泡飞”，进入编辑状态。

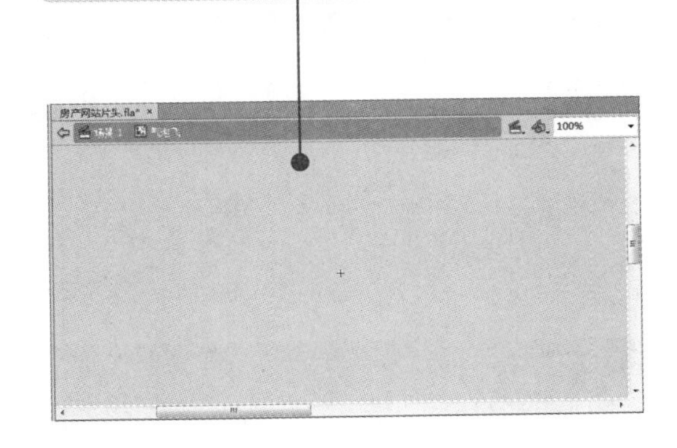

为“气球”影片剪辑添加引导层，绘制曲线，创建引导层动画。将“气泡”分别吸附在引导层的开始端和末端。

09 修改图层名称，绘制蓝色圆角矩形，输入文字。将帧延长至第 835 帧。

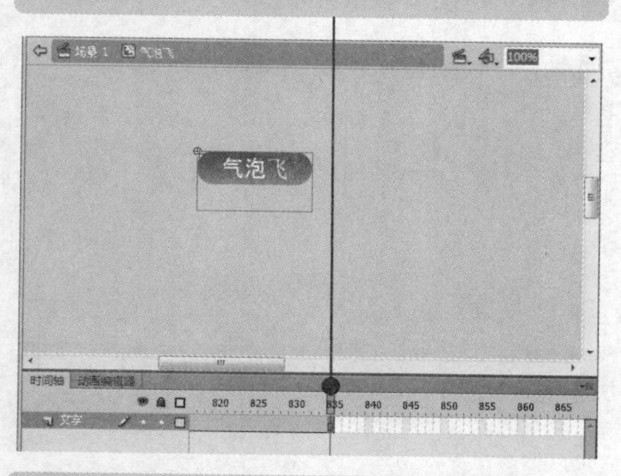

10 新建 01 图层，打开“库”面板，将“泡泡 01”元件拖至舞台。在第 515 帧按【F6】键，添加关键帧。

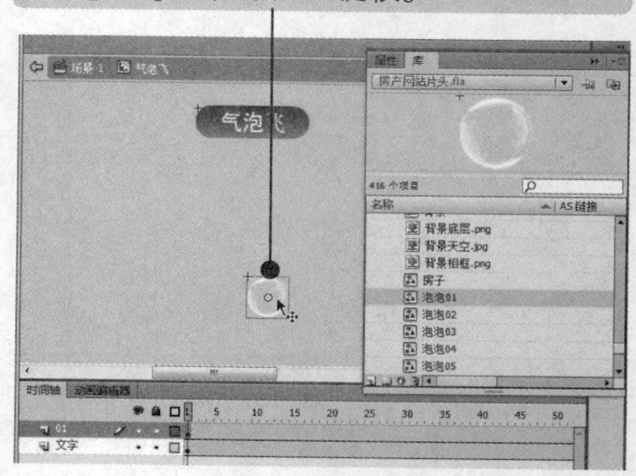

11 右击 01 图层，选择“添加传统运动引导层”。使用铅笔工具绘制一条曲线。

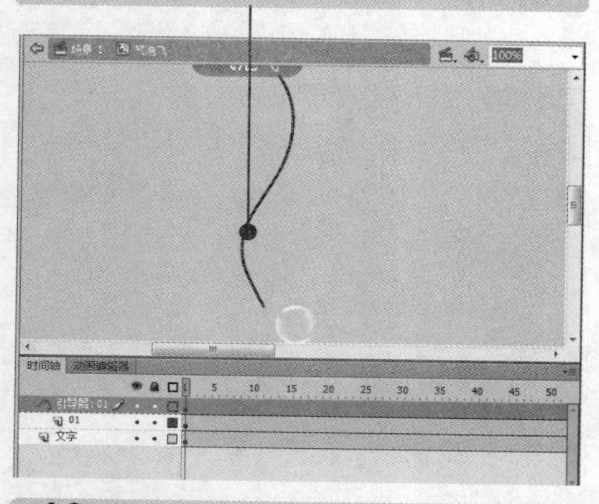

12 选中第 1 帧，将气泡实例移至引导线末端。

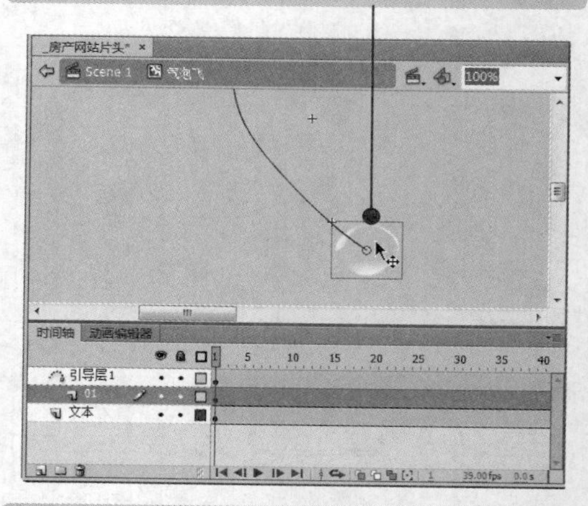

13 在第 515 帧插入关键帧，将气泡实例移至引导线顶端。

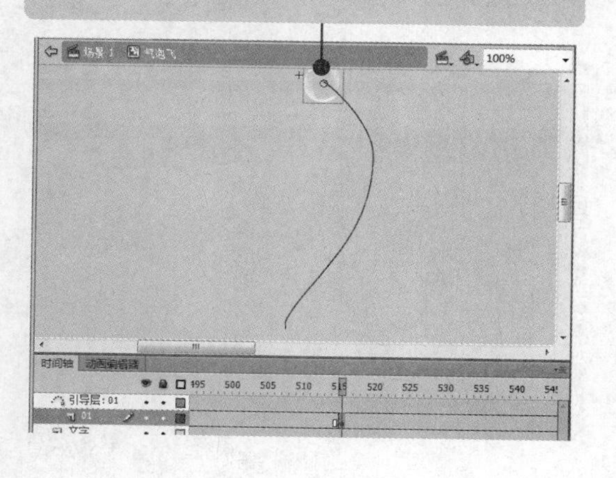

14 在第 525 帧添加关键帧，在第 526 帧添加空白关键帧。打开“库”面板，将影片剪辑“气泡 1”拖至引导线末端。

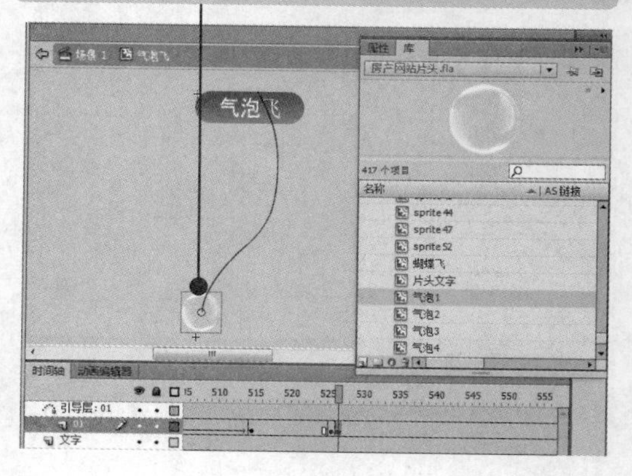

小提示

按照同样的方法多创建些“气泡”影片剪辑的引导层动画。

15 同样，制作 02 图层引导动画。在第 626 帧将影片剪辑“气泡 2”拖至引导线末端。

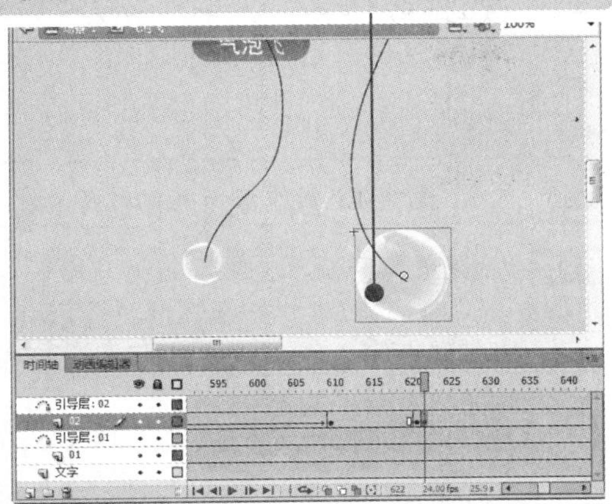

16 同样，制作 03 图层引导动画。在第 626 帧将影片剪辑“气泡 3”拖至引导线末端。

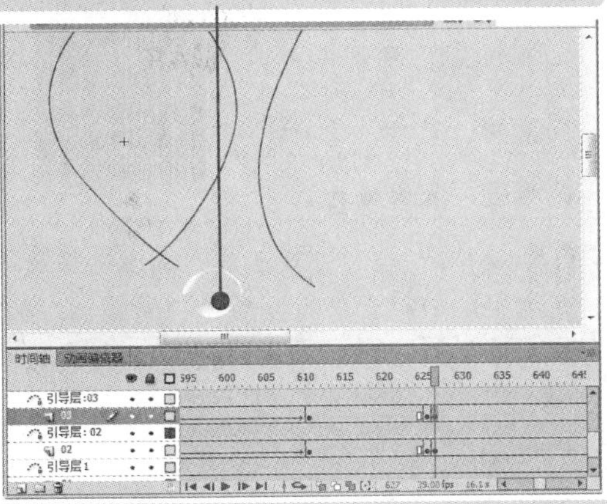

17 同样，在 04 图层第 150~640 帧制作引导动画。在第 656 帧将影片剪辑“气泡 4”拖至引导线末端。

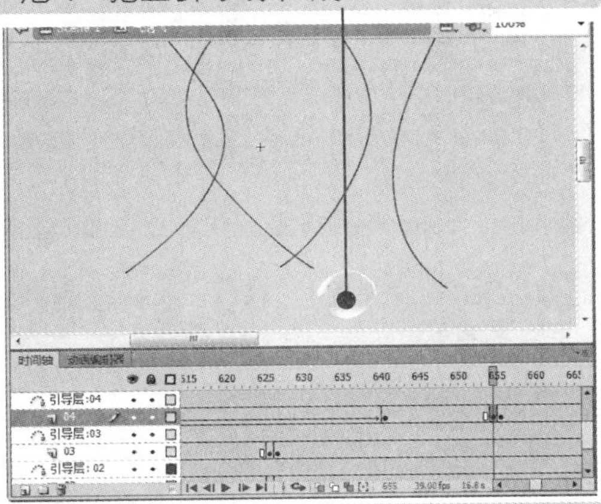

18 同样，制作 05 图层引导动画。在第 821 帧将影片剪辑“气泡 5”拖至引导线末端。

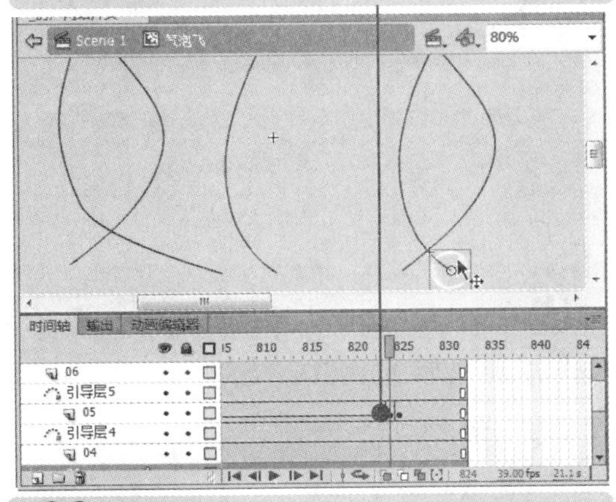

19 新建“动作”图层，在第 835 帧添加关键帧。打开“动作”面板，输入动作脚本。

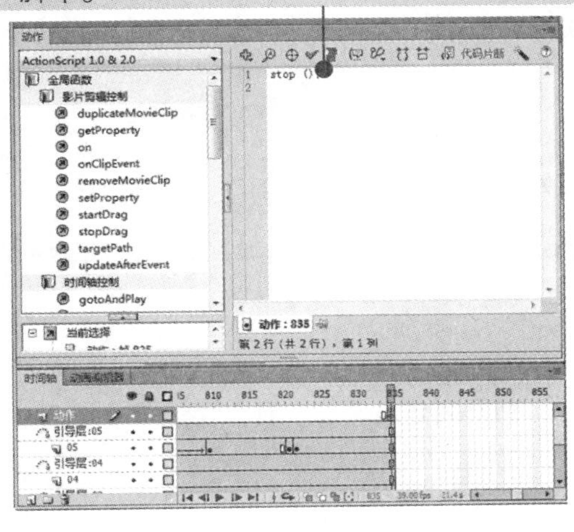

20 打开“属性”面板，将背景颜色改成黑色。

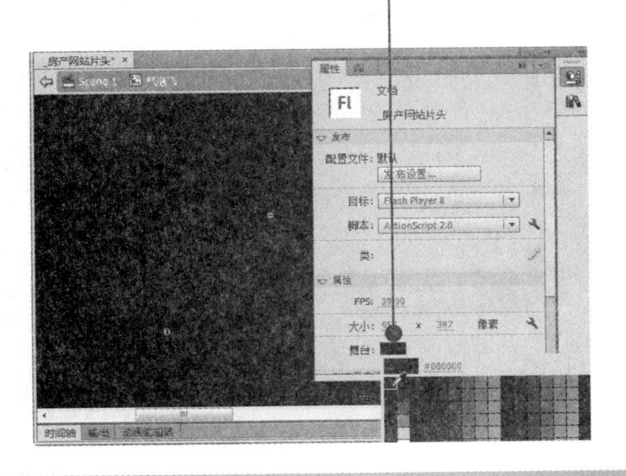

新建“动作”图层，打开“动作”面板，为引导层动画添加动作命令“stop();”。

13.2.3 制作房产网站片头

下面制作房产网站片头，具体操作方法如下：

素材：光盘：素材\13\向日葵.png　　效果：光盘：无

难度：★★★★☆　　视频：光盘：视频\13\制作房产网站片头.swf

01 打开"库"面板，将"背景"元件拖至舞台中。重命名图层为"背景"，在第 185 帧插入关键帧。

02 新建"向日葵"图层，打开"库"面板，将"向日葵"素材拖至舞台。按【F8】键，将其转换为元件。

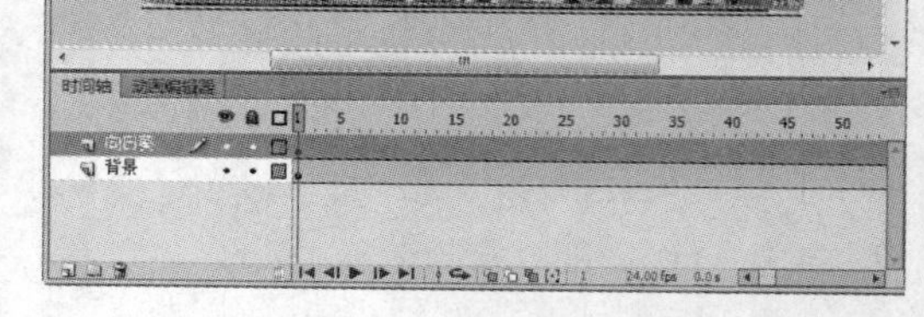

03 新建"遮罩层"图层，绘制与舞台大小一致的矩形。按【F8】键，将其转换为元件。

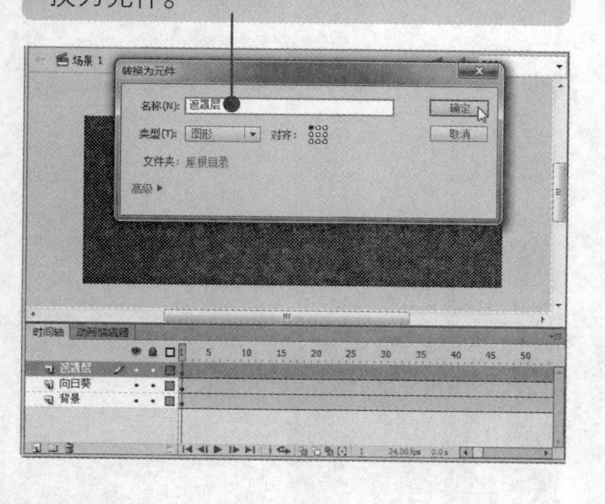

04 右击"遮罩层"名称。

05 选择"遮罩层"命令。

高手点拨

新建背景图层，将"背景"元件拖动至舞台中，然后创建遮罩层，将需要遮罩的图形新建图层，拖动至遮罩层之下，自动生成被遮罩层。

小提示：绘制大于"背景"图层的矩形，设置为"遮罩"图层，被遮罩层遮挡住的图层将会显示。

06 新建“房子”图层，打开“库”面板，将“房子”素材拖至舞台。按【F8】键，将其转换为元件。

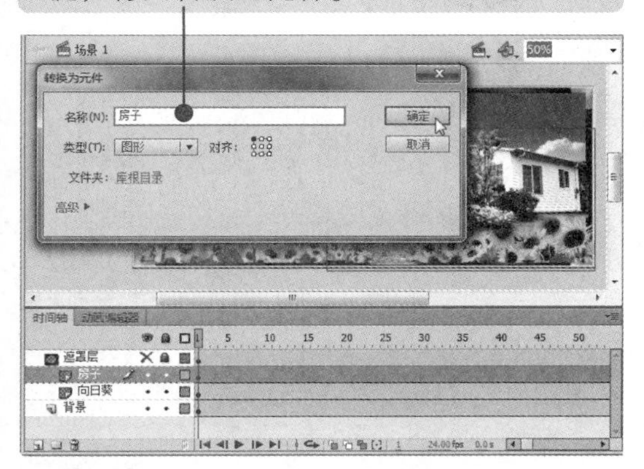

07 新建“太阳”图层。

08 打开“库”面板，将“太阳”影片剪辑拖至舞台。

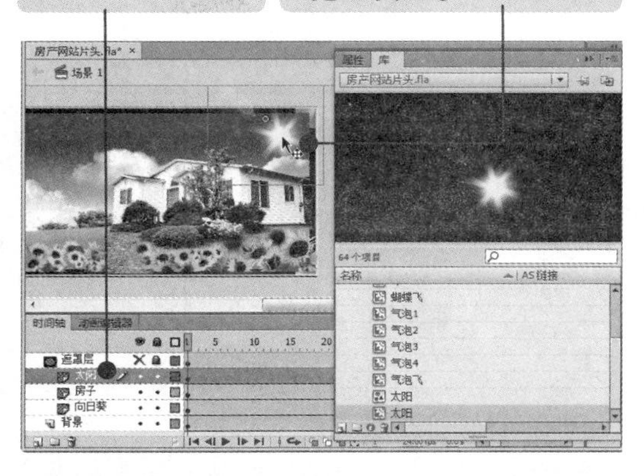

09 新建“气泡”图层。

10 打开“库”面板，将“气泡飞”影片剪辑拖至舞台。

11 在“气泡”图层上面新建“蝴蝶”图层。单击“文件”|“导入”|“打开外部库”命令。

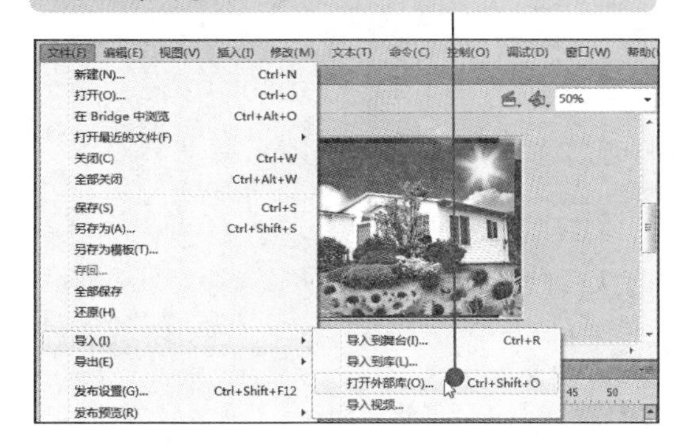

12 选中“蝴蝶飞.fla”文件。

13 单击“打开”按钮。

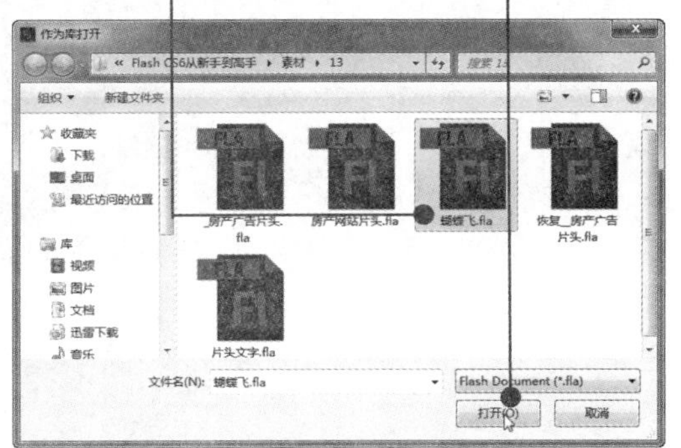

14 选择“蝴蝶飞”影片剪辑，将其拖至舞台合适位置。

打开“外部库”面板，将已做好的 Flash 文档中需要的素材拖动至舞台中。这是制作 Flash 动画一个简单、快捷的方法。

多学点

15 新建“片头文字”图层，选择“片头文字.fla”。

16 单击“打开”按钮。

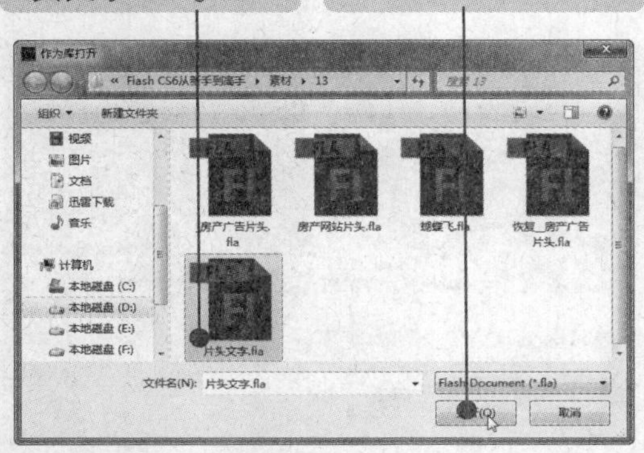

17 选择“片头文字”影片剪辑，将其拖至舞台合适位置。

18 新建“动作”图层，选中第 1 帧，打开“动作”面板，输入动作命令。

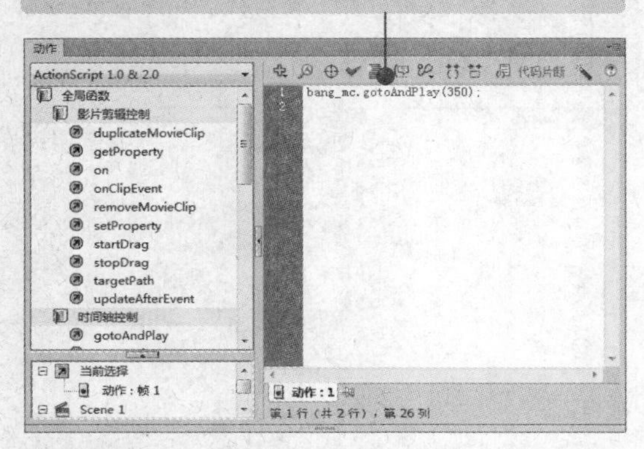

19 在第 184 帧插入关键帧，打开“动作”面板，输入动作命令。

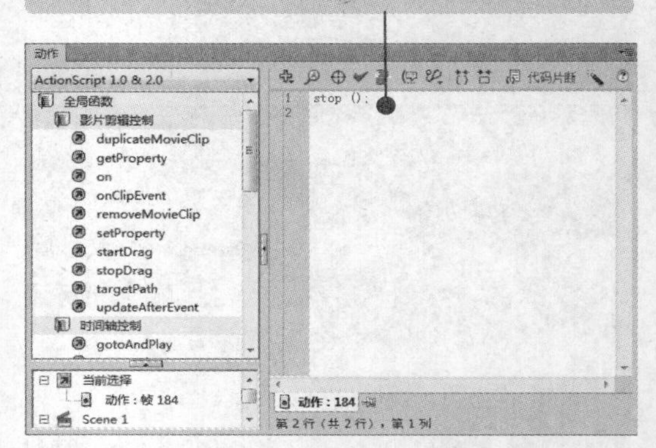

20 按【Ctrl+Enter】组合键，测试影片效果。

21 继续查看影片效果。

小提示

添加动作脚本“gotoAndPlay(350);”是跳转到第 350 帧继续播放动画。